中 国 国 家 标 准 汇 编

2009 年修订-6

中国标准出版社　编

中 国 标 准 出 版 社

北　京

图书在版编目（CIP）数据

中国国家标准汇编：2009年修订．6/中国标准出版社编．—北京：中国标准出版社，2010

ISBN 978-7-5066-6026-6

Ⅰ．①中…　Ⅱ．①中…　Ⅲ．①国家标准-汇编-中国-2009　Ⅳ．①T-652.1

中国版本图书馆CIP数据核字（2010）第166544号

中国标准出版社出版发行
北京复兴门外三里河北街16号
邮政编码：100045
网址 www.spc.net.cn
电话：68523946　68517548
中国标准出版社秦皇岛印刷厂印刷
各地新华书店经销
*
开本 880×1230　1/16　印张 38.75　字数 1 155 千字
2010年9月第一版　2010年9月第一次印刷
*
定价 220.00 元

出 版 说 明

1.《中国国家标准汇编》是一部大型综合性国家标准全集。自1983年起,按国家标准顺序号以精装本、平装本两种装帧形式陆续分册汇编出版。它在一定程度上反映了我国建国以来标准化事业发展的基本情况和主要成就,是各级标准化管理机构,工矿企事业单位,农林牧副渔系统,科研、设计、教学等部门必不可少的工具书。

2.《中国国家标准汇编》收入我国每年正式发布的全部国家标准,分为"制定"卷和"修订"卷两种编辑版本。

"制定"卷收入上一年度我国发布的、新制定的国家标准,顺延前年度标准编号分成若干分册,封面和书脊上注明"20××年制定"字样及分册号,分册号一直连续。各分册中的标准是按照标准编号顺序连续排列的,如有标准顺序号缺号的,除特殊情况注明外,暂为空号。

"修订"卷收入上一年度我国发布的、修订的国家标准,视篇幅分设若干分册,但与"制定"卷分册号无关联,仅在封面和书脊上注明"20××年修订-1,-2,-3,……"字样。"修订"卷各分册中的标准,仍按标准编号顺序排列(但不连续);如有遗漏的,均在当年最后一分册中补齐。需提请读者注意的是,个别非顺延前年度标准编号的新制定的国家标准没有收入在"制定"卷中,而是收入在"修订"卷中。

读者配套购买《中国国家标准汇编》"制定"卷和"修订"卷则可收齐上一年度我国制定和修订的全部国家标准。

3.由于读者需求的变化,自1996年起,《中国国家标准汇编》仅出版精装本。

4.2009年我国制修订国家标准共3158项。本分册为"2009年修订-6",收入新制修订的国家标准37项。

中国标准出版社

2010年8月

目　　录

ICS 29.060.01
K 11

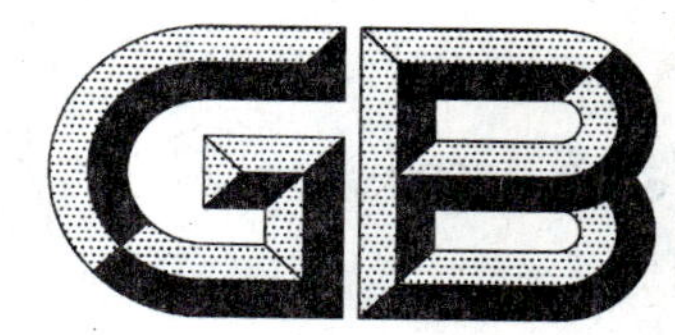

中华人民共和国国家标准

GB/T 3953—2009
代替 GB/T 3953—1983

电工圆铜线

Round copper wire for electrical purposes

2009-03-19 发布　　　　2009-12-01 实施

中华人民共和国国家质量监督检验检疫总局
中国国家标准化管理委员会　发布

前　　言

本标准代替 GB/T 3953—1983《电工圆铜线》。

本标准与 GB/T 3953—1983 相比主要变化如下：

——按照 GB/T 1.1—2000 的要求，对编排格式进行了修改，并对部分文字进行了修饰；

——增加了规范性引用文件(见第 2 章)；

——增加了电工圆铜线的表示方法(见 3.3)。

本标准由中国电器工业协会提出。

本标准由全国电线电缆标准化技术委员会(SAC/TC 213)归口。

本标准起草单位：上海电缆研究所、深圳市神州线缆有限公司、江苏江润铜业有限公司、山东金升有色集团有限公司、昆明电缆股份有限公司、青岛汉缆股份有限公司、湖南华菱线缆股份有限公司、浙江宏磊铜业股份有限公司。

本标准主要起草人：王晨生、徐秋晨、章鹏、万志新、刘建霞、何文均、赵新院、张公卓、张震宇。

本标准所代替标准的历次版本发布情况：

——GB/T 3953—1983。

电工圆铜线

1 范围

本标准规定了电工圆铜线的型号、规格、材料、尺寸、机械性能、电性能、交货要求及包装等。

本标准适用于制造电线电缆及电机电器用的圆铜线。

2 规范性引用文件

下列文件中的条款通过本标准的引用而成为本标准的条款。凡是注日期的引用文件，其随后所有的修改单(不包括勘误的内容)或修订版均不适用于本标准，然而，鼓励根据本标准达成协议的各方研究是否可使用这些文件的最新版本。凡是不注日期的引用文件，其最新版本适用于本标准。

GB/T 3048.2—2007 电线电缆电性能试验方法 第2部分：金属导体材料电阻率试验(IEC 60468:1974,MOD)

GB/T 3952—2008 电工用铜线坯

GB/T 4909.2—2009 裸电线试验方法 第2部分：尺寸测量

GB/T 4909.3—2009 裸电线试验方法 第3部分：拉力试验

GB/T 8170—1987 数值修约规则

3 产品表示方法

3.1 型号

圆铜线型号见表1。

表1 圆铜线型号及状态

型号	名称
TR	软圆铜线
TY	硬圆铜线
TYT	特硬圆铜线

3.2 规格

圆铜线的规格用标称直径表示，其范围应符合表2规定。

表2 圆铜线的规格

型号	规格范围/mm
TR	0.020～14.00
TY	0.020～14.00
TYT	1.50～5.00

3.3 表示方法

圆铜线用型号、直径及本标准编号表示。

示例：硬圆铜线标称直径2.00 mm，表示为TY-2.00 GB/T 3953—2009

4 材料

圆铜线应采用符合GB/T 3952—2008规定的铜线坯制造。

5 尺寸偏差

5.1 圆铜线标称直径的偏差应符合表3规定。

表3 圆铜线的标称直径

单位为毫米

标称直径 d	偏差
0.020～0.025	±0.002
0.026～0.125	±0.003
0.126～0.400	±0.004
0.401～14.00[a]	±1%d[a]

[a] 计算时标称直径 0.401 mm～1.000 mm 者保留三位小数；大于 1.000 mm 者保留两位小数，均按 GB/T 8170—1987 的有关规定修约。

5.2 圆铜线垂直于轴线的同一截面上测得的最大和最小直径之差（f 值）应不超过标称直径偏差的绝对值。

6 机械性能

圆铜线的机械性能应符合表4规定。标称直径介于所列紧邻两个数值之间时，应采用较大标称直径值的相应性能。

表4 圆铜线的机械性能

标称直径/mm	TR	TY		TYT	
	伸长率/%	抗拉强度/(N/mm²)	伸长率/%	抗拉强度/(N/mm²)	伸长率/%
	不小于				
0.020	10	421	—	—	
0.100	10	421	—	—	—
0.200	15	420	—	—	—
0.290	15	419	—	—	—
0.300	15	419	—	—	—
0.380	20	418	—	—	—
0.480	20	417	—	—	—
0.570	20	416	—	—	—
0.660	25	415	—	—	—
0.750	25	414	—	—	—
0.850	25	413	—	—	—
0.940	25	412	0.5	—	—
1.03	25	411	0.5	—	—
1.12	25	410	0.5	—	—
1.22	25	409	0.5	—	—
1.31	25	408	0.6	—	—
1.41	25	407	0.6	—	—
1.50	25	406	0.6	446	0.6

表 4（续）

标称直径/mm	TR	TY		TYT	
	伸长率/%	抗拉强度/(N/mm²)	伸长率/%	抗拉强度/(N/mm²)	伸长率/%
	不　小　于				
1.56	25	405	0.6	445	0.6
1.60	25	404	0.6	445	0.6
1.70	25	403	0.6	444	0.6
1.76	25	403	0.7	443	0.7
1.83	25	402	0.7	442	0.7
1.90	25	401	0.7	441	0.7
2.00	25	400	0.7	440	0.7
2.12	25	399	0.7	439	0.7
2.24	25	398	0.8	438	0.8
2.36	25	396	0.8	436	0.8
2.50	25	395	0.8	435	0.8
2.62	25	393	0.9	434	0.9
2.65	25	393	0.9	433	0.9
2.73	25	392	0.9	432	0.9
2.80	25	391	0.9	432	0.9
2.85	25	391	0.9	431	0.9
3.00	25	389	1.0	430	1.0
3.15	30	388	1.0	428	1.0
3.35	30	386	1.0	426	1.0
3.55	30	383	1.1	423	1.1
3.75	30	381	1.1	421	1.1
4.00	30	379	1.2	419	1.2
4.25	30	376	1.3	416	1.3
4.50	30	373	1.3	413	1.3
4.75	30	370	1.4	411	1.4
5.00	30	368	1.4	408	1.4
5.30	30	365	1.5	—	—
5.60	30	361	1.6	—	—
6.00	30	357	1.7	—	—
6.30	30	354	1.8	—	—
6.70	30	349	1.8	—	—
7.10	30	345	1.9	—	—
7.50	30	341	2.0	—	—
8.00	30	335	2.2	—	—
8.50	35	330	2.3	—	—
9.00	35	325	2.4	—	—
9.50	35	319	2.5	—	—
10.00	35	314	2.6	—	—
10.60	35	307	2.8	—	—

表 4（续）

标称直径/mm	TR	TY		TYT	
	伸长率/%	抗拉强度/(N/mm²)	伸长率/%	抗拉强度/(N/mm²)	伸长率/%
	不 小 于				
11.20	35	301	2.9	—	—
11.80	35	294	3.1	—	—
12.50	35	287	3.2	—	—
13.20	35	279	3.4	—	—
14.00	35	271	3.6	—	—

7 电性能

圆铜线的电阻率应符合表 5 规定。

表 5 圆铜线的电阻率

型 号	电阻率 ρ20(不大于)/Ω·mm²/m	
	2.00 mm 以下	2.00 mm 及以上
TR	0.017 241	0.017 241
TY,TYT	0.017 96	0.017 77

计算时,20 ℃时的铜线物理参数应取下列数值:

密度……………………………………………………8.89 g/cm³

线膨胀系数……………………………………………0.000 017 ℃$^{-1}$

电阻温度系数

TR 型:…………………………………………………0.003 93 ℃$^{-1}$

TY,TYT 型 标称直径 2.00 mm 及以上……………… 0.003 81 ℃$^{-1}$

标称直径 2.00 mm 以下……………… 0.003 77 ℃$^{-1}$

8 外观

圆铜线表面应光洁,不应有与良好工业产品不相称的任何缺陷。

9 交货要求

9.1 圆铜线应成盘或成圈交货,每盘或每圈圆铜线应为一整根,不允许焊接或扭接,制造过程中的铜杆和成品模前的焊接除外。

9.2 若需方无协议,每盘或每圈圆铜线的净重,标称直径为 6.00 mm 及以下者,应符合表 6 规定,标称直径为 6.00 mm 以上者,按双方协议质量交货。

根据供需双方协议,允许以任何质量的圆铜线交货。

表 6 交货要求

标称直径/mm	每根圆铜线质量(不小于)/kg		短段	
	成盘	成圈	质量/kg	交货数量/kg
0.020～0.025	0.1	—	不小于标准质量的50%	不大于交货总质量的15%
0.030～0.040	0.03	—		
0.050～0.060	0.08	—		
0.070～0.100	0.15	—		
0.110～0.150	0.3	—		
0.160～0.250	0.5	—		
0.260～0.400	1.0	—		
0.410～0.600	2.5	2.5		
0.630～0.800	5	5		
0.820～1.000	10	10		
1.01～2.00	20	20		
2.01～4.00	40	40		
4.01～6.00	60	60		

10 验收规则及试验方法

10.1 产品应由制造厂检验合格后方能出厂。每批出厂的产品应附有制造厂的产品质量检验合格证。

10.2 产品应按表 7 规定进行检验。

表 7 检验规则

序号	检验项目	本标准条文号	验收规则	试验方法
1	尺寸	5	T,S	GB/T 4909.2—2009
2	外观	8	T,S	目测
3	机械性能	6	T,S	GB/T 4909.3—2009
4	电阻率	7	T,S	GB/T 3048.2—2007
5	质量	9.2	T,S	称重

10.3 每批按 1%抽样,但不少于三盘(圈);批量较大时,不多于 10 盘(圈)。第一次试验结果有不合格时,应取双倍数量的试样就不合格项目进行第二次试验,如仍有不合格时,则判该批不合格。

11 包装及标志

11.1 圆铜线应卷绕整齐,妥善包装。成盘时,最后一层应与线盘侧板边缘保持适当的距离。

11.2 每圈或每盘圆铜线上应附有标签标明:

a) 制造厂名称;

b) 型号及规格;

c) 毛重及净重(kg);

d) 制造日期 年 月;

e) 本标准编号。

ICS 29.060.10
K 11

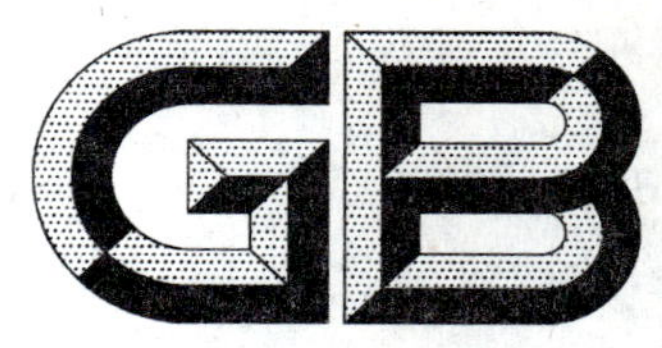

中华人民共和国国家标准

GB/T 3955—2009
代替 GB/T 3955—1983

电工圆铝线

Round aluminium wire for electrical purposes

2009-03-19 发布　　　　2009-12-01 实施

中华人民共和国国家质量监督检验检疫总局
中国国家标准化管理委员会　发布

前　言

本标准代替 GB/T 3955—1983《电工圆铝线》。

本标准与 GB/T 3955—1983 相比，主要有如下变化：

——增加了“规范性引用文件”(见第 2 章)；

——修改了 LY9 型号性能参数内容(前版第 6 章；本版第 7 章和第 8 章)；

——修改了产品检测规则的试验方法(前版第 10 章，本版第 11 章)。

本标准由中国电器工业协会提出。

本标准由全国电线电缆标准化技术委员会(SAC/TC 213)归口。

本标准负责起草单位：上海电缆研究所。

本标准参加起草单位：江苏双登电器电缆有限公司、无锡江南电缆有限公司、广东远光电缆实业有限公司、昆明电缆股份有限公司、郑州华力电缆有限公司、福建南平电线电缆有限公司、浙江宏磊铜业股份有限公司。

本标准主要起草人：黄国飞、闫丰、杨德丰、赵文明、黄东、蒋陆肆、欧阳斌、林奇庆、戚建萍。

本标准所代替标准的历次版本发布情况为：

——GB/T 3955—1983。

电 工 圆 铝 线

1 范围

本标准规定了电工圆铝线产品型号、规格、材料、电气和机械性能、试验方法、包装及标志等。

本标准适用于制造电线电缆及电机电器用的圆铝线。

2 规范性引用文件

下列文件中的条款通过本标准的引用而成为本标准的条款。凡是注日期的引用文件，其随后所有的修改单(不包括勘误的内容)或修订版均不适用于本标准，然而，鼓励根据本标准达成协议的各方研究是否可使用这些文件的最新版本。凡是不注日期的引用文件，其最新版本适用于本标准。

GB/T 3048.2—2007 电线电缆电性能试验方法 第2部分：金属材料电阻率试验(IEC 60468:1974,MOD)

GB/T 3954—2008 电工圆铝杆

GB/T 4909.2—2009 裸电线试验方法 第2部分：尺寸测量

GB/T 4909.3—2009 裸电线试验方法 第3部分：拉力试验

GB/T 4909.6—2009 裸电线试验方法 第6部分：弯曲试验——单向弯曲

GB/T 4909.7—2009 裸电线试验方法 第7部分：卷绕试验

3 型号

圆铝线型号如表1。

表1 圆铝线型号

型号	状态代号	名称
LR	0	软圆铝线
LY4	H 4	H 4 状态硬圆铝线
LY6	H 6	H 6 状态硬圆铝线
LY8	H 8	H 8 状态硬圆铝线
LY9	H 9	H 9 状态硬圆铝线

4 规格

圆铝线的规格用标称直径表示，其范围应符合表2规定。

表2 圆铝线的规格

型号	直径范围/mm
LR	0.30～10.00
LY4	0.30～6.00
LY6	0.30～10.00
LY8	0.30～5.00
LY9	1.25～5.00

5 材料

圆铝线应采用符合 GB/T 3954—2008 规定的圆铝杆制造。

6 尺寸偏差

6.1 圆铝线标称直径的偏差应符合表 3 规定。

6.2 圆铝线在垂直于轴线的同一截面上测得的最大和最小直径之差(f 值)应不超过标称直径偏差的绝对值。

表 3 圆铝线标称直径的偏差

单位为毫米

标称直径 d	偏差
0.300～0.900	±0.013
0.910～2.490	±0.025
2.50 及以上	±1%d
注：标称直径 2.50 及以上，计算时保留两位小数，标称直径 2.50 以下，计算时保留三位小数。	

7 机械性能

圆铝线的机械性能应符合表 4 规定。

表 4 圆铝线的机械性能

型号	直径 mm	抗拉强度/(N/mm²) 最小	抗拉强度/(N/mm²) 最大	断裂伸长率(最小值)%	卷绕
LR	0.30～1.00	—	98	15	—
	1.01～10.00	—	98	20	—
LY4	0.30～6.00	95	125	—	第 12 章
LY6	0.30～6.00	125	165	—	第 12 章
	6.01～10.00	125	165	3	—
LY8	0.30～5.00	160	205	—	第 12 章
LY9	1.25 及以下	200	—	—	第 12 章
	1.26～1.50	195			
	1.51～1.75	190			
	1.76～2.00	185			
	2.01～2.25	180			
	2.26～2.50	175			
	2.51～3.00	170			
	3.01～3.50	165			
	3.51～5.00	160			

8 电性能

圆铝线的电性能应符合表 5 规定。

表 5 圆铝线的电性能

型 号	20 ℃时直流电阻率(最大值)Ω·mm²/m
LR	0.027 59
LY4 LY6 LY8 LY9	0.028 264

计算时,20 ℃时的物理数据应取下列数值:

密度……………………………………………………………2.703 kg/dm³

线膨胀系数……………………………………………………0.000 023 ℃⁻¹

电阻温度系数 LR 型………………………………… 0.004 13 ℃⁻¹

其余型号………………………………0.004 03 ℃⁻¹

9 表面质量

圆铝线表面应光洁,不得有与良好工业产品不相称的任何缺陷。

10 交货要求

10.1 圆铝线应成盘或成圈交货,每盘或每圈圆铝线应为一整根,不允许有任何形式的接头。制造过程中铝杆和成品线模前的焊接除外。

10.2 每盘或每圈圆铝线的净重应符合表 6 规定。根据双方协议,允许任何重量的圆铝线交货。

表 6 圆铝线的净重

标称直径 mm	每根圆铝线质量(最小值) kg	短 段	
		质 量	交货数量
0.30～0.50	1	不小于每根圆铝线质量最小值的 50%	不大于交货总质量的 15%
0.51～1.00	3		
1.01～2.00	8		
2.01～4.00	15		
4.01～6.00	20		
6.01～10.00	25		

11 验收规则

11.1 产品应由制造厂检验合格后方能出厂。每批出厂的产品应附有制造厂的产品质量检验合格证。

11.2 产品应按表 7 规定进行检验。

表 7 检验规则

序 号	检 验 项 目	本标准章号	检 验 规 则	试 验 方 法
1	尺寸	6	T,S	GB/T 4909.2—2009
2	外观	9	T,S	正常目力检测
3	机械性能	7	T,S	GB/T 4909.3—2009 GB/T 4909.6—2009
4	卷绕试验	7	T,S	本标准第 13 章的规定
5	20 ℃时直流电阻率	8	T,S	GB/T 3048.2—2007
6	质量	10	T,S	称重

11.3 每批按 1%抽样,但不少于 3 盘(圈);批量较大时,不多于 10 盘(圈)。第一次试验结果有不合格

时，应另取双倍数量的试样就不合格项目进行第二次试验，如仍有不合格时，应逐盘、(圈)检查。

12 试验方法

卷绕试验依据 GB/T 4909.7—2009 规定进行，试样在等于自身直径的圆棒上紧密卷绕 8 圈，退绕 6 圈之后重新紧密卷绕，用正常目力检查，铝线应不裂断，但允许铝线表面有轻微裂纹。

13 包装及标志

13.1 圆铝线用型号、直径及本标准编号表示。

示例：标称直径为 2.00 mm 的 H4 状态硬圆铝线，表示为：LY 4-2.00 GB/T 3955—2009

13.2 圆铝线应卷绕整齐，妥善包装。成盘时，最外一层应与线盘侧板边缘保持适当的距离。

13.3 每盘或每圈圆铝线上应附有标签标明：

a) 制造厂名称；

b) 型号及规格 mm；

c) 毛重及净重 kg；

d) 制造日期 年 月 日；

e) 标准编号 GB/T 3955—2009。

ICS 83.120
Q 23

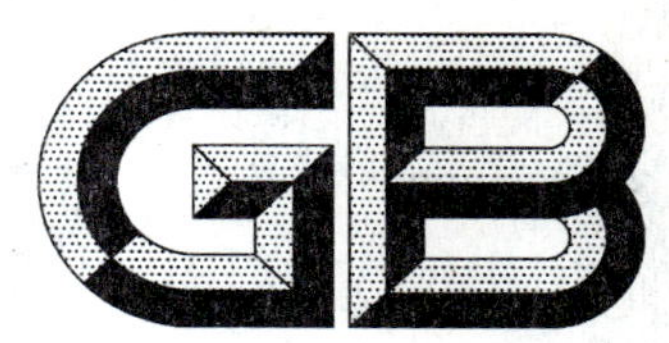

中华人民共和国国家标准

GB/T 3961—2009
代替 GB/T 3961—1993

纤维增强塑料术语

Terms for fibre reinforced plastics

2009-05-13 发布　　2009-12-01 实施

中华人民共和国国家质量监督检验检疫总局
中国国家标准化管理委员会　发布

前　言

本标准代替 GB/T 3961—1993《纤维增强塑料术语》。

本标准与 GB/T 3961—1993 相比主要变化如下：

——对章条的编排和格式进行了全面修改；

——本标准保留了 GB/T 3961—1993 中的条目 267 条，修改了 123 条，新增了 64 条。

本标准由中国建筑材料联合会提出。

本标准由全国纤维增强塑料标准化技术委员会(SAC/TC 39)归口。

本标准负责起草单位：北京航空航天大学、北京玻璃钢研究设计院。

本标准主要起草人：张佐光、李敏、顾铁卓、薛忠民、张大兴、孙志杰。

本标准所代替标准的历次版本发布情况为：

——GB/T 3961—1983；

——GB/T 3961—1993。

纤维增强塑料术语

1 范围

本标准规定了纤维增强塑料即聚合物基纤维复合材料用术语。

本标准适用于制定标准、修订标准,编写书刊及有关技术文件等。

2 规范性引用文件

下列文件中的条款通过本标准的引用而成为本标准的条款。凡是注日期的引用文件,其随后所有的修改单(不包括勘误的内容)或修订版均不适用于本标准,然而,鼓励根据本标准达成协议的各方研究是否可使用这些文件的最新版本。凡是不注日期的引用文件,其最新版本适用于本标准。

GB/T 18374—2008 增强材料术语及定义

3 术语和定义

GB/T 18374—2008 确立的以及下列术语和定义适用于本标准。

3.1 总论

3.1.1

玻璃纤维增强塑料 glass fibre reinforced plastics

GFRP

以玻璃纤维为增强体,以聚合物为基体的复合材料。

3.1.2

层间混杂纤维复合材料 interply hybrid fibre composites

由两种或两种以上单种纤维层相互间隔复合而成的混杂纤维复合材料,这种混杂结构形式又称B型混杂。

3.1.3

层内混杂纤维复合材料 intraply hybrid fibre composites

同一铺层内具有两种或两种以上纤维的混杂纤维复合材料,这种混杂结构形式又称为A型混杂。

3.1.4

层内-层间混杂纤维复合材料 intra-interply fibre hybrid composites

同时存在层内和层间两种混杂形式的混杂纤维复合材料。

3.1.5

超混杂复合材料 superhybrid composites

复合材料或混杂复合材料和其他材料所构成的材料。

3.1.6

单向复合材料 unidirectional composites

所有纤维沿同一方向排列的复合材料。

3.1.7

短切纤维复合材料 chopped fibre composites

以短切纤维为增强体的复合材料。

3.1.8

多层结构 polylaminate structure

由两层或两层以上不同材料或材料相同而铺层方向不同的材料所组成的层状结构。

3.1.9

芳纶增强塑料 aramid fibre reinforced plastics

AFRP

以芳纶为增强体,以聚合物为基体的复合材料。

3.1.10

分散型连续混杂纤维复合材料 intimately mixed continuous fibre hybrid composites

由两种或两种以上连续纤维均匀地分布在基体相中所构成的混杂纤维复合材料。

3.1.11

复合材料 composites

由粘结材料(基体)和纤维状、粒状或其他形状材料,通过物理或化学的方法复合而成的一种多相固体材料。

3.1.12

复合效应 complex effect of composites

复合材料中组分材料协同作用产生的新效应,包括线性效应和非线性效应。

3.1.13

功能复合材料 functional composites

以满足特定物理、化学或生物性能等其他性能为主的复合材料。

3.1.14

混合定律 rule of mixture

表达复合材料性能与对应的组分材料性能之间同体积含量成线性关系的法则。

3.1.15

混杂短切纤维复合材料 hybrid chopped fibre composites

由两种或两种以上短切纤维随机分布在基体中所构成的复合材料。

3.1.16

混杂多维织物复合材料 hybrid multidimensional fabric composites

由两种或两种以上纤维在空间不同方向上编织而成的立体型织物增强的复合材料。

3.1.17

混杂结构 hybrid structure

混杂纤维复合材料中不同种类纤维空间相对位置的排列方式。

3.1.18

混杂界面 hybrid interphase

在混杂纤维复合材料中,同时受两种纤维影响的界面区。

3.1.19

混杂界面数 hybrid interface number

混杂纤维复合材料中不同种类纤维铺层相接触面的数目。

3.1.20

混杂体积比 hybrid volume ratio

混杂纤维复合材料中不同种类纤维体积含量之比。

3.1.21

混杂纤维分散度　degree of dispersion

复合材料中各种纤维相对分散的程度。

3.1.22

混杂纤维复合材料　hybrid fibre composites

由两种或两种以上纤维增强同一种基体的复合材料。

3.1.23

混杂效应　hybrid effect

混杂纤维复合材料的某一性能值偏离用混合定律计算值的现象。

3.1.24

混杂效应系数　coefficient of hybrid effect

混杂纤维复合材料的某性能值相对于按混合定律计算值的变化率。

3.1.25

混杂织物复合材料　hybrid fabric composites

由两种或两种以上纤维编织而成的织物增强的复合材料。

3.1.26

加筋板　stiffened panel

用筋条在规定方向上增强的板材。

3.1.27

夹层结构　sandwich construction

以面板(蒙皮)与轻质芯材组成的一种层状复合结构。按其芯材形式或材料的不同,通常有蜂窝、波纹和泡沫夹层结构等。

3.1.28

夹芯混杂纤维复合材料　sandwich hybrid fibre composites

以一种纤维铺层或铺层组为面层,另一种纤维铺层或铺层组为芯层构成的混杂纤维复合材料,这种混杂结构形式又称为C型混杂。

3.1.29

结构复合材料　structural composites

以承受外力荷载为主的复合材料。

3.1.30

界面　interface

复合材料中各独立的物理相之间的结合面。

3.1.31

界面相　interphase

复合材料中基体和增强体之间所形成的过渡区域。

3.1.32

连续纤维复合材料　continuous fibre composites

以连续纤维为增强体的复合材料。

3.1.33

纳米复合材料　nano composites

含有纳米尺度和纳米效应组分的复合材料。

3.1.34

硼纤维增强塑料　boron fibre reinforced plastics

BFRP

以硼纤维为增强体，以聚合物为基体的复合材料。

3.1.35

热固性复合材料　thermosetting composites

以热固性树脂为基体的复合材料。

3.1.36

热塑性复合材料　thermoplastic composites

以热塑性树脂为基体的复合材料。

3.1.37

碳纤维增强塑料　carbon fibre reinforced plastics

CFRP

以碳或石墨纤维为增强体，以聚合物为基体的复合材料。

3.1.38

先进复合材料　advanced composites

强度、模量等力学性能相当于或超过铝合金的复合材料。

3.1.39

纤维增强塑料　fibre reinforced plastics

以纤维为增强体，以聚合物为基体的复合材料。

3.1.40

有机纤维增强塑料　organic fibre reinforced plastics

以有机纤维为增强体，以聚合物为基体的复合材料。

3.1.41

组分材料　constituent materials

构成复合材料中独立物理相的材料。主要指增强材料与基体材料。

3.2　增强材料

3.2.1

表面毡　surfacing mat

由纤维单丝(定长或连续的)粘结而制成的紧密薄片，被用作复合材料的表面层。

[GB/T 18374—2008，定义 3.4]

3.2.2

玻璃纤维　glass fibre

一般指硅酸盐熔体制成的玻璃态纤维或丝状物。

3.2.3

玻璃纤维布　woven glass fabric

将两组相互垂直的或互成某特定角的玻璃纤维纱(单纱、合股纱或无捻粗纱)交叉织成的一种织物。

3.2.4

单丝毡　filament mat

以粘结剂将连续玻璃纤维单丝结合在一起的平面结构材料。

[GB/T 18374—2008，定义 3.10]

3.2.5

单向织物　unidirectional fabric

一种经纬向上纱线数量有明显差别的平面结构。

[GB/T 18374—2008,定义 5.6]

3.2.6

短切纤维　chopped fibre

连续纤维丝束经切断或拉断而成的短纤维增强材料。

注：纤维长度一般在 50 mm 以下。

3.2.7

短切原丝　chopped strands

未经任何形式结合的短切连续纤维原丝段。

[GB/T 18374—2008,定义 3.14]

3.2.8

短切原丝毡　chopped strand mat

由粘结剂将随机分布的短切原丝粘结而成的一种毡。

3.2.9

多轴向织物　multi-axial warp-rnitted fabrics

一种单层内纤维束平行排列、层间通过纱线缝合而成的具有多层结构和多轴向的增强材料。

3.2.10

E 玻璃纤维　E-glass fibre

无碱玻璃纤维

碱金属氧化物含量很少,具有良好电绝缘性的玻璃纤维。

注：碱金属氧化物含量一般小于 1%。

3.2.11

芳纶　aramid fibre

分子主链主要由芳香环和酰胺键构成的合成纤维。

3.2.12

蜂窝芯　honeycomb core

用浸渍树脂胶液的片材,如纸、玻璃布等或塑料、金属片做成的蜂窝状结构,作为夹层结构的芯材。

3.2.13

缝编毡　stitched mat

knitted mat

用线圈结构缝合而成的玻璃纤维毡片。

[GB/T 18374—2008,定义 3.19]

3.2.14

复合毡　combination mat

若干形式的玻璃纤维增强材料以机械或化学方法粘结而成的平面结构材料。

注：增强材料通常包括短切原丝、连续原丝、无捻粗纱布及其他。

[GB/T 18374—2008,定义 3.21]

3.2.15

覆面毡　glass veil

连续的(或短切的)玻璃纤维单丝稍加粘结而制成的平面结构材料。

[GB/T 18374—2008,定义 3.22]

3.2.16

高硅氧玻璃纤维　high silica glass fibre

由钠硼硅酸盐玻璃纤维经酸处理后烧结制得的，具有很高二氧化硅含量的耐高温玻璃纤维。

注：二氧化硅含量应大于95%。

3.2.17

浸润剂　size

在纤维的生产过程中，施加于单丝上的某些化学制剂的混合物。浸润剂有增强型、纺织型和纺织塑料型三种类型。

3.2.18

晶须　whisker

短纤维状单晶无机增强材料。

3.2.19

连续纤维　continuous filament

multifilaments

由多根单丝集合成的一类纺织材料。

3.2.20

连续原丝毡　continuous strand mat

用粘结剂将未经切断的连续纤维原丝粘合在一起而制成的平面结构材料。

[GB/T 18374—2008，定义3.31]

3.2.21

面板　facing

夹层结构的一部分。通常是薄的、强度较高的材料，主要承受侧向载荷和平面弯矩。也称"蒙皮"。

3.2.22

硼纤维　boron fibre

将硼沉积在载体纤维上制得的丝状物。

3.2.23

S玻璃纤维　S glass fibre

高强玻璃纤维　high strength glass fibre

用硅-铝-镁系统的玻璃拉制的玻璃纤维。

注：其新生态强度一般比无碱玻璃纤维高25%以上。

[GB/T 18374—2008，定义3.39]

3.2.24

三维夹芯层连织物　3D facesheet-linked spacer fabric

整体编织而成，层与层之间纱线相连，呈中空结构的一种三向织物。

3.2.25

三维织物　three dimensional weave

由经纱、纬纱和垂直于经、纬方向的纱编织而成的立体结构织物。

3.2.26

湿法毡　wet-laid mat

以短切玻璃纤维为原料，添加某些化学助剂使之在水中分散成浆体，经抄取、脱水、施胶、干燥等过程，制成的平面结构材料。

[GB/T 18374—2008，定义3.40]

3.2.27

石墨纤维　graphite fibre

分子结构已石墨化、含碳量极高的碳纤维。

注：碳含量应大于99%。

3.2.28

石英玻璃纤维　quartz glass fibre

一般指以石英棒或石英砂为原料熔融制成的，具有很高二氧化硅含量的纤维或丝状物。

注：二氧化硅含量应大于98%。

3.2.29

丝束　tow

yarn

由多根单丝组成的纤维束。

3.2.30

碳化硅纤维　silicon carbide fibre

由β-碳化硅细晶组成的连续纤维，可用气相沉积、纺丝烧结等方法制造。

3.2.31

碳纤维　carbon fibre

碳含量很高的纤维状材料。

注：碳含量应不低于93%。

3.2.32

无捻粗纱　roving

平行原丝（合股无捻粗纱）或平行单丝（直接无捻粗纱）不加捻而并合的集束体。

[GB/T 18374—2008，定义3.43]

3.2.33

无捻粗纱布　woven roving

由无捻粗纱织成的一种织物。

[GB/T 18374—2008，定义5.40]

3.2.34

纤维　fibre

fiber

一种长径比很大细丝状的物质单元。

[GB/T 18374—2008，定义2.35]

3.2.35

玄武岩纤维　basalt fibre

一般指以玄武岩熔体为主制成的纤维或丝状物。

3.2.36

有机纤维　organic fibre

由有机聚合物制成的纤维或利用天然聚合物经化学处理而制成的纤维。

3.2.37

增强材料　reinforcement

reinforcing material

加入基体中能使其力学性能显著提高的材料，也称增强体。

3.2.38

毡 mat

由短切或不短切的连续纤维原丝定向或不定向地结合在一起的平面结构制品。

[GB/T 18374—2008,定义 3.48]

3.2.39

针刺毡 needled mat

在针刺机上将各组元勾连在一起而制成的毡,可带有或不带衬底材料。

[GB/T 18374—2008,定义 3.49]

3.3 基体材料

3.3.1

不饱和聚酯树脂 unsaturated polyester resin

分子链上含有碳-碳不饱和双键的,能与不饱和单体或预聚体发生交联的一类聚酯树脂。

3.3.2

触变剂 thixotropic agent

加入树脂中,能使树脂胶液在静置时有较大的稠度,在外力作用下又变成低稠度流体的物质。

3.3.3

触变现象 thixotropy

加有触变剂的树脂胶液,在静态时不易流动,受到外力时就易流动,除去外力后,又变为不易流动的现象。

3.3.4

促进剂 accelerator

一种用量很少就能加快反应速度的物质。

3.3.5

酚醛环氧树脂 phenolic epoxy resin

环氧化合物与线型酚醛树脂在氢氧化钠催化下缩合而成的聚合物。

3.3.6

酚醛树脂 phenolic resin

由酚、酚的同系物及(或)衍生物与醛类或酮类缩聚而成的一类树脂。

3.3.7

固化剂 curing agent

能使热固性树脂发生化学交联形成不溶不熔网络结构的一类物质。

3.3.8

环氧树脂 epoxy resin

分子链上含有两个或多个能够交联的环氧基团的一类树脂。

3.3.9

基体 matrix

复合材料中起粘结作用的连续相。

3.3.10

胶粘剂 adhesive

粘合剂

通过粘合作用,能使材料结合成整体的物质。

3.3.11

胶衣 gel coat

用于复合材料表面改善其性能的树脂层。

3.3.12

浇铸体 resin casting body

指未加增强材料的树脂基体固化物，又称浇注体。

3.3.13

交联剂 crosslinking agent

促进或调节聚合物分子链间共价键或离子键形成的物质。

3.3.14

聚酰亚胺树脂 polyimide resin

主链上含有酰亚胺环的一类树脂，分为热塑性和热固性聚酰亚胺两种。

3.3.15

可溶性树脂含量 dissoluble resin content

预浸料或预混料中树脂可溶部分的含量。

3.3.16

偶联剂 coupling agent

能在树脂基体与增强材料的界面间促进或建立更强结合的一种物质。

3.3.17

潜伏性固化剂 latent curing agent

在常温下能使树脂保持较长的储存期，经加热至活性温度即能起固化作用的一类固化剂。

3.3.18

氰酸酯树脂 cyanate easter resin

含有两个或两个以上氰酸酯官能团的酚衍生物。

3.3.19

热固性基体 thermosetting matrix

固化后在热或溶剂作用下，不熔不溶的树脂基体。

3.3.20

热塑性基体 thermoplastic matrix

硬化后可溶于溶剂或在热的作用下能转变成熔融状态的树脂基体。

3.3.21

树脂 resin

一种具有不同的、较高相对分子量的固态、半固态或假固态、有时也可以是液态的有机物质。通常有一个软化或熔融的范围，当受力作用时有流动倾向。广义上惯指作为复合材料基体使用的聚合物。

3.3.22

树脂糊 resin paste

在树脂中加入增稠剂、填料等组分的粘稠状混合物。

3.3.23

双酚 A 型环氧树脂 bisphenol A type epoxy resin

含有二酚基丙烷结构的缩水甘油醚类环氧树脂，又称 E 型环氧树脂。

3.3.24

双马来酰亚胺树脂　bismaleimide resin

由马来酸酐和芳香二胺等经缩合反应得到的一类树脂。

3.3.25

填料　filler

为改善性能或为降低成本而加入树脂中，有相对惰性的固体物质。

3.3.26

脱模剂　release agent

为使复合材料制品易与模具分离而涂于模具成型面或加入树脂基体中的物质。

3.3.27

稀释剂　diluent

为了降低树脂黏度，改善其工艺性能而加入的与树脂混溶性好的液体。

3.3.28

乙烯基脂树脂　vinyl resin

分子链上含有不少于两个乙烯基的聚酯树脂。

3.3.29

增稠剂　thickener

thickening agent

能使树脂胶液的稠度在要求的时间内增加到满足成型工艺要求并保持相对稳定，从而改善其工艺性能的物质。

3.3.30

增韧剂　toughening agent

为了降低树脂固化后的脆性，提高其冲击强度和延伸率而加入树脂中的物质。

3.3.31

增塑剂　plasticizer

为改善塑性和提高柔性而加入塑料中的一种低挥发性物质。

3.4　工艺

3.4.1

半干法缠绕成型　semi-dry winding

连续纤维纱（或纱带、布带）浸渍树脂胶液，预烘后随即缠绕到芯模上成型复合材料制品的方法。

3.4.2

饱和渗透率　saturated permeability

预先浸有树脂的纤维增强体的渗透率。

3.4.3

包角　wrap angle

封头上的缠绕中心角。

3.4.4

扁椭球封头曲面　oblate ellipsoid head contour

扁椭球面形状的容器封头曲面。

3.4.5

层压成型　laminating

在加热、加压条件下用或不用粘结剂将两层或多层相同或不同材料结合为整体的方法。

3.4.6

层压模压法　laminate moulded method

将浸过树脂的纤维织物或其他片状材料裁成所需形状，逐层铺放在模具中，压制成型复合材料制品的方法。

3.4.7

缠绕成型　filament winding

winding process

在控制张力和预定线型的条件下，以浸有树脂胶液的连续纤维或织物缠到芯模或模具上成型制品的一种方法。又称纤维缠绕成型。

3.4.8

缠绕规律　principle of winding

描述纤维束或带均匀排布在芯模表面以及芯模和导丝头之间的运动关系的规律。

3.4.9

缠绕机　winding machine

winder

用缠绕成型工艺制作复合材料制品的设备。

3.4.10

缠绕角　winding angle

缠绕在芯模上的纤维束或带的长度方向与芯模子午线或母线间的夹角。

3.4.11

缠绕模压法　winding-compression moulding

指浸渍树脂的纤维束按设计线型在芯模上缠好后直接模压成型，或把缠好后的铺层切下，再切成预定形状，放入模内压制成型的工艺方法。

3.4.12

缠绕速比　winding rate ratio

单位时间内，芯模转数与导丝头往返次数之比。

3.4.13

缠绕速度　winding rate

缠绕过程中，单位时间内通过导丝头的纤维束或带的长度。

3.4.14

缠绕线型　winding pattern

缠绕成型时纤维束或带按一定规律均匀排布在芯模表面而重复出现的图形。

3.4.15

缠绕张力　winding tension

缠绕过程中，施加给纤维束或带的张紧力。

3.4.16

缠绕中心角　winding central angle

缠制容器时，芯模上缠绕纤维从某一点绕到另一点时，芯模所转过的角度。筒体段上的缠绕中心角叫进角，封头段上的缠绕中心角叫包角。

3.4.17

长丝缠绕　continuous fibre winding

指热塑性聚合物基复合材料的纤维缠绕成型方法，其设备与热固性聚合物基复合材料缠绕略有不同，预浸料与芯模都需加热。

3.4.18

稠化　thickening

在复合材料制造过程中使树脂基体的稠度达到成型工艺要求的过程。分加速稠化和自然稠化。

3.4.19

储存期　shelf life

storage life

在规定的条件下，材料仍能满足规范要求而不失效的最长存放时间。

3.4.20

袋压成型　bag moulding

利用柔性袋传递流体压力，将铺放在刚性单面模具上的复合材料坯件固化成型的工艺方法。

3.4.21

单向预浸料　unidirectional prepreg

用相互平行的连续纤维或单向织物制备的预浸料。

3.4.22

导丝头　guide head

绕丝头

guide eye

纤维缠绕成型时，将纤维束引到芯模表面上的导纱装置，又称丝嘴。

3.4.23

等张力封头曲面　isotensile head contour

在内压作用下，缠绕在容器封头上各点处的纤维均承受相等拉应力的封头曲面。

3.4.24

低压成型　low pressure moulding

所施加的压力小于等于 1.4 MPa 的模压或层压成型。

3.4.25

电子束固化　electron beam curing

通过电子束能量引发复合材料树脂体系产生交联反应的过程。

3.4.26

短程缠绕　geodesic line winding

在芯模曲面上，纱带缠绕轨迹与短程线重合的缠绕。

3.4.27

短纤维粒料　chopped fibre pellets

树脂与一定长度的纤维经造粒而成的粒状模塑料。

3.4.28

短程线　geodesic line

曲面上两点间最短距离的连线。

3.4.29

二次胶接　secondary bonding（composites）

两个或两个以上已经固化好的复合材料件用胶粘剂将其粘结成一个整体制品的工艺方法。

3.4.30

非饱和渗透率　unsaturated permeability

预先未浸有树脂的纤维增强体的渗透率。

3.4.31

非线性缠绕　non-linear winding

导丝头沿芯模轴线方向的运动速度与芯模的旋转速度成非线性关系的螺旋缠绕。

3.4.32

分层　delamination

层合材料的层间分离现象。

3.4.33

分层固化　cure by the layer

对制品分次成型和固化，最后一次进行完全固化的方法。

3.4.34

辐射固化　radiation curing

利用电磁波辐射引发复合材料树脂基体产生交联反应的过程。

3.4.35

辅助材料　auxiliary material

在复合材料成型过程中，为保证工艺正常进行所必须的、不构成制品本身的其他材料。

3.4.36

富树脂区　resin rich area

复合材料制品中，局部树脂含量比制品设计的含量高出较多的区域，是一种缺陷。

3.4.37

富树脂层　resin rich layer

纤维增强塑料制品中，能起耐蚀、防渗等作用的树脂含量较高的层。

3.4.38

干法缠绕　dry winding

用预浸纱带(或布带)缠绕到芯模上成型复合材料制品的方法。

3.4.39

干法成型　dry process

用预浸料或预混料成型复合材料制品的方法。

3.4.40

隔离材料　release material

复合材料成型过程中起分离作用的一类薄片状材料。

注：分为透气隔离材料和不透气隔离材料。

3.4.41

工艺设计　process design

指制造复合材料制品的工艺过程设计，包括选择工艺方法与设备、确定工艺参数、下料与铺层、辅助材料选用、制订固化工艺程序、产品加工与质量控制等。

3.4.42

共固化　cocure (composites)

指不同的复合材料制品在一次固化过程中同时完成自身固化和相互胶接的固化工艺方法。

3.4.43

共胶接　co-bonding (composites)

把已经固化成型和尚未固化的复合材料制品通过胶粘剂在同一固化周期中将它们固化并胶接成一

个整体制品的工艺方法。

3.4.44

固化　cure

通过热、光、辐照或化学添加剂等的作用使热固性树脂交联的过程。

3.4.45

固化残余应力　curing residual stress

复合材料制品固化成型后内部产生的未释放的应力。

3.4.46

固化度　curing degree

表征热固性树脂交联反应的程度。

3.4.47

固化工艺　cure process

通过对温度、时间、压力等因素的控制完成复合材料固化的过程。

3.4.48

固化工艺监控　cure process monitoring

通过监测固化过程中树脂体系某些特征参量的变化，控制成型工艺过程的方法。

3.4.49

固化模型　curing model

基于固化过程中的热化学参数、流动参数、空隙参数、残余应力参数之间的关系建立的数学模型。

3.4.50

固化收缩　curing shrinkage

固化成型中或固化成型后制品尺寸缩小的现象。

3.4.51

固化周期　curing cycle

完成一次复合材料制品固化成型的全部过程所需的时间。

3.4.52

过固化　overcure

热固性树脂在热固化过程中，由于温度过高或时间过长等原因而引起固化产物性能变差的现象。

3.4.53

后固化　postcure

指基本定型的复合材料及其制品，为了提高某种性能和固化度而进行的热处理工序。

3.4.54

滑移　slip

纤维缠绕过程中，缠绕到芯模上的纤维从落纱点位置滑向稳定位置或滑脱的一种现象。

3.4.55

环向缠绕　hoop winding

浸渍过树脂胶液的纤维或带沿与芯模轴线接近90°角的方向连续缠绕到芯模上的方法。

3.4.56

挥发物含量　volatile content

预浸料或预混料中可挥发物的含量。用试样中挥发物的质量与试样原始质量的百分比表示。

3.4.57

挤出混料机　mixer extruder

由捏合叶片、剪切锥、混合螺杆等装置组成的连续供应混合料的设备。

3.4.58

极孔 polar hole

缠绕容器封头顶端沿平行圆留出的孔，又称端开孔。

3.4.59

加速稠化 accelerative thickening

将片状模塑料用加热的方法使增稠时间缩短，从而达到可以模压制品阶段的方法。

3.4.60

加压时机 pressure opportunity

指复合材料成型过程中最适宜的加压时间。适宜与否，主要视其树脂含量和/或空隙含量能否满足指标的要求。

3.4.61

交联 crosslinking

在热、辐射和(或)固化剂等作用下，树脂体系分子链间形成共价键，由线型结构转变为体型结构的过程。

3.4.62

胶接接头 bonded joint

指两个被胶接物用胶粘剂胶接到一起的部位。

3.4.63

接触角 contact angle

液体在固体表面上达到平衡状态时，固、液、气三相接触点处液面的切线与固体表面之间的夹角。其大小表示液体对固体的润湿程度，夹角越小润湿性能越好。

3.4.64

介电监控 dielectric monitoring

通过监测树脂体系在固化过程中介电性能的变化，控制复合材料成型工艺过程的方法。

3.4.65

浸胶 impregnation

纤维或其织物浸渍树脂胶液的操作过程。

3.4.66

浸胶机 impregnating equipment

将纤维或其织物浸渍树脂胶液以制备预浸料的设备。由浸胶槽、烘干炉和牵引装置等组成。

3.4.67

浸渍时间 impregnating time

浸胶时，纤维或其织物从进入树脂胶液到引出树脂胶液所经过的时间。

3.4.68

卷管机 wrapped pipe machine

将浸渍一定量树脂胶液的增强织物以一定压力(或张力)按规定厚度卷到芯模上成型管材的设备。

3.4.69

空隙率 void content

复合材料中空隙体积所占总体积百分比。

3.4.70

拉挤成型 pultrusion

在牵引设备的拉引下，将浸渍树脂胶液的连续纤维或其制品，通过成型模加热使树脂固化，连续生产复合材料型材的成型工艺。

3.4.71

拉挤机　pultruder

pultrusion machine

用于拉挤成型工艺连续生产复合材料型材的设备。主要由纱架、胶槽、预成型模、固化成型模、加热冷却系统、控制系统、牵引机构与切断锯等装置组成。

3.4.72

离心成型　centrifugal casting

用喂料机把纤维、树脂、石英砂等浇注到旋转的模具内,或把短切毡铺在空心模内再加入树脂,同时旋转空心模并加热,快速固化的成型工艺。

3.4.73

连续成型　continuous technique

在同一机组上,将浸胶、固化、成型等工序连续起来制造复合材料制品的方法。

3.4.74

零周向应力封头曲面　zero hoopwise stress head contour

等张力封头在极孔半径为零时的封头曲面。此曲面在内压作用下,其周向应力为零。

3.4.75

露丝　fibre show

复合材料制品表面未被树脂覆盖的纤维。

3.4.76

模具　mould

die

成型中赋予复合材料制品形状所用部件的组合体。

3.4.77

模塑料　moulding compound

能用于模塑方法成型的预混料或预浸料。

3.4.78

模塑料流动性　moulding compound flowability

表征模塑料在压力及温度作用下充满模腔的性能。

3.4.79

模压成型　compression moulding

在封闭的模腔内,借助压力,一般尚需加热以成型复合材料制品的方法。

3.4.80

模压时间　moulding time

a) 热固性复合材料成型中,从模具完全闭合的瞬间到解除压力的瞬间所经过的时间。有时也指在热固性树脂固化或热塑性树脂塑化所需的时间。

b) 在注射成型中,熔融物料注入模具后到保压完了的时间。

3.4.81

模压收缩率　moulding shrinkage

模塑制品与所用模具相应尺寸的差同模具相应尺寸之比,用百分数表示。

注:模塑件与模具的尺寸是在常温下测量的。

3.4.82

模压温度　moulding temperature

成型时使热塑性树脂塑化或使热固性树脂固化所规定的温度。

3.4.83

模压压力　moulding pressure

使模塑料完全充满模腔或为使制品密实所必须的压力。

3.4.84

模压周期　moulding cycle

完成一次模塑过程全部操作所需要的时间。

3.4.85

内衬层　liner

为满足使用要求的性能(如耐腐蚀、耐烧蚀、防渗漏等),在制品内壁衬附具有相应性能的内表面层。

3.4.86

捏合机　kneader

借助剧烈的剪切作用充分混合物料的设备。

3.4.87

凝胶　gel

树脂固化过程中出现胶状的现象。

3.4.88

凝胶点　gel point

树脂在固化过程中形成胶状固体相的阶段,可由黏度-时间(温度)曲线得到。

3.4.89

凝胶时间　gel time

在特定温度条件下,树脂胶液达到凝胶状态所需要的时间。

3.4.90

喷射成型　spray up

a) 将预聚物、催化剂及短切纤维同时喷射到模具或芯模上成型制品的方法。

b) 在泡沫材料制造工艺中,将能够快速反应的树脂例如环氧、聚氨酯类树脂连同催化体系喷到模具表面上发泡和固化,制成泡沫制品的方法。

3.4.91

片状模塑料　sheet molding compound

SMC

一种由树脂、短切或未经短切的增强材料、填料、及各种添加剂,经充分混合制成厚度一般为 1 mm～25 mm、上下两面覆盖承载薄膜的片状复合物,能在热压条件下模压成型。

3.4.92

贫树脂区　resin-starved area

复合材料制品中,局部树脂含量比制品设计的含量低较多的区域,是一种缺陷。也称贫胶区。

3.4.93

铺敷变形　lay-up deformation

纤维制品或预浸料在模具上铺放时所产生的变形。

3.4.94

铺贴　lay-up

用手工或机器逐层铺放铺层的操作过程。

3.4.95

启用期　time suitable for moulding

热固性模塑料按工艺要求放置一定时间后才使用的最适宜时间。

3.4.96

欠固化 undercure

热固性树脂在固化过程中，由于固化时间不够、温度偏低、固化剂不足等原因使其达不到必要的固化度，引起制品性能不良的现象。

3.4.97

热膨胀模成型 thermal expansion moulding process

采用热膨胀系数较大的材料制作阳模或芯模，加热固化时，在刚性外模的配合下，热膨胀产生压力，对制品进行加压的成型方法。

3.4.98

热熔预浸渍工艺 hot-melt preimpregnating process

树脂基体加热熔融后浸渍增强材料的过程。

3.4.99

热塑性复合材料共缠绕工艺 co-winding process of thermoplastic composites

将增强材料纤维束与热塑性树脂纤维束进行同步缠绕，制成预浸料或制品坯料的方法。

3.4.100

热压罐 autoclave

为固化聚合物基复合材料制品按要求进行加热、加压的容器类固化设备。

3.4.101

热应力 thermal stress

复合材料经受温度变化时，由于其非均质性或受热不均而发生相互制约，从而产生的内应力。

3.4.102

渗透率 permeability

表征纤维增强体在一定体积分数下，某一特定方向上对树脂流动的阻挡能力。

3.4.103

湿法缠绕 wet winding

纤维或织物浸渍树脂胶液后直接缠绕到芯模上成型复合材料制品的方法。

3.4.104

湿法成型 wet process

纤维或其制品浸渍树脂胶液后直接成型复合材料制品的方法。

3.4.105

室温固化 room-temperature cure

在室温下使热固性树脂体系完成交联反应的过程。

3.4.106

适用期 pot life

working life

在正常施工条件下，已制备好的树脂胶液或预浸料能满足工艺要求的最长操作时间。

3.4.107

手糊成型 hand lay-up

在涂好脱模剂的模具上，手工铺放增强材料并涂刷树脂胶液，直到所需要厚度为止，然后进行固化的一种成型方法。也称接触成型。

3.4.108

树脂传递模塑成型 resin transfer molding

RTM

将纤维或其预成型体预先装入模具内，再注入液态的树脂体系，经固化成型复合材料制品的工艺方法。

3.4.109

树脂反应注塑成型　reaction injection molding

RIM

将纤维或其制品预先放入模具中，将两种高反应活性的液态物料在较高压力下混合均匀，立即注射，经快速固化成型复合材料制品的方法。

3.4.110

树脂含量　resin content

复合材料或预浸料中树脂体积或质量所占总体积或总质量百分比。

3.4.111

树脂膜渗透成型　resin film infusion

RFI

将树脂膜放入模具内，在其上放置纤维预成形体，然后加温，在真空作用下使树脂膜熔化浸润纤维，经固化成型复合材料制品的工艺方法。

3.4.112

树脂淤积　resin pocket

复合材料制品中局部区域存在树脂聚积的现象，是一种缺陷。

3.4.113

撕松机　loosening machine

把预混合的纤维状模塑料分散成膨松状态的设备。

3.4.114

透气材料　breather

一种辅助材料，用于复合材料固化成型时排出气体，保持真空袋内气体畅通的多孔松软材料。

3.4.115

团状模塑料　bulk moulding compound

BMC

一种由树脂、短切的增强纤维、填料（或不加）及各种添加剂经充分混合而成的团状复合物，可以注射成型或在热压条件下模压成型。

3.4.116

脱模　ejection

demoulding

从模具上取下复合材料制品的过程。

3.4.117

脱模温度　ejection temperature

脱模时复合材料制品不产生明显变形的最高温度。

3.4.118

脱粘　debond

由于夹杂物、不正确的胶接工艺或层间应力产生的损伤，导致胶接面的分离。

3.4.119

微波固化　microwave curing

通过微波作用产生热能而引发复合材料树脂体系产生交联反应的过程。

3.4.120

吸胶材料　bleeder

在复合材料制品固化过程中，为了吸贮多余树脂和排除气体在靠近预成型体铺放的疏松的纤维或织物等多孔材料。

3.4.121

纤维表面处理　fibre finishing

为提高纤维与树脂基体的结合力而进行的改善纤维表面物理或化学性质的措施。

3.4.122

纤维含量　fibre content

复合材料中纤维体积或质量所占总体积或总质量百分比。

3.4.123

纤维浸润性　fibre wettability

纤维增强材料被树脂胶液润湿的能力。

3.4.124

线性缠绕　linear winding

导丝头沿芯模轴线方向的运动速度与芯模的旋转速度成线性关系的螺旋缠绕。

3.4.125

芯模　mandrel

缠绕成型复合材料时用的型芯。在其他成型方法中指模具或口模的中心部件。

3.4.126

芯子　core

夹层结构中夹在两面板(蒙皮)之间的轻质材料。

3.4.127

阳模　male mould

模腔为凸形的模具统称为阳模。

3.4.128

阴模　cavity block

female mould

模腔为凹形的模具统称为阴模。

3.4.129

溢料间隙　flash clearance

阴模与阳模之间能使过剩物料溢出的间隙。

3.4.130

预成型　preforming

把模塑料预先加工成便于加入模腔的一定形状的坯料，或将短切纤维用中间胶粘剂制成形状近似于最终产品的毡状物的工艺过程。

3.4.131

预混料　premix

复合材料成型前预先制备的由树脂、增强材料、填料等组成的混合料。

3.4.132

预浸料　prepreg

用于制造复合材料的浸渍树脂基体的纤维或其织物经烘干或预聚的一种中间材料。

3.4.133

允许偏离角　allowable slip angle

纤维缠绕过程中，不发生滑移的非测地线与测地线间的夹角。

3.4.134

真空袋　vacuum bag

在复合材料制造过程中提供的外罩，密封后可抽成真空的袋子。

3.4.135

真空辅助树脂传递模塑成型　vacuum assisted resin transfer molding

VARTM

将纤维或其制品预先放入模具中，真空导入树脂胶液，经固化成型复合材料制品的方法。

3.4.136

装料腔　loading cavity

复合材料制品压制工艺中所用模具装填模塑料的成型内腔或模腔。

3.4.137

装料温度　mould loading temperature

向模具内装入模塑料时模具的最佳温度。

3.4.138

紫外光固化　ultraviolet curing

通过紫外光引发复合材料树脂体系产生交联反应的过程。

3.4.139

自动铺带技术　automated tape-laying

ATL

将一定宽度的单向预浸料按照预定程序逐层自动铺贴到模具上去的铺层技术。

3.4.140

自动纤维铺放技术　automated fibre placement

AFP

将预浸纤维束按照预定程序自动铺放到模具上去的铺贴技术。

3.4.141

纵向缠绕　longitudinal winding

浸过树脂胶液的纤维纱以与芯模两端极孔相切的方向连续缠绕到芯模上的方法。分为螺旋缠绕和平面缠绕。

3.5　性能

3.5.1

比模量　specific modulus

在比例极限内，材料弹性模量(通用拉伸弹性模量)与其密度之比。

3.5.2

比强度　specific strength

材料在断裂点的强度(通用拉伸强度)与其密度之比。

3.5.3

剥离强度　peel strength

在剥离试验中，试样单位宽度上所承受的剥离力。

3.5.4

材料性能可设计性　designability of material properties

通过选择不同的增强材料、基体材料及其含量比和各种铺层形式等，可使复合材料具有不同性能的一种特性。

3.5.5

材料主方向　material principal direction

沿着材料三个正交对称平面的交线方向。

3.5.6

侧压强度　edgewise compressive strength

沿平行于夹层结构材料蒙皮平面的方向单位面积上所承受的最大压缩载荷。

3.5.7

层合板　laminate

由两层或多层同种或不同种材料压制而成的整体板材。

3.5.8

层合板拉-剪耦合　tension-shear coupling of laminate

层合板中面单轴载荷引起中面剪应变的现象，或中面剪切载荷引起中面线应变的现象。

3.5.9

层合板拉-弯耦合　tension-bending coupling of laminate

层合板中面面内载荷引起弯曲、扭转面外变形，或面外载荷弯曲、扭转引起中面面内变形、剪变形的现象。

3.5.10

层合板理论　laminated plate theory

分析和设计复合材料层合板的理论。其中经典层合板理论假定应变沿厚度方向成线性变化，并将每一铺层或铺层组当作匀质材料。

3.5.11

层合板面内刚度　in-plane stiffness of laminate

层合板抵抗中面面内变形(应变)的能力。

3.5.12

层合板面内柔度　in-plane compliance of laminate

层合板单位中面合力引起的中面应变。

3.5.13

层合板耦合刚度　coupling stiffness of laminate

层合板抵抗中面面内与面外耦合变形的能力。

3.5.14

层合板耦合柔度　coupling compliance of laminate

层合板单位中面合力引起的中面面外变形(弯曲变形和扭转变形)或单位中面合力矩(弯曲力矩和扭转力矩)引起的中面面内应变。

3.5.15

层合板弯-扭耦合　bending-twisting coupling of laminate

层合板弯曲载荷引起扭转曲率，或扭转载荷引起弯曲变形的现象。

3.5.16

层间剪切强度　interlaminar shear strength

在复合材料中，沿层间单位面积上所能承受的最大剪切载荷。

3.5.17

层间拉伸强度　interlaminar tensile strength

垂直于复合材料层合板板面单位面积上所能承受的最大拉伸载荷。

3.5.18

层间应力　interlaminar stress

除层合板的三个面内应力分量外，指与厚度方向有关的三个应力分量，即 σ_z、τ_{zx}、τ_{zy}。

3.5.19

冲击后压缩强度　compression strength after impact

复合材料标准试验板经规定能量冲击后进行压缩试验所测得的破坏强度值。

3.5.20

充填孔拉伸强度　tension strength of laminate containing full hole

用$[45/0/-45/90]_{2S}$层合板带穿孔试样充填栓钉后测得的拉伸强度。

3.5.21

充填孔压缩强度　compression strength of laminate containing full hole

用$[45/0/-45/90]_{2S}$层合板带穿孔试样充填栓钉后测得的压缩强度。

3.5.22

单丝拔出试验　filament pullout test

通过测量垂直置入树脂基体中的单丝拔出的载荷，表征纤维与基体之间粘结性能的一种方法。

3.5.23

等代设计　replacement design

在设计时沿用传统设计方法，考虑复合材料的特点而稍加修改的一种设计方法。

3.5.24

对称层合板　symmetrical laminate

几何形状与材料性能都对称于中面的层合板。

3.5.25

发白　blanching

复合材料在受力过程中，主要由于纤维与基体界面局部损伤引起材料表面变白现象。

3.5.26

发响　sounding

复合材料在受力过程中，由于基体界面开裂或纤维断裂而产生的声响现象。

3.5.27

横向裂纹　transverse crack

在层合板单向层中，由于垂直于纤维方向的拉伸应力超过允许值而引起基体或界面的破坏。

3.5.28

横向强度　transverse strength

垂直于单向纤维复合材料纤维方向的强度。

3.5.29

横向弹性模量　transverse modulus of elasticity

垂直于单向纤维复合材料纤维方向的弹性模量。

3.5.30

宏观力学　macromechanics

在复合材料中，按层合板理论把每一铺层内纤维和基体作为一个整体进行力学分析的方法。

3.5.31

环形试样　ring specimen

用浸渍树脂胶液的连续纤维环向缠绕而制成规定尺寸的试样。又称诺尔环(NOL ring)。

3.5.32

交叉效应　crossing effect

正应力会引起剪应变、剪应力会引起线应变的现象,是各向异性材料特有的耦合效应中的一种。

3.5.33

角铺设层合板　angle ply laminate

各单层板的材料主方向与参考坐标轴成某对称角铺设的层合板,也叫斜交层合板。

3.5.34

均衡层合板　balanced laminate

铺层角为$+\theta$与$-\theta$的铺层数相等的层合板。

3.5.35

开孔拉伸强度　tension strength of laminate containing open hole

用$[45/0/-45/90]_{2S}$层合板带穿孔试样测得的拉伸强度。

3.5.36

开孔压缩强度　compression strength of laminate containing open hole

用$[45/0/-45/90]_{2S}$层合板带穿孔试样测得的压缩强度。

3.5.37

老化　ageing

随时间推移而使材料物理和化学性能降低的现象。

3.5.38

耐久性　durability

指结构在规定期限内,抵抗开裂、应力腐蚀、化学腐蚀、热降解、分层、磨损和外来物损伤等能力。

3.5.39

耦合效应　coupling effect

材料在受到某种应力时,除了产生对应的变形外,还会产生其他变形的现象。复合材料由于各向异性或非匀质等原因可能产生拉剪、拉弯等多种类型的耦合效应。

3.5.40

排序法　ranking

层合板按强度、刚度或其他特性分类排列铺层的一种优化设计方法。

3.5.41

偏轴　off-axis

与材料主轴不重合的坐标轴。

3.5.42

平衡吸湿率　moisture equilibrium content

在给定环境条件下,复合材料吸湿增重在一定时间内不再发生明显变化时的水分增加质量百分数。

3.5.43

平拉强度　flatwise tensile strength

沿垂直于夹层结构材料面板平面的方向单位面积上所能承受的最大拉伸载荷。

3.5.44

平面剪切强度　plane shear strength

当剪应力沿着复合材料边缘作用时测得的面内剪切强度。

3.5.45

平压强度　flatwise compressive strength

沿垂直于夹层结构材料面板平面的方向单位面积上所能承受的最大压缩载荷。

3.5.46

铺层　ply

按设计和工艺要求剪裁的供铺贴制品使用的增强材料或预浸料片材，是复合材料制品结构设计和制造成型的最基本单元。

3.5.47

铺层比　ply ratio

层合板中不同角度铺层的层数之比。

3.5.48

铺层递减　ply drop

随载荷的变小在相应距离上逐步减小某些铺层的方法。

3.5.49

铺层角　ply angle

复合材料中纤维或织物的铺放方向与参考坐标轴的夹角。

3.5.50

铺层设计　ply design

对复合材料的铺层材料、层数、顺序和角度进行合理布置，以满足特定结构性能要求的设计。

3.5.51

铺层顺序　ply stacking sequence

铺贴时各种不同铺层的排列顺序。

3.5.52

铺层应变　ply strain

铺层内的应变分量。根据层合板理论该分量与层合板中的应变分量相同。

3.5.53

铺层应力　ply stress

铺层内的应力分量。该应力分量随层合板中的各铺层材料和角度的不同，逐层变化。

3.5.54

铺层组　ply group

具有相同角度的连续铺层的单元。

3.5.55

人工气候老化　artificial weathering

材料暴露于人工模拟气候条件下所产生的老化。

3.5.56

设计制造一体化　design for manufacture of composites

DFM

将复合材料结构设计与成型工艺设计同时完成的设计方法。

3.5.57

失效包络线　failure envelope

在应力或应变空间的某一平面上，由失效准则描述的有界和封闭曲线。

3.5.58

失效准则　failure criterion

确定材料失效的判据方程。它是材料在复杂应力或应变状态作用下破坏的描述。

3.5.59

湿膨胀系数　moisture expansion coefficient of composites

复合材料吸入水分增加1%质量所引起的尺寸相对改变量。

3.5.60

湿热效应　hygrothermal effect

由吸湿和温度变化引起的制品尺寸或性能等改变的现象。

3.5.61

使用温度　service temperature

复合材料制品满足使用要求所能承受的温度范围。

3.5.62

损伤容限　damage tolerance

指材料或结构在规定的使用期内，抵抗由缺陷、裂纹，或其他损伤而导致破坏的能力。

3.5.63

损伤阻抗　damage resistance in composites

复合材料在与损伤事件相关的力、能量或其他参数作用下所产生损伤尺寸、类型、严重程度的表征。

3.5.64

网络分析　netting analysis

在进行复合材料结构设计时，忽略基体材料的力学性能而只涉及到连续纤维力学性能(刚度、张力、延伸率)的薄膜理论。它是一种简易的设计分析方法。

3.5.65

无损检测　non-destructive test

在不损伤材料或制品的情况下，为检验其内部缺陷所进行的试验。

3.5.66

吸湿率　moisture content

在给定环境条件下，复合材料所含水分增加的质量百分数。又称吸湿量。

3.5.67

细观力学　micromechanics

在复合材料中，分别考虑纤维和基体的性能以及界面的情况，研究它们相互关系并进行力学分析的方法。

3.5.68

纤维临界长度　critical length of fragmentation

复合材料承载中，应力由基体向纤维传递，纤维可达到最大允许应力时的最小长度。

3.5.69

修理容限　repair tolerance

复合材料制品的缺陷或损伤是否需要与能否进行修理的定量界限。

3.5.70

正交层合板　orthogonal ply laminate

各单层板材料主方向成0°和90°交错铺设的层合板。

3.5.71

正轴　on-axis

与材料主轴相重合的坐标轴。

3.5.72

逐层失效　successive ply failure of laminate

随着载荷的增加,多向层合板中最先一层失效后发生的单层连续失效。

3.5.73

子层合板　sub-laminate

在层合板内一个可多次重复的多向铺层组合。

3.5.74

纵横剪切强度　longitudinal-transverse shear strength

当剪应力沿单向纤维复合材料的纤维方向和垂直于纤维方向作用时,测得的面内剪切强度。

3.5.75

纵横剪切弹性模量　longitudinal-transverse shear modulus of elasticity

当剪应力沿单向纤维复合材料的纤维方向和垂直于纤维方向作用时,测得的面内剪切弹性模量。

3.5.76

纵向强度　longitudinal strength

沿单向复合材料纤维方向的强度。

3.5.77

纵向弹性模量　longitudinal modulus of elasticity

沿单向复合材料纤维方向的弹性模量。

3.5.78

最先一层失效　first ply failure of laminate

在多向层合板中有一个铺层最早出现破坏。

3.5.79

最终失效　last ply failure of laminate

在极限载荷作用下多向层合板发生的总体破坏。

中 文 索 引

B

C

D

K

L

M

N

O

P

Q

R

S

T

W

X

Y

Z

英 文 索 引

D

E

F

N

O

P

Q

R

S

T

ICS 13.100
C 68

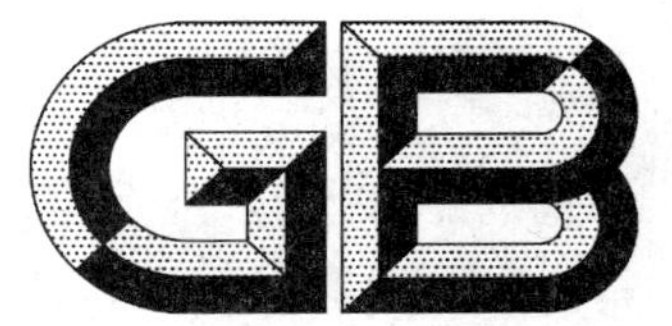

中华人民共和国国家标准

GB 4053.1—2009
代替 GB 4053.1—1993

固定式钢梯及平台安全要求
第1部分:钢直梯

Safety requirements for fixed steel ladders and platform—
Part 1:Steel vertical ladders

2009-03-31 发布　　　　2009-12-01 实施

中华人民共和国国家质量监督检验检疫总局
中国国家标准化管理委员会　发布

前言

本部分除第3章外为强制性。

GB 4053《固定式钢梯及平台安全要求》分为以下几个部分：

——GB 4053.1 钢直梯；

——GB 4053.2 钢斜梯；

——GB 4053.3 工业防护栏杆及钢平台。

本部分为GB 4053《固定式钢梯及平台安全要求》的第1部分。

本部分是对GB 4053.1—1993《固定式钢直梯安全技术条件》的修订。

本部分代替GB 4053.1—1993《固定式钢直梯安全技术条件》。

本部分与GB 4053.1—1993相比主要变化如下：

——修改了对材料的要求；

——增加了梯子支撑及其连接件的载荷规定；

——增加了固定式钢直梯倾角范围的规定；

——修改了防锈及防腐蚀的要求；

——增加了防雷电保护接地的要求；

——修改了梯段最大高度及平台间距的规定；

——修改了应设置护笼梯段的高度的要求；

——修改了梯子内侧净宽度尺寸的规定；

——修改了踏棍间距的规定；

——修改了有关踏棍尺寸的规定；

——增加了在非正常环境下使用的梯子的踏棍尺寸要求；

——修改了梯梁尺寸的规定；

——增加了在非正常环境下使用的梯梁的尺寸要求；

——修改了护笼构件尺寸的规定；

——修改了水平笼箍间距的规定；

——增加了护笼立杆间距及空隙的要求；

——增加了护笼立杆间距及护笼构件形成空隙的规定；

——修改了护笼底部距下端基准面高度的规定。

本部分由国家安全生产监督管理总局提出。

本部分由全国安全生产标准化技术委员会归口。

本部分负责起草单位：吉林省安全科学技术研究院、长春工业大学、长春工程学院。

本部分主要起草人：肖建民、郑凡颖、曲生、韩连英、孙伟。

本部分所代替标准的历次版本发布情况为：

——GB 4053.1—1983；

——GB 4053.1—1993。

固定式钢梯及平台安全要求
第1部分:钢直梯

1 范围

本部分规定了固定式钢直梯的设计、制造和安装方面的基本安全要求。

本部分适用于工业企业内工作场所中使用的固定式钢直梯(另有标准规定的除外)。

2 规范性引用文件

下列文件中的条款通过GB 4053的本部分的引用而成为本部分的条款。凡是注日期的引用文件,其随后所有的修改单(不包括勘误的内容)或修订版均不适用于本部分,然而,鼓励根据本部分达成协议的各方研究是否可使用这些文件的最新版本。凡是不注日期的引用文件,其最新版本适用于本部分。

GB 4053.3 固定式钢梯及平台安全要求 第3部分:工业防护栏杆及钢平台

GB 50057 建筑物防雷设计规范

GB 50205 钢结构工程施工质量验收规范

3 术语和定义

下列术语和定义适用于本部分。

3.1

固定式钢直梯 fixed steel ladder

永久性安装在建筑物或设备上,与水平面成75°～90°倾角主要构件为钢材制造的直梯(见图1)。

3.2

梯梁(梯框) stile (rail)

用来安装踏棍或其他横向承载件的梯子侧边构件。

3.3

踏棍 rung

供使用者上下梯时脚踩踏的梯子构件。

3.4

护笼(安全护笼) cage(cage guard)

安装在梯梁或固定结构上,封闭梯子周围攀登空间防止人员坠落的框架结构。

3.5

支撑 support

用来将钢直梯固定在建筑物或设备上的构件。

3.6

(直梯)扶手 handrail

钢直梯顶端供攀登者手握的构件。

3.7

内侧净宽度 inside clear width

两梯梁内侧平行于踏棍测量的距离,简称梯宽。

3.8

梯段高度　height of the ladder

梯子上端基准面至下端基准面间的垂直距离，简称梯高。

4　一般要求

4.1　材料

4.1.1　钢直梯采用钢材的力学性能应不低于Q235-B，并具有碳含量合格保证。

4.1.2　支撑宜采用角钢、钢板或钢板焊接成T型钢制作，埋没或焊接时必须牢固可靠。

单位为毫米

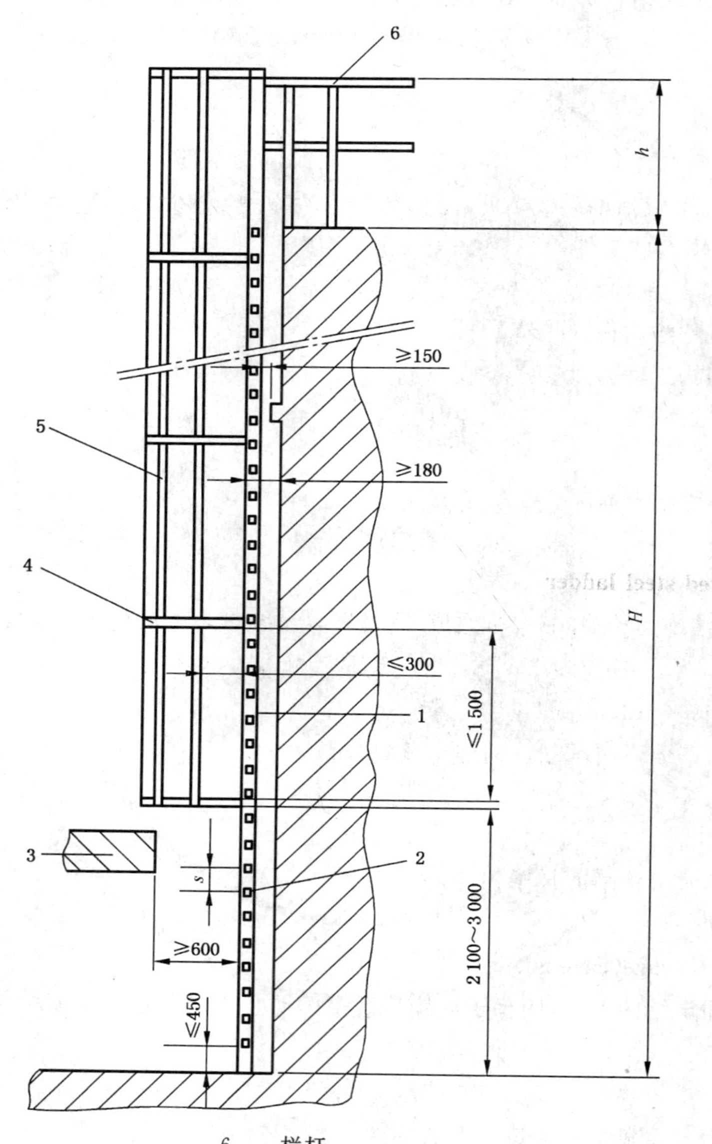

1——梯梁；
2——踏棍；
3——非连续障碍；
4——护笼笼箍；
5——护笼立杆；
6——栏杆；
H——梯段高；
h——栏杆高；
s——踏棍间距；$H \leqslant 15\,000$；$h \geqslant 1\,050$；$s = 225 \sim 300$。

注：图中省略了梯子支撑。

图1　固定式钢直梯示意图

4.2 钢直梯倾角

钢直梯应与其固定的结构表面平行并尽可能垂直水平面设置。当受条件限制不能垂直水平面时，两梯梁中心线所在平面与水平面倾角应在75°～90°范围内。

4.3 设计载荷

4.3.1 梯梁设计载荷按组装固定后其上端承受2 kN垂直集中活载荷计算(高度按支撑间距选取，无中间支撑时按两端固定点距离选取)。在任何方向上的挠曲变形应不大于2 mm。

4.3.2 踏棍设计载荷按在其中点承受1 kN垂直集中活载荷计算。允许挠度不大于踏棍长度的1/250。

4.3.3 每对梯子支撑及其连接件应能承受3 kN的垂直载荷及0.5 kN的拉出载荷。

4.4 制造安装

4.4.1 钢直梯应采用焊接连接，焊接要求应符合GB 50205的规定。采用其他方式连接时，连接强度应不低于焊接。安装后的梯子不应有歪斜、扭曲、变形及其他缺陷。

4.4.2 制造安装工艺应确保梯子及其所有部件的表面光滑、无锐边、尖角、毛刺或其他可能对梯子使用者造成伤害或妨碍其通过的外部缺陷。

4.4.3 安装在固定结构上的钢直梯，应下部固定，其上部的支撑与固定结构牢固连接，在梯梁上开设长圆孔，采用螺栓连接。

4.4.4 固定在设备上的钢直梯当温差较大时，相邻支撑中应一对支撑完全固定，另一对支撑在梯梁上开设长圆孔，采用螺栓连接。

4.5 防锈及防腐蚀

4.5.1 固定式钢直梯的设计应使其积留湿气最小，以减少梯子的锈蚀和腐蚀。

4.5.2 根据钢直梯使用场合及环境条件，应对梯子进行合适的防锈及防腐涂装。

4.5.3 在自然环境中使用的梯子，应对其至少涂一层底漆和一层(或多层)面漆；或进行热浸镀锌，或采用等效的金属保护方法。

4.5.4 在持续潮湿条件下使用的梯子，建议进行热浸镀锌，或采用特殊涂层或采用耐腐蚀材料。

4.6 接地

在室外安装的钢直梯和连接部分的雷电保护，连接和接地附件应符合GB 50057的要求。

5 结构要求

5.1 支撑间距

5.1.1 无基础的钢直梯，至少焊两对支撑，将梯梁固定在结构、建筑物或设备上。相邻两对支撑的竖向间距，应根据梯梁截面尺寸、梯子内侧净宽度及其在钢结构或混凝土结构的拉拔载荷特性确定。

5.1.2 当梯梁采用60 mm×10 mm的扁钢，梯子内侧净宽度为400 mm时，相邻两对支撑的竖向间距应不大于3 000 mm。

5.2 梯子周围空间

5.2.1 对未设护笼的梯子，由踏棍中心线到攀登面最近的连续性表面的垂直距离应不小于760 mm。对于非连续性障碍物，垂直距离应不小于600 mm。

5.2.2 由踏棍中心线到梯子后侧建筑物、结构或设备的连续性表面垂直距离应不小于180 mm。对非连续性障碍物，垂直距离应不小于150 mm(见图1)。

5.2.3 对未设护笼的梯子，梯子中心线到侧面最近的永久性物体的距离均应不小于380 mm。

5.2.4 对前向进出式梯子，顶端踏棍上表面应与到达平台或屋面平齐，由踏棍中心线到前面最近的结构、建筑物或设备边缘的距离应为180 mm～300 mm，必要时应提供引导平台使通过距离减少至180 mm～300 mm。

5.2.5 侧向进出式梯子中心线至平台或屋面距离应为380 mm～500 mm。梯梁外侧与平台或屋面之间距离应为180 mm～300 mm(见图2)。

5.3 梯段高度及保护要求

5.3.1 单段梯高宜不大于 10 m，攀登高度大于 10 m 时宜采用多段梯，梯段水平交错布置，并设梯间平台，平台的垂直间距宜为 6 m。单段梯及多段梯的梯高均应不大于 15 m。

5.3.2 梯段高度大于 3 m 时宜设置安全护笼。单梯段高度大于 7 m 时，应设置安全护笼。当攀登高度小于 7 m，但梯子顶部在地面、地板或屋顶之上高度大于 7 m 时，也应设置安全护笼。

5.3.3 当护笼用于多段梯时，每个梯段应与相邻的梯段水平交错并有足够的间距(见图 2)，设有适当空间的安全进、出引导平台，以保护使用者的安全。

5.4 内侧净宽度

5.4.1 梯梁间踏棍供踩踏表面的内侧净宽度应为 400 mm～600 mm，在同一攀登高度上该宽度应相同。由于工作面所限，攀登高度在 5 m 以下时，梯子内侧净宽度可小于 400 mm，但应不小于 300 mm。

单位为毫米

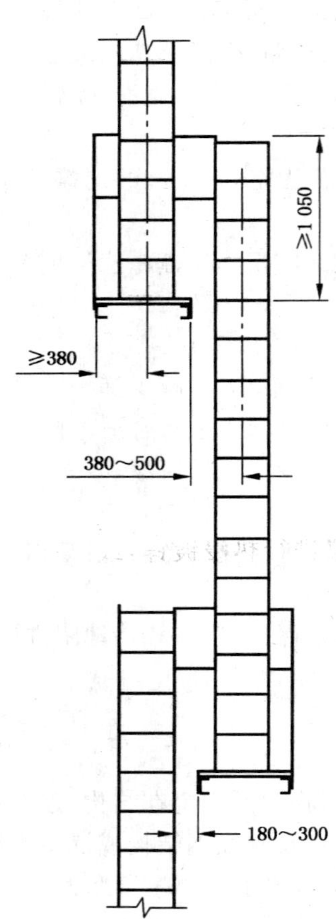

图 2 梯段交错设置示意图

5.5 踏棍

5.5.1 梯子的整个攀登高度上所有的踏棍垂直间距应相等，相邻踏棍垂直间距应为 225 mm～300 mm，梯子下端的第一级踏棍距基准面距离应不大于 450 mm(见图 1)。

5.5.2 圆形踏棍直径应不小于 20 mm，若采用其他截面形状的踏棍，其水平方向深度应不小于20 mm。踏棍截面直径或外接圆直径应不大于 35 mm，以便于抓握。在同一攀登高度上踏棍的截面形状及尺寸应一致。

5.5.3 在正常环境下使用的梯子，踏棍应采用直径不小于 20 mm 的圆钢，或等效力学性能的正方形、长方形或其他形状的实心或空心型材。

5.5.4 在非正常环境(如潮湿或腐蚀)下使用的梯子，踏棍应采用直径不小于 25 mm 的圆钢，或等效力学性能的正方形、长方形或其他形状的实心或空心型材。

5.5.5 踏棍应相互平行且水平设置。

5.5.6 在因环境条件有可预见的打滑风险时，应对踏棍采取附加的防滑措施。

5.6 梯梁

5.6.1 梯梁的表面形状应使其在整个攀登高度上能为使用者提供一致的平滑手握表面，不应采用不便于手握紧的不规则形状截面（如大角钢、工字钢梁等）的梯梁。在同一攀登高度上梯梁应保持相同形状。

5.6.2 在正常环境下使用的梯子，梯梁应采用不小于 60 mm×10 mm 的扁钢，或具有等效强度的其他实心或空心型钢材。

5.6.3 在非正常环境（如潮湿或腐蚀）下使用的梯子，梯梁应采用不小于 60 mm×12 mm 的扁钢，或具有等效强度的其他实心或空心型钢材。

5.6.4 在整个梯子的同一攀登长度上梯梁截面尺寸应保持一致。容许长细比不宜大于 200。

5.6.5 梯梁所有接头应设计成保证梯梁整个结构的连续性。除非所用材料型号有要求，不应在中间支撑处出现接头。

5.6.6 如果要对梯梁因温度变化引起膨胀产生弯曲或应力增大采取针对性技术措施，则应在接头处采取上述措施。

5.6.7 前向或侧向进出式梯子的梯梁应延长至梯子顶部进、出平面或平台顶面之上高度不小于 GB 4053.3 中规定的栏杆高度。

5.6.8 前向进出式梯子的顶部踏棍不应省略。梯梁延长段宜为喇叭型扩大，以使梯梁顶部内侧水平间距不小于 600 mm，不大于 760 mm。

5.6.9 对侧向进出式梯子，梯梁和踏棍在延长段应为连续的。

5.7 护笼

5.7.1 护笼宜采用圆形结构，应包括一组水平笼箍和至少 5 根立杆（见图 3）。其他等效结构也可采用。

单位为毫米

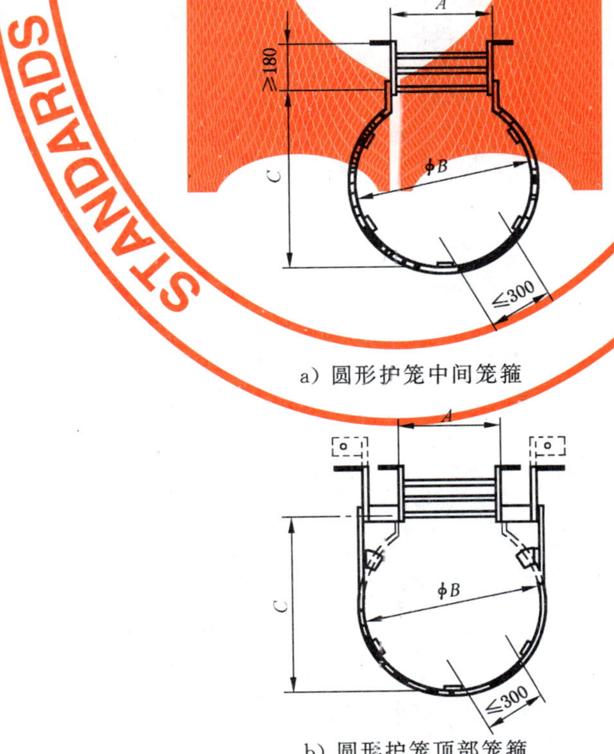

a) 圆形护笼中间笼箍

b) 圆形护笼顶部笼箍

A=400～600；B=650～800；C=650～800

图 3 护笼结构示意图

5.7.2 水平笼箍采用不小于 50 mm×6 mm 的扁钢，立杆采用不小于 40 mm×5 mm 的扁钢。水平笼箍应固定到梯梁上，立杆应在水平笼箍内侧并间距相等，与其牢固连接。

5.7.3 护笼应能支撑梯子预定的活载荷和恒载荷。

5.7.4 护笼内侧深度由踏棍中心线起应不小于 650 mm，不大于 800 mm，圆形护笼的直径应为 650 mm～800 mm，其他形式的护笼内侧宽度应不小于 650 mm，不大于 800 mm。护笼内侧应无任何突出物(见图 3)。

5.7.5 水平笼箍垂直间距应不大于 1 500 mm。立杆间距应不大于 300 mm，均匀分布。护笼各构件形成的最大空隙应不大于 0.4 m^2。

5.7.6 护笼底部距梯段下端基准面应不小于 2 100 mm，不大于 3 000 mm。护笼的底部宜呈喇叭形，此时其底部水平笼箍和上一级笼箍间在圆周上的距离不小于 100 mm。

5.7.7 护笼顶部在平台或梯子顶部进、出平面之上的高度应不小于 GB 4053.3 中规定的栏杆高度，并有进、出平台的措施或进出口。

5.7.8 未能固定到梯梁上的平台以上或进、出口以上的护笼部件应固定到护栏上或直接固定到结构、建筑物或设备上。

ICS 13.100
C 68

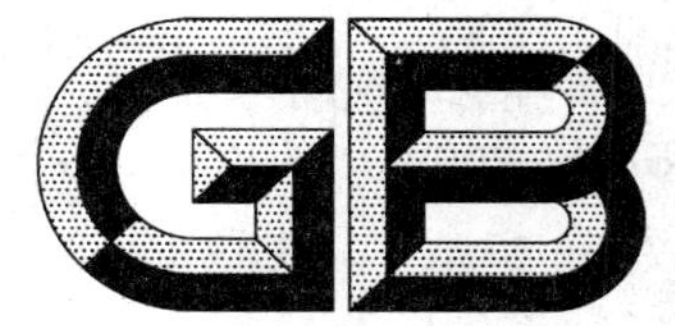

中华人民共和国国家标准

GB 4053.2—2009
代替 GB 4053.2—1993

固定式钢梯及平台安全要求
第2部分：钢斜梯

Safety requirements for fixed steel ladders and platform—
Part 2: Steel inclined ladders

2009-03-31 发布　　2009-12-01 实施

中华人民共和国国家质量监督检验检疫总局
中国国家标准化管理委员会　发布

前　言

本部分除第3章外为强制性。

GB 4053《固定式钢梯及平台安全要求》分为以下几个部分：

——GB 4053.1　钢直梯；

——GB 4053.2　钢斜梯；

——GB 4053.3　工业防护栏杆及钢平台。

本部分为 GB 4053《固定式钢梯及平台安全要求》的第2部分。

本部分是对 GB 4053.2—1993《固定式钢斜梯安全技术条件》的修订。

本部分与 GB 4053.2—1993 相比主要变化如下：

——修改了对材料的要求；

——增加了钢斜梯倾角范围的规定及建议倾角；

——增加了踏步高与踏步宽组合关系的公式要求；

——修改了部分设计载荷的规定，增加了扶手立柱及中间栏杆载荷的要求；

——修改了防锈及防腐蚀的要求；

——增加了防雷电保护接地要求；

——修改了梯高的规定；

——修改了梯子内侧净宽度尺寸的要求；

——增加了踏板前后深度尺寸要求及重叠尺寸的规定；

——增加了梯子上方空间的要求；

——增加了踏板间距的规定；

——修改了踏板防滑的要求，允许采用防滑突缘；

——增加了梯梁在梯子底部的结构要求；

——增加了设置梯子扶手的条件及形式的规定；

——修改了扶手高度要求；

——增加了扶手周围最小空间的要求；

——增加了扶手采用非圆形截面时的尺寸要求。

本部分由国家安全生产监督管理总局提出。

本部分由全国安全生产标准化技术委员会归口。

本部分负责起草单位：吉林省安全科学技术研究院、长春工业大学、长春工程学院。

本部分主要起草人：肖建民、郑凡颖、韩连英、曲生、孙伟。

本部分所代替标准的历次版本发布情况为：

——GB 4053.2—1983；

——GB 4053.2—1993。

固定式钢梯及平台安全要求
第2部分:钢斜梯

1 范围

本部分规定了固定式钢斜梯的设计、制造和安装方面的基本安全要求。

本部分适用于工业企业内工作场所中使用的固定式钢斜梯(另有标准规定的除外)。

2 规范性引用文件

下列文件中的条款通过GB 4053的本部分的引用而成为本部分的条款。凡是注日期的引用文件,其随后所有的修改单(不包括勘误的内容)或修订版均不适用于本部分,然而,鼓励根据本部分达成协议的各方研究是否可使用这些文件的最新版本。凡是不注日期的引用文件,其最新版本适用于本部分。

GB 4053.3 固定式钢梯及平台安全要求 第3部分:工业防护栏杆及钢平台

GB 50057 建筑物防雷设计规范

GB 50205 钢结构工程施工质量验收规范

3 术语和定义

下列术语和定义适用于本部分。

3.1

固定式钢斜梯 fixed steel inclined ladder

永久性安装在建筑物或设备上,与水平面成30°~75°倾角的踏板钢梯(见图1)。

3.2

梯梁(梯框) stile(rail)

用来安装踏板或其他横向承载件的梯子侧边构件。

3.3

踏板 tread(step)

供使用者上下梯时脚踩踏的梯子水平构件,其前后深度不小于80 mm。

3.4

踏步高 rise

相邻两踏板间的垂直距离。

3.5

踏步宽 going

相邻两踏板突缘间的水平距离。

3.6

内侧净宽度 inside clear width

两梯梁内侧平行于踏板测量的距离,简称梯宽。

3.7

梯段高度 height of the ladder

梯梁上端基准面与下端基准面间的垂直距离,简称梯高。

3.8

扶手(系统)　handrail(system)

安装在斜梯外侧边缘保护人员安全的阻挡型框架结构。当其作为斜梯扶手系统部件名称时，是由使用者手握作为支撑并与梯段倾角线平行的扶手系统构件。

3.9

倾角　angle of pitch

两梯梁中心线所在平面与水平面的夹角。

单位为毫米

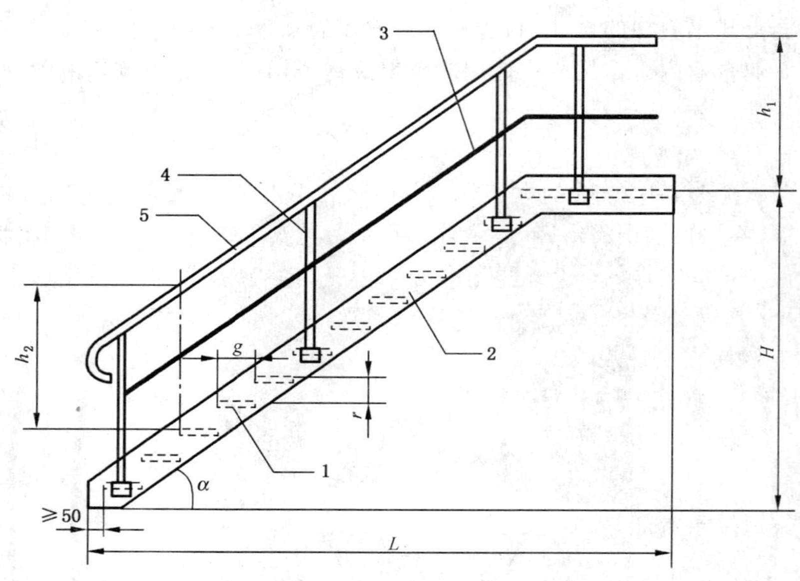

1——踏板；

2——梯梁；

3——中间栏杆；

4——立柱；

5——扶手；

H——梯高；

L——梯跨；

h_1——栏杆高；

h_2——扶手高；

α——梯子倾角；

r——踏步高；

g——踏步宽。

图 1　固定式钢斜梯示意图

4　一般要求

4.1　材料

钢斜梯采用钢材的力学性能应不低于 Q235-B，并具有碳含量合格保证。

4.2　钢斜梯倾角

4.2.1　固定式钢斜梯与水平面的倾角应在 30°～75°范围内，优选倾角为 30°～35°。偶尔性进入的最大倾角宜为 42°。经常性双向通行的最大倾角宜为 38°。

4.2.2　在同一梯段内，踏步高与踏步宽的组合应保持一致。踏步高与踏步宽的组合应符合式(1)的要求：

$$550 \leqslant g + 2r \leqslant 700 \qquad \cdots\cdots (1)$$

式中：

g——踏步宽，单位为毫米(mm)；

r——踏步高，单位为毫米(mm)。

4.2.3 常用的钢斜梯倾角与对应的踏步高 r、踏步宽 g 组合($g+2r=600$)示例见表1，其他倾角可按线性插值法确定。

4.2.4 常用钢斜梯倾角和高跨比($H:L$)示例见表2。

表 1 踏步高 r、踏步宽 g 尺寸常用组合($g+2r=600$)

倾角 α/(°)	30	35	40	45	50	55	60	65	70	75
r/mm	160	175	185	200	210	225	235	245	255	265
g/mm	280	250	230	200	180	150	130	110	90	70

表 2 常用钢斜梯倾角和高跨比

倾角 α/(°)	45	51	55	59	73
高跨比 $H:L$	1:1	1:0.8	1:0.7	1:0.6	1:0.3

4.3 设计载荷

4.3.1 固定式钢斜梯设计载荷应按实际使用要求确定，但应不小于本部分规定的数值。

4.3.2 固定式钢斜梯应能承受5倍预定活载荷标准值，并不应小于施加在任何点的4.4 kN集中载荷。钢斜梯水平投影面上的均布活载荷标准值应不小于3.5 kN/m^2。

4.3.3 踏板中点集中活载荷应不小于1.5 kN，在梯子内侧宽度上均布载荷不小于2.2 kN/m。

4.3.4 斜梯扶手应能承受在除了向上的任何方向施加的不小于890 N集中载荷，在相邻立柱间的最大挠曲变形应不大于跨度的1/250。中间栏杆应能承受在中点圆周上施加的不小于700 N水平集中载荷，最大挠曲变形不大于75 mm。端部或末端立柱应能承受在立柱顶部施加的任何方向上890 N的集中载荷。以上载荷不进行叠加。

4.4 制造安装

4.4.1 钢斜梯应采用焊接连接，焊接要求应符合GB 50205的规定。采用其他方式连接时，连接强度应不低于焊接。安装后的梯子不应有歪斜、扭曲、变形及其他缺陷。

4.4.2 制造安装工艺应确保梯子及其所有构件的表面光滑、无锐边、尖角、毛刺或其他可能对梯子使用者造成伤害或妨碍其通过的外部缺陷。

4.4.3 钢斜梯与附在设备上的平台梁相连接时，连接处宜采用开长圆孔的螺栓连接。

4.5 防锈及防腐蚀

4.5.1 固定式钢斜梯的设计应使其积留湿气最小，以减少梯子的锈蚀和腐蚀。

4.5.2 根据钢斜梯使用场合及环境条件，应对梯子进行合适的防锈及防腐涂装。

4.5.3 钢斜梯安装后，应对其至少涂一层底漆和一层(或多层)面漆或采用等效的防锈防腐涂装。

4.6 接地

在室外安装的钢斜梯和连接部分的防雷电保护，连接和接地附件应符合GB 50057的要求。

5 结构要求

5.1 梯高

5.1.1 梯高宜不大于5 m，大于5 m时宜设梯间平台(休息平台)，分段设梯。

5.1.2 单梯段的梯高应不大于6 m，梯级数宜不大于16。

5.2 内侧净宽度

5.2.1 斜梯内侧净宽度单向通行的净宽度宜为600 mm,经常性单向通行及偶尔双向通行净宽度宜为800 mm,经常性双向通行净宽度宜为1 000 mm。

5.2.2 斜梯内侧净宽度应不小于450 mm,宜不大于1 100 mm。

5.3 踏板

5.3.1 踏板的前后深度应不小于80 mm,相邻两踏板的前后方向重叠应不小于10 mm,不大于35 mm。

5.3.2 在同一梯段所有踏板间距应相同。踏板间距宜为225 mm～255 mm。

5.3.3 顶部踏板的上表面应与平台平面一致,踏板与平台间应无空隙。

5.3.4 踏板应采用防滑材料或至少有不小于25 mm宽的防滑突缘。应采用厚度不小于4 mm的花纹钢板,或经防滑处理的普通钢板,或采用由25 mm×4 mm扁钢和小角钢组焊成的格板或其他等效的结构。

5.4 梯梁

梯梁应有足够的刚度以使结构横向挠曲变形最小,并由底部踏板的突缘向前突出不小于50 mm(见图1)。

5.5 梯子通行空间

5.5.1 在斜梯使用者上方,由踏板突缘前端到上方障碍物沿梯梁中心线垂直方向测量距离应不小于1 200 mm。

5.5.2 在斜梯使用者上方,由踏板突缘前端到上方障碍物的垂直距离应不小于2 000 mm。

5.6 扶手

5.6.1 梯宽不大于1 100 mm两侧封闭的斜梯,应至少一侧有扶手,宜设在下梯方向的右侧。

5.6.2 梯宽不大于1 100 mm一侧敞开的斜梯,应至少在敞开一侧装有梯子扶手。

5.6.3 梯宽不大于1 100 mm两边敞开的斜梯,应在两侧均安装梯子扶手。

5.6.4 梯宽大于1 100 mm但不大于2 200 mm的斜梯,无论是否封闭,均应在两侧安装扶手。

5.6.5 梯宽大于2 200 mm的斜梯,除在两侧安装扶手外,在梯子宽度的中线处应设置中间栏杆。

5.6.6 梯子扶手中心线应与梯子的倾角线平行。梯子封闭边扶手的高度由踏板突缘上表面到扶手的上表面垂直测量应不小于860 mm,不大于960 mm。

5.6.7 斜梯敞开边的扶手高度应不低于GB 4053.3中规定的栏杆高度。

5.6.8 扶手应沿着其整个长度方向上连续可抓握。在扶手外表面与周围其它物体间的距离应不小于60 mm。

5.6.9 扶手宜为外径30 mm～50 mm,壁厚不小于2.5 mm的圆形管材。对于非圆形截面的扶手,其周长应为100 mm～160 mm。非圆形截面外接圆直径应不大于57 mm,所有边缘应为圆弧形,圆角半径不小于3 mm。

5.6.10 支撑扶手的立柱宜采用截面不小于40 mm×40 mm×4 mm角钢或外径为30 mm～50 mm的管材。从第一级踏板开始设置,间距不宜大于1 000 mm。中间栏杆采用直径不小于16 mm圆钢或30 mm×4 mm扁钢,固定在立柱中部。

ICS 13.100
C 68

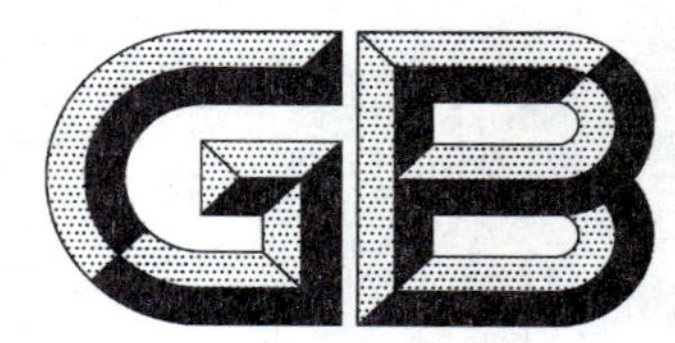

中华人民共和国国家标准

GB 4053.3—2009
代替 GB 4053.3—1993,GB 4053.4—1983

固定式钢梯及平台安全要求 第3部分:工业防护栏杆及钢平台

Safety requirements for fixed steel ladders and platform—Part 3:Industrial guardrails and steel platform

2009-03-31 发布　　2009-12-01 实施

中华人民共和国国家质量监督检验检疫总局
中国国家标准化管理委员会　发布

前　言

本部分除第3章外为强制性。

GB 4053《固定式钢梯及平台安全要求》分为以下几个部分：

——GB 4053.1　钢直梯；

——GB 4053.2　钢斜梯；

——GB 4053.3　工业防护栏杆及钢平台。

本部分为GB 4053《固定式钢梯及平台安全要求》的第3部分。

本部分是对GB 4053.3—1993《固定式工业防护栏杆安全技术条件》和GB 4053.4—1983《固定式工业钢平台》的修订，修订后两个部分合并为一个标准。

本部分与GB 4053.3—1993相比主要变化如下：

——增加了防护栏杆设置的高度要求和条件；

——修改了对材料的要求；

——修改了扶手设计载荷的规定；

——增加了中间栏杆和立柱的载荷要求；

——修改了防锈及防腐蚀的要求；

——修改了防护栏杆推荐高度及最低高度的规定；

——增加了扶手结构、非圆截面扶手尺寸及扶手周围空间的要求；

——修改了中间栏杆与上下方构件间距的规定；

——增加了立柱安装的要求；

——修改踢脚板结构的要求，增加了踢脚板高度的规定。

本部分与GB 4053.4—1983相比主要变化如下：

——修改了对材料的要求；

——修改了平台设计载荷的规定；

——修改了防锈及防腐蚀的要求；

——修改了平台宽度的规定；

——修改了平台行进方向长度的规定；

——修改了平台上方空间高度的要求；

——增加了通行平台倾角的规定。

本部分由国家安全生产监督管理总局提出。

本部分由全国安全生产标准化技术委员会归口。

本部分负责起草单位：吉林省安全科学技术研究院、长春工业大学、长春工程学院。

本部分主要起草人：肖建民、曲生、郑凡颖、孙伟、韩连英。

本部分所代替标准的历次版本发布情况为：

——GB 4053.3—1983，GB 4053.3—1993；

——GB 4053.4—1983。

固定式钢梯及平台安全要求 第3部分：工业防护栏杆及钢平台

1 范围

本部分规定了固定式工业防护栏杆及钢平台的设计、制造和安装方面的基本安全要求。

本部分适用于工业企业内工作场所中使用的防护栏杆及钢平台(另有标准规定的除外)。

2 规范性引用文件

下列文件中的条款通过GB 4053的本部分的引用而成为本部分的条款。凡是注日期的引用文件，其随后所有的修改单(不包括勘误的内容)或修订版均不适用于本部分，然而，鼓励根据本部分达成协议的各方研究是否可使用这些文件的最新版本。凡是不注日期的引用文件，其最新版本适用于本部分。

GB 50205 钢结构工程施工质量验收规范

3 术语和定义

下列术语和定义适用于本部分。

3.1

固定式工业防护栏杆 fixed industrial guardrail

永久性安装在梯子、平台、通道、升降口及其他敞开边缘防止人员坠落的框架结构，简称护栏(见图1)。

3.2

扶手(顶部栏杆) handrail(top-rail)

可供手握作为支撑并有阻挡功能的防护栏杆顶部构件。

3.3

中间栏杆(横杆) intermediate rail(knee-rail)

安装在顶部栏杆和地板之间的防护栏杆水平构件。

3.4

立柱(支柱) post(stanchion)

与平台或其他固定结构连接，支撑防护栏杆的垂直构件。

3.5

踢脚板(挡板) toe board(toe plate,kick plate)

沿平台、通道或其他敞开边缘垂直设置，用来防止物体坠落(或人员滑出)的防护栏杆构件。

3.6

平台 platform

在周围区域平面以上有可供人员工作或站立的平面结构。

3.7

固定式工业钢平台 fixed industrial steel platform

永久性安装在建筑物或设备上供人员工作、休息或通行的钢制平台。

3.7.1

工作平台　work platform

装有要求的防护装置，供人员进行工作活动的平台。

3.7.2

梯间平台（中间平台，休息平台）　landing (intermediate platform, rest platform)

相邻梯段间供人员休息或改变行进方向的平台。

3.7.3

通行平台（通道）　walking platform(walkway, runway)

供人员由一个区域到另一个区域行走的平台。

4　一般要求

4.1　防护要求

4.1.1　距下方相邻地板或地面1.2 m及以上的平台、通道或工作面的所有敞开边缘应设置防护栏杆。

4.1.2　在平台、通道或工作面上可能使用工具、机器部件或物品场合，应在所有敞开边缘设置带踢脚板的防护栏杆。

4.1.3　在酸洗或电镀、脱脂等危险设备上方或附近的平台、通道或工作面的敞开边缘，均应设置带踢脚板的防护栏杆。

4.1.4　当平台设有满足踢脚板功能及强度要求的其他结构边沿时，防护栏杆可不设踢脚板。

4.2　材料

防护栏杆及钢平台采用钢材的力学性能应不低于Q235-B，并具有碳含量合格保证。

单位为毫米

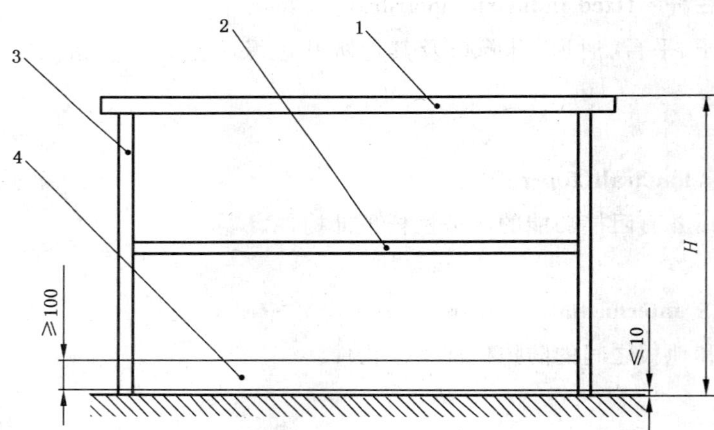

1——扶手（顶部栏杆）；
2——中间栏杆；
3——立柱；
4——踢脚板；
H——栏杆高度。

图1　防护栏杆示意图

4.3　防护栏杆设计载荷

4.3.1　防护栏杆安装后顶部栏杆应能承受水平方向和垂直向下方向不小于890 N集中载荷和不小于700 N/m均布载荷。在相邻立柱间的最大挠曲变形应不大于跨度的1/250。水平和垂直载荷以及集中和均布载荷均不叠加。

4.3.2　中间栏杆应能承受在中点圆周上施加的不小于700 N水平集中载荷，最大挠曲变形不大于75 mm。

4.3.3 端部或末端立柱应能承受在立柱顶部施加的任何方向上 890 N 的集中载荷。

4.4 钢平台设计载荷

4.4.1 钢平台的设计载荷应按实际使用要求确定，并应不小于本部分规定的值。

4.4.2 整个平台区域内应能承受不小于 3 kN/m^2 均匀分布活载荷。

4.4.3 在平台区域内中心距为 1 000 mm，边长 300 mm 正方形上应能承受不小于 1 kN 集中载荷。

4.4.4 平台地板在设计载荷下的挠曲变形应不大于 10 mm 或跨度的 1/200，两者取小值。

4.5 制造安装

4.5.1 防护栏杆及钢平台应采用焊接连接，焊接要求应符合 GB 50205 的规定。

当不便焊接时，可用螺栓连接，但应保证设计的结构强度。安装后的防护栏杆及钢平台不应有歪斜、扭曲、变形及其他缺陷。

4.5.2 防护栏杆制造安装工艺应确保所有构件及其连接部分表面光滑，无锐边、尖角、毛刺或其他可能对人员造成伤害或妨碍其通过的外部缺陷。

4.5.3 钢平台和通道不应仅靠自重安装固定。当采用仅靠拉力的固定件时，其工作载荷系数应不小于 1.5。设计时应考虑腐蚀和疲劳应力对固定件寿命的影响。

4.5.4 安装后的平台钢梁应平直，铺板应平整，不应有歪斜、翘曲、变形及其他缺陷。

4.6 防锈及防腐蚀

4.6.1 防护栏杆及钢平台的设计应使其积存水和湿气最小，以减少锈蚀和腐蚀。

4.6.2 根据防护栏杆及钢平台使用场合及环境条件，应对其进行合适的防锈及防腐涂装。

4.6.3 防护栏杆及钢平台安装后，应对其至少涂一层底漆和一层（或多层）面漆或采用等效的防锈防腐涂装。

5 防护栏杆结构要求

5.1 结构形式

5.1.1 防护栏杆应采用包括扶手（顶部栏杆）、中间栏杆和立柱的结构形式或采用其他等效的结构。

5.1.2 防护栏杆各构件的布置应确保中间栏杆（横杆）与上下构件间形成的空隙间距不大于 500 mm。构件设置方式应阻止攀爬。

5.2 栏杆高度

5.2.1 当平台、通道及作业场所距基准面高度小于 2 m 时，防护栏杆高度应不低于 900 mm。

5.2.2 在距基准面高度大于等于 2 m 并小于 20 m 的平台、通道及作业场所的防护栏杆高度应不低于 1 050 mm。

5.2.3 在距基准面高度不小于 20 m 的平台、通道及作业场所的防护栏杆高度应不低于 1 200 mm。

5.3 扶手

5.3.1 扶手的设计应允许手能连续滑动。扶手末端应以曲折端结束，可转向支撑墙，或转向中间栏杆，或转向立柱，或布置成避免扶手末端突出结构。

5.3.2 扶手宜采用钢管，外径应不小于 30 mm，不大于 50 mm。采用非圆形截面的扶手，截面外接圆直径应不大于 57 mm，圆角半径不小于 3 mm。

5.3.3 扶手后应有不小于 75 mm 的净空间，以便于手握。

5.4 中间栏杆

5.4.1 在扶手和踢脚板之间，应至少设置一道中间栏杆。

5.4.2 中间栏杆宜采用不小于 25 mm×4 mm 扁钢或直径 16 mm 的圆钢。中间栏杆与上、下方构件的空隙间距应不大于 500 mm。

5.5 立柱

5.5.1 防护栏杆端部应设置立柱或确保与建筑物或其他固定结构牢固连接，立柱间距应不大于1 000 mm。

5.5.2 立柱不应在踢脚板上安装，除非踢脚板为承载的构件。

5.5.3 立柱宜采用不小于50 mm×50 mm×4 mm角钢或外径30 mm～50 mm钢管。

5.6 踢脚板

5.6.1 踢脚板顶部在平台地面之上高度应不小于100 mm，其底部距地面应不大于10 mm。踢脚板宜采用不小于100 mm×2 mm的钢板制造。

5.6.2 在室内的平台、通道或地面，如果没有排水或排除有害液体要求，踢脚板下端可不留空隙。

6 钢平台结构要求

6.1 平台尺寸

6.1.1 工作平台的尺寸应根据预定的使用要求及功能确定，但应不小于通行平台和梯间平台(休息平台)的最小尺寸。

6.1.2 通行平台的无障碍宽度应不小于750 mm，单人偶尔通行的平台宽度可适当减小，但应不小于450 mm。

6.1.3 梯间平台(休息平台)的宽度应不小于梯子的宽度，且对直梯应不小于700 mm，斜梯应不小于760 mm，两者取较大值。梯间平台(休息平台)在行进方向的长度应不小于梯子的宽度，且对直梯应不小于700 mm，斜梯应不小于850 mm，两者取较大值。

6.2 上方空间

6.2.1 平台地面到上方障碍物的垂直距离应不小于2 000 mm。

6.2.2 对于仅限单人偶尔使用的平台，上方障碍物的垂直距离可适当减少，但应不小于1 900 mm。

6.3 支撑结构

平台应安装在牢固可靠的支撑结构上，并与其刚性连接；梯间平台(休息平台)不应悬挂在梯段上。

6.4 平台地板

6.4.1 平台地板宜采用不小于4 mm厚的花纹钢板或经防滑处理的钢板铺装，相邻钢板不应搭接。相邻钢板上表面的高度差应不大于4 mm。

6.4.2 工作平台和梯间平台(休息平台)的地板应水平设置。通行平台地板与水平面的倾角应不大于10°，倾斜的地板应采取防滑措施。

ICS 29.045
H 80

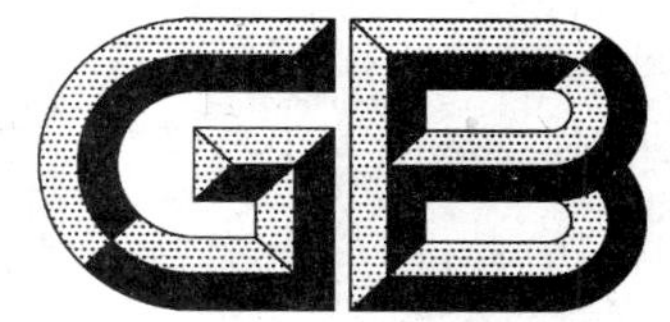

中华人民共和国国家标准

GB/T 4058—2009
代替 GB/T 4058—1995

硅抛光片氧化诱生缺陷的检验方法

Test method for detection of oxidation induced defects in polished silicon wafers

2009-10-30 发布　　2010-06-01 实施

中华人民共和国国家质量监督检验检疫总局
中国国家标准化管理委员会　发布

前　言

本标准代替 GB/T 4058—1995《硅抛光片氧化诱生缺陷的检验方法》。

本标准与 GB/T 4058—1995 相比，主要有如下变化：

——范围中增加了硅单晶氧化诱生缺陷的检验；

——增加了引用标准；

——增加了“术语和定义”章；

——将原标准中“表 1　四种常用化学抛光液配方”删除，在第 5 章中对化学抛光液配比进行了修改，删除了乙酸配方；增加了铬酸溶液 A 的配制、Sirtl 腐蚀液及 Wright 腐蚀液的配制；增加了几种国际上常用的无铬、含铬腐蚀溶液的配方、应用及适用性的分类对比表；

——采用氧化程序替代原标准中的氧化的操作步骤；增加了(111)面缺陷的显示方法及 Wright 腐蚀液的腐蚀时间，将(111)面和(100)面缺陷显示方法区分开了；(100)面缺陷的显示增加了 Wright 腐蚀液腐蚀方法；

——在缺陷观测的测点选取中增加了“米”字型测量方法。

本标准的附录 A 为资料性附录。

本标准由全国半导体设备和材料标准化技术委员会提出。

本标准由全国半导体设备和材料标准化技术委员会材料分技术委员会归口。

本标准起草单位：峨嵋半导体材料厂。

本标准主要起草人：何兰英、王炎、张辉坚、刘阳。

本标准所代替标准的历次版本发布情况为：

——GB 4058—1983、GB/T 4058—1995；

——GB 6622—1986、GB 6623—1986。

硅抛光片氧化诱生缺陷的检验方法

1 范围

本标准规定了硅抛光片氧化诱生缺陷的检验方法。

本标准适用于硅抛光片表面区在模拟器件氧化工艺中诱生或增强的晶体缺陷的检测。

硅单晶氧化诱生缺陷的检验也可参照此方法。

2 规范性引用文件

下列文件中的条款通过本标准的引用而成为本标准的条款。凡是注日期的引用文件，其随后所有的修改单(不包括勘误的内容)或修订版均不适用于本标准，然而，鼓励根据本标准达成协议的各方研究是否可使用这些文件的最新版本。凡是不注日期的引用文件，其最新版本适用于本标准。

GB/T 1554 硅晶体完整性化学择优腐蚀检验方法

GB/T 14264 半导体材料术语

YS/T 209 硅材料原生缺陷图谱

3 术语和定义

GB/T 14264 中规定的术语和定义适用于本标准。

4 方法原理

模拟器件工艺的氧化条件，利用氧化来缀饰或扩大硅片中的缺陷，或两者兼有，然后用择优腐蚀液显示缺陷，并用显微技术观测。

5 试剂和材料

5.1 三氧化铬，优级纯。

5.2 氢氟酸，优级纯。

5.3 硝酸，优级纯。

5.4 氨水，优级纯。

5.5 盐酸，优级纯。

5.6 过氧化氢，优级纯。

5.7 纯水，电阻率大于 10 MΩ·cm(25 ℃)。

5.8 乙酸，优级纯。

5.9 硝酸铜，优级纯。

5.10 清洗液 1#：水：氨水：过氧化氢=4：1：1(体积比)。

5.11 清洗液 2#：水：盐酸：过氧化氢=4：1：1(体积比)。

5.12 化学抛光液配比：HF：HNO_3=1：(3～5)(体积比)。

5.13 铬酸溶液 A：称取 500 g 三氧化铬于烧杯中，用水完全溶解后，移入 1 000 mL 容量瓶中，用水稀释至刻度，混匀(见 GB/T 1554)。

5.14 铬酸溶液 B：称取 75 g 三氧化铬于烧杯中，加水溶解后，移入 1 000 mL 容量瓶中，用水稀释至刻度，混匀。

5.15 Sirtl 腐蚀液：铬酸溶液 A(5.13)：氢氟酸=1：1(体积比)，使用前配制。

5.16 Schimmel 腐蚀液 A：铬酸溶液 B(5.14)：氢氟酸＝1：2(体积比)，使用前配制。

5.17 Schimmel 腐蚀液 B：铬酸溶液 B(5.14)：氢氟酸：水＝1：2：1.5(体积比)，使用前配制。

5.18 Wright 腐蚀液配方：

$HF : HNO_3 : CrO_3(5M) : HAc : H_2O : Cu(NO_3)_2 \cdot 3H_2O$

2：1：1：2：2：2 g/240 mL 总容积

5.19 腐蚀溶液：国际上几种常用的无铬、含铬腐蚀溶液的配方、应用及适用性的分类对比见附录 A。

5.20 研磨材料，采用 W20、W10 碳化硅或氧化铝金刚砂。

6 设备和仪器

6.1 金相显微镜：具有 X-Y 机械载物台及载物台测微计，放大倍数不低于 100 倍。

6.2 平行光源：照度 100 lx～150 lx，观察背景为无光泽黑色。

6.3 氧化炉：满足执行表 1 所要求的热循环能在炉管中央部位有不小于 300 mm 长的恒温区，并在恒温区保持 1 000 ℃～1 200 ℃的温度，控温误差±10 ℃。

6.4 气源：能提供足够的干氧、湿氧或水汽。

6.5 试样舟：石英舟或硅舟。

6.6 推拉棒：带有小钩的石英棒。

6.7 氟塑料花篮。

6.8 氟塑料或石英等非金属制成的硅片夹持器。

7 试样制备

7.1 对于硅单晶锭，用于检测的试样应取自接近头尾切除部分的保留晶体，或在供需双方指定的部位切取试样，厚度为 1 mm～3 mm。

7.2 切得的试样经金刚砂研磨，用化学抛光液(5.12)抛光或机械抛光，充分去除切割损伤。如果硅片已经抛光，则可按 8.2.1 对试样进行清洗。

7.3 试样待测面应成镜面，要求无浅坑、无氧化、无划痕。

8 检测程序

8.1 检测环境

试样清洗和氧化的局部环境清洁度应达到 1 000 级。

8.2 试样和氧化系统的清洗处理

8.2.1 试样清洗步骤：

8.2.1.1 把试样放入氟塑料花篮，使试样相互隔开。

8.2.1.2 在足够的清洗液 1#(5.10)中，于 80 ℃～90 ℃煮 10 min～15 min，用水冲洗至中性。

8.2.1.3 在氢氟酸中浸泡 2 min，用水冲洗至中性。

8.2.1.4 在足够的清洗液 2#(5.11)中，于 80 ℃～90 ℃煮 10 min～15 min，用水冲洗至中性。

8.2.1.5 清洗后的试样用经过干燥过滤的氮气吹干，或用适当的方法使试样干燥。

8.2.2 氧化系统和器皿的清洗处理步骤：

8.2.2.1 炉管、试样舟、气源装置等用 1 个体积氢氟酸和 10 个体积的水的混合液浸泡 2 h，并用水冲洗干净。

8.2.2.2 氧化系统在 1 000 ℃～1 200 ℃预处理 5 h～10 h。

8.3 氧化方法

8.3.1 把清洗干净并干燥的试样装入试样舟放在炉口处，按表 1 程序，把舟推至恒温区中央。

8.3.2 试样完成表 1 程序的热循环以后，把试样舟移到洁净通风柜内降至室温。

表 1　氧化程序

步　骤	功　能	条　件
1. 推(装载)	气氛	干 O_2
	温度	800 ℃
	推速	200 mm/min
2. 温度上升	气氛	干 O_2
	速率	+5 ℃/min
	最终温度	1 100 ℃
3. 氧化	气氛	蒸汽(湿 O_2)
	温度	1 100 ℃
	时间	60 min
4. 温度上升	气氛	干 O_2
	速率	−3 ℃/min
	最终温度	800 ℃
5. 拉(卸载)	气氛	干 O_2
	温度	800 ℃
	拉速	200 mm/min

8.4　缺陷的腐蚀显示

8.4.1　(111)面缺陷显示

8.4.1.1　把试样移到氟塑料花篮中。

8.4.1.2　用足够量的氢氟酸浸泡试样 2 min～3 min。氢氟酸至少高出试样顶部约 1 cm,用手轻轻晃动花篮。

8.4.1.3　用纯水清洗后,用 Sirtl 腐蚀液(5.15)浸没进行腐蚀。

8.4.1.4　使腐蚀液液面高出花篮中试样顶部 4 cm,腐蚀过程中应连续不断地晃动花篮,腐蚀时间为 3 min。

8.4.2　(100)面缺陷显示

8.4.2.1　把试样移到氟塑料花篮中。

8.4.2.2　用足够量的氢氟酸浸泡试样 2 min～3 min。氢氟酸至少高出试样顶部约 1 cm,用手轻轻晃动花篮。

8.4.2.3　用纯水清洗后,用缺陷腐蚀液进行腐蚀显示,对电阻率不小于 0.2 Ω·cm 的试样,使用 Schimmel 腐蚀液 A(5.16);对电阻率小于 0.2 Ω·cm 的试样,使用 Schimmel 腐蚀液 B(5.17);或都用 Wright 腐蚀液腐蚀(5.18)腐蚀。

8.4.2.4　使腐蚀液液面高出花篮中试样顶部 4 cm,腐蚀过程中应连续不断地晃动花篮,Schimmel 腐蚀液腐蚀时间为 2 min～5 min;Wright 腐蚀液腐蚀时间为 10 min。

8.4.3　将试样充分清洗干净并按 8.2.1.5 的方法进行干燥。

8.5　缺陷观测

8.5.1　在无光泽黑色背景平行光下,用肉眼观察试样上缺陷的宏观特征。

8.5.2　在金相显微镜下观察缺陷的微观特征。

8.5.3　测点选取:采用 9 点法或"米"字型法,具体方法由供需双方协商。

8.5.3.1 9 点法：在两条与主参考面不相交的相互垂直的直径上取 9 点，选点位置见图 1，即边缘取 4 点（见表 2），$R/2$ 处取 4 点，中心处一点，以 9 点平均值取数。

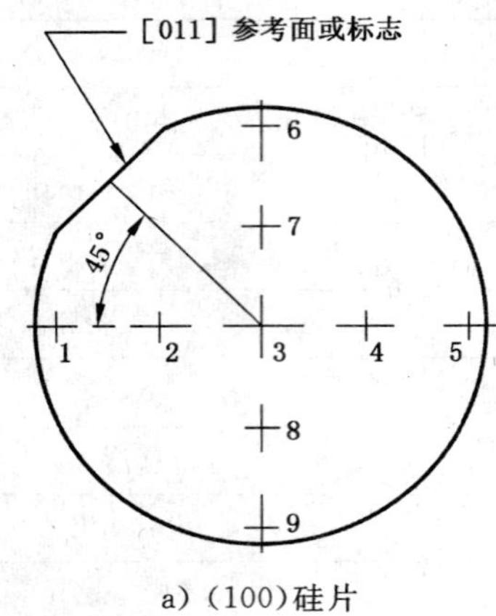

a)（100）硅片

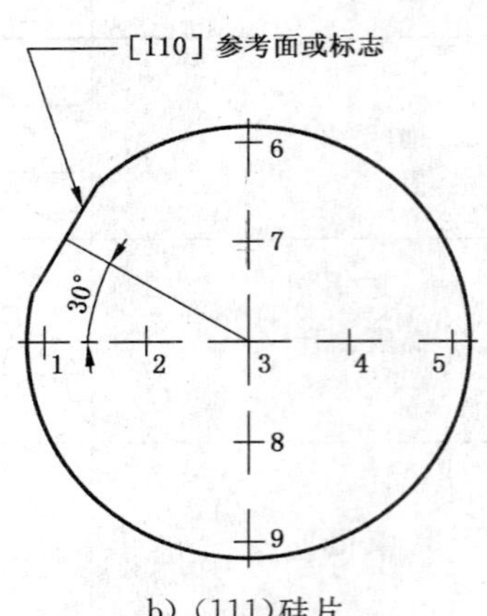

b)（111）硅片

图 1 选点位置

表 2 边缘选点位置表

单位为毫米

直　　径	距边缘（互相垂直直径上）
38	3.1
50	3.8
51	3.9
63	4.6
75	5.3
76	5.4
100	6.8
125	8.3
150	9.8

8.5.3.2 采用“米”字型法：在“9 点法”的基础上，将两条相互垂直的直径顺时针旋转 45°，增加两条直径，在边缘和 $R/2$ 处分别增加 8 个测量点，选点位置见图 2，即此种测量方法边缘取 8 点（见表 2），$R/2$ 处取 8 点，中心处一点，以 17 点平均值取数。

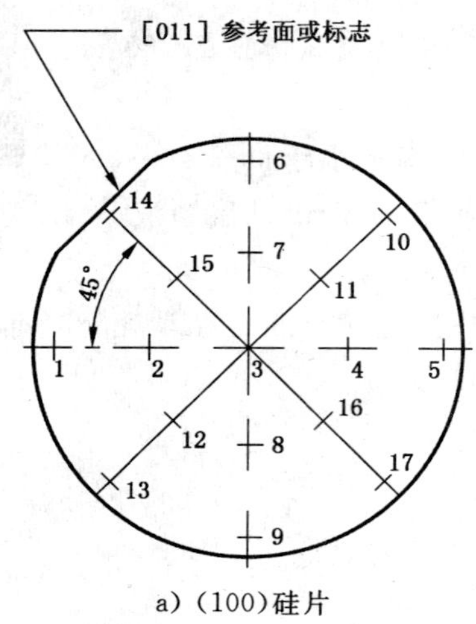

a)（100）硅片

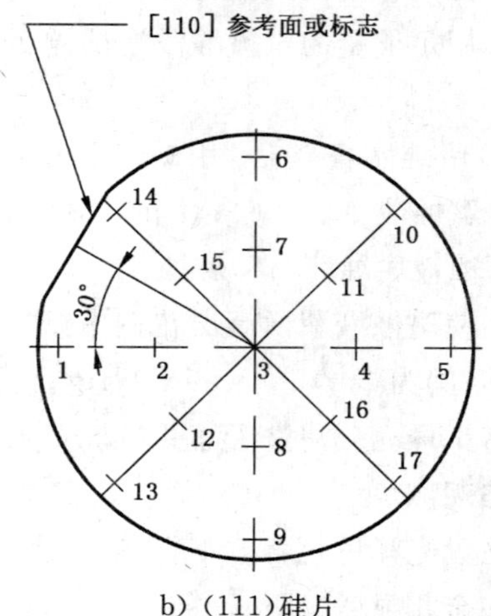

b)（111）硅片

图 2 选点位置

8.5.4 显微镜视场面积选取：当缺陷密度不大于 1×10^4 个/cm^2 时，取 1 mm^2；当缺陷密度大于 1×10^4 个/cm^2 时，取 0.2 mm^2。

8.6 缺陷的特征

8.6.1 滑移——由多个不一定相互接触的呈直线排列的位错蚀坑图形构成(见图 3)。

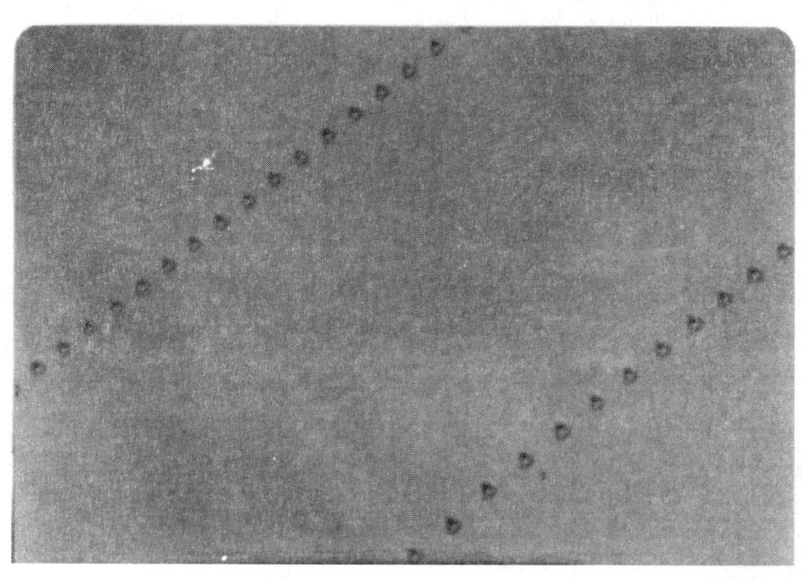

a) <111>晶面上的滑移位错

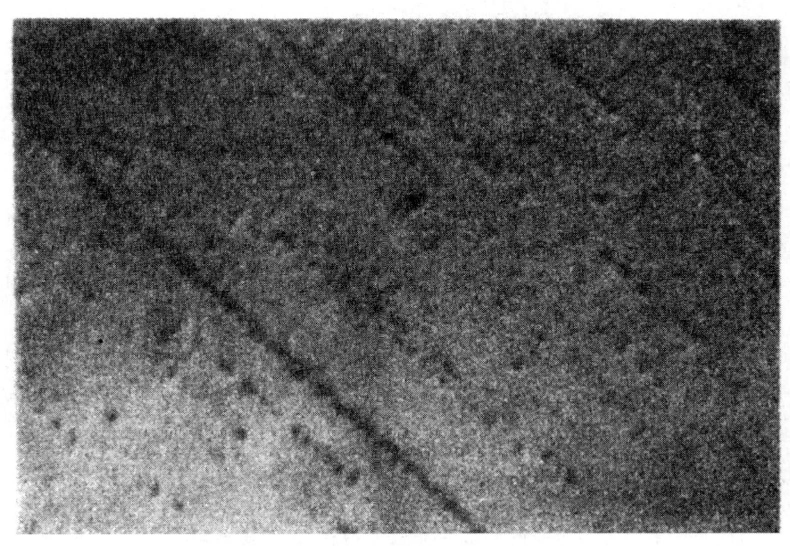

b) <100>晶面上的滑移

图 3 滑移

8.6.2 雾——硅片经热氧化和化学腐蚀后，表面上出现的一种由高密度浅蚀坑形成的云雾状外貌(见图 4)。

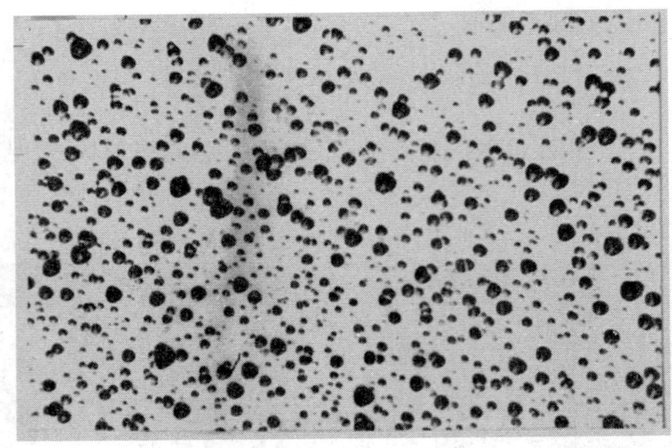

图 4　雾

8.6.3　氧化层错——宏观上可能形成同心圆、旋涡状等图形，微观上为大小不一的船形，弓形，卵形及杆状蚀坑(见图 5)。

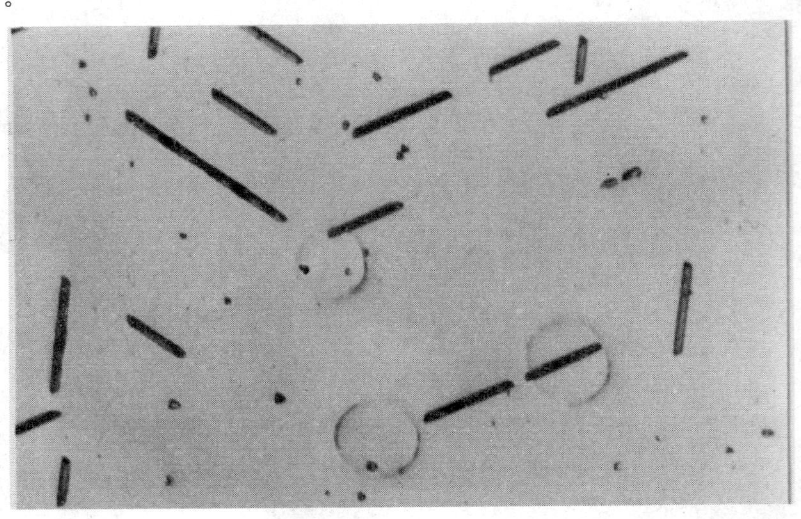

a) <111>晶面上的体氧化层错

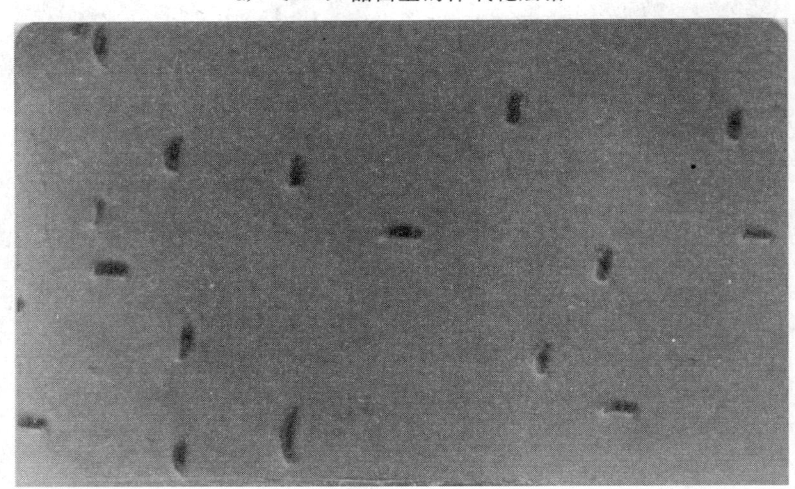

b) <100>晶面上的体氧化层错

图 5　体氧化层错

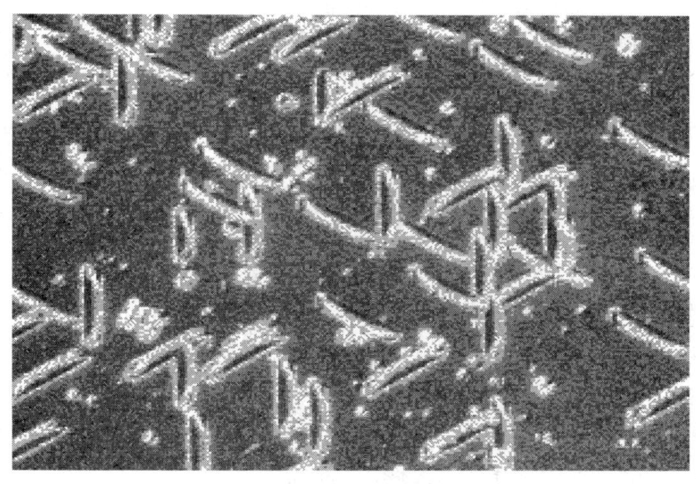

c) <111>晶面上的氧化层错

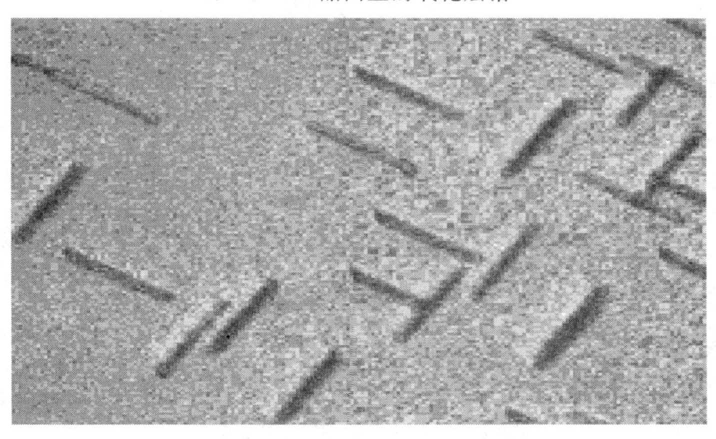

d) <100>晶面上的氧化层错

图 5（续）

8.6.4 条纹——宏观上为一系列同心环状或螺旋状的腐蚀图形（见图 6）。在 100 倍或更高放大倍数下呈连续的表面凹凸条纹。

图 6 条纹

8.6.5 旋涡——宏观上为同心圆、旋涡、波浪和弧状等图形（见图 7）。在 100 倍或更高放大倍数下呈不连续的碟形（浅）蚀坑。

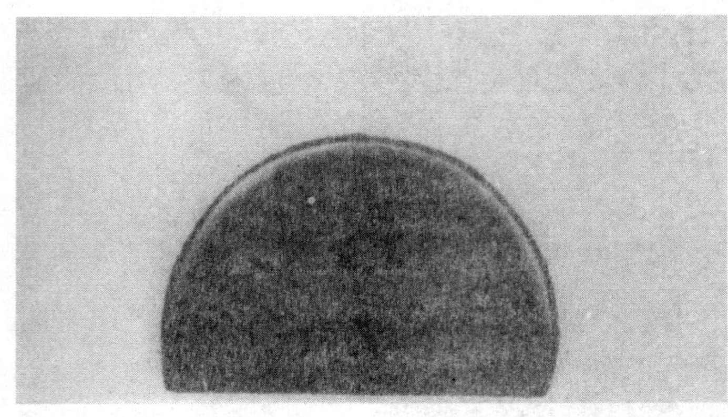

图 7　旋涡

8.6.6　其他有关缺陷腐蚀特征见 YS/T 209 中相应的图片。

8.7　干扰因素

8.7.1　由机械加工带来的表面损伤引起的氧化层错其蚀坑一般为梯形或弓形，尺寸大小一致（见图 8）。

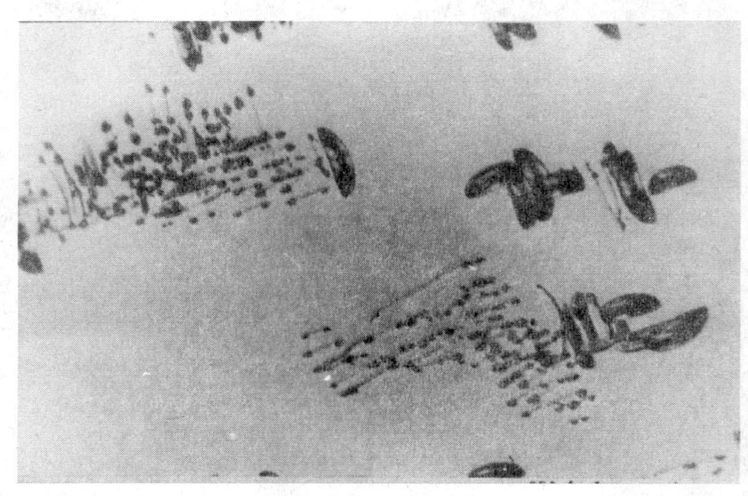

图 8　机械损伤引起的层错

8.7.2　由镊子夹伤和擦伤引起的蚀坑沿损伤处分布（见图 9）。

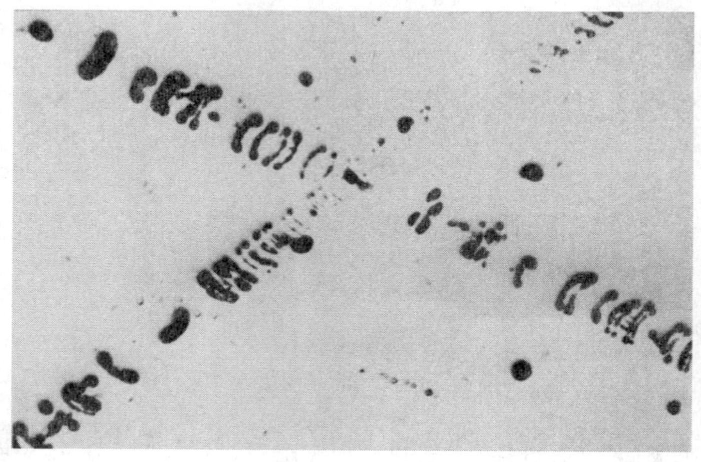

图 9　夹伤　划伤

8.7.3 由腐蚀液沉淀引起的蚀坑或丘，其晶向特征不明显(见图10)。

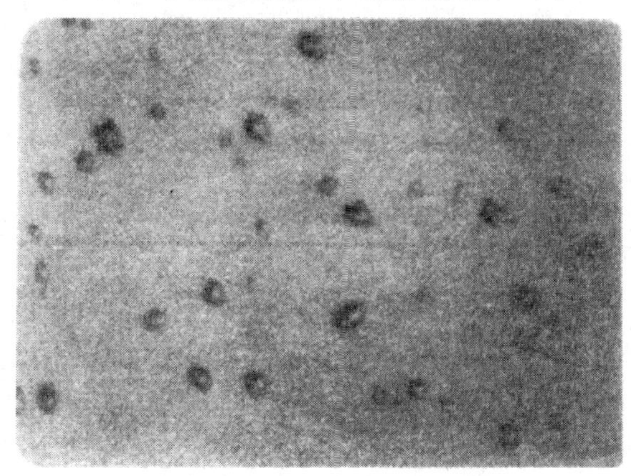

图10 腐蚀液沉淀

9 检测结果计算

缺陷密度按公式(1)计算：

$$N = \frac{n}{S} \quad \cdots\cdots(1)$$

式中：

N——缺陷密度，单位为个每平方厘米(个/cm^2)；

n——视场内缺陷蚀坑数，单位为个(个)；

S——视场面积，单位为平方厘米(cm^2)。

10 精密度

精密度由循环测试确定。

11 试验报告

试验报告应包括以下内容：

a) 晶体导电类型、晶向、电阻率；

b) 腐蚀液和腐蚀时间；

c) 缺陷的名称；

d) 缺陷的平均密度；

e) 本标准编号；

f) 检验单位及检测者；

g) 检验日期。

附 录 A
（资料性附录）
几种常用的无铬、含铬腐蚀溶液的配方、应用及适用性的分类对比表

表 A.1 无铬腐蚀溶液的配方、数字指标和适宜的腐蚀速率

溶液名称	见 图	配 方	大致的腐蚀速率
Copper-3	A.1～A.2（有搅拌）	HF：HNO_3：HAc：H_2O：$Cu(NO_3)_2\cdot 3H_2O$ 36：25：18：21：(1 g/100 mL 总容积)	1 μm/min
Copper-3	A.3～A.8（无搅拌）	HF：HNO_3：HAc：H_2O：$Cu(NO_3)_2\cdot 3H_2O$ 36：25：18：21：(1 g/100 mL 总容积)	5 μm/min
Modified Dash	A.9～A.16	HF：HNO_3：HAc：H_2O 1：3：12：0.17＋$AgNO_3$(0.005～0.05)g/L	1 μm/min

表 A.2 含铬腐蚀溶液的配方、数字指标和适宜的腐蚀速率

溶液名称	见 图	配 方	大致的腐蚀速率
Secco	A.17～A.22	HF：K_2CrO_7(0.15 M) 2：1	1 μm/min
Wright	A.23～A.32	HF：HNO_3：CrO_3(5M)：HAc：H_2O：$Cu(NO_3)_2\cdot 3H_2O$ 2：1：1：2：2：(2 g/240 mL 总容积)	0.6 μm/min

表 A.3 无铬腐蚀溶液应用和结果适用性的分类

溶液名称	应用											结果			
	100晶向	111晶向	P型	P+型	N型	N+型	诱生氧化层错	浅坑	小丘	位错	外延堆垛层错	气泡形成	搅拌需求	温度	流型
有搅拌的Copper-3	A	A	A	D	A	D	A	A	C	A	A	是	是	～25 ℃	无
无搅拌的Copper-3	A	A	A	D	A	D	A	A	C	A	A	是	无	～25 ℃	无
Modified Dash	A	A	A	C	A	D	A	A	—	A	A	是	是	～25 ℃	无
注：A＝优秀，B＝好，C＝可以接受的，D＝不可接受的。															

表 A.4 含铬腐蚀溶液应用和结果适用性的分类

溶液名称	应用											结果			
	100晶向	111晶向	P型	P+型	N型	N+型	诱生氧化层错	浅坑	小丘	位错	外延堆垛层错	气泡形成	搅拌需求	温度	流型
Secco[a]	A	B	A	D	A	C	A	B	C	A	A	是	是	<30 ℃	无
Wright	A	A	A	B	A	C	A	B	B	A	A	是	是	<30 ℃	无
注：A＝优秀，B＝好，C＝可以接受的，D＝不可接受的。															
[a] 当硅片在垂直位置不搅拌酸进行腐蚀时，形成“V”型流型缺陷，见图 A.19。Secco 腐蚀的其他应用需要搅拌来避免与气泡形成有关的混淆假象。															

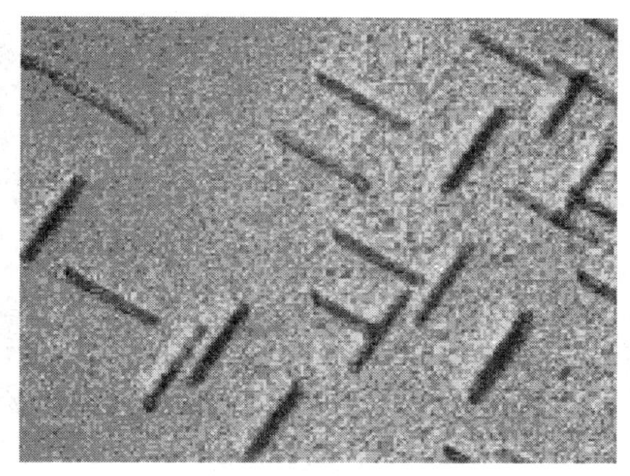

p 型,10 Ω·cm,(100)硅片,1 100 ℃蒸汽;80 min 氧化,有搅拌的 Copper-3 腐蚀;2 μm 错位

图 A.1 氧化堆垛层错,500×

p 型,10 Ω·cm,(111)硅片,1 100 ℃蒸汽;80 min 氧化,有搅拌的 Copper-3 腐蚀;2 μm 错位

图 A.2 浅坑(薄雾),500×

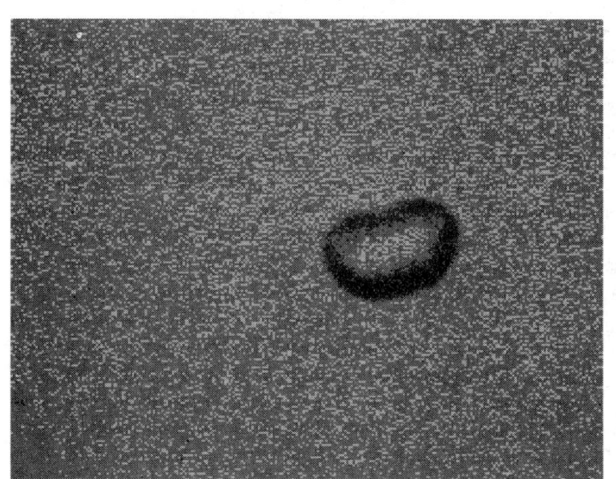

p 型,10 Ω·cm,(100)硅片,1 100 ℃蒸汽;80 min 氧化,无搅拌的 Copper-3 腐蚀;1 μm 错位

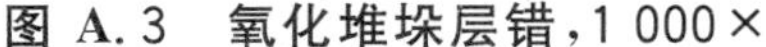

图 A.3 氧化堆垛层错,1 000×

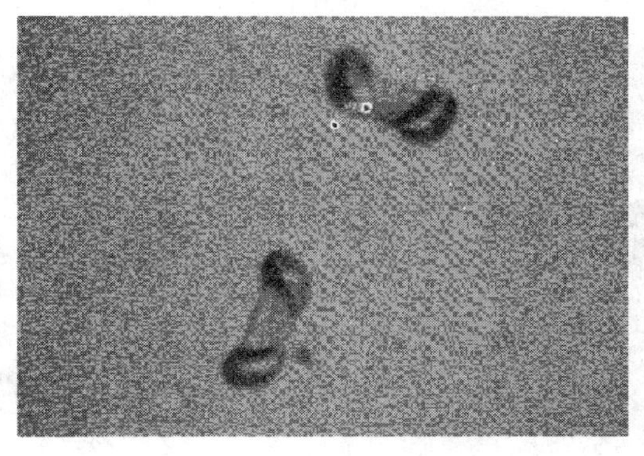

p 型,10 Ω·cm,(100)硅片,1 100 ℃蒸汽;80 min 氧化,无搅拌的 Copper-3 腐蚀;1 μm 错位

图 A.4 氧化堆垛层错,1 000×

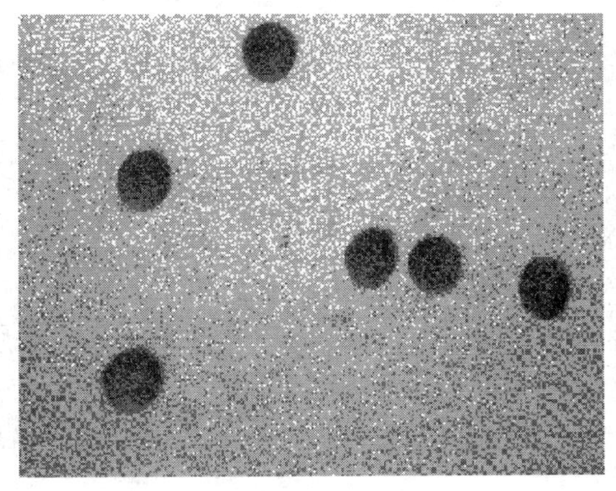

p 型,10 Ω·cm,(111)硅片,无搅拌的 Copper-3 腐蚀;10 μm 错位

图 A.5 位错,500×

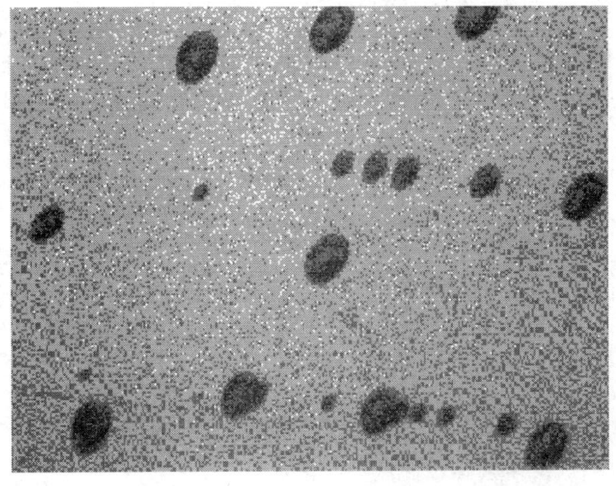

p 型,10 Ω·cm,(100)硅片,无搅拌的 Copper-3 腐蚀;10 μm 错位

图 A.6 位错,500×

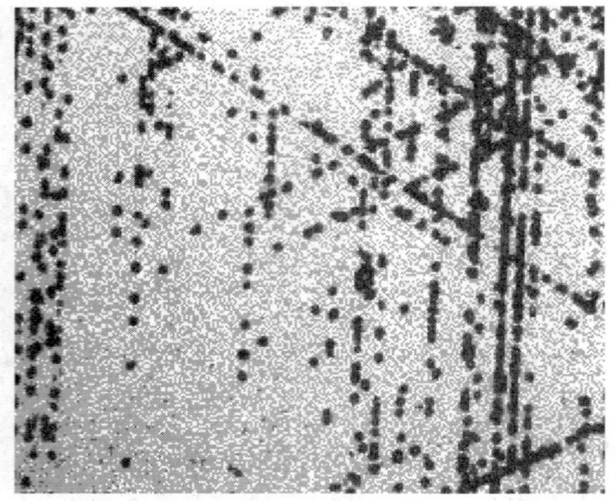

p 型，10 Ω·cm，(111)硅片，无搅拌的 Copper-3 腐蚀；10 μm 错位

图 A.7 滑移位错，500×

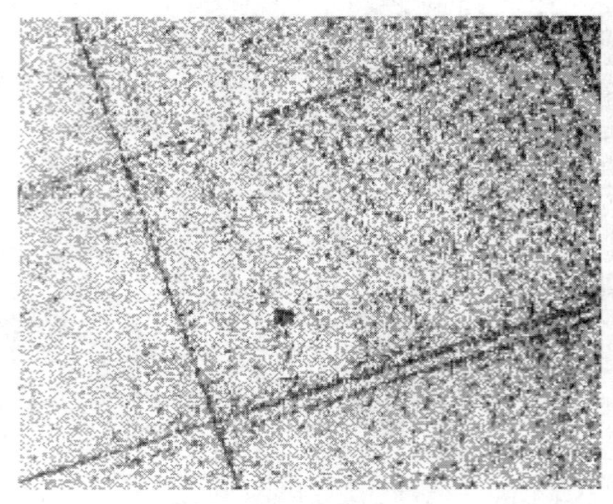

p 型，10 Ω·cm，(100)硅片，无搅拌的 Copper-3 腐蚀；10 μm 错位

图 A.8 滑移位错，100×

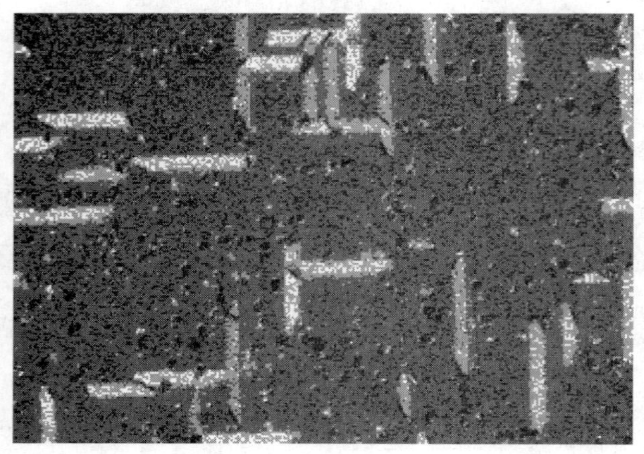

p 型，10 Ω·cm，(100)硅片，1 100 ℃，O_2，8 h 氧化，Modified Dash 腐蚀；～4 μm 错位

图 A.9 氧化诱生堆垛层错，400×

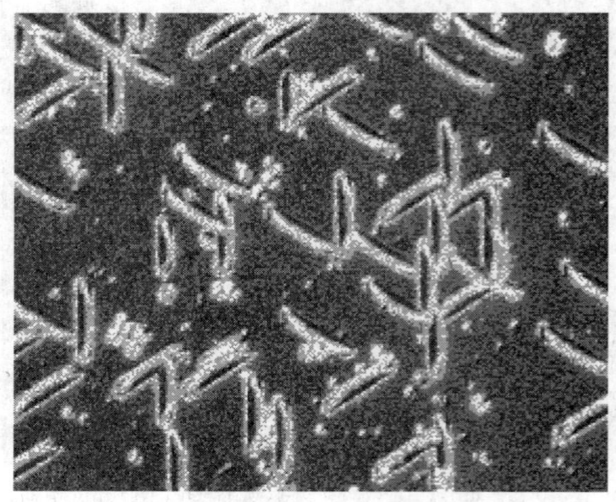

n 型，10 Ω·cm，(111)硅片，1 100 ℃，O_2，8 h 氧化，Modified Dash 腐蚀；～4 μm 错位

图 A.10 氧化诱生堆垛层错，400×

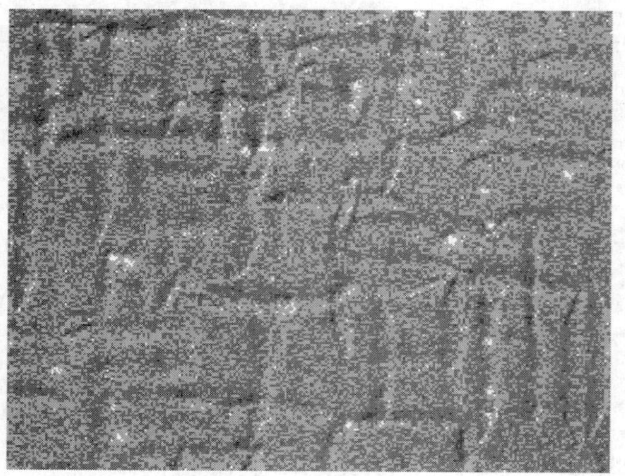

p 型，0.007 Ω·cm，(100)硅片，1 100 ℃，O_2，8 h 氧化，Modified Dash 腐蚀；～5 μm 错位

图 A.11 氧化诱生堆垛层错，400×

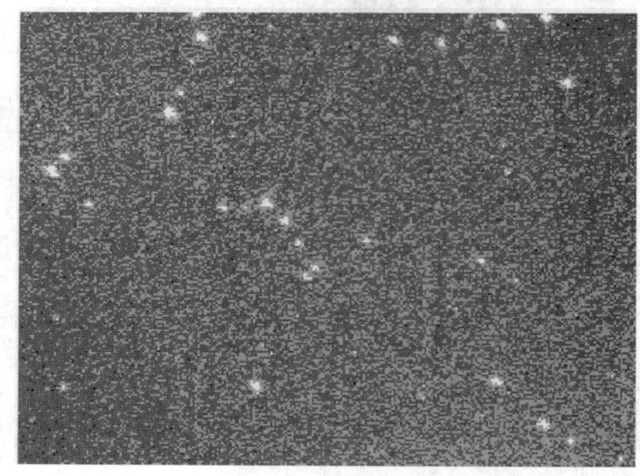

p 型，<0.02 Ω·cm，(100)硅片，1 100 ℃，O_2，8 h 氧化，Modified Dash 腐蚀；～5 μm 错位

图 A.12 氧化诱生堆垛层错，400×

p/p+型,(100)外延片,
Modified Dash 腐蚀;～4 μm 错位

图 A.13　滑移位错,400×

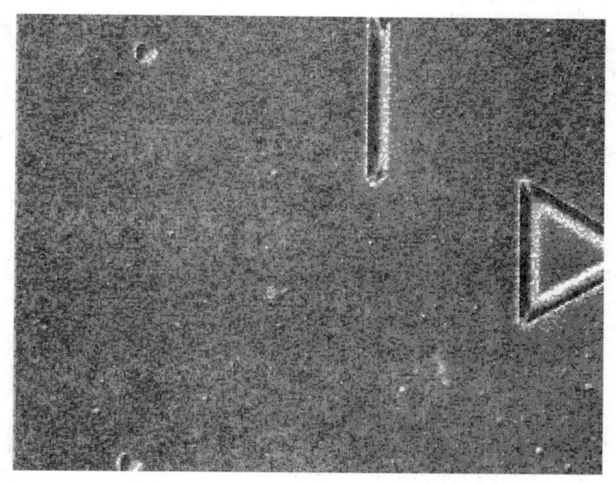

n/n+型,(111)外延片,
Modified Dash 腐蚀;～4 μm 错位

图 A.14　滑移位错,外延堆垛层错和浅坑,400×

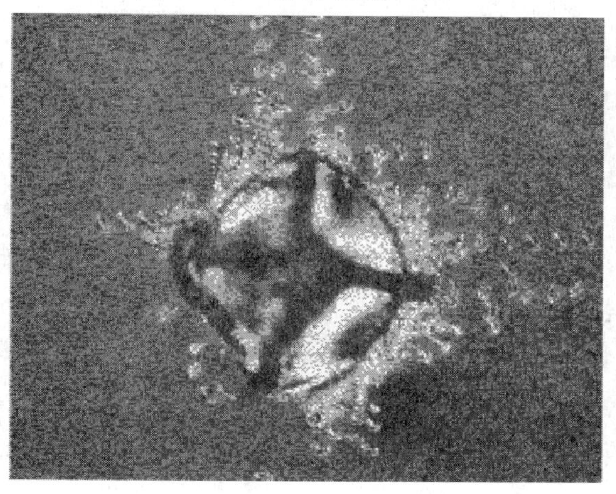

p 型,(100)硅片,1 100 ℃,O_2,1 min 氧化,
Modified Dash 腐蚀;～4 μm 错位

图 A.15　损伤引起的滑移位错,400×

n 型,(111)硅片,1 100 ℃,O_2,1 min 氧化,
Modified Dash 腐蚀;～4 μm 错位

图 A.16　损伤引起的滑移位错,400×

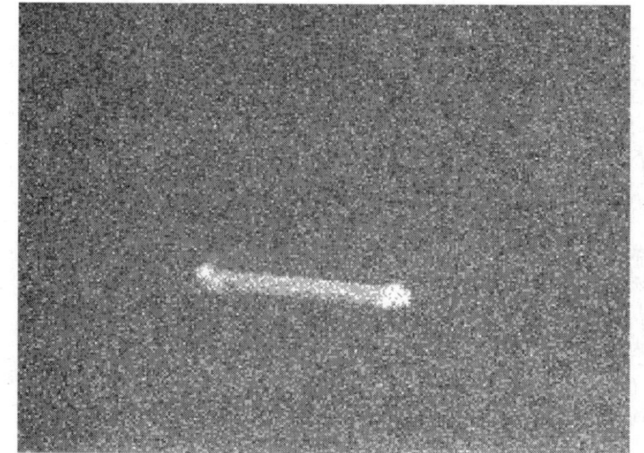

(100)硅片,1 100 ℃蒸汽,80 min 氧化,
有搅拌的 Secco 腐蚀;～4 μm 错位

图 A.17　氧化堆垛层错,1 000×

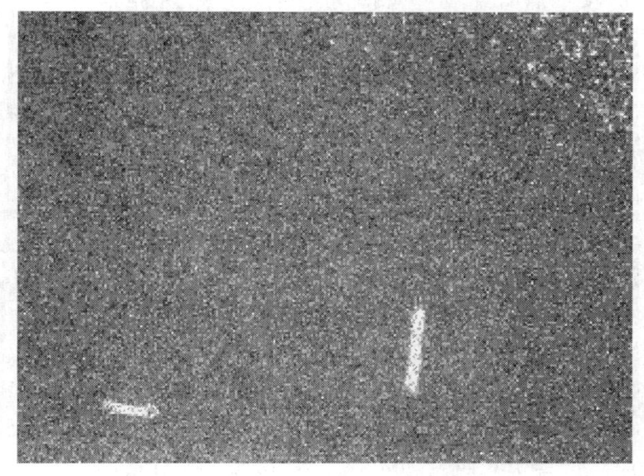

(100)硅片,1 100 ℃蒸汽,80 min 氧化,
有搅拌的 Secco 腐蚀;～4 μm 错位

图 A.18　氧化堆垛层错,400×

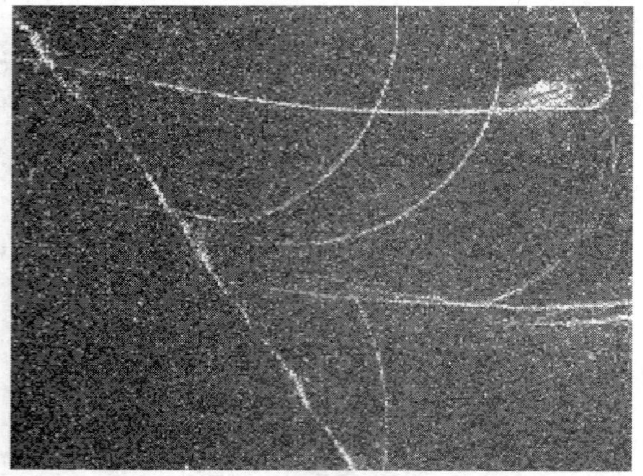

(100)硅片,无搅拌的 Secco 腐蚀;
~8 μm 错位

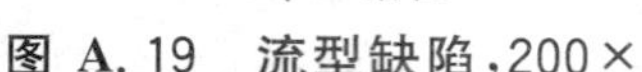

图 A.19 流型缺陷,200×

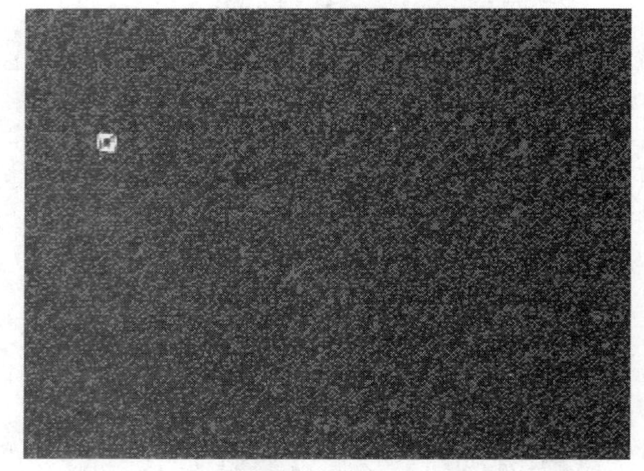

(100)硅片,有搅拌的 Secco 腐蚀;
~4 μm 错位

图 A.20 外延堆垛层错,150×

(100)硅片,1 100 ℃蒸汽,80 min 氧化,
有搅拌的 Secco 腐蚀;~15 μm 错位

图 A.21 本体氧化堆垛层错,200×

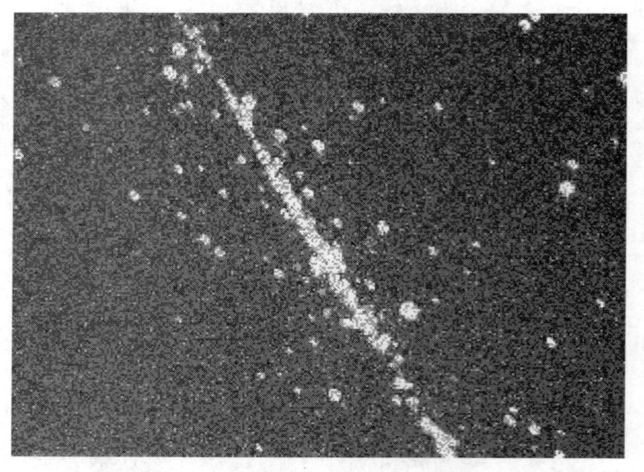

(100)硅片,1 100 ℃蒸汽,80 min 氧化,
有搅拌的 Secco 腐蚀;~415 μm 错位

图 A.22 擦伤引起的氧化堆垛层错,100×

(100)硅片,1 100 ℃蒸汽,80 min 氧化,
有搅拌的 Wright 腐蚀

图 A.23 损伤引起的氧化堆垛层错,1 000×

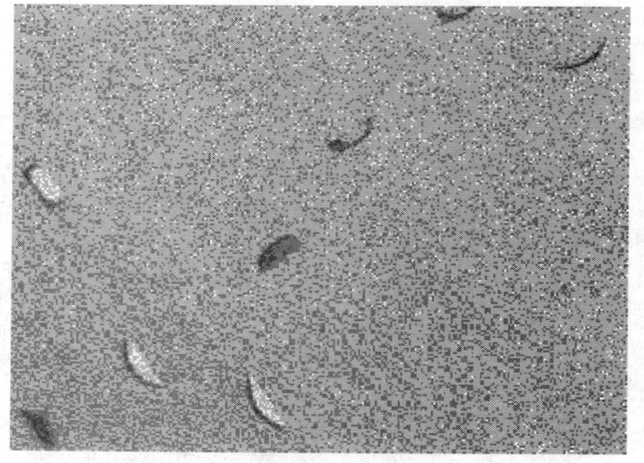

(100)硅片,1 100 ℃蒸汽,80 min 氧化,
有搅拌的 Wright 腐蚀

图 A.24 本体氧化堆垛层错,1 000×

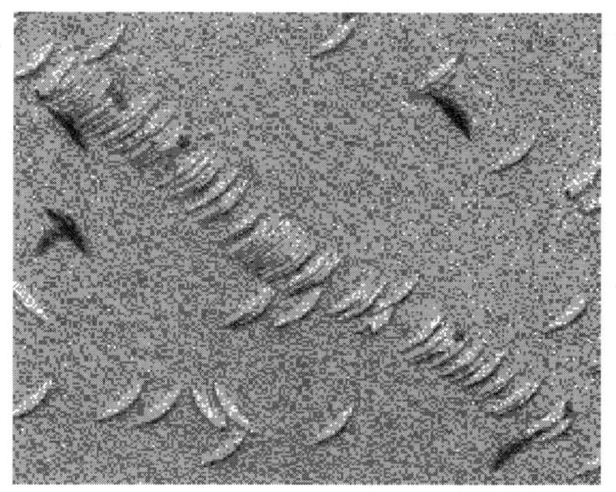

掺硼(100)硅片,1 100 ℃蒸汽,80 min 氧化,
有搅拌的 Wright 腐蚀

图 A.25 擦伤引起的氧化堆垛层错,500×

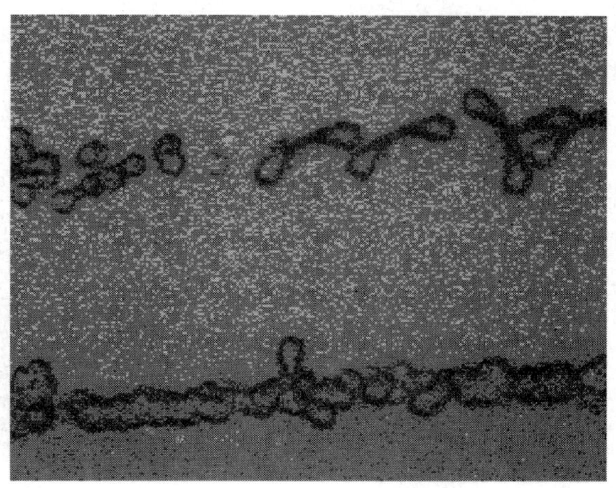

掺锑(100)硅片,1 100 ℃蒸汽,80 min 氧化,
有搅拌的 Wright 腐蚀

图 A.26 擦伤引起的氧化堆垛层错,500×

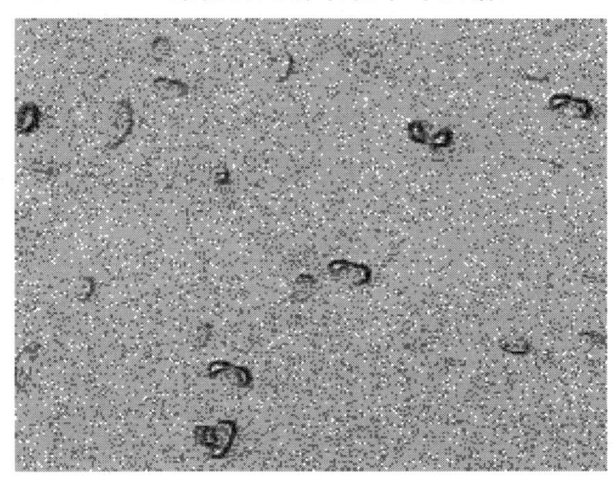

低电阻率掺硼(100)硅片,1 100 ℃蒸汽,80 min 氧化,
有搅拌的 Wright 腐蚀

图 A.27 氧化堆垛层错,500×

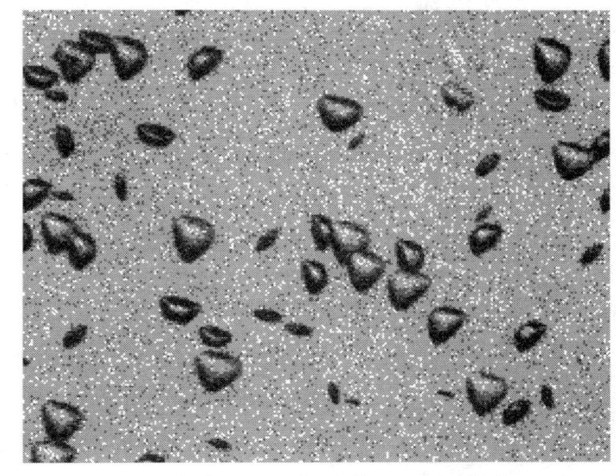

(111)硅片,1 100 ℃蒸汽,80 min 氧化,
有搅拌的 Wright 腐蚀

图 A.28 氧化诱生的堆垛层错,500×

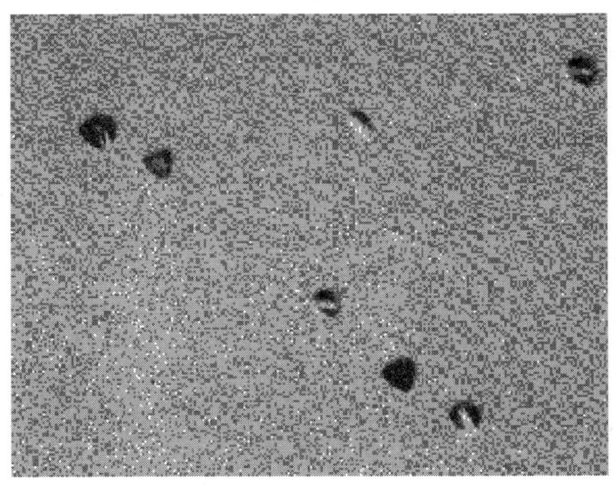

(111)硅片,有搅拌的 Wright 腐蚀

图 A.29 滑移位错,500×

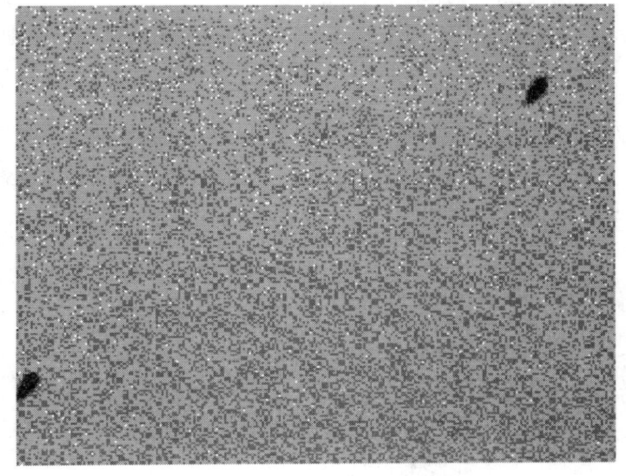

(100)硅片,有搅拌的 Wright 腐蚀

图 A.30 滑移位错,200×

掺硼(100)硅片,1 100 ℃蒸汽,80 min 氧化,
有搅拌的 Wright 腐蚀

图 A.31 浅坑(薄雾),500×

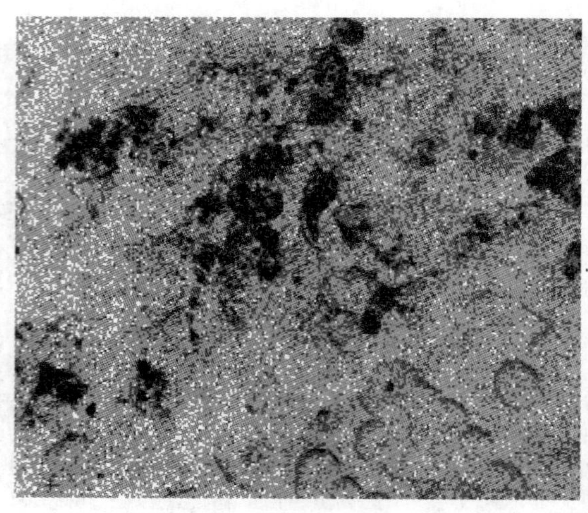

掺硼硅片,Wright 腐蚀

图 A.32 腐蚀时引入的沾污,200×

ICS 29.045
H 80

中华人民共和国国家标准

GB/T 4061—2009
代替 GB 4061—1983

硅多晶断面夹层化学腐蚀检验方法

Polycrystalline silicon-examination method-assessment of sandwiches on cross-section by chemical corrosion

2009-10-30 发布 2010-06-01 实施

中华人民共和国国家质量监督检验检疫总局
中国国家标准化管理委员会 发布

前　言

本标准代替 GB 4061—1983《硅多晶断面夹层化学腐蚀检验方法》。

本标准与原标准相比,主要有如下改动:

——增加了"术语"、"试剂与器材";

——增加了"检验报告"内容;

——对试样尺寸的切取方向和试样处理内容增加了要求。

本标准由全国半导体设备和材料标准化技术委员会提出。

本标准由全国半导体设备和材料标准化技术委员会材料分技术委员会归口。

本标准起草单位:洛阳中硅高科技有限公司。

本标准主要起草人:袁金满。

本标准所代替标准的历次版本发布情况为:

——GB 4061—1983。

硅多晶断面夹层化学腐蚀检验方法

1 范围

本标准规定了以三氯氢硅和四氯化硅为原料在还原炉内用氢气还原出的硅多晶棒的断面夹层化学腐蚀检验方法。

本标准关于断面夹层的检验适用于以三氯氢硅和四氯化硅为原料，以细硅芯为发热体，在还原炉内用氢气还原沉积生长出来的硅多晶棒。

2 方法原理

本方法采用化学腐蚀法，根据氢氟酸-硝酸混合液对硅多晶断面氧化夹层及温度夹层腐蚀速率的差别进行检验。

3 术语

3.1

氧化夹层 oxide lamella

硅多晶横断面上呈同心圆状结构的氧化硅夹杂。

3.2

温度夹层 temperature lamella

由于温度起伏，在硅多晶的横断面上引起结晶致密度、晶粒大小或颜色的差异，晶粒呈现出以硅芯为中心的年轮状结构，也叫温度圈(temperature circle)。

4 试剂与器材

4.1 试剂

4.1.1 纯水：大于 2 MΩ·cm 纯水(25 ℃)。

4.1.2 氢氟酸(HF)：化学纯。

4.1.3 硝酸(HNO_3)：化学纯。

4.2 器材

4.2.1 器皿：采用耐氢氟酸腐蚀材料。

4.2.2 排风橱：采用耐酸气腐蚀材料。

5 试样制备

5.1 取样部位

除在桥形硅多晶棒硅芯搭接处或者直的硅多晶棒离石墨卡头 10 cm 一段外均可取样(如图 1)。

5.2 试样尺寸

沿垂直于细硅芯方向切取厚度大于 3 mm 的平整硅片。

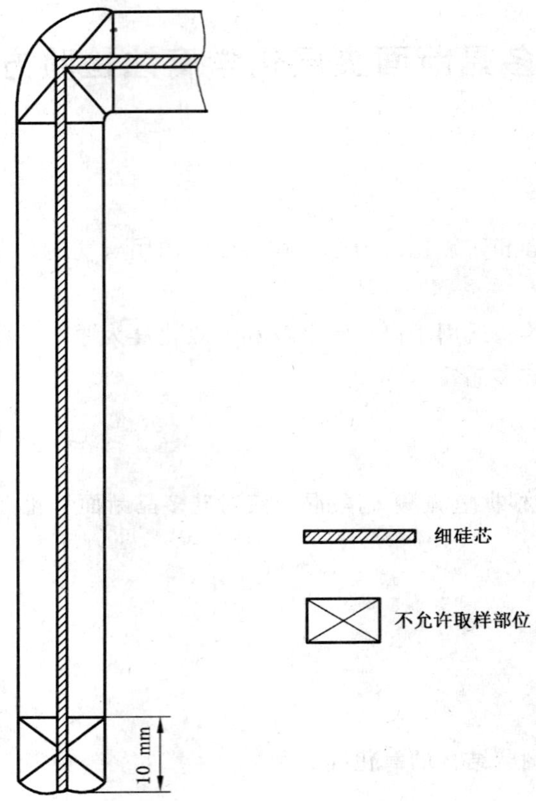

图 1

5.3 试样处理

5.3.1 在排风橱内，将试样置于 HF：HNO_3＝1：(3～5)(体积比)的混合酸液中沸腾腐蚀 30 s 以上。

5.3.2 腐蚀后的硅片用纯水冲净后观察表面。

6 检验方法

目视检测硅片的腐蚀圈夹层。

7 夹层评定

7.1 氧化夹层一般为腐蚀圈呈凹下去的夹层。

7.2 温度夹层为腐蚀圈平坦、带有颜色差异的夹层。

8 检验报告

检验报告应包括以下内容：

a) 炉号；

b) 多晶棒编号及直径；

c) 评定结果；

d) 夹层位置；

e) 检验者及检验日期。

ICS 29.060.10
K 12

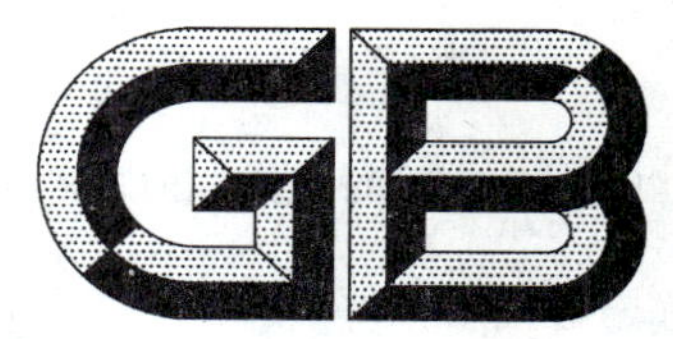

中华人民共和国国家标准

GB/T 4074.7—2009/IEC 60172:1987

绕组线试验方法 第7部分:测定漆包绕组线温度指数的试验方法

Winding wires—Test methods—Part 7:Test procedure for the determination of the temperature index of enamelled winding wires

(IEC 60172:1987,Test procedure for the determination of the temperature index of enamelled winding wires,IDT)

2009-03-19 发布 2009-12-01 实施

中华人民共和国国家质量监督检验检疫总局
中国国家标准化管理委员会 发布

前　言

GB/T 4074《绕组线试验方法》分为八个部分：

——第1部分：一般规定；

——第2部分：尺寸测量；

——第3部分：机械性能；

——第4部分：化学性能；

——第5部分：电性能；

——第6部分：热性能；

——第7部分：测定漆包绕组线温度指数的试验方法；

——第8部分：测定漆包绕组线温度指数的试验方法　快速法。

本部分为GB/T 4074的第7部分。

本部分等同采用IEC 60172:1987《测定漆包绕组线温度指数的试验方法》第3.0版(英文版)和第1号修改单(1997年)。

为便于使用，本部分做了下列编辑性修改：

——删除了IEC 60172:1987的前言和引言；

——用小数点“.”代替作为小数点的逗号“,”；

——将IEC 60172:1987前言中的“规范性引用文件”调整为1.2。

本部分的附录A、附录B为规范性附录。

本部分由中国电器工业协会提出。

本部分由全国电线电缆标准化技术委员会(SAC/TC 213)归口。

本部分起草单位：上海电缆研究所、铜陵精达特种电磁线股份有限公司、上海申茂电磁线厂、广东蓉胜超微线材股份有限公司、福州大通机电有限公司、露笑科技股份有限公司、佛山市威奇电工材料有限公司、无锡市锡洲电磁线厂、长沙鑫雄仪器科技有限公司、浙江长城电子科技集团有限公司、上海裕生特种线材有限公司、宁波金田电工材料有限公司、浙江洪波线缆股份有限公司、浙江宏磊铜业股份有限公司。

本部分主要起草人：李福、郑守国、刘明福、刘贵忠、刘冰、鲁小均、林志雅、陈惠民、张李晶、潘建忠、徐进法、任京湘、姚桂华、张家化、董千里、曹恒泰、魏浙强。

本部分为首次制定。

绕组线试验方法 第7部分:测定漆包绕组线温度指数的试验方法

1 范围及规范性引用文件

1.1 范围

根据IEC 60216-1:1987,本试验方法规定了评定漆包和薄膜绕包圆、扁线温度指数的试验方法。本试验方法不适用于纤维绝缘线或无机纤维薄膜绕包线。

1.2 规范性引用文件

下列文件中的条款通过GB/T 4074的本部分的引用而成为本部分的条款。凡是注日期的引用文件,其随后所有的修改单(不包括勘误的内容)或修订版均不适用于本部分,然而,鼓励根据本部分达成协议的各方研究是否可使用这些文件的最新版本。凡是不注日期的引用文件,其最新版本适用于本部分。

GB/T 6109.1—2008 漆包圆绕组线 第1部分:一般规定(IEC 60317-0-1:2005,IDT)

GB/T 6109.2—2008 漆包圆绕组线 第2部分:155级聚酯漆包铜圆线(IEC 60317-3:2004,IDT)

GB/T 6109.3—2008 漆包圆绕组线 第3部分:120级缩醛漆包铜圆线(IEC 60317-12:1990,IDT)

GB/T 6109.4—2008 漆包圆绕组线 第4部分:130级直焊聚氨酯漆包铜圆线(IEC 60317-4:2000,IDT)

GB/T 6109.5—2008 漆包圆绕组线 第5部分:180级聚酯亚胺漆包铜圆线(IEC 60317-8:1997,IDT)

GB/T 6109.6—2008 漆包圆绕组线 第6部分:220级聚酰亚胺漆包铜圆线(IEC 60317-7:1997,IDT)

GB/T 6109.7—2008 漆包圆绕组线 第7部分:130 L级聚酯漆包铜圆线(IEC 60317-34:1997,IDT)

GB/T 6109.9—2008 漆包圆绕组线 第9部分:130级聚酰胺复合直焊聚氨酯漆包铜圆线(IEC 60317-19:2000,IDT)

GB/T 6109.10—2008 漆包圆绕组线 第10部分:155级直焊聚氨酯漆包铜圆线(IEC 60317-20:2000,IDT)

GB/T 6109.11—2008 漆包圆绕组线 第11部分:155级聚酰胺复合直焊聚氨酯漆包铜圆线(IEC 60317-21:2000,IDT)

GB/T 6109.12—2008 漆包圆绕组线 第12部分:180级聚酰胺复合聚酯或聚酯亚胺漆包铜圆线(IEC 60317-22:2004,IDT)

GB/T 6109.13—2008 漆包圆绕组线 第13部分:180级直焊聚酯亚胺漆包铜圆线(IEC 60317-23:2000,IDT)

GB/T 6109.14—2008 漆包圆绕组线 第14部分:200级聚酰胺酰亚胺漆包铜圆线(IEC 60317-26:1990,IDT)

GB/T 6109.15—2008 漆包圆绕组线 第15部分:130级自粘性直焊聚氨酯漆包铜圆线(IEC 60317-2:2000,IDT)

GB/T 6109.16—2008 漆包圆绕组线 第 16 部分:155 级自粘性直焊聚氨酯漆包铜圆线(IEC 60317-35:2000, IDT)

GB/T 6109.17—2008 漆包圆绕组线 第 17 部分:180 级自粘性直焊聚酯亚胺漆包铜圆线(IEC 60317-36:2000, IDT)

GB/T 6109.18—2008 漆包圆绕组线 第 18 部分:180 级自粘性聚酯亚胺漆包铜圆线(IEC 60317-37:2000, IDT)

GB/T 6109.19—2008 漆包圆绕组线 第 19 部分:200 级自粘性聚酰胺酰亚胺复合聚酯或聚酯亚胺漆包铜圆线(IEC 60317-38:2000, IDT)

GB/T 6109.20—2008 漆包圆绕组线 第 20 部分:200 级聚酰胺酰亚胺复合聚酯或聚酯亚胺漆包铜圆线(IEC 60317-13:1997, IDT)

GB/T 6109.21—2008 漆包圆绕组线 第 21 部分:200 级聚酯-酰胺-亚胺漆包铜圆线(IEC 60317-42:1997, IDT)

GB/T 6109.22—2008 漆包圆绕组线 第 22 部分:240 级芳族聚酰亚胺漆包铜圆线(IEC 60317-46:1997, IDT)

GB/T 6109.23—2008 漆包圆绕组线 第 23 部分:180 级直焊聚氨酯漆包铜圆线(IEC 60317-51:2001, IDT)

GB/T 7095.1—2008 漆包铜扁绕组线 第 1 部分:一般规定 (IEC 60317-0-2:2005, IDT)

GB/T 7095.2—2008 漆包铜扁绕组线 第 2 部分:120 级缩醛漆包铜扁线 (IEC 60317-18:2004, IDT)

GB/T 7095.3—2008 漆包铜扁绕组线 第 3 部分:155 级聚酯漆包铜扁线 (IEC 60317-16:1990, IDT)

GB/T 7095.4—2008 漆包铜扁绕组线 第 4 部分:180 级聚酯亚胺漆包铜扁线 (IEC 60317-28:1990, IDT)

GB/T 7095.5—2008 漆包铜扁绕组线 第 5 部分:240 级芳族聚酰亚胺漆包铜扁线 (IEC 60317-47:1997, IDT)

GB/T 7095.6—2008 漆包铜扁绕组线 第 6 部分:200 级聚酯或聚酯亚胺/聚酰胺酰亚胺复合漆包铜扁线 (IEC 60317-29:1990, IDT)

GB/T 7095.7—2008 漆包铜扁绕组线 第 7 部分:130 级聚酯漆包铜扁线

GB/T 23310—2009 240 级芳族聚酰亚胺薄膜绕包铜扁线(IEC 60317-44:1997, IDT)

GB/T 23311—2009 240 级芳族聚酰亚胺薄膜绕包铜圆线(IEC 60317-43:1997, IDT)

IEC 60216-1:1987 确定电气绝缘材料耐热性能的指南 第 1 部分:老化过程和试验结果评定

IEC 60216-3:1980 确定电气绝缘材料耐热性能的指南 第 3 部分:计算方法

IEC 60455-3-5:1989 电气绝缘用无溶剂树脂基反应性化合物规范 第 3 部分:单项材料规范 第 5 页:不饱和聚酯基浸渍树脂

IEC 60464-3-2:1989 有溶剂电气绝缘漆规范 第 3 部分:单项材料规范 第 2 页:热固性浸渍漆

2 目的

本试验方法旨在通过空气和大气压力下电气强度的变化来确定漆包和薄膜绕包(裸线或漆包线)圆线、扁线的温度指数。温度指数的确定与 IEC 60216-1:1987 相一致。试样可以是未浸渍或经浸渍剂浸渍的。对于浸渍试样,该试验可同时评定线绝缘和浸渍漆的相容性。因此,可以比较不同组合的温度指数。

注:按本试验方法得到的数据可为设计者和开发工程师提供进一步评定绝缘系统和设备试验并选择绕组线的资料。

3 术语和定义

3.1

温度指数 temperature index

温度指数是对相对热寿命的测量值，是与按附录 A 中公式(A.6)计算并从热寿命曲线上查到的 20 000 h 所对应的摄氏温度数(℃)所对应的数值。

3.2

试样失效时间 specimen failure time

在老化温度下引起试样耐电压试验失效的老化小时数(见 8.1)。

3.3

失效时间 time to failure

按 8.2 规定，从一个老化温度下的一组试样的各失效时间计算得到的失效小时数。

4 试验方法提要

使符合第 5 章规定的一组试样经受一个试验周期的试验。这个试验周期包括第 6 章规定的老化期和其后第 7 章规定的室温耐电压试验。

重复这样的试验周期直到足够数量的试样失效为止，然后按第 8 章的规定计算失效时间。试验在三个或更多的温度点进行，按 8.4 计算回归线。在热寿命图纸上按老化温度的函数关系绘出失效时间值。

回归线与纵坐标 20 000 h 寿命线的交点所对应的温度(以摄氏度表示)即代表被试绕组线的温度指数。

5 试样

5.1 试样的制备

5.1.1 导体标称直径 0.800 mm 到及包括 1.500 mm 漆包圆线

注：对于漆包圆线，为避免试样受伤，经验表明，选用 0.800 mm 到及包括 1.500 mm 试样便于操作和试验。

a) 将一段长约 400 mm 的漆包圆线对折后在图 1 所示的设备上扭绞成 125 mm 的线对。扭绞时施加在线对上的力(质量)和扭绞数见表 1。

表 1 试样的扭绞数和受力

导体标称直径 mm		施加于线对的力 N	125 mm 距离内扭绞数
大于	小于或等于		
0.10	0.25	0.85	33
0.25	0.35	1.70	23
0.35	0.50	3.40	16
0.50	0.75	7.00	12
0.75	1.05	13.50	8
1.05	1.50	27.00	6
1.50	2.15	54.00	4
2.15	3.50	108.00	3

b) 按图 2 所示制备隔片。可用陶瓷或有机硅玻璃纤维层压板这类热稳定的绝缘材料作隔片。隔片上标以适当的识别字母或数字。

c) 在一成型架上将试样定形，成型架的结构见图 3。将一试样放入成型架，在扭绞对平行的两线端放上隔片，再将其推到图 4 所示的成型架的端面。将两线端弯成平行以使隔片固定在正确的位置。成型架使试样更均一化。如果使用试样架，则可不用隔片。

d) 应在两处(不应在一处)切断试样扭绞端的端环,以使切开的两端具有最大的间距。如图5所示。为使两极足够分开而需弯动扭绞端或非扭绞端时,应避免剧烈弯曲或损伤绝缘。

e) 为确保一批试样性能均匀,建议对所有试样按三倍于表3规定值的试验电压进行1 s耐电压试验。

5.1.2 薄膜绕包圆线、扁线和漆包扁线

注:适合于任何尺寸的圆线、扁线,但为了便于成型,建议选取尺寸时应尽量使样品成型时用小的弯曲力。高强度的线在制备试样时将导致线与线表面接触处的损伤。

a) 从线盘上取两根长度为250 mm的较直线样。

b) 在每根线样的一端除去10 mm～15 mm的绝缘层作为电极。

c) 每根线样在如图9所示的模型中成形,直线部分约150 mm,然后制成两端均张开的线样。

d) 将两根成形的线样并排放置,然后用玻璃丝紧密地绕在线样中心直线部分,如图10所示。应使两线样的中心部分紧密接触。捆绑后,远端部的弯曲部分是分开的。在试验前或浸渍前对试样进行退火处理可去除应力和裂纹,对于某些材料可得到合适的试样。

e) 试验前试样应进行交流1 000 V的耐电压试验。

5.2 浸渍漆

经验表明,符合GB/T 6109.1～6109.23—2008、GB/T 7095.1～7095.7—2008、GB/T 23310—2009、GB/T 23311—2009的绝缘线和符合IEC 60455-3-5:1989或IEC 60464-3-2:1989的绝缘浸渍漆在热老化过程中可能会互相影响。与未浸渍的漆包线、薄膜绕包线试验寿命相比,浸渍漆和漆包线、薄膜绕包线绝缘层之间的相互作用,可能增加或减少浸渍漆和漆包线、薄膜绕包线组合体的相对寿命。因此,对于浸渍试样,本试验方法可以提供绝缘浸渍漆和漆包线、薄膜绕包线组合体的热寿命指标。

如需浸渍处理,应遵循如下步骤:

将试样垂直浸泡在浸渍漆中(60±10)s(见注),然后以大约1 mm/s的速度匀速从浸渍漆中取出,横放滴干10 min～15 min,而后按制造厂的建议或协议水平放置固化。如果需浸渍多次,则浸渍、滴干和固化试样需垂直颠倒方向连续处理。

注:对于高粘度或触变性浸渍漆,需改变处理方法。

5.3 试样数量

试验结果的准确度很大程度上取决于每个老化温度下的试样数量,如果每个老化温度试样结果分散性大,为实现可接受的准确度就需要较多的试样数量。

经验表明,21个非浸渍试样和11个浸渍试样通常能得到具有允许公差的平均寿命,至少应用11个试样。

5.4 试样架

5.4.1 5.1.1规定的试样

已经发现,单独操作扭绞试样会产生早期失效,因此建议将试样放入图6所示的试样架内。宜将试样架设计成可保护扭绞试样免于遭受外部机械损伤和扭曲。其结构应能使扭绞的两端头伸出试样架,如图7所示,以便为耐电压试验进行电气连接。试样架宜至少容纳11个试样以减少操作时间。

5.4.2 5.1.2规定的试样

将试样悬挂在烘箱中,无需托架。

6 老化温度

本章给出了试样的推荐老化温度。

表2给出了推荐的每周期老化温度和时间。一个试验周期包括一个老化期和室温耐电压试验(20 ℃～30 ℃)。应将试样直接放入烘箱或从烘箱内取出,无需控制加热和冷却速度。

试验前将烘箱加热到规定的温度。

将试样放在一强迫通风烘箱内老化。烘箱应能使试样保持在选定的老化温度，温度波动小于 2 ℃。

选定老化时间，使试样在每个温度达到失效时间之前经受约 10 个周期的老化。

从经受平均小于 8 个周期或大于 20 个周期的试样得到的热寿命值可能不可靠，不宜用来预估漆包线的温度等级。因此，为保证平均失效周期数在上述范围内，对某个老化温度，可选择比表中规定的长些或短些的老化时间。

试样按某个特定的周期老化后，可以适当增加或减少周期时间以控制达到失效时间所要求的周期数。

试样宜至少老化于三个温度，最好四个温度。最低的老化温度宜能产生大于 5 000 h 失效时间。产生小于 100 h 失效时间的老化温度一般认为太高。各老化温度之间相差不宜超过 20 ℃。由试验结果推断的温度指数的准确度随老化温度接近绝缘使用时温度而增加。最低老化温度不应比漆包线预估温度指数高 25 ℃。

表 2　推荐的老化时间（天/周期[a]）

老化温度 ℃	预估温度指数						
	105～109	120～130	150～159	180～189	200～209	220～229	240～249
320							1
310							2
300						1	4
290						2	7
280					1	4	14
270					2	7	28
260				1	4	14	49
250				2	7	28	
240				4	14	49	
230			1	7	28		
220			2	14	49		
210		1	4	28			
200		2	7	49			
190	1	4	14				
180	2	7	28				
170	4	14	49				
160	7	28					
150	14	49					
140	28						
130	49						
120							

注：表 2 中的推荐值与 IEC 60216 中的不同，但已经发现更适合于漆包线。

[a] 一个周期包括一个老化期和其后的一个耐电压试验。

7　试验电压及其施加方法

施加的电压应为交流电压，标称频率 50 Hz 或 60 Hz，近似正弦波形，峰值系数在$\sqrt{2}(1\pm5\%)$（即 1.34～1.48）范围内。试验变压器至少应具有 500 VA 的额定功率，并应提供在试验条件下波形基本不畸变的电流。

当 5 mA 或大于 5 mA 的电流流经高压回路时，过电流装置应动作，以检查试样是否失效。试验电源应具有当供出检测电流大于或等于 5 mA 时最大 10％的电压降。

从烘箱中取出试样，冷却至室温。对于 5.1.1 规定的试样，按表 3 规定施加电压；对于 5.1.2 规定的试样，按表 4 规定施加电压。

表 3　漆包圆线试验电压

绝缘厚度 mm		电压(有效值) V	绝缘厚度 mm		电压(有效值) V
大于	小于或等于		大于	小于或等于	
—	0.015	300	0.050	0.070	700
0.015	0.024	300	0.070	0.090	1 000
0.024	0.035	400	0.090	0.130	1 200
0.035	0.050	500			

表 4　薄膜绕包圆线、扁线和漆包扁线试验电压

绝缘厚度 mm		电压(有效值) V	绝缘厚度 mm		电压(有效值) V
大于	小于或等于		大于	小于或等于	
0.035	0.050	300	0.100	0.115	700
0.050	0.065	375	0.115	0.130	750
0.065	0.080	450	0.130	0.140	800
0.080	0.090	550	0.140	0.150	850
0.090	0.100	650			

施加在试样上的试验电压应持续约 1 s。施加时间较短是为了降低电晕及介质疲劳的影响。

应注意避免试样机械损伤。剔除耐电压试验失效的试样,其余试样放回烘箱作另一次老化试验。

8　计算

8.1　试样失效时间

取试样到耐电压试验失效时的老化总小时数和失效前一周期老化总小时数的中间点作为一个老化温度下某个试样的失效时间。这是假设试样可能在最后一个老化周期进行到一半时失效,因此,试样失效时间即为失效时的总小时数减去最后一个老化周期小时数的二分之一。

8.2　失效时间

可通过中位数值或对数平均值来计算一个老化温度一组试样的失效时间。对很多材料,中位数值在统计上是有效的。多数情况下,使用中位数值会大大缩短试验时间,因为一旦得到了中位数值就可以停止试验了。

当使用中位数值时,按下述计算失效时间:

如果一组试样总数为 n,则该组试样的失效时间为:

a)　如果 n 为奇数,等于第$(n+1)/2$ 个试样的失效时间(见 8.1);

b)　如果 n 为偶数,等于 $n/2$ 个试样和$(n+2)/2$ 个试样失效时间的平均值(见 8.1)。

例如,如果 $n=12$,则该组试样的失效时间等于第六个和第七个试样失效时间的平均值。如果采用中位数值计算失效时间,为方便起见,建议试样总数为奇数,这样可简化计算。

当使用对数平均值时,则该组试样的失效时间等于各试样失效时间(见 8.1)对数之和除以试样总数 n 所得平均值的反对数。

8.3　数据的线性

为避免不准确的外推(见 8.4),应按附录 B 计算相关系数,以衡量线性度。

如果相关系数 r 等于或大于 0.95,则有充分根据认为数据是线性的,试验结果的数据点接近于一条直线。若相关系数小于 0.95,认为是非线性的,宜在比之前的最低试验温度还低的温度下进行一个附加试验。

新的温度点可以比之前的最低试验温度低 10 ℃,在重新计算温度指数和相关系数时,可从最高的

试验温度开始，删除一个温度点，使新的温度点参与计算。

如果漆包线、薄膜绕包线或浸渍后的漆包线、薄膜绕包线热老化过程为一种化学反应，则数据是线性的。非线性可能表明：

a) 在试验期间不同温度上有两种或两种以上具有不同活化能（斜率）的化学反应起支配作用；或者：

b) 取样方式和（或）试验过程引入误差。

非线性数据不宜用来外推。

8.4 计算及绘制热寿命图和温度指数

在纵坐标标有时间的对数、横坐标标有绝对温度的倒数的图纸上绘制失效时间（见8.2）-老化温度图，即为热寿命图。按附录A中的一级回归计算法估算2 000 h和20 000 h的老化温度，在坐标图上通过这两点绘出回归线。这条回归线则表示漆包线、薄膜绕包线的热寿命（见图8）。

漆包线、薄膜绕包线温度指数是回归线与20 000 h线交点所对应的摄氏温度的数值。温度指数无需标明摄氏度。

如果需要对试验结果作进一步统计分析，可参见IEC 60216-3：1980。

9 试验报告

试验报告应包括下述信息：

1) 漆包线漆或薄膜绕包线用薄膜的品种或型号，等级和导体种类（例如铜、铝等）；
2) 浸渍漆的品种或型号及浸渍工艺；
3) 每个老化温度下每组试样的失效时间；
4) 通过各失效时间值的一级回归线的图；
5) 温度指数（T.I.）。

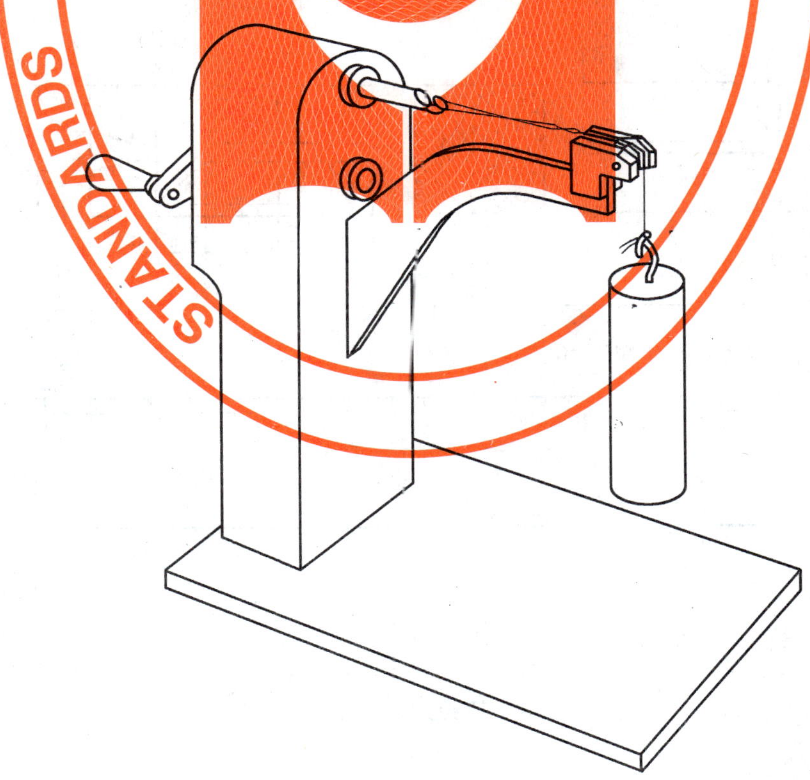

图1 制作试样用装置

单位为毫米

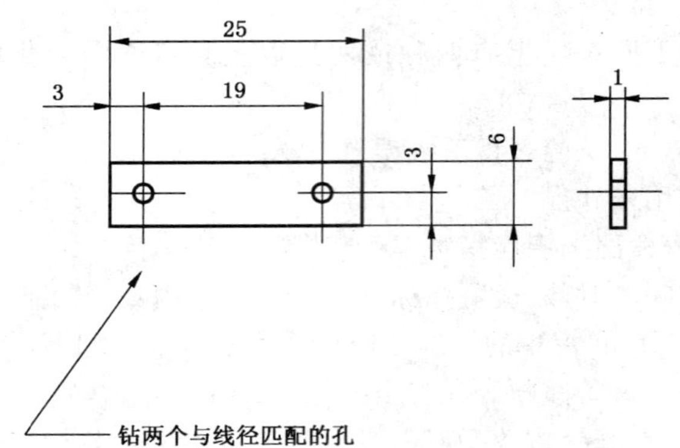

材料:硅有机玻璃层压板。

钻两个与线径匹配的孔

图2 隔片

单位为毫米

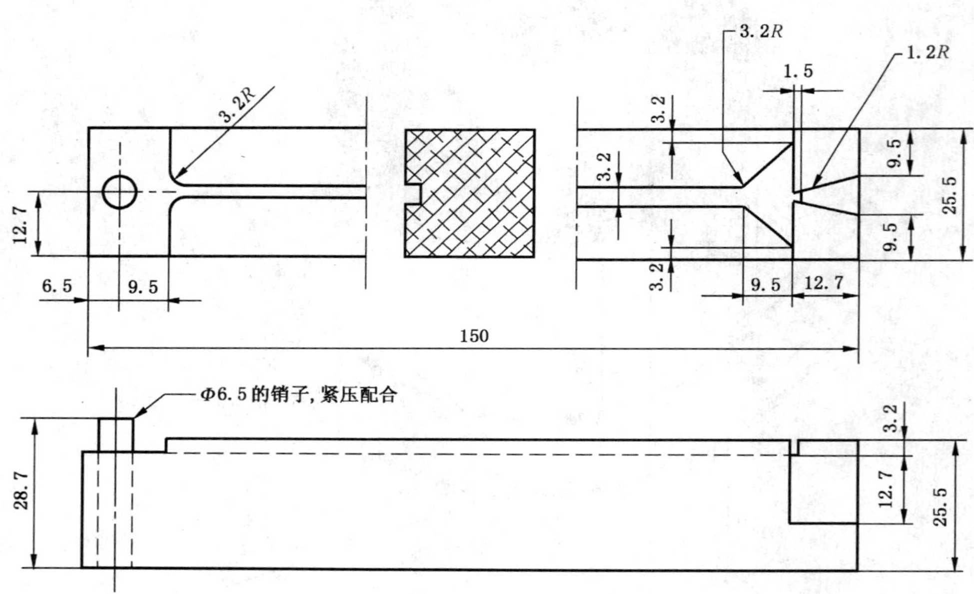

注:架内槽口圆角按图示。

材料:铝

图3 扭绞对成型架

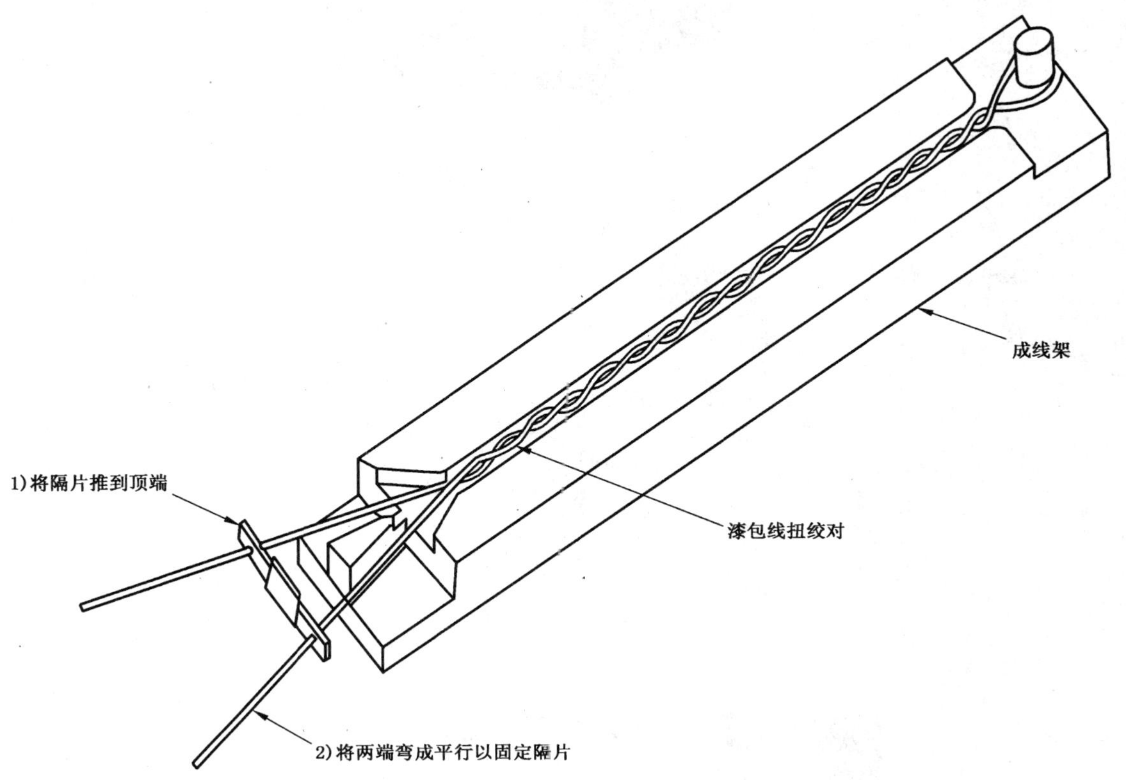

图 4　安装在成型架内的试样

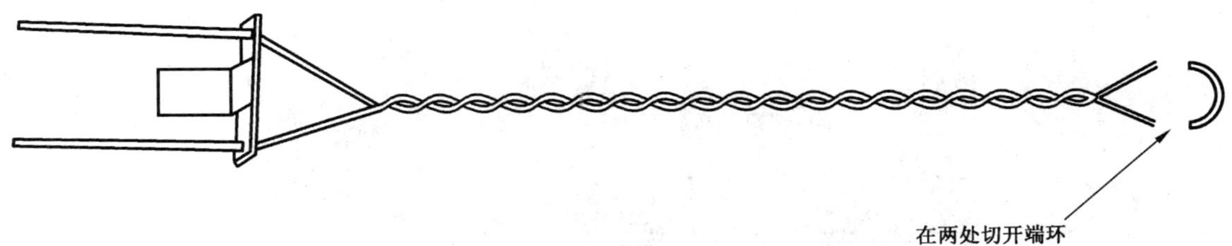

图 5　已切开端环并成型后的试样

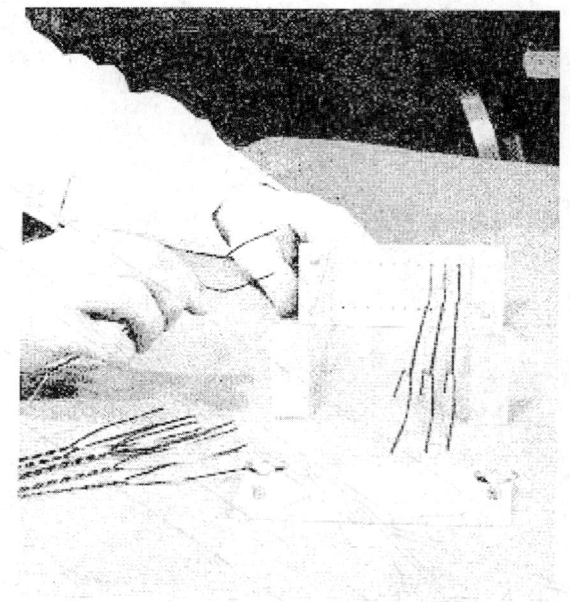

图 6　试样架

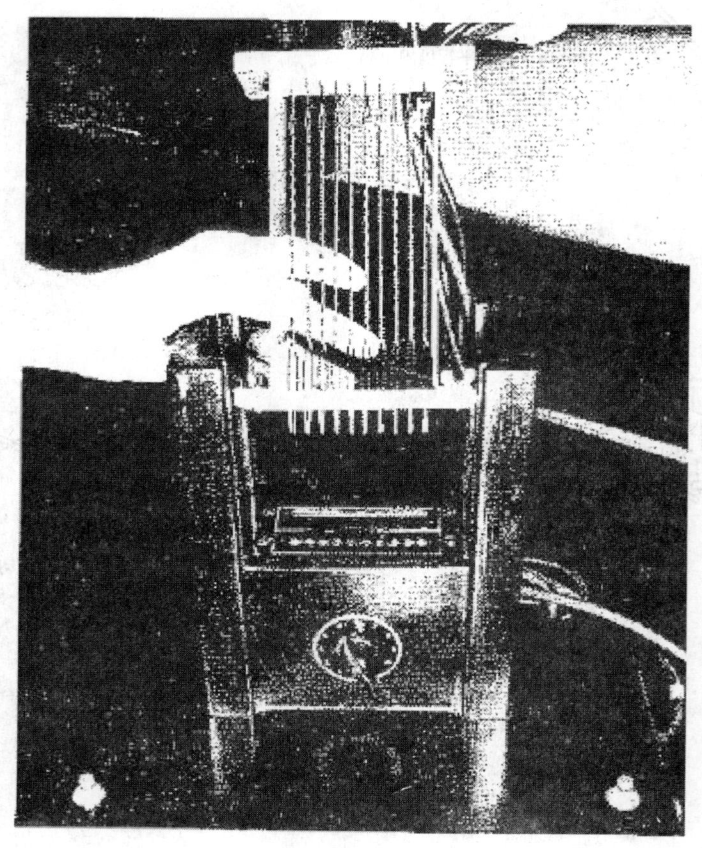

图 7　试样架

164
T.I.
10^5
时间/h
对数刻度
$2\cdot10^4$
10^4
10^3
10^2
温度/℃
160
170
180
190
200
210
220
230
240
250
260
$\frac{1}{T}(10^{-2}\cdot K^{-1})$
0.23
0.22
0.21
0.20
0.19
STANDARDS PRESS OF CHINA

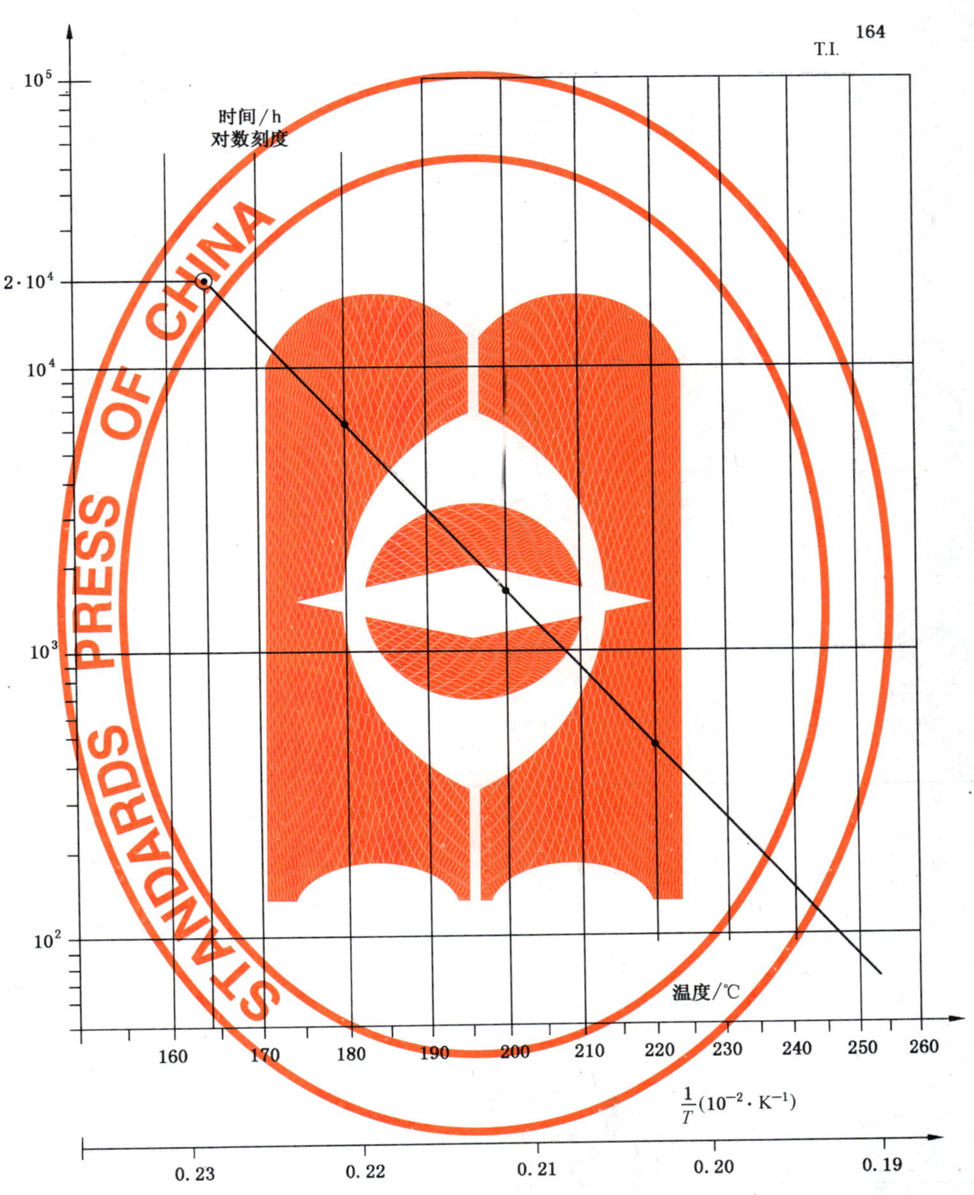

图8 热寿命图 温度指数

单位为毫米

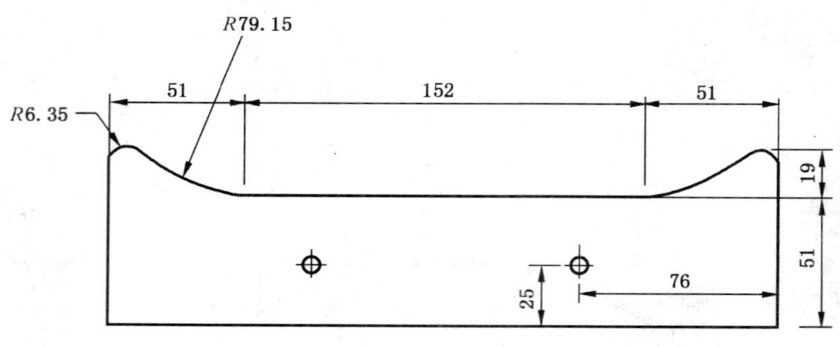

a) 固定样板

复合板胚料厚12.5 mm
酚醛浸渍纤维板

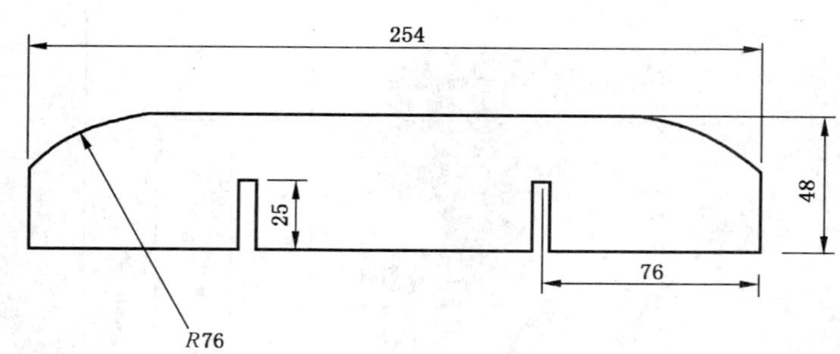

b) 活动样板(尺寸同 a))

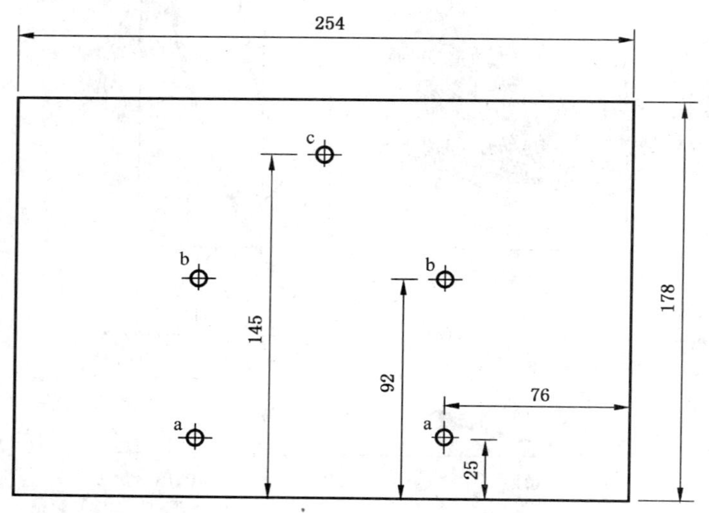

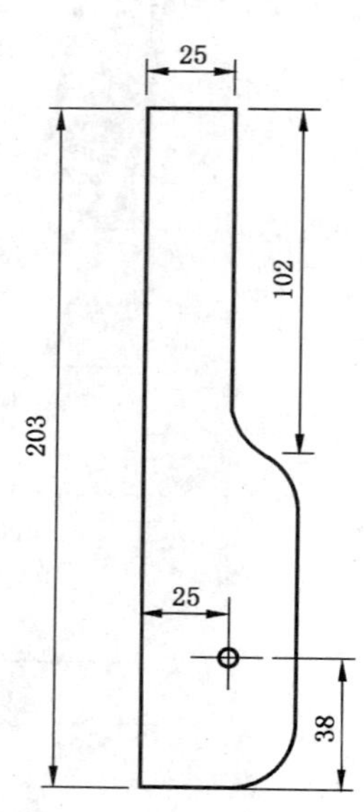

a——固定样板的固定螺丝；

b——活动样板的固定螺丝(样板应可自由滑动)；

c——夹具装置杠杆的固定螺丝(样板应可自由滑动)。

c) 底板

d) 夹具装置杠杆

图9 弯曲大规格电磁线用夹具(绝缘试验用试样)

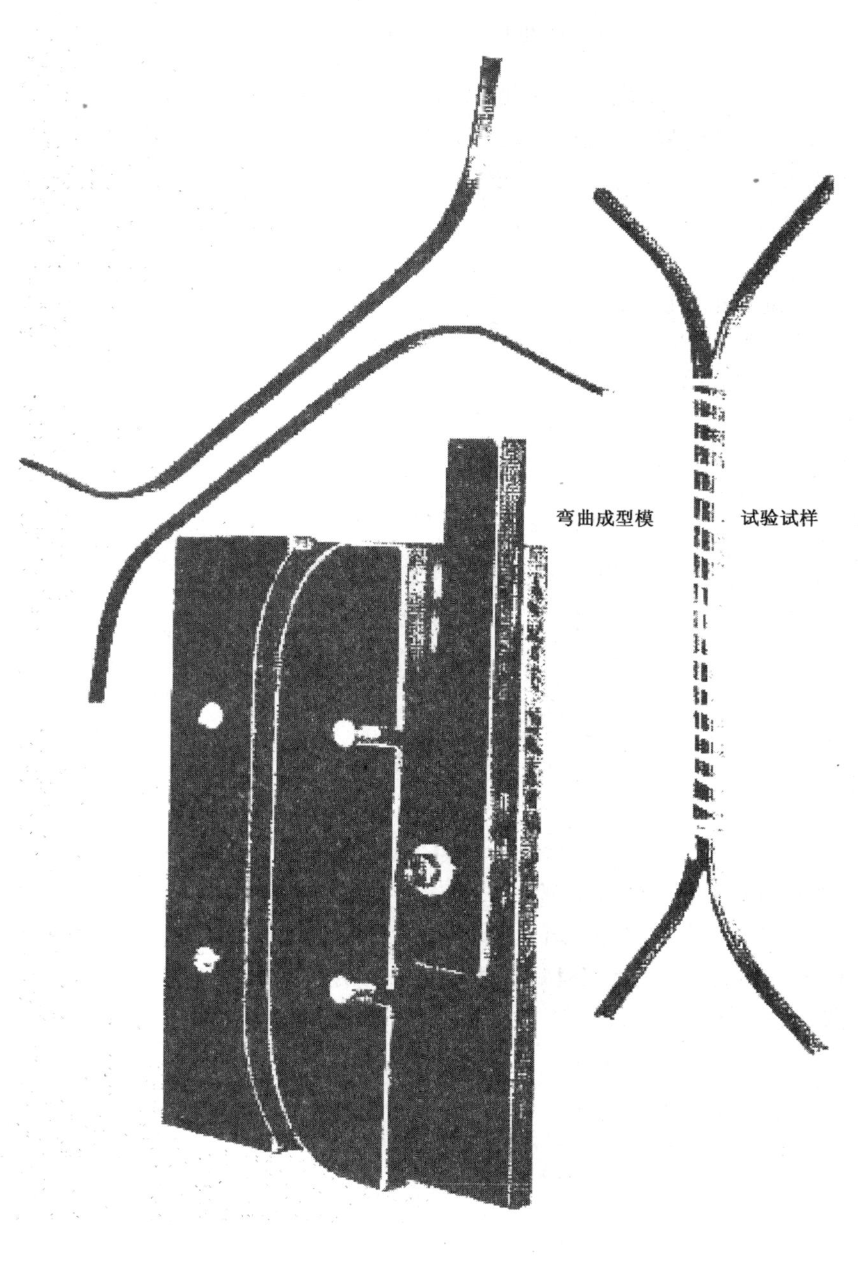

图 10　弯曲成型模和试验试样

附 录 A
（规范性附录）
计算回归线的方法

本附录旨在提供一种快速绘制寿命数据回归线的方法。本方法可用于各种试验温度下的任何数目的试验结果。如果需要更确切的温度指数，建议按 IEC 60216-3 进行详细分析。

已经公认，许多绝缘以一种符合公式(A.1)的方式老化：

$$L = Ae^{B/T} \qquad \text{(A.1)}$$

式中：

L——绝缘寿命，单位为小时(h)；

T——绝对温度，单位为开尔文(K)；

A，B——每种绝缘所固有的常数；

e——自然对数之底。

通过取对数，使公式(A.1)表示成一线性方程：

$$\lg L = \lg A + (\lg e) \cdot \frac{B}{T} \qquad \text{(A.2)}$$

设：

$Y = \lg L$

$a = \lg A$

$X = \dfrac{1}{T}$

$b = (\lg e) \cdot B$

则：

$$Y = a + bX \qquad \text{(A.3)}$$

因此，把通过高温试验得到的数据，绘制在 $\lg L$ 对 $1/T$ 的坐标图纸上，就得到一条直线，再外推这条直线到低温。然而，由于对数图的特性，通过试验结果得到的坐标点划一最佳表观直线的方法无法得到准确的外推，所以，为得到更好的准确性和一致性，应采用更严密的方法。使用最小二乘法，可从得到的试验数据求出常数 a 和 b，其公式如下：

$$a = \frac{\sum Y - b\sum X}{N} \qquad \text{(A.4)}$$

$$b = \frac{N\sum XY - \sum X\sum Y}{N\sum X^2 - (\sum X)^2} \qquad \text{(A.5)}$$

式中：

$X = 1/T$——试验温度的倒数，K^{-1}（$(\theta ℃ + 273)^{-1}$）；

N——失效时间个数；

Y——$\lg L$ 是失效时间的对数；

$\sum$——N 个值的和。

若已知回归线的常数 a 和斜率 b，任何要求的寿命值所对应的温度可按下式计算：

$$Y = a + bX \qquad \text{(A.3)}$$

$$T = \frac{1}{X} = \frac{b}{Y - a} \qquad \text{(A.3a)}$$

$$20\,000\ \text{h 所对应的温度(℃)(温度指数)} = \frac{b}{4.301\,0 - a} - 273 \qquad \text{(A.6)}$$

$$2\,000\ \text{h 所对应的温度(℃)} = \frac{b}{3.301\,0-a} - 273 \qquad \cdots\cdots\cdots\cdots\cdots\cdots(\text{A.7})$$

为简化公式(A.4)～公式(A.7)中所用试验数据的处理过程，建议采用下面举例中的计算步骤(见表A.1和表A.2)：

1) 如表A.2所示在温度(℃)栏列出一组试样的试验温度；

2) 在第2栏和第3栏列出已换算成绝对温度的各试验温度的倒数($X=1/T$)和倒数的平方($X^2=1/T^2$)(见表A.1)；

3) 在第4栏，列出每组试样的失效时间L(h)，在第5栏列出第4栏中各值的对数值($Y=\lg L$)；

4) 在第6栏，列出X与Y之积；

5) 计算第2、3、5和6栏的和(用Σ表示)并分别填入各栏的底格内；

6) 在计算单内标出失效时间个数N；

7) 用第5步和第6步得到的值，依次计算b(公式(A.5))和a(公式(A.4))，常数a永远是负数；

8) 用常数a和b计算20 000 h对应的温度(公式(A.6))和2 000 h对应的温度(公式(A.7))，用℃表示；

9) 在$\lg L$对$1/T$的坐标图纸上绘出根据第8步得出的两个温度点，并通过这两点绘制回归线；

10) 在同一坐标图纸上绘出各温度和其对应的失效时间L的坐标点。

表A.1 常用的试验温度(℃)和相应的绝对温度(K)及其倒数和倒数的平方值(见表A.2)

θ ℃	T K	$X=1/T$ K^{-1}	$X^2=1/T^2$ K^{-2}	θ ℃	T K	$X=1/T$ K^{-1}	$X^2=1/T^2$ K^{-2}
105	378	$2.64\,550\times10^{-3}$	$6.998\,68\times10^{-6}$	200	473	$2.114\,16\times10^{-3}$	$4.469\,69\times10^{-6}$
125	398	$2.512\,56\times10^{-3}$	$6.312\,97\times10^{-6}$	220	493	$2.028\,40\times10^{-3}$	$4.114\,40\times10^{-6}$
130	403	$2.481\,39\times10^{-3}$	$6.157\,29\times10^{-6}$	225	498	$2.008\,03\times10^{-3}$	$4.032\,19\times10^{-6}$
140	413	$2.421\,31\times10^{-3}$	$5.862\,73\times10^{-6}$	240	513	$1.949\,32\times10^{-3}$	$3.799\,84\times10^{-6}$
150	423	$2.364\,07\times10^{-3}$	$5.588\,81\times10^{-6}$	250	523	$1.912\,05\times10^{-3}$	$3.655\,92\times10^{-6}$
165	438	$2.283\,11\times10^{-3}$	$5.212\,57\times10^{-6}$	260	533	$1.876\,17\times10^{-3}$	$3.520\,02\times10^{-6}$
175	448	$2.232\,14\times10^{-3}$	$4.982\,46\times10^{-6}$	280	553	$1.808\,32\times10^{-3}$	$3.270\,01\times10^{-6}$
180	453	$2.207\,51\times10^{-3}$	$4.873\,08\times10^{-6}$	300	573	$1.745\,20\times10^{-3}$	$3.045\,73\times10^{-6}$
185	458	$2.183\,41\times10^{-3}$	$4.767\,26\times10^{-6}$	320	593	$1.686\,34\times10^{-3}$	$2.843\,74\times10^{-6}$
190	463	$2.159\,83\times10^{-3}$	$4.664\,85\times10^{-6}$				

表A.2 计算举例

温度 ℃	$X=1/T$	$X^2=1/T^2$	L h	$Y=\lg L$	$XY=(\lg L)/T$
170	$2.257\,73\times10^{-3}$	$5.095\,57\times10^{-6}$	5 600	3.748 19	$8.460\,92\times10^{-3}$
185	$2.183\,41\times10^{-3}$	$4.767\,26\times10^{-6}$	2 600	3.414 97	$7.456\,27\times10^{-3}$
200	$2.114\,16\times10^{-3}$	$4.469\,69\times10^{-6}$	1 500	3.176 09	$6.714\,78\times10^{-3}$
215	$2.049\,18\times10^{-3}$	$4.199\,14\times10^{-6}$	640	2.806 18	$5.750\,37\times10^{-3}$
Σ	$8.604\,09\times10^{-3}$	$18.531\,66\times10^{-6}$		13.145 43	$28.382\,34\times10^{-3}$

$N=4$

$$b=\frac{N\Sigma XY-\Sigma X\Sigma Y}{N\Sigma X^2-(\Sigma X)^2}=\frac{4\times28.382\,34\times10^{-3}-8.604\,09\times10^{-3}\times13.145\,43}{4\times18.531\,66\times10^{-6}-8.604\,09\times10^{-3}\times8.604\,09\times10^{-3}}=4\,413$$

$$a=\frac{\Sigma Y-b\Sigma X}{N}=\frac{13.145\,43-4\,413\times8.604\,09\times10^{-3}}{4}=-6.206\,10$$

$$20\,000\ \text{h 所对应的温度}=\frac{b}{Y-a}-273=\frac{4\,413}{4.301\,0+6.206\,10}-273=147\ ℃$$

$$2\,000\ \text{h 所对应的温度}=\frac{b}{Y-a}-273=\frac{4\,413}{3.301\,0+6.206\,10}-273=191\ ℃$$

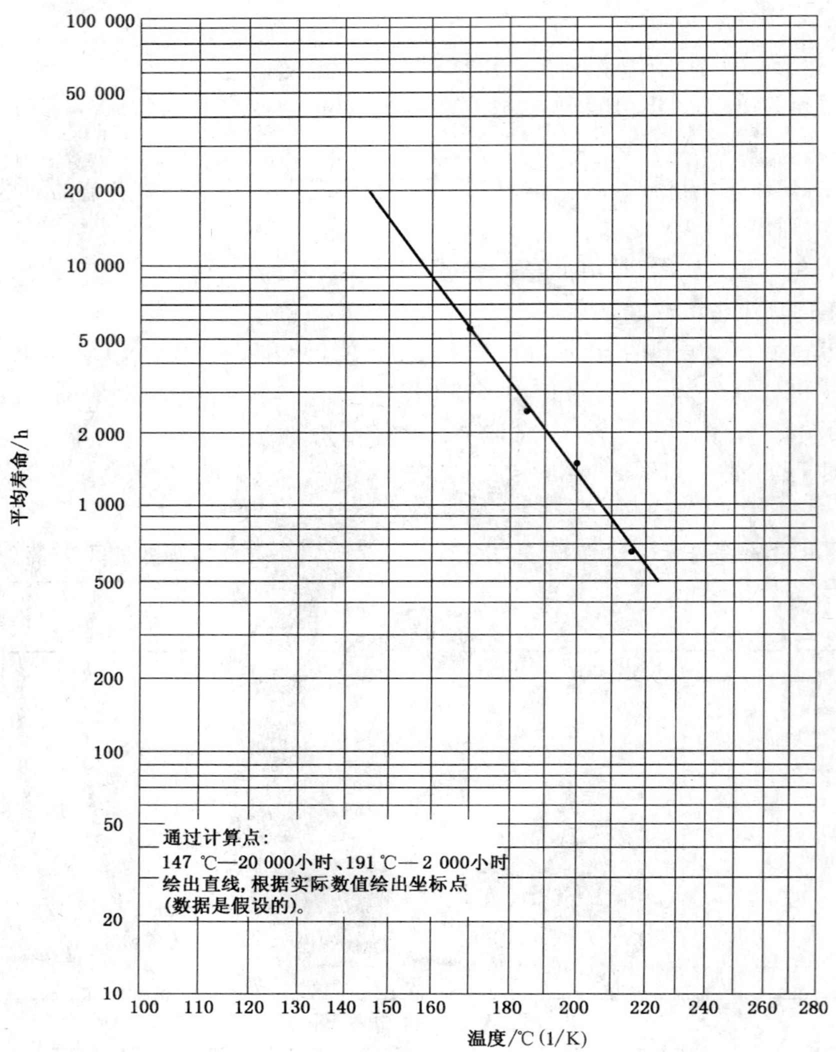

本图宜包含与绝缘材料和绝缘结构相关的全部必要信息。

图 A.1 根据计算举例(表 A.2)绘制的回归线

附　录　B
（规范性附录）
相　关　系　数

相关系数 r 是变量间线性相关程度的量度。当 $r=1.0$ 时，变量间完全线性相关；当 $r=0$ 时变量间线性不相关。相关系数应按下式计算：

$$r=\frac{N\sum XY-(\sum X)(\sum Y)}{\sqrt{[N\sum X^2-(\sum X)^2]\times[N\sum Y^2-(\sum Y)^2]}}$$

式中 X、Y、N 释义见附录 A。

附录 A 的表 A.2 中计算举例的相关系数 $r=0.996$。

ICS 29.060.10
K 12

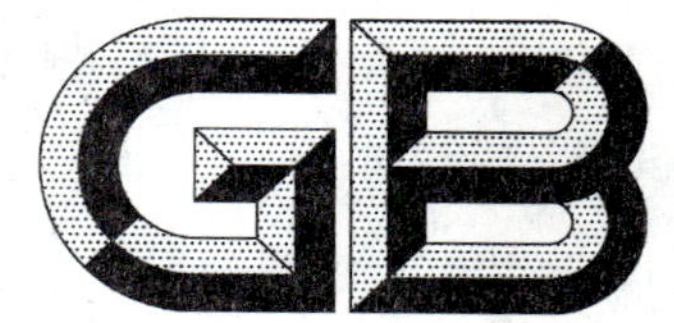

中华人民共和国国家标准

GB/T 4074.8—2009

绕组线试验方法 第8部分:测定漆包绕组线温度指数的试验方法 快速法

Winding wires—Test methods—Part 8: Test procedure for the determination of the temperature index of enamelled winding wires—Quick-Test method

2009-03-19 发布　　2009-12-01 实施

中华人民共和国国家质量监督检验检疫总局
中国国家标准化管理委员会　发布

前　言

GB/T 4074《绕组线试验方法》分为八个部分：

——第1部分：一般规定；

——第2部分：尺寸测量；

——第3部分：机械性能；

——第4部分：化学性能；

——第5部分：电性能；

——第6部分：热性能；

——第7部分：测定漆包绕组线温度指数的试验方法；

——第8部分：测定漆包绕组线温度指数的试验方法　快速法。

本部分为GB/T 4074的第8部分。

本部分的附录A为资料性附录。

本部分由中国电器工业协会提出。

本部分由全国电线电缆标准化技术委员会(SAC/TC 213)归口。

本部分起草单位：上海电缆研究所、浙江宏磊铜业股份有限公司、浙江洪波线缆股份有限公司、宁波金田电工材料有限公司、上海裕生特种线材有限公司、浙江长城电子科技集团有限公司、长沙鑫雄仪器科技有限公司、铜陵精达特种电磁线股份有限公司、上海申茂电磁线厂、广东蓉胜超微线材股份有限公司、福州大通机电有限公司、佛山市威奇电工材料有限公司、露笑科技股份有限公司、无锡市锡洲电磁线厂。

本部分主要起草人：张李晶、魏浙强、曹恒泰、董千里、张家化、姚桂华、任京湘、陈惠民、李福、潘建忠、郑守国、刘明福、刘贵忠、刘冰、林志雅、鲁小均、徐进法。

本部分为首次制定。

绕组线试验方法
第8部分:测定漆包绕组线温度指数的试验方法 快速法

1 范围

GB/T 4074 的本部分规定了通过恒温寿命和动态热重试验测定漆包圆线在常压空气中的热寿命和温度指数的方法,以电气强度的变化作为失效判据,试验结果可作为评定电气设备绝缘结构时选择漆包圆线的依据。

适用范围:

——测定漆包圆线(包括自粘性漆包圆线和复合漆包圆线)的热寿命和温度指数,研究两种及以上复合漆包线的相容性;

——测定不同金属导体及导体表面经不同处理的漆包圆线寿命和温度指数。

当对本部分测得的结果提出合理异议时,应按 GB/T 4074.7—2009 进行常规试验,以常规法为准。

2 规范性引用文件

下列文件中的条款通过 GB/T 4074 的本部分的引用而成为本部分的条款。凡是注日期的引用文件,其随后所有的修改单(不包括勘误的内容)或修订版均不适用于本部分,然而,鼓励根据本部分达成协议的各方研究是否可使用这些文件的最新版本。凡是不注日期的引用文件,其最新版本适用于本部分。

GB/T 4074.7—2009 绕组线试验方法 第7部分:测定漆包绕组线温度指数的试验方法(IEC 60172:1987,IDT)

GB/T 6109.1—2008 漆包圆绕组线 第1部分:一般规定(IEC 60317-0-1:2005,IDT)

GB/T 6109.2—2008 漆包圆绕组线 第2部分:155级聚酯漆包铜圆线(IEC 60317-3:2004,IDT)

GB/T 6109.3—2008 漆包圆绕组线 第3部分:120级缩醛漆包铜圆线(IEC 60317-12:1990,IDT)

GB/T 6109.4—2008 漆包圆绕组线 第4部分:130级直焊聚氨酯漆包铜圆线(IEC 60317-4:2000,IDT)

GB/T 6109.5—2008 漆包圆绕组线 第5部分:180级聚酯亚胺漆包铜圆线(IEC 60317-8:1997,IDT)

GB/T 6109.6—2008 漆包圆绕组线 第6部分:220级聚酰亚胺漆包铜圆线(IEC 60317-7:1997,IDT)

GB/T 6109.7—2008 漆包圆绕组线 第7部分:130L级聚酯漆包铜圆线(IEC 60317-34:1997,IDT)

GB/T 6109.9—2008 漆包圆绕组线 第9部分:130级聚酰胺复合直焊聚氨酯漆包铜圆线(IEC 60317-19:2000,IDT)

GB/T 6109.10—2008 漆包圆绕组线 第10部分:155级直焊聚氨酯漆包铜圆线(IEC 60317-20:2000,IDT)

GB/T 6109.11—2008 漆包圆绕组线 第11部分:155级聚酰胺复合直焊聚氨酯漆包铜圆线

(IEC 60317-21:2000,IDT)

GB/T 6109.12—2008 漆包圆绕组线 第12部分:180级聚酰胺复合聚酯或聚酯亚胺漆包铜圆线(IEC 60317-22:2004,IDT)

GB/T 6109.13—2008 漆包圆绕组线 第13部分:180级直焊聚酯亚胺漆包铜圆线(IEC 60317-23:2000,IDT)

GB/T 6109.14—2008 漆包圆绕组线 第14部分:200级聚酰胺酰亚胺漆包铜圆线(IEC 60317-26:1990,IDT)

GB/T 6109.15—2008 漆包圆绕组线 第15部分:130级自粘性直焊聚氨酯漆包铜圆线(IEC 60317-2:2000,IDT)

GB/T 6109.16—2008 漆包圆绕组线 第16部分:155级自粘性直焊聚氨酯漆包铜圆线(IEC 60317-35:2000,IDT)

GB/T 6109.17—2008 漆包圆绕组线 第17部分:180级自粘性直焊聚酯亚胺漆包铜圆线(IEC 60317-36:2000,IDT)

GB/T 6109.18—2008 漆包圆绕组线 第18部分:180级自粘性聚酯亚胺漆包铜圆线(IEC 60317-37:2000,IDT)

GB/T 6109.19—2008 漆包圆绕组线 第19部分:200级自粘性聚酰胺酰亚胺复合聚酯或聚酯亚胺漆包铜圆线(IEC 60317-38:2000,IDT)

GB/T 6109.20—2008 漆包圆绕组线 第20部分:200级聚酰胺酰亚胺复合聚酯或聚酯亚胺漆包铜圆线(IEC 60317-13:1997,IDT)

GB/T 6109.21—2008 漆包圆绕组线 第21部分:200级聚酯-酰胺-亚胺漆包铜圆线(IEC 60317-42:1997,IDT)

GB/T 6109.22—2008 漆包圆绕组线 第22部分:240级芳族聚酰亚胺漆包铜圆线(IEC 60317-46:1997,IDT)

GB/T 6109.23—2008 漆包圆绕组线 第23部分:180级直焊聚氨酯漆包铜圆线(IEC 60317-51:2001,IDT)

3 试验方法提要

本试验所用试样包括:

——用符合GB/T 6109.1~6109.23—2008规定的漆包线制备20个以上的扭绞对,制备方法见4.2;

——以适当的方法在与扭绞对相同的漆包线上取下的漆膜,制备方法见5.2。

使符合4.2规定的扭绞对试样经受一个试验周期的试验。这个试验周期包括老化期和其后的室温耐电压试验。重复这样的试验周期直到足够数量的试样失效为止。计算失效时间,称重并记录每个试样的初始质量、失效后的质量和失效试样裸导体总质量。

将符合5.2规定的漆膜分为三份,每份约15 mg,装入铂坩埚。以小于6 ℃/min的三个不同升温速度分别在空气气氛内进行热重试验。

然后按第6章的规定计算活化能,推算寿命为20 000 h的温度(以摄氏度表示)即代表被试绕组线的温度指数。

4 恒温寿命试验

4.1 试验设备

应使用下列试验设备:

——老化试验烘箱:应能连续补充新鲜空气。放样处时间和空间的温度波动应在±2 ℃(老化温度

≤200 ℃)或±3 ℃(老化温度>200 ℃)范围内；

——分析天平：精度≤0.1 mg；

——耐电压试验仪：应能输出交流 50 Hz 近似正弦波形的试验电压。电压峰值系数在$\sqrt{2}$(1±5%)(即 1.34～1.48)范围内，从零到 3 600 V，电压应能连续可调。施压 1 s 后应能自动切断电源。当高压试验回路电流大于 5 mA 时，输出电压不应小于开路时端电压的 90%，并应立即切断高压并发出信号，指示试样失效。

4.2 试样制备

试样导体标称直径应为 0.800 mm～1.500 mm。用导体标称直径 1.000 mm 厚漆膜漆包圆线做试样最为合适。按下列步骤制备 20 个以上扭绞对试样：

——将一段长约 400 mm 的漆包圆线对折后扭绞成 125 mm 的线对。扭绞时施加在线对上的力(重量)和扭绞数见表 1。扭绞时应缓慢、匀速，以便得到节距均匀的扭绞线对；

表 1 试样的扭绞数和受力

导体标称直径 mm		施加于线对的力 N	125 mm 距离内扭绞数
大于	小于或等于		
0.750	1.050	13.50	8
1.050	1.500	27.00	6

——应在两处(不应在一处)切断试样扭绞端的端环，以防损伤试样的扭绞部分；

——以三倍于表 2 规定的电压值对试样做 1 s 耐电压试验，以保证老化前试样性能均匀；

表 2 试验电压及持续时间

漆膜厚度(双层) mm		电压(有效值) V	持续时间 s
大于	小于或等于		
0.035	0.050	500	1
0.050	0.070	700	1
0.070	0.090	1 000	1
0.090	0.130	1 200	1

——为每个试样标上标记；

——试样在 125 ℃±5 ℃电热鼓风干燥箱内预烘 2 h 后存放在干燥器内，冷却至室温。

4.3 试验步骤

在分析天平上称量预烘后的试样，记录每个试样的初始质量 W_0(以毫克计，下同)，然后使试样按表 3 规定的老化温度和周期时间经受老化。

表 3 老化温度和周期时间

预估温度指数	老化温度 ℃	周期时间 h
105	175～185	24
120	185～195	24
130	195～205	24
155	225～235	24
180	245～255	24
200	265～275	24
220	280～295	24
240 及以上	305 及以上	24

选择的老化温度应使试样的平均老化周期数在8个～20个范围内。小于100 h就失效的试样不应用于计算平均寿命。

每个老化周期后，从烘箱中取出试样，按表2规定进行室温耐电压试验，检查试样是否失效。

记录失效试样的老化周期数 m，在分析天平上称重并记录每个失效试样质量 W_n，将未失效的试样放入烘箱继续下一周期的老化。

除去失效试样的漆膜，在分析天平上称重并记录失效试样裸导体总质量 $\sum W_c$。

5 动态热重试验

5.1 试验仪器

在热天平上进行热重试验。天平精度≤0.1 mg；质量量程≤25 mg；质量定值误差在±0.15 mg范围内，质量基线漂移在±15 mg范围内；电炉最高工作温度800 ℃以上；温度定值误差在±2 ℃范围内；升温速度恒定并等级可调，升温速度偏差≤5%。

5.2 试样制备

以适当的方法在与做恒温寿命试验相同的漆包线上取下漆膜，制成细度为40目的碎片。制备时应防止掺入任何杂质，确保试样纯度。

每次试验前，把试样装在浅盘内平铺开，在125 ℃±5 ℃的热循环干燥箱内预烘2 h后存放在干燥器内。

5.3 试验步骤

试验前，按5.1的规定检查并调试热天平。

在分析天平上称取三份试样，每份约15 mg。试样装入铂坩埚，放入热天平，以小于6 ℃/min的三个不同升温速度，在空气气氛内进行热重试验。

6 试验数据处理

6.1 恒温寿命试验的数据处理

6.1.1 试样平均寿命

取试样到失效时的老化总小时数和失效前一周期老化总小时数的中间点作为某个试样的失效时间。这是假设试样大概在最后一个老化周期进行到一半时失效。因此，某个试样的失效时间即为试样失效时的老化总小时数减去最后一个老化周期小时数的二分之一(12 h)。然后将各试样失效时间对数之和除以试样总数 n，该平均值的反对数则等于试样的平均寿命。

对应于老化温度 T_h，试样平均寿命 L_h 按公式(1)计算：

$$L_h = \lg^{-1}\left[\frac{\sum_{i=1}^{n}\lg L_i}{n}\right] \qquad \cdots\cdots(1)$$

式中：

L_h——试样平均寿命，单位为小时(h)；

L_i——第 i 个试样失效时的老化总小时数减去12 h，单位为小时(h)；

n——试样个数；

$\lg^{-1}$——反常用对数。

6.1.2 试样失重百分数 C_f 的计算

试样失重百分数 C_f 按公式(2)计算：

$$C_f = \frac{\sum W_0 - \sum W_n}{\sum W_0 - \sum W_c} \times 100\% \qquad \cdots\cdots(2)$$

式中：

C_f——试样失重百分数；

$\sum W_0$——试样初始质量之和，单位为毫克(mg)；

$\sum W_n$——失效试样质量之和，单位为毫克(mg)；

$\sum W_c$——试样裸导体质量之和，单位为毫克(mg)。

6.2 动态热重试验的数据处理

对三个不同升温速度的热重曲线，选择失重百分比为 $0.5C_f$(以失重量 5%为进位单位)时，按公式(3)计算活化能 E_f：

$$E_f = -4.348 \frac{d(\lg\beta)}{d\left(\frac{1}{\theta}\right)} \quad \cdots\cdots(3)$$

式中：

E_f——活化能，单位为卡每摩尔(cal/mol)；

β——升温速度，单位为摄氏度每小时(℃/h)；

θ——动态温度，单位为开尔文(K)。

根据公式(3)通过最小二乘方法求取活化能的过程参见附录 A。

6.3 温度指数的计算方法

已经公认，许多绝缘以一种符合公式(4)的方法老化：

$$L = Ae^{B/T} \quad \cdots\cdots(4)$$

式中：

L——绝缘寿命，单位为小时(h)；

T——绝对温度，单位为开尔文(K)；

A,B——每种绝缘所固有的常数；

e——自然对数之底。

通过取对数，使公式(4)表示成一线性方程：

$$\lg L = \lg A + (\lg e) \cdot \frac{B}{T} \quad \cdots\cdots(5)$$

设：

$$B = E_f/2$$

将恒温寿命试验的老化温度(T_h)、平均老化时间(L_h)代入公式(5)，再将 20 000 h 代入公式(5)。两式相减就可以得出 20 000 h 所对应的温度(T)。

20 000 h 对应的温度(℃)：

$$t_{20\,000} = \frac{0.218E_f}{\lg 20\,000 - \lg L_h + \frac{0.218E_f}{T_h}} - 273 \quad \cdots\cdots(6)$$

将恒温寿命试验的老化温度(T_h)、平均老化时间(L_h)代入公式(5)，再将 5 000 h 代入公式(5)。两式相减就可以得出 5 000 h 所对应的温度(T)。

5 000 h 对应的温度(℃)：

$$t_{5\,000} = \frac{0.218E_f}{\lg 5\,000 - \lg L_h + \frac{0.218E_f}{T_h}} - 273 \quad \cdots\cdots(7)$$

7 试验报告

试验报告应包括如下内容：

——漆包线名称、型号、规格、漆膜厚度、来源和生产日期；
——本部分标准编号 GB/T 4074.8—2009；
——老化温度（T_h）、平均老化周期数（$\overline{m}$）、平均寿命（L_h）、试样最小寿命值及相关系数 r；
——寿命为 20 000 h 和 5 000 h 对应的温度；
——试验单位、试验者及试验日期。

附　录　A
（资料性附录）
数据处理程序（以聚酰亚胺为例）

本附录旨在介绍一种通过动态热重试验数据（三个不同升温速率下）计算漆膜活化能，并结合单个温度点的恒温寿命试验数据推算漆包线试样温度指数的方法。如果需要更确切的温度指数，建议按 GB/T 4074.7—2009 进行详细分析。

根据公式(3)、公式(4)和公式(5)通过最小二乘方法求取活化能 E_f、20 000 h 和 5 000 h 对应的温度时，建议采用下述过程（以聚酰亚胺为例）：

$0.5C_f=15\%$（$C_f=34\%$，以失重量 5% 为进位单位）、老化温度 $T_h=320$ ℃、平均老化时间 $L_h=357.3$ h

对公式(3)进行积分：

$$\lg\beta=-\frac{E_f}{4.348}\times\frac{1}{\theta}+a \qquad \text{(A.1)}$$

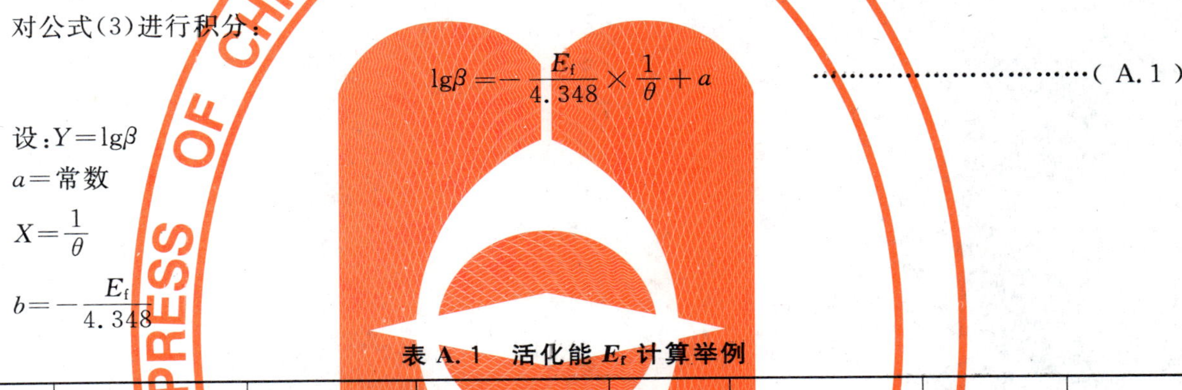

设：$Y=\lg\beta$

$a=$常数

$X=\dfrac{1}{\theta}$

$b=-\dfrac{E_f}{4.348}$

表 A.1　活化能 E_f 计算举例

β ℃/h	0.5C_f对应的 θ		$X=\frac{1}{\theta}$	$X^2=\frac{1}{\theta^2}$	$Y=\lg\beta$	XY	Y^2	$\lg L_h$
	℃	K						
60	481	754	1.326×10^{-3}	$1.758\ 276\times10^{-6}$	1.778	$2.357\ 629\times10^{-3}$	3.161 284	
120	505	778	1.285×10^{-3}	$1.651\ 225\times10^{-6}$	2.079	$2.671\ 515\times10^{-3}$	4.322 241	
300	536	809	1.236×10^{-3}	$1.527\ 696\times10^{-6}$	2.477	$3.061\ 572\times10^{-3}$	6.135 529	
Σ			3.847×10^{-3}	$4.937\ 197\times10^{-6}$	6.334	$8.090\ 715\times10^{-3}$	13.619 054	2.553 165

$N=3$

$$b=\frac{N\sum XY-\sum X\sum Y}{N\sum X^2-(\sum X)^2}=\frac{3\times8.090\ 715\times10^{-3}-3.847\times10^{-3}\times6.334}{3\times4.937\ 197\times10^{-6}-3.847\times10^{-3}\times3.847\times10^{-3}}=-7\ 778.1$$

$E_f=-4.348b=33\ 819$(cal/mol)

相关系数 r 是变量间线性相关程度的量度。

当 $|r|=1$ 时，变量间存在完全线性相关关系。当 $r=0$ 时，变量间线性不相关，按下式计算的相关系数推荐为 $|r|\geqslant0.95$。

相关系数的计算按下式：

$$r=\frac{N\sum XY-(\sum X)(\sum Y)}{\sqrt{[N\sum X^2-(\sum X)^2][N\sum Y^2-(\sum Y)^2]}}$$

$$=\frac{3\times8.090\ 715\times10^{-3}-3.847\times10^{-3}\times6.334}{\sqrt{[3\times4.937\ 197\times10^{-6}-(3.847\times10^{-3})^2][3\times13.619\ 054-(6.334)^2]}}=-0.999\ 5$$

20 000 h 所对应的温度(℃)：

$$t_{20\ 000}=\frac{0.218E_f}{\lg20\ 000-\lg L_h+\dfrac{0.218E_f}{T_h}}-273=\frac{7\ 372.6}{\lg20\ 000+9.879\ 650}-273=247\ ℃$$

5 000 h 所对应的温度(℃)：

$$t_{5\,000}=\frac{0.218E_{\mathrm{f}}}{\lg 5\,000-\lg L_{\mathrm{h}}+\frac{0.218E_{\mathrm{f}}}{T_{\mathrm{h}}}}-273=\frac{7\,372.6}{\lg 5\,000+9.879\,650}-273=270\ ℃$$

温度指数为 247。

ICS 13.280
F 70

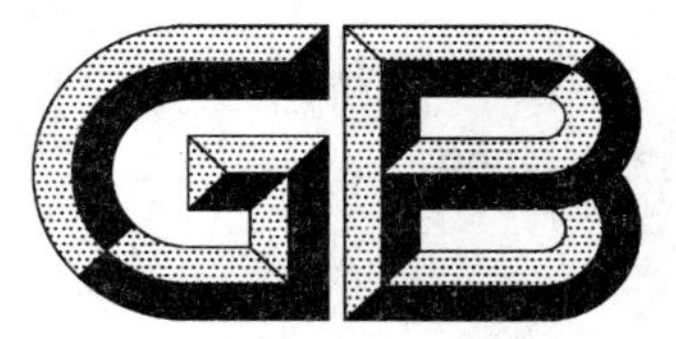

中华人民共和国国家标准

GB 4075—2009
代替 GB 4075—2003

密封放射源 一般要求和分级

Sealed radioactive sources—General requirements and classification

(ISO 2919:1999,Radiation protection—Sealed radioactive sources—General requirements and classification,MOD)

2009-03-13 发布 2010-03-01 实施

中华人民共和国国家质量监督检验检疫总局
中国国家标准化管理委员会 发布

前　言

本标准的第4章、第5章、第6章、第8章、第9章和第10章为强制性的，其余为推荐性的。

本标准修改采用ISO 2919:1999《密封放射源　一般要求和分级》。

本标准与ISO 2919:1999相比存在如下技术性差异：

——删除了国际标准的前言和引言；

——4.1中分级表示方法按中国的实际情况进行修改；

——第8章中增加了源编码。

本标准代替GB 4075—2003《密封放射源　一般要求和分级》。本标准与GB 4075—2003相比主要有以下变化：

a) 将原标准中所有"GB/T 15849—1995"改为"GB 15849—1995"；

b) 增加了规范性引用文件环发[2004]118号《放射源编码规则》；

c) 在4.1分级表示方法中GB之后增加标准号4075，修改为GB 4075/××××/C(或E)×××××(×)；

d) 在6.1中增加了污染检验的污染量要求；

e) 将7.6.1.1中b)、c)项合并，修改为撞针高度(6.0±0.2)mm，直径(3.0±0.1)mm；

f) 在第8章　源标识、第9章　源证书和附录B中增加了放射源编码；

g) 删除第8章中的表述"(见ISO 361)"及"包壳的标识应在密封源检验前进行"；

h) 对图1弯曲检验参数进行了修改；

i) 对附录B证书表述进行修改；

j) 将附录D引用的文件均作为规范性引用文件列出；

k) 将参考文献中1的版本升级为2005版；

l) 对某些文字进行修改以使技术含义更加明确。

本标准的附录A、附录B、附录C、附录D均为资料性附录。

本标准由全国核能标准化技术委员会归口。

本标准起草单位：中国原子能科学研究院。

本标准主要起草人：段利民、龚凌凌。

本标准于1983年12月24日首次发布，2003年3月24日第一次修订。

密封放射源　一般要求和分级

1　范围

本标准以测试性能为基础建立了密封放射源分级体系，并对源的性能、要求、检验方法、标识和证书等作了规定。

本标准为密封放射源产生者提供了评价其产品在使用中安全性的系列检验，同时也便于使用者选择满足使用要求的放射源类型，特别是对关注防止因放射性物质泄漏而造成电离辐射照射的场所选择放射源类型时能提供帮助。本标准也可为管理部门提供指导。

这些检验分为几组，例如，包括暴露于异常高温和低温检验以及各种机械检验。每项检验适用于不同的严格程度。检验结果是否通过，取决于密封放射源内容物是否泄漏。

注 1：泄漏检验方法见 GB 15849—1995。

表 4 给出了对密封放射源主要典型使用中的每种应用和建议的检验级别。广义来说，这些检验是对各种使用的最低要求，在一些特别恶劣条件下使用时(见附录 C)所须考虑的因素列于 4.2。

注 2：生产者和检验机构应按 GB/T 19001—2000 分别制定质量保证大纲。

本标准不按源的设计、制造方法或发出辐射的刻度方法分级，本标准不包括核反应堆内的放射性物质(含密封源)和燃料元件。

2　规范性引用文件

下列文件中的条款通过本标准的引用而成为本标准的条款。凡是注日期的引用文件，其随后所有的修改单(不包括勘误的内容)或修订版均不适用于本标准，然而，鼓励根据本标准达成协议的各方研究是否可使用这些文件的最新版本。凡是不注日期的引用文件，其最新版本适用于本标准。

GB 15849—1995　密封放射源的泄漏检验方法(eqv ISO 9978：1992)

GB/T 19001—2000　质量管理体系　要求(idt ISO 9001：2000)

《放射源编码规则》(环发[2004]118 号)

3　术语和定义

本标准采用下列术语和定义。

3.1

包壳　capsule

防止放射性物质泄漏的保护性壳。

3.2

假密封源　dummy sealed source

某种密封放射源的复制品，其包壳的结构和材料与密封放射源完全相同，但源芯中的放射性物质用物理和化学性质相似的物质代替。

3.3

注量率　fluence rate

在确定几何条件下，密封放射源在单位时间内放出的电离辐射粒子数和/或光子数。

注：最好用术语辐射注量率表示。

3.4

泄漏　leakage

放射性物质从密封放射源内逸入环境中。

3.5

密封 leak tight

用于密封放射源的术语，指经检验密封放射源的泄漏量不高于 GB 15849—1995 表 1 中给出的限值。

3.6

型号 model designation

用于标识密封放射源具体类型的专用名称（数字、代号或两者的组合）。

3.7

不可浸出的 non-leachable

指密封放射源内的放射性物质实际上不溶于水，也不可能转变为可扩散物质。

3.8

原型密封源 prototype sealed source

某种放射源的原始样品，它是制造所有具有相同型号密封放射源的模型。

3.9

质量保证 quality assurance

为了提供足够的信任表明实体能够满足质量要求，而在质量体系中实施并根据需要进行证实的全部有计划和有系统的活动。

3.10

放射性核素毒性 radiotoxicity

放射性核素进入人体内，其放出的辐射对人体产生损伤的程度。

3.11

密封放射源 sealed source

密封在包壳内或与某种材料紧密结合的放射性物质。在规定的使用条件下和正常磨损下，这种包壳或结合材料足以保持源的密封性。

3.12

模拟密封放射源 simulated sealed source

某种密封放射源的复制品，其包壳的结构和材料与其代表的真实密封源完全相同，但放射性物质采用物理和化学性质尽可能相近的物质代替，且仅含示踪量的放射性物质。

注：示踪剂应能溶于溶剂中，溶剂不能浸蚀包壳，且示踪剂具有与在试验环境使用相一致的最大活度（例如，约 1MBq^{137}Cs）。

3.13

源组件 source assembly

包含在源托内或紧贴在源托上的密封源。

3.14

源托 source holder

用以固定或承载源的固定的或可移动的机械装置。

3.15

装置中源 source in device

照射时保存在屏蔽装置内的密封源，因此使用时可提供一定的机械保护。

4 分级和表示方法

4.1 表示方法

密封源的分级表示方法是，用 GB 4075/，之后用四位数字表示确定分级所用标准的批准年份，随后是斜线分隔符号(/),再加一个字母,然后是五个数字和包括一个或多个数字的括弧。

字母必须是C或E:

——C表示密封源的活度不超过表3规定的水平。

——E表示密封源的活度超过表3规定的水平。

五个数字表示级别,按表2次序分别为:温度特性、外压力特性、冲击特性、振动特性和穿刺特性。

如果需要,可以在括弧内加一个数字或多个数字表示已通过了弯曲检验的源的类别。某些特定形状的源(细长源,近距离治疗针)的弯曲检验见表1,具体要求见7.7。为了满足检验准则,可能要进行多次重复试验并对检验作出描述。如不要求进行弯曲检验,则括弧可以省略。

示例:

—— 一个典型无防护工业照相源可表示为:"GB 4075/2003/C43515(1)"或"GB 4075/2003/C43515";

—— 一个典型近距离治疗源可表示为"GB 4075/2003/C53211(8)";

—— 一个典型辐照装置源可表示为"GB 4075/2003/C53424(4.7)"。

4.2 分级

分级等级见表1和表2。表2给出了按严格程度递增的各个级别的环境检验条件。

表1 弯曲检验等级

弯曲检验等级	1	2	3	4	5	6	7	8	×
参照条款	免检	弯曲检验 7.7.1	弯曲检验 7.7.1	弯曲检验 7.7.1	弯曲检验 7.7.1	弯曲检验 7.7.1	弯曲检验 7.7.2	弯曲检验 7.7.3	特殊检验
静压力 S. F. =		100 N (10.2 kg)	500 N (51 kg)	1 000 N (102 kg)	2 000 N (204 kg)	4 000 N (408 kg)			

表2 密封源性能分级(用5个数字表示)

检验内容	级别						
	1	2	3	4	5	6	×
温度	免检	−40 ℃(20 min) +80 ℃(1 h)	−40 ℃(20 min) +180 ℃(1 h)	−40 ℃(20 min) +400 ℃(1 h)及400 ℃到20 ℃的热冲击	−40 ℃(20 min) +600 ℃(1 h)及600 ℃到20 ℃的热冲击	−40 ℃(20 min) +800 ℃(1 h)及800 ℃到20 ℃的热冲击	特殊检验
外压	免检	由绝对压力25 kPa至大气压	由绝对压力25 kPa至2 MPa	由绝对压力25 kPa至7 MPa	由绝对压力25 kPa至70 MPa	由绝对压力25 kPa至170 MPa	特殊检验
冲击	免检	50 g,下落距离1m或等值冲击能	200 g,下落距离1 m或等值冲击能	2 kg,下落距离1 m或等值冲击能	5 kg,下落距离1 m或等值冲击能	20 kg,下落距离1 m或等值冲击能	特殊检验
振动	免检	在49 ms^{-2}(5 g)[a]条件下25 Hz至500 Hz试验3次,每次10 min	在49 ms^{-2}(5 g)[a]条件下25 Hz至50 Hz在峰与峰之间振幅为0.635 mm时,50 Hz至90 Hz和在98 ms^{-2}(10 g)[a]条件下90 Hz至500 Hz以上均试验3次,每次10 min	在峰与峰之间振幅为1.5 mm时,25 Hz至80 Hz和在196 ms^{-2}(20 g)[a]条件下80 Hz至2 000 Hz以上均试验3次,每次30 min	不需要	不需要	特殊检验
穿刺	免检	锤重1 g,下落距离1 m或等值冲击能	锤重10 g,下落距离1 m或等值冲击能	锤重50 g,下落距离1 m或等值冲击能	锤重300 g,下落距离1 m或等值冲击能	锤重1 kg,下落距离1 m或等值冲击能	特殊检验

[a] 加速的最大振幅。

表 4 给出的分级未考虑火灾、爆炸及腐蚀的影响。在评价密封源时,生产者和使用者需考虑火灾、爆炸及腐蚀等事件的可能性及此类事件可能造成的后果。当确定需要进行特殊检验时,应考虑下述因素:

a) 放射性物质泄漏所造成的后果;

b) 密封源内放射性物质的量;

c) 放射性核素毒性;

d) 放射性物质的物理和化学形态;

e) 源贮存、转移及使用的环境;

f) 密封源或源一装置组合所提供的防护情况。

必要时,使用者和生产者应商定密封源的附加检验。

附录 D 给出了特殊检验的实例。

4.3 级别确定

每一类型密封源的级别应采用以下方法之一来确定:

——按表 2 所示的每项检验,要用同种类型(样品源、假密封源或模拟源)的两个源进行实际检验。

——如果以前已进行过这些检验,并已证明密封源合格。

每项检验可以采用不同的样品。

应以检验后密封源能否保持它的密封性能来确定是否符合标准。每项检验后,应用肉眼检查源完整性的损坏情况,还应按照 GB 15849—1995 进行适当的泄漏试验。当用模拟源做泄漏检测时,所选方法的灵敏度应适当。

当密封源有多层包壳时,经检验至少有一层包壳密封,就确定为检验合格。

5 活度水平规定

附录 A 给出了四个放射性核素毒性组,规定的密封源活度值见表 3,活度低于该规定值的,对具体用途和设计不要求进行单独评价。

表 3 按放射性核素毒性分组规定的活度水平

放射性核素组(见附录 A)	规定活度/TBq(Ci)	
	可浸出的[a]	不可浸出的[b]
A	0.01(约 0.3 Ci)	0.1(约 3 Ci)
B1	1(约 30 Ci)	10(约 300 Ci)
B2	10(约 300 Ci)	100(约 3 000 Ci)
C	20(约 500 Ci)	200(约 5 000 Ci)

[a] 可浸出的:依据 GB 15849—1995 中 5.1.1 规定,将源芯浸在 50 ℃ 100 mL 静水中,4 h,水中的放射性活度大于总活度 0.01%。

[b] 不可浸出的:依据 GB 15849—1995 中 5.1.1 规定,将源芯浸在 50 ℃ 100 mL 静水中,4 h,水中的放射性活度低于总活度 0.01%。

密封源的活度超过规定值时,应对具体用途和设计作进一步评价。为了便于分级,生产时应根据表 3考虑密封源的活度水平。

除非需要,只有当密封源活度超过表 3 所示规定值时才须考虑对火灾、爆炸、腐蚀和放射性核素毒性的影响进行评价。如果活度超过规定值,则应根据不同情况来考虑密封源的分级。如果活度不超过表 3 的规定值,无须进一步考虑毒性和可溶性就可直接使用表 4。

6 性能要求

6.1 一般要求

所有密封源在制造后均应进行检验，污染检验值小于 200 Bq，即视为该源通过污染检验。该检验应按 GB 15849—1995 中 5.3 规定的试验之一进行。

所有密封源在制造后均应进行检验，以确保不泄漏。该检验应按 GB 15849—1995 规定的一种或一种以上方法进行。

所有密封源在制造后均应进行测量，以确定其辐射输出量。

密封源所含放射性物质的活度均应进行估算。这可以通过辐射输出量的测量结果或通过生产所用的该批投料的放射性测量进行估算。

密封源样品应按本标准第 7 章所述方法进行检验，按第 4 章的规定进行分级。

表 4 典型使用的密封放射源级别(性能)要求

密封源使用方式		密封源级别(由检验确定)				
		温度	压力	冲击	振动	穿刺
工业射线照相	密封源	4	3	5	1	5
	装置中源	4	3	3	1	3
医用	射线照相	3	2	3	1	2
	γ 射线远距离治疗	5	3	5	2	4
	近距离治疗[6][a]	5	3	2	1	1
	表面敷贴器[b]	4	3	3	1	2
γ 仪表(中、高能)	无防护源	4	3	3	3	3
	装置中源	4	3	2	3	2
β 仪表、低能 γ 仪表或 x 射线荧光分析[b]		3	3	2	2	2
油田测井		5	6	5	2	2
便携式湿度计和密度计(包括手提或车载)		4	3	3	3	3
一般中子源应用(不包括反应堆启动)		4	3	3	2	3
仪器刻度源，活度>1MBq		2	2	2	1	2
γ 辐照源[3]，[5]	Ⅰ类[b]	4	3	3	2	3
	Ⅱ、Ⅲ和Ⅳ类[c]	5	3	4	2	4
离子发生器	色谱	3	2	2	1	1
	静电消除器	2	2	2	2	2
	感烟探测器[c]	3	2	2	2	2

[a] 这种类型的源在使用时可能会严重变形，生产者和使用者应商定附加的或专门的检验程序。

[b] 不包括充气源。

[c] 可以用装置中源或源组件作检验。

每个密封源均应按第 8 章的要求进行标识，按第 9 章的要求提供包括检验结果等内容的证书。

密封源包壳在物理和化学性质上应与内容物相容。如果密封源直接由照射生产，则包壳不应含有显著量的放射性物质，除非这种物质能牢固地与包壳材料相结合，且能表明密封源是不泄漏的。

模拟源的示踪剂应能溶于溶剂中，溶剂不能浸蚀包壳，且所用示踪剂的量具有适合在试验环境下进行泄漏检验的最大活度(例如,约 1MBq ^{137}Cs)。

6.2 典型使用要求

密封源、源组件或装置中源的某些典型使用及其最低性能要求见表 4。

有可能要求一种或多种弯曲试验,规定见 7.7。

活性区长度(L)与最小外包壳直径(D)之比大于或等于 15(即 $L/D \geqslant 15$)的检验源,要求的弯曲检验见 7.7.1。例如,用于Ⅰ类辐照装置的密封源,要求达到 4 级,Ⅱ、Ⅲ和Ⅳ类辐照装置则要求达到 5 级。

活性区长度(L)与最小外包壳直径(D)之比等于 10 或大于 10(即 $L/D \geqslant 10$)的检验源及活性区长度等于或大于 100 mm(即 $L \geqslant 100$ mm)的检验源,要求的弯曲检验见 7.7.2,且要达到 7 级。

活性区长度(L)大于或等于 30 mm(即 $L \geqslant 30$ mm)的近距离治疗针类密封源,要求的弯曲检验见 7.7.3,且要求达到 8 级。

这些要求考虑了正常使用和适当的意外危险,但不包括暴露在火灾、爆炸或腐蚀中的情况。密封源通常安装在装置内,在确定某特定用途的级别数值时,考虑了由装置提供的对密封源的附加保护。因此,对表 4 列出的全部用途来说,相应级别数值所规定的检验,密封源都需进行。离子发生器型除外,它可用整个源组件或装置中源进行检验。

这些规定的检验未覆盖所有密封源的使用情况,特殊使用条件或与潜在事故相关的情况与表 4 规定的分级不完全一致,生产者和使用者应根据不同情况,考虑进行合适的检验。

表 4 所示的数字指表 2 中的级别数字。

注:IAEA 有关对特殊形式的放射性物质[1]的检验,不宜普遍采用,但作为附加检验是适当的。

6.3 确定级别的程序和性能要求

6.3.1 由附录 A 确定放射性核素毒性组。

6.3.2 根据表 3 确定规定的活度值。

6.3.3 如果密封源的活度不超过表 3 规定的活度值,应对火灾、爆炸、腐蚀等作危险性评估,如果确认没有重大危险,密封源及其使用可按最低级别要求(见 6.2)。如确认会产生重大危险,则须对要求的试验进行全面评估(见 4.2),同时要特别注意温度和冲击所造成的危险性。

6.3.4 如果密封源活度超过表 3 允许水平,则应对要求的试验分别予以评价,包括源的设计、特定用途以及由于火灾、爆炸、腐蚀等所造成的危险。

6.3.5 在确定了特定使用或用途要求密封源的最低级别后,可直接由表 1 和表 2 得到要求的性能标准。

6.3.6 密封源的级别可由表 1、表 2 确定,也可按表 4 来选择合适的应用。

由于表 2 是按严格的程度递增的顺序,从 1 级~6 级排列的,因此已确定级别的密封源可适用于任何具有相同或低于严格特定性能要求的场合。

7 检验方法

7.1 概述

本章所给出的检验方法是确定性能等级可接受的。全部规定的指标是最低要求。其他方法,如果能证明至少与本章方法等效也可采用。除温度检验外,所有的检验都应在环境温度下进行。

检验后源的级别应按 4.3 来判定。

7.2 温度检验

7.2.1 装置

加热或冷却装置中检验区域的体积至少为样品体积的 5 倍。如果用煤气或燃料油加热,整个检验过程中，应始终保持氧化气氛。

7.2.2 方法

所有检验均须在大气中进行。

注：低温检验中，允许采用能获得比要求温度更低的二氧化碳(干冰气氛)。

进行低于环境温度检验的密封源，应在45 min内从环境温度降至检验温度。进行高于环境温度检验的密封源，应在不大于表5规定的时间内，从环境温度升至检验温度。

表5 高于环境温度检验的温度-时间关系

检验温度/℃	最大时间限值/min
80	5
180	10
400	25
600	40
800[a]	70
[a] 6级温度检验与IAEA规定的试验方法相似[1]。	

对于2级和3级检验，密封源至少在检验温度以上保持1 h，然后在炉内或实验室氛围中慢慢降温至环境温度。

对4级、5级、6级检验，密封源至少在检验温度以上保持1 h，热冲击时在15 s之内将样品投入环境温度(20 ℃左右)的水中，每分钟水流量应至少为源体积的10倍，如用静水，则水量应至少为源体积的20倍。

7.3 外压检验

7.3.1 设备

压力计应是刚校准过的，且其压力量程至少比检验压力大10%。真空计至少能读出20 kPa绝对气压。低压和高压检验可以在不同的小室中进行。

7.3.2 方法

将密封源放置于小室内，并使其暴露在检验压力下，此操作进行两次，每次5 min。两次检验操作之间压力应恢复至大气压。

低压检验在空气中进行，高压检验采用液压法，并使密封源处于水的介质中。

注：液压油不能直接与密封源接触，因为可能会暂时堵塞漏孔。

7.4 冲击检验

7.4.1 设备

7.4.1.1 钢锤，上部安装有固定装置，下部是一个直径为(25±1)mm的平底冲击面，边角倒圆，半径为(3.0±0.3)mm。钢锤的重心刚好落在冲击面圆形中轴线上，中轴线穿过固定装置的固定点。每个等级检验钢锤质量见表2。

7.4.1.2 钢砧，其质量至少为钢锤的10倍，安装要牢固，使其在冲击时不产生位移，且其表面应为一个大的平面，足以承载整个密封源。

7.4.2 方法

依据表2，按所确定的检验等级选择钢锤质量。

调节钢砧上密封源上部至钢锤下表面距离，使跌落高度为1 m，让薄弱的源表面对准钢锤，然后释放钢锤。

7.5 振动检验

7.5.1 设备

能完成规定检验内容的振动装置。

7.5.2 方法

将源紧固在振动装置的平台上，以便在整个检验过程中源与平台连成一体。

2级和3级检验，对规定的每个条件，密封源需进行三次完整的试验。检验时，以匀速方式扫过范围内所有频率，从最小频率至最大频率，10 min或更长时间后，扫回至最小频率。源的每个轴向按下述规定试验。此外，如发现共振频率，在每一共振频率下继续试验30 min。

4级检验，对规定的每个条件，密封源需进行三次完整的试验。检验时，以匀速方式扫过所有频率范围，从最小频率至最大频率，30 min或更长时间后，扫回至最小频率。源的每个轴向按下述规定试验。此外，如发现共振频率，在每一共振频率下继续试验30 min。

为达检验目的，最多要对三个轴向做检验，球型源取任一轴向，椭圆形和/或圆盘形源截面有两个轴向，一是旋转轴，另一个轴是在任一垂直于对称轴平面内选取。其他形状源的三个轴向，取平行于有代表性几何外形断面作为轴向。

7.6 穿刺检验

7.6.1 设备

7.6.1.1 钢锤

上部安装一固定装置，下部牢固地固定一撞针。撞针应具有下述特性：

a) 洛氏硬度：50至60(RockwellC)；

b) 撞针高度：(6.0±0.2)mm，直径：(3.0±0.1)mm；

c) 冲击表面为半球形。

撞针的中心线应与钢锤固定装置的重心及固定点在一直线上，钢锤及撞针的质量由检验级别确定。

7.6.1.2 淬火钢砧

钢砧须牢牢固定，其质量至少为钢锤的10倍，钢砧与密封源之间的接触面应足够大，为防止在进行穿刺检验时该表面变形，必要时可在密封源与钢砧间安装合适形式的垫块。

7.6.2 方法

按表2选择相应级别的钢锤和撞针质量。

将密封源放在钢砧上，先测量密封源上部至撞针下端之间的距离，调节跌落高度至少为1 m，然后释放。事先必须给密封源定位，使撞针落在密封源最薄弱面上，如果密封源不止一个薄弱面，则每个薄弱面都应检验。

如果密封源尺寸和质量太小，可采用光滑的垂直导管，使撞针冲击在穿刺点上。

7.7 弯曲检验

7.7.1 $L/D\geqslant15$ 的密封源的弯曲检验

$L/D\geqslant15$ 的密封源，应进行此项弯曲检验。此处，L 为活性区长度，D 为最小外包壳直径或沿着活性区长度上垂直于密封源主轴的最小外包壳尺寸。

弯曲检验分级是根据施加的静压力，使用如图1所示检验参数和三个圆柱。所有三个圆柱不能旋转且纵轴应相互平行。圆柱表面应光滑，且有足够的长度以在检验过程中给源包壳提供足够的接触面。所有圆柱为实心材料，其硬度为洛氏硬度50～55。加静压力时，须注意不能突然加力，因为这样会增加有效压力。

静压力应施予密封源最脆弱的部分。

每个等级弯曲检验所加静压力见表1。

易弯曲密封源检验时，将源置于试验卡具上，同时使用中间圆柱超过两个静止支撑圆柱的主轴所组成的平面上，检验后如能保持源的完整性，则判定弯曲检验合格。

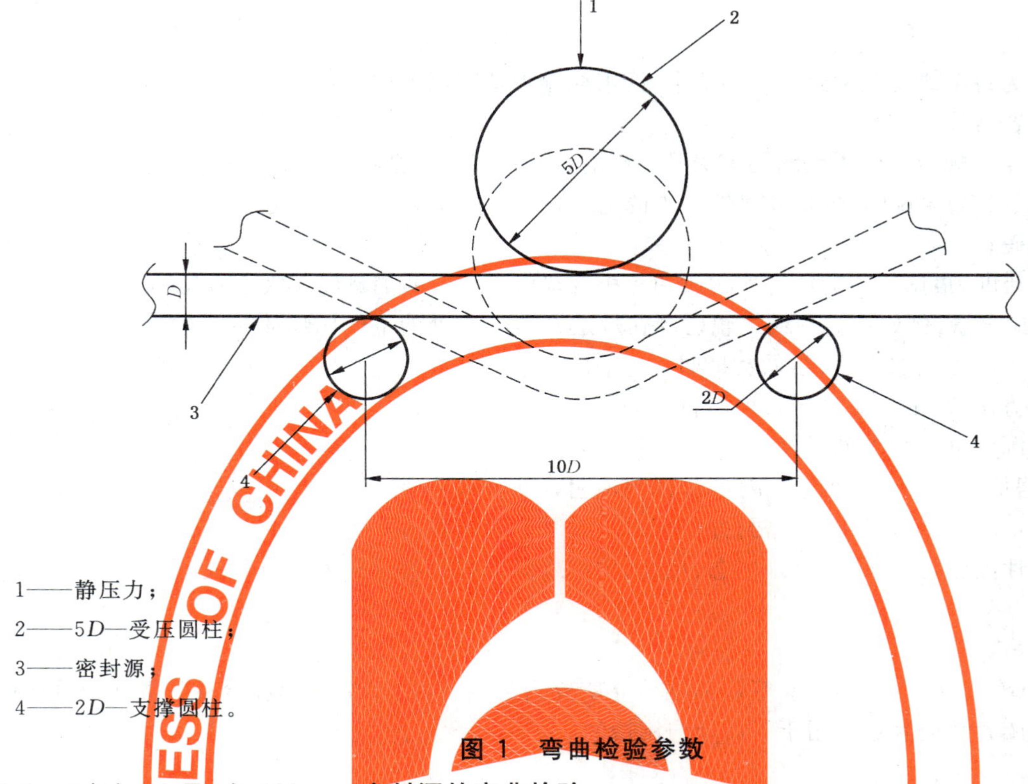

1——静压力；

2——5D—受压圆柱；

3——密封源；

4——2D—支撑圆柱。

图1 弯曲检验参数

7.7.2 L/D≥10且L≥100 mm密封源的弯曲检验

$L/D \geq 10$ 以及 $L \geq 100$ mm的密封源应进行此项弯曲检验，这里，L 为活性区长度，D 为最小外包壳直径或沿活性区长度上垂直于密封源主轴的尺寸。

密封源应刚性地卡固在水平位置上，并使其一半伸出夹具面。样品放置方向应使源自由端受钢锤平面冲击时损伤最大，钢锤冲击样品应产生等同于1.4 kg重物从1 m高度垂直自由下落产生的冲击效果。

钢锤外直径应为(25±1)mm，且其冲击面的边角倒圆、半径为(3.0±0.3)mm。

密封源通过此弯曲检验则为7级。

7.7.3 近距离治疗针的弯曲检验

总长度大于或等于30 mm的近距离治疗针型密封源应进行此项弯曲检验[6]。

密封源应放置在一个合适装置中，以使源能弯曲至少90°角成一半径为(3.0±0.1)mm的圆弧。

进行此项检验时，应将密封源约为总长1/3部分放入装置内，用合适工具(例如钳子)夹住伸出部分，并施加必要的力，使源沿规定半径弯曲到至少90°角，然后再将密封源拉直。

密封源通过此项弯曲检验则为8级。

8 源标识

只要有可能，包壳以及源组件上应按顺序牢固、清晰地标识下述内容：

a) “放射性”字样，不能使用放射性符号；

b) 生产者名称或代码；

c) 源序号；

d) 源编码，应符合《放射源编码规则》(环发[2004]118号)；

e) 放射性核素的化学符号和质量数；

f) 中子源的靶元素。

9 源证书

生产者应为每个或每批密封源提供证书，证书应逐项填写以下内容：

a) 生产者名称；

b) 用第 4 章规定的代码表示的等级及已有的特殊形式放射性物质的批准证书号；

c) 源序号和简要说明，包括放射性核素的化学符号及质量数；

d) 源编码；

e) 装料活度，根据所用的放射性物质的分析或辐射输出量的测量以及吸收数据估算；

f) 辐射输出量，例如注量率或 γ 辐射源在规定方向 1 m 处的空气比释动能率；

g) 检验表面污染的方法、结果及日期；

h) 密封方法，泄漏检验结果及检验日期。

密封放射源证书示例参见附录 B。

另外，根据情况证书还可以包括对源的详细说明，特别是：

——包壳：尺寸、材料、厚度和密封方法；

——放射性内容物：化学及物理形态、尺寸、质量或体积以及放射性核素杂质数量详情。

10 质量保证

应按照 GB/T 19001—2000 或等效标准建立所有密封源设计、制造、试验、检验和文件的质量保证大纲。每个生产者都应制定适用于源设计与制造的质量保证大纲。

附 录 A
（资料性附录）
放射性核素毒性分组

以下分类系根据ICRP第5号出版物。此外还包括了核素^{125}I、^{67}Ga、^{87}Y和^{111}In。括弧内组别为欧洲原子能联营指导书84/466及84/467推荐的类别，这里的(2)、(3)和(4)分别表示的组别为2组、3组或4组。下面给出的组别(表A.1，表A.2，表A.3，表A.4)可与国际标准一起使用。

注1：按照ICRP第5号和第6号出版物推荐，^{90}Sr已从A组划到B1组。

注2：本附录已不作参考件使用，但从中获得并在此列出的资料与本标准一起使用是适当的。

表 A.1

A组:高毒			(第1组:极毒)	
^{227}Ac	^{242}Cm	^{231}Pa	^{241}Pu	^{228}Th
^{241}Am	^{243}Cm	^{210}Pb	^{242}Pu	^{230}Th
^{243}Am	^{244}Cm	^{210}Po	^{223}Ra	^{230}U
^{249}Cf	^{245}Cm	^{238}Pu	^{226}Ra	^{232}U
^{250}Cf	^{246}Cm	^{239}Pu	^{228}Ra	^{233}U
^{252}Cf	^{237}Np	^{240}Pu	^{227}Th	^{234}U

表 A.2

B组:中毒				
B1 分组			(第2组:高毒)	
^{228}Ac	^{36}Cl(3)	^{125}I	^{212}Pb	^{160}Tb(3)
^{110m}Ag	^{56}C(3)	^{126}I	^{234}Ra	^{127m}Te(3)
^{211}At	^{60}C(3)	^{131}I	^{106}Ru	^{129m}Te(3)
^{140}Ba(3)	^{134}Cs	^{133}I(3)	^{124}Sb(3)	^{234}Th(3)
^{207}Bi	^{137}Cs(3)	^{114m}In	^{125}Sb(3)	^{240}Tl(3)
^{210}Bi	$^{152(13a)}$Eu	^{129}It(3)	^{46}Sc(3)	^{170}Tm(3)
^{249}Bk	^{154}Eu	^{54}Mn(3)	^{89}Sr(3)	^{236}U
^{45}Ca(3)	^{181}Hf(3)	^{22}Na(3)	^{90}Sr	^{91}Y
^{115m}Cd	^{124}I	^{230}Pa	^{182}Ta(3)	^{95}Zr(3)
^{144}Ce				

表 A.3

B组:中毒				
B2 分组			（第 3 组:中毒）	
^{105}Ag	^{64}Cu(4)	^{43}K	^{143}Pr	^{97}Tc(4)
^{111}Ag	^{165}Dy(4)	^{85m}Kr(4)	^{191}Pt	^{97m}Tc
^{41}Ar	^{166}Dy	^{87}Kr	^{193}Pt(4)	^{99}Tc(4)
^{73}As	^{169}Er	^{140}La	^{197}Pt	^{125m}Te
^{74}As	^{171}Er	^{177}Lu	^{86}Rb	^{127}Te(4)
^{76}As	$^{152(9.2h)}$Eu	^{52}Mn	^{183}Re	^{129}Te(4)
^{77}As	^{155}Eu(2)	^{56}Mn(4)	^{186}Re	^{131m}Te
^{196}Au	^{18}F(4)	^{99}Mo	^{188}Re	^{132}Te
^{198}Au	^{52}Fe	^{24}Na	^{105}Rh	^{231}Th
^{199}Au	^{55}Fe	^{93m}Nb	^{220}Rn(4)	^{200}Tl
^{131}Ba	^{59}Fe	^{95}Nb	^{222}Rn	^{201}Tl(4)
^{7}Be(4)	^{67}Ga	^{147}Nd	^{97}Ru	^{202}Tl
^{206}Bi	^{72}Ga	^{149}Nd(4)	^{103}Ru	^{171}Tm
^{212}Bi	^{153}Gd	^{63}Ni	^{105}Ru	^{48}V
^{82}Br	^{159}Gd	^{65}Ni(4)	^{35}S(4)	^{181}W(4)
^{14}C	^{197}Hg	^{239}Np	^{122}Sb	^{185}W
^{47}Ca	^{197m}Hg	^{185}Os	^{47}Sc	^{187}W
^{109}Cd(2)	^{203}Hg	^{191}Os	^{48}Sc	^{135}Xe(4)
^{115}Cd	^{166}Ho	^{193}Os	^{75}Se	^{87}Y
^{141}Ce	^{130}I	^{32}P	^{31}Si(4)	^{90}Y
^{143}Ce	^{132}I	^{233}Pa	^{151}Sm(2)	^{92}Y
^{38}Cl(4)	^{134}I(4)	^{203}Pb	^{153}Sm	^{93}Y
^{57}Co	^{135}I	^{103}Pd	^{113}Sn	^{175}Yb
^{58}Co	^{115m}In(4)	^{109}Pd	^{125}Sn	^{65}Zn
^{51}Cr(4)	^{190}Ir	^{147}Pm	^{85}Sr	^{69m}Zn
^{131}Cs(4)	^{194}Ir	^{149}Pm	^{91}Sr	^{97}Zn
^{136}Cs	^{42}K	^{142}Pr	^{96}Tc	

表 A.4

C组:低毒			（第 4 组:低毒）	
^{37}Ar	^{111m}In	^{193m}P(3)	^{96m}Tc	天然 U
^{58m}Co	^{113m}In	^{197m}Pt	^{99m}Tc	^{131m}Xe
^{134m}Cs	^{85}Kr	^{87}Rb	^{232}Th(2)	^{133}Xe
^{135}Cs	^{97}Nb	^{187}Re	天然 Th(2)	^{91m}Y
^{71}Gs	^{59}Ni	^{103m}Rh	^{235}U	^{69}Zn
^{3}H	^{15}O(3)	^{147}Sm	^{238}U	^{93}Zr(2)
^{129}I	^{191m}Os	^{85m}Sr		

附 录 B
（资料性附录）
密封放射源证书举例

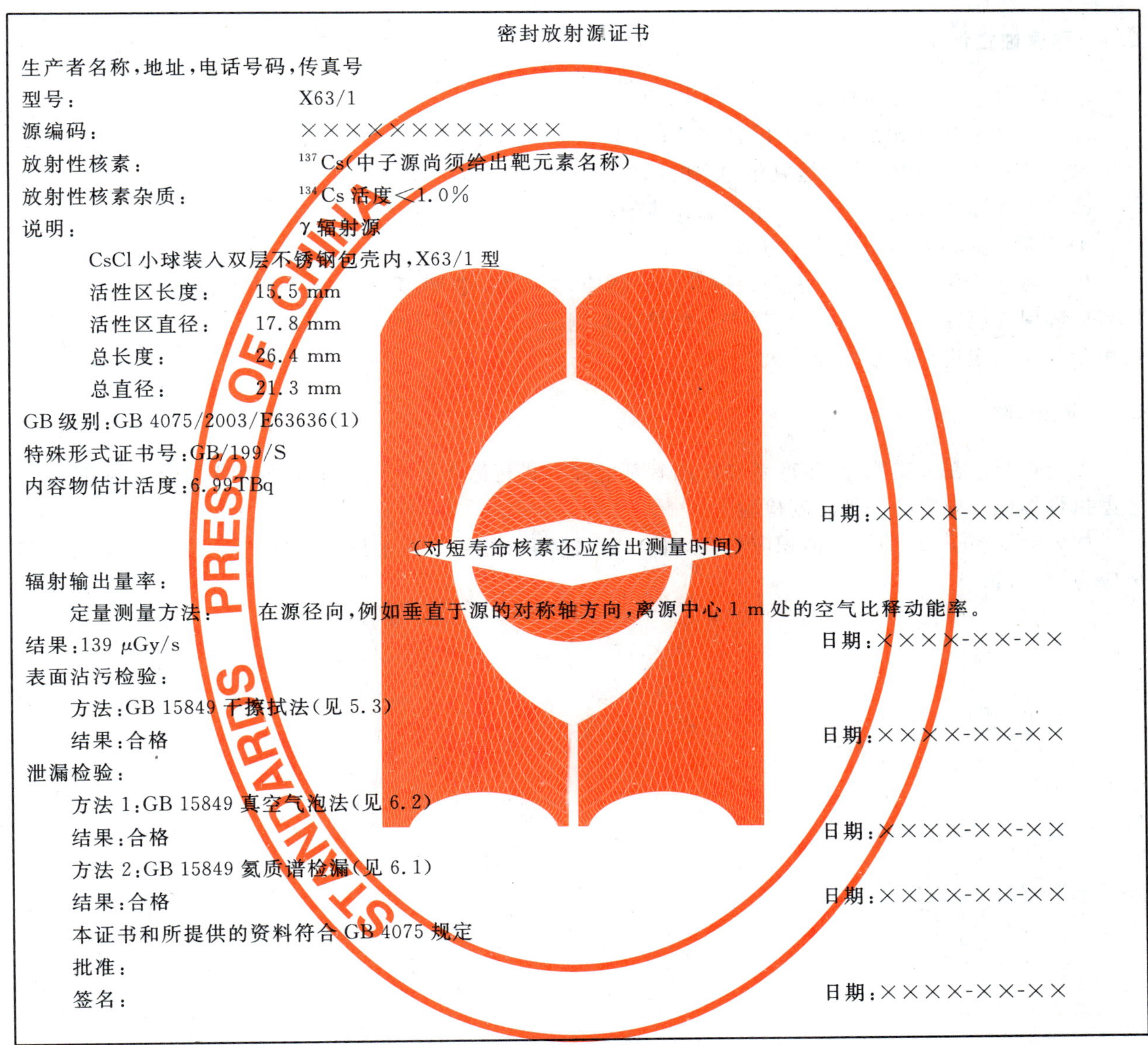

密封放射源证书

生产者名称，地址，电话号码，传真号

型号：　　X63/1

源编码：　　×××××××××××××

放射性核素：　　^{137}Cs（中子源尚须给出靶元素名称）

放射性核素杂质：　　^{134}Cs 活度＜1.0%

说明：　　γ辐射源

CsCl 小球装入双层不锈钢包壳内，X63/1 型

活性区长度：　　15.5 mm

活性区直径：　　17.8 mm

总长度：　　26.4 mm

总直径：　　21.3 mm

GB 级别：GB 4075/2003/E63636(1)

特殊形式证书号：GB/199/S

内容物估计活度：6.99 TBq

日期：××××-××-××

（对短寿命核素还应给出测量时间）

辐射输出量率：

定量测量方法：　在源径向，例如垂直于源的对称轴方向，离源中心 1 m 处的空气比释动能率。

结果：139 μGy/s　　日期：××××-××-××

表面沾污检验：

方法：GB 15849 干擦拭法（见 5.3）

结果：合格　　日期：××××-××-××

泄漏检验：

方法 1：GB 15849 真空气泡法（见 6.2）

结果：合格　　日期：××××-××-××

方法 2：GB 15849 氦质谱检漏（见 6.1）

结果：合格　　日期：××××-××-××

本证书和所提供的资料符合 GB 4075 规定

批准：

签名：　　日期：××××-××-××

附 录 C
（资料性附录）
恶劣环境条件下的一般要求

C.1 耐腐蚀性评价

引起腐蚀的最一般条件是：

a） 大气中含有 SO_2、H_2S、Cl_2 和 HCl；

b） 液体中含有盐，特别是氯化物中的阴离子；

c） 源和源托材料不同，且处于潮湿环境中；

d） 源的强辐射引起的空气电离。

生产者应确保所用包壳材料与周围环境相适应，如源托、装置、环境等要与所用包壳材料相容。使用者应确保在腐蚀环境中使用时，适当增加检验和测试频率。无论是否存在潜在性腐蚀环境，生产者和使用者都应约定进行的恰当检验大纲。

C.2 防火评价

无论是否存在火灾隐患，生产者和使用者都应商定进行适当检验的大纲。在某些情况下，必须适当考虑执行本标准规定的一种温度检验。

如果使用炉子，它的加热体积应至少 5 倍于源的体积；如果有一个以上源同时检验，则源间最小距离应为 20 mm。

附 录 D
（资料性附录）
附加检验

D.1 总则

本附录给出了由使用者和生产者共同制定附加检验的一些例子。它们不是满足密封源ISO分级标准所必需的，但其中一些可能是满足国家规定所要求的。

D.2 腐蚀检验

见ISO 7384[8]。

D.3 二氧化硫腐蚀检验

见ISO 11845[10]或NF M61-002[11]或任何其他相关标准。

D.4 中性盐喷雾检验

见ISO 9227[9]或NF M61-002[11]或任何其他相关标准。

D.5 防火检验

见ISO 834[7]或NF M61-002[11]或任何其他相关标准。

参 考 文 献

［1］ 国际原子能机构(IAEA)安全标准丛书，放射性物质安全运输规定，1996年版，REQUIREMENTS，NO. ST-1

［2］ IAEA第6号安全丛书，放射性物质安全运输规定，1985年版(1990年修订)502～505及604～613节

［3］ ANSI N433 自持干源贮存γ辐照装置(Ⅰ类)的安全设计和使用

［4］ ANSI N433.7.77 自持干源(R1989)γ辐照装置(Ⅰ类)安全设计和使用

［5］ ANSI N43.10 扫调式湿源贮存辐照装置(Ⅳ)的安全设计和使用

［6］ ANSI N44.1.73 选择性近距离治疗源(R1984)的完整性和检验规范

［7］ ISO 834-1[1] 抗火灾检验——建筑结构单元——第1部分：一般要求

［8］ ISO 7384:1986 模拟大气腐蚀试验——一般要求

［9］ ISO 9227:1990 模拟大气腐蚀——盐喷雾试验

［10］ ISO 11845:1995 金属及合金腐蚀——腐蚀试验的一般原则

［11］ NF M61-002:1984 密封放射源——一般规定和分级

1) 已出版(修订版，ISO 834:1975的一部分)。

ICS 03.120.30
A 41

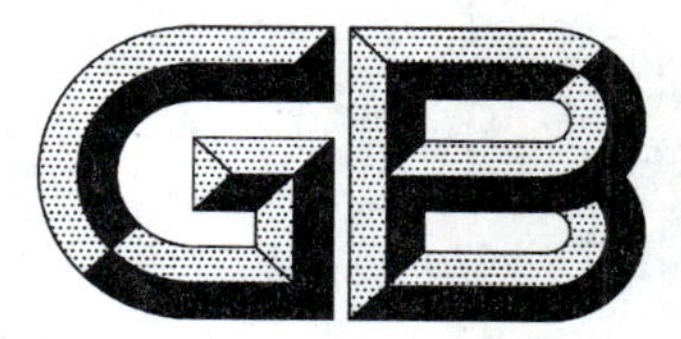

中华人民共和国国家标准

GB/T 4087—2009
代替 GB/T 4087.3—1985

数据的统计处理和解释 二项分布可靠度单侧置信下限

Statistical interpretation of data— One-sided confidence lower limit of reliability for binomial distribution

2009-10-15 发布　　2009-12-01 实施

中华人民共和国国家质量监督检验检疫总局
中国国家标准化管理委员会 发布

前　言

“数据的统计处理和解释”包括以下国家标准：

——GB/T 3359　数据的统计处理和解释　统计容忍区间的确定
——GB/T 3361　数据的统计处理和解释　在成对观测值情形下两个均值的比较
——GB/T 4087　数据的统计处理和解释　二项分布可靠度单侧置信下限
——GB/T 4088　数据的统计处理和解释　二项分布参数的估计与检验
——GB/T 4089　数据的统计处理和解释　泊松分布参数的估计和检验
——GB/T 4882　数据的统计处理和解释　正态性检验
——GB/T 4883　数据的统计处理和解释　正态样本离群值的判断和处理
——GB/T 4885　正态分布完全样本可靠度置信下限
——GB/T 4889　数据的统计处理和解释　正态分布均值和方差的估计与检验
——GB/T 4890　数据的统计处理和解释　正态分布均值和方差检验的功效
——GB/T 8055　数据的统计处理和解释　Γ分布(皮尔逊Ⅲ型分布)的参数估计
——GB/T 8056　数据的统计处理和解释　指数分布样本离群值的判断和处理
——GB/T 6380　数据的统计处理和解释　Ⅰ型极值分布样本离群值的判断和处理
——GB/T 10092　数据的统计处理和解释　测试结果的多重比较
——GB/T 10094　正态分布分位数与变异系数的置信限

本标准代替 GB/T 4087.3—1985《数据的统计处理和解释　二项分布可靠度单侧置信下限》。

本标准与 GB/T 4087.3—1985 相比主要变化如下：

——按 GB/T 1.1—2000《标准化工作导则　第 1 部分：标准的结构和编写规则》的要求对标准格式进行了修订；
——按 GB/T 3358.1—2009《统计学词汇及符号　第 1 部分：一般统计术语与用于概率的术语》修改了术语，并增加了若干术语、符号和定义；
——附录 A 中的有效数字由原来的 5 位提高到 7 位；
——附录 B 中的计算程序由 BASIC 语言更改为 S-PLUS 语言。

本标准的附录 A 为规范性附录，附录 B 为资料性附录。

本标准由全国统计方法应用标准化技术委员会(SAC/TC 21)提出并归口。

本标准起草单位：东北师范大学、北京大学、中国标准化研究院。

本标准主要起草人：张宝学、房祥忠、李丹、丁文兴、于振凡等。

本标准所代替标准的历次版本发布情况为：

——GB/T 4087.3—1985。

引　言

本标准适用于产品试验结果为成功、失败两种状态的可靠度单侧置信下限估计，也可用于可化为此种情形的其他场合。从产品总体中随机地、独立地抽取若干个个体作为样本，本标准规定了基于这类样本确定产品可靠度单侧置信下限的方法。

本标准的主要内容以数表形式列出，但有些场合的参数可能不在表中，这时可以通过附录B中的近似公式计算，还可以用附录B中的S-PLUS程序直接计算出来。

数据的统计处理和解释 二项分布可靠度单侧置信下限

1 范围

从产品总体中随机地、独立地抽取若干个个体作为样本，本标准规定了基于这类样本确定产品可靠度单侧置信下限的方法。对有限总体，设其大小为 N，样本大小为 n。当抽取是有放回抽样时，或当抽取是无放回抽样，但 $n/N<0.1$ 时，n 次抽取可以认为是独立的。

本标准适用于产品试验结果为成功、失败两种状态的可靠度单侧置信下限估计，也可用于可化为此种情形的其他场合。

2 规范性引用文件

下列文件中的条款通过本标准的引用而成为本标准的条款。凡是注日期的引用文件，其随后所有的修改单(不包括勘误的内容)或修订版均不适用于本标准，然而，鼓励根据本标准达成协议的各方研究是否可使用这些文件的最新版本。凡是不注日期的引用文件，其最新版本适用于本标准。

GB/T 2900.13 电工术语 可信性与服务质量(GB/T 2900.13—2008,IEC 60050(191):1990,Amd.1:1999及Amd.2:2002,IDT)

GB/T 3358.1 统计学词汇及符号 第1部分:一般统计术语与用于概率的术语(GB/T 3358.1—2009,ISO 3534-1:2006,IDT)

GB/T 3358.2 统计学词汇及符号 第2部分:应用统计(GB/T 3358.2—2009,ISO 3534-2:2006,IDT)

3 术语、定义和符号

3.1 术语和定义

GB/T 2900.13、GB/T 3358.1 和 GB/T 3358.2 确立的术语和定义适用于本标准。为便于参考，某些术语直接引自上述标准。

3.2 符号

GB/T 3358.1 和 GB/T 3358.2 确立的以及下列符号适用于本标准。

n 样本量

γ 置信水平

R_L 可靠度单侧置信下限

F 试验结果为失败的个数

4 可靠度单侧置信下限的确定

4.1 可靠度单侧置信下限的计算公式

对样本大小 n，失败数 F，在置信水平 γ 下，可靠度 R 的单侧置信下限 R_L 按以下公式计算：

$$F=0, R_L=\sqrt[n]{1-\gamma} \quad \cdots\cdots (1)$$

$$F>0, \sum_{x=0}^{F}\binom{n}{x}R_L^{n-x}(1-R_L)^x=1-\gamma \quad \cdots\cdots (2)$$

$$F=n-1, R_L=1-\sqrt[n]{\gamma} \quad \cdots\cdots (3)$$

$$F = n, R_L = 0 \qquad \cdots\cdots(4)$$

式(1)、式(3)、式(4)中直接给出了 R_L 的计算公式。

式(2)的计算方法参见附录 B 中推荐的方法。

4.2 查表法确定可靠度单侧置信下限(见附录 A 中表 A.1)

4.2.1 数表的参数范围与表距

γ=0.50(0.10)0.90,0.95,0.99

n=1(1)70(5)100(10)140(20)200(50)1 000

F=0(1)20

4.2.2 数表的应用

由给定的置信水平 γ、样本量 n 及失败数 F,查本标准附录 A 所列数表(表 A.1),即得产品可靠度单侧置信下限 R_L。表 A.1 未给出的 R_L 值可利用本标准提供的数据内插计算,也可参照本标准附录 B 给出的近似公式计算,附录 B 中还提供了近似计算的 S-PLUS 程序。

4.2.3 应用示例

示例 1:

某爆炸螺栓试验了 100 件,失败一件,规定置信水平为 0.90,求可靠度单侧置信下限。

相应于 n=100,F=1,γ=0.90,查表 A.1 得:

$$R_L = 0.961\,660\,4$$

示例 2:

某电子设备使用寿命服从指数分布,其任务时间 t_0=250 h,今试验数 n=80,失败数 F=2,未记录失效时间,置信水平为 0.90,求该设备失效率上限 λ_u。

根据指数分布可靠性估计理论有:

$$R_L = e^{-\lambda_u t_0}$$

因此

$$\lambda_u = \frac{1}{t_0} \ln \frac{1}{R_L}$$

相应于 n=80,F=2,γ=0.90,查表 A.1 得

$$R_L = 0.934\,840\,0$$

故

$$\lambda_u = \frac{1}{250} \ln \frac{1}{0.934\,840\,0} = 0.000\,269\,52$$

附 录 A
（规范性附录）
二项分布可靠度单侧置信下限 R_L 数表

表 A.1 二项分布可靠度单侧置信下限 R_L 数表

N/F	γ=0.50						
	0	1	2	3	4	5	6
1	0.5000000	0.0000000	0.0000000	0.0000000	0.0000000	0.0000000	0.0000000
2	0.7071068	0.2928932	0.0000000	0.0000000	0.0000000	0.0000000	0.0000000
3	0.7937005	0.5000000	0.2062995	0.0000000	0.0000000	0.0000000	0.0000000
4	0.8408964	0.6138010	0.3840238	0.1591036	0.0000000	0.0000000	0.0000000
5	0.8705506	0.6859450	0.5000000	0.3117948	0.1294494	0.0000000	0.0000000
6	0.8908987	0.7354098	0.5780276	0.4201154	0.2642594	0.1091013	0.0000000
7	0.9057237	0.7714233	0.6355293	0.5000000	0.3640622	0.2283141	0.0942763
8	0.9170040	0.7988119	0.6792462	0.5592889	0.4401409	0.3204631	0.2009700
9	0.9258747	0.8203413	0.7136007	0.6065285	0.5000000	0.3930646	0.2861825
10	0.9330330	0.8377093	0.7413084	0.6446216	0.5483119	0.4516879	0.3550785
11	0.9389309	0.8520160	0.7641279	0.6759891	0.5881187	0.5000000	0.4118814
12	0.9438743	0.8640049	0.7832478	0.7022673	0.6214819	0.5404961	0.4595043
13	0.9480775	0.8741972	0.7995003	0.7246021	0.6498474	0.5749278	0.5000000
14	0.9516952	0.8829683	0.8134854	0.7438192	0.6742599	0.6045625	0.5348551
15	0.9548416	0.8905963	0.8256468	0.7605289	0.6954911	0.6303351	0.5651699
16	0.9576033	0.8972908	0.8363192	0.7751919	0.7141246	0.6529560	0.5917766
17	0.9600467	0.9032133	0.8457605	0.7881626	0.7306097	0.6729679	0.6153163
18	0.9622238	0.9084901	0.8541719	0.7997180	0.7452975	0.6907986	0.6362898
19	0.9641760	0.9132213	0.8617134	0.8100779	0.7584674	0.7067857	0.6550948
20	0.9659363	0.9174873	0.8685132	0.8194186	0.7703418	0.7212009	0.6720516
21	0.9675318	0.9213536	0.8746756	0.8278835	0.7811039	0.7342661	0.6874191
22	0.9689845	0.9248738	0.8802862	0.8355902	0.7909025	0.7461613	0.7014117
23	0.9703128	0.9280923	0.8854160	0.8426364	0.7998612	0.7570368	0.7142048
24	0.9715319	0.9310465	0.8901242	0.8491033	0.8080842	0.7670195	0.7259471
25	0.9726549	0.9337675	0.8944608	0.8550597	0.8156580	0.7762142	0.7367627
26	0.9736927	0.9362819	0.8984680	0.8605637	0.8226572	0.7847106	0.7467572
27	0.9746546	0.9386124	0.9021821	0.8656649	0.8291440	0.7925854	0.7560206
28	0.9755486	0.9407784	0.9056340	0.8704061	0.8351728	0.7999049	0.7646300
29	0.9763818	0.9427968	0.9088506	0.8748239	0.8407909	0.8067247	0.7726524
30	0.9771600	0.9446822	0.9118552	0.8789505	0.8460386	0.8130959	0.7801464
31	0.9778885	0.9464472	0.9146680	0.8828137	0.8509516	0.8190597	0.7871618
32	0.9785721	0.9481031	0.9173068	0.8864379	0.8555606	0.8246555	0.7937435
33	0.9792146	0.9496596	0.9197873	0.8898447	0.8598932	0.8299145	0.7999303
34	0.9798197	0.9511255	0.9221234	0.8930530	0.8639733	0.8348682	0.8057571
35	0.9803906	0.9525085	0.9243272	0.8960797	0.8678229	0.8395414	0.8112538
36	0.9809301	0.9538153	0.9264097	0.8989398	0.8714606	0.8439567	0.8164483
37	0.9814407	0.9550522	0.9283807	0.9016467	0.8749031	0.8481362	0.8213640
38	0.9819246	0.9562245	0.9302488	0.9042123	0.8781661	0.8520975	0.8260236
39	0.9823840	0.9573372	0.9320220	0.9066475	0.8812634	0.8558574	0.8304468
40	0.9828206	0.9583948	0.9337072	0.9089620	0.8842067	0.8594310	0.8346500
41	0.9832361	0.9594012	0.9353109	0.9111644	0.8870081	0.8628315	0.8386503
42	0.9836319	0.9603601	0.9368389	0.9132628	0.8896766	0.8660716	0.8424612
43	0.9840095	0.9612747	0.9382963	0.9152644	0.8922226	0.8691613	0.8460962
44	0.9843701	0.9621481	0.9396880	0.9171756	0.8946534	0.8721123	0.8495673
45	0.9847148	0.9629829	0.9410183	0.9190026	0.8969772	0.8749335	0.8528860
46	0.9850445	0.9637817	0.9422912	0.9207507	0.8992003	0.8776328	0.8560608
47	0.9853604	0.9645468	0.9435103	0.9224249	0.9013296	0.8802178	0.8591015
48	0.9856632	0.9652802	0.9446789	0.9240298	0.9033712	0.8826958	0.8620166
49	0.9859537	0.9659839	0.9458002	0.9255697	0.9053298	0.8850735	0.8648133
50	0.9862327	0.9666596	0.9468770	0.9270484	0.9072104	0.8873561	0.8674988

表 A.1（续）

N/F	γ=0.50						
	0	1	2	3	4	5	6
51	0.9865008	0.9673090	0.9479118	0.9284695	0.9090178	0.8895504	0.8700799
52	0.9867587	0.9679336	0.9489070	0.9298363	0.9107565	0.8916608	0.8725620
53	0.9870069	0.9685347	0.9498649	0.9311518	0.9124292	0.8936925	0.8749512
54	0.9872460	0.9691138	0.9507876	0.9324189	0.9140412	0.8956485	0.8772529
55	0.9874764	0.9696719	0.9516769	0.9336402	0.9155947	0.8975342	0.8794714
56	0.9876987	0.9702102	0.9525347	0.9348182	0.9170926	0.8993529	0.8816102
57	0.9879132	0.9707297	0.9533625	0.9359550	0.9185387	0.9011085	0.8836753
58	0.9881203	0.9712315	0.9541619	0.9370529	0.9199348	0.9028041	0.8856695
59	0.9883205	0.9717163	0.9549344	0.9381138	0.9212845	0.9044422	0.8875960
60	0.9885140	0.9721850	0.9556813	0.9391395	0.9225892	0.9060255	0.8894596
61	0.9887012	0.9726385	0.9564039	0.9401317	0.9238507	0.9075580	0.8912614
62	0.9888825	0.9730774	0.9571032	0.9410922	0.9250724	0.9090410	0.8930058
63	0.9890580	0.9735024	0.9577805	0.9420223	0.9262559	0.9104767	0.8946952
64	0.9892280	0.9739142	0.9584367	0.9429234	0.9274021	0.9118686	0.8963321
65	0.9893929	0.9743135	0.9590729	0.9437970	0.9285131	0.9132170	0.8979186
66	0.9895527	0.9747007	0.9596898	0.9446443	0.9295905	0.9145252	0.8994576
67	0.9897079	0.9750764	0.9602885	0.9454664	0.9306362	0.9157948	0.9009503
68	0.9898584	0.9754411	0.9608696	0.9462644	0.9316515	0.9170273	0.9024000
69	0.9900047	0.9757953	0.9614339	0.9470394	0.9326368	0.9182234	0.9038077
70	0.9901468	0.9761394	0.9619822	0.9477924	0.9335946	0.9193867	0.9051750
75	0.9908006	0.9777229	0.9645054	0.9512574	0.9380023	0.9247369	0.9114691
80	0.9913731	0.9791093	0.9667145	0.9542911	0.9418605	0.9294208	0.9169788
85	0.9918785	0.9803333	0.9686647	0.9569693	0.9452671	0.9335566	0.9218430
90	0.9923279	0.9814218	0.9703991	0.9593510	0.9482965	0.9372342	0.9261689
95	0.9927303	0.9823961	0.9719515	0.9614829	0.9510080	0.9405259	0.9300416
100	0.9930925	0.9832733	0.9733492	0.9634023	0.9534497	0.9434894	0.9335275
110	0.9937185	0.9847892	0.9757646	0.9667192	0.9576682	0.9486109	0.9395520
120	0.9942404	0.9860532	0.9777786	0.9694849	0.9611860	0.9528817	0.9445751
130	0.9946823	0.9871233	0.9794835	0.9718262	0.9641644	0.9564965	0.9488279
140	0.9950612	0.9880408	0.9809454	0.9738338	0.9667177	0.9595970	0.9524740
160	0.9956772	0.9895325	0.9833223	0.9770977	0.9708698	0.9646366	0.9584026
180	0.9961566	0.9906934	0.9851719	0.9796377	0.9741000	0.9685589	0.9630156
200	0.9965403	0.9916225	0.9866522	0.9816705	0.9766861	0.9716976	0.9667082
250	0.9972313	0.9932957	0.9893182	0.9853315	0.9813422	0.9773506	0.9733575
300	0.9976922	0.9944118	0.9910965	0.9877735	0.9844484	0.9811211	0.9777931
350	0.9980215	0.9952094	0.9923672	0.9895185	0.9866682	0.9838157	0.9809623
400	0.9982686	0.9958077	0.9933205	0.9908276	0.9883333	0.9858371	0.9833402
450	0.9984609	0.9962731	0.9940621	0.9918460	0.9896283	0.9874091	0.9851899
500	0.9986147	0.9966456	0.9946555	0.9926608	0.9906652	0.9886675	0.9866698
550	0.9987405	0.9969503	0.9951410	0.9933276	0.9915130	0.9896971	0.9878812
600	0.9988454	0.9972043	0.9955457	0.9938833	0.9922198	0.9905554	0.9888902
650	0.9989342	0.9974193	0.9958882	0.9943536	0.9928180	0.9912811	0.9897442
700	0.9990103	0.9976035	0.9961818	0.9947567	0.9933308	0.9919038	0.9904767
750	0.9990762	0.9977632	0.9964362	0.9951061	0.9937751	0.9924433	0.9911115
800	0.9991339	0.9979030	0.9966588	0.9954119	0.9941641	0.9929157	0.9916664
850	0.9991849	0.9980263	0.9968553	0.9956816	0.9945071	0.9933321	0.9921564
900	0.9992301	0.9981359	0.9970299	0.9959215	0.9948120	0.9937024	0.9925921
950	0.9992706	0.9982339	0.9971862	0.9961360	0.9950856	0.9940337	0.9929819
1000	0.9993071	0.9983222	0.9973268	0.9963292	0.9953312	0.9943320	0.9933328

表 A.1（续）

N/F	γ=0.50						
	7	8	9	10	11	12	13
1	0.0000000	0.0000000	0.0000000	0.0000000	0.0000000	0.0000000	0.0000000
2	0.0000000	0.0000000	0.0000000	0.0000000	0.0000000	0.0000000	0.0000000
3	0.0000000	0.0000000	0.0000000	0.0000000	0.0000000	0.0000000	0.0000000
4	0.0000000	0.0000000	0.0000000	0.0000000	0.0000000	0.0000000	0.0000000
5	0.0000000	0.0000000	0.0000000	0.0000000	0.0000000	0.0000000	0.0000000
6	0.0000000	0.0000000	0.0000000	0.0000000	0.0000000	0.0000000	0.0000000
7	0.0000000	0.0000000	0.0000000	0.0000000	0.0000000	0.0000000	0.0000000
8	0.0829960	0.0000000	0.0000000	0.0000000	0.0000000	0.0000000	0.0000000
9	0.1794712	0.0741253	0.0000000	0.0000000	0.0000000	0.0000000	0.0000000
10	0.2585231	0.1621257	0.0669670	0.0000000	0.0000000	0.0000000	0.0000000
11	0.3237823	0.2357365	0.1478364	0.0610691	0.0000000	0.0000000	0.0000000
12	0.3785185	0.2975541	0.2166400	0.1358610	0.0561257	0.0000000	0.0000000
13	0.4250718	0.3501530	0.2752547	0.2004046	0.1256803	0.0519225	0.0000000
14	0.4651447	0.3954381	0.3257406	0.2560637	0.1864326	0.1169183	0.0483049
15	0.5000000	0.4348303	0.3696643	0.3045090	0.2393736	0.1742809	0.1092980
16	0.5305927	0.4694072	0.4082233	0.3470447	0.2858753	0.2247257	0.1636165
17	0.5576593	0.5000000	0.4423407	0.3846837	0.3270321	0.2693903	0.2117669
18	0.5817757	0.5272585	0.4727413	0.4182241	0.3637099	0.3092019	0.2547022
19	0.6033993	0.5517001	0.5000000	0.4483000	0.3966007	0.3449053	0.2932144
20	0.6228969	0.5737392	0.5245799	0.4754199	0.4262607	0.3771030	0.3279483
21	0.6405684	0.5937138	0.5468569	0.5000000	0.4531432	0.4062863	0.3594317
22	0.6566575	0.6118995	0.5671408	0.5223805	0.4776195	0.4328592	0.3881005
23	0.6713681	0.6285285	0.5856865	0.5428438	0.5000000	0.4571568	0.4143133
24	0.6848702	0.6437903	0.6027088	0.5616257	0.5205420	0.4794582	0.4383744
25	0.6973067	0.6578484	0.6183878	0.5789257	0.5394628	0.5000000	0.4605370
26	0.7087992	0.6708389	0.6328763	0.5949122	0.5569474	0.5189825	0.4810176
27	0.7194512	0.6828788	0.6463049	0.6097294	0.5731532	0.5365770	0.5000000
28	0.7293506	0.6940689	0.6587857	0.6235009	0.5882154	0.5529299	0.5176429
29	0.7385763	0.7044971	0.6704165	0.6363342	0.6022513	0.5681675	0.5340838
30	0.7471930	0.7142373	0.6812801	0.6483214	0.6153619	0.5824016	0.5494413
31	0.7552600	0.7233559	0.6914504	0.6595432	0.6276354	0.5957267	0.5638181
32	0.7628284	0.7319110	0.7009921	0.6700717	0.6391506	0.6082286	0.5773067
33	0.7699432	0.7399529	0.7099612	0.6799679	0.6499746	0.6199798	0.5899858
34	0.7766428	0.7475263	0.7184075	0.6892880	0.6601684	0.6310473	0.6019263
35	0.7829631	0.7546709	0.7263765	0.6980812	0.6697852	0.6414884	0.6131909
36	0.7889360	0.7614222	0.7339069	0.7063900	0.6788724	0.6513540	0.6238357
37	0.7945895	0.7678120	0.7410337	0.7142538	0.6874732	0.6606919	0.6339105
38	0.7999474	0.7738681	0.7477880	0.7217072	0.6956249	0.6695426	0.6434595
39	0.8050331	0.7796171	0.7541997	0.7287814	0.7033632	0.6779434	0.6525236
40	0.8098659	0.7850803	0.7602939	0.7355052	0.7107166	0.6859279	0.6611377
41	0.8144661	0.7902795	0.7660922	0.7419042	0.7177153	0.6935257	0.6693354
42	0.8188485	0.7952335	0.7716170	0.7480005	0.7243825	0.7007645	0.6771457
43	0.8230281	0.7999585	0.7768873	0.7538153	0.7307426	0.7076691	0.6845957
44	0.8270201	0.8044706	0.7819196	0.7593678	0.7368160	0.7142626	0.6917093
45	0.8308355	0.8087834	0.7867298	0.7646754	0.7426210	0.7205651	0.6985100
46	0.8344864	0.8129098	0.7913324	0.7697543	0.7481753	0.7265957	0.7050160
47	0.8379828	0.8168626	0.7957409	0.7746184	0.7534952	0.7323719	0.7112479
48	0.8413344	0.8206513	0.7999668	0.7792814	0.7585953	0.7379085	0.7172217
49	0.8445509	0.8242861	0.8040206	0.7837552	0.7634881	0.7432211	0.7229533
50	0.8476384	0.8277773	0.8079146	0.7880512	0.7681870	0.7483220	0.7284571

表 A.1（续）

N/F	γ=0.50						
	7	8	9	10	11	12	13
51	0.8506063	0.8311320	0.8116561	0.7921795	0.7727021	0.7532247	0.7337466
52	0.8534610	0.8343584	0.8152550	0.7961501	0.7770452	0.7579396	0.7388339
53	0.8562084	0.8374641	0.8187190	0.7999724	0.7812257	0.7624784	0.7437310
54	0.8588549	0.8404554	0.8220551	0.8036533	0.7852515	0.7668498	0.7484472
55	0.8614056	0.8433390	0.8252708	0.8072019	0.7891330	0.7710634	0.7529929
56	0.8638660	0.8461195	0.8283722	0.8106241	0.7928761	0.7751265	0.7573777
57	0.8662398	0.8488035	0.8313657	0.8139271	0.7964885	0.7790492	0.7616091
58	0.8685326	0.8513950	0.8342566	0.8171167	0.7999768	0.7828361	0.7656955
59	0.8707483	0.8538999	0.8370499	0.8201992	0.8033477	0.7864962	0.7696447
60	0.8728905	0.8563208	0.8397502	0.8231789	0.8066069	0.7900348	0.7734627
61	0.8749633	0.8586637	0.8423634	0.8260622	0.8097603	0.7934585	0.7771558
62	0.8769691	0.8609308	0.8448918	0.8288521	0.8128123	0.7967718	0.7807305
63	0.8789115	0.8631270	0.8473409	0.8315541	0.8157673	0.7999805	0.7841930
64	0.8807933	0.8652538	0.8497135	0.8341724	0.8186313	0.8030895	0.7875469
65	0.8826179	0.8673165	0.8520143	0.8367105	0.8214068	0.8061030	0.7907993
66	0.8843877	0.8693163	0.8542449	0.8391720	0.8240990	0.8090261	0.7939524
67	0.8861042	0.8712574	0.8564091	0.8415608	0.8267117	0.8118626	0.7970128
68	0.8877711	0.8731415	0.8585104	0.8438793	0.8292474	0.8146156	0.7999829
69	0.8893897	0.8749709	0.8605514	0.8461311	0.8317101	0.8172891	0.8028680
70	0.8909625	0.8767485	0.8625338	0.8483183	0.8341027	0.8198872	0.8056709
75	0.8981991	0.8849291	0.8716576	0.8583860	0.8451138	0.8318407	0.8185684
80	0.9045352	0.8920909	0.8796451	0.8671993	0.8547534	0.8423068	0.8298603
85	0.9101286	0.8984135	0.8866976	0.8749810	0.8632636	0.8515469	0.8398295
90	0.9151028	0.9040359	0.8929683	0.8819007	0.8708323	0.8597632	0.8486948
95	0.9195557	0.9090691	0.8985817	0.8880943	0.8776068	0.8671187	0.8566297
100	0.9235642	0.9136000	0.9036359	0.8936710	0.8837061	0.8737404	0.8637747
110	0.9304916	0.9214312	0.9123693	0.9033082	0.8942462	0.8851836	0.8761209
120	0.9362684	0.9279603	0.9196521	0.9113432	0.9030343	0.8947254	0.8864157
130	0.9411577	0.9334875	0.9258166	0.9181456	0.9104739	0.9028022	0.8951305
140	0.9453510	0.9382272	0.9311026	0.9239781	0.9168536	0.9097282	0.9026037
160	0.9521678	0.9459323	0.9396968	0.9334613	0.9272251	0.9209888	0.9147525
180	0.9574730	0.9519289	0.9463848	0.9408406	0.9352958	0.9297517	0.9242068
200	0.9617182	0.9567281	0.9517372	0.9467464	0.9417555	0.9367647	0.9317739
250	0.9693644	0.9653705	0.9613773	0.9573827	0.9533888	0.9493949	0.9454002
300	0.9744644	0.9711356	0.9678069	0.9644781	0.9611486	0.9578198	0.9544903
350	0.9781090	0.9752557	0.9724016	0.9695475	0.9666934	0.9638393	0.9609852
400	0.9808432	0.9783455	0.9758486	0.9733509	0.9708539	0.9683562	0.9658585
450	0.9829700	0.9807501	0.9785301	0.9763102	0.9740895	0.9718696	0.9696489
500	0.9846720	0.9826736	0.9806759	0.9786774	0.9766789	0.9746804	0.9726820
550	0.9860646	0.9842479	0.9824312	0.9806146	0.9787979	0.9769805	0.9751639
600	0.9872251	0.9855600	0.9838948	0.9822289	0.9805638	0.9788979	0.9772327
650	0.9882072	0.9866703	0.9851326	0.9835957	0.9820580	0.9805203	0.9789833
700	0.9890489	0.9876219	0.9861941	0.9847663	0.9833392	0.9819114	0.9804836
750	0.9897789	0.9884464	0.9871146	0.9857820	0.9844494	0.9831168	0.9817843
800	0.9904172	0.9891687	0.9879195	0.9866702	0.9854210	0.9841710	0.9829218
850	0.9909807	0.9898050	0.9886293	0.9874536	0.9862779	0.9851022	0.9839265
900	0.9914817	0.9903714	0.9892610	0.9881507	0.9870403	0.9859292	0.9848189
950	0.9919300	0.9908781	0.9898263	0.9887736	0.9877218	0.9866699	0.9856173
1000	0.9923335	0.9913343	0.9903343	0.9893350	0.9883358	0.9873358	0.9863366

表 A.1（续）

N/F	γ=0.50						
	14	15	16	17	18	19	20
1	0.0000000	0.0000000	0.0000000	0.0000000	0.0000000	0.0000000	0.0000000
2	0.0000000	0.0000000	0.0000000	0.0000000	0.0000000	0.0000000	0.0000000
3	0.0000000	0.0000000	0.0000000	0.0000000	0.0000000	0.0000000	0.0000000
4	0.0000000	0.0000000	0.0000000	0.0000000	0.0000000	0.0000000	0.0000000
5	0.0000000	0.0000000	0.0000000	0.0000000	0.0000000	0.0000000	0.0000000
6	0.0000000	0.0000000	0.0000000	0.0000000	0.0000000	0.0000000	0.0000000
7	0.0000000	0.0000000	0.0000000	0.0000000	0.0000000	0.0000000	0.0000000
8	0.0000000	0.0000000	0.0000000	0.0000000	0.0000000	0.0000000	0.0000000
9	0.0000000	0.0000000	0.0000000	0.0000000	0.0000000	0.0000000	0.0000000
10	0.0000000	0.0000000	0.0000000	0.0000000	0.0000000	0.0000000	0.0000000
11	0.0000000	0.0000000	0.0000000	0.0000000	0.0000000	0.0000000	0.0000000
12	0.0000000	0.0000000	0.0000000	0.0000000	0.0000000	0.0000000	0.0000000
13	0.0000000	0.0000000	0.0000000	0.0000000	0.0000000	0.0000000	0.0000000
14	0.0000000	0.0000000	0.0000000	0.0000000	0.0000000	0.0000000	0.0000000
15	0.0451584	0.0000000	0.0000000	0.0000000	0.0000000	0.0000000	0.0000000
16	0.1026103	0.0423967	0.0000000	0.0000000	0.0000000	0.0000000	0.0000000
17	0.1541816	0.0966940	0.0399533	0.0000000	0.0000000	0.0000000	0.0000000
18	0.2002209	0.1457754	0.0914223	0.0377762	0.0000000	0.0000000	0.0000000
19	0.2415327	0.1898685	0.1382387	0.0866958	0.0358240	0.0000000	0.0000000
20	0.2787990	0.2296581	0.1805339	0.1314426	0.0824337	0.0340637	0.0000000
21	0.3125802	0.2657340	0.2188962	0.1720744	0.1252832	0.0785713	0.0324682
22	0.3433425	0.2985883	0.2538387	0.2090975	0.1643716	0.1196754	0.0750540
23	0.3714721	0.3286316	0.2857950	0.2429629	0.2001385	0.1573286	0.1145477
24	0.3972914	0.3562099	0.3151299	0.2740530	0.2329807	0.1919160	0.1508650
25	0.4210741	0.3816127	0.3421521	0.3026930	0.2632370	0.2237856	0.1843418
26	0.4430528	0.4050879	0.3671238	0.3291612	0.2912009	0.2532429	0.2152895
27	0.4634230	0.4268468	0.3902706	0.3536951	0.3171212	0.2805488	0.2439794
28	0.4823566	0.4470703	0.4117840	0.3764985	0.3412145	0.3059305	0.2706488
29	0.5000000	0.4659163	0.4318326	0.3977488	0.3636658	0.3295836	0.2955029
30	0.5164803	0.4835193	0.4505591	0.4175980	0.3846385	0.3516790	0.3187203
31	0.5319095	0.5000000	0.4680907	0.4361820	0.4042726	0.3723647	0.3404569
32	0.5463840	0.5154613	0.4845386	0.4536159	0.4226940	0.3917713	0.3608493
33	0.5599902	0.5299954	0.5000000	0.4700051	0.4400095	0.4100147	0.3800199
34	0.5728044	0.5436826	0.5145607	0.4854389	0.4563170	0.4271952	0.3980741
35	0.5848934	0.5565958	0.5282975	0.5000000	0.4717025	0.4434042	0.4151066
36	0.5963173	0.5687981	0.5412790	0.5137599	0.4862407	0.4587208	0.4312017
37	0.6071292	0.5803470	0.5535649	0.5267820	0.5000000	0.4732178	0.4464356
38	0.6173764	0.5912933	0.5652094	0.5391256	0.5130417	0.4869579	0.4608740
39	0.6271031	0.6016833	0.5762620	0.5508415	0.5254209	0.5000000	0.4745791
40	0.6363475	0.6115573	0.5867671	0.5619770	0.5371860	0.5123950	0.4876048
41	0.6451450	0.6209547	0.5967636	0.5725732	0.5483821	0.5241910	0.5000000
42	0.6535269	0.6299073	0.6062885	0.5826690	0.5590494	0.5354299	0.5118096
43	0.6615214	0.6384480	0.6153730	0.5922987	0.5692245	0.5461495	0.5230745
44	0.6691560	0.6466027	0.6240486	0.6014945	0.5789404	0.5563856	0.5338315
45	0.6764533	0.6543974	0.6323407	0.6102841	0.5882274	0.5661707	0.5441141
46	0.6834363	0.6618559	0.6402754	0.6186950	0.5971138	0.5755334	0.5539522
47	0.6901239	0.6689991	0.6478744	0.6267503	0.6056248	0.5845000	0.5633753
48	0.6965348	0.6758472	0.6551596	0.6344720	0.6137844	0.5930960	0.5724084
49	0.7026855	0.6824178	0.6621492	0.6418807	0.6216121	0.6013436	0.5810750
50	0.7085921	0.6887264	0.6688614	0.6489957	0.6291292	0.6092635	0.5893978

表 A.1（续）

N/F	γ=0.50						
	14	15	16	17	18	19	20
51	0.7142684	0.6947903	0.6753114	0.6558325	0.6363536	0.6168747	0.5973958
52	0.7197283	0.7006219	0.6815155	0.6624091	0.6433019	0.6241955	0.6050883
53	0.7249828	0.7062347	0.6874866	0.6687384	0.6499895	0.6312414	0.6124925
54	0.7300447	0.7116413	0.6932380	0.6748347	0.6564314	0.6380281	0.6196240
55	0.7349225	0.7168521	0.6987816	0.6807112	0.6626400	0.6445696	0.6264984
56	0.7396282	0.7218786	0.7041290	0.6863787	0.6686284	0.6508788	0.6331285
57	0.7441690	0.7267289	0.7092888	0.6918487	0.6744078	0.6569677	0.6395269
58	0.7485548	0.7314134	0.7142727	0.6971313	0.6799891	0.6628476	0.6457062
59	0.7527925	0.7359402	0.7190879	0.7022357	0.6853827	0.6685296	0.6516774
60	0.7568899	0.7403171	0.7237435	0.7071707	0.6905971	0.6740235	0.6574499
61	0.7608532	0.7445505	0.7282478	0.7119444	0.6956418	0.6793384	0.6630349
62	0.7646899	0.7486486	0.7326073	0.7165661	0.7005240	0.6844827	0.6684406
63	0.7684054	0.7526171	0.7368287	0.7210412	0.7052528	0.6894637	0.6736754
64	0.7720050	0.7564624	0.7409198	0.7253765	0.7098339	0.6942913	0.6787479
65	0.7754948	0.7601895	0.7448850	0.7295797	0.7142752	0.6989699	0.6836647
66	0.7788787	0.7638050	0.7487306	0.7336569	0.7185824	0.7035080	0.6884335
67	0.7821630	0.7673124	0.7524625	0.7376119	0.7227621	0.7079115	0.6930609
68	0.7853503	0.7707176	0.7560850	0.7414516	0.7268189	0.7121855	0.6975521
69	0.7884462	0.7740244	0.7596026	0.7451808	0.7307590	0.7163365	0.7019147
70	0.7914539	0.7772376	0.7630205	0.7488035	0.7345864	0.7203694	0.7061523
75	0.8052953	0.7920223	0.7787492	0.7654754	0.7522023	0.7389285	0.7256554
80	0.8174137	0.8049663	0.7925197	0.7800723	0.7676250	0.7551776	0.7427303
85	0.8281114	0.8163940	0.8046766	0.7929584	0.7812402	0.7695221	0.7578039
90	0.8376256	0.8265565	0.8154873	0.8044182	0.7933483	0.7822791	0.7712100
95	0.8461416	0.8356534	0.8251645	0.8146755	0.8041866	0.7936977	0.7832088
100	0.8538091	0.8438426	0.8338770	0.8239105	0.8139449	0.8039784	0.7940120
110	0.8670590	0.8579963	0.8489336	0.8398702	0.8308075	0.8217448	0.8126814
120	0.8781060	0.8697971	0.8614874	0.8531777	0.8448680	0.8365576	0.8282479
130	0.8874588	0.8797863	0.8721146	0.8644429	0.8567704	0.8490979	0.8414262
140	0.8954784	0.8883531	0.8812278	0.8741025	0.8669764	0.8598511	0.8527258
160	0.9085163	0.9022800	0.8960430	0.8898067	0.8835697	0.8773334	0.8710964
180	0.9186619	0.9131170	0.9075722	0.9020273	0.8964824	0.8909375	0.8853927
200	0.9267822	0.9217914	0.9167998	0.9118082	0.9068173	0.9018257	0.8968341
250	0.9414063	0.9374117	0.9334178	0.9294231	0.9254285	0.9214346	0.9174399
300	0.9511608	0.9478321	0.9445025	0.9411730	0.9378435	0.9345140	0.9311845
350	0.9581311	0.9552770	0.9524229	0.9495689	0.9467148	0.9438599	0.9410058
400	0.9633608	0.9608631	0.9583653	0.9558676	0.9533699	0.9508722	0.9483737
450	0.9674289	0.9652083	0.9629876	0.9607676	0.9585469	0.9563262	0.9541063
500	0.9706835	0.9686850	0.9666865	0.9646881	0.9626896	0.9606911	0.9586926
550	0.9733472	0.9715305	0.9697131	0.9678965	0.9660791	0.9642624	0.9624450
600	0.9755668	0.9739017	0.9722358	0.9705699	0.9689047	0.9672388	0.9655729
650	0.9774456	0.9759079	0.9743702	0.9728325	0.9712948	0.9697579	0.9682202
700	0.9790558	0.9776280	0.9762002	0.9747724	0.9733446	0.9719168	0.9704890
750	0.9804517	0.9791184	0.9777858	0.9764532	0.9751207	0.9737881	0.9724555
800	0.9816725	0.9804233	0.9791741	0.9779248	0.9766748	0.9754256	0.9741764
850	0.9827500	0.9815743	0.9803986	0.9792229	0.9780464	0.9768707	0.9756950
900	0.9837085	0.9825974	0.9814871	0.9803767	0.9792656	0.9781553	0.9770442
950	0.9845654	0.9835135	0.9824609	0.9814090	0.9803564	0.9793045	0.9782519
1000	0.9853366	0.9843373	0.9833381	0.9823381	0.9813389	0.9803389	0.9793396

表 A.1（续）

N/F	γ=0.60						
	0	1	2	3	4	5	6
1	0.4000000	0.0000000	0.0000000	0.0000000	0.0000000	0.0000000	0.0000000
2	0.6324555	0.2254033	0.0000000	0.0000000	0.0000000	0.0000000	0.0000000
3	0.7368063	0.4319305	0.1565673	0.0000000	0.0000000	0.0000000	0.0000000
4	0.7952707	0.5549569	0.3277439	0.1198883	0.0000000	0.0000000	0.0000000
5	0.8325532	0.6347052	0.4453037	0.2640632	0.0971196	0.0000000	0.0000000
6	0.8583742	0.6903662	0.5286019	0.3719138	0.2224740	0.0816141	0.0000000
7	0.8773067	0.7313640	0.5903758	0.4530713	0.3205716	0.1914740	0.0703760
8	0.8917795	0.7627997	0.6379250	0.5159453	0.3974636	0.2810466	0.1680614
9	0.9032011	0.7876616	0.6756248	0.5659742	0.4590212	0.3535428	0.2502137
10	0.9124435	0.8078131	0.7062357	0.6066882	0.5093074	0.4130794	0.3183910
11	0.9200759	0.8244754	0.7315794	0.6404496	0.5511146	0.4627293	0.3755358
12	0.9264849	0.8384815	0.7529048	0.6688908	0.5863997	0.5047189	0.4240055
13	0.9319427	0.8504192	0.7710956	0.6931731	0.6165672	0.5406710	0.4655859
14	0.9366465	0.8607148	0.7867946	0.7141441	0.6426498	0.5717874	0.5016222
15	0.9407423	0.8696851	0.8004805	0.7324364	0.6654206	0.5989752	0.5331409
16	0.9443408	0.8775705	0.8125168	0.7485316	0.6854717	0.6229305	0.5609325
17	0.9475274	0.8845564	0.8231845	0.7628025	0.7032598	0.6441944	0.5856173
18	0.9503689	0.8907884	0.8327043	0.7755422	0.7191477	0.6631954	0.6076857
19	0.9529186	0.8963822	0.8412520	0.7869844	0.7334239	0.6802743	0.6275306
20	0.9552191	0.9014311	0.8489691	0.7973175	0.7463207	0.6957088	0.6454700
21	0.9573053	0.9060109	0.8559710	0.8066951	0.7580295	0.7097238	0.6617653
22	0.9592058	0.9101842	0.8623526	0.8152439	0.7687055	0.7225071	0.6766322
23	0.9609444	0.9140027	0.8681930	0.8230691	0.7784806	0.7342142	0.6902492
24	0.9625408	0.9175098	0.8735581	0.8302586	0.7874642	0.7449743	0.7027683
25	0.9640119	0.9207421	0.8785036	0.8368869	0.7957475	0.7548976	0.7143163
26	0.9653718	0.9237307	0.8830769	0.8430172	0.8034105	0.7640792	0.7250020
27	0.9666327	0.9265022	0.8873185	0.8487036	0.8105192	0.7725979	0.7349185
28	0.9678050	0.9290793	0.8912632	0.8539926	0.8171323	0.7805239	0.7441451
29	0.9688977	0.9314818	0.8949411	0.8589244	0.8232998	0.7879160	0.7527519
30	0.9699187	0.9337269	0.8983784	0.8635340	0.8290648	0.7948273	0.7607990
31	0.9708748	0.9358296	0.9015980	0.8678520	0.8344652	0.8013023	0.7683393
32	0.9717720	0.9378030	0.9046198	0.8719052	0.8395358	0.8073818	0.7754192
33	0.9726156	0.9396586	0.9074616	0.8757172	0.8443049	0.8131000	0.7820791
34	0.9734102	0.9414067	0.9101390	0.8793090	0.8487992	0.8184894	0.7883559
35	0.9741600	0.9430564	0.9126659	0.8826990	0.8530410	0.8235761	0.7942822
36	0.9748687	0.9446158	0.9150545	0.8859038	0.8570510	0.8283859	0.7998856
37	0.9755395	0.9460920	0.9173160	0.8889382	0.8608490	0.8329408	0.8051912
38	0.9761755	0.9474916	0.9194602	0.8918154	0.8644492	0.8372599	0.8102239
39	0.9767792	0.9488203	0.9214960	0.8945473	0.8678693	0.8413615	0.8150026
40	0.9773531	0.9500835	0.9234314	0.8971447	0.8711200	0.8452617	0.8195468
41	0.9778993	0.9512858	0.9252738	0.8996172	0.8742152	0.8489742	0.8238737
42	0.9784198	0.9524316	0.9270295	0.9019736	0.8771652	0.8525134	0.8279974
43	0.9789163	0.9535247	0.9287047	0.9042220	0.8799797	0.8558908	0.8319330
44	0.9793905	0.9545687	0.9303046	0.9063695	0.8826684	0.8591163	0.8356925
45	0.9798439	0.9555669	0.9318344	0.9084229	0.8852394	0.8622008	0.8392874
46	0.9802777	0.9565221	0.9332984	0.9103881	0.8877005	0.8651534	0.8427284
47	0.9806933	0.9574371	0.9347009	0.9122708	0.8900572	0.8679826	0.8460254
48	0.9810917	0.9583144	0.9360456	0.9140760	0.8923178	0.8706948	0.8491870
49	0.9814739	0.9591563	0.9373360	0.9158085	0.8944877	0.8732983	0.8522218
50	0.9818411	0.9599648	0.9385755	0.9174724	0.8965712	0.8757984	0.8551361

表 A.1（续）

N/F	γ=0.60						
	0	1	2	3	4	5	6
51	0.9821940	0.9607419	0.9397668	0.9190719	0.8985740	0.8782024	0.8579384
52	0.9825334	0.9614895	0.9409128	0.9206105	0.9005011	0.8805150	0.8606335
53	0.9828601	0.9622091	0.9420160	0.9220918	0.9023561	0.8827412	0.8632294
54	0.9831748	0.9629023	0.9430788	0.9235187	0.9041436	0.8848865	0.8657294
55	0.9834782	0.9635706	0.9441033	0.9248944	0.9058665	0.8869538	0.8681403
56	0.9837708	0.9642152	0.9450916	0.9262214	0.9075284	0.8889487	0.8704660
57	0.9840532	0.9648373	0.9460456	0.9275024	0.9091332	0.8908745	0.8727111
58	0.9843260	0.9654383	0.9469669	0.9287396	0.9106826	0.8927348	0.8748792
59	0.9845896	0.9660190	0.9478574	0.9299354	0.9121804	0.8945324	0.8769759
60	0.9848445	0.9665805	0.9487184	0.9310916	0.9136292	0.8962713	0.8790027
61	0.9850911	0.9671238	0.9495515	0.9322104	0.9150303	0.8979533	0.8809640
62	0.9853298	0.9676497	0.9503579	0.9332933	0.9163871	0.8995821	0.8828625
63	0.9855610	0.9681590	0.9511390	0.9343423	0.9177010	0.9011589	0.8847015
64	0.9857850	0.9686526	0.9518958	0.9353587	0.9189739	0.9026874	0.8864833
65	0.9860021	0.9691310	0.9526296	0.9363442	0.9202085	0.9041693	0.8882117
66	0.9862127	0.9695951	0.9533413	0.9373000	0.9214064	0.9056072	0.8898880
67	0.9864171	0.9700455	0.9540319	0.9382276	0.9225681	0.9070019	0.8915142
68	0.9866155	0.9704827	0.9547024	0.9391282	0.9236963	0.9083564	0.8930936
69	0.9868082	0.9709073	0.9553537	0.9400028	0.9247922	0.9096723	0.8946280
70	0.9869954	0.9713199	0.9559864	0.9408527	0.9258569	0.9109501	0.8961182
75	0.9878571	0.9732189	0.9588990	0.9447649	0.9307589	0.9168351	0.9029807
80	0.9886117	0.9748820	0.9614501	0.9481916	0.9350528	0.9219905	0.9089923
85	0.9892780	0.9763507	0.9637030	0.9512181	0.9388447	0.9265436	0.9143028
90	0.9898706	0.9776571	0.9657071	0.9539104	0.9422189	0.9305951	0.9190278
95	0.9904012	0.9788267	0.9675015	0.9563212	0.9452402	0.9342225	0.9232591
100	0.9908789	0.9798799	0.9691174	0.9584922	0.9479611	0.9374904	0.9270700
110	0.9917047	0.9817005	0.9719108	0.9622455	0.9526649	0.9431391	0.9336591
120	0.9923933	0.9832190	0.9742408	0.9653762	0.9565893	0.9478516	0.9391559
130	0.9929764	0.9845048	0.9762138	0.9680276	0.9599126	0.9518434	0.9438115
140	0.9934764	0.9856075	0.9779061	0.9703017	0.9627634	0.9552666	0.9478056
160	0.9942895	0.9874008	0.9806583	0.9740003	0.9673999	0.9608356	0.9543025
180	0.9949224	0.9887968	0.9828008	0.9768797	0.9710093	0.9651715	0.9593611
200	0.9954290	0.9899142	0.9845160	0.9791850	0.9738991	0.9686435	0.9634108
250	0.9963415	0.9919273	0.9876059	0.9833382	0.9791068	0.9748986	0.9707093
300	0.9969504	0.9932704	0.9896678	0.9861097	0.9825815	0.9790726	0.9755799
350	0.9973855	0.9942304	0.9911415	0.9880907	0.9850653	0.9820571	0.9790618
400	0.9977119	0.9949507	0.9922473	0.9895772	0.9869295	0.9842960	0.9816747
450	0.9979659	0.9955111	0.9931076	0.9907337	0.9883801	0.9860389	0.9837076
500	0.9981691	0.9959595	0.9937961	0.9916593	0.9895406	0.9874330	0.9853346
550	0.9983354	0.9963265	0.9943595	0.9924167	0.9904899	0.9885741	0.9866666
600	0.9984740	0.9966323	0.9948291	0.9930480	0.9912821	0.9895254	0.9877764
650	0.9985913	0.9968912	0.9952266	0.9935823	0.9919521	0.9903297	0.9887157
700	0.9986919	0.9971131	0.9955672	0.9940403	0.9925259	0.9910203	0.9895208
750	0.9987790	0.9973054	0.9958625	0.9944373	0.9930244	0.9916186	0.9902189
800	0.9988553	0.9974737	0.9961210	0.9947848	0.9934600	0.9921421	0.9908295
850	0.9989226	0.9976222	0.9963490	0.9950913	0.9938441	0.9926035	0.9913683
900	0.9989824	0.9977543	0.9965517	0.9953638	0.9941856	0.9930143	0.9918475
950	0.9990359	0.9978724	0.9967331	0.9956077	0.9944920	0.9933814	0.9922762
1000	0.9990841	0.9979787	0.9968963	0.9958272	0.9947667	0.9937125	0.9926621

表 A.1（续）

N/F	γ=0.60						
	7	8	9	10	11	12	13
1	0.0000000	0.0000000	0.0000000	0.0000000	0.0000000	0.0000000	0.0000000
2	0.0000000	0.0000000	0.0000000	0.0000000	0.0000000	0.0000000	0.0000000
3	0.0000000	0.0000000	0.0000000	0.0000000	0.0000000	0.0000000	0.0000000
4	0.0000000	0.0000000	0.0000000	0.0000000	0.0000000	0.0000000	0.0000000
5	0.0000000	0.0000000	0.0000000	0.0000000	0.0000000	0.0000000	0.0000000
6	0.0000000	0.0000000	0.0000000	0.0000000	0.0000000	0.0000000	0.0000000
7	0.0000000	0.0000000	0.0000000	0.0000000	0.0000000	0.0000000	0.0000000
8	0.0618573	0.0000000	0.0000000	0.0000000	0.0000000	0.0000000	0.0000000
9	0.1497525	0.0551777	0.0000000	0.0000000	0.0000000	0.0000000	0.0000000
10	0.2254856	0.1350421	0.0497998	0.0000000	0.0000000	0.0000000	0.0000000
11	0.2896125	0.2052105	0.1229638	0.0453769	0.0000000	0.0000000	0.0000000
12	0.3442709	0.2656144	0.1882839	0.1128698	0.0416755	0.0000000	0.0000000
13	0.3912919	0.3178249	0.2452949	0.1739382	0.1043065	0.0385323	0.0000000
14	0.4321186	0.3632824	0.2951612	0.2278670	0.1616257	0.0969522	0.0358299
15	0.4678735	0.4031622	0.3390262	0.2755204	0.2127539	0.1509418	0.0905663
16	0.4994304	0.4384044	0.3778568	0.3178150	0.2583347	0.1995227	0.1415828
17	0.5274805	0.4697579	0.4124449	0.3555509	0.2991070	0.2431696	0.1878419
18	0.5525711	0.4978243	0.4434329	0.3893995	0.3357383	0.2824822	0.2296885
19	0.5751446	0.5230883	0.4713463	0.4199149	0.3688015	0.3180224	0.2676117
20	0.5955585	0.5459461	0.4966144	0.4475574	0.3987758	0.3502788	0.3020862
21	0.6141081	0.5667233	0.5195933	0.4727082	0.4260657	0.3796704	0.3335330
22	0.6310357	0.5856903	0.5405768	0.4956845	0.4510089	0.4065515	0.3623169
23	0.6465451	0.6030722	0.5598122	0.5167543	0.4738925	0.4312245	0.3887525
24	0.6608056	0.6190588	0.5775089	0.5361443	0.4949576	0.4539455	0.4131089
25	0.6739630	0.6338112	0.5938425	0.5540447	0.5144101	0.4749350	0.4356171
26	0.6861399	0.6474663	0.6089643	0.5706210	0.5324288	0.4943815	0.4564777
27	0.6974412	0.6601425	0.6230040	0.5860135	0.5491634	0.5124468	0.4758621
28	0.7079585	0.6719398	0.6360730	0.6003442	0.5647466	0.5292727	0.4939200
29	0.7177702	0.6829479	0.6482683	0.6137192	0.5792921	0.5449810	0.5107821
30	0.7269446	0.6932420	0.6596744	0.6262304	0.5929002	0.5596790	0.5265623
31	0.7355426	0.7028901	0.6703658	0.6379582	0.6056589	0.5734611	0.5413610
32	0.7436160	0.7119502	0.6804065	0.6489742	0.6176433	0.5864093	0.5552669
33	0.7512115	0.7204751	0.6898555	0.6593411	0.6289236	0.5985969	0.5683565
34	0.7583704	0.7285108	0.6987619	0.6691136	0.6395584	0.6100886	0.5807005
35	0.7651294	0.7360972	0.7071725	0.6783432	0.6496016	0.6209425	0.5923604
36	0.7715204	0.7432719	0.7151264	0.6870716	0.6591016	0.6312094	0.6033912
37	0.7775737	0.7500675	0.7226598	0.6953406	0.6681014	0.6409371	0.6138422
38	0.7833145	0.7565127	0.7298056	0.7031838	0.6766384	0.6501647	0.6237581
39	0.7887665	0.7626341	0.7365933	0.7106341	0.6847482	0.6589317	0.6331785
40	0.7939510	0.7684558	0.7430484	0.7177196	0.6924617	0.6672702	0.6421390
41	0.7988876	0.7739992	0.7491954	0.7244672	0.6998076	0.6752114	0.6506739
42	0.8035928	0.7792827	0.7550551	0.7309000	0.7068112	0.6827827	0.6588115
43	0.8080837	0.7843258	0.7606473	0.7370398	0.7134956	0.6900101	0.6665796
44	0.8123732	0.7891431	0.7659902	0.7429051	0.7198825	0.6969157	0.6740015
45	0.8164762	0.7937504	0.7711002	0.7485156	0.7259912	0.7035210	0.6811020
46	0.8204026	0.7981606	0.7759912	0.7538866	0.7318393	0.7098446	0.6878994
47	0.8241652	0.8023866	0.7806782	0.7590323	0.7374429	0.7159046	0.6944136
48	0.8277731	0.8064393	0.7851734	0.7639685	0.7428178	0.7217166	0.7006613
49	0.8312368	0.8103289	0.7894882	0.7687062	0.7479768	0.7272963	0.7066600
50	0.8345632	0.8140657	0.7936331	0.7732578	0.7529335	0.7326566	0.7124224

表 A.1（续）

N/F	γ=0.60						
	7	8	9	10	11	12	13
51	0.8377614	0.8176577	0.7976173	0.7776333	0.7576989	0.7378103	0.7179629
52	0.8408381	0.8211137	0.8014511	0.7818435	0.7622846	0.7427693	0.7232952
53	0.8437999	0.8244415	0.8051432	0.7858976	0.7666994	0.7475446	0.7284287
54	0.8466547	0.8276479	0.8086999	0.7898037	0.7709533	0.7521456	0.7333761
55	0.8494061	0.8307390	0.8121292	0.7935697	0.7750553	0.7565820	0.7381461
56	0.8520610	0.8337209	0.8154373	0.7972033	0.7790135	0.7608626	0.7427491
57	0.8546233	0.8366003	0.8186315	0.8007115	0.7828342	0.7649959	0.7471926
58	0.8570992	0.8393810	0.8217170	0.8041002	0.7865254	0.7689880	0.7514857
59	0.8594919	0.8420690	0.8246995	0.8073757	0.7900932	0.7728472	0.7556356
60	0.8618058	0.8446692	0.8275836	0.8105439	0.7935438	0.7765796	0.7596490
61	0.8640449	0.8471845	0.8303745	0.8136088	0.7968827	0.7801917	0.7635335
62	0.8662124	0.8496195	0.8330762	0.8165764	0.8001155	0.7836889	0.7672936
63	0.8683112	0.8519781	0.8356939	0.8194516	0.8032467	0.7870762	0.7709369
64	0.8703464	0.8542644	0.8382305	0.8222377	0.8062816	0.7903591	0.7744670
65	0.8723190	0.8564812	0.8406899	0.8249391	0.8092249	0.7935427	0.7778903
66	0.8742330	0.8586313	0.8430755	0.8275600	0.8120797	0.7966314	0.7812121
67	0.8760899	0.8607174	0.8453907	0.8301030	0.8148503	0.7996281	0.7844350
68	0.8778926	0.8627434	0.8476385	0.8325725	0.8175401	0.8025390	0.7875653
69	0.8796446	0.8647117	0.8498222	0.8349709	0.8201531	0.8053658	0.7906053
70	0.8813465	0.8666243	0.8519442	0.8373022	0.8226930	0.8081128	0.7935600
75	0.8891812	0.8754282	0.8617142	0.8480345	0.8343853	0.8207628	0.8071647
80	0.8960460	0.8831424	0.8702747	0.8574390	0.8446315	0.8318485	0.8190883
85	0.9021101	0.8899571	0.8778376	0.8657479	0.8536841	0.8416432	0.8296229
90	0.9075054	0.8960205	0.8845668	0.8731414	0.8617396	0.8503599	0.8389993
95	0.9123375	0.9014511	0.8905944	0.8797630	0.8689551	0.8581671	0.8473974
100	0.9166893	0.9063422	0.8960233	0.8857280	0.8754549	0.8652001	0.8549628
110	0.9242142	0.9147998	0.9054105	0.8960434	0.8866947	0.8773634	0.8680467
120	0.9304930	0.9218568	0.9132434	0.9046499	0.8960740	0.8875133	0.8789663
130	0.9358102	0.9278341	0.9198786	0.9119414	0.9040194	0.8961120	0.8882167
140	0.9403720	0.9329621	0.9255706	0.9181965	0.9108362	0.9034889	0.8961530
160	0.9477931	0.9413036	0.9348308	0.9283725	0.9219264	0.9154918	0.9090663
180	0.9535713	0.9477991	0.9420421	0.9362973	0.9305633	0.9248391	0.9191233
200	0.9581980	0.9530004	0.9478157	0.9426425	0.9374793	0.9323244	0.9271779
250	0.9665346	0.9623729	0.9582218	0.9540792	0.9499441	0.9458159	0.9416939
300	0.9720993	0.9686294	0.9651671	0.9617132	0.9582647	0.9548223	0.9513852
350	0.9760773	0.9731011	0.9701326	0.9671709	0.9642138	0.9612613	0.9583134
400	0.9790625	0.9764580	0.9738596	0.9712665	0.9686780	0.9660941	0.9635140
450	0.9813854	0.9790693	0.9767594	0.9744540	0.9721524	0.9698547	0.9675607
500	0.9832438	0.9811591	0.9790798	0.9770043	0.9749325	0.9728646	0.9707990
550	0.9847653	0.9828700	0.9809794	0.9790918	0.9772087	0.9753280	0.9734495
600	0.9860334	0.9842958	0.9825620	0.9808320	0.9791050	0.9773812	0.9756596
650	0.9871063	0.9855022	0.9839020	0.9823048	0.9807106	0.9791187	0.9775292
700	0.9880266	0.9865370	0.9850504	0.9835677	0.9820872	0.9806083	0.9791325
750	0.9888245	0.9874332	0.9860464	0.9846620	0.9832798	0.9819000	0.9805224
800	0.9895223	0.9882181	0.9869177	0.9856197	0.9843239	0.9830304	0.9817385
850	0.9901377	0.9889109	0.9876863	0.9864648	0.9852449	0.9840272	0.9828111
900	0.9906852	0.9895260	0.9883699	0.9872161	0.9860638	0.9849138	0.9837653
950	0.9911755	0.9900770	0.9889817	0.9878886	0.9867971	0.9857071	0.9846193
1000	0.9916164	0.9905729	0.9895324	0.9884935	0.9874569	0.9864210	0.9853875

表 A.1（续）

N/F	γ=0.60						
	14	15	16	17	18	19	20
1	0.0000000	0.0000000	0.0000000	0.0000000	0.0000000	0.0000000	0.0000000
2	0.0000000	0.0000000	0.0000000	0.0000000	0.0000000	0.0000000	0.0000000
3	0.0000000	0.0000000	0.0000000	0.0000000	0.0000000	0.0000000	0.0000000
4	0.0000000	0.0000000	0.0000000	0.0000000	0.0000000	0.0000000	0.0000000
5	0.0000000	0.0000000	0.0000000	0.0000000	0.0000000	0.0000000	0.0000000
6	0.0000000	0.0000000	0.0000000	0.0000000	0.0000000	0.0000000	0.0000000
7	0.0000000	0.0000000	0.0000000	0.0000000	0.0000000	0.0000000	0.0000000
8	0.0000000	0.0000000	0.0000000	0.0000000	0.0000000	0.0000000	0.0000000
9	0.0000000	0.0000000	0.0000000	0.0000000	0.0000000	0.0000000	0.0000000
10	0.0000000	0.0000000	0.0000000	0.0000000	0.0000000	0.0000000	0.0000000
11	0.0000000	0.0000000	0.0000000	0.0000000	0.0000000	0.0000000	0.0000000
12	0.0000000	0.0000000	0.0000000	0.0000000	0.0000000	0.0000000	0.0000000
13	0.0000000	0.0000000	0.0000000	0.0000000	0.0000000	0.0000000	0.0000000
14	0.0000000	0.0000000	0.0000000	0.0000000	0.0000000	0.0000000	0.0000000
15	0.0334817	0.0000000	0.0000000	0.0000000	0.0000000	0.0000000	0.0000000
16	0.0849697	0.0314223	0.0000000	0.0000000	0.0000000	0.0000000	0.0000000
17	0.1333175	0.0800246	0.0296016	0.0000000	0.0000000	0.0000000	0.0000000
18	0.1774540	0.1259642	0.0756233	0.0279803	0.0000000	0.0000000	0.0000000
19	0.2176245	0.1681560	0.1193796	0.0716812	0.0265274	0.0000000	0.0000000
20	0.2542308	0.2067661	0.1597835	0.1134502	0.0681301	0.0252179	0.0000000
21	0.2876740	0.2421256	0.1969411	0.1522067	0.1080812	0.0649139	0.0240316
22	0.3183181	0.2745763	0.2311222	0.1880076	0.1453157	0.1031982	0.0619872
23	0.3464843	0.3044335	0.2626207	0.2210765	0.1798497	0.1390211	0.0987373
24	0.3724508	0.3319812	0.2917123	0.2516638	0.2118678	0.1723710	0.1332502
25	0.3964594	0.3574657	0.3186460	0.2800124	0.2415863	0.2033968	0.1654895
26	0.4187173	0.3811041	0.3436420	0.3063417	0.2692161	0.2322850	0.1955774
27	0.4394072	0.4030843	0.3668972	0.3308504	0.2949548	0.2592231	0.2236746
28	0.4586864	0.4235725	0.3885808	0.3537133	0.3189787	0.2843851	0.2499457
29	0.4766930	0.4427130	0.4088437	0.3750872	0.3414467	0.3079306	0.2745480
30	0.4935479	0.4606334	0.4278196	0.3951081	0.3625011	0.3300047	0.2976243
31	0.5093562	0.4774438	0.4456244	0.4138981	0.3822672	0.3507346	0.3193051
32	0.5242122	0.4932453	0.4623630	0.4315669	0.4008579	0.3702373	0.3397098
33	0.5381999	0.5081235	0.4781272	0.4482094	0.4183725	0.3886158	0.3589437
34	0.5513910	0.5221570	0.4929978	0.4639118	0.4348998	0.4059626	0.3771016
35	0.5638523	0.5354159	0.5070489	0.4787514	0.4505217	0.4223608	0.3942708
36	0.5756424	0.5479615	0.5203462	0.4927950	0.4653087	0.4378857	0.4105268
37	0.5868144	0.5598499	0.5329480	0.5061064	0.4793250	0.4526031	0.4259408
38	0.5974141	0.5711311	0.5449069	0.5187398	0.4926293	0.4665744	0.4405753
39	0.6074856	0.5818507	0.5562707	0.5307457	0.5052740	0.4798542	0.4544871
40	0.6170665	0.5920482	0.5670833	0.5421695	0.5173068	0.4924930	0.4677280
41	0.6261913	0.6017622	0.5773826	0.5530526	0.5287700	0.5045346	0.4803450
42	0.6348929	0.6110246	0.5872051	0.5634322	0.5397043	0.5160207	0.4923813
43	0.6431994	0.6198681	0.5965825	0.5733412	0.5501441	0.5269883	0.5038744
44	0.6511369	0.6283181	0.6055443	0.5828124	0.5601218	0.5374723	0.5148618
45	0.6587295	0.6364019	0.6141172	0.5918736	0.5696689	0.5475024	0.5253740
46	0.6659993	0.6441427	0.6223265	0.6005500	0.5788109	0.5571091	0.5354425
47	0.6729662	0.6515606	0.6301948	0.6088663	0.5875737	0.5663169	0.5450945
48	0.6796487	0.6586765	0.6377417	0.6168435	0.5959804	0.5751509	0.5543542
49	0.6860641	0.6655080	0.6449884	0.6245032	0.6040523	0.5836335	0.5632459
50	0.6922286	0.6720714	0.6519501	0.6318631	0.6118082	0.5917845	0.5717914

表 A.1(续)

N/F	γ=0.60 14	15	16	17	18	19	20
51	0.6981552	0.6783833	0.6586457	0.6389402	0.6192668	0.5996231	0.5800091
52	0.7038584	0.6844567	0.6650879	0.6457518	0.6264447	0.6071674	0.5879184
53	0.7093502	0.6903053	0.6712924	0.6523108	0.6333582	0.6144330	0.5955354
54	0.7146417	0.6959408	0.6772712	0.6586314	0.6400198	0.6214357	0.6028775
55	0.7197446	0.7013758	0.6830369	0.6647276	0.6464451	0.6281885	0.6099579
56	0.7246684	0.7066198	0.6886009	0.6706095	0.6526448	0.6347052	0.6167909
57	0.7294229	0.7116830	0.6939728	0.6762893	0.6586310	0.6409979	0.6233892
58	0.7340155	0.7165749	0.6991627	0.6817763	0.6644152	0.6470777	0.6297638
59	0.7384553	0.7213040	0.7041793	0.6870806	0.6700064	0.6529557	0.6359272
60	0.7427488	0.7258769	0.7090317	0.6922117	0.6754154	0.6586411	0.6418890
61	0.7469043	0.7303034	0.7137283	0.6971770	0.6806493	0.6641437	0.6476594
62	0.7509280	0.7345884	0.7182748	0.7019848	0.6857176	0.6694719	0.6532467
63	0.7548251	0.7387400	0.7226800	0.7066430	0.6906281	0.6746337	0.6586592
64	0.7586025	0.7427638	0.7269496	0.7111576	0.6953868	0.6796367	0.6639064
65	0.7622654	0.7466656	0.7310895	0.7155355	0.7000021	0.6844894	0.6689949
66	0.7658195	0.7504513	0.7351060	0.7197828	0.7044802	0.6891967	0.6739315
67	0.7692678	0.7541249	0.7390043	0.7239057	0.7088262	0.6937658	0.6787237
68	0.7726168	0.7576927	0.7427900	0.7279087	0.7130464	0.6982024	0.6833767
69	0.7758699	0.7611582	0.7464671	0.7317973	0.7171459	0.7025128	0.6878972
70	0.7790317	0.7645255	0.7500414	0.7355764	0.7211305	0.7067021	0.6922905
75	0.7935895	0.7800342	0.7664987	0.7529807	0.7394803	0.7259951	0.7125252
80	0.8063480	0.7936275	0.7809238	0.7682376	0.7555660	0.7429088	0.7302654
85	0.8176225	0.8056388	0.7936719	0.7817195	0.7697816	0.7578567	0.7459448
90	0.8276563	0.8163293	0.8050183	0.7937202	0.7824352	0.7711631	0.7599024
95	0.8366437	0.8259061	0.8151814	0.8044705	0.7937717	0.7830837	0.7724071
100	0.8447408	0.8345333	0.8243387	0.8141564	0.8039855	0.7938245	0.7836742
110	0.8587444	0.8494544	0.8401766	0.8309094	0.8216514	0.8124034	0.8031644
120	0.8704316	0.8619083	0.8533949	0.8448922	0.8363979	0.8279120	0.8194337
130	0.8803322	0.8724590	0.8645951	0.8567395	0.8488923	0.8410527	0.8332201
140	0.8888278	0.8815118	0.8742049	0.8669056	0.8596140	0.8523285	0.8450506
160	0.9026500	0.8962421	0.8898418	0.8834476	0.8770603	0.8706790	0.8643024
180	0.9134159	0.9077154	0.9020210	0.8963327	0.8906505	0.8849729	0.8792998
200	0.9220375	0.9169040	0.9117758	0.9066530	0.9015348	0.8964218	0.8913127
250	0.9375771	0.9334658	0.9293582	0.9252552	0.9211560	0.9170599	0.9129676
300	0.9479519	0.9445232	0.9410975	0.9376757	0.9342569	0.9308412	0.9274277
350	0.9553693	0.9524290	0.9494910	0.9465568	0.9436241	0.9406945	0.9377671
400	0.9609369	0.9583629	0.9557912	0.9532218	0.9506554	0.9480905	0.9455280
450	0.9652691	0.9629805	0.9606934	0.9584094	0.9561269	0.9538467	0.9515680
500	0.9687365	0.9666754	0.9646175	0.9625610	0.9605068	0.9584534	0.9564023
550	0.9715741	0.9697003	0.9678287	0.9659594	0.9640908	0.9622246	0.9603591
600	0.9739395	0.9722217	0.9705062	0.9687915	0.9670790	0.9653674	0.9636572
650	0.9759419	0.9743561	0.9727719	0.9711892	0.9696080	0.9680276	0.9664487
700	0.9776581	0.9761853	0.9747140	0.9732442	0.9717760	0.9703085	0.9688425
750	0.9791455	0.9777710	0.9763980	0.9750258	0.9736551	0.9722859	0.9709167
800	0.9804480	0.9791591	0.9778717	0.9765851	0.9753000	0.9740157	0.9727321
850	0.9815972	0.9803841	0.9791718	0.9779610	0.9767517	0.9755424	0.9743347
900	0.9826183	0.9814729	0.9803282	0.9791843	0.9780419	0.9769002	0.9757594
950	0.9835324	0.9824469	0.9813623	0.9802791	0.9791960	0.9781143	0.9770335
1000	0.9843554	0.9833234	0.9822936	0.9812639	0.9802356	0.9792082	0.9781807

表 A.1（续）

N/F	γ=0.70						
	0	1	2	3	4	5	6
1	0.3000000	0.0000000	0.0000000	0.0000000	0.0000000	0.0000000	0.0000000
2	0.5477226	0.1633400	0.0000000	0.0000000	0.0000000	0.0000000	0.0000000
3	0.6694330	0.3625311	0.1120960	0.0000000	0.0000000	0.0000000	0.0000000
4	0.7400828	0.4910948	0.2715987	0.0353088	0.0000000	0.0000000	0.0000000
5	0.7860031	0.5776734	0.3890819	0.2174021	0.0688501	0.0000000	0.0000000
6	0.8181888	0.6394341	0.4755147	0.3225376	0.1817475	0.0577134	0.0000000
7	0.8419824	0.6855756	0.5410544	0.4045868	0.2763493	0.1558577	0.0496772
8	0.8602807	0.7213114	0.5922563	0.4695665	0.3530078	0.2413280	0.1364345
9	0.8747871	0.7497858	0.6332872	0.5220488	0.4156450	0.3127614	0.2142136
10	0.8865682	0.7729991	0.6668721	0.5652262	0.4675426	0.3726032	0.2808048
11	0.8963251	0.7922816	0.6948540	0.6013286	0.5111435	0.4232053	0.3377115
12	0.9045379	0.8085514	0.7185190	0.6319420	0.5482420	0.4664452	0.3866397
13	0.9115459	0.8224620	0.7387902	0.6582184	0.5801666	0.5037669	0.4290434
14	0.9175960	0.8344909	0.7563461	0.6810118	0.6079163	0.5362794	0.4660876
15	0.9228719	0.8449953	0.7716965	0.7009679	0.6322510	0.5648405	0.4986980
16	0.9275132	0.8542473	0.7852313	0.7185829	0.6537586	0.5901187	0.5276065
17	0.9316278	0.8624580	0.7972540	0.7342443	0.6729025	0.6126431	0.5533999
18	0.9353005	0.8697938	0.8080040	0.7482591	0.6900500	0.6328373	0.5765478
19	0.9385990	0.8763873	0.8176731	0.7608731	0.7054950	0.6510415	0.5974334
20	0.9415775	0.8823457	0.8264162	0.7722859	0.7194797	0.6675342	0.6163692
21	0.9442805	0.8877564	0.8343600	0.7826609	0.7322002	0.6825449	0.6336136
22	0.9467445	0.8926916	0.8416094	0.7921332	0.7438200	0.6962643	0.6493830
23	0.9489998	0.8972113	0.8482513	0.8008155	0.7544755	0.7088503	0.6638576
24	0.9510720	0.9013658	0.8543591	0.8088025	0.7642823	0.7204382	0.6771884
25	0.9529823	0.9051977	0.8599946	0.8161745	0.7733370	0.7311412	0.6895070
26	0.9547491	0.9087431	0.8652105	0.8229997	0.7817232	0.7410575	0.7009221
27	0.9563880	0.9120330	0.8700520	0.8293368	0.7895116	0.7502697	0.7115313
28	0.9579123	0.9150940	0.8745579	0.8352362	0.7967649	0.7588503	0.7214148
29	0.9593337	0.9179492	0.8787621	0.8407417	0.8035351	0.7668619	0.7306457
30	0.9606622	0.9206186	0.8826936	0.8458914	0.8098692	0.7743592	0.7392856
31	0.9619067	0.9231199	0.8863784	0.8507188	0.8158083	0.7813896	0.7473897
32	0.9630748	0.9254684	0.8898387	0.8552532	0.8213886	0.7879962	0.7550060
33	0.9641735	0.9276778	0.8930947	0.8595204	0.8266405	0.7942158	0.7621778
34	0.9652087	0.9297599	0.8961637	0.8635434	0.8315926	0.8000820	0.7689422
35	0.9661857	0.9317255	0.8990616	0.8673425	0.8362700	0.8056226	0.7753331
36	0.9671094	0.9335842	0.9018021	0.8709358	0.8406943	0.8108650	0.7813805
37	0.9679839	0.9353443	0.9043978	0.8743398	0.8448868	0.8158318	0.7871111
38	0.9688132	0.9370136	0.9068599	0.8775689	0.8488639	0.8205454	0.7925496
39	0.9696005	0.9385988	0.9091983	0.8806362	0.8526425	0.8250240	0.7977174
40	0.9703492	0.9401063	0.9114223	0.8835537	0.8562374	0.8292842	0.8026340
41	0.9710618	0.9415415	0.9135399	0.8863321	0.8596606	0.8333424	0.8073179
42	0.9717410	0.9429095	0.9155587	0.8889810	0.8629249	0.8372119	0.8117849
43	0.9723890	0.9442150	0.9174854	0.8915093	0.8660408	0.8409066	0.8160494
44	0.9730080	0.9454621	0.9193261	0.8939250	0.8690178	0.8444366	0.8201255
45	0.9735998	0.9466547	0.9210865	0.8962355	0.8718658	0.8478141	0.8240248
46	0.9741662	0.9477962	0.9227718	0.8984476	0.8745932	0.8510482	0.8277588
47	0.9747089	0.9488900	0.9243865	0.9005673	0.8772063	0.8541474	0.8313373
48	0.9752292	0.9499388	0.9259352	0.9026004	0.8797133	0.8571206	0.8347705
49	0.9757285	0.9509455	0.9274217	0.9045520	0.8821197	0.8599750	0.8380669
50	0.9762081	0.9519125	0.9288497	0.9064270	0.8844313	0.8627178	0.8412346

表 A.1（续）

N/F	γ=0.70						
	0	1	2	3	4	5	6
51	0.9766692	0.9528421	0.9302226	0.9082298	0.8866546	0.8653545	0.8442811
52	0.9771127	0.9537364	0.9315436	0.9099644	0.8887938	0.8678930	0.8472126
53	0.9775396	0.9545974	0.9328154	0.9116347	0.8908540	0.8703366	0.8500359
54	0.9779509	0.9554270	0.9340409	0.9132441	0.8928391	0.8726925	0.8527564
55	0.9783474	0.9562269	0.9352225	0.9147960	0.8947528	0.8749634	0.8553809
56	0.9787300	0.9569985	0.9363625	0.9162933	0.8966000	0.8771552	0.8579126
57	0.9790992	0.9577434	0.9374631	0.9177390	0.8983834	0.8792717	0.8603576
58	0.9794558	0.9584629	0.9385262	0.9191355	0.9001068	0.8813159	0.8627203
59	0.9798005	0.9591583	0.9395538	0.9204855	0.9017716	0.8832927	0.8650039
60	0.9801338	0.9598309	0.9405476	0.9217911	0.9033829	0.8852041	0.8672130
61	0.9804562	0.9604816	0.9415093	0.9230545	0.9049420	0.8870547	0.8693513
62	0.9807684	0.9611116	0.9424404	0.9242778	0.9064513	0.8888460	0.8714215
63	0.9810708	0.9617219	0.9433423	0.9254628	0.9079133	0.8905815	0.8734268
64	0.9813638	0.9623132	0.9442163	0.9266113	0.9093303	0.8922641	0.8753711
65	0.9816478	0.9628866	0.9450639	0.9277249	0.9107046	0.8938956	0.8772567
66	0.9819234	0.9634428	0.9458860	0.9288053	0.9120383	0.8954784	0.8790856
67	0.9821907	0.9639826	0.9466839	0.9298538	0.9133320	0.8970142	0.8808613
68	0.9824503	0.9645066	0.9474586	0.9308719	0.9145884	0.8985061	0.8825849
69	0.9827025	0.9650157	0.9482112	0.9318609	0.9158094	0.8999548	0.8842604
70	0.9829475	0.9655103	0.9489424	0.9328219	0.9169953	0.9013630	0.8858879
75	0.9840752	0.9677876	0.9523095	0.9372475	0.9224582	0.9078492	0.8933852
80	0.9850630	0.9697827	0.9552600	0.9411261	0.9272464	0.9135349	0.8999591
85	0.9859355	0.9715452	0.9578667	0.9445531	0.9314777	0.9185602	0.9057686
90	0.9867116	0.9731134	0.9601863	0.9476032	0.9352441	0.9230336	0.9109414
95	0.9874066	0.9745177	0.9622639	0.9503352	0.9386179	0.9270410	0.9155755
100	0.9880325	0.9757827	0.9641355	0.9527964	0.9416577	0.9306514	0.9197512
110	0.9891145	0.9779699	0.9673719	0.9570531	0.9469153	0.9368975	0.9269750
120	0.9900171	0.9797947	0.9700726	0.9606056	0.9513044	0.9421120	0.9330066
130	0.9907814	0.9813404	0.9723603	0.9636153	0.9550221	0.9465302	0.9381170
140	0.9914371	0.9826663	0.9743232	0.9661978	0.9582133	0.9503212	0.9425039
160	0.9925034	0.9848233	0.9775166	0.9703998	0.9634052	0.9564922	0.9496425
180	0.9933336	0.9865029	0.9800035	0.9736725	0.9674502	0.9612988	0.9552046
200	0.9939982	0.9878477	0.9819951	0.9762936	0.9706894	0.9651493	0.9596602
250	0.9951957	0.9902712	0.9855844	0.9810182	0.9765296	0.9720917	0.9676942
300	0.9959948	0.9918888	0.9879805	0.9841725	0.9804284	0.9767274	0.9730591
350	0.9965660	0.9930451	0.9896936	0.9864279	0.9832174	0.9800422	0.9768959
400	0.9969946	0.9939129	0.9909793	0.9881206	0.9853098	0.9825305	0.9797765
450	0.9973281	0.9945882	0.9919798	0.9894380	0.9869389	0.9844672	0.9820184
500	0.9975950	0.9951286	0.9927805	0.9904923	0.9882421	0.9860178	0.9838126
550	0.9978134	0.9955709	0.9934359	0.9913553	0.9893096	0.9872862	0.9852811
600	0.9979954	0.9959395	0.9939822	0.9920746	0.9901987	0.9883444	0.9865061
650	0.9981494	0.9962515	0.9944445	0.9926834	0.9909519	0.9892395	0.9875423
700	0.9982815	0.9965190	0.9948409	0.9932054	0.9915974	0.9900071	0.9884305
750	0.9983960	0.9967508	0.9951844	0.9936578	0.9921569	0.9906725	0.9892011
800	0.9984962	0.9969537	0.9954851	0.9940538	0.9926459	0.9912548	0.9898751
850	0.9985846	0.9971328	0.9957504	0.9944032	0.9930781	0.9917681	0.9904696
900	0.9986631	0.9972919	0.9959863	0.9947138	0.9934624	0.9922254	0.9909983
950	0.9987335	0.9974343	0.9961974	0.9949918	0.9938062	0.9926337	0.9914720
1000	0.9987968	0.9975625	0.9963874	0.9952420	0.9941159	0.9930014	0.9918977

表 A.1（续）

N/F	γ=0.70						
	7	8	9	10	11	12	13
1	0.0000000	0.0000000	0.0000000	0.0000000	0.0000000	0.0000000	0.0000000
2	0.0000000	0.0000000	0.0000000	0.0000000	0.0000000	0.0000000	0.0000000
3	0.0000000	0.0000000	0.0000000	0.0000000	0.0000000	0.0000000	0.0000000
4	0.0000000	0.0000000	0.0000000	0.0000000	0.0000000	0.0000000	0.0000000
5	0.0000000	0.0000000	0.0000000	0.0000000	0.0000000	0.0000000	0.0000000
6	0.0000000	0.0000000	0.0000000	0.0000000	0.0000000	0.0000000	0.0000000
7	0.0000000	0.0000000	0.0000000	0.0000000	0.0000000	0.0000000	0.0000000
8	0.0436051	0.0000000	0.0000000	0.0000000	0.0000000	0.0000000	0.0000000
9	0.1213208	0.0388555	0.0000000	0.0000000	0.0000000	0.0000000	0.0000000
10	0.1925922	0.1092243	0.0350389	0.0000000	0.0000000	0.0000000	0.0000000
11	0.2548011	0.1749447	0.0993234	0.0319049	0.0000000	0.0000000	0.0000000
12	0.3088362	0.2332223	0.1602649	0.0910696	0.0292855	0.0000000	0.0000000
13	0.3559442	0.2845348	0.2150237	0.1478617	0.0840825	0.0270636	0.0000000
14	0.3972583	0.3297963	0.2637945	0.1994658	0.1372429	0.0780915	0.0251550
15	0.4337258	0.3698988	0.3072490	0.2458833	0.1860121	0.1280483	0.0728982
16	0.4661197	0.4056140	0.3460910	0.2876018	0.2302570	0.1742618	0.1200099
17	0.4950662	0.4375900	0.3809554	0.3251813	0.2703266	0.2165026	0.1639100
18	0.5210770	0.4663652	0.4123874	0.3591451	0.3066665	0.2550156	0.2043025
19	0.5445676	0.4923838	0.4408493	0.3899550	0.3397122	0.2901560	0.2413513
20	0.5658832	0.5160152	0.4667293	0.4180087	0.3698551	0.3222858	0.2753391
21	0.5853087	0.5375683	0.4903544	0.4436463	0.3974387	0.3517384	0.3065684
22	0.6030824	0.5573013	0.5120009	0.4671574	0.4227619	0.3788134	0.3353241
23	0.6194043	0.5754332	0.5319031	0.4887903	0.4460810	0.4037716	0.3618665
24	0.6344445	0.5921484	0.5502605	0.5087556	0.4676191	0.4268421	0.3864266
25	0.6483473	0.6076058	0.5672441	0.5272373	0.4875669	0.4482253	0.4092087
26	0.6612353	0.6219414	0.5830014	0.5443911	0.5060921	0.4680937	0.4303913
27	0.6732163	0.6352714	0.5976591	0.5603543	0.5233386	0.4865999	0.4501328
28	0.6843814	0.6476974	0.6113270	0.5752450	0.5394323	0.5038767	0.4685706
29	0.6948118	0.6593090	0.6241022	0.5891663	0.5544836	0.5200398	0.4858286
30	0.7045767	0.6701821	0.6360683	0.6022101	0.5685891	0.5351932	0.5020132
31	0.7137370	0.6803849	0.6472991	0.6144551	0.5818354	0.5494270	0.5172200
32	0.7223491	0.6899776	0.6578609	0.6259731	0.5942974	0.5628208	0.5315341
33	0.7304588	0.6990136	0.6678103	0.6368260	0.6060423	0.5754471	0.5450311
34	0.7381091	0.7075384	0.6771997	0.6470692	0.6171302	0.5873691	0.5577780
35	0.7453380	0.7155955	0.6860742	0.6567528	0.6276137	0.5986440	0.5698346
36	0.7521791	0.7232211	0.6944759	0.6659207	0.6375402	0.6093222	0.5812552
37	0.7586635	0.7304501	0.7024404	0.6746138	0.6469543	0.6194497	0.5920892
38	0.7648178	0.7373111	0.7100012	0.6828675	0.6558933	0.6290671	0.6023798
39	0.7706665	0.7438322	0.7171887	0.6907138	0.6613922	0.6382133	0.6121657
40	0.7762309	0.7500385	0.7240291	0.6981822	0.6724834	0.6469203	0.6214847
41	0.7815330	0.7559518	0.7305469	0.7052991	0.6801940	0.6552201	0.6303675
42	0.7865899	0.7615917	0.7367644	0.7120897	0.6875516	0.6631401	0.6388454
43	0.7914180	0.7669773	0.7427022	0.7185744	0.6945793	0.6707055	0.6469438
44	0.7960326	0.7721258	0.7483785	0.7247746	0.7012981	0.6779391	0.6546885
45	0.8004483	0.7770512	0.7538104	0.7307078	0.7077287	0.6848626	0.6621017
46	0.8046761	0.7817689	0.7590128	0.7363909	0.7138888	0.6914959	0.6692051
47	0.8087294	0.7862916	0.7640011	0.7418395	0.7197946	0.6978565	0.6760161
48	0.8126181	0.7906304	0.7687862	0.7470678	0.7254632	0.7039607	0.6825537
49	0.8163519	0.7947970	0.7733818	0.7520893	0.7309068	0.7098234	0.6888324
50	0.8199399	0.7988016	0.7777991	0.7569156	0.7361389	0.7154592	0.6948694

表 A.1（续）

N/F	γ=0.70						
	7	8	9	10	11	12	13
51	0.8233900	0.8026522	0.7820472	0.7615574	0.7411721	0.7208807	0.7006762
52	0.8267108	0.8063593	0.7861359	0.7660255	0.7460173	0.7260998	0.7062671
53	0.8299091	0.8099288	0.7900744	0.7703299	0.7506845	0.7311277	0.7116532
54	0.8329920	0.8133695	0.7938706	0.7744785	0.7551833	0.7359744	0.7168455
55	0.8359646	0.8166887	0.7975319	0.7784803	0.7595233	0.7406503	0.7218551
56	0.8388339	0.8198911	0.8010658	0.7823435	0.7637120	0.7451636	0.7266908
57	0.8416045	0.8229841	0.8044782	0.7860737	0.7677578	0.7495227	0.7313608
58	0.8442811	0.8259723	0.8077765	0.7896784	0.7716672	0.7537353	0.7358752
59	0.8468691	0.8288618	0.8109650	0.7931637	0.7754478	0.7578082	0.7402395
60	0.8493722	0.8316572	0.8140491	0.7965348	0.7791044	0.7617496	0.7444627
61	0.8517951	0.8343626	0.8170345	0.7997988	0.7826447	0.7655646	0.7485509
62	0.8541412	0.8369822	0.8199262	0.8029594	0.7860736	0.7692594	0.7525109
63	0.8564147	0.8395201	0.8227270	0.8060224	0.7893956	0.7728397	0.7563480
64	0.8586177	0.8419803	0.8254428	0.8089916	0.7926166	0.7763111	0.7600681
65	0.8607544	0.8443673	0.8280763	0.8118707	0.7957407	0.7796778	0.7636768
66	0.8628278	0.8466822	0.8306319	0.8146648	0.7987717	0.7829450	0.7671786
67	0.8648403	0.8489293	0.8331128	0.8173771	0.8017148	0.7861165	0.7705777
68	0.8667949	0.8511117	0.8355215	0.8200115	0.8045724	0.7891967	0.7738797
69	0.8686934	0.8532325	0.8378624	0.8225708	0.8073494	0.7921899	0.7770875
70	0.8705387	0.8552932	0.8401369	0.8250585	0.8100480	0.7950993	0.7802063
75	0.8790379	0.8647868	0.8506172	0.8365194	0.8224842	0.8085047	0.7945770
80	0.8864910	0.8731121	0.8598087	0.8465717	0.8333927	0.8202655	0.8071849
85	0.8930784	0.8804715	0.8679354	0.8554597	0.8430388	0.8306653	0.8183360
90	0.8989437	0.8870247	0.8751712	0.8633750	0.8516299	0.8399290	0.8282686
95	0.9041993	0.8928963	0.8816558	0.8704688	0.8593291	0.8482314	0.8371717
100	0.9089348	0.8981879	0.8874997	0.8768627	0.8662691	0.8557160	0.8451979
110	0.9171287	0.9073443	0.8976133	0.8879265	0.8782802	0.8686690	0.8590898
120	0.9239698	0.9149903	0.9060581	0.8971670	0.8883126	0.8794895	0.8706946
130	0.9297678	0.9214704	0.9132166	0.9050002	0.8968165	0.8886626	0.8805339
140	0.9347438	0.9270326	0.9193610	0.9117245	0.9041178	0.8965378	0.8889822
160	0.9428440	0.9360866	0.9293643	0.9226718	0.9160053	0.9093616	0.9027385
180	0.9491554	0.9431421	0.9371593	0.9312032	0.9252700	0.9193574	0.9134623
200	0.9542108	0.9487943	0.9434052	0.9380397	0.9326949	0.9273676	0.9220563
250	0.9633280	0.9589877	0.9546696	0.9503697	0.9460859	0.9418166	0.9375595
300	0.9694175	0.9657966	0.9621939	0.9586073	0.9550329	0.9514707	0.9479184
350	0.9737725	0.9706666	0.9675768	0.9644991	0.9614329	0.9583767	0.9553295
400	0.9770415	0.9743225	0.9716173	0.9689228	0.9662381	0.9635626	0.9608940
450	0.9795864	0.9771688	0.9747627	0.9723666	0.9699788	0.9675994	0.9652261
500	0.9816233	0.9794463	0.9772800	0.9751229	0.9729733	0.9708306	0.9686941
550	0.9832905	0.9813106	0.9793413	0.9773790	0.9754250	0.9734763	0.9715330
600	0.9846799	0.9828653	0.9810590	0.9792603	0.9774685	0.9756813	0.9739002
650	0.9858566	0.9841808	0.9825134	0.9808529	0.9791977	0.9775486	0.9759033
700	0.9868654	0.9853094	0.9837603	0.9822181	0.9806812	0.9791488	0.9776211
750	0.9877396	0.9862872	0.9848410	0.9834016	0.9819668	0.9805366	0.9791102
800	0.9885053	0.9871431	0.9857871	0.9844371	0.9830918	0.9817510	0.9804140
850	0.9891802	0.9878984	0.9866220	0.9853517	0.9840852	0.9828233	0.9815644
900	0.9897804	0.9885693	0.9873644	0.9861640	0.9849682	0.9837755	0.9825865
950	0.9903179	0.9891707	0.9880288	0.9868915	0.9857580	0.9846283	0.9835024
1000	0.9908015	0.9897115	0.9886261	0.9875460	0.9864697	0.9853964	0.9843255

表 A.1（续）

N/F	γ=0.70						
	14	15	16	17	18	19	20
1	0.0000000	0.0000000	0.0000000	0.0000000	0.0000000	0.0000000	0.0000000
2	0.0000000	0.0000000	0.0000000	0.0000000	0.0000000	0.0000000	0.0000000
3	0.0000000	0.0000000	0.0000000	0.0000000	0.0000000	0.0000000	0.0000000
4	0.0000000	0.0000000	0.0000000	0.0000000	0.0000000	0.0000000	0.0000000
5	0.0000000	0.0000000	0.0000000	0.0000000	0.0000000	0.0000000	0.0000000
6	0.0000000	0.0000000	0.0000000	0.0000000	0.0000000	0.0000000	0.0000000
7	0.0000000	0.0000000	0.0000000	0.0000000	0.0000000	0.0000000	0.0000000
8	0.0000000	0.0000000	0.0000000	0.0000000	0.0000000	0.0000000	0.0000000
9	0.0000000	0.0000000	0.0000000	0.0000000	0.0000000	0.0000000	0.0000000
10	0.0000000	0.0000000	0.0000000	0.0000000	0.0000000	0.0000000	0.0000000
11	0.0000000	0.0000000	0.0000000	0.0000000	0.0000000	0.0000000	0.0000000
12	0.0000000	0.0000000	0.0000000	0.0000000	0.0000000	0.0000000	0.0000000
13	0.0000000	0.0000000	0.0000000	0.0000000	0.0000000	0.0000000	0.0000000
14	0.0000000	0.0000000	0.0000000	0.0000000	0.0000000	0.0000000	0.0000000
15	0.0234979	0.0000000	0.0000000	0.0000000	0.0000000	0.0000000	0.0000000
16	0.0683521	0.0220456	0.0000000	0.0000000	0.0000000	0.0000000	0.0000000
17	0.1129211	0.0643408	0.0207623	0.0000000	0.0000000	0.0000000	0.0000000
18	0.1547207	0.1066244	0.0607735	0.0196202	0.0000000	0.0000000	0.0000000
19	0.1934072	0.1465084	0.1009928	0.0575813	0.0185973	0.0000000	0.0000000
20	0.2290805	0.1836170	0.1391246	0.0959270	0.0547077	0.0176757	0.0000000
21	0.2619668	0.2180007	0.1747716	0.1324504	0.0913446	0.0521079	0.0168411
22	0.2923186	0.2498373	0.2079449	0.1667399	0.1263879	0.0871811	0.0497435
23	0.3203803	0.2793396	0.2387842	0.1987773	0.1594159	0.1208563	0.0833801
24	0.3463797	0.3067180	0.2674676	0.2286703	0.1903858	0.1527085	0.1157888
25	0.3705202	0.3321712	0.2941777	0.2565673	0.2193794	0.1826753	0.1465427
26	0.3929849	0.3558798	0.3190868	0.2826257	0.2465224	0.2108166	0.1755655
27	0.4139342	0.3780065	0.3423580	0.3069994	0.2719498	0.2372367	0.2028974
28	0.4335117	0.3986984	0.3641354	0.3298310	0.2957975	0.2620531	0.2286261
29	0.4518433	0.4180838	0.3845517	0.3512515	0.3181916	0.2853865	0.2528539
30	0.4690430	0.4362804	0.4037253	0.3713807	0.3392520	0.3073500	0.2756860
31	0.4852092	0.4533898	0.4217619	0.3903263	0.3590868	0.3280494	0.2972249
32	0.5004306	0.4695049	0.4387569	0.4081859	0.3777934	0.3475849	0.3175662
33	0.5147868	0.4847089	0.4547957	0.4250466	0.3954622	0.3660450	0.3368001
34	0.5283479	0.4990750	0.4699555	0.4409885	0.4121733	0.3835123	0.3550084
35	0.5411785	0.5126696	0.4843049	0.4560822	0.4280013	0.4000623	0.3722676
36	0.5533340	0.5255524	0.4979059	0.4703929	0.4430118	0.4157627	0.3886472
37	0.5648669	0.5377765	0.5108144	0.4839781	0.4572646	0.4306747	0.4042092
38	0.5758229	0.5493919	0.5230822	0.4968908	0.4708153	0.4448558	0.4190115
39	0.5862439	0.5604419	0.5347543	0.5091789	0.4837133	0.4583561	0.4331080
40	0.5961681	0.5709659	0.5458728	0.5208866	0.4960040	0.4712238	0.4465450
41	0.6056301	0.5810011	0.5564765	0.5320535	0.5077281	0.4835004	0.4593688
42	0.6146605	0.5905801	0.5665989	0.5427146	0.5189242	0.4952260	0.4716179
43	0.6232883	0.5997326	0.5762731	0.5529051	0.5296264	0.5064355	0.4833307
44	0.6315400	0.6084878	0.5855263	0.5626540	0.5398665	0.5171621	0.4945401
45	0.6394393	0.6168692	0.5943868	0.5719891	0.5496730	0.5274363	0.5052774
46	0.6470082	0.6249006	0.6028777	0.5809364	0.5590729	0.5372857	0.5155725
47	0.6542673	0.6326039	0.6110229	0.5895189	0.5680905	0.5467353	0.5254511
48	0.6612344	0.6399982	0.6188414	0.5977593	0.5767490	0.5558096	0.5349374
49	0.6679276	0.6471021	0.6263529	0.6056761	0.5850696	0.5645295	0.5440549
50	0.6743613	0.6539318	0.6335755	0.6132894	0.5930704	0.5729155	0.5528240

表 A.1（续）

N/F	γ=0.70						
	14	15	16	17	18	19	20
51	0.6805519	0.6605030	0.6405252	0.6206152	0.6007693	0.5809868	0.5612637
52	0.6865122	0.6668305	0.6472175	0.6276694	0.6081846	0.5887600	0.5693934
53	0.6922543	0.6729263	0.6536654	0.6344672	0.6153299	0.5962514	0.5772279
54	0.6977906	0.6788044	0.6598823	0.6410228	0.6222212	0.6034753	0.5847844
55	0.7031316	0.6844752	0.6658814	0.6473471	0.6288700	0.6104471	0.5920769
56	0.7082874	0.6899496	0.6716728	0.6534540	0.6352902	0.6171790	0.5991189
57	0.7132677	0.6952378	0.6772675	0.6593528	0.6414923	0.6236830	0.6059224
58	0.7180807	0.7003488	0.6826748	0.6650558	0.6474878	0.6299703	0.6125000
59	0.7227357	0.7052922	0.6879051	0.6705706	0.6532873	0.6360521	0.6188626
60	0.7272398	0.7100749	0.6929650	0.6759077	0.6588993	0.6419373	0.6250204
61	0.7315998	0.7147051	0.6978645	0.6810744	0.6643323	0.6476359	0.6309831
62	0.7358226	0.7191908	0.7026109	0.6860805	0.6695960	0.6531572	0.6367596
63	0.7399157	0.7235369	0.7072099	0.6909310	0.6746979	0.6585075	0.6423590
64	0.7438831	0.7277515	0.7116695	0.6956348	0.6796443	0.6636966	0.6477886
65	0.7477322	0.7318394	0.7159955	0.7001982	0.6844435	0.6687301	0.6530563
66	0.7514671	0.7358067	0.7201943	0.7046263	0.6891017	0.6736160	0.6581692
67	0.7550931	0.7396581	0.7242704	0.7089261	0.6936239	0.6783605	0.6631346
68	0.7586153	0.7433998	0.7282301	0.7131030	0.6980172	0.6829688	0.6679577
69	0.7620371	0.7470347	0.7320773	0.7171619	0.7022861	0.6874478	0.6726453
70	0.7653644	0.7505690	0.7358179	0.7211080	0.7064363	0.6918019	0.6772018
75	0.7806951	0.7668559	0.7530572	0.7392951	0.7255681	0.7118747	0.6982117
80	0.7941471	0.7811489	0.7681865	0.7552585	0.7423625	0.7294963	0.7166591
85	0.8060456	0.7937919	0.7815709	0.7693820	0.7572221	0.7450897	0.7329839
90	0.8166448	0.8050545	0.7934956	0.7819656	0.7704631	0.7589858	0.7475321
95	0.8261457	0.8151517	0.8041867	0.7932484	0.7823353	0.7714466	0.7605792
100	0.8347119	0.8242549	0.8138262	0.8034218	0.7930411	0.7826825	0.7723453
110	0.8495388	0.8400146	0.8305140	0.8210355	0.8115783	0.8021403	0.7927206
120	0.8619263	0.8531810	0.8444578	0.8357545	0.8270694	0.8184019	0.8097512
130	0.8724296	0.8643459	0.8562821	0.8482365	0.8402078	0.8321950	0.8241968
140	0.8814479	0.8739335	0.8664367	0.8589566	0.8514918	0.8440414	0.8366049
160	0.8961345	0.8895465	0.8829746	0.8764163	0.8698711	0.8633388	0.8568172
180	0.9075833	0.9017195	0.8958687	0.8900301	0.8842037	0.8783872	0.8725806
200	0.9167595	0.9114757	0.9062041	0.9009432	0.8956922	0.8904511	0.8852184
250	0.9333131	0.9290773	0.9248515	0.9206333	0.9164235	0.9122213	0.9080252
300	0.9443752	0.9408412	0.9373141	0.9337946	0.9302812	0.9267740	0.9232720
350	0.9522901	0.9492574	0.9462317	0.9432113	0.9401970	0.9371872	0.9341828
400	0.9582331	0.9555774	0.9529279	0.9502837	0.9476433	0.9450083	0.9423770
450	0.9628589	0.9604979	0.9581414	0.9557887	0.9534413	0.9510970	0.9487566
500	0.9665629	0.9644370	0.9623149	0.9601966	0.9580830	0.9559723	0.9538648
550	0.9695951	0.9676609	0.9657313	0.9638056	0.9618829	0.9599632	0.9580466
600	0.9721229	0.9703494	0.9685805	0.9668139	0.9650511	0.9632906	0.9615332
650	0.9742626	0.9726258	0.9709919	0.9693612	0.9677334	0.9661080	0.9644848
700	0.9760971	0.9745770	0.9730592	0.9715451	0.9700327	0.9685232	0.9670161
750	0.9776876	0.9762688	0.9748523	0.9734381	0.9720269	0.9706173	0.9692107
800	0.9790801	0.9777492	0.9764206	0.9750951	0.9737718	0.9724501	0.9711307
850	0.9803086	0.9790558	0.9778054	0.9765572	0.9753120	0.9740677	0.9728264
900	0.9814006	0.9802178	0.9790365	0.9778575	0.9766808	0.9755063	0.9743327
950	0.9823780	0.9812568	0.9801385	0.9790210	0.9779066	0.9767929	0.9756816
1000	0.9832583	0.9821927	0.9811301	0.9800684	0.9790096	0.9779516	0.9768959

表 A.1（续）

N/F	γ=0.80						
	0	1	2	3	4	5	6
1	0.2000000	0.0000000	0.0000000	0.0000000	0.0000000	0.0000000	0.0000000
2	0.4472136	0.1055728	0.0000000	0.0000000	0.0000000	0.0000000	0.0000000
3	0.5848035	0.2870274	0.0716822	0.0000000	0.0000000	0.0000000	0.0000000
4	0.6687403	0.4172687	0.2125937	0.0542584	0.0000000	0.0000000	0.0000000
5	0.7247797	0.5095778	0.3263659	0.1692823	0.0436475	0.0000000	0.0000000
6	0.7647245	0.5773818	0.4143152	0.2685828	0.1398392	0.0365075	0.0000000
7	0.7945974	0.6290130	0.4829872	0.3498478	0.2283330	0.1194915	0.0313749
8	0.8177654	0.6695415	0.5376941	0.4160809	0.3032604	0.1985843	0.1043247
9	0.8362510	0.7021593	0.5821526	0.4706263	0.3661356	0.2675573	0.1757302
10	0.8513399	0.7289570	0.6189300	0.5161399	0.4191905	0.3268520	0.2394405
11	0.8638877	0.7513548	0.6498266	0.5546082	0.4643684	0.3778958	0.2952753
12	0.8744853	0.7703485	0.6761313	0.5875067	0.5032103	0.4220963	0.3441295
13	0.8835540	0.7866563	0.6987875	0.6159400	0.5369156	0.4606417	0.3870237
14	0.8914019	0.8008082	0.7184994	0.6407460	0.5664116	0.4945001	0.4248804
15	0.8982599	0.8132041	0.7358022	0.6625688	0.5924248	0.5244459	0.4584796
16	0.9043038	0.8241508	0.7511100	0.6819110	0.6155284	0.5511020	0.4884693
17	0.9096705	0.8338880	0.7647474	0.6991694	0.6361776	0.5749699	0.5153789
18	0.9144676	0.8426051	0.7769726	0.7146612	0.6547404	0.5964581	0.5396467
19	0.9187812	0.8504544	0.7879936	0.7286429	0.6715137	0.6159005	0.5616362
20	0.9226808	0.8575589	0.7979793	0.7413239	0.6867427	0.6335720	0.5816463
21	0.9262233	0.8640199	0.8070687	0.7528769	0.7006298	0.6497019	0.5999290
22	0.9294556	0.8699208	0.8153770	0.7634453	0.7133436	0.6644810	0.6166964
23	0.9324166	0.8753313	0.8230006	0.7731495	0.7250268	0.6780718	0.6321262
24	0.9351392	0.8803102	0.8300206	0.7820910	0.7357987	0.6906096	0.6463710
25	0.9376510	0.8849069	0.8365058	0.7903560	0.7457613	0.7022129	0.6595616
26	0.9399755	0.8891639	0.8425151	0.7980183	0.7550020	0.7129813	0.6718091
27	0.9421330	0.8931175	0.8480988	0.8051414	0.7635969	0.7230007	0.6832110
28	0.9441408	0.8967989	0.8533006	0.8117801	0.7716100	0.7323473	0.6938514
29	0.9460140	0.9002353	0.8581583	0.8179821	0.7791004	0.7410860	0.7038032
30	0.9477657	0.9034503	0.8627049	0.8237891	0.7861151	0.7492738	0.7131313
31	0.9494073	0.9064647	0.8669693	0.8292375	0.7926996	0.7569610	0.7218923
32	0.9509489	0.9092967	0.8709771	0.8343596	0.7988910	0.7641925	0.7301357
33	0.9523994	0.9119623	0.8747507	0.8391838	0.8047243	0.7710064	0.7379064
34	0.9537665	0.9144757	0.8783099	0.8437352	0.8102295	0.7774395	0.7452430
35	0.9550573	0.9168497	0.8816726	0.8480364	0.8154334	0.7835211	0.7521817
36	0.9562780	0.9190955	0.8848546	0.8521074	0.8203597	0.7892799	0.7587533
37	0.9574342	0.9212233	0.8878700	0.8559662	0.8250305	0.7947411	0.7649866
38	0.9585308	0.9232420	0.8907317	0.8596289	0.8294646	0.7999270	0.7709066
39	0.9595723	0.9251598	0.8934509	0.8631101	0.8336797	0.8048579	0.7765359
40	0.9605628	0.9269842	0.8960382	0.8664230	0.8376918	0.8095516	0.7818958
41	0.9615059	0.9287218	0.8985029	0.8695794	0.8415156	0.8140255	0.7870054
42	0.9624050	0.9303787	0.9008535	0.8725902	0.8451629	0.8182940	0.7918813
43	0.9632630	0.9319603	0.9030977	0.8754653	0.8486465	0.8223710	0.7965395
44	0.9640828	0.9334716	0.9052427	0.8782135	0.8519776	0.8262695	0.8009940
45	0.9648667	0.9349173	0.9072947	0.8808432	0.8551643	0.8300010	0.8052580
46	0.9656172	0.9363015	0.9092598	0.8833617	0.8582174	0.8335761	0.8093437
47	0.9663363	0.9376280	0.9111434	0.8857761	0.8611449	0.8370034	0.8132618
48	0.9670259	0.9389005	0.9129504	0.8880926	0.8639532	0.8402932	0.8170215
49	0.9676879	0.9401220	0.9146853	0.8903170	0.8666511	0.8434521	0.8206338
50	0.9683238	0.9412957	0.9163525	0.8924548	0.8692435	0.8464893	0.8241059

表 A.1（续）

N/F	γ=0.80						
	0	1	2	3	4	5	6
51	0.9689351	0.9424243	0.9179558	0.8945109	0.8717376	0.8494106	0.8274468
52	0.9695233	0.9435103	0.9194989	0.8964899	0.8741377	0.8522229	0.8306629
53	0.9700897	0.9445561	0.9209849	0.8983960	0.8764505	0.8549329	0.8337616
54	0.9706354	0.9455639	0.9224171	0.9002332	0.8786789	0.8575443	0.8367492
55	0.9711615	0.9465357	0.9237984	0.9020052	0.8808291	0.8600640	0.8396307
56	0.9716691	0.9474735	0.9251313	0.9037154	0.8829045	0.8624961	0.8424134
57	0.9721592	0.9483789	0.9264184	0.9053669	0.8849091	0.8648453	0.8451003
58	0.9726325	0.9492536	0.9276620	0.9069627	0.8868454	0.8671160	0.8476980
59	0.9730901	0.9500992	0.9288643	0.9085057	0.8887185	0.8693111	0.8502097
60	0.9735326	0.9509170	0.9300272	0.9099983	0.8905297	0.8714346	0.8526401
61	0.9739608	0.9517085	0.9311528	0.9114430	0.8922841	0.8734912	0.8549928
62	0.9743754	0.9524749	0.9322428	0.9128421	0.8939826	0.8754823	0.8572712
63	0.9747769	0.9532173	0.9332987	0.9141976	0.8956284	0.8774124	0.8594802
64	0.9751661	0.9539369	0.9343223	0.9155117	0.8972232	0.8792827	0.8616214
65	0.9755434	0.9546347	0.9353149	0.9167861	0.8987707	0.8810973	0.8636977
66	0.9759095	0.9553117	0.9362780	0.9180227	0.9002723	0.8828586	0.8657136
67	0.9762648	0.9559688	0.9372129	0.9192231	0.9017300	0.8845676	0.8676708
68	0.9766097	0.9566068	0.9381207	0.9203888	0.9031458	0.8862281	0.8695714
69	0.9769447	0.9572266	0.9390026	0.9215214	0.9045217	0.8878416	0.8714178
70	0.9772703	0.9578290	0.9398598	0.9226222	0.9058587	0.8894101	0.8732132
75	0.9787694	0.9606030	0.9438080	0.9276934	0.9120189	0.8966363	0.8814879
80	0.9800830	0.9630346	0.9472697	0.9321410	0.9174228	0.9029766	0.8887485
85	0.9812436	0.9651836	0.9503298	0.9360732	0.9222011	0.9085848	0.8951714
90	0.9822763	0.9670964	0.9530542	0.9395747	0.9264574	0.9135801	0.9008935
95	0.9832012	0.9688100	0.9554953	0.9427126	0.9302713	0.9180574	0.9060227
100	0.9840344	0.9703539	0.9576951	0.9455407	0.9337102	0.9220943	0.9106478
110	0.9854753	0.9730246	0.9615011	0.9504346	0.9396606	0.9290812	0.9186551
120	0.9866776	0.9752539	0.9646788	0.9545215	0.9446318	0.9349183	0.9253452
130	0.9876960	0.9771428	0.9673719	0.9579859	0.9488454	0.9398683	0.9310193
140	0.9885698	0.9787638	0.9696835	0.9609598	0.9524637	0.9441185	0.9358915
160	0.9899914	0.9814018	0.9734460	0.9658013	0.9583545	0.9510395	0.9438266
180	0.9910985	0.9834568	0.9763777	0.9695745	0.9629466	0.9564350	0.9500143
200	0.9919851	0.9851029	0.9787265	0.9725979	0.9666268	0.9607593	0.9549742
250	0.9935829	0.9880704	0.9829618	0.9780506	0.9732650	0.9685616	0.9639230
300	0.9946496	0.9900521	0.9857907	0.9816935	0.9777002	0.9737756	0.9699051
350	0.9954122	0.9914692	0.9878140	0.9842993	0.9808737	0.9775061	0.9741851
400	0.9959845	0.9925329	0.9893329	0.9862557	0.9832559	0.9803081	0.9773999
450	0.9964299	0.9933607	0.9905151	0.9877786	0.9851109	0.9824889	0.9799020
500	0.9967863	0.9940233	0.9914614	0.9889976	0.9865957	0.9842348	0.9819060
550	0.9970780	0.9945657	0.9922361	0.9899956	0.9878112	0.9856642	0.9835462
600	0.9973212	0.9950178	0.9928818	0.9908275	0.9888247	0.9868559	0.9849138
650	0.9975270	0.9954004	0.9934284	0.9915317	0.9896824	0.9878647	0.9860714
700	0.9977034	0.9957285	0.9938970	0.9921355	0.9904179	0.9887300	0.9870641
750	0.9978564	0.9960129	0.9943033	0.9926589	0.9910560	0.9894793	0.9879247
800	0.9979902	0.9962618	0.9946588	0.9931170	0.9916136	0.9901363	0.9886780
850	0.9981083	0.9964814	0.9949726	0.9935213	0.9921061	0.9907153	0.9893427
900	0.9982133	0.9966767	0.9952515	0.9938807	0.9925438	0.9912305	0.9899340
950	0.9983073	0.9968514	0.9955012	0.9942024	0.9929356	0.9916908	0.9904626
1000	0.9983919	0.9970087	0.9957258	0.9944919	0.9932888	0.9921057	0.9909387

表 A.1（续）

N/F	γ=0.80						
	7	8	9	10	11	12	13
1	0.0000000	0.0000000	0.0000000	0.0000000	0.0000000	0.0000000	0.0000000
2	0.0000000	0.0000000	0.0000000	0.0000000	0.0000000	0.0000000	0.0000000
3	0.0000000	0.0000000	0.0000000	0.0000000	0.0000000	0.0000000	0.0000000
4	0.0000000	0.0000000	0.0000000	0.0000000	0.0000000	0.0000000	0.0000000
5	0.0000000	0.0000000	0.0000000	0.0000000	0.0000000	0.0000000	0.0000000
6	0.0000000	0.0000000	0.0000000	0.0000000	0.0000000	0.0000000	0.0000000
7	0.0000000	0.0000000	0.0000000	0.0000000	0.0000000	0.0000000	0.0000000
8	0.0275075	0.0000000	0.0000000	0.0000000	0.0000000	0.0000000	0.0000000
9	0.0925808	0.0244889	0.0000000	0.0000000	0.0000000	0.0000000	0.0000000
10	0.1576122	0.0832172	0.0220672	0.0000000	0.0000000	0.0000000	0.0000000
11	0.2167060	0.1428913	0.0755754	0.0200814	0.0000000	0.0000000	0.0000000
12	0.2693152	0.1979356	0.1306926	0.0692206	0.0184235	0.0000000	0.0000000
13	0.3159722	0.2475826	0.1821700	0.1204165	0.0638517	0.0170184	0.0000000
14	0.3574184	0.2921177	0.2291166	0.1687392	0.1116417	0.0592569	0.0158125
15	0.3943719	0.3320753	0.2716396	0.2132264	0.1571585	0.1040607	0.0552789
16	0.4274646	0.3680149	0.3101230	0.2538639	0.1994068	0.1470691	0.0974445
17	0.4572351	0.4004524	0.3450034	0.2909177	0.2382847	0.1872759	0.1381997
18	0.4841377	0.4298364	0.3767002	0.3247297	0.2739692	0.2245156	0.1765414
19	0.5085538	0.4565569	0.4055916	0.3556425	0.3067265	0.2588984	0.2122582
20	0.5308032	0.4809429	0.4320095	0.3839740	0.3368389	0.2906307	0.2454082
21	0.5511541	0.5032788	0.4562418	0.4100098	0.3645728	0.3199414	0.2761500
22	0.5698365	0.5238045	0.4785384	0.4340001	0.3901737	0.3470575	0.3046715
23	0.5870427	0.5427268	0.4991142	0.4561662	0.4138606	0.3721912	0.3311643
24	0.6029397	0.5602217	0.5181552	0.4766999	0.4358297	0.3955333	0.3558106
25	0.6176688	0.5764435	0.5358240	0.4957691	0.4562512	0.4172568	0.3787796
26	0.6313524	0.5915230	0.5522596	0.5135211	0.4752785	0.4375151	0.4002231
27	0.6440980	0.6055763	0.5675848	0.5300839	0.4930438	0.4564462	0.4202805
28	0.6559978	0.6187019	0.5819073	0.5455712	0.5096662	0.4741709	0.4390738
29	0.6671316	0.6309895	0.5953203	0.5600830	0.5252485	0.4907978	0.4567156
30	0.6775717	0.6425156	0.6079067	0.5737066	0.5398850	0.5064228	0.4733038
31	0.6873805	0.6533479	0.6197402	0.5865200	0.5536569	0.5211311	0.4889272
32	0.6966121	0.6635463	0.6308856	0.5985919	0.5666370	0.5350002	0.5036655
33	0.7053169	0.6731652	0.6414012	0.6099858	0.5788916	0.5480987	0.5175905
34	0.7135378	0.6822523	0.6513368	0.6207547	0.5904785	0.5604869	0.5307654
35	0.7213146	0.6908503	0.6607408	0.6309494	0.6014502	0.5722219	0.5432492
36	0.7286813	0.6989970	0.6696529	0.6406140	0.6118535	0.5833517	0.5550933
37	0.7356700	0.7067272	0.6781118	0.6497885	0.6217323	0.5939225	0.5663446
38	0.7423088	0.7140719	0.6861502	0.6585084	0.6311237	0.6039748	0.5770464
39	0.7486237	0.7210593	0.6937977	0.6668078	0.6400628	0.6135444	0.5872374
40	0.7546367	0.7277141	0.7010837	0.6747142	0.6485813	0.6226657	0.5969531
41	0.7603698	0.7340593	0.7080325	0.6822568	0.6567084	0.6313698	0.6062258
42	0.7658417	0.7401172	0.7146659	0.6894586	0.6644704	0.6396835	0.6150836
43	0.7710696	0.7459057	0.7210065	0.6963423	0.6718902	0.6476327	0.6235552
44	0.7760702	0.7514425	0.7270718	0.7029286	0.6789905	0.6552401	0.6316637
45	0.7808568	0.7567440	0.7328800	0.7092364	0.6857919	0.6625283	0.6394325
46	0.7854439	0.7618241	0.7384470	0.7152834	0.6923122	0.6695164	0.6468823
47	0.7898436	0.7666978	0.7437870	0.7210845	0.6985681	0.6762219	0.6540320
48	0.7940664	0.7713753	0.7489139	0.7266539	0.7045754	0.6826618	0.6608992
49	0.7981230	0.7758700	0.7538406	0.7320065	0.7103494	0.6888510	0.6675006
50	0.8020230	0.7801920	0.7585776	0.7371547	0.7159020	0.6948049	0.6738512

表 A.1（续）

N/F	γ=0.80						
	7	8	9	10	11	12	13
51	0.8057760	0.7843500	0.7631362	0.7421085	0.7212472	0.7005361	0.6799639
52	0.8093890	0.7883546	0.7675263	0.7468795	0.7263952	0.7060567	0.6858539
53	0.8128704	0.7922134	0.7717570	0.7514784	0.7313570	0.7113782	0.6915307
54	0.8162272	0.7959333	0.7758370	0.7559124	0.7361419	0.7165110	0.6970075
55	0.8194653	0.7995234	0.7797737	0.7601919	0.7407604	0.7214647	0.7022933
56	0.8225917	0.8029897	0.7835747	0.7643244	0.7452206	0.7262496	0.7073991
57	0.8256117	0.8063375	0.7872472	0.7683171	0.7495304	0.7308726	0.7123331
58	0.8285309	0.8095745	0.7907973	0.7721773	0.7536969	0.7353424	0.7171039
59	0.8313547	0.8127050	0.7942307	0.7759106	0.7577270	0.7396670	0.7217191
60	0.8340867	0.8157339	0.7975536	0.7795243	0.7616278	0.7438526	0.7261872
61	0.8367309	0.8186666	0.8007710	0.7830233	0.7654053	0.7479064	0.7305135
62	0.8392928	0.8215082	0.8038884	0.7864128	0.7690653	0.7518339	0.7347061
63	0.8417762	0.8242613	0.8069090	0.7896985	0.7726132	0.7556408	0.7387714
64	0.8441829	0.8269313	0.8098392	0.7928852	0.7760539	0.7593334	0.7427135
65	0.8465187	0.8295220	0.8126809	0.7959764	0.7793917	0.7629161	0.7465389
66	0.8487851	0.8320353	0.8154395	0.7989765	0.7826325	0.7663938	0.7502520
67	0.8509854	0.8344761	0.8181180	0.8018902	0.7857785	0.7697713	0.7538587
68	0.8531230	0.8368477	0.8207197	0.8047207	0.7888361	0.7730529	0.7573621
69	0.8551993	0.8391517	0.8232483	0.8074715	0.7918068	0.7762422	0.7607683
70	0.8572185	0.8413916	0.8257067	0.8101461	0.7946954	0.7793431	0.7640800
75	0.8665249	0.8517176	0.8370407	0.8224783	0.8080166	0.7936449	0.7793541
80	0.8746936	0.8607814	0.8469913	0.8333072	0.8197154	0.8062068	0.7927738
85	0.8819197	0.8688023	0.8557978	0.8428918	0.8300719	0.8173299	0.8046565
90	0.8883587	0.8759498	0.8636463	0.8514350	0.8393046	0.8272459	0.8152521
95	0.8941315	0.8823586	0.8706848	0.8590980	0.8475859	0.8361418	0.8247580
100	0.8993378	0.8881384	0.8770329	0.8660091	0.8550562	0.8441673	0.8333342
110	0.9083511	0.8981471	0.8880270	0.8779809	0.8679973	0.8580710	0.8481950
120	0.9158835	0.9065118	0.8972179	0.8879889	0.8788178	0.8696979	0.8606245
130	0.9222719	0.9136076	0.9050142	0.8964804	0.8879992	0.8795653	0.8711727
140	0.9277584	0.9197023	0.9117110	0.9037755	0.8958880	0.8880440	0.8802374
160	0.9366962	0.9296314	0.9226230	0.9156627	0.9087444	0.9018627	0.8950138
180	0.9436653	0.9373758	0.9311351	0.9249364	0.9187743	0.9126450	0.9065447
200	0.9492533	0.9435842	0.9379601	0.9323726	0.9268187	0.9212938	0.9157941
250	0.9593363	0.9547900	0.9502789	0.9457982	0.9413420	0.9369094	0.9324966
300	0.9660766	0.9622825	0.9585166	0.9547758	0.9510564	0.9473554	0.9436703
350	0.9709000	0.9676438	0.9644128	0.9612025	0.9580096	0.9548336	0.9516705
400	0.9745230	0.9716713	0.9688417	0.9660297	0.9632337	0.9604514	0.9576813
450	0.9773433	0.9748075	0.9722901	0.9697886	0.9673016	0.9648261	0.9623620
500	0.9796016	0.9773177	0.9750507	0.9727989	0.9705586	0.9683297	0.9661108
550	0.9814503	0.9793735	0.9773119	0.9752633	0.9732262	0.9711990	0.9691801
600	0.9829923	0.9810876	0.9791966	0.9773186	0.9754498	0.9735909	0.9717396
650	0.9842972	0.9825382	0.9807930	0.9790585	0.9773331	0.9756161	0.9739067
700	0.9854166	0.9837828	0.9821612	0.9805503	0.9789478	0.9773529	0.9757656
750	0.9863861	0.9848613	0.9833479	0.9818437	0.9803479	0.9788589	0.9773768
800	0.9872357	0.9858057	0.9843863	0.9829761	0.9815727	0.9801770	0.9787866
850	0.9879847	0.9866388	0.9853029	0.9839754	0.9826547	0.9813401	0.9800317
900	0.9886512	0.9873799	0.9861177	0.9848632	0.9836163	0.9823747	0.9811385
950	0.9892475	0.9880430	0.9868470	0.9856586	0.9844770	0.9833008	0.9821291
1000	0.9897845	0.9886396	0.9875038	0.9863741	0.9852512	0.9841337	0.9830208

表 A.1（续）

N/F	γ=0.80						
	14	15	16	17	18	19	20
1	0.0000000	0.0000000	0.0000000	0.0000000	0.0000000	0.0000000	0.0000000
2	0.0000000	0.0000000	0.0000000	0.0000000	0.0000000	0.0000000	0.0000000
3	0.0000000	0.0000000	0.0000000	0.0000000	0.0000000	0.0000000	0.0000000
4	0.0000000	0.0000000	0.0000000	0.0000000	0.0000000	0.0000000	0.0000000
5	0.0000000	0.0000000	0.0000000	0.0000000	0.0000000	0.0000000	0.0000000
6	0.0000000	0.0000000	0.0000000	0.0000000	0.0000000	0.0000000	0.0000000
7	0.0000000	0.0000000	0.0000000	0.0000000	0.0000000	0.0000000	0.0000000
8	0.0000000	0.0000000	0.0000000	0.0000000	0.0000000	0.0000000	0.0000000
9	0.0000000	0.0000000	0.0000000	0.0000000	0.0000000	0.0000000	0.0000000
10	0.0000000	0.0000000	0.0000000	0.0000000	0.0000000	0.0000000	0.0000000
11	0.0000000	0.0000000	0.0000000	0.0000000	0.0000000	0.0000000	0.0000000
12	0.0000000	0.0000000	0.0000000	0.0000000	0.0000000	0.0000000	0.0000000
13	0.0000000	0.0000000	0.0000000	0.0000000	0.0000000	0.0000000	0.0000000
14	0.0000000	0.0000000	0.0000000	0.0000000	0.0000000	0.0000000	0.0000000
15	0.0147661	0.0000000	0.0000000	0.0000000	0.0000000	0.0000000	0.0000000
16	0.0518016	0.0138497	0.0000000	0.0000000	0.0000000	0.0000000	0.0000000
17	0.0916206	0.0487364	0.0130403	0.0000000	0.0000000	0.0000000	0.0000000
18	0.1303410	0.0864546	0.0460136	0.0123203	0.0000000	0.0000000	0.0000000
19	0.1669737	0.1233303	0.0818399	0.0435791	0.0116757	0.0000000	0.0000000
20	0.2012744	0.1583919	0.1170352	0.0776935	0.0413890	0.0110952	0.0000000
21	0.2332612	0.1913749	0.1506513	0.1113536	0.0739480	0.0394088	0.0105696
22	0.2630530	0.2222646	0.1824070	0.1436335	0.1061982	0.0705467	0.0376097
23	0.2908034	0.2511483	0.2122621	0.1742435	0.1372418	0.1014990	0.0674445
24	0.3166746	0.2781505	0.2402787	0.2031248	0.1667819	0.1313958	0.0971991
25	0.3408251	0.3034091	0.2665586	0.2303160	0.1947434	0.1599336	0.1260272
26	0.3634026	0.3270613	0.2912174	0.2558992	0.2211486	0.1870282	0.1536272
27	0.3845427	0.3492368	0.3143741	0.2799731	0.2460633	0.2126861	0.1799024
28	0.4043697	0.3700577	0.3361439	0.3026414	0.2695692	0.2369585	0.2048491
29	0.4229950	0.3896338	0.3566342	0.3240046	0.2917580	0.2599150	0.2285062
30	0.4405198	0.4080676	0.3759459	0.3441590	0.3127170	0.2816343	0.2509316
31	0.4570353	0.4254502	0.3941695	0.3631954	0.3325342	0.3021949	0.2721936
32	0.4726230	0.4418659	0.4113910	0.3811977	0.3512897	0.3216747	0.2923618
33	0.4873569	0.4573895	0.4276846	0.3982415	0.3690599	0.3401462	0.3115064
34	0.5013025	0.4720898	0.4431221	0.4143970	0.3859153	0.3576784	0.3296926
35	0.5145206	0.4860277	0.4577653	0.4297295	0.4019194	0.3743368	0.3469838
36	0.5270660	0.4992615	0.4716730	0.4442980	0.4171337	0.3901799	0.3634389
37	0.5389865	0.5118396	0.4848973	0.4581556	0.4316108	0.4052628	0.3791123
38	0.5503285	0.5238105	0.4974864	0.4713506	0.4454018	0.4196369	0.3940558
39	0.5611309	0.5352153	0.5094834	0.4839302	0.4585523	0.4333477	0.4083163
40	0.5714321	0.5460926	0.5209273	0.4959339	0.4711048	0.4464405	0.4219379
41	0.5812649	0.5564779	0.5318580	0.5073991	0.4830989	0.4589528	0.4349593
42	0.5906599	0.5664033	0.5423054	0.5183624	0.4945681	0.4709218	0.4474198
43	0.5996463	0.5758976	0.5523023	0.5288535	0.5055473	0.4823815	0.4593523
44	0.6082498	0.5849892	0.5618751	0.5389022	0.5160658	0.4933622	0.4707890
45	0.6164931	0.5937018	0.5710515	0.5485363	0.5261516	0.5038935	0.4817606
46	0.6243993	0.6020597	0.5798544	0.5577796	0.5358299	0.5140015	0.4922922
47	0.6319887	0.6100827	0.5883071	0.5666559	0.5451252	0.5237113	0.5024103
48	0.6392785	0.6177905	0.5964277	0.5751855	0.5540592	0.5330443	0.5121384
49	0.6462868	0.6252011	0.6042375	0.5833892	0.5626522	0.5420228	0.5214979
50	0.6530295	0.6323322	0.6117523	0.5912839	0.5709238	0.5506659	0.5305095

表 A.1（续）

N/F	γ=0.80						
	14	15	16	17	18	19	20
51	0.6595207	0.6391980	0.6189889	0.5988875	0.5788897	0.5589920	0.5391911
52	0.6657747	0.6458138	0.6259620	0.6062155	0.5865682	0.5670177	0.5475604
53	0.6718044	0.6521919	0.6326861	0.6132819	0.5939737	0.5747594	0.5556344
54	0.6776216	0.6583462	0.6391746	0.6201007	0.6011206	0.5822305	0.5634274
55	0.6832372	0.6642871	0.6454384	0.6266844	0.6080219	0.5894464	0.5709549
56	0.6886608	0.6700262	0.6514893	0.6330454	0.6146901	0.5964187	0.5782289
57	0.6939020	0.6755731	0.6573387	0.6391944	0.6211364	0.6031599	0.5852620
58	0.6989706	0.6809365	0.6629955	0.6451423	0.6273714	0.6096807	0.5920662
59	0.7038751	0.6861271	0.6684700	0.6508975	0.6334059	0.6159921	0.5986516
60	0.7086226	0.6911518	0.6737695	0.6564703	0.6392490	0.6221032	0.6050299
61	0.7132206	0.6960192	0.6789032	0.6618681	0.6449101	0.6280246	0.6112100
62	0.7176761	0.7007353	0.6838784	0.6671001	0.6503966	0.6337648	0.6172001
63	0.7219958	0.7053080	0.6887025	0.6721734	0.6557175	0.6393302	0.6230101
64	0.7261859	0.7097438	0.6933818	0.6770946	0.6608791	0.6447307	0.6286472
65	0.7302517	0.7140484	0.6979230	0.6818708	0.6658888	0.6499724	0.6341186
66	0.7341987	0.7182270	0.7023324	0.6865087	0.6707530	0.6550621	0.6394329
67	0.7380323	0.7222860	0.7066144	0.6910139	0.6754789	0.6600073	0.6445951
68	0.7417567	0.7262299	0.7107763	0.6953914	0.6800714	0.6648123	0.6496121
69	0.7453775	0.7300639	0.7148219	0.6996471	0.6845356	0.6694844	0.6544903
70	0.7488979	0.7337920	0.7187563	0.7037863	0.6888780	0.6740285	0.6592354
75	0.7651380	0.7509914	0.7369081	0.7228843	0.7089162	0.6950015	0.6811364
80	0.7794086	0.7661067	0.7528629	0.7396739	0.7265354	0.7134456	0.7004009
85	0.7920465	0.7794952	0.7669965	0.7545490	0.7421480	0.7297912	0.7174764
90	0.8033162	0.7914353	0.7796040	0.7678192	0.7560771	0.7443770	0.7327143
95	0.8134290	0.8021505	0.7909184	0.7797299	0.7685818	0.7574710	0.7463962
100	0.8225537	0.8118198	0.8011293	0.7904801	0.7798674	0.7692914	0.7587474
110	0.8383656	0.8285773	0.8188280	0.8091153	0.7994346	0.7897860	0.7801664
120	0.8515916	0.8425968	0.8336363	0.8247086	0.8158107	0.8069403	0.7980958
130	0.8628181	0.8544979	0.8462082	0.8379491	0.8297158	0.8215085	0.8133241
140	0.8724658	0.8647264	0.8570151	0.8493306	0.8416704	0.8340332	0.8264181
160	0.8881946	0.8814022	0.8746349	0.8678897	0.8611659	0.8544620	0.8477764
180	0.9004704	0.8944189	0.8883896	0.8823801	0.8763889	0.8704145	0.8644561
200	0.9103173	0.9048618	0.8994254	0.8940065	0.8886037	0.8832169	0.8778430
250	0.9281022	0.9237238	0.9193606	0.9150112	0.9106740	0.9063490	0.9020346
300	0.9400013	0.9363452	0.9327006	0.9290682	0.9254457	0.9218332	0.9182290
350	0.9485211	0.9453825	0.9422545	0.9391357	0.9360260	0.9329239	0.9298295
400	0.9549219	0.9521732	0.9494329	0.9467009	0.9439766	0.9412592	0.9385478
450	0.9599071	0.9574614	0.9550240	0.9525935	0.9501691	0.9477516	0.9453394
500	0.9639002	0.9616973	0.9595019	0.9573127	0.9551296	0.9529519	0.9507794
550	0.9671697	0.9651661	0.9631686	0.9611773	0.9591912	0.9572105	0.9552344
600	0.9698959	0.9680583	0.9662269	0.9644008	0.9625792	0.9607622	0.9589499
650	0.9722042	0.9705071	0.9688160	0.9671296	0.9654477	0.9637696	0.9620961
700	0.9741837	0.9726071	0.9710366	0.9694700	0.9679071	0.9663488	0.9647944
750	0.9759000	0.9744286	0.9729617	0.9714987	0.9700402	0.9685856	0.9671340
800	0.9774024	0.9760227	0.9746468	0.9732755	0.9719072	0.9705428	0.9691814
850	0.9787286	0.9774293	0.9761345	0.9748436	0.9735558	0.9722710	0.9709892
900	0.9799076	0.9786805	0.9774572	0.9762378	0.9750206	0.9738073	0.9725970
950	0.9809628	0.9797995	0.9786409	0.9774852	0.9763327	0.9751824	0.9740359
1000	0.9819125	0.9808080	0.9797065	0.9786081	0.9775135	0.9764204	0.9753304

表 A.1（续）

N/F	γ=0.90						
	0	1	2	3	4	5	6
1	0.1000000	0.0000000	0.0000000	0.0000000	0.0000000	0.0000000	0.0000000
2	0.3162278	0.0513167	0.0000000	0.0000000	0.0000000	0.0000000	0.0000000
3	0.4641589	0.1968259	0.0345106	0.0000000	0.0000000	0.0000000	0.0000000
4	0.5623413	0.3207696	0.1444887	0.0259963	0.0000000	0.0000000	0.0000000
5	0.6309573	0.4161914	0.2474422	0.1147513	0.0208516	0.0000000	0.0000000
6	0.6812921	0.4896909	0.3335349	0.2021571	0.0925019	0.0174068	0.0000000
7	0.7196857	0.5474180	0.4039633	0.2792314	0.1695836	0.0787429	0.0149388
8	0.7498942	0.5937309	0.4618396	0.3449507	0.2396572	0.1467922	0.0685573
9	0.7742637	0.6316138	0.5099332	0.4007533	0.3009996	0.2103688	0.1294358
10	0.7943282	0.6631304	0.5503916	0.4483613	0.3542682	0.2673183	0.1875263
11	0.8111308	0.6897372	0.5848300	0.4892861	0.4005928	0.3177388	0.2405184
12	0.8254042	0.7124853	0.6144619	0.5247554	0.4410696	0.3623086	0.2881740
13	0.8376776	0.7321497	0.6402065	0.5557438	0.4766479	0.4018023	0.3308729
14	0.8483429	0.7493127	0.6627689	0.5830218	0.5081123	0.4369386	0.3691530
15	0.8576959	0.7644202	0.6826969	0.6072007	0.5361062	0.4683409	0.4035602
16	0.8659643	0.7778184	0.7004212	0.6287694	0.5611537	0.4965404	0.4345905
17	0.8733262	0.7897807	0.7162846	0.6481216	0.5836836	0.5219792	0.4626780
18	0.8799225	0.8005251	0.7305634	0.6655773	0.6040492	0.5450291	0.4881987
19	0.8858668	0.8102280	0.7434819	0.6813990	0.6225421	0.5660020	0.5114707
20	0.8912509	0.8190334	0.7552245	0.6958033	0.6394046	0.5851581	0.5327686
21	0.8961505	0.8270598	0.7659440	0.7089708	0.6548405	0.6027201	0.5523247
22	0.9006280	0.8344061	0.7757677	0.7210530	0.6690206	0.6188748	0.5703379
23	0.9047357	0.8411550	0.7848031	0.7321778	0.6820916	0.6337817	0.5869808
24	0.9085176	0.8473763	0.7931409	0.7424539	0.6941773	0.6475782	0.6024005
25	0.9120108	0.8531296	0.8008586	0.7519743	0.7053835	0.6603832	0.6167241
26	0.9152473	0.8584655	0.8080228	0.7608189	0.7158029	0.6722976	0.6300641
27	0.9182543	0.8634278	0.8146907	0.7690570	0.7255140	0.6834110	0.6425150
28	0.9210553	0.8680544	0.8209121	0.7767486	0.7345876	0.6938006	0.6541633
29	0.9236709	0.8723782	0.8267302	0.7839460	0.7430828	0.7035341	0.6650833
30	0.9261187	0.8764280	0.8321830	0.7906953	0.7510534	0.7126717	0.6753398
31	0.9284145	0.8802289	0.8373037	0.7970369	0.7585459	0.7212662	0.6849912
32	0.9305720	0.8838032	0.8421216	0.8030066	0.7656024	0.7293636	0.6940891
33	0.9326033	0.8871706	0.8466629	0.8086360	0.7722605	0.7370060	0.7026792
34	0.9345192	0.8903484	0.8509507	0.8139534	0.7785508	0.7442310	0.7108031
35	0.9363292	0.8933524	0.8550055	0.8189839	0.7845046	0.7510709	0.7184971
36	0.9380419	0.8961962	0.8588459	0.8237501	0.7901481	0.7575561	0.7257951
37	0.9396648	0.8988924	0.8624883	0.8282722	0.7955032	0.7637124	0.7327249
38	0.9412050	0.9014522	0.8659477	0.8325685	0.8005935	0.7695658	0.7393155
39	0.9426685	0.9038857	0.8692375	0.8366555	0.8054364	0.7751369	0.7455896
40	0.9440609	0.9062020	0.8723699	0.8405480	0.8100505	0.7804454	0.7515705
41	0.9453873	0.9084093	0.8753559	0.8442596	0.8144511	0.7855099	0.7572767
42	0.9466523	0.9105152	0.8782055	0.8478026	0.8186531	0.7903468	0.7627287
43	0.9478600	0.9125265	0.8809278	0.8511882	0.8226692	0.7949708	0.7679415
44	0.9490142	0.9144493	0.8835312	0.8544267	0.8265122	0.7993957	0.7729308
45	0.9501185	0.9162896	0.8860233	0.8575273	0.8301918	0.8036345	0.7777105
46	0.9511760	0.9180523	0.8884111	0.8604989	0.8337187	0.8076980	0.7822937
47	0.9521895	0.9197424	0.8907010	0.8633491	0.8371023	0.8115968	0.7866924
48	0.9531619	0.9213642	0.8928988	0.8660853	0.8403517	0.8153413	0.7909175
49	0.9540955	0.9229218	0.8950100	0.8687143	0.8434737	0.8189403	0.7949784
50	0.9549926	0.9244189	0.8970397	0.8712420	0.8464766	0.8224018	0.7988854

表 A.1（续）

N/F	γ=0.90 0	1	2	3	4	5	6
51	0.9558553	0.9258590	0.8989925	0.8736744	0.8493659	0.8257335	0.8026467
52	0.9566856	0.9272452	0.9008726	0.8760167	0.8521491	0.8289426	0.8062695
53	0.9574852	0.9285806	0.9026840	0.8782738	0.8548311	0.8320363	0.8097626
54	0.9582559	0.9298679	0.9044304	0.8804502	0.8574181	0.8350193	0.8131324
55	0.9589991	0.9311096	0.9061153	0.8825502	0.8599147	0.8378991	0.8163847
56	0.9597163	0.9323081	0.9077419	0.8845778	0.8623250	0.8406806	0.8195260
57	0.9604088	0.9334656	0.9093131	0.8865367	0.8646538	0.8433678	0.8225616
58	0.9610780	0.9345842	0.9108317	0.8884302	0.8669052	0.8459658	0.8254972
59	0.9617249	0.9356659	0.9123003	0.8902615	0.8690834	0.8484798	0.8283370
60	0.9623506	0.9367123	0.9137213	0.8920338	0.8711915	0.8509123	0.8310863
61	0.9629563	0.9377253	0.9150970	0.8937498	0.8732327	0.8532687	0.8337495
62	0.9635427	0.9387064	0.9164296	0.8954121	0.8752097	0.8555513	0.8363293
63	0.9641109	0.9396570	0.9177210	0.8970232	0.8771272	0.8577645	0.8388305
64	0.9646616	0.9405786	0.9189731	0.8985855	0.8789859	0.8599109	0.8412570
65	0.9651957	0.9414725	0.9201877	0.9001011	0.8807890	0.8619940	0.8436118
66	0.9657139	0.9423399	0.9213664	0.9015721	0.8825400	0.8640155	0.8458970
67	0.9662169	0.9431820	0.9225109	0.9030005	0.8842396	0.8659786	0.8481167
68	0.9667053	0.9439998	0.9236225	0.9043880	0.8858912	0.8678863	0.8502736
69	0.9671799	0.9447944	0.9247027	0.9057364	0.8874967	0.8697401	0.8523703
70	0.9676411	0.9455668	0.9257527	0.9070473	0.8890573	0.8715428	0.8544090
75	0.9697654	0.9491259	0.9305925	0.9130906	0.8962527	0.8798569	0.8638137
80	0.9716280	0.9522481	0.9348400	0.9183964	0.9025730	0.8871616	0.8720775
85	0.9732744	0.9550093	0.9385978	0.9230919	0.9081669	0.8936289	0.8793968
90	0.9747402	0.9574687	0.9419459	0.9272765	0.9131540	0.8993955	0.8859246
95	0.9760536	0.9596732	0.9449478	0.9310294	0.9176279	0.9045686	0.8917817
100	0.9772372	0.9616604	0.9476546	0.9344140	0.9216626	0.9092365	0.8970674
110	0.9792850	0.9651001	0.9523412	0.9402760	0.9286536	0.9173250	0.9062283
120	0.9809947	0.9679734	0.9562576	0.9451762	0.9344992	0.9240899	0.9138927
130	0.9824437	0.9704096	0.9595793	0.9493334	0.9394597	0.9298318	0.9203985
140	0.9836875	0.9725014	0.9624322	0.9529046	0.9437212	0.9347664	0.9259908
160	0.9857119	0.9759077	0.9670793	0.9587235	0.9506679	0.9428104	0.9351093
180	0.9872893	0.9785632	0.9707033	0.9632627	0.9560877	0.9490887	0.9422278
200	0.9885531	0.9806914	0.9736086	0.9669025	0.9604347	0.9541248	0.9479384
250	0.9908319	0.9845308	0.9788518	0.9734731	0.9682838	0.9632210	0.9582551
300	0.9923541	0.9870965	0.9823569	0.9778670	0.9735345	0.9693063	0.9651596
350	0.9934428	0.9889323	0.9848654	0.9810122	0.9772940	0.9736647	0.9701042
400	0.9942601	0.9903108	0.9867494	0.9833748	0.9801180	0.9769390	0.9738202
450	0.9948962	0.9913839	0.9882162	0.9852144	0.9823170	0.9794890	0.9767144
500	0.9954054	0.9922430	0.9893907	0.9866876	0.9840780	0.9815309	0.9790320
550	0.9958222	0.9929463	0.9903522	0.9878937	0.9855201	0.9832037	0.9809308
600	0.9961697	0.9935327	0.9911540	0.9888995	0.9867228	0.9845984	0.9825136
650	0.9964638	0.9940291	0.9918327	0.9897509	0.9877414	0.9857788	0.9838543
700	0.9967160	0.9944547	0.9924147	0.9904811	0.9886143	0.9867921	0.9850034
750	0.9969346	0.9948237	0.9929193	0.9911141	0.9893714	0.9876696	0.9860006
800	0.9971259	0.9951466	0.9933609	0.9916682	0.9900336	0.9884380	0.9868729
850	0.9972947	0.9954316	0.9937507	0.9921573	0.9906192	0.9891169	0.9876429
900	0.9974448	0.9956850	0.9940972	0.9925921	0.9911385	0.9897199	0.9883280
950	0.9975792	0.9959118	0.9944073	0.9929812	0.9916043	0.9902595	0.9889406
1000	0.9977001	0.9961159	0.9946865	0.9933315	0.9920231	0.9907454	0.9894921

表 A.1（续）

N/F	γ=0.90						
	7	8	9	10	11	12	13
1	0.0000000	0.0000000	0.0000000	0.0000000	0.0000000	0.0000000	0.0000000
2	0.0000000	0.0000000	0.0000000	0.0000000	0.0000000	0.0000000	0.0000000
3	0.0000000	0.0000000	0.0000000	0.0000000	0.0000000	0.0000000	0.0000000
4	0.0000000	0.0000000	0.0000000	0.0000000	0.0000000	0.0000000	0.0000000
5	0.0000000	0.0000000	0.0000000	0.0000000	0.0000000	0.0000000	0.0000000
6	0.0000000	0.0000000	0.0000000	0.0000000	0.0000000	0.0000000	0.0000000
7	0.0000000	0.0000000	0.0000000	0.0000000	0.0000000	0.0000000	0.0000000
8	0.0130837	0.0000000	0.0000000	0.0000000	0.0000000	0.0000000	0.0000000
9	0.0607113	0.0116385	0.0000000	0.0000000	0.0000000	0.0000000	0.0000000
10	0.1157680	0.0544788	0.0104807	0.0000000	0.0000000	0.0000000	0.0000000
11	0.1691947	0.1047207	0.0494088	0.0095325	0.0000000	0.0000000	0.0000000
12	0.2186598	0.1541489	0.0956050	0.0452032	0.0087416	0.0000000	0.0000000
13	0.2637223	0.2004772	0.1415740	0.0879526	0.0416585	0.0080719	0.0000000
14	0.3045558	0.2431431	0.1851080	0.1309043	0.0814377	0.0386293	0.0074975
15	0.3415307	0.2821798	0.2255748	0.1719422	0.1217352	0.0758228	0.0360108
16	0.3750568	0.3178295	0.2629070	0.2103946	0.1605342	0.1137714	0.0709331
17	0.4055299	0.3504021	0.2972548	0.2461255	0.1971432	0.1505526	0.1067880
18	0.4333061	0.3802110	0.3288478	0.2792157	0.2313773	0.1854714	0.1417445
19	0.4587025	0.4075511	0.3579354	0.3098326	0.2632649	0.2183100	0.1751122
20	0.4819942	0.4326869	0.3847598	0.3381725	0.2929248	0.2490558	0.2066501
21	0.5034193	0.4558567	0.4095454	0.3644364	0.3205115	0.2777882	0.2363139
22	0.5231851	0.4772690	0.4324965	0.3888127	0.3461902	0.3046289	0.2641549
23	0.5414701	0.4971060	0.4537949	0.4114770	0.3701197	0.3297123	0.2902647
24	0.5584306	0.5155287	0.4736026	0.4325898	0.3924528	0.3531742	0.3147530
25	0.5742018	0.5326790	0.4920633	0.4522930	0.4133275	0.3751448	0.3377358
26	0.5889017	0.5486793	0.5093045	0.4707164	0.4328728	0.3957464	0.3593250
27	0.6026338	0.5636383	0.5254393	0.4879750	0.4512019	0.4150911	0.3796280
28	0.6154895	0.5776535	0.5405675	0.5041703	0.4684194	0.4332835	0.3987449
29	0.6275488	0.5908085	0.5547777	0.5193955	0.4846182	0.4504162	0.4167673
30	0.6388815	0.6031792	0.5681491	0.5337317	0.4998833	0.4665737	0.4337805
31	0.6495517	0.6148324	0.5807517	0.5472523	0.5142900	0.4818336	0.4498616
32	0.6596141	0.6258281	0.5926502	0.5600238	0.5279064	0.4962665	0.4650814
33	0.6691200	0.6362191	0.6038993	0.5721051	0.5407934	0.5099342	0.4795038
34	0.6781130	0.6460546	0.6145516	0.5835499	0.5530075	0.5228946	0.4931875
35	0.6866336	0.6553759	0.6246514	0.5944061	0.5645987	0.5352003	0.5061856
36	0.6947176	0.6642230	0.6342403	0.6047169	0.5756124	0.5468969	0.5185477
37	0.7023967	0.6726307	0.6433551	0.6145224	0.5860900	0.5580284	0.5303163
38	0.7097015	0.6806300	0.6520323	0.6238580	0.5960682	0.5686347	0.5415338
39	0.7166588	0.6882506	0.6603001	0.6327563	0.6055826	0.5787498	0.5522360
40	0.7232913	0.6955181	0.6681865	0.6412471	0.6146633	0.5884075	0.5624576
41	0.7296219	0.7024568	0.6757175	0.6493573	0.6233397	0.5976380	0.5722292
42	0.7356705	0.7090877	0.6829162	0.6571115	0.6316373	0.6064674	0.5815791
43	0.7414561	0.7154309	0.6898046	0.6645331	0.6395805	0.6149216	0.5905336
44	0.7469939	0.7215040	0.6964017	0.6716419	0.6471912	0.6230235	0.5991175
45	0.7523008	0.7273251	0.7027255	0.6784579	0.6544893	0.6307946	0.6073524
46	0.7573906	0.7329087	0.7087923	0.6849985	0.6614940	0.6382549	0.6152592
47	0.7622756	0.7382699	0.7146183	0.6912795	0.6682222	0.6454212	0.6228568
48	0.7669691	0.7434197	0.7202159	0.6973166	0.6746903	0.6523120	0.6301626
49	0.7714811	0.7483721	0.7255996	0.7031231	0.6809121	0.6589415	0.6371936
50	0.7758222	0.7531381	0.7307814	0.7087123	0.6869019	0.6653249	0.6439638

表 A.1（续）

N/F	γ=0.90 7	8	9	10	11	12	13
51	0.7800016	0.7577273	0.7357711	0.7140957	0.6926721	0.6714758	0.6504885
52	0.7840289	0.7621492	0.7405800	0.7192855	0.6982344	0.6774052	0.6567790
53	0.7879116	0.7664130	0.7452182	0.7242903	0.7036005	0.6831258	0.6628495
54	0.7916567	0.7705274	0.7496934	0.7291203	0.7087791	0.6886485	0.6687101
55	0.7952732	0.7744989	0.7540153	0.7337850	0.7137813	0.6939828	0.6743712
56	0.7987659	0.7783369	0.7581902	0.7382921	0.7186154	0.6991385	0.6798440
57	0.8021422	0.7820463	0.7622266	0.7426503	0.7232891	0.7041240	0.6851366
58	0.8054070	0.7856334	0.7661307	0.7468653	0.7278111	0.7089477	0.6902575
59	0.8085665	0.7891050	0.7699090	0.7509457	0.7321883	0.7136172	0.6952162
60	0.8116242	0.7924666	0.7735675	0.7548966	0.7364271	0.7181400	0.7000184
61	0.8145866	0.7957220	0.7771122	0.7587244	0.7405350	0.7225226	0.7046727
62	0.8174575	0.7988779	0.7805478	0.7624351	0.7445162	0.7267721	0.7091858
63	0.8202414	0.8019377	0.7838789	0.7660337	0.7483784	0.7308933	0.7135638
64	0.8229412	0.8049060	0.7871112	0.7695255	0.7521259	0.7348926	0.7178119
65	0.8255615	0.8077866	0.7902482	0.7729143	0.7557635	0.7387751	0.7219364
66	0.8281049	0.8105837	0.7932937	0.7762058	0.7592957	0.7425466	0.7259432
67	0.8305760	0.8133007	0.7962529	0.7794026	0.7627278	0.7462102	0.7298360
68	0.8329768	0.8159409	0.7991286	0.7825107	0.7660638	0.7497718	0.7336202
69	0.8353110	0.8185081	0.8019241	0.7855316	0.7693078	0.7532350	0.7373002
70	0.8375804	0.8210044	0.8046435	0.7884702	0.7724633	0.7566044	0.7408806
75	0.8480519	0.8325236	0.8171936	0.8020353	0.7870304	0.7721605	0.7574142
80	0.8572559	0.8426509	0.8282298	0.8139690	0.7998477	0.7858524	0.7719707
85	0.8654097	0.8516255	0.8380122	0.8245469	0.8112128	0.7979947	0.7848819
90	0.8726834	0.8596313	0.8467403	0.8339881	0.8213580	0.8088362	0.7964121
95	0.8792115	0.8668190	0.8545776	0.8424667	0.8304694	0.8185744	0.8067717
100	0.8851029	0.8733069	0.8616529	0.8501216	0.8386980	0.8273705	0.8161292
110	0.8953163	0.8845553	0.8739225	0.8633996	0.8529727	0.8426321	0.8323678
120	0.9038626	0.8939706	0.8841937	0.8745176	0.8649285	0.8554164	0.8459745
130	0.9111192	0.9019659	0.8929186	0.8839629	0.8750872	0.8662818	0.8575389
140	0.9173580	0.9088411	0.9004218	0.8920865	0.8838251	0.8756287	0.8674894
160	0.9275310	0.9200542	0.9126621	0.9053417	0.8980853	0.8908847	0.8837337
180	0.9354751	0.9288118	0.9222232	0.9156980	0.9092284	0.9028085	0.8964320
200	0.9418497	0.9358403	0.9298973	0.9240116	0.9181761	0.9123834	0.9066304
250	0.9533671	0.9485423	0.9437695	0.9390424	0.9343534	0.9296996	0.9250763
300	0.9610771	0.9570464	0.9530593	0.9491087	0.9451910	0.9413014	0.9374371
350	0.9665993	0.9631379	0.9597147	0.9563219	0.9529574	0.9496166	0.9462971
400	0.9707495	0.9677170	0.9647173	0.9617450	0.9587964	0.9558684	0.9529595
450	0.9739818	0.9712843	0.9686142	0.9659693	0.9633458	0.9607398	0.9581514
500	0.9765712	0.9741409	0.9717365	0.9693543	0.9669903	0.9646432	0.9623106
550	0.9786915	0.9764812	0.9742937	0.9721261	0.9699761	0.9678405	0.9657187
600	0.9804601	0.9784326	0.9764264	0.9744385	0.9724659	0.9705071	0.9685612
650	0.9819580	0.9800854	0.9782326	0.9763966	0.9745751	0.9727657	0.9709679
700	0.9832422	0.9815031	0.9797816	0.9780761	0.9763835	0.9747032	0.9730327
750	0.9843560	0.9827319	0.9811247	0.9795320	0.9779522	0.9763831	0.9748232
800	0.9853307	0.9838075	0.9823004	0.9808071	0.9793251	0.9778539	0.9763910
850	0.9861910	0.9847574	0.9833383	0.9819322	0.9805375	0.9791520	0.9777749
900	0.9869560	0.9856015	0.9842615	0.9829329	0.9816151	0.9803064	0.9790053
950	0.9876408	0.9863577	0.9850876	0.9838290	0.9825803	0.9813400	0.9801073
1000	0.9882579	0.9870382	0.9858314	0.9846353	0.9834484	0.9822699	0.9810990

表 A.1(续)

N/F	γ=0.90						
	14	15	16	17	18	19	20
1	0.0000000	0.0000000	0.0000000	0.0000000	0.0000000	0.0000000	0.0000000
2	0.0000000	0.0000000	0.0000000	0.0000000	0.0000000	0.0000000	0.0000000
3	0.0000000	0.0000000	0.0000000	0.0000000	0.0000000	0.0000000	0.0000000
4	0.0000000	0.0000000	0.0000000	0.0000000	0.0000000	0.0000000	0.0000000
5	0.0000000	0.0000000	0.0000000	0.0000000	0.0000000	0.0000000	0.0000000
6	0.0000000	0.0000000	0.0000000	0.0000000	0.0000000	0.0000000	0.0000000
7	0.0000000	0.0000000	0.0000000	0.0000000	0.0000000	0.0000000	0.0000000
8	0.0000000	0.0000000	0.0000000	0.0000000	0.0000000	0.0000000	0.0000000
9	0.0000000	0.0000000	0.0000000	0.0000000	0.0000000	0.0000000	0.0000000
10	0.0000000	0.0000000	0.0000000	0.0000000	0.0000000	0.0000000	0.0000000
11	0.0000000	0.0000000	0.0000000	0.0000000	0.0000000	0.0000000	0.0000000
12	0.0000000	0.0000000	0.0000000	0.0000000	0.0000000	0.0000000	0.0000000
13	0.0000000	0.0000000	0.0000000	0.0000000	0.0000000	0.0000000	0.0000000
14	0.0000000	0.0000000	0.0000000	0.0000000	0.0000000	0.0000000	0.0000000
15	0.0069994	0.0000000	0.0000000	0.0000000	0.0000000	0.0000000	0.0000000
16	0.0337253	0.0065634	0.0000000	0.0000000	0.0000000	0.0000000	0.0000000
17	0.0666374	0.0317129	0.0061785	0.0000000	0.0000000	0.0000000	0.0000000
18	0.1006138	0.0628325	0.0299271	0.0058363	0.0000000	0.0000000	0.0000000
19	0.1339132	0.0951168	0.0594393	0.0283317	0.0055299	0.0000000	0.0000000
20	0.1658542	0.1269046	0.0901897	0.0563938	0.0268985	0.0052542	0.0000000
21	0.1961800	0.1575301	0.1205953	0.0857493	0.0536462	0.0256027	0.0050046
22	0.2248229	0.1867254	0.1500050	0.1148852	0.0817262	0.0511535	0.0244261
23	0.2518088	0.2144043	0.1781442	0.1431682	0.1096928	0.0780638	0.0488822
24	0.2772078	0.2405750	0.2049149	0.1703207	0.1369296	0.1049500	0.0747168
25	0.3011087	0.2652858	0.2303075	0.1962340	0.1631577	0.1312128	0.1006015
26	0.3236093	0.2886115	0.2543560	0.2208856	0.1882629	0.1565755	0.1259562
27	0.3448065	0.3106321	0.2771198	0.2442980	0.2122094	0.1809158	0.1505056
28	0.3647945	0.3314323	0.2986668	0.2665162	0.2350103	0.2041926	0.1741240
29	0.3836617	0.3510939	0.3190693	0.2875979	0.2567010	0.2264075	0.1967625
30	0.4014909	0.3696971	0.3384001	0.3076058	0.2773281	0.2475882	0.2184167
31	0.4183581	0.3873147	0.3567290	0.3266033	0.2969461	0.2677718	0.2391042
32	0.4343349	0.4040172	0.3741229	0.3446529	0.3156108	0.2870075	0.2588581
33	0.4494853	0.4198682	0.3906447	0.3618141	0.3333773	0.3053417	0.2777181
34	0.4638689	0.4349263	0.4063522	0.3781436	0.3502997	0.3228251	0.2957258
35	0.4775386	0.4492472	0.4213006	0.3936958	0.3664306	0.3395055	0.3129269
36	0.4905464	0.4628800	0.4355402	0.4085200	0.3818164	0.3554310	0.3293645
37	0.5029353	0.4758716	0.4491162	0.4226621	0.3965049	0.3706444	0.3450807
38	0.5147488	0.4882652	0.4620730	0.4361661	0.4105385	0.3851886	0.3601164
39	0.5260235	0.5000979	0.4744500	0.4490715	0.4239569	0.3991032	0.3745097
40	0.5367954	0.5114070	0.4862834	0.4614147	0.4367969	0.4124248	0.3882976
41	0.5470959	0.5222257	0.4976066	0.4732316	0.4490939	0.4251889	0.4015151
42	0.5569555	0.5325837	0.5084522	0.4845527	0.4608790	0.4374273	0.4141930
43	0.5664004	0.5425091	0.5188474	0.4954077	0.4721832	0.4491700	0.4263628
44	0.5754564	0.5520279	0.5288193	0.5058242	0.4830344	0.4604452	0.4380528
45	0.5841468	0.5611639	0.5383939	0.5158268	0.4934574	0.4712794	0.4492891
46	0.5924924	0.5699400	0.5475920	0.5254401	0.5034767	0.4816964	0.4600961
47	0.6005128	0.5783764	0.5564361	0.5346849	0.5131146	0.4917205	0.4704973
48	0.6082268	0.5864917	0.5649458	0.5435822	0.5223918	0.5013708	0.4805138
49	0.6156517	0.5943036	0.5731394	0.5521498	0.5313282	0.5106690	0.4901670
50	0.6228026	0.6018299	0.5810333	0.5604062	0.5399408	0.5196326	0.4994747

表 A.1（续）

N/F	γ=0.90 14	15	16	17	18	19	20
51	0.6296951	0.6090840	0.5886445	0.5683676	0.5482478	0.5282783	0.5084553
52	0.6363421	0.6160806	0.5959861	0.5760497	0.5562642	0.5366238	0.5171244
53	0.6427563	0.6228340	0.6030734	0.5834654	0.5640039	0.5446828	0.5254975
54	0.6489495	0.6293560	0.6099182	0.5906291	0.5714819	0.5524705	0.5335904
55	0.6549336	0.6356578	0.6165337	0.5975539	0.5787106	0.5600000	0.5414154
56	0.6607181	0.6417501	0.6229301	0.6042498	0.5857022	0.5672828	0.5489862
57	0.6663133	0.6476441	0.6291184	0.6107284	0.5924681	0.5743315	0.5563138
58	0.6717283	0.6533479	0.6351086	0.6170005	0.5990183	0.5811566	0.5634102
59	0.6769708	0.6588719	0.6409095	0.6230754	0.6053640	0.5877687	0.5702862
60	0.6820501	0.6642238	0.6465302	0.6289618	0.6115131	0.5941773	0.5769507
61	0.6869724	0.6694109	0.6519791	0.6346693	0.6174756	0.6003917	0.5834146
62	0.6917461	0.6744413	0.6572633	0.6402042	0.6232588	0.6064203	0.5896855
63	0.6963763	0.6793215	0.6623910	0.6455758	0.6288712	0.6122718	0.5957724
64	0.7008708	0.6840587	0.6673679	0.6507900	0.6343204	0.6179531	0.6016826
65	0.7052341	0.6886586	0.6722013	0.6558546	0.6396132	0.6234710	0.6074241
66	0.7094734	0.6931271	0.6768968	0.6607748	0.6447558	0.6288337	0.6130047
67	0.7135923	0.6974698	0.6814603	0.6655576	0.6497541	0.6340467	0.6184294
68	0.7175967	0.7016922	0.6858976	0.6702075	0.6546151	0.6391158	0.6237049
69	0.7214907	0.7057978	0.6902140	0.6747310	0.6593441	0.6440480	0.6288388
70	0.7252796	0.7097937	0.6944132	0.6791326	0.6639459	0.6488476	0.6338348
75	0.7427808	0.7282512	0.7138185	0.6994750	0.6852170	0.6710383	0.6569367
80	0.7581920	0.7445087	0.7309139	0.7174014	0.7039668	0.6906040	0.6773113
85	0.7718652	0.7589362	0.7460882	0.7333164	0.7206163	0.7079826	0.6954115
90	0.7840772	0.7718247	0.7596470	0.7475395	0.7354984	0.7235183	0.7115969
95	0.7950513	0.7834073	0.7718342	0.7603260	0.7488796	0.7374904	0.7261546
100	0.8049657	0.7938739	0.7828478	0.7718827	0.7609755	0.7501210	0.7393176
110	0.8221737	0.8120429	0.8019701	0.7919522	0.7819847	0.7720645	0.7621885
120	0.8365945	0.8272716	0.8180021	0.8087807	0.7996051	0.7904707	0.7813767
130	0.8488540	0.8402203	0.8316353	0.8230939	0.8145936	0.8061315	0.7977045
140	0.8594036	0.8513650	0.8433699	0.8354153	0.8274981	0.8196159	0.8117666
160	0.8766284	0.8695629	0.8625354	0.8555423	0.8485813	0.8416500	0.8347461
180	0.8900952	0.8837935	0.8775246	0.8712862	0.8650752	0.8588903	0.8527289
200	0.9009117	0.8952251	0.8895674	0.8839365	0.8783307	0.8727471	0.8671848
250	0.9204804	0.9159090	0.9113604	0.9068325	0.9023236	0.8978330	0.8933585
300	0.9335949	0.9297740	0.9259707	0.9221850	0.9184145	0.9146592	0.9109170
350	0.9429967	0.9397138	0.9364470	0.9331939	0.9299545	0.9267273	0.9235116
400	0.9500673	0.9471897	0.9443257	0.9414748	0.9386345	0.9358057	0.9329860
450	0.9555767	0.9530157	0.9504670	0.9479289	0.9454007	0.9428825	0.9403726
500	0.9599917	0.9576842	0.9553874	0.9531013	0.9508236	0.9485543	0.9462926
550	0.9636083	0.9615086	0.9594195	0.9573389	0.9552659	0.9532013	0.9511436
600	0.9666252	0.9646991	0.9627830	0.9608737	0.9589728	0.9570788	0.9551909
650	0.9691799	0.9674019	0.9656308	0.9638680	0.9621121	0.9603623	0.9586186
700	0.9713722	0.9697194	0.9680749	0.9664365	0.9648050	0.9631796	0.9615595
750	0.9732724	0.9717293	0.9701938	0.9686644	0.9671411	0.9656231	0.9641097
800	0.9749365	0.9734897	0.9720490	0.9706143	0.9691858	0.9677619	0.9663433
850	0.9764054	0.9750435	0.9736870	0.9723366	0.9709908	0.9696503	0.9683143
900	0.9777118	0.9764245	0.9751432	0.9738673	0.9725968	0.9713300	0.9700678
950	0.9788815	0.9776618	0.9764474	0.9752384	0.9740339	0.9728333	0.9716372
1000	0.9799342	0.9787747	0.9776214	0.9764719	0.9753277	0.9741873	0.9730507

表 A.1（续）

N/F	γ=0.95						
	0	1	2	3	4	5	6
1	0.0500000	0.0000000	0.0000000	0.0000000	0.0000000	0.0000000	0.0000000
2	0.2236068	0.0253206	0.0000000	0.0000000	0.0000000	0.0000000	0.0000000
3	0.3684031	0.1372774	0.0169524	0.0000000	0.0000000	0.0000000	0.0000000
4	0.4728708	0.2495491	0.1006883	0.0127415	0.0000000	0.0000000	0.0000000
5	0.5492803	0.3430738	0.1910424	0.0801401	0.0102062	0.0000000	0.0000000
6	0.6069622	0.4184610	0.2723769	0.1555593	0.0626801	0.0085124	0.0000000
7	0.6518363	0.4794517	0.3418931	0.2268406	0.1286122	0.0532424	0.0073008
8	0.6876560	0.5294162	0.4007136	0.2902309	0.1928287	0.1109798	0.0462833
9	0.7168712	0.5709262	0.4506266	0.3456101	0.2513513	0.1686635	0.0976289
10	0.7411344	0.6058781	0.4932839	0.3938430	0.3035625	0.2223979	0.1499416
11	0.7615958	0.6356691	0.5300451	0.4359621	0.3498642	0.2712399	0.1995218
12	0.7790778	0.6613396	0.5619911	0.4729218	0.3909323	0.3152520	0.2452724
13	0.7941833	0.6836750	0.5899736	0.5055380	0.4274620	0.3548304	0.2870420
14	0.8073638	0.7032767	0.6146655	0.5344881	0.4600822	0.3904580	0.3250368
15	0.8189637	0.7206120	0.6366011	0.5603291	0.4893388	0.4226072	0.3595851
16	0.8292503	0.7360489	0.6562087	0.5835181	0.5156955	0.4517085	0.3910396
17	0.8384339	0.7498804	0.6738340	0.6044316	0.5395422	0.4781414	0.4197391
18	0.8466824	0.7623429	0.6897592	0.6233805	0.5612078	0.5022328	0.4459921
19	0.8541315	0.7736288	0.7042160	0.6406237	0.5809680	0.5242646	0.4700736
20	0.8608917	0.7838962	0.7173964	0.6563773	0.5990581	0.5444789	0.4922237
21	0.8670541	0.7932766	0.7294607	0.6708236	0.6156757	0.5630846	0.5126549
22	0.8726946	0.8018794	0.7405439	0.6841166	0.6309896	0.5802601	0.5315493
23	0.8778766	0.8097973	0.7507601	0.6963875	0.6451463	0.5961596	0.5490688
24	0.8826538	0.8171086	0.7602066	0.7077485	0.6582688	0.6109182	0.5653522
25	0.8870719	0.8238802	0.7689666	0.7182963	0.6704653	0.6246509	0.5805234
26	0.8911696	0.8301695	0.7771120	0.7281144	0.6818292	0.6374595	0.5946889
27	0.8949808	0.8360262	0.7847049	0.7372755	0.6924421	0.6494335	0.6079432
28	0.8985343	0.8414933	0.7917996	0.7458429	0.7023756	0.6606493	0.6203711
29	0.9018554	0.8466084	0.7984432	0.7538721	0.7116916	0.6711771	0.6320442
30	0.9049661	0.8514043	0.8046773	0.7614121	0.7204466	0.6810776	0.6430301
31	0.9078859	0.8559099	0.8105385	0.7685059	0.7286883	0.6904037	0.6533857
32	0.9106318	0.8601508	0.8160592	0.7751918	0.7364604	0.6992038	0.6631633
33	0.9132188	0.8641496	0.8212680	0.7815039	0.7438029	0.7075214	0.6724096
34	0.9156604	0.8679264	0.8261908	0.7874725	0.7507485	0.7153942	0.6811660
35	0.9179684	0.8714991	0.8308503	0.7931249	0.7573302	0.7228574	0.6894703
36	0.9201535	0.8748839	0.8352670	0.7984853	0.7635741	0.7299408	0.6973557
37	0.9222253	0.8780952	0.8394594	0.8035759	0.7695060	0.7366731	0.7048540
38	0.9241923	0.8811460	0.8434441	0.8084163	0.7751487	0.7430796	0.7119924
39	0.9260624	0.8840479	0.8472362	0.8130245	0.7805226	0.7491840	0.7187952
40	0.9278425	0.8868117	0.8508492	0.8174168	0.7856471	0.7550052	0.7252857
41	0.9295389	0.8894469	0.8542955	0.8216080	0.7905383	0.7605641	0.7314848
42	0.9311574	0.8919623	0.8575865	0.8256116	0.7952118	0.7658778	0.7374128
43	0.9327032	0.8943660	0.8607323	0.8294397	0.7996818	0.7709611	0.7430849
44	0.9341812	0.8966650	0.8637423	0.8331038	0.8039612	0.7758293	0.7485190
45	0.9355957	0.8988662	0.8666251	0.8366141	0.8080620	0.7804954	0.7537283
46	0.9369507	0.9009757	0.8693886	0.8399800	0.8119955	0.7849723	0.7587272
47	0.9382499	0.9029990	0.8720401	0.8432103	0.8157713	0.7892701	0.7635288
48	0.9394966	0.9049414	0.8745862	0.8463130	0.8193991	0.7934006	0.7681430
49	0.9406940	0.9068075	0.8770330	0.8492954	0.8228866	0.7973720	0.7725816
50	0.9418449	0.9086019	0.8793864	0.8521645	0.8262427	0.8011951	0.7768532

表 A.1（续）

N/F	γ=0.95						
	0	1	2	3	4	5	6
51	0.9429520	0.9103285	0.8816514	0.8549266	0.8294738	0.8048763	0.7809685
52	0.9440178	0.9119911	0.8838330	0.8575875	0.8325873	0.8084241	0.7849354
53	0.9450445	0.9135932	0.8859357	0.8601527	0.8355897	0.8118451	0.7887612
54	0.9460342	0.9151380	0.8879637	0.8626272	0.8384865	0.8151470	0.7924537
55	0.9469889	0.9166287	0.8899209	0.8650158	0.8412829	0.8183350	0.7960196
56	0.9479105	0.9180678	0.8918110	0.8673228	0.8439839	0.8214148	0.7994661
57	0.9488005	0.9194582	0.8936373	0.8695525	0.8465951	0.8243927	0.8027976
58	0.9496607	0.9208022	0.8954030	0.8717085	0.8491203	0.8272723	0.8060209
59	0.9504924	0.9221021	0.8971111	0.8737944	0.8515641	0.8300602	0.8091399
60	0.9512971	0.9233600	0.8987644	0.8758137	0.8539300	0.8327589	0.8121616
61	0.9520760	0.9245780	0.9003654	0.8777695	0.8562214	0.8353740	0.8150888
62	0.9528305	0.9257578	0.9019166	0.8796646	0.8584426	0.8379083	0.8179265
63	0.9535615	0.9269014	0.9034202	0.8815020	0.8605958	0.8403656	0.8206779
64	0.9542703	0.9280102	0.9048785	0.8832842	0.8626850	0.8427501	0.8233486
65	0.9549577	0.9290860	0.9062934	0.8850135	0.8647123	0.8450644	0.8259406
66	0.9556248	0.9301300	0.9076669	0.8866925	0.8666808	0.8473118	0.8284577
67	0.9562724	0.9311438	0.9090007	0.8883231	0.8685932	0.8494946	0.8309033
68	0.9569014	0.9321286	0.9102966	0.8899075	0.8704508	0.8516166	0.8332799
69	0.9575126	0.9330857	0.9115560	0.8914477	0.8722577	0.8536794	0.8355910
70	0.9581067	0.9340161	0.9127807	0.8929453	0.8740144	0.8556859	0.8378387
75	0.9608441	0.9383054	0.9184282	0.8998542	0.8821200	0.8649453	0.8482169
80	0.9632458	0.9420713	0.9233892	0.9059258	0.8892467	0.8730899	0.8573482
85	0.9653699	0.9454040	0.9277816	0.9113037	0.8955616	0.8803087	0.8654442
90	0.9672620	0.9483741	0.9316977	0.9161002	0.9011957	0.8867505	0.8726716
95	0.9689580	0.9510378	0.9352111	0.9204048	0.9062525	0.8925355	0.8791627
100	0.9704870	0.9534402	0.9383808	0.9242894	0.9108182	0.8977580	0.8850244
110	0.9731336	0.9576009	0.9438729	0.9310225	0.9187331	0.9068163	0.8951939
120	0.9753446	0.9610791	0.9484663	0.9366562	0.9253584	0.9144006	0.9037113
130	0.9772194	0.9640300	0.9523648	0.9414392	0.9309849	0.9208436	0.9109487
140	0.9788292	0.9665650	0.9557150	0.9455508	0.9358233	0.9263855	0.9171751
160	0.9814509	0.9706955	0.9611762	0.9522554	0.9437152	0.9354267	0.9273364
180	0.9834948	0.9739177	0.9654384	0.9574900	0.9498789	0.9424908	0.9352774
200	0.9851330	0.9765015	0.9688574	0.9616903	0.9548256	0.9481616	0.9416541
250	0.9880886	0.9811660	0.9750323	0.9692791	0.9637664	0.9584137	0.9531854
300	0.9900639	0.9842854	0.9791638	0.9743586	0.9697534	0.9652810	0.9609116
350	0.9914773	0.9865184	0.9821221	0.9779967	0.9740423	0.9702010	0.9664482
400	0.9925386	0.9881957	0.9843448	0.9807308	0.9772661	0.9739002	0.9706113
450	0.9933649	0.9895018	0.9860760	0.9828605	0.9797772	0.9767821	0.9738557
500	0.9940264	0.9905477	0.9874624	0.9845663	0.9817891	0.9790911	0.9764548
550	0.9945680	0.9914041	0.9885977	0.9859633	0.9834373	0.9809828	0.9785840
600	0.9950196	0.9921182	0.9895445	0.9871284	0.9848116	0.9825598	0.9803598
650	0.9954018	0.9927227	0.9903461	0.9881149	0.9859752	0.9838958	0.9818638
700	0.9957295	0.9932411	0.9910336	0.9889609	0.9869733	0.9850419	0.9831541
750	0.9960137	0.9936906	0.9916296	0.9896945	0.9878387	0.9860354	0.9842725
800	0.9962623	0.9940840	0.9921514	0.9903367	0.9885962	0.9869052	0.9852516
850	0.9964818	0.9944313	0.9926119	0.9909035	0.9892649	0.9876727	0.9861162
900	0.9966769	0.9947400	0.9930213	0.9914076	0.9898598	0.9883558	0.9868853
950	0.9968516	0.9950163	0.9933878	0.9918587	0.9903920	0.9889663	0.9875734
1000	0.9970088	0.9952650	0.9937177	0.9922648	0.9908711	0.9895163	0.9881928

表 A.1（续）

N/F	γ=0.95						
	7	8	9	10	11	12	13
1	0.0000000	0.0000000	0.0000000	0.0000000	0.0000000	0.0000000	0.0000000
2	0.0000000	0.0000000	0.0000000	0.0000000	0.0000000	0.0000000	0.0000000
3	0.0000000	0.0000000	0.0000000	0.0000000	0.0000000	0.0000000	0.0000000
4	0.0000000	0.0000000	0.0000000	0.0000000	0.0000000	0.0000000	0.0000000
5	0.0000000	0.0000000	0.0000000	0.0000000	0.0000000	0.0000000	0.0000000
6	0.0000000	0.0000000	0.0000000	0.0000000	0.0000000	0.0000000	0.0000000
7	0.0000000	0.0000000	0.0000000	0.0000000	0.0000000	0.0000000	0.0000000
8	0.0063912	0.0000000	0.0000000	0.0000000	0.0000000	0.0000000	0.0000000
9	0.0409375	0.0056830	0.0000000	0.0000000	0.0000000	0.0000000	0.0000000
10	0.0871608	0.0367008	0.0051162	0.0000000	0.0000000	0.0000000	0.0000000
11	0.1349929	0.0787289	0.0332605	0.0046522	0.0000000	0.0000000	0.0000000
12	0.1809668	0.1227738	0.0717899	0.0304106	0.0042653	0.0000000	0.0000000
13	0.2239198	0.1656017	0.1125953	0.0659784	0.0280111	0.0039379	0.0000000
14	0.2635662	0.2060338	0.1526624	0.1039832	0.0610397	0.0259629	0.0036571
15	0.2999818	0.2437025	0.1908237	0.1416116	0.0965994	0.0567897	0.0241944
16	0.3333797	0.2785900	0.2266635	0.1777255	0.1320613	0.0901981	0.0530948
17	0.3640222	0.3108261	0.2600966	0.2118779	0.1663235	0.1237246	0.0845956
18	0.3921745	0.3406015	0.2911914	0.2439405	0.1989226	0.1563058	0.1163821
19	0.4180882	0.3681246	0.3200837	0.2739325	0.2296986	0.1874743	0.1474335
20	0.4419925	0.3935985	0.3469341	0.3019466	0.2586345	0.2170452	0.1772815
21	0.4640936	0.4172161	0.3719080	0.3281067	0.2857901	0.2449772	0.2057269
22	0.4845742	0.4391517	0.3951659	0.3525464	0.3112583	0.2713007	0.2327057
23	0.5035970	0.4595656	0.4168579	0.3753991	0.3351458	0.2960858	0.2582296
24	0.5213044	0.4786001	0.4371219	0.3967927	0.3575651	0.3194164	0.2823457
25	0.5378241	0.4963829	0.4560831	0.4168483	0.3786260	0.3413870	0.3051232
26	0.5532664	0.5130264	0.4738553	0.4356746	0.3984307	0.3620901	0.3266384
27	0.5677308	0.5286338	0.4905409	0.4533726	0.4170764	0.3816156	0.3469704
28	0.5813045	0.5432945	0.5062306	0.4700349	0.4346540	0.4000490	0.3661979
29	0.5940664	0.5570896	0.5210077	0.4857445	0.4512449	0.4174702	0.3843951
30	0.6060843	0.5700913	0.5349475	0.5005766	0.4669251	0.4339527	0.4016325
31	0.6174213	0.5823647	0.5481162	0.5146000	0.4817629	0.4495651	0.4179784
32	0.6281314	0.5939685	0.5605739	0.5278758	0.4958209	0.4643695	0.4334934
33	0.6382659	0.6049531	0.5723750	0.5404606	0.5091574	0.4784248	0.4482347
34	0.6478678	0.6153677	0.5835702	0.5524060	0.5218231	0.4917827	0.4622557
35	0.6569789	0.6252543	0.5942025	0.5637566	0.5338660	0.5044920	0.4756039
36	0.6656351	0.6346507	0.6043132	0.5745564	0.5453298	0.5165960	0.4883254
37	0.6738681	0.6435925	0.6139386	0.5848425	0.5562545	0.5281365	0.5004602
38	0.6817093	0.6521113	0.6231131	0.5946504	0.5666752	0.5391501	0.5120477
39	0.6891846	0.6602370	0.6318661	0.6040118	0.5766260	0.5496719	0.5231215
40	0.6963199	0.6679943	0.6402263	0.6129558	0.5861362	0.5597316	0.5337146
41	0.7031372	0.6754083	0.6482188	0.6215100	0.5952353	0.5693604	0.5438563
42	0.7096566	0.6825016	0.6558677	0.6296984	0.6039479	0.5785828	0.5535747
43	0.7158977	0.6892933	0.6631940	0.6375434	0.6122986	0.5874245	0.5628946
44	0.7218779	0.6958021	0.6702163	0.6450665	0.6203082	0.5959078	0.5718393
45	0.7276128	0.7020466	0.6769557	0.6522868	0.6279970	0.6040536	0.5804314
46	0.7331169	0.7080407	0.6834268	0.6592211	0.6353839	0.6118816	0.5886898
47	0.7384047	0.7138002	0.6896450	0.6658873	0.6424859	0.6194103	0.5966338
48	0.7434874	0.7193375	0.6956256	0.6722990	0.6493195	0.6266551	0.6042807
49	0.7483770	0.7246668	0.7013816	0.6784718	0.6558992	0.6336317	0.6116466
50	0.7530850	0.7297975	0.7069251	0.6844181	0.6622376	0.6403554	0.6187464

表 A.1（续）

N/F	γ=0.95						
	7	8	9	10	11	12	13
51	0.7576208	0.7347422	0.7122680	0.6901493	0.6683495	0.6468389	0.6255938
52	0.7619937	0.7395097	0.7174202	0.6956779	0.6742460	0.6530949	0.6322017
53	0.7662113	0.7441093	0.7223925	0.7010138	0.6799371	0.6591352	0.6385834
54	0.7702837	0.7485502	0.7271935	0.7061665	0.6854347	0.6649699	0.6447492
55	0.7742161	0.7528406	0.7318321	0.7111463	0.6907482	0.6706102	0.6507102
56	0.7780170	0.7569875	0.7363167	0.7159609	0.6958859	0.6760642	0.6564759
57	0.7816924	0.7609976	0.7406537	0.7206181	0.7008564	0.6813426	0.6620554
58	0.7852486	0.7648784	0.7448516	0.7251261	0.7056683	0.6864532	0.6674586
59	0.7886912	0.7686353	0.7489159	0.7294910	0.7103286	0.6914027	0.6726927
60	0.7920251	0.7722746	0.7528537	0.7337212	0.7148451	0.6962001	0.6777657
61	0.7952560	0.7758016	0.7566700	0.7378207	0.7192231	0.7008506	0.6826856
62	0.7983886	0.7792215	0.7603703	0.7417969	0.7234690	0.7053625	0.6874573
63	0.8014266	0.7825384	0.7639608	0.7456548	0.7275891	0.7097408	0.6920894
64	0.8043750	0.7857578	0.7674457	0.7493991	0.7315891	0.7139911	0.6965869
65	0.8072365	0.7888832	0.7708291	0.7530359	0.7354738	0.7181201	0.7009555
66	0.8100164	0.7919192	0.7741157	0.7565685	0.7392480	0.7221319	0.7052004
67	0.8127171	0.7948696	0.7773098	0.7600026	0.7429166	0.7260312	0.7093282
68	0.8153430	0.7977372	0.7804159	0.7633404	0.7464838	0.7298240	0.7133412
69	0.8178954	0.8005263	0.7834358	0.7665878	0.7499543	0.7335130	0.7172464
70	0.8203792	0.8032401	0.7863741	0.7697469	0.7533303	0.7371029	0.7210472
75	0.8318463	0.8157717	0.7999489	0.7843458	0.7689358	0.7536997	0.7386192
80	0.8419391	0.8268054	0.8119052	0.7972080	0.7826900	0.7683307	0.7541164
85	0.8508909	0.8365940	0.8225153	0.8086259	0.7949019	0.7813260	0.7678843
90	0.8588841	0.8453369	0.8319942	0.8188285	0.8058169	0.7929442	0.7801965
95	0.8660645	0.8531929	0.8405136	0.8279998	0.8156318	0.8033926	0.7912710
100	0.8725502	0.8602904	0.8482114	0.8362888	0.8245027	0.8128395	0.8012854
110	0.8838051	0.8726092	0.8615759	0.8506829	0.8399127	0.8292517	0.8186883
120	0.8932348	0.8829339	0.8727802	0.8627531	0.8528374	0.8430210	0.8332922
130	0.9012498	0.8917105	0.8823069	0.8730193	0.8638331	0.8547370	0.8457218
140	0.9081455	0.8992639	0.8905074	0.8818577	0.8733012	0.8648277	0.8564283
160	0.9194026	0.9115978	0.9039005	0.8962955	0.8887714	0.8813182	0.8739292
180	0.9282028	0.9212419	0.9143756	0.9075902	0.9008765	0.8942246	0.8876292
200	0.9352709	0.9289891	0.9227921	0.9166675	0.9106063	0.9046007	0.8986447
250	0.9480555	0.9430057	0.9380230	0.9330976	0.9282217	0.9233901	0.9185974
300	0.9566230	0.9524017	0.9482352	0.9441168	0.9400388	0.9359975	0.9319874
350	0.9627648	0.9591386	0.9555589	0.9520197	0.9485156	0.9450420	0.9415959
400	0.9673834	0.9642044	0.9610666	0.9579647	0.9548924	0.9518469	0.9488251
450	0.9709827	0.9681532	0.9653603	0.9625987	0.9598637	0.9571525	0.9544626
500	0.9738665	0.9713172	0.9688007	0.9663124	0.9638478	0.9614053	0.9589803
550	0.9762287	0.9739093	0.9716196	0.9693551	0.9671128	0.9648895	0.9626837
600	0.9781995	0.9760721	0.9739713	0.9718941	0.9698369	0.9677971	0.9657734
650	0.9798683	0.9779034	0.9759636	0.9740444	0.9721443	0.9702603	0.9683907
700	0.9813005	0.9794745	0.9776721	0.9758895	0.9741237	0.9723732	0.9706356
750	0.9825417	0.9808368	0.9791540	0.9774888	0.9758404	0.9742057	0.9725832
800	0.9836286	0.9820299	0.9804511	0.9788898	0.9773438	0.9758100	0.9742884
850	0.9845881	0.9830828	0.9815965	0.9801263	0.9786706	0.9772271	0.9757943
900	0.9854415	0.9840192	0.9826151	0.9812263	0.9798504	0.9784868	0.9771330
950	0.9862049	0.9848578	0.9835267	0.9822108	0.9809072	0.9796150	0.9783320
1000	0.9868930	0.9856122	0.9843475	0.9830973	0.9818585	0.9806303	0.9794106

表 A.1（续）

N/F	γ=0.95						
	14	15	16	17	18	19	20
1	0.0000000	0.0000000	0.0000000	0.0000000	0.0000000	0.0000000	0.0000000
2	0.0000000	0.0000000	0.0000000	0.0000000	0.0000000	0.0000000	0.0000000
3	0.0000000	0.0000000	0.0000000	0.0000000	0.0000000	0.0000000	0.0000000
4	0.0000000	0.0000000	0.0000000	0.0000000	0.0000000	0.0000000	0.0000000
5	0.0000000	0.0000000	0.0000000	0.0000000	0.0000000	0.0000000	0.0000000
6	0.0000000	0.0000000	0.0000000	0.0000000	0.0000000	0.0000000	0.0000000
7	0.0000000	0.0000000	0.0000000	0.0000000	0.0000000	0.0000000	0.0000000
8	0.0000000	0.0000000	0.0000000	0.0000000	0.0000000	0.0000000	0.0000000
9	0.0000000	0.0000000	0.0000000	0.0000000	0.0000000	0.0000000	0.0000000
10	0.0000000	0.0000000	0.0000000	0.0000000	0.0000000	0.0000000	0.0000000
11	0.0000000	0.0000000	0.0000000	0.0000000	0.0000000	0.0000000	0.0000000
12	0.0000000	0.0000000	0.0000000	0.0000000	0.0000000	0.0000000	0.0000000
13	0.0000000	0.0000000	0.0000000	0.0000000	0.0000000	0.0000000	0.0000000
14	0.0000000	0.0000000	0.0000000	0.0000000	0.0000000	0.0000000	0.0000000
15	0.0034137	0.0000000	0.0000000	0.0000000	0.0000000	0.0000000	0.0000000
16	0.0226512	0.0032007	0.0000000	0.0000000	0.0000000	0.0000000	0.0000000
17	0.0498520	0.0212935	0.0030127	0.0000000	0.0000000	0.0000000	0.0000000
18	0.0796498	0.0469824	0.0200890	0.0028456	0.0000000	0.0000000	0.0000000
19	0.1098661	0.0752514	0.0444261	0.0190139	0.0026960	0.0000000	0.0000000
20	0.1395191	0.1040431	0.0713146	0.0421337	0.0180477	0.0025614	0.0000000
21	0.1681474	0.1324157	0.0988080	0.0677699	0.0400666	0.0171752	0.0024396
22	0.1955398	0.1599134	0.1260029	0.0940760	0.0645616	0.0381927	0.0163832
23	0.2216170	0.1863213	0.1524530	0.1201854	0.0897778	0.0616438	0.0364867
24	0.2463743	0.2115467	0.1779382	0.1456610	0.1148830	0.0858559	0.0589789
25	0.2698419	0.2355716	0.2023595	0.1702819	0.1394509	0.1100298	0.0822635
26	0.2920747	0.2584128	0.2256847	0.1939424	0.1632613	0.1337506	0.1055712
27	0.3131339	0.2801114	0.2479221	0.2166018	0.1862023	0.1567985	0.1285002
28	0.3330875	0.3007187	0.2691014	0.2382592	0.2082273	0.1790598	0.1508307
29	0.3520035	0.3202918	0.2892643	0.2589343	0.2293275	0.2004805	0.1724477
30	0.3699479	0.3388904	0.3084585	0.2786614	0.2495159	0.2210470	0.1932938
31	0.3869845	0.3565713	0.3267363	0.2974811	0.2688181	0.2407646	0.2133481
32	0.4031719	0.3733913	0.3441463	0.3154369	0.2872684	0.2596530	0.2326114
33	0.4185664	0.3894040	0.3607413	0.3325737	0.3049044	0.2777416	0.2510991
34	0.4332201	0.4046605	0.3765671	0.3489360	0.3217658	0.2950624	0.2688337
35	0.4471813	0.4192072	0.3916719	0.3645676	0.3378928	0.3116491	0.2858426
36	0.4604950	0.4330895	0.4060968	0.3795092	0.3533229	0.3275379	0.3021573
37	0.4732035	0.4463489	0.4198842	0.3938017	0.3680945	0.3427635	0.3178079
38	0.4853444	0.4590233	0.4330721	0.4074811	0.3822449	0.3573596	0.3328261
39	0.4969525	0.4711482	0.4456956	0.4205841	0.3958067	0.3713604	0.3472437
40	0.5080623	0.4827579	0.4577376	0.4331424	0.4088138	0.3847972	0.3610904
41	0.5187031	0.4938825	0.4693801	0.4451875	0.4212955	0.3976994	0.3743956
42	0.5289030	0.5045495	0.4805020	0.4567489	0.4332819	0.4100957	0.3871857
43	0.5386882	0.5147877	0.4911794	0.4678526	0.4447990	0.4220124	0.3994890
44	0.5480829	0.5246201	0.5014374	0.4785247	0.4558729	0.4334760	0.4113286
45	0.5571090	0.5340696	0.5112996	0.4887883	0.4665271	0.4445094	0.4227296
46	0.5657872	0.5431578	0.5207877	0.4986663	0.4767845	0.4551354	0.4337137
47	0.5741380	0.5519047	0.5299216	0.5081781	0.4866642	0.4653739	0.4443018
48	0.5821778	0.5603290	0.5387213	0.5173440	0.4961879	0.4752462	0.4545136
49	0.5899239	0.5684468	0.5472025	0.5261809	0.5053722	0.4847702	0.4643682
50	0.5973914	0.5762744	0.5553833	0.5347066	0.5142359	0.4939635	0.4738834

表 A.1（续）

N/F	γ=0.95						
	14	15	16	17	18	19	20
51	0.6045951	0.5838276	0.5632783	0.5429365	0.5227931	0.5028412	0.4830746
52	0.6115488	0.5911195	0.5709022	0.5508849	0.5310598	0.5114201	0.4919589
53	0.6182652	0.5981636	0.5782680	0.5585661	0.5390505	0.5197141	0.5005494
54	0.6247552	0.6049725	0.5853889	0.5659938	0.5467787	0.5277360	0.5088605
55	0.6310307	0.6115565	0.5922761	0.5731787	0.5542553	0.5354998	0.5169060
56	0.6371013	0.6179273	0.5989410	0.5801325	0.5614934	0.5430167	0.5246965
57	0.6429773	0.6240945	0.6053940	0.5868667	0.5685042	0.5502989	0.5322446
58	0.6486685	0.6300675	0.6116451	0.5933913	0.5752970	0.5573552	0.5395607
59	0.6541818	0.6358563	0.6177040	0.5997149	0.5818823	0.5641977	0.5466557
60	0.6595266	0.6414676	0.6235780	0.6058477	0.5882686	0.5708344	0.5535383
61	0.6647098	0.6469103	0.6292755	0.6117972	0.5944653	0.5772746	0.5602189
62	0.6697383	0.6521910	0.6348054	0.6175708	0.6004805	0.5835275	0.5667050
63	0.6746195	0.6573183	0.6401742	0.6231782	0.6063225	0.5895995	0.5730048
64	0.6793598	0.6622974	0.6453884	0.6286243	0.6119968	0.5954997	0.5791271
65	0.6839642	0.6671345	0.6504552	0.6339170	0.6175124	0.6012344	0.5850784
66	0.6884399	0.6718365	0.6553803	0.6390623	0.6228747	0.6068107	0.5908657
67	0.6927907	0.6764081	0.6601697	0.6440656	0.6280897	0.6122350	0.5964956
68	0.6970225	0.6808556	0.6648283	0.6489337	0.6331643	0.6175124	0.6019741
69	0.7011400	0.6851824	0.6693621	0.6536716	0.6381031	0.6226506	0.6073079
70	0.7051479	0.6893943	0.6737757	0.6582845	0.6429116	0.6276532	0.6125015
75	0.7236829	0.7088787	0.6941972	0.6796302	0.6651715	0.6508151	0.6365556
80	0.7400340	0.7260730	0.7122241	0.6984806	0.6848354	0.6712833	0.6578189
85	0.7545648	0.7413573	0.7282537	0.7152461	0.7023294	0.6894981	0.6767469
90	0.7675618	0.7550317	0.7425976	0.7302528	0.7179920	0.7058097	0.6937022
95	0.7792554	0.7673368	0.7555073	0.7437619	0.7320949	0.7205005	0.7089747
100	0.7898305	0.7784679	0.7671884	0.7559876	0.7448592	0.7337987	0.7228031
110	0.8082134	0.7978194	0.7875010	0.7772511	0.7670654	0.7569400	0.7468717
120	0.8236436	0.8140682	0.8045591	0.7951127	0.7857242	0.7763891	0.7671052
130	0.8367790	0.8279026	0.8190873	0.8103276	0.8016206	0.7929624	0.7843500
140	0.8480953	0.8398233	0.8316069	0.8234425	0.8153254	0.8072525	0.7992223
160	0.8665973	0.8593173	0.8520847	0.8448970	0.8377490	0.8306400	0.8235652
180	0.8810841	0.8745840	0.8681259	0.8617059	0.8553218	0.8489705	0.8426505
200	0.8927338	0.8868633	0.8810301	0.8752306	0.8694623	0.8637238	0.8580120
250	0.9138398	0.9091135	0.9044169	0.8997463	0.8951001	0.8904768	0.8858740
300	0.9280071	0.9240520	0.9201213	0.9162119	0.9123232	0.9084520	0.9045991
350	0.9381742	0.9347738	0.9313948	0.9280334	0.9246887	0.9213601	0.9180467
400	0.9458246	0.9428432	0.9398793	0.9369315	0.9339989	0.9310793	0.9281719
450	0.9517910	0.9491362	0.9464974	0.9438723	0.9412602	0.9386596	0.9360712
500	0.9565729	0.9541808	0.9518024	0.9494361	0.9470821	0.9447388	0.9424047
550	0.9604924	0.9583149	0.9561504	0.9539972	0.9518540	0.9497208	0.9475967
600	0.9637626	0.9617656	0.9597793	0.9578029	0.9558371	0.9538798	0.9519301
650	0.9665333	0.9646881	0.9628529	0.9610276	0.9592114	0.9574029	0.9556019
700	0.9689102	0.9671956	0.9654908	0.9637944	0.9621065	0.9604261	0.9587527
750	0.9709722	0.9693703	0.9677783	0.9661940	0.9646180	0.9630482	0.9614852
800	0.9727774	0.9712749	0.9697815	0.9682958	0.9668169	0.9653449	0.9638790
850	0.9743707	0.9729569	0.9715500	0.9701515	0.9687592	0.9673729	0.9659919
900	0.9757885	0.9744523	0.9731237	0.9718021	0.9704865	0.9691762	0.9678721
950	0.9770573	0.9757911	0.9745317	0.9732791	0.9720320	0.9707909	0.9695544
1000	0.9782000	0.9769963	0.9758003	0.9746095	0.9734249	0.9722448	0.9710701

表 A.1（续）

N/F	γ=0.99						
	0	1	2	3	4	5	6
1	0.0100000	0.0000000	0.0000000	0.0000000	0.0000000	0.0000000	0.0000000
2	0.1000000	0.0050126	0.0000000	0.0000000	0.0000000	0.0000000	0.0000000
3	0.2154435	0.0616714	0.0033445	0.0000000	0.0000000	0.0000000	0.0000000
4	0.3162278	0.1429335	0.0459344	0.0025094	0.0000000	0.0000000	0.0000000
5	0.3981072	0.2234577	0.1089534	0.0371265	0.0020080	0.0000000	0.0000000
6	0.4641589	0.2952479	0.1755031	0.0887793	0.0264764	0.0016737	0.0000000
7	0.5179475	0.3572833	0.2380806	0.1454380	0.0704671	0.0224502	0.0014347
8	0.5623413	0.4105214	0.2945152	0.2006066	0.1206905	0.0605617	0.0194911
9	0.5994843	0.4563073	0.3446435	0.2518560	0.1707979	0.1050267	0.0531167
10	0.6309573	0.4959046	0.3889864	0.2985257	0.2182498	0.1502712	0.0930049
11	0.6579332	0.5303824	0.4282431	0.3406851	0.2621742	0.1938641	0.1342234
12	0.6812921	0.5606125	0.4631040	0.3786814	0.3024214	0.2348290	0.1744907
13	0.7017038	0.5872983	0.4941878	0.4129450	0.3391502	0.2728617	0.2127973
14	0.7196857	0.6110058	0.5220273	0.4439054	0.3726387	0.3079736	0.2487520
15	0.7356423	0.6321927	0.5470738	0.4719592	0.4031960	0.3403158	0.2822681
16	0.7498942	0.6512309	0.5697068	0.4974586	0.4311290	0.3700977	0.3134075
17	0.7626986	0.6684249	0.5902449	0.5207116	0.4567198	0.3975415	0.3423045
18	0.7742637	0.6840255	0.6089563	0.5419847	0.4802218	0.4228680	0.3691206
19	0.7847600	0.6982412	0.6260675	0.5615080	0.5018619	0.4462808	0.3940245
20	0.7943282	0.7112460	0.6417702	0.5794799	0.5218395	0.4679676	0.4171787
21	0.8030857	0.7231866	0.6562278	0.5960717	0.5403271	0.4880968	0.4387390
22	0.8111308	0.7341871	0.6695800	0.6114315	0.5574796	0.5068180	0.4588465
23	0.8185467	0.7443533	0.6819468	0.6256881	0.5734307	0.5242663	0.4776302
24	0.8254042	0.7537759	0.6934319	0.6389534	0.5882981	0.5405600	0.4952075
25	0.8317638	0.7625329	0.7041249	0.6513251	0.6021845	0.5558055	0.5116834
26	0.8376776	0.7706920	0.7141042	0.6628889	0.6151826	0.5700965	0.5271535
27	0.8431909	0.7783121	0.7234382	0.6737202	0.6273717	0.5835178	0.5417025
28	0.8483429	0.7854444	0.7321868	0.6838852	0.6388250	0.5961436	0.5554068
29	0.8531679	0.7921343	0.7404029	0.6934429	0.6496044	0.6080408	0.5683357
30	0.8576959	0.7984213	0.7481334	0.7024453	0.6597677	0.6192689	0.5805499
31	0.8619536	0.8043407	0.7554197	0.7109389	0.6693651	0.6298820	0.5921064
32	0.8659643	0.8099236	0.7622988	0.7189653	0.6784419	0.6399280	0.6030544
33	0.8697490	0.8151979	0.7688036	0.7265616	0.6870386	0.6494503	0.6134412
34	0.8733262	0.8201883	0.7749638	0.7337610	0.6951920	0.6584888	0.6233062
35	0.8767124	0.8249171	0.7808058	0.7405937	0.7029357	0.6670774	0.6326886
36	0.8799225	0.8294042	0.7863535	0.7470868	0.7102981	0.6752502	0.6416207
37	0.8829700	0.8336677	0.7916285	0.7532648	0.7173080	0.6830354	0.6501345
38	0.8858668	0.8377239	0.7966504	0.7591499	0.7239890	0.6904596	0.6582585
39	0.8886238	0.8415874	0.8014368	0.7647624	0.7303639	0.6975467	0.6660173
40	0.8912509	0.8452717	0.8060040	0.7701205	0.7364520	0.7043193	0.6734363
41	0.8937571	0.8487888	0.8103664	0.7752412	0.7422739	0.7107983	0.6805357
42	0.8961505	0.8521499	0.8145376	0.7801398	0.7478454	0.7170008	0.6873357
43	0.8984385	0.8553652	0.8185299	0.7848304	0.7531822	0.7229455	0.6938555
44	0.9006280	0.8584438	0.8223544	0.7893259	0.7582993	0.7286468	0.7001105
45	0.9027252	0.8613944	0.8260214	0.7936381	0.7632095	0.7341201	0.7061178
46	0.9047357	0.8642246	0.8295406	0.7977779	0.7679251	0.7393783	0.7118904
47	0.9066649	0.8669418	0.8329205	0.8017556	0.7724577	0.7444329	0.7174427
48	0.9085176	0.8695526	0.8361694	0.8055803	0.7768171	0.7492974	0.7227863
49	0.9102982	0.8720630	0.8392946	0.8092607	0.7810134	0.7539806	0.7279328
50	0.9120108	0.8744787	0.8423030	0.8128048	0.7850554	0.7584926	0.7328934

表 A.1（续）

N/F	γ=0.99						
	0	1	2	3	4	5	6
51	0.9136594	0.8768051	0.8452012	0.8162200	0.7889510	0.7628437	0.7376771
52	0.9152473	0.8790468	0.8479950	0.8195132	0.7927092	0.7670408	0.7422932
53	0.9167779	0.8812086	0.8506899	0.8226908	0.7963357	0.7710934	0.7467507
54	0.9182543	0.8832945	0.8532911	0.8257587	0.7998383	0.7750072	0.7510581
55	0.9196792	0.8853086	0.8558034	0.8287225	0.8032229	0.7787903	0.7552214
56	0.9210553	0.8872544	0.8582312	0.8315875	0.8064946	0.7824485	0.7592485
57	0.9223851	0.8891353	0.8605788	0.8343584	0.8096604	0.7859886	0.7631461
58	0.9236709	0.8909545	0.8628500	0.8370398	0.8127243	0.7894160	0.7669195
59	0.9249147	0.8927151	0.8650485	0.8396359	0.8156914	0.7927349	0.7705756
60	0.9261187	0.8944198	0.8671778	0.8421508	0.8185662	0.7959517	0.7741191
61	0.9272847	0.8960712	0.8692410	0.8445883	0.8213528	0.7990703	0.7775552
62	0.9284145	0.8976718	0.8712412	0.8469517	0.8240561	0.8020952	0.7808888
63	0.9295098	0.8992239	0.8731812	0.8492445	0.8266778	0.8050308	0.7841247
64	0.9305720	0.9007297	0.8750637	0.8514697	0.8292232	0.8078807	0.7872661
65	0.9316028	0.9021911	0.8768912	0.8536303	0.8316954	0.8106490	0.7903182
66	0.9326033	0.9036102	0.8786660	0.8557290	0.8340972	0.8133388	0.7932839
67	0.9335751	0.9049887	0.8803905	0.8577685	0.8364315	0.8159534	0.7961674
68	0.9345192	0.9063284	0.8820667	0.8597513	0.8387003	0.8184959	0.7989721
69	0.9354369	0.9076309	0.8836966	0.8616796	0.8409078	0.8209692	0.8017004
70	0.9363292	0.9088976	0.8852822	0.8635557	0.8430558	0.8233761	0.8043564
75	0.9404449	0.9147440	0.8926034	0.8722222	0.8529826	0.8345040	0.8166365
80	0.9440609	0.9198856	0.8990469	0.8798548	0.8617298	0.8443149	0.8274700
85	0.9472630	0.9244427	0.9047615	0.8866278	0.8694958	0.8530298	0.8370972
90	0.9501185	0.9285094	0.9098643	0.8926786	0.8764368	0.8608220	0.8457078
95	0.9526807	0.9321609	0.9144484	0.8981167	0.8826776	0.8678300	0.8534562
100	0.9549926	0.9354576	0.9185889	0.9030307	0.8883184	0.8741672	0.8604639
110	0.9589991	0.9411752	0.9257743	0.9115626	0.8981170	0.8851793	0.8726468
120	0.9623506	0.9459624	0.9317947	0.9187152	0.9063360	0.8944207	0.8828746
130	0.9651957	0.9500293	0.9369119	0.9247978	0.9133282	0.9022866	0.8915830
140	0.9676411	0.9535269	0.9413151	0.9300338	0.9193499	0.9090622	0.8990873
160	0.9716280	0.9592339	0.9485038	0.9385864	0.9291896	0.9201381	0.9113590
180	0.9747402	0.9636926	0.9541237	0.9452762	0.9368907	0.9288098	0.9209715
200	0.9772372	0.9672723	0.9586378	0.9506519	0.9430802	0.9357837	0.9287032
250	0.9817479	0.9737441	0.9668042	0.9603820	0.9542899	0.9484169	0.9427156
300	0.9847667	0.9780790	0.9722777	0.9669073	0.9618112	0.9568970	0.9521256
350	0.9869286	0.9811853	0.9762018	0.9715872	0.9672072	0.9629828	0.9588806
400	0.9885531	0.9835206	0.9791527	0.9751075	0.9712671	0.9675632	0.9639653
450	0.9898185	0.9853402	0.9814526	0.9778516	0.9744328	0.9711341	0.9679307
500	0.9908319	0.9867979	0.9832954	0.9800508	0.9769697	0.9739977	0.9711096
550	0.9916619	0.9879920	0.9848052	0.9818528	0.9790489	0.9763441	0.9737157
600	0.9923541	0.9889879	0.9860647	0.9833562	0.9807841	0.9783018	0.9758905
650	0.9929402	0.9898313	0.9871313	0.9846295	0.9822536	0.9799606	0.9777324
700	0.9934428	0.9905547	0.9880463	0.9857219	0.9835141	0.9813836	0.9793134
750	0.9938786	0.9911821	0.9888398	0.9866693	0.9846076	0.9826182	0.9806844
800	0.9942601	0.9917312	0.9895345	0.9874988	0.9855651	0.9836986	0.9818855
850	0.9945968	0.9922160	0.9901478	0.9882311	0.9864100	0.9846529	0.9829455
900	0.9948962	0.9926471	0.9906932	0.9888824	0.9871620	0.9855016	0.9838885
950	0.9951642	0.9930330	0.9911814	0.9894653	0.9878346	0.9862617	0.9847330
1000	0.9954054	0.9933803	0.9916209	0.9899902	0.9884411	0.9869460	0.9854928

表 A.1（续）

N/F	γ=0.99						
	7	8	9	10	11	12	13
1	0.0000000	0.0000000	0.0000000	0.0000000	0.0000000	0.0000000	0.0000000
2	0.0000000	0.0000000	0.0000000	0.0000000	0.0000000	0.0000000	0.0000000
3	0.0000000	0.0000000	0.0000000	0.0000000	0.0000000	0.0000000	0.0000000
4	0.0000000	0.0000000	0.0000000	0.0000000	0.0000000	0.0000000	0.0000000
5	0.0000000	0.0000000	0.0000000	0.0000000	0.0000000	0.0000000	0.0000000
6	0.0000000	0.0000000	0.0000000	0.0000000	0.0000000	0.0000000	0.0000000
7	0.0000000	0.0000000	0.0000000	0.0000000	0.0000000	0.0000000	0.0000000
8	0.0012555	0.0000000	0.0000000	0.0000000	0.0000000	0.0000000	0.0000000
9	0.0172238	0.0011161	0.0000000	0.0000000	0.0000000	0.0000000	0.0000000
10	0.0473117	0.0154300	0.0010045	0.0000000	0.0000000	0.0000000	0.0000000
11	0.0834762	0.0426563	0.0139756	0.0009132	0.0000000	0.0000000	0.0000000
12	0.1213141	0.0757317	0.0388378	0.0127722	0.0008372	0.0000000	0.0000000
13	0.1587007	0.1106953	0.0693107	0.0356493	0.0117597	0.0007728	0.0000000
14	0.1946323	0.1455700	0.1018011	0.0638984	0.0329460	0.0108964	0.0007176
15	0.2286668	0.1793776	0.1344699	0.0942399	0.0592741	0.0306247	0.0101517
16	0.2606555	0.2116527	0.1663745	0.1249591	0.0877307	0.0552761	0.0286098
17	0.2905984	0.2422028	0.1970397	0.1551526	0.1167164	0.0820681	0.0517854
18	0.3185715	0.2709840	0.2262470	0.1843457	0.1453650	0.1095010	0.0770953
19	0.3446889	0.2980311	0.2539185	0.2123015	0.1732098	0.1367510	0.1031319
20	0.3690776	0.3234188	0.2800571	0.2389209	0.2000034	0.1633579	0.1291088
21	0.3918692	0.3472439	0.3047106	0.2641831	0.2256300	0.1890713	0.1545779
22	0.4131906	0.3696090	0.3279471	0.2881101	0.2500507	0.2137644	0.1792878
23	0.4331594	0.3906180	0.3498497	0.3107522	0.2732707	0.2373829	0.2031026
24	0.4518883	0.4103720	0.3705005	0.3321717	0.2953215	0.2599185	0.2259583
25	0.4694785	0.4289635	0.3899851	0.3524372	0.3162519	0.2813895	0.2478356
26	0.4860232	0.4464836	0.4083837	0.3716174	0.3361145	0.3018293	0.2687412
27	0.5016061	0.4630127	0.4257727	0.3897824	0.3549693	0.3212839	0.2886986
28	0.5163043	0.4786255	0.4422253	0.4069993	0.3728735	0.3397990	0.3077414
29	0.5301870	0.4933918	0.4578066	0.4233299	0.3898863	0.3574253	0.3259112
30	0.5433180	0.5073746	0.4725803	0.4388342	0.4060624	0.3742130	0.3432478
31	0.5557536	0.5206307	0.4866019	0.4535671	0.4214548	0.3902099	0.3597951
32	0.5675456	0.5332134	0.4999248	0.4675815	0.4361118	0.4054637	0.3755962
33	0.5787422	0.5451707	0.5125956	0.4809231	0.4500815	0.4200172	0.3906915
34	0.5893847	0.5565450	0.5246606	0.4936375	0.4634063	0.4339145	0.4051214
35	0.5995128	0.5673777	0.5361589	0.5057655	0.4761275	0.4471937	0.4189236
36	0.6091623	0.5777056	0.5471286	0.5173436	0.4882817	0.4598913	0.4321334
37	0.6183650	0.5875607	0.5576047	0.5284079	0.4999038	0.4720436	0.4447854
38	0.6271507	0.5969752	0.5676168	0.5389893	0.5110271	0.4836806	0.4569116
39	0.6355469	0.6059775	0.5771954	0.5491183	0.5216806	0.4948341	0.4685408
40	0.6435779	0.6145923	0.5863674	0.5588222	0.5318927	0.5055316	0.4797008
41	0.6512680	0.6228441	0.5951572	0.5681256	0.5416892	0.5157990	0.4904185
42	0.6586365	0.6307552	0.6035872	0.5770533	0.5510938	0.5256607	0.5007182
43	0.6657031	0.6383458	0.6116788	0.5856261	0.5601288	0.5351395	0.5106226
44	0.6724867	0.6456342	0.6194524	0.5938648	0.5688144	0.5442553	0.5201525
45	0.6790029	0.6526387	0.6269245	0.6017878	0.5771707	0.5530297	0.5293289
46	0.6852677	0.6593743	0.6341135	0.6094118	0.5852153	0.5614795	0.5381688
47	0.6912947	0.6658563	0.6410335	0.6167548	0.5929651	0.5696224	0.5466910
48	0.6970968	0.6720994	0.6477001	0.6238302	0.6004357	0.5774738	0.5549116
49	0.7026869	0.6781153	0.6541267	0.6306523	0.6076410	0.5850493	0.5628459
50	0.7080754	0.6839159	0.6603247	0.6372348	0.6145943	0.5923627	0.5705072

表 A.1（续）

N/F	γ=0.99						
	7	8	9	10	11	12	13
51	0.7132741	0.6895136	0.6663078	0.6435902	0.6213097	0.5994268	0.5779101
52	0.7182925	0.6949182	0.6720856	0.6497283	0.6277983	0.6062543	0.5850665
53	0.7231388	0.7001395	0.6776683	0.6556616	0.6340707	0.6128568	0.5919884
54	0.7278223	0.7051862	0.6830659	0.6613995	0.6401382	0.6192439	0.5986868
55	0.7323513	0.7100672	0.6882873	0.6669508	0.6460094	0.6254266	0.6051726
56	0.7367328	0.7147901	0.6933411	0.6723246	0.6516949	0.6314147	0.6114549
57	0.7409735	0.7193632	0.6982350	0.6775296	0.6572025	0.6372165	0.6175425
58	0.7450814	0.7237926	0.7029761	0.6825739	0.6625401	0.6428406	0.6234454
59	0.7490610	0.7280851	0.7075715	0.6874638	0.6677161	0.6482951	0.6291715
60	0.7529191	0.7322470	0.7120281	0.6922059	0.6727369	0.6535869	0.6347283
61	0.7566612	0.7362844	0.7163517	0.6968081	0.6776101	0.6587241	0.6401220
62	0.7602912	0.7402025	0.7205480	0.7012756	0.6823413	0.6637121	0.6453614
63	0.7638160	0.7440062	0.7246229	0.7056142	0.6869366	0.6685581	0.6504520
64	0.7672389	0.7477008	0.7285816	0.7098293	0.6914020	0.6732677	0.6553996
65	0.7705642	0.7512909	0.7324288	0.7139261	0.6957422	0.6778460	0.6602107
66	0.7737966	0.7547808	0.7361686	0.7179096	0.6999642	0.6822996	0.6648905
67	0.7769390	0.7581746	0.7398068	0.7217847	0.7040707	0.6866322	0.6694447
68	0.7799960	0.7614754	0.7433455	0.7255558	0.7080667	0.6908492	0.6738774
69	0.7829703	0.7646888	0.7467903	0.7292259	0.7119576	0.6949548	0.6781946
70	0.7858653	0.7678168	0.7501444	0.7328001	0.7157464	0.6989544	0.6823990
75	0.7992596	0.7822909	0.7656685	0.7493490	0.7332966	0.7174837	0.7018875
80	0.8110813	0.7950717	0.7793842	0.7639759	0.7488155	0.7338756	0.7191364
85	0.8215910	0.8064389	0.7915873	0.7769959	0.7626349	0.7484792	0.7345080
90	0.8309956	0.8166145	0.8025150	0.7886596	0.7750186	0.7615690	0.7482927
95	0.8394600	0.8257759	0.8123565	0.7991668	0.7861777	0.7733687	0.7607222
100	0.8471176	0.8340666	0.8212659	0.8086811	0.7962854	0.7840599	0.7719855
110	0.8604362	0.8484912	0.8367704	0.8252442	0.8138881	0.8026831	0.7916139
120	0.8716223	0.8606110	0.8498043	0.8391729	0.8286965	0.8183559	0.8081389
130	0.8811494	0.8709371	0.8609125	0.8510481	0.8413249	0.8317268	0.8222400
140	0.8893619	0.8798410	0.8704924	0.8612919	0.8522219	0.8432663	0.8344137
160	0.9027965	0.8944110	0.8861751	0.8780681	0.8700725	0.8621753	0.8543674
180	0.9133232	0.9058321	0.8984729	0.8912259	0.8840781	0.8770165	0.8700335
200	0.9217935	0.9150243	0.9083733	0.9018222	0.8953597	0.8889749	0.8826589
250	0.9371500	0.9316959	0.9263340	0.9210530	0.9158400	0.9106887	0.9055916
300	0.9474662	0.9428992	0.9384093	0.9339850	0.9296178	0.9253011	0.9210293
350	0.9548744	0.9509461	0.9470834	0.9432772	0.9395198	0.9358051	0.9321286
400	0.9604506	0.9570053	0.9536165	0.9502773	0.9469800	0.9437194	0.9404923
450	0.9648014	0.9617323	0.9587136	0.9557391	0.9528012	0.9498969	0.9470216
500	0.9682895	0.9655227	0.9628017	0.9601197	0.9574712	0.9548524	0.9522596
550	0.9711483	0.9686298	0.9661532	0.9637117	0.9613007	0.9589164	0.9565558
600	0.9735342	0.9712236	0.9689504	0.9667100	0.9644970	0.9623085	0.9601421
650	0.9755562	0.9734211	0.9713211	0.9692509	0.9672058	0.9651837	0.9631813
700	0.9772905	0.9753065	0.9733553	0.9714309	0.9695308	0.9676513	0.9657902
750	0.9787957	0.9769428	0.9751196	0.9733224	0.9715473	0.9697921	0.9680537
800	0.9801137	0.9783754	0.9766654	0.9749790	0.9733139	0.9716672	0.9700365
850	0.9812769	0.9796404	0.9780298	0.9764421	0.9748742	0.9733232	0.9717874
900	0.9823120	0.9807652	0.9792436	0.9777434	0.9762615	0.9747964	0.9733450
950	0.9832386	0.9817725	0.9803307	0.9789088	0.9775045	0.9761154	0.9747400
1000	0.9840724	0.9826795	0.9813095	0.9799578	0.9786228	0.9773032	0.9759957

表 A.1（续）

N/F	γ=0.99						
	14	15	16	17	18	19	20
1	0.0000000	0.0000000	0.0000000	0.0000000	0.0000000	0.0000000	0.0000000
2	0.0000000	0.0000000	0.0000000	0.0000000	0.0000000	0.0000000	0.0000000
3	0.0000000	0.0000000	0.0000000	0.0000000	0.0000000	0.0000000	0.0000000
4	0.0000000	0.0000000	0.0000000	0.0000000	0.0000000	0.0000000	0.0000000
5	0.0000000	0.0000000	0.0000000	0.0000000	0.0000000	0.0000000	0.0000000
6	0.0000000	0.0000000	0.0000000	0.0000000	0.0000000	0.0000000	0.0000000
7	0.0000000	0.0000000	0.0000000	0.0000000	0.0000000	0.0000000	0.0000000
8	0.0000000	0.0000000	0.0000000	0.0000000	0.0000000	0.0000000	0.0000000
9	0.0000000	0.0000000	0.0000000	0.0000000	0.0000000	0.0000000	0.0000000
10	0.0000000	0.0000000	0.0000000	0.0000000	0.0000000	0.0000000	0.0000000
11	0.0000000	0.0000000	0.0000000	0.0000000	0.0000000	0.0000000	0.0000000
12	0.0000000	0.0000000	0.0000000	0.0000000	0.0000000	0.0000000	0.0000000
13	0.0000000	0.0000000	0.0000000	0.0000000	0.0000000	0.0000000	0.0000000
14	0.0000000	0.0000000	0.0000000	0.0000000	0.0000000	0.0000000	0.0000000
15	0.0006698	0.0000000	0.0000000	0.0000000	0.0000000	0.0000000	0.0000000
16	0.0095020	0.0006279	0.0000000	0.0000000	0.0000000	0.0000000	0.0000000
17	0.0268440	0.0089300	0.0005910	0.0000000	0.0000000	0.0000000	0.0000000
18	0.0487103	0.0252836	0.0084236	0.0005582	0.0000000	0.0000000	0.0000000
19	0.0726927	0.0459812	0.0238954	0.0079712	0.0005288	0.0000000	0.0000000
20	0.0974674	0.0687686	0.0435420	0.0226512	0.0075656	0.0005024	0.0000000
21	0.1222817	0.0923949	0.0652471	0.0413493	0.0215310	0.0071990	0.0004785
22	0.1467025	0.1161451	0.0878277	0.0620700	0.0393678	0.0205162	0.0068663
23	0.1704780	0.1395966	0.1105982	0.0836917	0.0591885	0.0375669	0.0195930
24	0.1934675	0.1625019	0.1331528	0.1055601	0.0799297	0.0565636	0.0359244
25	0.2156000	0.1847164	0.1552449	0.1272811	0.1009636	0.0764925	0.0541622
26	0.2368455	0.2061621	0.1767300	0.1486139	0.1219085	0.0967519	0.0733393
27	0.2572028	0.2268041	0.1975269	0.1694132	0.1425301	0.1169738	0.0928793
28	0.2766872	0.2466324	0.2175915	0.1895929	0.1626829	0.1369288	0.1124251
29	0.2953232	0.2656546	0.2369099	0.2091075	0.1822785	0.1564711	0.1317532
30	0.3131440	0.2838901	0.2554846	0.2279366	0.2012683	0.1755133	0.1507195
31	0.3301852	0.3013642	0.2733267	0.2460766	0.2196268	0.1940017	0.1692357
32	0.3464832	0.3181064	0.2904575	0.2635356	0.2373470	0.2119090	0.1872463
33	0.3620753	0.3341496	0.3069022	0.2803284	0.2544329	0.2292247	0.2047216
34	0.3769983	0.3495244	0.3226860	0.2964763	0.2708953	0.2459475	0.2216459
35	0.3912883	0.3642649	0.3378389	0.3120018	0.2867507	0.2620863	0.2380177
36	0.4049782	0.3784020	0.3523897	0.3269297	0.3020183	0.2776539	0.2538411
37	0.4181010	0.3919666	0.3663655	0.3412855	0.3167197	0.2926659	0.2691262
38	0.4306882	0.4049888	0.3797946	0.3550931	0.3308770	0.3071414	0.2838866
39	0.4427685	0.4174960	0.3927041	0.3683792	0.3445127	0.3210995	0.2981372
40	0.4543697	0.4295154	0.4051197	0.3811679	0.3576503	0.3345607	0.3118961
41	0.4655178	0.4410726	0.4170654	0.3934816	0.3703105	0.3475453	0.3251807
42	0.4762365	0.4521920	0.4285664	0.4053443	0.3825159	0.3600728	0.3380097
43	0.4865489	0.4628956	0.4396428	0.4167776	0.3942871	0.3721635	0.3504007
44	0.4964769	0.4732049	0.4503181	0.4278014	0.4056441	0.3838369	0.3623723
45	0.5060393	0.4831396	0.4606099	0.4384358	0.4166057	0.3951106	0.3739420
46	0.5152562	0.4927191	0.4705382	0.4486999	0.4271912	0.4060021	0.3851266
47	0.5241449	0.5019612	0.4801215	0.4586099	0.4374165	0.4165298	0.3959429
48	0.5327218	0.5108821	0.4893751	0.4681847	0.4472988	0.4267088	0.4064065
49	0.5410027	0.5194981	0.4983148	0.4774375	0.4568546	0.4365555	0.4165319
50	0.5490012	0.5278240	0.5069565	0.4863858	0.4660974	0.4460837	0.4263355

表 A.1(续)

N/F	γ=0.99						
	14	15	16	17	18	19	20
51	0.5567321	0.5358731	0.5153146	0.4950415	0.4750430	0.4553085	0.4358296
52	0.5642084	0.5436585	0.5234009	0.5034194	0.4837034	0.4642422	0.4450274
53	0.5714405	0.5511932	0.5312282	0.5115317	0.4920916	0.4728979	0.4539430
54	0.5784417	0.5584881	0.5388092	0.5193904	0.5002203	0.4812883	0.4625874
55	0.5852216	0.5655543	0.5461541	0.5270064	0.5080998	0.4894243	0.4709717
56	0.5917903	0.5724020	0.5532730	0.5343905	0.5157414	0.4973166	0.4791070
57	0.5981577	0.5790414	0.5601776	0.5415527	0.5231551	0.5049749	0.4870046
58	0.6043325	0.5854806	0.5668758	0.5485030	0.5303507	0.5124105	0.4946732
59	0.6103227	0.5917301	0.5733764	0.5552493	0.5373381	0.5196313	0.5021222
60	0.6161375	0.5977962	0.5796883	0.5618017	0.5441242	0.5266465	0.5093611
61	0.6217830	0.6036875	0.5858200	0.5681670	0.5507191	0.5334651	0.5163972
62	0.6272670	0.6094107	0.5917771	0.5743541	0.5571288	0.5400941	0.5232403
63	0.6325968	0.6149736	0.5975686	0.5803689	0.5633621	0.5465408	0.5298964
64	0.6377773	0.6203823	0.6032009	0.5862186	0.5694263	0.5528133	0.5363735
65	0.6428158	0.6256436	0.6086789	0.5919104	0.5753264	0.5589187	0.5426788
66	0.6477172	0.6307621	0.6140107	0.5974501	0.5810702	0.5648620	0.5488179
67	0.6524877	0.6357442	0.6192006	0.6028432	0.5866628	0.5706503	0.5547979
68	0.6571322	0.6405960	0.6242544	0.6080959	0.5921105	0.5762892	0.5606243
69	0.6616548	0.6453211	0.6291774	0.6132137	0.5974186	0.5817845	0.5663029
70	0.6660610	0.6499244	0.6339747	0.6182005	0.6025926	0.5871411	0.5718391
75	0.6864896	0.6712749	0.6562303	0.6413451	0.6266103	0.6120166	0.5975571
80	0.7045787	0.6901897	0.6759571	0.6618701	0.6479190	0.6340976	0.6203983
85	0.7207070	0.7070609	0.6935582	0.6801906	0.6669481	0.6538246	0.6408132
90	0.7351735	0.7221986	0.7093579	0.6966415	0.6840412	0.6715507	0.6591631
95	0.7482221	0.7358571	0.7236165	0.7114926	0.6994762	0.6875621	0.6757442
100	0.7600499	0.7482410	0.7365488	0.7249649	0.7134825	0.7020947	0.6907970
110	0.7806683	0.7698348	0.7591059	0.7484731	0.7379295	0.7274699	0.7170889
120	0.7980325	0.7880283	0.7781164	0.7682915	0.7585475	0.7488775	0.7392792
130	0.8128547	0.8035618	0.7943535	0.7852238	0.7761674	0.7671788	0.7582536
140	0.8256542	0.8169793	0.8083815	0.7998562	0.7913973	0.7830002	0.7746618
160	0.8466388	0.8389835	0.8313945	0.8238666	0.8163951	0.8089771	0.8016086
180	0.8631199	0.8562704	0.8494781	0.8427400	0.8360515	0.8294088	0.8228095
200	0.8764054	0.8702083	0.8640624	0.8579645	0.8519109	0.8458977	0.8399227
250	0.9005441	0.8955400	0.8905764	0.8856495	0.8807576	0.8758970	0.8710662
300	0.9167973	0.9126018	0.9084391	0.9043070	0.9002031	0.8961252	0.8920708
350	0.9284856	0.9248739	0.9212904	0.9177322	0.9141975	0.9106858	0.9071939
400	0.9372949	0.9341243	0.9309781	0.9278548	0.9247513	0.9216669	0.9186000
450	0.9441723	0.9413473	0.9385437	0.9357592	0.9329930	0.9302444	0.9275102
500	0.9496905	0.9471427	0.9446139	0.9421028	0.9396084	0.9371285	0.9346631
550	0.9542165	0.9518963	0.9495937	0.9473070	0.9450349	0.9427765	0.9405303
600	0.9579948	0.9558650	0.9537513	0.9516520	0.9495665	0.9474932	0.9454313
650	0.9611973	0.9592293	0.9572758	0.9553360	0.9534085	0.9514916	0.9495862
700	0.9639458	0.9621167	0.9603013	0.9584981	0.9567056	0.9549246	0.9531534
750	0.9663312	0.9646225	0.9629260	0.9612417	0.9595681	0.9579037	0.9562484
800	0.9684203	0.9668170	0.9652260	0.9636457	0.9620745	0.9605132	0.9589603
850	0.9702653	0.9687554	0.9672570	0.9657685	0.9642891	0.9628181	0.9613556
900	0.9719066	0.9704797	0.9690634	0.9676570	0.9662590	0.9648694	0.9634867
950	0.9733761	0.9720237	0.9706811	0.9693477	0.9680227	0.9667053	0.9653956
1000	0.9746997	0.9734143	0.9721381	0.9708711	0.9696117	0.9683592	0.9671143

附 录 B
（资料性附录）
二项分布可靠度单侧置信下限的近似公式

对本标准未给出的 γ、n、F 诸参数，二项分布可靠度单侧置信下限 R_L，当 $F=0$、$F=n-1$ 及 $F=n$ 时，分别按式(B.1)、式(B.3)及式(B.4)计算；当 $F=1,2,3$ 时，按对数伽玛近似式计算；其他场合用贝泽-普拉特(Peizer-Pratt)近似计算。后面给出了用这些公式近似计算的 S-PLUS 程序。

B.1 计算公式

B.1.1 对数伽玛近似

R_L 的对数伽玛近似按以下步骤计算：

a) 计算

$$c=\frac{\ln\left(\frac{n-1}{n-F}\right)}{\ln\left(\frac{n+2}{n-F+1}\right)} \qquad \cdots\cdots\cdots\cdots(B.1)$$

b) 计算

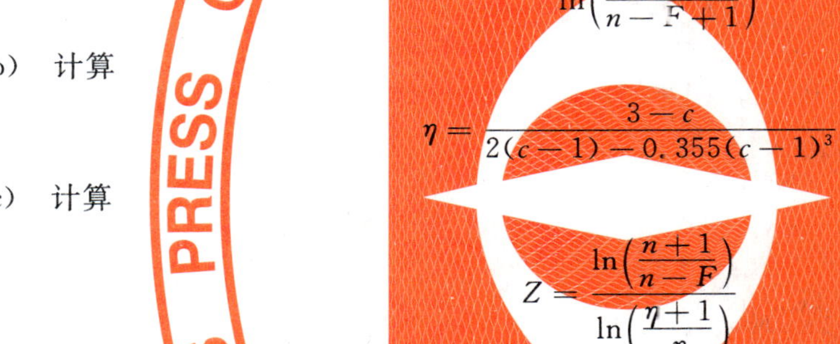

$$\eta=\frac{3-c}{2(c-1)-0.355(c-1)^3} \qquad \cdots\cdots\cdots\cdots(B.2)$$

c) 计算

$$Z=\frac{\ln\left(\frac{n+1}{n-F}\right)}{\ln\left(\frac{\eta+1}{\eta}\right)} \qquad \cdots\cdots\cdots\cdots(B.3)$$

d) 查 χ^2 分布表确定参数为 $2Z$ 的 χ^2 分布的 γ 分位数 $\chi^2_\gamma(2Z)$。

e) 计算 R_L 的对数伽玛近似。

$$R_L=\exp\left(-\frac{\chi^2_\gamma(2Z)}{2\eta}\right) \qquad \cdots\cdots\cdots\cdots(B.4)$$

示例：$n=50$，$F=1$，$\gamma=0.90$

按式(B.1)、式(B.2)、式(B.3)算得：

$c=1.020\,005$

$\eta=49.490\,31$

$Z=1.999\,812$

利用 χ^2 分布表插值得：

$$\chi^2_{0.90}(2*1.999\,812)=7.778\,882$$

按式(B.4)算得：

$$R_L=0.924\,418\,9$$

B.1.2 贝泽-普拉特近似

R_L 的贝泽-普拉特近似由式(B.5)迭代求解：

$$h(R_L)+U_\gamma=0 \qquad \cdots\cdots\cdots\cdots(B.5)$$

式中：

$$h(R)=\frac{d}{|F+0.5-n(1-R)|}\left\{\frac{2}{1+\frac{1}{6n}}\left[(F+0.5)\ln\frac{F+0.5}{n(1-R)}+(n-F-0.5)\ln\frac{n-F-0.5}{nR}\right]\right\}^{\frac{1}{2}}$$

$$d=F+0.5+\frac{1}{6}-\left(n+\frac{1}{3}\right)(1-R)+0.02\left(\frac{R}{F+1}-\frac{1-R}{n-F}+\frac{R-0.5}{n+1}\right)$$

U_γ——标准正态分布的 γ 分位数。

ICS 77.120.60
H 13

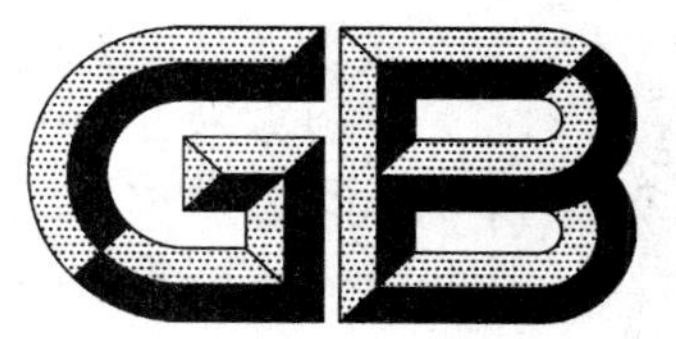

中华人民共和国国家标准

GB/T 4103.14—2009

铅及铅合金化学分析方法 第14部分:镉量的测定 火焰原子吸收光谱法

Methods for chemical analysis of lead and lead alloys—Part 14: Determination of cadmium content—Flame atomic absorption spectrophotometry

2009-04-08 发布 2010-02-01 实施

中华人民共和国国家质量监督检验检疫总局
中国国家标准化管理委员会 发布

前　言

GB/T 4103《铅及铅合金化学分析方法》分为16个部分：

——第1部分：锡量的测定；

——第2部分：锑量的测定；

——第3部分：铜量的测定；

——第4部分：铁量的测定；

——第5部分：铋量的测定；

——第6部分：砷量的测定；

——第7部分：硒量的测定；

——第8部分：碲量的测定；

——第9部分：钙量的测定；

——第10部分：银量的测定；

——第11部分：锌量的测定；

——第12部分：铊量的测定；

——第13部分：铝量的测定；

——第14部分：镉量的测定　火焰原子吸收光谱法；

——第15部分：镍量的测定　火焰原子吸收光谱法；

——第16部分：铜、银、铋、砷、锑、锡、锌量的测定　光电直读发射光谱法。

本部分为第14部分。

本部分由中国有色金属工业协会提出。

本部分由全国有色金属标准化技术委员会归口。

本部分负责起草单位：株洲冶炼集团股份有限公司、河南豫光金铅股份有限公司。

本部分参加起草单位：深圳市中金岭南有色金属股份有限公司韶关冶炼厂、中冶葫芦岛有色金属集团公司、陕西东岭锌业有限责任公司。

本部分主要起草人：钟勇、何宗蒲、向德磊、孔建敏、李莉君、刘莹晶、涂小红、杨艳、刘丽敏、王洪刚。

铅及铅合金化学分析方法
第14部分:镉量的测定
火焰原子吸收光谱法

1 范围

GB/T 4103的本部分规定了铅及铅镉合金中镉量的测定。

本部分适用于铅及铅镉合金中镉量的测定。测定范围:0.000 1%~0.01%、0.3%~2.0%。

2 方法原理

试料用硝酸溶解,以硫酸铅沉淀分离铅,使用空气-乙炔火焰,于原子吸收光谱仪波长228.8 nm处测量镉的吸光度,以标准曲线法计算镉量。

3 试剂

除另有说明,本试验用于制备溶液和分析用水均为一级水,试验所用器皿均用稀硝酸(1+4)浸泡后,用一级水彻底清洗。

3.1 硝酸(ρ 1.42 g/mL),优级纯。

3.2 硫酸(ρ 1.84 g/mL),优级纯。

3.3 硝酸(1+1)。

3.4 硝酸(1+3)。

3.5 硫酸(1+1)。

3.6 镉标准贮存溶液:称取0.500 0 g金属镉(镉的质量分数≥99.99%)于250 mL烧杯中,加入20 mL硝酸(3.1),盖上表皿,加热至完全溶解,煮沸驱除氮的氧化物,冷却,移入1 000 mL容量瓶中,以水稀释至刻度,摇匀。此溶液1 mL含0.5 mg镉。

3.7 镉标准溶液:移取10.00 mL镉标准贮存溶液(3.6)于500 mL容量瓶中,加入20 mL硝酸(3.3),以水稀释至刻度,混匀,此溶液1 mL含10 μg镉。

4 仪器

原子吸收光谱仪,附镉空心阴极灯。

在仪器最佳工作条件下,凡能达到下列指标者均可使用。

——特征浓度:在与测量样品溶液基体相一致的溶液中,镉的特征浓度应不大于0.05 μg/mL;

——精密度:用最高浓度的标准溶液测量10次吸光度,其标准偏差应不超过平均吸光度的1.0%;用最低浓度的标准溶液(不是"零"浓度标准溶液)测量10次吸光度,其标准偏差应不超过最高浓度标准溶液平均吸光度的0.5%;

——工作曲线线性:将工作曲线按浓度等分成五段,最高段的吸光度差值与最低段的吸光度差值之比,应不小于0.8;

——仪器参考工作条件见表1。

表 1　仪器工作条件

波长/nm	灯电流/mA	单色器通带/nm	燃烧器高度/mm	空气流量/(L/min)	乙炔流量/(L/min)
228.8	2	0.2	5	7.5	1.5

5　分析步骤

5.1　试料

按表 2 称取试样，精确至 0.000 1 g。

表 2　试料量及试剂加入量

镉的质量分数 %	试料量 m/g	硝酸(3.4) 加入量/mL	定容体积 V_0/mL	硫酸(3.5) 加入量/mL	分取上清液体积 V_1/mL	空白试验中硫酸(3.5) 加入量/mL
0.000 1～0.001	10.000	40	100	7.0	—	2.0
>0.001～0.002	5.000	30	100	5.0	—	2.0
>0.002～0.005	2.000	30	100	3.0	—	2.0
>0.005～0.01	5.000	30	100	5.0	10.0	—
>0.30～0.50	1.000	20	100	3.0	2.0	—
>0.50～2.0	1.000	20	500	3.0	2.0	—

5.2　空白试验

随同试料做空白试验，按表 1 在空白溶液中加入硫酸(3.5)。

5.3　测定

5.3.1　将试料(5.1)置于 300 mL 烧杯中，按表 1 加入硝酸(3.4)，盖上表皿，低温加热溶解，蒸至盐类析出，稍冷。用水吹洗表皿及杯壁，微热溶解盐类，冷却。移入预先盛有按表 1 加入硫酸(3.5)的容量瓶中，定容，混匀，静置 30 min。

5.3.2　按表 1 分取上清液，移入 100 mL 容量瓶中(V_2)，加入 20 mL 硝酸(3.4)，定容，混匀。

5.3.3　使用空气-乙炔火焰，于原子吸收光谱仪波长 228.8 nm 处，以水调零，与测量系列标准溶液的同时，测量试液吸光度，减去随同试料的空白溶液的吸光度，从工作曲线上查出相应的镉浓度(ρ)。

5.4　工作曲线的绘制

5.4.1　移取 0.00 mL、2.00 mL、4.00 mL、6.00 mL、8.00 mL、10.00 mL 镉标准溶液(3.7)于一组 100 mL 容量瓶中，加入 20 mL 硝酸(3.4)，用水稀释至刻度，混匀。

5.4.2　与试料测定相同条件下，测量系列标准溶液吸光度，减去系列标准溶液中“零”浓度溶液吸光度，以镉浓度为横坐标，吸光度为纵坐标，绘制工作曲线。

6　分析结果的计算

按式(1)计算镉的质量分数 w(Cd)，数值以%表示：

$$w(\mathrm{Cd}) = \frac{K \cdot \rho \cdot V_0 \cdot V_2 \times 10^{-6}}{m \cdot V_1} \times 100 \quad \cdots\cdots\cdots\cdots (1)$$

式中：

K——100 mL 容量瓶中硫酸铅沉淀对溶液体积的校正系数(10.000 g 试料为 0.976；5.000 g 试料为 0.987；2.000 g 试料为 0.990；1.000 g 试料为 0.995)；

ρ——自工作曲线上查得的镉浓度，单位为微克每毫升(μg/mL)；

V_0——定容体积，未分取上清液时取值为 1，单位为毫升(mL)；

V_1——分取上清液体积，未分取上清液时取值为 1，单位为毫升(mL)；

V_2——测定体积，单位为毫升(mL)；

m——试料的质量，单位为克(g)。

分析结果小于0.001 0%应保留一位有效数字，分析结果大于等于0.001 0%，小于1.00%应保留两位有效数字，大于等于1.00%应保留三位有效数字。

7 精密度

7.1 重复性

在重复性条件下获得的两次独立测试结果的测定值，在以下给出的平均值范围内，这两个测试结果的绝对差值不超过重复性限(r)，超过重复性限(r)的情况不超过5%，重复性限(r)按表3数据采用线性内插法求得：

表 3

镉的质量分数/%	0.000 2	0.002 0	0.005 0	0.50	1.00	1.50
r/%	0.000 1	0.000 4	0.0C0 8	0.03	0.04	0.05
注：重复性(r)为2.8S_r，S_r 为重复性标准差。						

7.2 再现性

在再现性条件下获得的两次独立测试结果的测定值，在以下给出的平均值范围内，这两个测试结果的绝对差值超过再现性限(R)，超过再现性限(R)的情况不超过5%，再现性限(R)按表4数据采用线性内插法求得：

表 4

镉的质量分数/%	0.000 2	0.002 0	0.005 0	0.50	1.00	1.50
R/%	0.000 1	0.000 5	0.001 0	0.04	0.05	0.06
注：再现性(R)为2.8S_R，S_R 为再现性标准差。						

8 质量保证和控制

应用国家级标准样品或行业级标准样品(当前两者没有时，也可用控制标样替代)，每周或每两周校核一次本分析方法的有效性。当过程失控时，应找出原因，纠正错误后，重新进行校核。

ICS 77.120.60
H 13

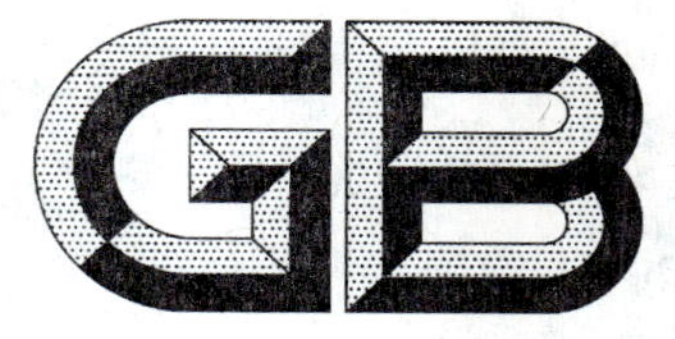

中华人民共和国国家标准

GB/T 4103.15—2009

铅及铅合金化学分析方法 第15部分：镍量的测定 火焰原子吸收光谱法

Methods for chemical analysis of lead and lead alloys—Part 15: Determination of nickel content—Flame atomic absorption spectrophotometry

2009-04-08 发布　　2010-02-01 实施

中华人民共和国国家质量监督检验检疫总局
中国国家标准化管理委员会　发布

前　言

GB/T 4103《铅及铅合金化学分析方法》分为 16 个部分：

——第 1 部分：锡量的测定；

——第 2 部分：锑量的测定；

——第 3 部分：铜量的测定；

——第 4 部分：铁量的测定；

——第 5 部分：铋量的测定；

——第 6 部分：砷量的测定；

——第 7 部分：硒量的测定；

——第 8 部分：碲量的测定；

——第 9 部分：钙量的测定；

——第 10 部分：银量的测定；

——第 11 部分：锌量的测定；

——第 12 部分：铊量的测定；

——第 13 部分：铝量的测定；

——第 14 部分：镉量的测定　火焰原子吸收光谱法；

——第 15 部分：镍量的测定　火焰原子吸收光谱法；

——第 16 部分：铜、银、铋、砷、锑、锡、锌量的测定　光电直读发射光谱法。

本部分为第 15 部分。

本部分由中国有色金属工业协会提出。

本部分由全国有色金属标准化技术委员会归口。

本部分负责起草单位：株洲冶炼集团股份有限公司、北京矿冶研究总院。

本部分参加起草单位：河南豫光金铅股份有限公司、深圳市中金岭南有色金属股份有限公司韶关冶炼厂、柳州华锡集团有限责任公司金海冶金化工分公司。

本部分主要起草人：雷素函、向德磊、刘新玲、蔡军、刘春峰、于力、孔建敏、张泽儒、涂小红、陆超。

铅及铅合金化学分析方法
第15部分：镍量的测定
火焰原子吸收光谱法

1 范围

GB/T 4103的本部分规定了铅中镍量的测定。

本部分适用于铅中镍量的测定。测定范围：0.000 1%～0.01%。

2 方法原理

试料用硝酸溶解，以硫酸铅沉淀分离铅，使用空气-乙炔火焰，于原子吸收光谱仪波长232.0 nm处测量镍的吸光度，以标准曲线法计算镍量。

3 试剂

除另有说明，本试验用于制备溶液和分析用水均为一级水，实验所用器皿均用稀硝酸(1+4)浸泡后，用一级水彻底清洗。

3.1 硝酸(ρ 1.42 g/mL)，优级纯。

3.2 硫酸(ρ 1.84 g/mL)，优级纯。

3.3 硝酸(1+1)。

3.4 硝酸(1+3)。

3.5 硫酸(1+1)。

3.6 镍标准贮存溶液：称取0.500 0 g金属镍(镍的质量分数≥99.95%)于200 mL烧杯中，加入20 mL硝酸(3.3)，盖上表皿，低温加热至完全溶解，煮沸，驱除氮的氧化物，取下冷却，移入1 000 mL容量瓶中，用水稀释至刻度，混匀。此溶液1 mL含0.5 mg镍。

3.7 镍标准溶液：移取10.00 mL镍标准贮存溶液(3.6)于500 mL容量瓶中，加入20 mL硝酸(3.3)，用水稀释至刻度，混匀。此溶液1 mL含10 μg镍。

4 仪器

原子吸收光谱仪，附镍空心阴极灯。

在仪器最佳工作条件下，凡能达到下列指标者均可使用。

——特征浓度：在与测量样品溶液基体相一致的溶液中，镍的特征浓度应不大于0.05 μg/mL；

——精密度：用最高浓度的标准溶液测量10次吸光度，其标准偏差应不超过平均吸光度的1.0%；用最低浓度的标准溶液(不是"零"浓度标准溶液)测量10次吸光度，其标准偏差应不超过最高浓度标准溶液平均吸光度的0.5%；

——工作曲线线性：将工作曲线按浓度等分成五段，最高段的吸光度差值与最低段的吸光度差值之比，应不小于0.8；

——仪器参考工作条件见表1。

表 1　仪器工作条件

波长/nm	灯电流/mA	单色器通带/nm	燃烧器高度/mm	空气流量/(L/min)	乙炔流量/(L/min)
232.0	2	0.1	5	8.0	2.5

5　分析步骤

5.1　试料

按表 2 称取试样，精确至 0.000 1 g。

5.2　空白试验

随同试料做空白试验，按表 2 在空白试验溶液中加入硫酸(3.5)。

表 2　试料量及试剂加入量

镍的质量分数/%	试料量 m/g	硝酸(3.4)加入量/mL	硫酸(3.5)加入量/mL	空白试验中硫酸(3.5)加入量/mL
0.000 1～0.001	10.000	40	6.0	1.0
>0.001～0.002	5.000	30	3.5	1.0
>0.002～0.005	2.000	25	2.0	1.0
>0.005～0.010	1.000	20	1.5	1.0

5.3　测定

5.3.1　将试料(5.1)置于 250 mL 烧杯中，按表 1 加入硝酸(3.4)，盖上表皿，低温加热溶解，蒸至盐类析出。稍冷，用水吹洗表皿及杯壁，微热溶解盐类，冷却。移入预先盛有按表 1 加入硫酸(3.5)的 50 mL 容量瓶中，定容，混匀，静置 30 min。

5.3.2　使用空气-乙炔火焰，于原子吸收光谱仪波长 232.0 nm 处，以水调零，与测量系列标准溶液的同时，测量试液吸光度，减去随同试料的空白溶液的吸光度，从工作曲线上查出相应的镍浓度(ρ)。

5.4　工作曲线的绘制

5.4.1　移取 0.00 mL、2.00 mL、4.00 mL、6.00 mL、8.00 mL、10.00 mL 镍标准溶液(3.7)于一组 50 mL 容量瓶中，加入 20 mL 硝酸(3.4)，用水稀释至刻度，混匀。

5.4.2　与试料测定相同条件下，测量系列标准溶液吸光度，减去系列标准溶液中“零”浓度溶液吸光度，以镍浓度为横坐标，吸光度为纵坐标，绘制工作曲线。

6　分析结果的计算

按式(1)计算镍的质量分数 $w(\mathrm{Ni})$，数值以%表示：

$$w(\mathrm{Ni})=\frac{K\cdot\rho\cdot V\times10^{-6}}{m}\times100 \qquad \cdots\cdots(1)$$

式中：

K——50 mL 容量瓶中硫酸铅沉淀对溶液体积的校正系数(10.000 g 试样时为 0.952；5.000 g 试样时为 0.974；2.000 g 试样时为 0.990；1.000 g 试样时为 0.995)；

ρ——自工作曲线上查得的镍浓度，单位为微克每毫升(μg/mL)；

V——试液定容体积，单位为毫升(mL)；

m——试料的质量，单位为克(g)。

分析结果小于 0.001 0%应保留一位有效数字，大于等于 0.001 0%应保留两位有效数字。

7 精密度

7.1 重复性

在重复性条件下获得的两次独立测试结果的测定值，在以下给出的平均值范围内，这两个测试结果的绝对差值不超过重复性限(r)，超过重复性限(r)的情况不超过5%，重复性限(r)按表3数据采用线性内插法求得：

表3 重复性限

镍的质量分数/%	0.000 2	0.000 4	0.002 1	0.005 0	0.010
r/%	0.000 1	0.000 2	0.000 4	0.000 8	0.001 5
注：重复性(r)为$2.8S_r$，S_r为重复性标准差。					

7.2 再现性

在再现性条件下获得的两次独立测试结果的测定值，在以下给出的平均值范围内，这两个测试结果的绝对差值不超过再现性限(R)，超过再现性限(R)的情况不超过5%，再现性限(R)按表4数据采用线性内插法求得：

表4 再现性限

镍的质量分数/%	0.000 2	0.000 4	0.002 1	0.005 0	0.010
R/%	0.000 1	0.000 2	0.000 6	0.001 0	0.002 0
注：再现性(R)为$2.8S_R$，S_R为再现性标准差。					

8 质量保证和控制

应用国家级标准样品或行业级标准样品(当前两者没有时，也可用控制标样替代)，每周或每两周校核一次本分析方法的有效性。当过程失控时，应找出原因，纠正错误后，重新进行校核。

ICS 77.120.60
H 13

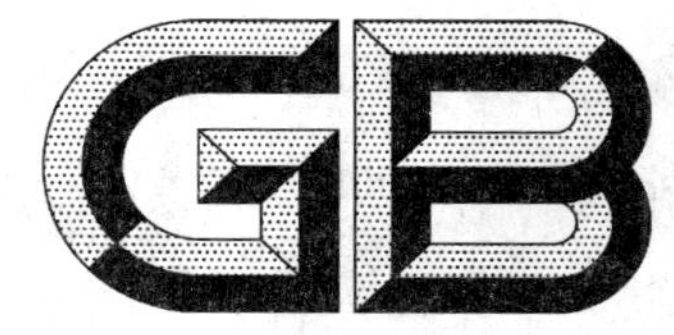

中华人民共和国国家标准

GB/T 4103.16—2009

铅及铅合金化学分析方法 第16部分：铜、银、铋、砷、锑、锡、锌量的测定 光电直读发射光谱法

Methods for chemical analysis of lead and lead alloys—
Part 16: Determination of copper, silver, bismuth, arsenic, antimony, tin and zinc contents—
Optical emission spectrometry

2009-04-08 发布　　　　2010-02-01 实施

中华人民共和国国家质量监督检验检疫总局
中国国家标准化管理委员会　发布

前　言

GB/T 4103《铅及铅合金化学分析方法》分为16个部分：

——第1部分：锡量的测定；

——第2部分：锑量的测定；

——第3部分：铜量的测定；

——第4部分：铁量的测定；

——第5部分：铋量的测定；

——第6部分：砷量的测定；

——第7部分：硒量的测定；

——第8部分：碲量的测定；

——第9部分：钙量的测定；

——第10部分：银量的测定；

——第11部分：锌量的测定；

——第12部分：铊量的测定；

——第13部分：铝量的测定；

——第14部分：镉量的测定　火焰原子吸收光谱法；

——第15部分：镍量的测定　火焰原子吸收光谱法；

——第16部分：铜、银、铋、砷、锑、锡、锌量的测定　光电直读发射光谱法。

本部分为第16部分。

本部分附录A为资料性附录。

本部分由中国有色金属工业协会提出。

本部分由全国有色金属标准化技术委员会归口。

本部分负责起草单位：深圳市中金岭南有色金属股份有限公司韶关冶炼厂。

本部分参加起草单位：河南豫光金铅股份有限公司、株洲冶炼集团股份有限公司。

本部分主要起草人：师世龙、涂小红、刘莹晶、孔建敏、钟勇。

铅及铅合金化学分析方法 第16部分：铜、银、铋、砷、锑、锡、锌量的测定 光电直读发射光谱法

1 范围

GB/T 4103的本部分规定了铅中的铜、银、铋、砷、锑、锡、锌量的测定方法。

本部分适用于铅中的铜、银、铋、砷、锑、锡、锌量的测定。测定范围见表1。

表1 元素测定范围

元　素	测定范围/%	元　素	测定范围/%
Cu	0.000 3～0.006 0	Sb	0.000 4～0.006 5
Ag	0.000 1～0.004 0	Sn	0.000 3～0.006 0
Bi	0.000 7～0.010	Zn	0.000 3～0.005 0
As	0.000 2～0.006 0	—	—

2 方法原理

试料经光源激发后，所辐射的特征光经入射狭缝到分光系统色散成光谱，此光谱强度与元素含量呈一定函数关系。对选定的内标线和分析线的强度进行光电测量，根据标准样品制作工作曲线，可求出待测元素的含量。

3 仪器、设备与材料

3.1 铅锭光谱分析标样，标样值要求见表2。

表2 铅标样值

标准值	化学成分(质量分数)/%						
	Cu	Ag	Bi	As	Sb	Sn	Zn
低点，不大于	0.000 3	0.000 1	0.000 7	0.000 2	0.000 4	0.000 3	0.000 3
高点，不小于	0.006 0	0.004 0	0.010	0.006 0	0.006 5	0.006 0	0.005 0

3.2 光电直读发射光谱仪检测限应满足表3要求，其他参数见附录A。

表3 光电发射光谱仪检测限

分析元素	测定下限	检出限	分析元素	测定下限	检出限
Cu	≤3 μg/g	≤0.9 μg/g	Sb	≤4 μg/g	≤1.2 μg/g
Ag	≤1 μg/g	≤0.3 μg/g	Sn	≤3 μg/g	≤0.9 μg/g
Bi	≤7 μg/g	≤2.1 μg/g	Zn	≤3 μg/g	≤0.9 μg/g
As	≤2 μg/g	≤0.6 μg/g	—	—	—

3.3 精密车床或铣床。

3.4 高纯氩气：氩气(Ar)纯度(体积分数)≥99.999%。

3.5 再校准样品：用来校准仪器工作状态的成分均匀、稳定的样品。再校准样品可以从标准样品(标准

物质)系列中选取,也可从满足要求的、均匀稳定的试样中选取。

3.6 控制样品:具有准确定值的与待测试样具有相似基体、相近组织结构的标准样品。

4 试料

4.1 取样

从熔融状态取样时,用预热过的模具浇铸成型。模具自选,但应保证试样均匀、无缩孔和裂纹。从铸锭、铸件、加工件上取样时,应从具有代表性的部位取样。

4.2 试样加工

试样分析面用车床或铣床加工成光洁的平面。加工时应防止试样过热氧化。

5 分析步骤

5.1 工作曲线的绘制

对标准样品按 4.2 进行加工后,使用光电直读发射光谱仪,在选定的分析条件下,对每个标准样品进行三次以上激发,测量分析线对强度比,取平均值对元素含量绘制工作曲线。

5.2 仪器再校准

对再校准样品按 4.2 进行加工后,使用光电直读发射光谱仪,在选定的分析条件下,在绘制工作曲线同时对再校准样品进行三次以上激发,采集并存储再校准样品的平均原始强度比。以后,可根据仪器漂移情况,定期或不定期按仪器再校准程序,激发再校准样品,对仪器进行再校准。

5.3 控制样品的测定

选择与待测样品元素含量范围接近的控制样品,按 4.2 对其加工后进行激发测定,仪器根据工作曲线与各校正因素自动计算测定结果;比较测定结果与控制样品定值结果,若存在显著差异,应查明原因,纠正错误,必要时重复 5.2 或 5.1 操作,直至控制样品测定获得满意结果,才能进行 5.4 测定。

5.4 测定

使用光电直读发射光谱仪,在选定的仪器分析条件下,对试料进行激发,测量分析线对强度比,同一试料最少进行两次激发,仪器根据工作曲线与各校正因素,自动进行数据处理,计算并输出各元素含量。

6 精密度

6.1 重复性

在重复性条件下获得的两次独立测试结果的测定值,在以下给出的平均值范围内,这两个测试结果的绝对差值不超过重复性限(r),超过重复性限(r)的情况不超过 5%,重复性限(r)按表 4 数据采用线性内插法求得:

表 4 重复性限

$w(Cu)/\%$	0.000 28	0.001 6	0.003 1	0.006 4
$r/\%$	0.000 15	0.000 3	0.000 4	0.000 6
$w(Ag)/\%$	0.000 26	0.000 61	0.001 6	0.004 3
$r/\%$	0.000 12	0.000 15	0.000 3	0.000 5
$w(Bi)/\%$	0.001 0	0.002 6	0.005 2	0.010 4
$r/\%$	0.000 2	0.000 4	0.000 6	0.001 0
$w(As)/\%$	0.000 34	0.001 3	0.001 9	0.005 6
$r/\%$	0.000 15	0.000 2	0.000 3	0.000 6
$w(Sb)/\%$	0.000 39	0.001 4	0.002 9	0.007 1

表 4（续）

r/%	0.000 10	0.000 2	0.000 4	0.000 8
w(Sn)/%	0.000 31	0.001 4	0.005 5	—
r/%	0.000 15	0.000 3	0.000 6	—
w(Zn)/%	0.000 25	0.001 4	0.002 4	0.004 6
r/%	0.000 15	0.000 2	0.000 3	0.000 4
注：重复性(r)为 2.8S_r，S_r 为重复性标准差。				

6.2 再现性

在再现性条件下获得的两次独立测试结果的测定值，在以下给出的平均值范围内，这两个测试结果的绝对差值不超过再现性限(R)，超过再现性限(R)的情况不超过 5%，再现性限(R)按表 5 数据采用线性内插法求得：

表 5　再现性限

w(Cu)/%	0.000 28	0.001 6	0.003 1	0.006 4
R/%	0.000 18	0.000 3	0.000 5	0.000 7
w(Ag)/%	0.000 26	0.000 61	0.001 6	0.004 3
R/%	0.000 15	0.000 20	0.000 3	0.000 6
w(Bi)/%	0.001 0	0.002 6	0.005 2	0.010 4
R/%	0.000 3	0.000 5	0.000 7	0.001 2
w(As)/%	0.000 34	0.001 3	0.001 9	0.005 6
R/%	0.000 18	0.000 3	0.000 4	0.000 7
w(Sb)/%	0.000 39	0.001 4	0.002 9	0.007 1
R/%	0.000 15	0.000 3	0.000 5	0.000 9
w(Sn)/%	0.000 31	0.001 4	0.005 5	—
R/%	0.000 18	0.000 4	0.000 7	—
w(Zn)/%	0.000 25	0.001 4	0.002 4	0.004 6
R/%	0.000 18	0.000 3	0.000 4	0.000 5
注：再现性(R)为 2.8S_R，S_R 为再现性标准差。				

7　质量保证和控制

应选用国家级标准样品、行业级标准样品或精度相当的其他标准样品绘制工作曲线，根据需要定期或不定期对仪器进行再校准，每次分析前应采用控制样品校核本分析方法标准的有效性。当过程失控时，应查明原因，纠正错误后，重新进行校核。

附 录 A
（资料性附录）
仪器工作条件

光电直读光谱仪测定铅锭中的铜、银、铋、砷、锑、锡、锌量，所采用测量时序及光源参数参考工作条件见表 A.1，元素分析线对见表 A.2，仪器光学系统性能指标见表 A.3。

表 A.1 仪器光源参数

	冲 洗	高能预激发	电火花
时间/s	2.0	5.0	4.0
频率/Hz	0	400	200

表 A.2 仪器分析线参数

分析元素	分析线波长/nm	参比线/nm
Cu	324.754、327.396	Pb322.054
Ag	338.289、328.068	Pb322.054
Bi	306.772	Pb322.054
As	234.984	Bg191.890
Sb	231.147、206.833	Bg191.890
Sn	317.502、283.999	Pb322.054
Zn	334.502、213.856	Pb322.054

表 A.3 光学系统性能指标

性能指标	技术参数		
曲率半径/m	0.75		
刻线密度/(线/mm)	1 800	2 400	3 600
倒数线色散(一次)/(nm/mm)	0.74	0.55	0.37

ICS 59.060.20
W 04

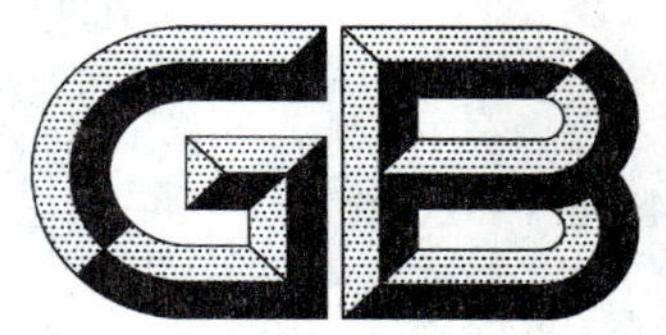

中华人民共和国国家标准

GB/T 4146.1—2009
部分代替 GB/T 4146—1984

纺织品 化学纤维 第1部分:属名

Textiles—Man-made fibres—Part 1:Generic names

(ISO 2076:1999,Textiles—Man-made fibres—Generic names,MOD)

2009-06-15 发布 2010-01-01 实施

中华人民共和国国家质量监督检验检疫总局
中国国家标准化管理委员会 发布

前　言

GB/T 4146《纺织品　化学纤维》包括以下3个部分：

——第1部分：属名；

——第2部分：产品术语；

——第3部分：检验术语。

本部分为GB/T 4146的第1部分。

本部分修改采用ISO 2076：1999《纺织品　化学纤维　属名》。

本部分根据ISO 2076：1999《纺织品　化学纤维　属名》重新起草，与ISO 2076：1999的差异为：

——删除了国际标准的前言；

——增加了5个属名(见3.24-3.28)，删除了改性腈纶1个属名；

——增加了表1中的4个注；

——在属名索引和以字母顺序排列的属名代码索引中增加了中文名称。

本部分代替GB/T 4146—1984《纺织名词术语(化纤部分)》，本部分与GB/T 4146—1984的主要差异为：

——将条款形式定义属名改为表格形式表示属名；

——仅包括纤维的属名内容，删除了纱线、织物、试验、疵点、产品分类及具体产品的相关条款；

——将单独条款描述的纤维简称直接列在表中；

——删减了乙烯基类三元共聚纤维等纤维，增加了海藻纤维、陶瓷纤维、聚酰亚胺纤维、聚烯烃弹性纤维、甲壳素纤维、聚苯硫醚、超高分子量聚乙烯等7种纤维的属名。

本部分由中国纺织工业协会提出。

本部分由全国纺织品标准化技术委员会基础分会(SAC/TC 209/SC 1)归口。

本部分主要起草单位：中国化学纤维工业协会、纺织工业标准化研究所和上海市纺织工业技术监督所。

本部分主要起草人：郑世瑛、方锡江、陆秀琴。

本部分1984年首次发布。

纺织品　化学纤维　第1部分：属名

1　范围

GB/T 4146的本部分以表格的形式列出了目前产业化生产的、供纺织及其他用途的各种化学纤维的属名，同时给出其主要特征。术语"化学纤维"通常是指通过加工得到的纤维，它与天然生长的纤维材料有明显的不同。

2　通则

表1中的内容由下述四项内容组成。

2.1　属名（例如，醋酯纤维）

纤维的名称，其特点在表1"主要特征"中进行描述。该名称的使用应限定于成纤过程中添加物含量不超过15%（质量分数）的纤维（对于非成纤添加物的比例不作限定）。属名可以用中文、英文和法文三种语言表示，用英文、法文书写时应使用小写字母。属名也可用于描述由化学纤维制成的纺织产品（纱线、织物等），这种情况下，由于生产工艺可能给纤维主要特征产生的变化是可以忽略的。

2.2　代码（例如，CA）

使用2至4个特定字母，以便于在销售和技术文献中等对各种化学纤维进行命名。在某些情况下，用于纺织纤维的代码体系与塑料的代码体系是不同的。

2.3　主要特征

一种纤维具有与其他所有纤维不同的结构。化学结构的不同会导致纤维性能的不同，这是本标准分类的主要依据；当有必要时，纤维的其他特性也会用于区分那些相类似的化学纤维。这些主要特征不是用来鉴别纤维或命名化学分子的唯一根据，也不一定适用于分析纤维混合物。

注：在以下描述中，概念"基团"、"键"、"单元"已按照以下方式被使用：

——"基团"用来表示官能团的化学单元，如醋酯纤维中的羟基；

——"键"用来表示化学键；

——"单元"用来表示重复片段。

2.4　化学分子式示例

表示纤维的化学结构。在某些情况下，多种纤维可能具有相同的化学分子式，例如铜氨、莱赛尔、莫代尔和粘胶纤维都用纤维素Ⅱ表示，所以一种化学分子式的示例不仅仅表示某一种纤维。

3　属名

表1

	属名	代码	主要特征	化学结构单元示例
3.1	铜氨纤维 cupro	CUP	由铜氨工艺得到的纤维素纤维。	纤维素Ⅱ： 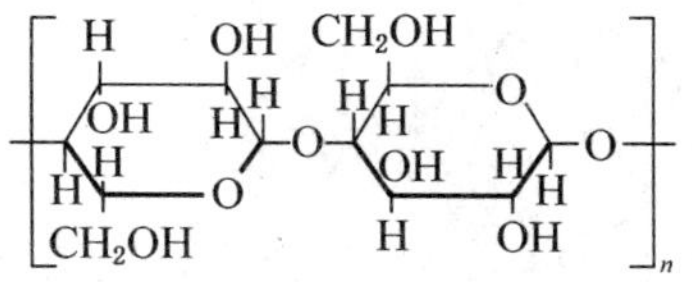

表 1（续）

	属名	代码	主要特征	化学结构单元示例
3.2	莱赛尔纤维 （莱赛尔） lyocell	CLY	由有机溶剂纺丝工艺得到的纤维素纤维。可理解为： 1）“有机溶剂”主要指有机化学物与水的混合物； 2）“溶剂纺丝”是指无衍生物形成的溶解和纺丝。	纤维素Ⅱ： 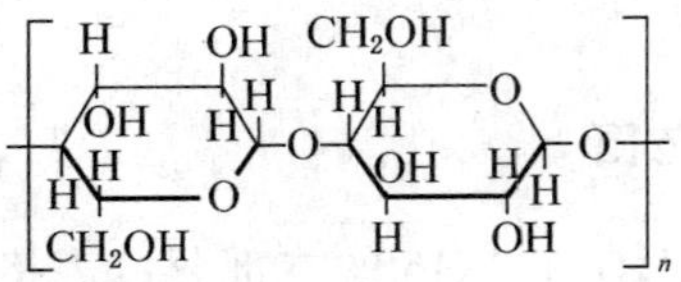
3.3	莫代尔纤维 （莫代尔） modal	CMD	具有高断裂强力和高湿模量的纤维素纤维。在调湿状态下的断裂强力 B_c 和在湿态下 5%伸长时的力 B_w 满足： $B_c \geqslant 1.3\sqrt{LD}+2LD$ $B_w \geqslant 0.5\sqrt{LD}$ 式中：LD 是平均线密度（单位长度质量），单位为分特； B_c 和 B_w 的单位为厘牛。	纤维素Ⅱ： 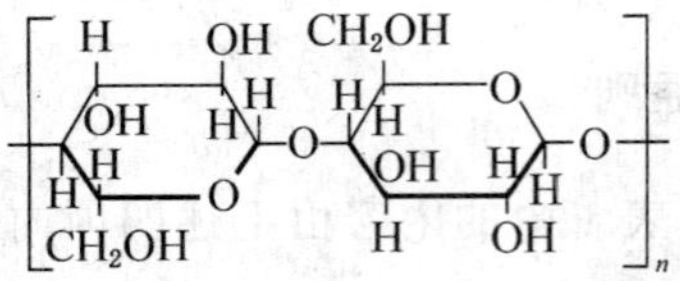
3.4	粘胶纤维 （粘纤） viscose 或 rayon	CV	由粘胶工艺得到的纤维素纤维。	纤维素Ⅱ： 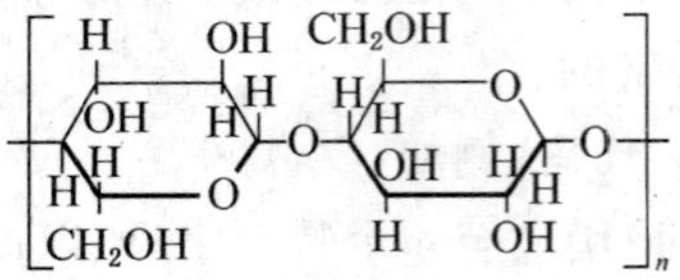
3.5	醋酯纤维 （醋纤） acetate	CA	纤维素醋酯纤维，其中 74%～92%的羟基被乙酰化。	纤维素二醋酯： $-[C_6H_7O_2(OX)_3]_n-$ 其中：x＝H 或 CH_3CO，酯化度为 2.22～2.76。
3.6	三醋酯纤维 triacetate	CTA	纤维素醋酯纤维，其中至少 92%的羟基被乙酰化的。	纤维素三醋酯： $-[C_6H_7O_2(OX)_3]_n-$ 其中：x＝H 或 CH_3CO，酯化度为 2.76～3。
3.7	海藻纤维 alginate	ALG	从褐藻酸的金属盐中得到的纤维。	藻酸钙： 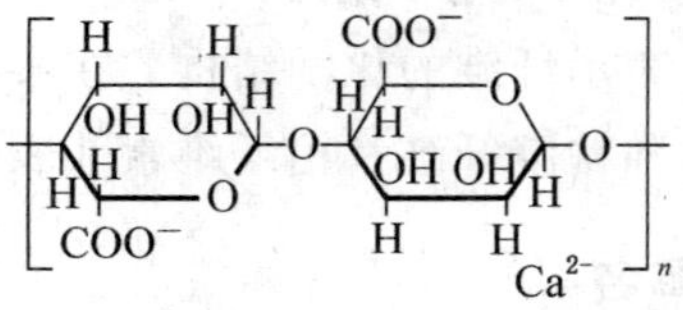
3.8	聚丙烯腈纤维 （腈纶） acrylic	PAN	由分子链中至少有 85%（质量分数）的丙烯腈重复单元的线型大分子组成的纤维。	聚丙烯腈： 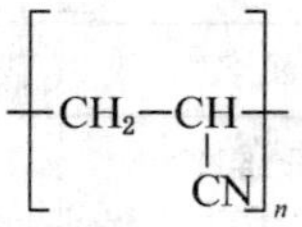 $-[CH_2-CH(CN)]_n-$ 及丙烯腈共聚物： 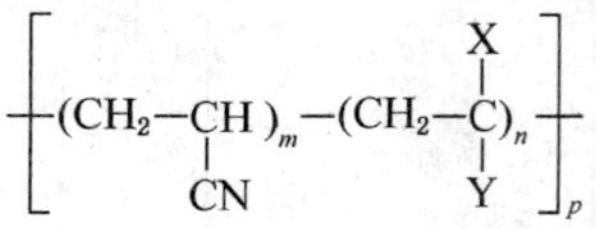 $-[(CH_2-CH(CN))_m-(CH_2-CXY)_n]_p-$

表 1（续）

	属名	代码	主要特征	化学结构单元示例
3.9	芳香族聚酰胺纤维 （芳纶） aramid	AR	由酰胺或亚酰胺键连接芳香族基团所构成的线型大分子组成的纤维，至少有85%的酰胺或亚酰胺键直接与两个芳环相联结，且当亚酰胺键存在时，其数值不超过酰胺键数。	例 1： $\left[OC-\underline{Ar}-CO-NH-\underline{Ar}-NH \right]_n$ 例 2： 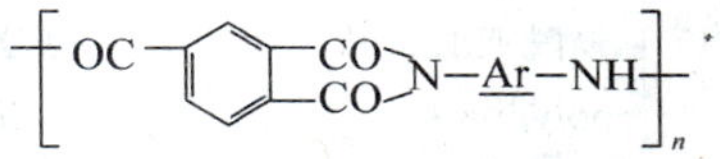 $\left[OC-C_6H_3\left\langle {}^{CO}_{CO} \right\rangle N-\underline{Ar}-NH \right]_n$ 注：例 1 中的芳香族基团可以相同或不同。
3.10	含氯纤维 （氯纶） chlorofibre	CLF	由分子链中含有50%以上（质量分数）的氯乙烯或偏氯乙烯链节（当分子链的其余部分为丙烯腈时，应有65%以上，以排除改性聚丙烯腈纤维）的线型大分子组成的纤维。	聚氯乙烯： $\left[CH_2-CHCl \right]_n$ 及聚偏氯乙烯： $\left[CH_2-CCl_2 \right]_n$
3.11	聚氨酯弹性纤维[b] （氨纶） elastane 或 spandex	EL	由至少85%（质量分数）的聚氨基甲酸酯链段构成的纤维。	具有重复的基团，弹性和刚性链段相交替的大分子。 $-O-CO-NH-$
3.12	二烯类弹性纤维[a,b] elastodiene	ED	由天然或合成的聚异戊二烯或由一种以上二烯类聚合物构成的纤维，其中二烯类聚合物可带有一种以上乙烯基单体，也可不带。这种纤维被拉伸至原长的三倍后再去除张力时，可迅速地基本上回复到原长。	从巴西三叶橡胶浆中撮的天然聚异戊二烯（已硫化）： 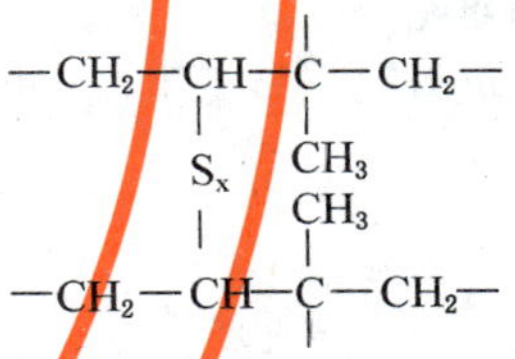 $-CH_2-CH-C(CH_3)-CH_2-$ $\quad\;\; \vert\, S_x$ $-CH_2-CH-C(CH_3)-CH_2-$
3.13	含氟纤维 （氟纶） fluorofibre	PTFE	由脂肪族碳氟化合物单体的线型大分子构成的纤维。	聚四氟乙烯： $\left[CF_2-CF_2 \right]_n$
3.14	聚酰胺纤维 （锦纶、尼龙） polyamide 或 nylon	PA	由重复的酰胺键的线型大分子构成的纤维，其中至少有85%的酰胺键与脂族的或脂环族的单元相连接。	聚己二酰己二胺（聚酰胺 66） $\left[NH-(CH_2)_6-NH-CO-(CH_2)_4-CO \right]_n$ 聚己内酰胺（聚酰胺 6） $\left[NH-(CH_2)_5-CO \right]_n$
3.15	聚酯纤维[c] polyester	PES	由分子链中至少含有85%（质量分数）的对苯二酸二醇酯的线型大分子构成的纤维。	聚对苯二甲酸乙二酯（涤纶，PET） 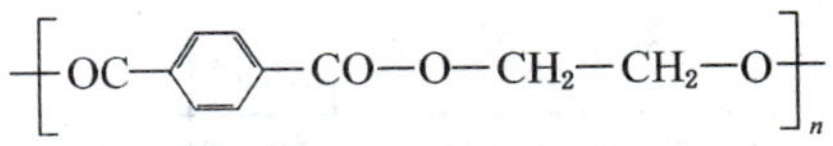 $\left[OC-C_6H_4-CO-O-CH_2-CH_2-O \right]_n$ 聚对苯二甲酸丙二酯纤维（PTT） 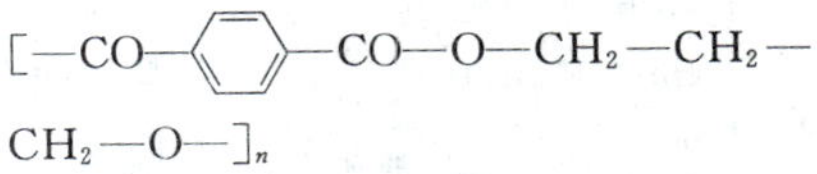 $\left[-CO-C_6H_4-CO-O-CH_2-CH_2-CH_2-O- \right]_n$ 聚对苯二甲酸丁二酯纤维（PBT） 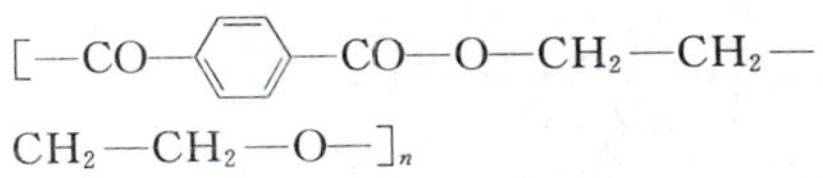 $\left[-CO-C_6H_4-CO-O-CH_2-CH_2-CH_2-CH_2-O- \right]_n$

表 1(续)

	属名	代码	主要特征	化学结构单元示例
3.16	聚乙烯纤维[d] (乙纶) polyethylene	PE	由未被取代的饱和脂肪族烃的线型大分子构成的纤维。	聚乙烯 $\left[CH_2-CH_2 \right]_n$
3.17	聚酰亚胺纤维 polyimide	PI	由分子链中含有重复的酰亚胺单元的合成线型大分子的纤维。	聚酰亚胺: [结构式] $R_1 = Aryl$ $R_2 = Alkyl$
3.18	聚丙烯纤维[d] (丙纶) polypropylene	PP	由饱和脂肪族烃的线型大分子构成的纤维,其中每两个碳原子中有一个带有一个甲侧基,一般是等规配置,且未被进一步取代的。	聚丙烯: $\left[CH_2-CH(CH_3) \right]_n$
3.19	玻璃纤维[e] glass fiber	GF	通过牵伸熔融的玻璃得到的纤维。	
3.20	聚乙烯醇纤维 (维纶) vinylal	PVAL	缩醛化程度不同的聚乙烯醇线型大分子。	缩醛化的聚乙烯醇: $\left[(CH_2-CH(OH))_m-(CH_2-CH-CH_2-CH)_n \right]_p$(两个 CH 经 O—R—O 相连) 式中 $n=0$
3.21	碳纤维 carbon fiber	CF	通过对有机纤维母体的热碳化得到的含碳量至少 90%(质量分数)的纤维。	
3.22	金属纤维[f] metal fibre	MTF	由金属得到的纤维。	
3.23	聚乳酸纤维 polylactide	PLA	由 85%(质量)分子链的线型大分子形成的纤维,乳酸基团单元从天然形成的糖中产生,其融点温度至少 135 ℃。	$\left[O-C(H)(CH_3)-C(=O) \right]_n$
3.24	聚烯烃弹性纤维 elastolefin 或 lastol	EOL	由至少 95%(质量分数)的大分子部分交叉形成纤维,它由乙烯基和至少一个其他的石蜡基组成,如拉伸纤维至初始长度的 1.5 倍时松弛,能够快速回复到纤维的初始长度。	$\left[(CH_2-CH_2)_m-(CH_2-C(C_kH_{2k-1})(X))_n \right]_p$ $\left[(CH_2-CH_2)_m-(CH_2-C(C_kH_{2k+1}))_n \right]_p$

表 1（续）

	属名	代码	主要特征	化学结构单元示例
3.25	陶瓷纤维 ceramic fiber	CRF		
3.26	甲壳素纤维 chitin	CHT	以甲壳质及其衍生物为原料制得的纤维。	甲壳质 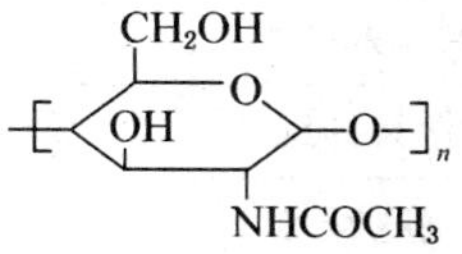 CH_2OH O OH　—O— $NHCOCH_3$　n 壳聚糖 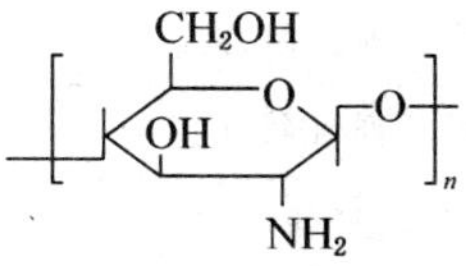 CH_2OH O OH　—O— NH_2　n
3.27	聚苯硫醚纤维 polyphenylene sulfide	PPS	由苯硫基线性大分子构成的纤维。	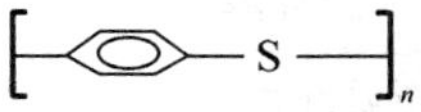 S　n
3.28	超高分子量聚乙烯纤维 ultra-high molecular weight polyethylene (UHMWPE)	UMPE	通常指分子量为 100 万～500 万线性聚乙烯所制得的纤维。	$\left[CH_2—CH_2\right]_n$

注 1：根据具体产品，聚酰胺纤维（锦纶）可以细化为锦纶 610、锦纶 1010、锦纶 11 等。

注 2：根据具体产品，芳纶可以细化为芳纶 14、芳纶 1313、芳纶 1414。

注 3：根据具体产品，含氯纤维可以细化为聚氯乙烯纤维、聚偏氯乙烯纤维、氯化聚氯乙烯纤维（过氯乙烯纤维）等。

注 4："属名"栏括号中的中文为该属名的简称。

[a] 构成弹性纤维类的一部分；

[b] 在其他领域有时是"橡胶"的意思；

[c] 该代码在 ISO 1043 用于塑料时表示为聚醚砜；

[d] 构成聚烯烃类的一部分；

[e] 某些欧洲国家称其长丝为"sillionne"，短纤维为"veranne"；

[f] 在纤维外涂履金属的情况下，应称为金属镀膜纤维（metallized fibers），而不是金属纤维（metal fibers）。

表 2　属名索引（中文、英文和法文）

中　文	英　文	法　文	条编号	代　码
醋酯纤维	acetate	acétate	3.5	CA
聚丙烯腈纤维	acrylic	acrylique	3.8	PAN
海藻纤维	alginate	alginate	3.7	ALG

表 2（续）

中　文	英　文	法　文	条编号	代　码
芳香族聚酰胺纤维	aramid	aramide	3.9	AR
碳纤维	carbon	carbone	3.21	CF
陶瓷纤维	ceramic	céramique	3.25	CRF
甲壳素纤维	chitin	chitin	3.26	CHT
含氯纤维	chlorofibre	chlorofibre	3.10	CLF
铜氨纤维	cupro	cupro	3.1	CUP
聚氨酯弹性纤维	elastane 或 spandex	élasthanne 或 spandex	3.11	EL
二烯类弹性纤维	elastodiene	élastodiène	3.12	ED
聚烯烃弹性纤维	elastolefin	elastolefine	3.24	EOL
含氟纤维	fluorofibre	fluorofibre	3.13	PTFE
玻璃纤维	glass	verre	3.19	GF
莱赛尔纤维	lyocell	lyocell	3.2	CLY
金属纤维	metal fibre	fibre de métal	3.22	MTF
莫代尔纤维	modal	modal	3.3	CMD
聚酰胺纤维	polyamide	polyamide	3.14	PA
聚酯纤维	polyester	polyester	3.15	PES[a]
聚乙烯纤维	polyethylene	polyéthylène	3.16	PE
聚乳酸纤维	polylactide	polylactide	3.23	PLA
聚酰亚胺纤维	polyimide	polyimide	3.17	PI
聚苯硫醚纤维	polyphenylene sulfide		3.27	PPS
聚丙烯纤维	polyproplylene	polypropylène	3.18	PP
三醋酯纤维	triacetate	triacétate	3.6	CTA
超高分子量聚乙烯纤维	UHMWPE	UHMWPE	3.28	UMPE
聚乙烯醇纤维	vinylal	vinylal	3.20	PVAL
粘胶纤维	viscose	viscose	3.4	CV

[a] 该代码在 ISO 1043 用于塑料时表示为聚醚砜。

表 3　以字母顺序排列的属名代码索引（英文、法文和中文）

代码	英文	法文	中文
ALG	alginate	alginate	海藻纤维
AR	aramid	aramide	芳香族聚酰胺纤维
CA	acetate	acétate	醋酯纤维
CF	carbon	carbone	碳纤维
CHT	chitin		甲壳素纤维
CRF	ceramic	céramique	陶瓷纤维
CLF	chlorofibre	chlorofibre	含氯纤维

表 3（续）

代码	英文	法文	中文
CLY	lyocell	lyocell	莱赛尔纤维
CMD	modal	modal	莫代尔纤维
CTA	triacetate	triacétate	三醋酯纤维
CUP	cupro	cupro	醋酯纤维
CV	viscose	viscose	粘胶纤维
ED	elastodiene	elastodiène	二烯类弹性纤维
EL	elastane 或 spandex	elasthanne 或 spande	聚氨酯弹性纤维
EOL	elastolefin	elastolefine	聚烯烃弹性纤维
GF	glass	verre	玻璃纤维
MTF	metal fibre	fibre de métal	金属纤维
PA	polyamide	polyamide	聚酰胺纤维
PAN	acrylic	acrylique	聚丙烯腈纤维
PE	polyethylene	polyéthylène	聚乙烯纤维
PES[a]	polyester	polyester	聚酯纤维
PI	polyimide	polyimide	聚酰亚胺纤维
PLA	polylactide	polylactide	聚乳酸纤维
PP	polyproplylene	polypropylène	聚丙烯纤维
PPS	polyphenylene sulfide		聚苯硫醚纤维
PTFE	fluorofibre	fluorofibre	含氟纤维
PVAL	vinylal	vynylal	聚乙烯醇纤维
UMPE	UHMWPE	UHMWPE	超高分子量聚乙烯

a 该代码在 ISO 1043 用于塑料时表示为聚醚砜。

ICS 77.140.20
H 44

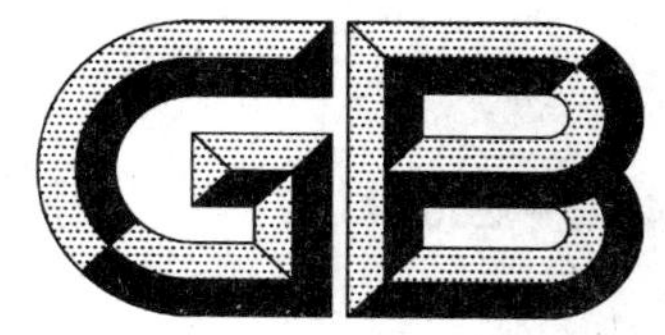

中华人民共和国国家标准

GB/T 4226—2009
代替 GB/T 4226—1984

不锈钢冷加工钢棒

Cold finished stainless steel bar

2009-10-30 发布　　2010-05-01 实施

中华人民共和国国家质量监督检验检疫总局
中国国家标准化管理委员会　发布

前　言

本标准代替 GB/T 4226—1984《不锈钢冷加工钢棒》。

本标准与原标准相比，主要有以下修改：

——增加“订货内容”、“分类及代号”及“冶炼方法”规定；

——增加银亮钢棒剥皮和抛光交货状态；

——修改尺寸、外形及允许偏差规定；

——删除原“类别和牌号”一章，牌号直接采用 GB/T 1220—2007 中规定牌号；

——“力学性能”修改为协议检验项目；

——增加低倍组织检验项目；

——增加“耐腐蚀性能”协议检验项目；

——修改“表面质量”规定。

本标准由中国钢铁工业协会提出。

本标准由全国钢标准化技术委员会归口。

本标准主要起草单位：东北特殊钢集团有限责任公司、冶金工业信息标准研究院、常州市大平新型不锈钢制品有限公司、永兴特种不锈钢股份有限公司。

本标准主要起草人：谷强、戴强、栾燕、陈方大、朱诚。

本标准所代替标准的历次版本发布情况为：

——GB/T 4226—1984。

不锈钢冷加工钢棒

1 范围

本标准规定了不锈钢冷加工钢棒(圆钢、方钢、六角钢及扁钢的总称,以下简称钢棒)的订货内容、分类及代号、尺寸、外形、重量及允许偏差、技术要求、试验方法、检验规则、包装、标志和质量证明书等内容。

本标准适用于尺寸(直径、边长、对边距离或宽度,以下简称尺寸)不大于 100 mm 的冷轧或冷拉圆钢、方钢、六角钢、扁钢及银亮圆钢(剥皮、磨光及抛光)。

2 规范性引用文件

下列文件中的条款通过本标准的引用而成为本标准的条款。凡是注日期的引用文件,其随后所有的修改单(不包括勘误的内容)或修订版均不适用于本标准,然而,鼓励根据本标准达成协议的各方研究是否可使用这些文件的最新版本。凡是不注日期的引用文件,其最新版本适用于本标准。

GB/T 222　钢的成品化学成分允许偏差

GB/T 223.3　钢铁及合金化学分析方法　二安替比林甲烷磷钼酸重量法测定磷量

GB/T 223.4　钢铁及合金　锰含量的测定　电位滴定或可视滴定法

GB/T 223.5　钢铁酸溶硅和全硅含量的测定　还原型硅钼酸盐分光光度法

GB/T 223.8　钢铁及合金化学分析方法　氟化钠分离-EDTA 滴定法测定铝含量

GB/T 223.9　钢铁及合金化学分析方法　铬天青 S 分光光度法测定铝含量

GB/T 223.11　钢铁及合金化学分析方法　过硫酸铵氧化容量法测定铬量

GB/T 223.14　钢铁及合金化学分析方法　钽试剂萃取光度法测定钒含量

GB/T 223.16　钢铁及合金化学分析方法　变色酸光度法测定钛量

GB/T 223.17　钢铁及合金化学分析方法　二安替吡啉甲烷光度法测定钛量

GB/T 223.18　钢铁及合金化学分析方法　硫代硫酸钠分离—碘量法测定铜量

GB/T 223.23　钢铁及合金　镍含量的测定　丁二酮肟分光光度法

GB/T 223.25　钢铁及合金化学分析方法　丁二酮肟重量法测定镍量

GB/T 223.26　钢铁及合金　钼含量的测定　硫氰酸盐分光光度法

GB/T 223.28　钢铁及合金化学分析方法　α-安息香肟重量法测定钼量

GB/T 223.36　钢铁及合金化学分析方法　蒸馏分离—中和滴定法测定氮量

GB/T 223.37　钢铁及合金化学分析方法　蒸馏分离—靛酚蓝光度法测定氮量

GB/T 223.40　钢铁及合金　铌含量的测定　氯磺酚 S 分光光度法

GB/T 223.52　钢铁及合金化学分析方法　盐酸羟胺—碘量法测定硒量

GB/T 223.58　钢铁及合金化学分析方法　亚砷酸钠—亚硝酸钠滴定法测定锰量

GB/T 223.59　钢铁及合金化学分析方法　锑磷钼蓝光度法测定磷量

GB/T 223.60　钢铁及合金化学分析方法　高氯酸脱水重量法测定硅含量

GB/T 223.61　钢铁及合金化学分析方法　磷钼酸铵容量法测定磷量

GB/T 223.62　钢铁及合金化学分析方法　乙酸丁酯萃取光度法测定磷量

GB/T 223.63　钢铁及合金化学分析方法　高碘酸钠(钾)光度法测定锰量

GB/T 223.64　钢铁及合金　锰含量的测定　火焰原子吸收光谱法

GB/T 223.67　钢铁及合金　硫含量的测定　次甲基蓝分光光度法

GB/T 223.68　钢铁及合金化学分析方法　管式炉内燃烧后碘酸钾滴定法测定硫含量

GB/T 223.69 钢铁及合金化学分析方法 管式炉内燃烧后气体容量法测定碳含量

GB/T 223.71 钢铁及合金化学分析方法 管式炉内燃烧后重量法测定碳含量

GB/T 223.72 钢铁及合金 硫含量的测定 重量法

GB/T 226 钢的低倍组织及缺陷酸蚀检验法(GB/T 226—1991,neq ISO 4969:1980)

GB/T 228 金属材料 室温拉伸试验方法(GB/T 228—2002,eqv ISO 6892:1998)

GB/T 229 金属材料 夏比摆锤冲击试验方法(GB/T 229—2007, ISO 148-1:2006,MOD)

GB/T 230.1 金属材料 洛氏硬度试验 第1部分:试验方法(A、B、C、D、E、F、G、H、K、N、T标尺)(GB/T 230.1—2008,ISO 6508:2005,MOD)

GB/T 231.1 金属材料 布氏硬度试验 第1部分:试验方法

GB/T 905—1994 冷拉圆钢、方钢、六角钢尺寸、外形、重量及允许偏差

GB/T 1220—2007 不锈钢棒

GB/T 1979 结构钢低倍组织缺陷评级图

GB/T 2101 型钢验收、包装、标志及质量证明书的一般规定

GB/T 2975 钢及钢产品力学性能试验取样位置及试样制备(GB/T 2975—1998,eqv ISO 377:1997)

GB/T 3207 银亮钢

GB/T 4334 金属和合金的腐蚀 不锈钢晶间腐蚀试验方法

GB/T 4340.1 金属材料 维氏硬度试验 第1部分:试验方法(GB/T 4340.1—2008, ISO 6507-1:1997,MOD)

GB/T 6394 金属平均晶粒度测定法

GB/T 6401—1986 铁素体奥氏体型双相不锈钢中α-相面积含量金相测定法

GB/T 7736 钢的低倍组织及缺陷超声波检验法

GB/T 9971—2004 原料纯铁

GB/T 10121 钢材塔形发纹磁粉检验方法

GB/T 10561 钢中非金属夹杂物含量的测定 标准评级图谱显微检验法(GB/T 10561—2005,ISO 4967:1998,IDT)

GB/T 11170 不锈钢的光电发射光谱分析方法

GB/T 13305—1991 奥氏体不锈钢中α-相面积含量金相测定法

GB/T 15574 钢产品分类(GB/T 15574—1995,eqv ISO 6929:1987)

GB/T 15711 钢材塔形发纹酸浸检验方法

GB/T 17505 钢及钢产品交货一般技术要求(GB/T 17505—1998,eqv ISO 404:1992)

GB/T 20066 钢和铁 化学成分测定用试样的取样和制样方法(GB/T 20066—2006,ISO 14284:1996,IDT)

YB/T 5293 金属材料 顶锻试验方法

3 订货内容

按本标准订货的合同或订单应包括下列内容:

a) 标准编号;

b) 产品名称(见4.2);

c) 牌号或统一数字代号;

d) 截面形状(圆、方、扁、六角等);

e) 尺寸、外形及精度等级(见第5章);

f) 重量(或数量);

g） 使用加工方法（见 4.1）；

h） 交货状态（见 6.3）；

i） 特殊要求（见 6.8）。

4 分类及代号

4.1 钢棒按使用加工方法不同分为下列两类。钢棒的使用加工方法应在合同中注明，未注明者按切削加工用钢供货。

a） 压力加工用钢 UP

1） 热压力加工 UHP

2） 冷压力加工 UCP

3） 热顶锻用钢 UHF

4） 冷顶锻用钢 UCF

b） 切削加工用钢 UC

4.2 钢棒按生产制造方法分为下列三类。

a） 冷轧钢棒 WCR

b） 冷拉钢棒 WCD

c） 银亮钢棒

1） 剥皮钢棒 SF

2） 磨光钢棒 SP

3） 抛光钢棒 SB

5 尺寸、外形、重量及允许偏差

5.1 钢棒的公称尺寸

5.1.1 圆钢、方钢及六角钢的公称尺寸按表 1 的规定。

表 1 圆钢、方钢及六角钢公称尺寸 单位为毫米

截面形状	公称尺寸[a]
圆	5 6 7 8 9 10 11 12 13 14 15 16 17 18 19 20 22 23 24 25 26 28 30 32 35 36 38 40 42 45 48 50 55 60 65 70 75 80 85 90 95 100
方	5 6 7 8 9 10 12 13 14 15 16 17 19 20 22 25 28 30 32 35 36 38 40 45 50 55 60
六角	5.5 6 7 8 9 10 11 12 13 14 17 19 21 22 23 24 26 27 29 30 32 35 36 38 41 46 50 55 60 65 70 75 80
[a] 圆钢为直径、方钢为边长、六角钢为对边距离。	

5.1.2 扁钢的公称尺寸按表 2 的规定。

表 2 扁钢公称尺寸 单位为毫米

厚度	宽度														
3	9	10	12	16	19	20	25	30	32	38	40	50	—	—	—
4	—	—	12	16	19	20	25	30	32	38	40	50	—	—	—
5	—	—	12	16	19	20	25	30	32	38	40	50	65	—	—
6	—	—	12	16	19	20	25	30	32	38	40	50	65	75	100
9	—	—	—	16	19	20	25	30	32	38	40	50	65	75	100
10	—	—	—	16	19	20	25	30	32	38	40	50	65	75	100

表 2（续） 单位为毫米

厚度	宽度													
12	—	—	—	—	19	20	25	30	32	38	40	50	65	75	100
16	—	—	—	—	—	—	25	30	32	38	40	50	65	75	100
19	—	—	—	—	—	—	25	30	32	38	40	50	65	75	100
22	—	—	—	—	—	—	25	30	32	38	40	50	65	75	100
25	—	—	—	—	—	—	—	—	32	38	40	50	65	75	100

5.1.3　根据需方要求，合同注明，也可订购表 1 及表 2 未规定的其他尺寸的钢材。

5.2　圆钢、方钢及六角钢尺寸、外形及允许偏差

5.2.1　圆钢、方钢及六角钢的尺寸及允许偏差应符合 GB/T 905—1994 规定。公称尺寸大于 80 mm～100 mm 部分按表 3 规定。

5.2.2　圆钢、方钢及六角钢的外形应符合 GB/T 905—1994 规定。公称尺寸大于 80 mm～100 mm 部分的弯曲度按 GB/T 905—1994 中表 4“公称尺寸大于 50 mm～80 mm”部分规定。

表 3　钢棒尺寸允许偏差 单位为毫米

公称尺寸（直径、边长、对边距离、厚度及宽度）	允许偏差级别					
	h8 级	h9 级	h10 级	h11 级	h12 级	h13 级
＞80～100	0 −0.054	0 −0.087	0 −0.140	0 −0.220	0 −0.350	0 −0.540

5.3　扁钢尺寸、外形及允许偏差

5.3.1　扁钢的尺寸及允许偏差应符合 GB/T 905—1994 规定。公称尺寸超出 GB/T 905—1994 部分按表 3 规定。

5.3.2　扁钢不应有显著扭转，对扁钢的顶角圆弧半径或对角线有特殊要求时，由供需双方协商确定。扁钢的其他外形要求应符合 GB/T 905—1994 的规定。

5.4　冷拉或冷轧钢棒的交货长度及允许偏差

冷拉或冷轧钢棒的交货长度及允许偏差应符合 GB/T 905—1994 中 3.4 规定。

5.5　银亮钢尺寸、外形及允许偏差

银亮钢尺寸、外形及允许偏差应符合 GB/T 3207 规定。

根据需方要求，并在合同中注明，可将钢材的负偏差改为正负偏差或正偏差交货（公差均不变）。

5.6　重量

钢材按实际重量交货。

6　技术要求

6.1　牌号及化学成分

6.1.1　钢的牌号、统一数字代号及化学成分（熔炼分析）应符合 GB/T 1220—2007 中表 1～表 5 的规定。

6.1.2　钢棒的化学成分允许偏差应符合 GB/T 222 的规定。

6.2　冶炼方法

除非在合同中另有规定，一般应采用粗炼钢（水）加炉外精炼等工艺。

6.3　交货状态

圆钢棒以冷轧、冷拉或银亮（剥皮、磨光及抛光）状态交货，方钢、六角钢及扁钢以冷轧、冷拉状态交货。根据需方要求可经热处理、酸洗后交货。

6.4 力学性能

根据需方要求，并在合同中注明，钢棒可进行力学性能检验，具体指标由供需双方协商确定。

6.5 耐腐蚀性能

根据需方要求，并由供需双方协商采用合适的试验方法，且在合同中注明，奥氏体型和奥氏体-铁素体型不锈钢可进行晶间腐蚀试验，其耐腐蚀性能见表4和表5。表4和表5以外牌号的耐腐蚀性能由供需双方协商确定。

表4 GB/T 4334 中方法 A 的判别

GB/T 1220—2007 中序号	统一数字代号	新牌号	旧牌号	试验状态	GB/T 4334 方法 B	GB/T 4334 方法 C	GB/T 4334 方法 E
17	S30408	06Cr19Ni10	0Cr18Ni9	固溶处理	沟状组织	沟状组织 凹坑组织Ⅱ	沟状组织
38	S31608	06Cr17Ni12Mo2	0Cr17Ni12Mo2			—	
45	S31688	06Cr18Ni12Mo2Cu2	0Cr18Ni12Mo2Cu2				
49	S31708	06Cr19Ni13Mo3[a]	0Cr19Ni13Mo3[a]				
18	S30403	022Cr19Ni10	00Cr19Ni10	敏化处理	沟状组织	沟状组织 凹坑组织Ⅱ	沟状组织
39	S31603	022Cr17Ni12Mo2	00Cr17Ni14Mo2			—	
46	S31683	022Cr18Ni14Mo2Cu2	00Cr18Ni14Mo2Cu2				
50	S31703	022Cr19Ni13Mo3	00Cr19Ni13Mo3				
55	S32168	06Cr18Ni11Ti	0Cr18Ni10Ti		—		
62	S34778	06Cr18Ni11Nb	0Cr18Ni11Nb				

[a] 可进行敏化处理，但试验前应由供需双方协商确定。

表5 GB/T 4334 晶间腐蚀试验

GB/T 1220—2007 中序号	统一数字代号	新牌号	旧牌号	方法 B		方法 C		方法 E	
				试验状态	腐蚀减重/(g/m²h)	试验状态	腐蚀减重/(g/m²h)	试验状态	试验弯曲面的状态
17	S30408	06Cr19Ni10	0Cr18Ni9	固溶处理	协议	固溶处理	协议	固溶处理	不允许有晶间腐蚀裂纹
38	S31608	06Cr17Ni12Mo2	0Cr17Ni12Mo2			—			
45	S31688	06Cr18Ni12Mo2Cu2	0Cr18Ni12Mo2Cu2						
49	S31708	06Cr19Ni13Mo3[a]	0Cr19Ni13Mo3[a]						
18	S30403	022Cr19Ni10	00Cr19Ni10	敏化处理	协议	敏化处理	协议	敏化处理	
39	S31603	022Cr17Ni12Mo2	00Cr17Ni14Mo2			—			
46	S31683	022Cr18Ni14Mo2Cu2	00Cr18Ni14Mo2Cu2						
50	S31703	022Cr19Ni13Mo3	00Cr19Ni13Mo3						
55	S32168	06Cr18Ni11Ti	0Cr18Ni10Ti	—					
62	S34778	06Cr18Ni11Nb	0Cr18Ni11Nb						

6.6 低倍组织

6.6.1 钢棒的横截面酸浸低倍试片上不允许有目视可见的缩孔、气泡、裂纹、夹杂、翻皮及白点。对切削加工用的钢棒允许有深度不大于公称尺寸公差之半的皮下缺陷。

6.6.2 酸浸低倍组织合格级别应符合表6的规定。当需方要求Ⅰ组时，应在合同中注明。

6.6.3 供方若能保证，允许采用超声波探伤法或其他无损探伤法代替低倍检验。

表6 低倍组织合格级别

组 别	一般疏松	中心疏松	锭型偏析
Ⅰ组	≤2.0级	≤2.0级	≤2.0级
Ⅱ组	≤3.0级	≤2.0级	≤2.0级

6.7 表面质量

6.7.1 冷轧或冷拉圆钢

6.7.1.1 冷轧或冷拉圆钢表面应洁净、光滑、不允许有裂纹、折迭、结疤、夹杂、拉裂和氧化皮；经热处理的冷拉钢材表面允许有氧化色。

6.7.1.2 切削加工用冷轧或冷拉圆钢，表面允许有从实际尺寸算起深度不超过该公称尺寸公差的麻点、刮伤、拉痕、黑斑、凹面、清理斜痕、润滑剂痕迹和深度为公差之半的个别小发纹。

6.7.1.3 压力加工用冷轧或冷拉圆钢，表面允许有从实际尺寸算起深度不超过该公称尺寸公差的个别划伤、拉痕、黑斑、凹面、麻点及清理斜痕。根据需方要求，上述缺陷可不超过公差之半。

6.7.1.4 经斜辊矫直的冷轧或冷拉圆钢，表面允许有螺纹状辊印。

6.7.2 冷轧或冷拉方钢、扁钢及六角钢

冷轧或冷拉方钢、扁钢及六角钢表面质量按6.7.1.2的规定。

6.7.3 银亮钢

银亮钢的表面质量应符合GB/T 3207的规定。

6.8 特殊要求

根据需方要求，并经供需双方协议，可供应下列特殊要求的钢棒。

a) 增加硬度检验；

b) 检验α-相含量；

c) 检验钢的非金属夹杂物；

d) 钢的晶粒度检验；

e) 增加顶锻试验；

f) 增加塔形检验；

g) 其他特殊要求。

7 试验方法

每批钢棒的检验项目及试验方法应符合表7的规定。

表7 钢棒检验项目、取样数量、取样部位及试验方法

序号	检验项目	取样数量[a]/个	取样部位	试验方法
1	化学成分	1/炉	GB/T 20066	GB/T 223(见第2章)、GB/T 11170、GB/T 9971—2004附录A
2	拉伸试验	2	不同根钢棒，GB/T 2975	GB/T 228
3	冲击试验	2		GB/T 229

表7（续）

序号	检验项目	取样数量[a]/个	取样部位	试验方法
4	硬度	2	不同根钢棒	GB/T 230.1、GB/T 231.1、GB/T 4340.1
5	晶间腐蚀	2		GB/T 4334
6	低倍组织	2	相当于钢锭头部的不同根钢棒或钢坯；连铸钢在任意不同根钢棒	GB/T 226、GB/T 1979
7	超声波检验	2	不同根钢棒	GB/T 7736
8	非金属夹杂物	2		GB/T 10561
9	晶粒度	1	任一钢棒	GB/T 6394
10	α-相	1		GB/T 6401—1986、GB/T 13305—1991
11	塔形	2	相当于钢锭头部不同根钢棒或钢坯；连铸钢在任意不同根钢棒	GB/T 15711、GB/T 10121
12	顶锻	2	不同根钢棒	YB/T 5293
13	尺寸	逐根	整根钢棒	卡尺、千分尺
14	表面	逐根		目视

[a] 电渣钢的取样数量均为1个。以自耗电极的熔炼母炉号组批时，除化学成分每个电渣炉号取1个外，其他检验项目取样数量同表中规定。

8 检验规则

8.1 检查和验收

钢棒的检查和验收由供方技术质量监督部门进行。

8.2 组批规则

钢棒应按批检查和验收。每批由同一牌号、同一炉号、同一加工方法、同一尺寸和同一交货状态(同一热处理炉次)的钢棒组成。采用电渣重熔冶炼的钢，在工艺稳定且能保证本标准各项技术要求的条件下，允许以自耗电极的熔炼母炉号组批交货，并在质量证明书中注明。

8.3 取样部位及取样数量

每批钢棒检验取样部位及取样数量应符合表7的规定。

8.4 复验和判定规则

8.4.1 复验和判定规则应按GB/T 17505的有关规定。

8.4.2 供方若能保证钢棒合格时，对同一炉号的钢棒或钢坯的力学性能、低倍组织、非金属夹杂物的检验结果，允许以坯代材、以大代小。

9 包装、标志和质量证明书

9.1 冷拉或冷轧钢棒的包装、标志和质量证明书应符合GB/T 2101中的有关规定。

9.2 银亮钢棒的包装、标志和质量证明书应符合GB/T 3207中的有关规定。

ICS 77.140.65
H 49

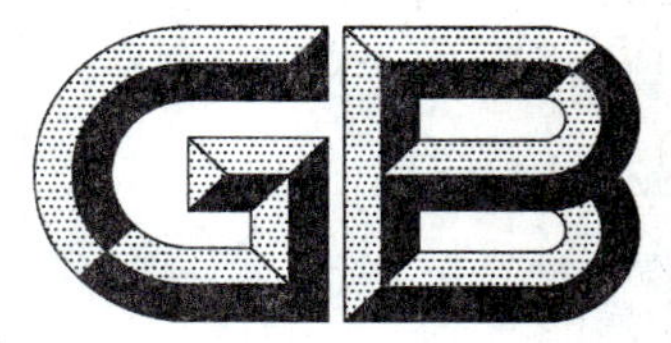

中华人民共和国国家标准

GB/T 4232—2009
代替 GB/T 4232—1993

冷顶锻用不锈钢丝

Stainless steel wire for cold heading and cold forging

2009-10-30 发布　　　　2010-05-01 实施

中华人民共和国国家质量监督检验检疫总局
中国国家标准化管理委员会　发布

前 言

本标准修改采用 JIS G4315:2000《冷顶锻用不锈钢丝》(英文版)。

为了方便比较,附录 B 中给出了技术差异及其原因的一览表以供参考。

本标准代替 GB/T 4232—1993《冷顶锻用不锈钢丝》。与 GB/T 4232—1993 相比,主要变化如下:

——增加了术语和定义;

——修改了软态和轻拉状态代号;

——增加了订货内容;

——调整钢丝直径范围:软态钢丝直径由 1.0 mm～6.0 mm 扩大至 0.80 mm～11.0 mm,轻拉钢丝直径由 1.0 mm～14.0 mm 扩大至 0.80 mm～20.0 mm;

——取消了标记示例;

——修改了牌号表示法,牌号由原标准的 9 个牌号扩大到 18 个牌号;

——对钢丝牌号和化学成分进行了修订;

——对钢丝力学性能进行了修订;

——增加了尺寸小于 3.0 mm 的钢丝断面收缩率和伸长率(仅供参考),并对拉伸试样标距进行了修改;

——冷顶锻试验由必检项目修改为协议检验项目;

——修改了包装要求;

——增加了附录 A“国内外主要牌号对照”;

——增加了附录 B“本标准与 JIS G4315:2000 标准的技术性差异及其原因”。

本标准的附录 A 和附录 B 均为资料性附录。

本标准由中国钢铁工业协会提出。

本标准由全国钢标准化技术委员会归口。

本标准主要起草单位:东北特殊钢集团有限责任公司、江阴康瑞不锈钢制品有限公司、冶金工业信息标准研究院、法尔胜集团公司、永兴特种不锈钢股份有限公司。

本标准主要起草人:真娟、徐效谦、朱卫、王玲君、刘翔、戴石锋、章建江、徐钦华、杨辉。

本标准所代替标准的历次版本发布情况为:

——GB/T 4232—1984、GB/T 4232—1993。

冷顶锻用不锈钢丝

1 范围

本标准规定了冷顶锻用不锈钢丝的术语和定义、订货内容、分类及牌号、尺寸、外形及允许偏差、技术要求、试验方法、检验规则、包装、标志和质量证明书。

本标准适用于制造螺栓、螺钉和铆钉等紧固件及冷成型件用圆截面不锈钢丝(以下简称钢丝)。

2 规范性引用文件

下列文件中的条款通过本标准的引用而成为本标准的条款。凡是注日期的引用文件,其随后所有的修改单(不包括勘误的内容)或修订版均不适用于本标准,然而,鼓励根据本标准达成协议的各方研究是否可使用这些文件的最新版本。凡是不注日期的引用文件,其最新版本适用于本标准。

GB/T 222 钢的成品化学成分允许偏差

GB/T 223.3 钢铁及合金化学分析方法 二安替吡啉甲烷磷钼酸重量法测定磷量

GB/T 223.4 钢铁及合金 锰含量的测定 电位滴定或可视滴定法

GB/T 223.5 钢铁 酸溶硅和全硅含量的测定 还原型硅钼酸盐分光光度法

GB/T 223.11 钢铁及合金化学分析方法 过硫酸铵氧化容量法测定铬量

GB/T 223.17 钢铁及合金化学分析方法 二安替吡啉甲烷光度法测定钛量

GB/T 223.18 钢铁及合金化学分析方法 硫代硫酸钠分离-碘量法测定铜量

GB/T 223.23 钢铁及合金 镍含量的测定 丁二酮肟分光光度法

GB/T 223.25 钢铁及合金化学分析方法 丁二酮肟重量法测定镍量

GB/T 223.26 钢铁及合金 钼含量的测定 硫氰酸盐分光光度法

GB/T 223.28 钢铁及合金化学分析方法 α-安息香肟重量法测定钼量

GB/T 223.36 钢铁及合金化学分析方法 蒸馏分离-中和滴定法测定氮量

GB/T 223.37 钢铁及合金化学分析方法 蒸馏分离-靛酚蓝光度法测定氮量

GB/T 223.40 钢铁及合金 铌含量的测定 氯磺酚S分光光度法

GB/T 223.58 钢铁及合金化学分析方法 亚砷酸钠-亚硝酸钠滴定法测定锰量

GB/T 223.59 钢铁及合金化学分析方法 锑磷钼蓝光度法测定磷量

GB/T 223.60 钢铁及合金化学分析方法 高氯酸脱水重量法测定硅含量

GB/T 223.61 钢铁及合金化学分析方法 磷钼酸铵容量法测定磷量

GB/T 223.62 钢铁及合金化学分析方法 乙酸丁酯萃取光度法测定磷量

GB/T 223.63 钢铁及合金化学分析方法 高碘酸钠(钾)光度法测定锰量

GB/T 223.67 钢铁及合金 硫含量的测定 次甲基蓝分光光度法

GB/T 223.68 钢铁及合金化学分析方法 管式炉内燃烧后碘酸钾滴定法测定硫含量

GB/T 223.69 钢铁及合金 碳含量的测定 管式炉内燃烧后气体容量法

GB/T 223.71 钢铁及合金化学分析方法 管式炉内燃烧后重量法测定碳含量

GB/T 223.72 钢铁及合金 硫含量的测定 重量法

GB/T 228 金属材料 室温拉伸试验方法(GB/T 228—2002,eqv ISO 6892:1998)

GB/T 342—1997 冷拉圆钢丝、方钢丝、六角钢丝尺寸、外形、重量及允许偏差

GB/T 2103—2008 钢丝验收、包装、标志和质量证明书的一般规定

GB/T 3207 银亮钢

GB/T 4240—2009 不锈钢丝

GB/T 4334　金属和合金的腐蚀　不锈钢晶间腐蚀试验方法

GB/T 4356　不锈钢盘条

GB/T 11170　不锈钢的光电发射光谱分析方法

GB/T 20066　钢和铁　化学成分测定用试样的取样和制样方法(GB/T 20066—2006,ISO 14284:1996,IDT)

GB/T 20123　钢铁　总碳硫含量的测定　高频感应炉燃烧后红外吸收法(常规方法)(GB/T 20123—2006,ISO 15350:2000,IDT)

GB/T 20124　钢铁　氮含量的测定　惰性气体熔融热导法(常规方法)(GB/T 20124—2006,ISO 15351:1999,IDT)

YB/T 5293　金属材料　顶锻试验方法

3　术语和定义

GB/T 4240 中确定的术语和定义适用于本标准。

4　订货内容

按本标准订货的合同或订单应包括下列内容:

a)　本标准号;

b)　产品名称;

c)　牌号;

d)　尺寸与外形(见第 6 章);

e)　重量(或数量);

f)　交货状态(见 7.3);

g)　其他要求。

5　分类及牌号

钢丝按组织分为三类,其类别、牌号、交货状态和状态代号见表 1 所示。

表 1　钢丝的类别、牌号、交货状态和状态代号

类　别	新　牌　号	交货状态
奥氏体型	ML04Cr17Mn7Ni5CuN ML04Cr16Mn8Ni2Cu3N ML06Cr19Ni9 ML06Cr18Ni9Cu2 ML022Cr18Ni9Cu3 ML03Cr18Ni12 ML06Cr17Ni12Mo2 ML022Cr17Ni13Mo3 ML03Cr16Ni18	软态(S) 轻拉(LD)
铁素体型	ML06Cr12Ti ML06Cr12Nb ML10Cr15 ML04Cr17 ML06Cr17Mo	
马氏体型	ML12Cr13 ML22Cr14NiMo ML16Cr17Ni2	

6 尺寸、外形及允许偏差

6.1 钢丝的公称直径范围按交货状态划分为：软态钢丝，其公称直径范围为 0.80 mm～11.0 mm；轻拉钢丝，其公称直径范围为 0.80 mm～20.0 mm。

6.2 公称直径不大于 16.0 mm 的钢丝允许偏差应符合 GB/T 342—1997 表 3 中 h11 级的规定，公称直径大于 16.0 mm 钢丝直径允许偏差为 $_{-0.13}^{\ 0}$ mm。经双方商定，并在合同中注明，可提供其他精度的钢丝。

6.3 钢丝的不圆度应不大于直径公差之半。

6.4 钢丝以盘卷或缠线轴交货。盘卷应规整，打开盘卷时钢丝不应散乱、扭曲或呈“∞”字形。

6.5 直条钢丝的长度及允许偏差应符合 GB/T 342—1997 中第 5 章的规定。磨光钢丝的尺寸、外形及直径允许偏差应符合 GB/T 3207 的规定。

7 技术要求

7.1 牌号及化学成分

7.1.1 钢丝用钢的牌号及化学成分(熔炼分析)应符合表 2 规定。

7.1.2 钢丝化学成分允许偏差应符合 GB/T 222 的规定。

7.2 钢丝用盘条

钢丝用盘条其他技术要求应符合 GB/T 4356 的规定。

7.3 交货状态

7.3.1 钢丝按表 1 规定的状态交货。

7.3.2 根据需方要求，可提供直条或磨光状态钢丝。

7.3.3 根据钢丝表面光亮或洁净程度，表面状态可分为雾面、亮面、清洁面和涂(镀)层表面等 4 种。需方不作说明由供方确定表面状态。

表 2 钢丝用钢的牌号及化学成分(熔炼分析)

牌号	化学成分(质量分数)/%										
	C	Si	Mn	P	S	Cr	Ni	Mo	Cu	N	其他
ML04Cr17Mn7Ni5CuN	0.05	0.80	6.40～7.50	0.045	0.015	16.00～17.50	4.00～5.00		0.70～1.30	0.10～0.25	
ML04Cr16Mn8Ni2Cu3N	0.05	0.80	7.50～9.00	0.045	0.030	15.50～17.50	1.50～3.00	0.60	2.30～3.00	0.10～0.25	
ML06Cr19Ni9	0.08	1.00	2.00	0.045	0.030	18.00～20.00	8.00～10.50		1.00	0.10	
ML06Cr18Ni9Cu2	0.08	1.00	2.00	0.045	0.030	17.00～19.00	8.00～10.50		1.00～3.00	0.10	
ML022Cr18Ni9Cu3	0.030	1.00	2.00	0.045	0.030	17.00～19.00	8.00～10.00		3.00～4.00		
ML03Cr18Ni12	0.04	1.00	2.00	0.045	0.030	17.00～19.00	10.50～13.00		1.00		
ML06Cr17Ni12Mo2	0.08	1.00	2.00	0.045	0.030	16.00～18.00	10.00～14.00	2.00～3.00		0.10	
ML022Cr17Ni13Mo3	0.030	1.00	2.00	0.045	0.030	16.50～18.50	11.50～14.50	2.50～3.00			

表 2（续）

牌　　号	化学成分(质量分数)/%										
	C	Si	Mn	P	S	Cr	Ni	Mo	Cu	N	其他
ML03Cr16Ni18	0.04	1.00	2.00	0.045	0.030	15.00～17.00	17.00～19.00				
ML06Cr12Ti	0.08	1.00	1.00	0.040	0.030	10.50～12.50	0.50				Ti：6×C～1.00
ML06Cr12Nb	0.08	1.00	1.00	0.040	0.030	10.50～12.50	0.50				Nb：6×C～1.00
ML10Cr15	0.12	1.00	1.00	0.040	0.030	14.00～16.00					
ML04Cr17	0.05	1.00	1.00	0.040	0.030	16.00～18.00					
ML06Cr17Mo	0.08	1.00	1.00	0.040	0.030	16.00～18.00	1.00	0.90～1.30			
ML12Cr13	0.08～0.15	1.00	1.00	0.040	0.030	11.50～13.50	0.60				
ML22Cr14NiMo	0.15～0.30	1.00	1.00	0.040	0.030	13.50～15.00	0.35～0.85	0.40～0.85			
ML16Cr17Ni2	0.12～0.20	1.00	1.00	0.040	0.030	15.00～18.00	2.00～3.00	0.60			
注：表中未规定范围者均为最大值。											

7.4 力学性能

7.4.1 软态钢丝的力学性能应符合表 3 的规定。

7.4.2 轻拉钢丝的力学性能应符合表 4 的规定。

7.4.3 直条或磨光状态钢丝的力学性能允许有±10%的偏差。

表 3 软态钢丝的力学性能

牌　　号	公称直径/mm	抗拉强度，R_m/(N/mm²)	断面收缩率 Z^a/% 不小于	断后伸长率 A^a/% 不小于
ML04Cr17Mn7Ni5CuN	0.80～3.00 >3.00～11.0	700～900 650～850	65 65	20 30
ML04Cr16Mn8Ni2Cu3N	0.80～3.00 >3.00～11.0	650～850 620～820	65 65	20 30
ML06Cr19Ni9	0.80～3.00 >3.00～11.0	580～740 550～710	65 65	30 40
ML06Cr18Ni9Cu2	0.80～3.00 >3.00～11.0	560～720 520～680	65 65	30 40
ML022Cr18Ni9Cu3	0.80～3.00 >3.0～11.0	480～640 450～610	65 65	30 40

表 3（续）

牌号	公称直径/mm	抗拉强度，R_m/(N/mm²)	断面收缩率 Z^a/% 不小于	断后伸长率 A^a/% 不小于
ML03Cr18Ni12	0.80～3.00 >3.00～11.0	480～640 450～610	65 65	30 40
ML06Cr17Ni12Mo2	0.80～3.00 >3.00～11.0	560～720 500～660	65 65	30 40
ML022Cr17Ni13Mo3	0.80～3.00 >3.00～11.0	540～700 500～660	65 65	30 40
ML03Cr16Ni18	0.80～3.00 >3.00～11.0	480～640 440～600	65 65	30 40
ML12Cr13	0.80～3.00 >3.00～11.00	440～640 400～600	55 55	— 15
ML22Cr14NiMo	0.80～3.00 >3.00～11.0	540～780 500～740	55 55	— 15
ML16Cr17Ni2	0.80～3.00 >3.00～11.0	560～800 540～780	55 55	— 15

[a] 直径不大于 3.0 mm 的钢丝断面收缩率和伸长率仅供参考，不作判定依据。

表 4 轻拉钢丝的力学性能

牌号	公称直径/mm	抗拉强度，R_m/(N/mm²)	断面收缩率 Z^a/% 不小于	断后伸长率 A^a/% 不小于
ML04Cr17Mn7Ni5CuN	0.80～3.00 >3.00～20.00	800～1000 750～950	55 55	15 20
ML04Cr16Mn8Ni2Cu3N	0.80～3.00 >3.00～20.0	760～960 720～920	55 55	15 20
ML06Cr19Ni9	0.80～3.00 >3.00～20.0	640～800 590～750	55 55	20 25
ML06Cr18Ni9Cu2	0.80～3.00 >3.00～20.0	590～760 550～710	55 55	20 25
ML022Cr18Ni9Cu3	0.80～3.00 >3.00～20.0	520～680 480～640	55 55	20 25
ML03Cr18Ni12	0.80～3.00 >3.00～20.0	520～680 480～640	55 55	20 25
ML06Cr17Ni12Mo2	0.80～3.00 >3.00～20.0	600～760 550～710	55 55	20 25
ML022Cr17Ni13Mo3	0.80～3.00 >3.00～20.0	580～740 550～710	55 55	20 25
ML03Cr16Ni18	0.80～3.00 >3.0～20.0	520～680 480～640	55 55	20 25

表 4（续）

牌　　号	公称直径/mm	抗拉强度，R_m/（N/mm²）	断面收缩率 Z^a/% 不小于	断后伸长率 A^a/% 不小于
ML06Cr12Ti	0.80～3.00 >3.00～20.0	≤650	55 55	— 10
ML06Cr12Nb	0.80～3.00 >3.00～20.0	≤650	55 55	— 10
ML10Cr15	0.80～3.00 >3.00～20.0	≤700	55 55	— 10
ML04Cr17	0.80～3.00 >3.00～20.0	≤700	55 55	— 10
ML06Cr17Mo	0.80～3.00 >3.00～20.0	≤720	55 55	— 10
ML12Cr13	0.80～3.00 >3.00～20.0	≤740	50 50	— 10
ML22Cr14NiMo	0.80～3.00 >3.00～20.0	≤780	50 50	— 10
ML16Cr17Ni2	0.80～3.00 >3.00～20.0	≤850	50 50	— 10

[a] 直径小于 3.00 mm 的钢丝断面收缩率和伸长率仅供参考，不作判定依据。

7.5 冷顶锻

经供需双方商定，直径大于 3.0 mm 的钢丝可进行冷顶锻试验，试样冷顶锻至原高度的二分之一，表面不得有裂纹和裂口。经供需双方商定，并在合同中注明，也可顶锻至原高度的三分之一。

7.6 表面质量

钢丝表面不允许有结疤、折叠、裂纹、毛刺、划伤和氧化皮等对使用有害的缺陷，但允许有个别深度不超过直径公差之半的麻点、凹坑和划痕存在。

7.7 特殊要求

7.7.1 根据需方要求，由供需双方商定，可提供其他力学性能范围的钢丝。

7.7.2 经供需双方商定，并在合同中注明，奥氏体型不锈钢丝可进行晶间腐蚀试验，试验方法由供需双方商定。

8 试验方法

钢丝的检验项目、取样数量、取样部位和试验方法应符合表 5 的规定。

表 5 钢丝的检验项目、取样数量、取样部位和试验方法

序　号	检验项目	取样数量	取样部位	试验方法
1	化学成分	1 个/炉	GB/T 20066	GB/T 223（见第 2 章），GB/T 11170、GB/T 20123、GB/T 20124
2	拉伸试验	3 个	不同盘（支）一端	GB/T 228 尺寸≤1.5 mm 的钢丝，伸长率标距 L=50 mm； 尺寸>1.5 mm 的钢丝，伸长率标距 L=100 mm

表 5（续）

序　号	检验项目	取样数量	取样部位	试验方法
3	冷顶锻试验	3 个	不同盘(支)一端	YB/T 5293
4	晶间腐蚀[a]	2 个	不同盘(支)一端	协商
5	尺寸	逐盘(支)		相应精度的千分尺测量
6	表面质量	逐盘(支)		肉眼检查，必要时可用不大于 10 倍的放大镜检查
[a] 推荐执行 GB/T 4334，直径不大于 1.00 mm 不检验。				

9　检验规则

9.1　钢丝质量检查与验收由供方质量管理部门进行。

9.2　钢丝应成批验收，每批由同一炉号，同一牌号，同一尺寸和同一交货状态的钢丝组成。

9.3　钢丝的检查、验收执行 GB/T 2103 的规定。

9.4　复验与判定规则

复验与判定规则应符合 GB/T 2103 的规定。力学性能试验结果不合格时，应将钢丝盘两端去掉一定长度后再取双倍试样进行复验，其结果应符合本标准的规定。

10　包装、标志和质量证明书

钢丝包装一般按 GB/T 2103—2008 中 C 类或 E 类包装，要求其他类型包装应在合同中注明。钢丝标志和质量证明书应符合 GB/T 2103 的要求。

附　录　A
（资料性附录）
新、旧牌号及国外类似牌号对照

A.1　本标准与原标准及国外类似牌号的对照见表 A.1。

表 A.1　新、旧牌号及国外类似牌号对照

本标准(新牌号)	GB/T 4332	ASTM A 493	ASTM A 959	ISO 4954	JIS G4315	BS 1554
ML04Cr17Mn7Ni5CuN	—	—	201LN	—	—	
ML04Cr16Mn8Ni2Cu3N	—	—	S20400 S20430 (204Cu)	—	—	284S16
ML06Cr19Ni9	ML0Cr18Ni9	304	—	X5CrNi18 9E	SUS304	304S31
ML06Cr18Ni9Cu2	—		—	—	SUS304J3	—
ML022Cr18Ni9Cu3	ML0Cr18Ni9Cu3	S30430	—	X3CrNiCu1893E		—
ML03Cr18Ni12	ML0Cr18Ni12	S30500	—	X5CrNi18 12E	SUS305	—
ML06Cr17Ni12Mo2	—	S31600	—	X5CrNiMo17122E	SUS316	—
ML022Cr17Ni13Mo3	—	S31603	—	X2CrNiMo17 13 3E	SUS316L	—
ML03Cr16Ni18	ML0Cr16Ni18	S38400	—	X6CrNi16 18E	SUS384	—
ML10Cr18Ni9Ti	ML1Cr18Ni9Ti	—	S32100	X6CrNiTi18 10E	—	—
ML06Cr12Ti	—	—	—	X6CrTi12E	—	—
ML06Cr12Nb	—	S40940	—	X6CrNb12E	—	—
ML10Cr15	—	S42900	—	—	—	—
ML04Cr17	ML1Cr17	S43000	—	X3Cr17E	—	—
ML06Cr17Mo	—		S43400	X6CrMo17 1E	—	—
ML12Cr13	ML1Cr13	S41000	—	X12	—	—
ML22Cr14NiMo	—	S42010	—	—	—	—
ML16Cr17Ni2	ML1Cr17Ni2		—	X19CrNi16 2E	—	431S29

附　录　B
（资料性附录）
本标准与 JIS G4315:2000 标准的技术性差异及其原因

B.1　表 B.1 给出了本标准与 JIS G4315:2000 技术性差异及其原因的一览表。

表 B.1　本标准与 JIS G4315:2000 标准的技术性差异及其原因

本标准的章条编号	技术性差异	原　　因
2	引用我国国家标准	符合我国国家标准编写规则
3	增加“术语和定义”	便于用户使用本标准
4	增加“订货内容”	符合我国产品标准编写结构
5	钢丝的交货状态不同	适合我国国情
6.1	钢丝的公称直径范围不同	适合我国国情
6.2	尺寸精度有所不同	尺寸精度引用我国现有相关基础标准
7.1	牌号数量不同，个别牌号成分有所不同	牌号采用我国现行相关基础标准
7.2	增加对拉丝用原料即盘条的要求	应用户的要求而增加
7.4	钢丝的力学性能有所调整	符合我国生产企业和用户的实际情况
7.5	增加“冷顶锻”试验的要求	适合我国国情
7.7	增加“特殊要求”	满足实际生产和应用的特定需要
10	增加“包装、标志和质量证明书”的规定	适合我国国情

ICS 77.140.65
H 49

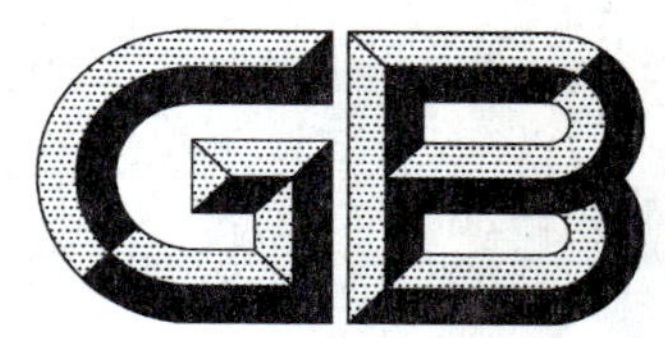

中华人民共和国国家标准

GB/T 4240—2009
代替 GB/T 4240—1993

不锈钢丝

Stainless steel wires

2009-10-30 发布　　2010-05-01 实施

中华人民共和国国家质量监督检验检疫总局
中国国家标准化管理委员会　发布

前　言

本标准修改采用 ASTM A580:1998(2004)《不锈钢丝》(英文版)。

由于我国法律要求和工业的特殊需要，本标准在采用 ASTM A580:1998(2004)标准时进行了修改。在附录 B 中给出了技术差异及其原因的一览表以供参考。

本标准代替 GB/T 4240—1993《不锈钢丝》。与 GB/T 4240—1993 相比，主要变化如下：

——增加术语和定义；

——部分牌号增加交货状态；

——增加表面状态规定；

——扩大直径范围，软态钢丝由 0.05 mm～14.0 mm 扩大到 0.05 mm～16.0 mm，轻拉钢丝由 0.50 mm～14.0 mm扩大到 0.30 mm～16.0 mm，冷拉钢丝由 0.50 mm～6.00 mm 扩大到 0.10 mm～12.0 mm；

——取消标记示例；

——扩大盘卷内径；

——修改了牌号表示方法；

——修改了牌号数量，删除了 0Cr19Ni9N、Y1Cr18Ni9Se、0Cr18Ni11Ti、0Cr18Ni11Nb、00Cr19Ni11、1Cr17Ni2、9Cr18 共 7 个牌号，增加 12Cr17Mn6Ni5N 等共 20 个牌号；牌号由 23 个增加到 36 个；

——修改了化学成分；

——调整了力学性能，加严部分指标；

——修改了拉伸试样的标距；

——增加直径小于 1.0 mm 的钢丝，伸长率供参考；

——修改了包装规定；

——增加附录 A 和附录 B。

本标准的附录 A 和附录 B 均为资料性附录。

本标准由中国钢铁工业协会提出。

本标准由全国钢标准化技术委员会归口。

本标准主要起草单位：东北特殊钢集团有限责任公司、冶金工业信息标准研究院、江阴康瑞不锈钢制品有限公司、法尔胜集团公司、永兴特种不锈钢股份有限公司。

本标准主要起草人：真娟、徐效谦、朱卫、王玲君、戴石锋、刘翔、章建江、徐钦华、王建勇。

本标准所代替标准的历次版本发布情况为：

——GB/T 4240—1984、GB/T 4240—1993。

不锈钢丝

1 范围

本标准规定了不锈钢丝的术语和定义、订货内容、分类与牌号、尺寸、外形及允许偏差、技术要求、试验方法、检验规则、包装、标志和质量证明书。

本标准适用于不锈钢丝(以下简称钢丝),但不包括奥氏体型和沉淀硬化型不锈弹簧钢丝、冷顶锻用和焊接用不锈钢丝。

2 规范性引用文件

下列文件中的条款通过本标准的引用而成为本标准的条款。凡是注日期的引用文件,其随后所有的修改单(不包括勘误的内容)或修订版均不适用于本标准,然而,鼓励根据本标准达成协议的各方研究是否可使用这些文件的最新版本。凡是不注日期的引用文件,其最新版本适用于本标准。

GB/T 222 钢的成品化学成分允许偏差

GB/T 223.3 钢铁及合金化学分析方法 二安替吡啉甲烷磷钼酸重量法测定磷量

GB/T 223.4 钢铁及合金 锰含量的测定 电位滴定或可视滴定法

GB/T 223.5 钢铁 酸溶硅和全硅含量的测定 还原型硅钼酸盐分光光度法

GB/T 223.8 钢铁及合金化学分析方法 氟化钠分离-EDTA 滴定法测定铝含量

GB/T 223.11 钢铁及合金化学分析方法 过硫酸铵氧化容量法测定铬量

GB/T 223.17 钢铁及合金化学分析方法 二安替吡啉甲烷光度法测定钛量

GB/T 223.18 钢铁及合金化学分析方法 硫代硫酸钠分离-碘量法测定铜量

GB/T 223.23 钢铁及合金 镍含量的测定 丁二酮肟分光光度法

GB/T 223.25 钢铁及合金化学分析方法 丁二酮肟重量法测定镍量

GB/T 223.26 钢铁及合金 钼含量的测定 硫氰酸盐分光光度法

GB/T 223.28 钢铁及合金化学分析方法 α-安息香肟重量法测定钼量

GB/T 223.36 钢铁及合金化学分析方法 蒸馏分离-中和滴定法测定氮量

GB/T 223.37 钢铁及合金化学分析方法 蒸馏分离-靛酚蓝光度法测定氮量

GB/T 223.40 钢铁及合金 铌含量的测定 氯磺酚 S 分光光度法

GB/T 223.58 钢铁及合金化学分析方法 亚砷酸钠-亚硝酸钠滴定法测定锰量

GB/T 223.59 钢铁及合金化学分析方法 锑磷钼蓝光度法测定磷量

GB/T 223.60 钢铁及合金化学分析方法 高氯酸脱水重量法测定硅含量

GB/T 223.61 钢铁及合金化学分析方法 磷钼酸铵容量法测定磷量

GB/T 223.62 钢铁及合金化学分析方法 乙酸丁酯萃取光度法测定磷量

GB/T 223.63 钢铁及合金化学分析方法 高碘酸钠(钾)光度法测定锰量

GB/T 223.67 钢铁及合金 硫含量的测定 次甲基蓝分光光度法

GB/T 223.68 钢铁及合金化学分析方法 管式炉内燃烧后碘酸钾滴定法测定硫含量

GB/T 223.69 钢铁及合金 碳含量的测定 管式炉内燃烧后气体容量法

GB/T 223.71 钢铁及合金化学分析方法 管式炉内燃烧后重量法测定碳含量

GB/T 223.72 钢铁及合金 硫含量的测定 重量法

GB/T 228 金属材料 室温拉伸试验方法(GB/T 228—2002,eqv ISO 6892:1998)

GB/T 342—1997 冷拉圆钢丝、方钢丝、六角钢丝尺寸、外形、重量及允许偏差

GB/T 2103—2008 钢丝验收、包装、标志和质量证明书的一般规定

GB/T 3207—2008 银亮钢

GB/T 4334 金属和合金的腐蚀 不锈钢晶间腐蚀试验方法

GB/T 4356 不锈钢盘条

GB/T 11170 不锈钢的光电发射光谱分析方法

GB/T 20066 钢和铁 化学成分测定用试样的取样和制样方法(GB/T 20066—2006,ISO 14284:1996,IDT)

GB/T 20123 钢铁 总碳硫含量的测定 高频感应炉燃烧后红外吸收法(常规方法)(GB/T 20123—2006,ISO 15350:2000,IDT)

GB/T 20124 钢铁 氮含量的测定 惰性气体熔融热导法(常规方法)(GB/T 20124—2006,ISO 15351:1999,IDT)

3 术语和定义

下列术语和定义适用于本标准。

3.1 交货状态

3.1.1

软态 soft,S

钢丝进行光亮热处理,或热处理后再进行酸洗或类似处理去除表面氧化皮。

3.1.2

轻拉 lightly drawn,LD

钢丝热处理后进行小减面率的拉拔。

3.1.3

冷拉 cold drawn,WCD

钢丝热处理后进行常规拉拔。

3.2 表面状态

3.2.1

雾面 gray

钢丝经干式拉拔、热处理等加工后,表面无光泽。

3.2.2

亮面 bright

钢丝经湿式拉拔、热处理等加工后,表面光亮。

3.2.3

清洁面 cleanliness

钢丝经过拉拔、热处理等加工后,表面清洁。

3.2.4

涂(镀)层 coating

钢丝表面带涂层或镀层。

4 订货内容

按本标准订货的合同或订单应包括下列内容:

a) 本标准号;

b) 产品名称;

c) 牌号;

d) 尺寸与外形(见第6章);
e) 重量(或数量);
f) 交货状态(见7.2);
g) 其他要求。

5 分类与牌号

钢丝按组织分为三类,其类别、牌号、交货状态及代号见表1所示。

表1 钢丝的类别、牌号、交货状态和状态代号

<table>
<tr><th>类别</th><th>牌号</th><th>交货状态及代号</th></tr>
<tr><td>奥氏体</td><td>12Cr17Mn6Ni5N
12Cr18Mn9Ni5N
12Cr18Ni9
06Cr19Ni9
10Cr18Ni12
06Cr17Ni12Mo2
Y06Cr17Mn6Ni6Cu2
Y12Cr18Ni9
Y12Cr18Ni9Cu3
02Cr19Ni10
06Cr20Ni11
16Cr23Ni13
06Cr23Ni13
06Cr25Ni20
20Cr25Ni20Si2
022Cr17Ni12Mo2
06Cr19Ni13Mo3
06Cr17Ni12Mo2Ti</td><td>软态(S)、轻拉(LD)、冷拉(WCD)</td></tr>
<tr><td>铁素体</td><td>06Cr13Al
06Cr11Ti
02Cr11Nb
10Cr17
Y10Cr17
10Cr17Mo
10Cr17MoNb</td><td>软态(S)、轻拉(LD)、冷拉(WCD)</td></tr>
<tr><td rowspan="2">马氏体</td><td>12Cr13
Y12Cr13
20Cr13
30Cr13
32Cr13Mo
Y30Cr13
Y16Cr17Ni2Mo</td><td>软态(S)、轻拉(LD)</td></tr>
<tr><td>40Cr13
12Cr12Ni2
20Cr17Ni2</td><td>软态(S)</td></tr>
</table>

6 尺寸、外形及允许偏差

6.1 软态钢丝的公称尺寸范围为 0.05 mm～16.0 mm；轻拉钢丝的公称尺寸范围为 0.30 mm～16.0 mm；冷拉钢丝的公称尺寸范围为 0.10 mm～12.0 mm。

6.2 钢丝尺寸允许偏差应符合 GB/T 342—1997 表 2 中 h11 级的规定。经供需双方商定并在合同中注明，可提供 GB/T 342—1997 表 3 中规定的负偏差钢丝或其他级别的钢丝。

6.3 圆形钢丝的不圆度应不大于直径公差之半。

6.4 钢丝以盘卷、缠线轴、带芯轴或不带芯轴密排层绕或容器包装交货。盘卷和密排层绕应规整，打开盘卷时钢丝应不散乱、扭曲或呈"∞"字形。缠线轴和容器包装应保证放线顺畅，端头有明显标识。需方不作说明时，交货方式由供方决定。

6.5 钢丝盘卷内径应符合表 2 的规定。需方对盘径有特殊要求时，由供需双方商定。

6.6 根据需方要求可提供直条和磨光钢丝。直条钢丝的长度及允许偏差应符合 GB/T 342—1997 中第 5 章的规定。磨光钢丝的外形、尺寸及允许偏差应符合 GB/T 3207—2008 的规定，需方无特殊要求时，直径允许偏差执行 GB/T 3207—2008 中 h11 级的规定。

表 2 钢丝盘卷内径

单位为毫米

钢丝公称尺寸	钢丝盘卷内径 不小于
0.05～0.50	线轴或 150
>0.50～1.50	200
>1.50～3.00	250
>3.00～6.00	400
>6.00～12.0	600
>12.0～16.0	800

7 技术要求

7.1 原料及化学成分

7.1.1 钢丝用钢牌号及化学成分(熔炼分析)应符合表 3 规定。根据供需双方协商并在合同注明，可对表 3 化学成分作适当调整；也可提供其他牌号及化学成分的钢丝。

7.1.2 钢丝产品化学成分允许偏差应符合 GB/T 222 的规定。

7.1.3 钢丝用盘条的其他技术要求应符合 GB/T 4356 的规定。

7.2 交货状态

7.2.1 钢丝按表 1 规定的状态交货。

7.2.2 根据需方要求，可提供直条或磨光状态钢丝。

7.2.3 根据钢丝表面光亮或洁净程度，表面状态可分为雾面、亮面、清洁面和涂(镀)层表面等 4 种，需方无特殊要求时，由供方确定表面状态。

7.3 力学性能

7.3.1 软态钢丝的力学性能应符合表 4 的规定。

7.3.2 轻拉钢丝的力学性能应符合表 5 的规定。

7.3.3 冷拉钢丝的力学性能应符合表 6 的规定。

7.3.4 直条或磨光状态钢丝的力学性能允许有±10%的偏差。

7.3.5 表 4～表 6 中未列出牌号及状态的钢丝的力学性能由供需双方协商确定。

表 3 钢丝用钢的牌号及化学成分(熔炼分析)

统一数字代号	牌　　号	化学成分(质量分数)/%										
		C	Si	Mn	P	S	Cr	Ni	Mo	Cu	N	其他
奥氏体钢												
S35350	12Cr17Mn6Ni5N	0.15	1.00	5.50～7.50	0.050	0.030	16.00～18.00	3.50～5.50	—	—	0.05～0.25	—
S35450	12Cr18Mn9Ni5N	0.15	1.00	7.50～10.0	0.050	0.030	17.00～19.00	4.00～6.00	—	—	0.05～0.25	—
S35987	Y06Cr17Mn6Ni6Cu2	0.08	1.00	5.00～6.50	0.045	0.18～0.35	16.00～18.00	5.00～6.50	—	1.75～2.25	—	—
S30210	12Cr18Ni9	0.15	1.00	2.00	0.045	0.030	17.00～19.00	8.00～10.00	—	—	0.10	—
S30317	Y12Cr18Ni9	0.15	1.00	2.00	0.20	≥0.15	17.00～19.00	8.00～10.00	(0.60)	—	—	—
S30387	Y12Cr18Ni9Cu3	0.15	1.00	3.00	0.20	≥0.15	17.00～19.00	8.00～10.00	—	1.50～3.50	—	—
S30408	06Cr19Ni10	0.08	1.00	2.00	0.045	0.030	18.00～20.00	8.00～11.00	—	—	—	—
S30403	022Cr19Ni10	0.030	1.00	2.00	0.045	0.030	18.00～20.00	8.00～12.00	—	—	—	—
S30510	10Cr18Ni12	0.12	1.00	2.00	0.045	0.030	17.00～19.00	10.50～13.00	—	—	—	—
S30808	06Cr20Ni11	0.08	1.00	2.00	0.045	0.030	19.00～21.00	10.00～12.00	—	—	—	—
S30920	16Cr23Ni13	0.20	1.00	2.00	0.040	0.030	22.00～24.00	12.00～15.00	—	—	—	—
S30908	06Cr23Ni13	0.08	1.00	2.00	0.045	0.030	22.00～24.00	12.00～15.00	—	—	—	—

表 3（续）

统一数字代号	牌号	化学成分(质量分数)/%										
		C	Si	Mn	P	S	Cr	Ni	Mo	Cu	N	其他
S31008	06Cr25Ni20	0.08	1.50	2.00	0.045	0.030	24.00～26.0	19.00～22.00	—	—	—	—
	20Cr25Ni20Si2	0.25	1.50～3.00	2.00	0.045	0.030	23.00～26.00	19.00～22.00	—	—	—	—
S31608	06Cr17Ni12Mo2	0.08	1.00	2.00	0.045	0.030	16.00～18.00	10.00～14.00	2.00～3.00	—	—	—
S31603	022Cr17Ni12Mo2	0.030	1.00	2.00	0.045	0.030	16.00～18.00	10.00～14.00	2.00～3.00	—	—	—
S31708	06Cr19Ni13Mo3	0.08	1.00	2.00	0.045	0.030	18.00～20.00	11.00～15.00	3.00～4.00	—	—	—
S31668	06Cr17Ni12Mo2Ti	0.08	1.00	2.00	0.045	0.030	16.00～18.00	10.00～14.00	2.00～3.00	—	—	Ti:≥5×C
铁素体钢												
S11348	06Cr13Al	0.08	1.00	1.00	0.040	0.030	11.50～14.50	0.60	—	—	—	Al:0.10～0.30
S11168	06Cr11Ti	0.08	1.00	1.00	0.045	0.030	10.50～11.70	0.60	—	—	—	Ti:6×C～0.75
S11178	04Cr11Nb	0.06	1.00	1.00	0.040	0.030	10.50～11.70	0.50	0.50	—	—	Nb:10×C～0.75
S11710	10Cr17	0.12	1.00	1.00	0.040	0.030	16.00～18.00	0.60	—	—	—	—
S11717	Y10Cr17	0.12	1.00	1.25	0.060	≥0.15	16.00～18.00	0.60	—	—	—	—
S11790	10Cr17Mo	0.12	1.00	1.00	0.040	0.030	16.00～18.00	0.60	0.75～1.25	—	—	—

表 3（续）

统一数字代号	牌号	化学成分（质量分数）/%										
		C	Si	Mn	P	S	Cr	Ni	Mo	Cu	N	其他
S11770	10Cr17MoNb	0.12	1.00	1.00	0.040	0.030	16.00～18.00	—	0.75～1.25	—	—	Nb:5×C～0.80
马氏体钢												
S41010	12Cr13	0.08～0.15	1.00	1.00	0.040	0.030	11.50～13.50	0.60	—	—	—	—
S41617	Y12Cr13	0.15	1.00	1.25	0.060	≥0.15	12.00～14.00	0.60	0.60	—	—	—
S42020	20Cr13	0.16～0.25	1.00	1.00	0.040	0.030	12.00～14.00	0.60	—	—	—	—
S42030	30Cr13	0.26～0.35	1.00	1.25	0.040	0.030	12.00～14.00	0.60	—	—	—	—
S45830	32Cr13Mo	0.28～0.35	0.80	1.00	0.040	0.030	12.00～14.00	0.60	0.50～1.00	—	—	—
S42037	Y30Cr13	0.26～0.35	1.00	1.25	0.060	≥0.15	12.00～14.00	0.60	0.60	—	—	—
S42040	40Cr13	0.36～0.45	0.60	0.80	0.040	0.030	12.00～14.00	0.60	—	—	—	—
S41410	12Cr12Ni2	0.15	1.00	1.00	0.040	0.030	11.50～13.50	1.25～2.50	—	—	—	—
S41717	Y16Cr17Ni2Mo	0.12～0.20	1.00	1.50	0.040	0.15～0.30	15.00～18.00	2.00～3.00	0.60	—	—	—
S43126	21Cr17Ni2	0.17～0.25	0.80	0.80	0.035	0.025	16.0～18.0	1.50～2.50	—	—	—	—

注：表中未规定范围者均为最大值。括号内数值为可加入或允许含有的最大值。

表 4　软态钢丝的力学性能

牌　　号	公称直径范围/mm	抗拉强度,R_m/(N/mm²)	断后伸长率[a],A/%,不小于
12Cr17Mn6Ni5N 12Cr18Mn9Ni5N 12Cr18Ni9 Y12Cr18Ni9 16Cr23Ni13 20Cr25Ni20Si2	0.05～0.10 >0.10～0.30 >0.30～0.60 >0.60～1.0 >1.0～3.0 >3.0～6.0 >6.0～10.0 >10.0～16.0	700～1 000 660～950 640～920 620～900 620～880 600～850 580～830 550～800	15 20 20 25 30 30 30 30
Y06Cr17Mn6Ni6Cu2 Y12Cr18Ni9Cu3 06Cr19Ni9 022Cr19Ni10 10Cr18Ni12 06Cr17Ni12Mo2 06Cr20Ni11 06Cr23Ni13 06Cr25Ni20 06Cr17Ni12Mo2 022Cr17Ni14Mo2 06Cr19Ni13Mo3 06Cr17Ni12Mo2Ti	0.05～0.10 >0.10～0.30 >0.30～0.60 >0.60～1.0 >1.0～3.0 >3.0～6.0 >6.0～10.0 >10.0～16.0	650～930 620～900 600～870 580～850 570～830 550～800 520～770 500～750	15 20 20 25 30 30 30 30
30Cr13 32Cr13Mo Y30Cr13 40Cr13 12Cr12Ni2 Y16Cr17Ni2Mo 20 Cr17Ni2	1.0～2.0 >2.0～16.0	600～850 600～850	10 15
[a] 易切削钢丝和公称直径小于 1.0 mm 的钢丝,伸长率供参考,不作判定依据。			

表 5　轻拉钢丝的力学性能

牌　　号	公称尺寸范围/mm	抗拉强度,R_m/(N/mm²)
12Cr17Mn6Ni5N 12Cr18Mn9Ni5N Y06Cr17Mn6Ni6Cu2 12Cr18Ni9 Y12Cr18Ni9 Y12Cr18Ni9Cu3 06Cr19Ni9 022Cr19Ni10 10Cr18Ni12 06Cr20Ni11	0.50～1.0 >1.0～3.0 >3.0～6.0 >6.0～10.0 >10.0～16.0	850～1 200 830～1 150 800～1 100 770～1 050 750～1 030

表 5（续）

牌　　号	公称尺寸范围/mm	抗拉强度，R_m/(N/mm²)
16Cr23Ni13 06Cr23Ni13 06Cr25Ni20 20Cr25Ni20Si2 06Cr17Ni12Mo2 022Cr17Ni14Mo2 06Cr19Ni13Mo3 06Cr17Ni12Mo2Ti	0.50～1.0 >1.0～3.0 >3.0～6.0 >6.0～10.0 >10.0～16.0	850～1 200 830～1 150 800～1 100 770～1 050 750～1 030
06Cr13Al 06Cr11Ti 022Cr11Nb 10Cr17 Y10Cr17 10Cr17Mo 10Cr17MoNb	0.30～3.0 >3.0～6.0 >6.0～16.0	530～780 500～750 480～730
12Cr13 Y12Cr13 20Cr13	1.0～3.0 >3.0～6.0 >6.0～16.0	600～850 580～820 550～800
30Cr13 32Cr13Mo Y30Cr13 Y16Cr17Ni2Mo	1.0～3.0 >3.0～6.0 >6.0～16.0	650～950 600～900 600～850

表 6　冷拉钢丝的力学性能

牌　　号	公称尺寸范围/mm	抗拉强度，R_m/(N/mm²)
12Cr17Mn6Ni5N 12Cr18Mn9Ni5N 12Cr18Ni9 06Cr19Ni9 10Cr18Ni12 06Cr17Ni12Mo2	0.10～1.0 >1.0～3.0 >3.0～6.0 >6.0～12.0	1 200～1 500 1 150～1 450 1 100～1 400 950～1 250

7.4　表面质量

钢丝表面不允许有结疤、折叠、裂纹、毛刺、麻坑、划伤和氧化皮等对使用有害的缺陷，但允许有个别深度不超过尺寸公差之半的麻点和划痕存在。直条钢丝表面允许有螺旋纹和润滑剂残迹存在。软态交货的马氏体型钢丝表面允许有氧化膜。

7.5　特殊要求

7.5.1　根据需方要求，由供需双方协商，可提供其他力学性能范围的钢丝。

7.5.2　根据需方要求，奥氏体型不锈钢丝可进行晶间腐蚀试验，试验方法由供需双方商定，并在合同中注明。

8 试验方法

钢丝的检验项目、取样数量、取样部位和试验方法应符合表7的规定。

9 检验规则

9.1 钢丝质量检查与验收由供方质量监督部门进行。

9.2 钢丝应成批验收，每批由同一炉号，同一牌号，同一尺寸和同一交货状态的钢丝组成。

9.3 钢丝的检查、验收按 GB/T 2103 的规定执行。

9.4 复验与判定规则应符合 GB/T 2103 的规定。力学性能试验结果不合格时，应将钢丝盘两端去掉一定长度后再取双倍试样进行复验，其结果应符合本标准的规定。

表7 钢丝的检验项目、取样数量、取样部位和试验方法

序号	检验项目	取样数量[a]	取样部位	试验方法
1	化学成分	1个/炉	按 GB/T 20066 规定	GB/T 223(见第2章)，GB/T 11170 GB/T 20123、GB/T 20124
2	拉伸试验	3个	不同盘(支、轴)钢丝的一端	GB/T 228 尺寸≤1.5 mm 的钢丝，伸长率标距 $L=50$ mm； 尺寸>1.5 mm 的钢丝，伸长率标距 $L=100$ mm
3	晶间腐蚀	2个	不同盘(支)一端	协商[b]
4	尺寸	逐盘(支)	逐盘(支)	相应精度的千分尺测量
5	表面质量	逐盘(支)	逐盘(支)	肉眼检查，必要时可用不大于10倍的放大镜检查

[a] 钢丝盘数小于检验取样数量时逐盘取样。

[b] 推荐执行 GB/T 4334，尺寸不大于1.0 mm 的钢丝不检验。

10 包装、标志和质量证明书

钢丝包装一般按 GB/T 2103—2008 中C类或E类包装，要求其他类型包装应在合同中注明。标志和质量证明书应符合 GB/T 2103 的要求。

附　录　A
（资料性附录）
新、旧牌号及国外类似牌号对照

A.1　本标准与原标准及国外类似牌号的对照见表 A.1。

表 A.1　新、旧牌号及国外类似牌号对照

本标准	原标准	ASTM	UNS	JIS	EN	BS	ГОСТ
12Cr17Mn6Ni5N	1Cr17Mn6Ni5N	201	S20100	SUS201	X12CrMnNiN17-7-5	—	—
12Cr18Mn9Ni5N	1Cr18Mn8Ni5N	202	S20200	—	X12CrMnNiN18-9-5	284S16	—
Y06Cr17Mn6Ni6Cu2	—	XM-1	S20300	—	—	—	—
12Cr18Ni9	1Cr18Ni9	302	S30200	SUS302	X10CrNi18-8	302S31	—
Y12Cr18Ni9	Y1Cr18Ni9	303	S30300	SUS303	X8CrNiS18-9	303S31	—
Y12Cr18Ni9Cu3	Y1Cr18Ni9Cu3	—	—	SUS303Cu	X6CrNiCuS18-9-2	—	—
06Cr19Ni10	0Cr18Ni9	304	—	SUS304	—	304S31	—
022Cr19Ni10	00Cr19Ni10	304L	—	SUS304L	X2CrNi19-11	304S11	—
10Cr18Ni12	1Cr18Ni12	305	S30500	SUS305	—	—	—
06Cr20Ni11	00Cr20Ni11	308	S30800	SUS308	—	—	—
16Cr23Ni13	2Cr23Ni13	309	S30900	—	—	—	—
06Cr23Ni13	0Cr23Ni13	309S	S30908	SUS309S	—	309S20	—
06Cr25Ni20	0Cr25Ni20	—	—	SUS310S	—	310S17	—
20Cr25Ni20Si2	2Cr25Ni20Si2	314	S31400	—	—	314S25	—
06Cr17Ni12Mo2	0Cr17Ni12Mo2	316	S31600	SUS316	—	316S19	—
022Cr17Ni12Mo2	00Cr17Ni14Mo2	316L	S31603	SUS316L	XCrNiMo17-12-2	316S14	—
06Cr19Ni13Mo3	0Cr19Ni13Mo3	317	S31700	SUS317	—	—	—
06Cr17Ni12Mo2Ti	0Cr18Ni12Mo3Ti	—	—	SUS316Ti	X6CrNiMoTi17-12-2	320S18	—
06Cr13Al	0Cr13Al	405	S40500	SUS405	X6CrAl13	—	
06Cr11Ti	0Cr11Ti	409	S40900	—	—	409S17	
02Cr11Nb	—	409Nb	S40940	—	—	—	—
10Cr17	1Cr17	430	S43000	SUS430	—	430S18	—
Y10Cr17	Y1Cr17	430F	S43020	SUS430F	X14CrMoS17	—	—
10Cr17Mo	1Cr17Mo	434	S43400	SUS434	X6CrMo17-1	434S20	—
10Cr17MoNb	—	436	S43600	—	X6CrMoNb17-1	436S20	—
12Cr13	1Cr13	410	S41000	SUS410	X12Cr13	420S29	10X13
Y12Cr13	Y1Cr13	416	S41600	SUS416	X12CrS13	—	20X13
20Cr13	2Cr13	420	S42000	SUS420J1	X20Cr13	420S37	30X13
30Cr13	3Cr13	—	—	SUS420J2	X30Cr13	420S45	—
32Cr13Mo	3Cr13Mo	—	—	—	—	—	—

表 A.1（续）

本标准	原标准	ASTM	UNS	JIS	EN	BS	ГОСТ
Y30Cr13	Y3Cr13	420F	S42020	SUS420F	X29CrS13	—	—
40Cr13	4Cr13	—	—	—	X39Cr13	—	40X13
12Cr12Ni2	—	414	S41400	—	—	—	—
Y16Cr17Ni2Mo	—	—	—	—	X441S29	441S29	—
20Cr17Ni2	—	—	—	—	X17CrNi16-2	431S29	20X17H2

附　录　B
（资料性附录）
本标准与 ASTM A580—1998(2004)标准的技术性差异及其原因

B.1　表 B.1 给出了本标准与 ASTM A580—1998(2004)技术性差异及其原因的一览表。

表 B.1　本标准与 ASTM A580—1998(2004)标准的技术性差异及其原因

本标准的章条编号	技术性差异	原　　因
2	引用我国国家标准	符合我国国家标准编写规则
3	增加“术语和定义”	便于用户使用本标准
4	增加“订货内容”	符合我国产品标准编写结构
5	增加“分类与牌号”	方便用户使用
7.1	牌号表示方法不同，化学成分略有变化	采用我国相应基础标准中的牌号及成分
7.4	力学性能中的部分指标有所调整	根据我国实际生产情况和用户的要求而定
7.6	增加“特殊要求”的规定	为了满足特定用途的需求
9	增加“检验规则”的规定	符合我国产品标准的相关要求
10	增加“包装、标志和质量证明书”的规定	

ICS 01.100.20;17.040.10
J 04

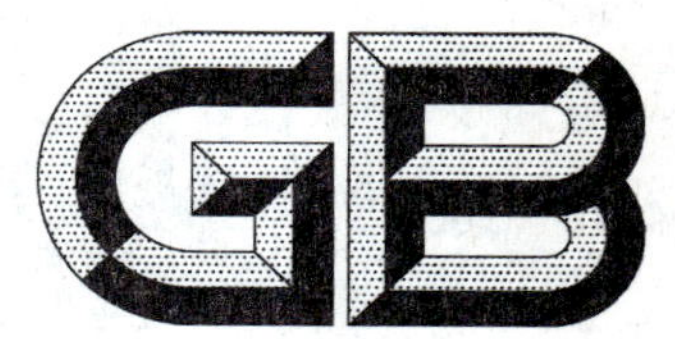

中华人民共和国国家标准

GB/T 4249—2009
代替 GB/T 4249—1996

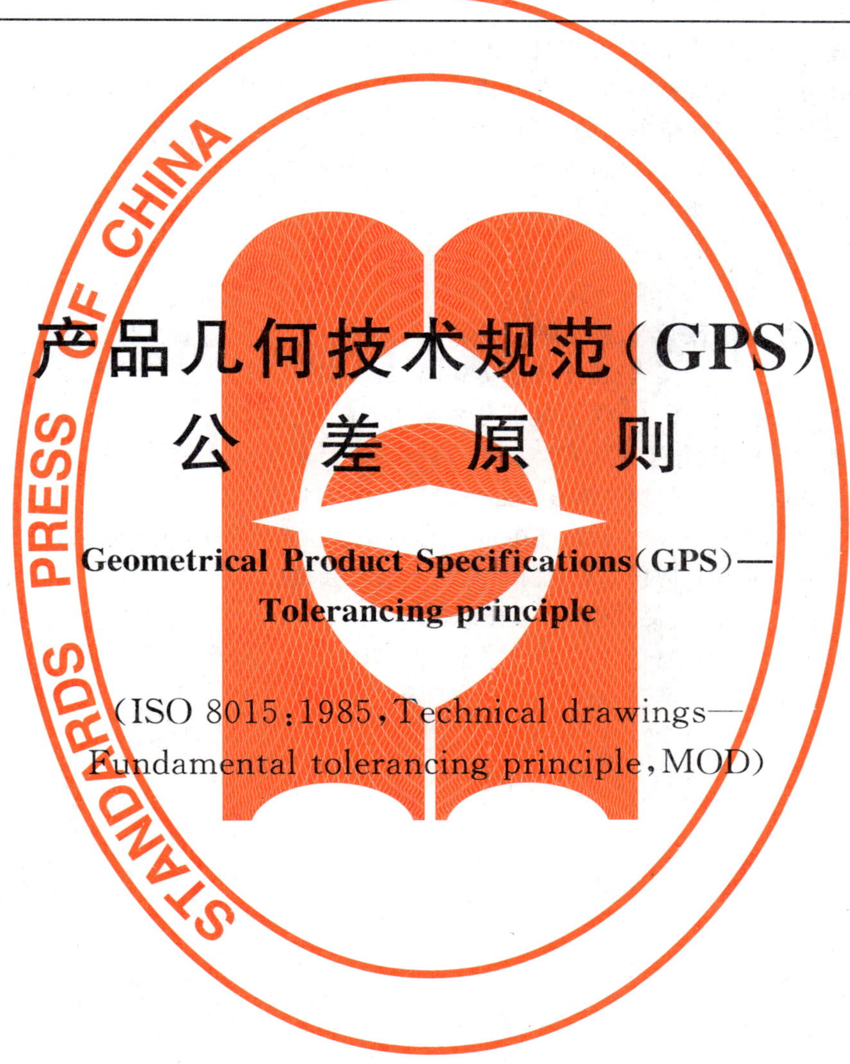

产品几何技术规范(GPS) 公差原则

Geometrical Product Specifications(GPS)— Tolerancing principle

(ISO 8015:1985,Technical drawings—Fundamental tolerancing principle,MOD)

2009-03-16 发布

2009-11-01 实施

中华人民共和国国家质量监督检验检疫总局
中国国家标准化管理委员会 发布

前　言

本标准修改采用ISO 8015:1985《机械制图　基本公差原则》,在文本结构上除了增加术语和定义外,与ISO 8015:1985完全对应,基本内容也与ISO 8015:1985一致。为与ISO GPS标准体系一致,进行了如下一些修改:

——标准名称增加引导要素:产品几何技术规范(GPS);

——术语定义部分增加了现行GPS标准的新概念;

——增加了附录A“在GPS矩阵模型中的位置”。

为便于使用,本标准对ISO 8015:1985还做了下列编辑性修改:

——“本国际标准”一词改为“本标准”;

——删除了ISO 8015:1985的前言。

本标准代替GB/T 4249—1996《公差原则》,与1996版相比,除以上修改外,主要变化为:

——将“形状和位置公差”改为“几何公差”;

——增加了第3章术语和定义,给出最大实体边界、最小实体边界、包容要求的定义;

——第4章改为第5章,将其中有关叙述部分做了相应修改和补充;

——第5章改为第6章,简化了最大实体要求、最小实体要求和可逆要求的内容;

——删去了附录A(提示的附录)“零形位公差”。

本标准的附录A为资料性附录。本标准在GPS体系中的位置在附录A中说明。

本标准由全国产品尺寸和几何技术规范标准化技术委员会提出并归口。

本标准起草单位:中机生产力促进中心、西安交通大学、郑州大学、中原工学院。

本标准主要起草人:李晓沛、赵卓贤、张琳娜、赵则祥、景蔚萱、赵凤霞。

本标准所代替标准的历次版本发布情况为:

——GB 4249—1984、GB/T 4249—1996。

产品几何技术规范(GPS)
公 差 原 则

1 范围

本标准规定了确定尺寸(线性尺寸和角度尺寸)公差和几何公差之间相互关系的原则。

本标准适用于技术制图和有关文件中所标注的尺寸、尺寸公差和几何公差,以确定零件要素的大小、形状、方向和位置特征。

2 规范性引用文件

下列文件中的条款通过本标准的引用而成为本标准的条款。凡是注日期的引用文件,其随后所有的修改单(不包括勘误的内容)或修订版均不适用于本标准,然而,鼓励根据本标准达成协议的各方研究是否可使用这些文件的最新版本。凡是不注日期的引用文件,其最新版本适用于本标准。

GB/T 1800.1—2009 产品几何技术规范(GPS) 极限与配合 第1部分:公差、偏差和配合的基础(ISO 286-1:1988,MOD)

GB/T 1182—2008 产品几何技术规范(GPS) 几何公差 形状、方向、位置和跳动公差标注(ISO 1101:2004,IDT)

GB/T 16671—2009 产品几何技术规范(GPS) 几何公差 最大实体要求、最小实体要求和可逆要求(ISO 2692:2006,MOD)

GB/T 18780.1—2002 产品几何量技术规范(GPS) 几何要素 第1部分:基本术语和定义(ISO 14660-1:1999,IDT)

GB/T 18780.2—2003 产品几何量技术规范(GPS) 几何要素 第2部分:圆柱面和圆锥面的提取中心线、平行平面的提取中心面、提取要素的局部尺寸(ISO 14660-2:1999,IDT)

GB/Z 20308—2006 产品几何技术规范(GPS) 总体规划(ISO/TR 14638:1995,MOD)

3 术语和定义

GB/T 1800.1—2009、GB/T 16671—2009、GB/T 18780.1—2002、GB/T 18780.2—2003 确立的以及下列术语和定义适用于本标准。

3.1

尺寸要素 feature of size

由一定大小的线性尺寸或角度尺寸确定的几何形状。

[GB/T 18780.1—2002 中 2.2]

3.2

实际(组成)要素 real(integral) feature

由接近实际(组成)要素所限定的工件实际表面的组成要素部分。

[GB/T 18780.1—2002 中 2.4.1]

3.3

提取组成要素 extracted integral feature

按规定方法,由实际(组成)要素提取优先数目的点所形成的实际(组成)要素的近似替代。

[GB/T 18780.1—2002 中 2.5]

3.4

提取导出要素　extracted derived feature

由一个或几个提取组成要素得到的中心点、中心线或中心面。

[GB/T 18780.1—2002 中 2.5.1]

3.5

拟合组成要素　extracted integral feature

按规定的方法由提取组成要素形成的并具有理想形状的组成要素。

[GB/T 18780.1—2002 中 2.6]

3.6

提取组成要素的局部尺寸　local size of an extracted integral feature

一切提取组成要素上两对应点之间距离的统称。

注：为方便起见，可将提取组成要素的局部尺寸简称为提取要素的局部尺寸。

[GB/T 1800.1—2009 中 3.7.2]

3.6.1

提取圆柱面的局部尺寸　local size of an extracted cylinder

提取圆柱面的局部直径　local diameter of an extracted cylinder

要素上两对应点之间的距离，其中：

两对应点之间的连线通过拟合圆圆心；

横截面垂直于由提取表面得到的拟合圆柱面的轴线。

[GB/T 18780.2—2003 中 3.5]

3.6.2

两平行提取表面的局部尺寸　local size of two parallel extracted surfaces

两平行对应提取表面上两对应点之间的距离，其中：

所有对应点的连线均垂直于拟合中心平面；

拟合中心平面是由两平行提取表面得到的两拟合平行平面的中心平面(两拟合平行平面之间的距离可能与公称距离不同)。

[GB/T 18780.2—2003 中 3.6]

3.7

最大实体状态　maximum material condition(MMC)

假定提取组成要素的局部尺寸处处位于极限尺寸且使其具有实体最大时的状态。

[GB/T 16671—2009 中 3.9]

3.8

最大实体尺寸　maximum material size(MMS)

确定要素最大实体状态的尺寸。即外尺寸要素的上极限尺寸，内尺寸要素的下极限尺寸。

[GB/T 16671—2009 中 3.10]

3.9

最小实体状态　least material condition(LMC)

假定提取组成要素的局部尺寸处处位于极限尺寸且使其具有实体最小时的状态。

[GB/T 16671—2009 中 3.11]

3.10

最小实体尺寸　least material size(LMS)

确定要素最小实体状态的尺寸。即外尺寸要素的下极限尺寸，内尺寸要素的上极限尺寸。

[GB/T 16671—2009 中 3.12]

3.11

最大实体边界　maximum material boundary(MMB)

最大实体状态的理想形状的极限包容面。

3.12

最小实体边界　least material boundary(LMB)

最小实体状态的理想形状的极限包容面。

3.13

包容要求　envelope requirement

尺寸要素的非理想要素不得违反其最大实体边界(MMVB)的一种尺寸要素要求。

3.14

最大实体要求　maximum material requirement(MMR)

尺寸要素的非理想要素不得违反其最大实体实效状态(MMVC)的一种尺寸要素要求,也即尺寸要素的非理想要素不得超越其最大实体实效边界(MMVB)的一种尺寸要素要求。

[GB/T 16671—2009 中 3.17]

3.15

最小实体要求　least material requirement(LMR)

尺寸要素的非理想要素不得违反其最小实体实效状态(LMVC)的一种尺寸要素要求,也即尺寸要素的非理想要素不得超越其最小实体实效边界(LMVB)的一种尺寸要素要求。

[GB/T 16671—2009 中 3.18]

3.16

可逆要求　reciprocity requirement(RPR)

最大实体要求(MMR)或最小实体要求(LMR)的附加要求,表示尺寸公差可以在实际几何误差小于几何公差之间的差值范围内增大。

[GB/T 16671—2009 中 3.19]

4　独立原则

图样上给定的每一个尺寸和几何(形状、方向或位置)要求均是独立的,应分别满足要求。如果对尺寸和几何(形状、方向或位置)要求之间的相互关系有特定要求,应在图样上规定。

5　公差

5.1　尺寸公差

5.1.1　线性尺寸公差

线性尺寸公差仅控制提取要素的局部尺寸,不控制提取圆柱面的奇数棱圆度误差以及由于提取导出要素形状误差引起的提取要素的形状误差(如提取中心线直线度误差引起的提取圆柱面的素线直线度误差或提取中心面平面度误差引起的两对应提取平面的平面度误差)。

形状误差应由单独标注的形状公差、一般几何公差或包容要求、最大实体要求、最小实体要求控制。

示例:图 1a)为一外圆柱面,仅标注了直径公差。此标注说明其提取圆柱面的局部直径必须位于 149.96 mm～150 mm之间,线性尺寸公差(0.04 mm)不控制提取圆柱面的奇数棱圆度误差以及提取中心线直线度误差引起的提取圆柱面的素线直线度误差,如图 1b)所示。

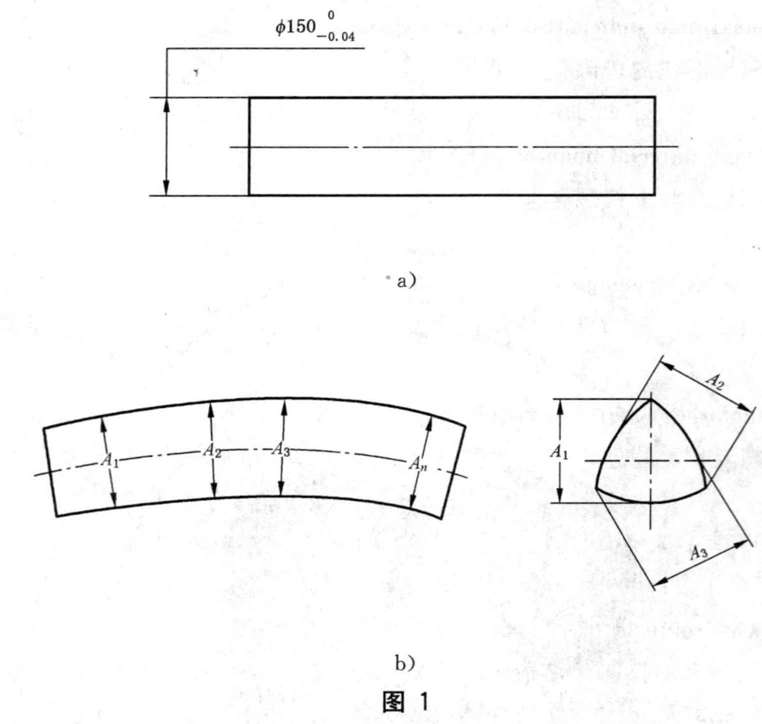

a)

b)

图 1

5.1.2 角度公差

以角度单位标注的角度公差只控制提取组成要素(提取线或提取表面素线)的总方向,不控制提取要素的形状误差。

总方向是指接触线的方向,接触线是与提取组成要素相接触的最大距离为最小的理想直线。

提取要素的形状误差应由单独标注的形状公差或一般形状公差控制。

示例:图 2 为 A、B 两要素之间注有 45°±2°的角度公差。此标注说明 *A*、*B* 两提取组成要素分别按最小条件确定其拟合组成要素(接触线),该两拟合组成要素间的夹角应在规定的两极限角度(43°~47°)之间,角度公差不控制两提取组成要素的形状误差(见图 3)。

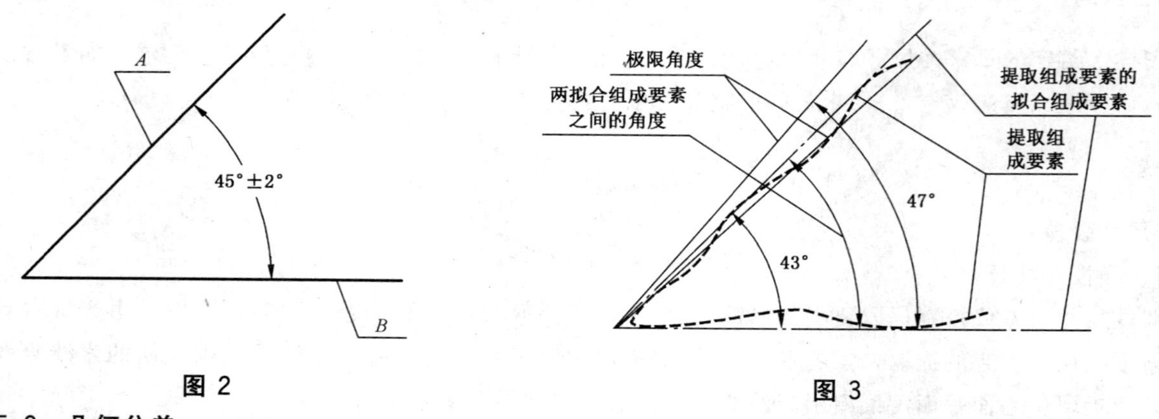

图 2

图 3

5.2 几何公差

不论注有公差要素的提取要素的局部尺寸如何,提取要素均应位于给定的几何公差带之内,并且其几何误差允许达到最大值。

示例:图 4 为一注有直径公差、素线直线度公差和圆度公差的外圆柱尺寸要素。此标注说明其提取圆柱面的局部尺寸应在上极限尺寸与下极限尺寸之间,其形状误差应在给定的相应形状公差之内。不论提取圆柱面的局部尺寸如何,其形状误差(素线直线度误差和圆度误差包括横截面奇数棱圆误差)均允许达到给定的最大值(见图 5)。

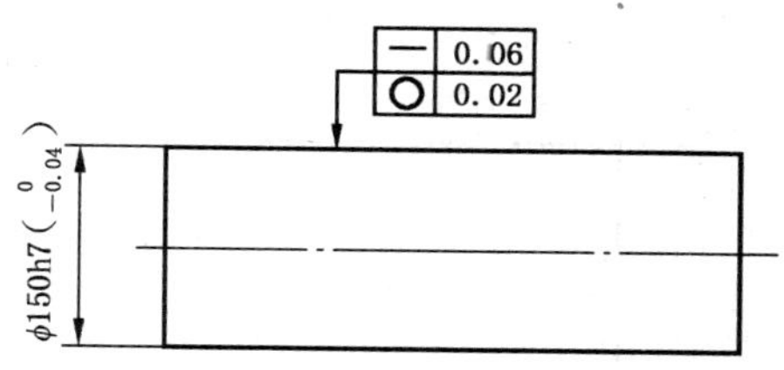

图 4

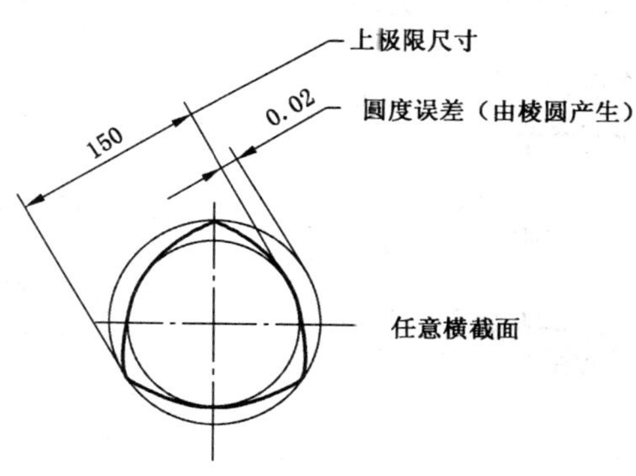

a)

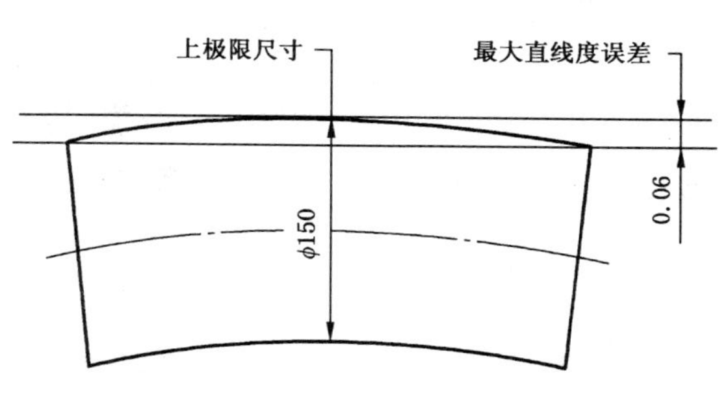

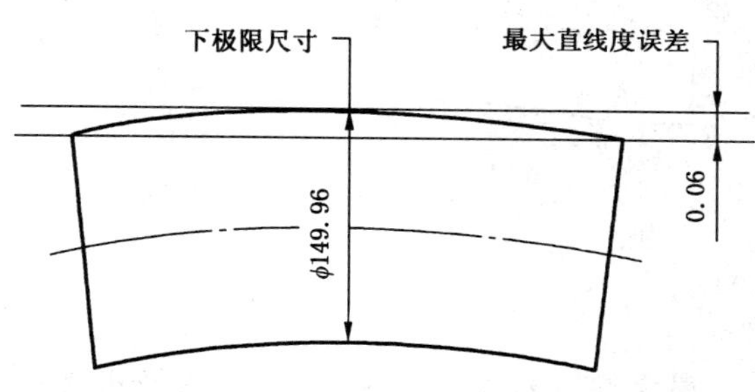

b)

图 5

6 相关要求

图样上给定的尺寸公差和几何公差相互有关的公差要求，含包容要求、最大实体要求(MMR)[包括附加于最大实体要求的可逆要求(RPR)]和最小实体要求(LMR)[包括附加于最小实体要求的可逆要求(RPR)]。

6.1 包容要求

包容要求适用于圆柱表面或两平行对应面。

包容要求表示提取组成要素不得超越其最大实体边界(MMB)，其局部尺寸不得超出最小实体尺寸(LMS)。

采用包容要求的尺寸要素应在其尺寸极限偏差或公差带代号之后加注符号Ⓔ(见 GB/T 1182—2008),示例如图 6 所示。

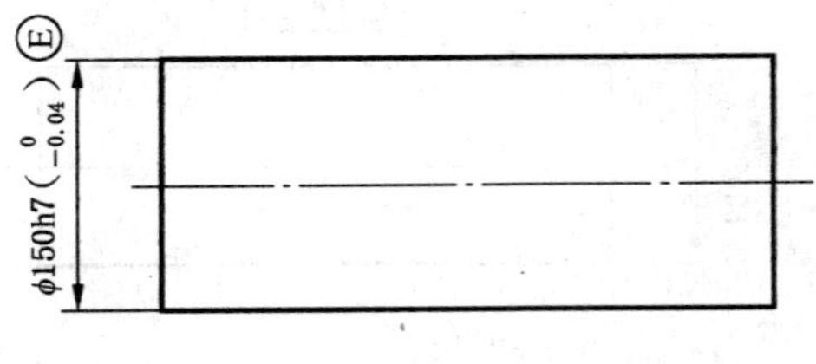

图 6

标注说明:提取圆柱面应在其最大实体边界(MMB)之内,该边界的尺寸为最大实体尺寸(MMS)ϕ150 mm。其局部尺寸不得小于 149.96 mm(见图 7)。

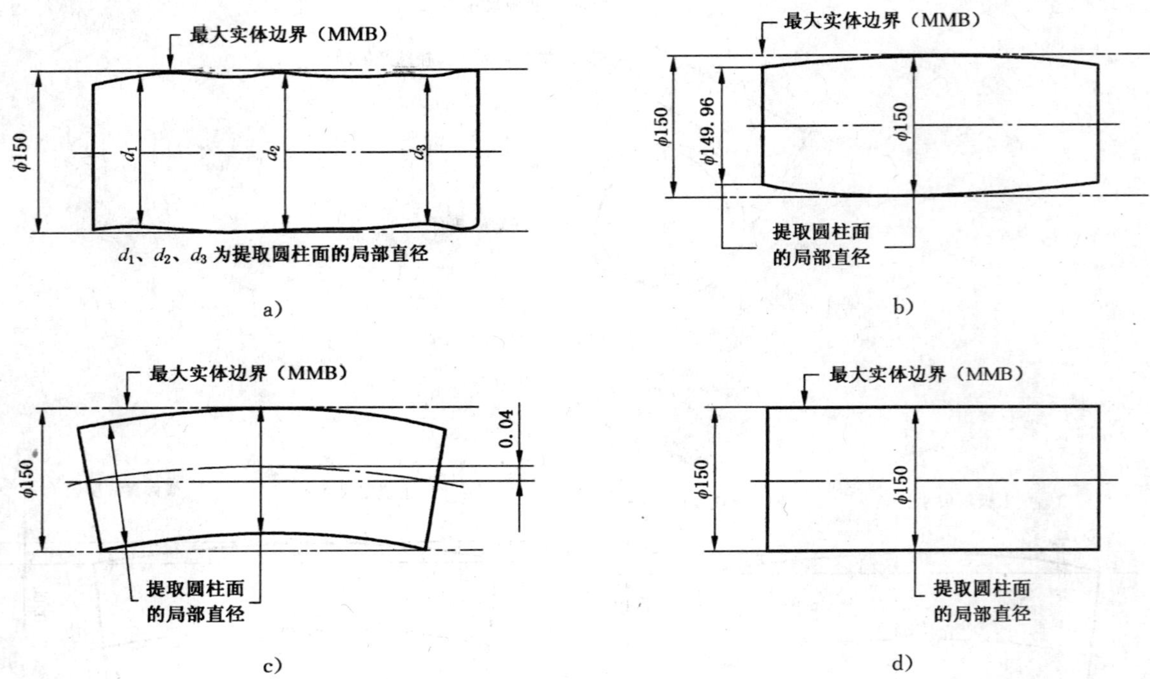

图 7

6.2 最大实体要求(MMR)[包括附加于最大实体要求的可逆要求(RPR)]和最小实体要求(LMR)[包括附加于最小实体要求的可逆要求(LMR)]

如果由于功能和经济原因,需要使要素的尺寸和几何公差相关,可以应用最大实体要求(MMR)[包括附加于最大实体要求的可逆要求(RPR)]和最小实体要求(LMR)[包括附加于最小实体要求的可逆要求(LMR)](见 GB/T 16671—2009)。

7 公差原则的图样标注

图样上或技术文件中采用本标准时,应注明:公差原则按 GB/T 4249。

附　录　A
（资料性附录）
在 GPS 矩阵模型中的位置

GPS 矩阵的全部详情参见 GB/Z 20308—2006。

A.1　本标准的信息及其应用

本标准规定了确定尺寸（线性尺寸和角度尺寸）公差和几何公差之间相互关系的原则。

A.2　在 GPS 矩阵模型中的位置

本标准属于 GPS 基础标准，是确定 GPS 基本原则的标准，如图 A.1 所示。

GPS基础标准	GPS综合标准						
	GPS通用标准						
	链环号	1	2	3	4	5	6
	尺寸						
	距离						
	半径						
	角度						
	与基准无关的线形状						
	与基准相关的线形状						
	与基准无关的面形状						
	与基准相关的面形状						
	方向						
	位置						
	圆跳动						
	全跳动						
	基准						
	粗糙度轮廓						
	波纹度轮廓						
	原始轮廓						
	表面缺陷						
	棱边						

图 A.1

ICS 77.160
H 70

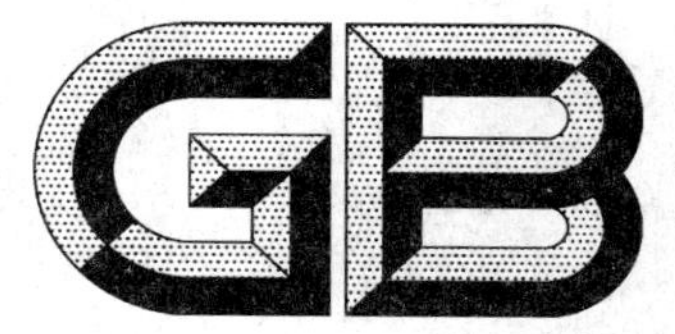

中华人民共和国国家标准

GB/T 4309—2009
代替 GB/T 4309—1984

粉末冶金材料分类和牌号表示方法

Classification and designation for powder metallurgy materials

2009-03-19 发布　　2010-01-01 实施

中华人民共和国国家质量监督检验检疫总局
中国国家标准化管理委员会　发布

前　言

本标准代替 GB/T 4309—1984《粉末冶金材料分类和牌号表示方法》。

本标准与 GB/T 4309—1984 相比，主要有以下变动：

——本标准增加了规范性引用文件部分内容；

——本标准在分类中增加了牌号表示；

——本标准在牌号表示方法中，对原标准进行了修改；

——本标准在摩擦材料和减磨材料类中增加了镍基摩擦材料和钨基摩擦材料；

——本标准在其他材料类中增加了储氢材料和复合材料。

本标准由中国有色金属工业协会提出。

本标准由全国有色金属标准化技术委员会归口。

本标准由钢铁研究总院负责起草。

本标准主要起草人：方建锋、朱黎冉、郑毅、姜振春。

本标准所代替标准的历次版本发布情况为：

——GB/T 4309—1984。

粉末冶金材料分类和牌号表示方法

1 范围

本标准规定了粉末冶金材料的分类和牌号表示方法。

本标准适用于列入国家标准和行业标准的粉末冶金材料。

2 规范性引用文件

下列文件中的条款通过本标准的引用而成为本标准的条款。凡是注日期的引用文件,其随后所有的修改单(不包括勘误的内容)或修订版均不适用于本标准,然而,鼓励根据本标准达成协议的各方研究是否可使用这些文件的最新版本。凡是不注日期的引用文件,其最新版本适用于本标准。

GB/T 18376.1 硬质合金牌号 第1部分:切削工具用硬质合金牌号

GB/T 18376.2 硬质合金牌号 第2部分:地质、矿山工具用硬质合金牌号

GB/T 18376.3 硬质合金牌号 第3部分:耐磨零件用硬质合金牌号

3 分类

3.1 粉末冶金材料按用途和特征分为九大类

3.1.1 结构材料类(F0)。

3.1.2 摩擦材料类和减磨材料类(F1)。

3.1.3 多孔材料类(F2)。

3.1.4 工具材料类(F3)。

3.1.5 难熔材料类(F4)。

3.1.6 耐蚀材料和耐热材料类(F5)。

3.1.7 电工材料类(F6)。

3.1.8 磁性材料类(F7)。

3.1.9 其他材料类(F8)。

3.2 各大类粉末冶金材料按材质和用途分为以下小类

3.2.1 结构材料类(F0)

3.2.1.1 铁及铁基合金(F00)。

3.2.1.2 碳素结构钢(F01)。

3.2.1.3 合金结构钢(F02)。

3.2.1.4 铜及铜合金(F06)。

3.2.1.5 铝合金(F07)。

3.2.2 摩擦材料和减磨材料类(F1)

3.2.2.1 铁基摩擦材料(F10)。

3.2.2.2 铜基摩擦材料(F11)。

3.2.2.3 镍基摩擦材料(F12)。

3.2.2.4 钨基摩擦材料(F13)。

3.2.2.5 铁基减磨材料(F15)。

3.2.2.6 铜基减磨材料(F16)。

3.2.2.7 铝基减磨材料(F17)。

3.2.3 多孔材料类(F2)

3.2.3.1 铁及铁基合金(F20)。

3.2.3.2 不锈钢(F21)。
3.2.3.3 铜及铜基合金(F22)。
3.2.3.4 钛及钛合金(F23)。
3.2.3.5 镍及镍合金(F24)。
3.2.3.6 钨及钨合金(F25)。
3.2.3.7 难熔化合物多孔材料(F26)。

3.2.4 工具材料类(F3)

3.2.4.1 钢结硬质合金(F30)。
3.2.4.2 金属陶瓷和陶瓷(F36)。
3.2.4.3 工具钢(F37)。

3.2.5 难熔材料类(F4)

3.2.5.1 钨及钨合金(F40)。
3.2.5.2 钼及钼合金(F42)。
3.2.5.3 钽及其合金(F44)。
3.2.5.4 铌及其合金(F45)。
3.2.5.5 锆及其合金(F46)。
3.2.5.6 铪及其合金(F47)。

3.2.6 耐蚀材料和耐热材料类(F5)

3.2.6.1 不锈钢和耐热钢(F50)。
3.2.6.2 高温合金(F52)。
3.2.6.3 钛及钛合金(F55)。
3.2.6.4 金属陶瓷(F58)。

3.2.7 电工材料类(F6)

3.2.7.1 钨基电触头材料(F60)。
3.2.7.2 钼基电触头材料(F61)。
3.2.7.3 铜基电触头材料(F62)。
3.2.7.4 银基电触头材料(F63)。
3.2.7.5 集电器材料(F65)。
3.2.7.6 电真空材料(F68)。

3.2.8 磁性材料类(F7)

3.2.8.1 软磁性铁氧体(F70)。
3.2.8.2 硬磁性铁氧体(F71)。
3.2.8.3 特殊磁性铁氧体(F72)。
3.2.8.4 软磁性金属和合金(F74)。
3.2.8.5 硬磁性合金(F75)。
3.2.8.6 特殊磁性合金(F77)。

3.2.9 其他材料类(F8)

3.2.9.1 铍材料(F80)。
3.2.9.2 储氢材料(F82)。
3.2.9.3 功能材料(F85)。
3.2.9.4 复合材料(F87)。

4 牌号表示方法

4.1 表示方法

采用由汉语拼音字母和阿拉伯数字组成的五位符号体系表示材料的牌号。其通式及各符号的意义如下：

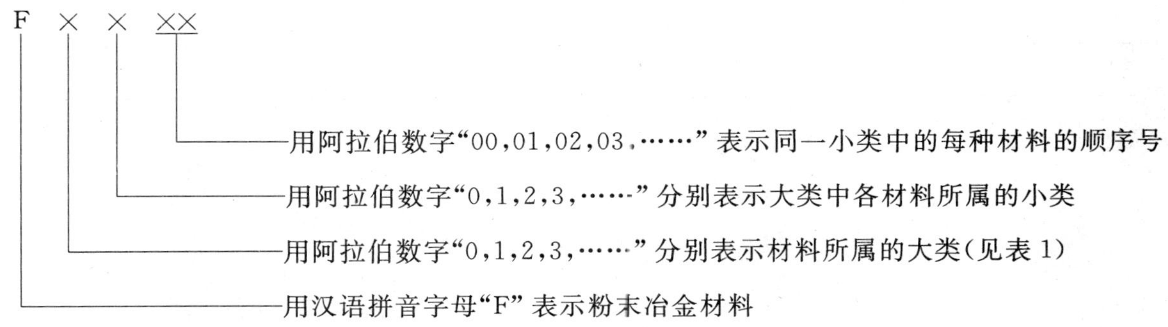

表 1

符　　号	符号的意义
0	结构材料类
1	摩擦材料类和减磨材料类
2	多孔材料类
3	工具材料类
4	难熔材料类
5	耐蚀材料和耐热材料类
6	电工材料类
7	磁性材料类
8	其他材料类

4.2 各种材料的表示方法及举例

4.2.1 结构材料

结构材料的通式为:F0×××,该通式中各符号的含义及相应的小类代号如表2所示。

表 2

符　　号	F	0	×	××
意义	粉末冶金材料	结构材料	0—铁及铁基合金	顺序号(00～99)
			1—碳素结构钢	
			2—合金结构钢	
			3—(空位)	
			4—(空位)	
			5—(空位)	
			6—铜及铜合金	
			7—铝合金	
			8—(空位)	
			9—(空位)	

示例1:“F00××”表示铁基合金结构材料。

示例2:“F02××”表示合金结构钢。

示例3:“F06××”表示铜或铜合金结构材料。

4.2.2 摩擦材料和减磨材料

摩擦材料和减磨材料的通式为:F1×××,该通式中各符号的含义及相应的小类代号如表3所示。

表 3

符　　号	F	1	×	××
意义	粉末冶金材料	摩擦材料和减磨材料	0—铁基摩擦材料	顺序号(00～99)
			1—铜基摩擦材料	
			2—镍基摩擦材料	
			3—钨基摩擦材料	
			4—(空位)	
			5—铁基减磨材料	
			6—铜基减磨材料	
			7—铝基减磨材料	
			8—(空位)	
			9—(空位)	

示例 1："F10××"表示铁基摩擦材料。

示例 2："F11××"表示铜基摩擦材料。

示例 3："F16××"表示铜基减磨材料。

4.2.3 多孔材料

多孔材料的通式为：F2×××，该通式中各符号的含义及相应的小类代号如表 4 所示。

表 4

符　　号	F	2	×	××
意义	粉末冶金材料	多孔材料	0—铁及铁基合金	顺序号(00～99)
			1—不锈钢	
			2—铜及铜基合金	
			3—钛及钛合金	
			4—镍及镍合金	
			5—钨及钨合金	
			6—难熔化合物多孔材料	
			7—(空位)	
			8—(空位)	
			9—(空位)	

示例 1："F21××"表示不锈钢多孔材料。

示例 2："F23××"表示钛及钛合金多孔材料。

示例 3："F24××"表示镍及镍合金多孔材料。

4.2.4 工具材料

工具材料的通式为：F3×××，该通式中各符号的含义及相应的小类代号如表 5 所示。硬质合金牌号、代号的表示方法按 GB/T 18376.1、GB/T 18376.2 和 GB/T 18376.3 的规定进行分类和牌号表示。

表 5

<table>
<tr><th>符　　号</th><th>F</th><th>3</th><th>×</th><th>××</th></tr>
<tr><td rowspan="10">意义</td><td rowspan="10">粉末冶金材料</td><td rowspan="10">工具材料</td><td>0—钢结硬质合金</td><td rowspan="10">顺序号(00～99)</td></tr>
<tr><td>1—(空位)</td></tr>
<tr><td>2—(空位)</td></tr>
<tr><td>3—(空位)</td></tr>
<tr><td>4—(空位)</td></tr>
<tr><td>5—(空位)</td></tr>
<tr><td>6—金属陶瓷和陶瓷</td></tr>
<tr><td>7—工具钢</td></tr>
<tr><td>8—(空位)</td></tr>
<tr><td>9—(空位)</td></tr>
</table>

示例 1："F30××"表示钢结硬质合金。

示例 2："F36××"表示金属陶瓷和陶瓷工具材料。

示例 3："F37××"表示工具钢材料。

4.2.5　难熔材料

难熔材料的通式为：F4×××，该通式中各符号的含义及相应的小类代号如表 6 所示。

表 6

<table>
<tr><th>符　　号</th><th>F</th><th>4</th><th>×</th><th>××</th></tr>
<tr><td rowspan="10">意义</td><td rowspan="10">粉末冶金材料</td><td rowspan="10">难熔材料</td><td>0—钨及钨合金</td><td rowspan="10">顺序号(00～99)</td></tr>
<tr><td>1—(空位)</td></tr>
<tr><td>2—钼及钼合金</td></tr>
<tr><td>3—(空位)</td></tr>
<tr><td>4—钽及其合金</td></tr>
<tr><td>5—铌及其合金</td></tr>
<tr><td>6—锆及其合金</td></tr>
<tr><td>7—铪及其合金</td></tr>
<tr><td>8—(空位)</td></tr>
<tr><td>9—(空位)</td></tr>
</table>

示例 1："F40××"表示钨及钨合金。

4.2.6　耐蚀材料和耐热材料

耐蚀材料和耐热材料的通式为：F5×××，该通式中各符号的含义及相应的小类代号如表 7 所示。

表 7

符　号	F	5	×	××
意义	粉末冶金材料	耐蚀材料和耐热材料	0—不锈钢和耐热钢	顺序号(00～99)
			1—(空位)	
			2—高温合金	
			3—(空位)	
			4—(空位)	
			5—钛及钛合金	
			6—(空位)	
			7—(空位)	
			8—金属陶瓷	
			9—(空位)	

示例 1:“F50××”表示不锈钢或耐热钢。

示例 2:“F52××”表示粉末高温合金材料。

示例 3:“F58××”表示粉末金属陶瓷材料。

4.2.7 电工材料

电工材料的通式为:F6×××,该通式中各符号的含义及相应的小类代号别如表 8 所示。

表 8

符　号	F	6	×	××
意义	粉末冶金材料	电工材料	0—钨基电触头材料	顺序号(00～99)
			1—钼基电触头材料	
			2—铜基电触头材料	
			3—银基电触头材料	
			4—(空位)	
			5—集电器材料	
			6—(空位)	
			7—(空位)	
			8—电真空材料	
			9—(空位)	

示例 1:“F60××”表示钨基电触头材料。

示例 2:“F63××”表示银基电触头材料。

示例 3:“F65××”表示集电器材料。

4.2.8 磁性材料

磁性材料的通式为:F7×××,该通式中各符号的含义及相应的小类代号如表 9 所示。

表 9

符　号	F	7	×	××
意义	粉末冶金材料	磁性材料	0—软磁性铁氧体	顺序号(00～99)
			1—硬磁性铁氧体	
			2—特殊磁性铁氧体	
			3—(空位)	
			4—软磁性金属和合金	
			5—硬磁性金属和合金	
			6—(空位)	
			7—特殊磁性合金	
			8—(空位)	
			9—(空位)	

示例 1："F70××"表示软磁性铁氧体。

示例 2："F75××"表示硬磁性金属和合金。

4.2.9 其他材料

其他材料的通式为：F8×××，该通式中各符号的含义及相应的小类代号如表 10 所示。

表 10

符　号	F	8	×	××
意义	粉末冶金材料	其他材料	0—铍材料	顺序号(00～99)
			1—(空位)	
			2—储氢材料	
			3—(空位)	
			4—(空位)	
			5—功能材料	
			6—(空位)	
			7—复合材料	
			8—(空位)	
			9—(空位)	

示例 1："F80××"表示铍材料。

ICS 37.020
N 30

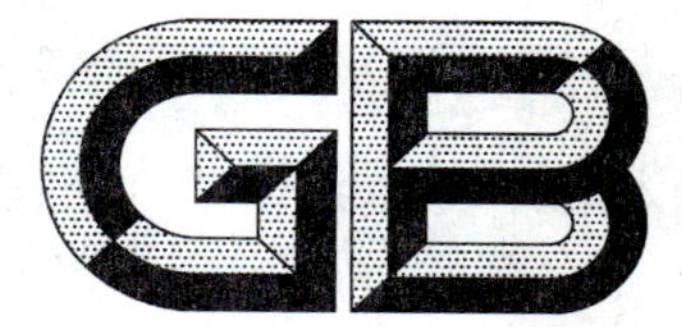

中华人民共和国国家标准

GB/T 4315.1—2009
代替 GB/T 4315.1—1984

光学传递函数 第1部分：术语、符号

Optical transfer function—Part 1: Terminology and symbol

(ISO 9334: 2007, Optical transfer function—Definitions and mathematical relations, MOD)

2009-09-30 发布　　2009-12-01 实施

中华人民共和国国家质量监督检验检疫总局
中国国家标准化管理委员会 发布

前 言

GB/T 4315《光学传递函数》分为以下两部分：

——第1部分：术语、符号；

——第2部分：测量导则。

本部分修改采用ISO 9334:2007《光学传递函数　定义和数学关系》。

本部分与ISO 9334:2007的主要技术差异为：

——考虑我国的用语习惯，标准名称改为《光学传递函数　第1部分：术语、符号》；

——第1章中表1移至第5章；

——“本国际标准”一词改为“本部分”；

——删除国际标准的前言。

本部分代替GB/T 4315.1—1984《光学传递函数　术语、符号》。

本部分与GB/T 4315.1—1984的主要差异为：

——表1中增加了像点光辐射分布、单色点扩散函数、相位传递值、振幅点扩散函数、单色OTF、复色OTF和相关光谱加权函数的符号和单位名称；

——第1章内容作适当修改和补充；

——增加了规范性引用文件；

——第3章增加了一维光学传递函数注的内容；

——第4章增加了数据基准面和数据基准平面的术语，并将视场角的术语划分为物方视场角和像方视场角分别进行定义；

——用“矢量”代替GB/T 4315.1—1984中的“指向”；

——对图1作了修改，增加了图2和图3。

本部分由中国机械工业联合会提出。

本部分由全国光学和光子学标准化技术委员会(SAC/TC 103)归口。

本部分负责起草单位：上海理工大学、华东师范大学、凤凰光学集团有限公司。

本部分主要起草人：章慧贤、黄卫佳、王蔚生、徐景生。

本部分所代替标准的历次版本发布情况为：

——GB/T 4315.1—1984。

光学传递函数
第1部分:术语、符号

1 范围

GB/T 4315 的本部分根据成像系统的光学传递函数与点扩散函数之间的关系,规定了与光学传递函数有关的术语以及它们之间的数学关系,也规定了在光学传递函数测量中需说明的各个重要参数。

本部分适用于所有光、电光和其他成像系统的光学传递函数测量。

2 规范性引用文件

下列文件中的条款通过 GB/T 4315 的本部分的引用而成为本部分的条款。凡是注日期的引用文件,其随后所有的修改单(不包括勘误的内容)或修订版均不适用于本部分,然而,鼓励根据本部分达成协议的各方研究是否可使用这些文件的最新版本。凡是不注日期的引用文件,其最新版本适用于本部分。

GB/T 4315.2 光学传递函数 第2部分:测量导则(GB/T 4315.2—2009,ISO 9335:1995,Optical transfer function—Principles and procedures of measurement,IDT)

3 基本术语和定义

3.1

线性 linearity

通过一个成像系统对输入信号强度均衡响应的特性。

3.2

线性范围 linear range

在一个成像系统显示线性之内的输入信号的范围。

注:如果当一个成像系统对输入信号强度的响应在测量准确度之内是线性时,这个成像系统被认为是在线性范围内工作的。这一范围限定了输入信号总和的最小和最大强度。

3.3

非相干照明 incoherent illumination

由于两点源各自独立作用,一种从被照明物体上任意两点发出的辐射可进行强度相加的照明。

3.4

成像状态 imaging state;I-state

所有影响点扩散函数的参数的集合。

注:GB/T 4315.2—2009 附录A中已给出了影响该函数的参数。即使没有给出这些参数,假定下列定义中的所有关系与这些参数是关联的。

3.5

点扩散函数 point spread function

PSF

点源像的归化辐照度分布。

$$P(u,v)=\frac{F(u,v)}{\iint_{-\infty}^{+\infty}F(u,v)\mathrm{d}u\mathrm{d}v} \qquad (1)$$

式中：

$F(u,v)$——像点光辐射分布。

3.6

等晕系统　isoplanatic system

与变化的点源在物平面上的位置无关的点扩散函数的成像系统。

3.7

等晕区　isoplanatic region

点扩散函数认为是恒定的像空间的成像系统区域。

注1：对点扩散函数恒定的评估由所要求的光学传递函数测量准确度决定。

注2：如果成像器件是抽样或扫描件(例如当该器件包含光纤元件或隧道电子倍增平台或视频系统的一部分时)，则等晕区由一个实空间区域和一个空间频率(付里叶空间)的限定频率区域规定。在规定的允差范围内，点扩散函数的付里叶变换可以认为是恒定的区域。

3.8

光学传递函数　optical transfer function

OTF

成像系统点扩散函数的付里叶变换。

$$D(r,s)=\iint_{-\infty}^{+\infty}p(u,v)\exp[-\mathrm{i}2\pi(ur+us)]\mathrm{d}u\mathrm{d}v \quad \cdots\cdots(2)$$

式中：

r、s——与空间频率(u,v)相关的空间频率变量。

注1：对OTF，必须使成像系统在等晕区域和线性范围内工作。

注2：OTF是一个复函数。在零空间频率时，它的模量值为1。

3.9

调制传递函数　modulation transfer function

MTF

光学传递函数$D(r,s)$的模量。

3.10

相位传递函数　phase transfer function

PTF

光学传递函数$D(r,s)$的幅角。

注：在零空间频率时相位传递函数等于零。相位传递函数的值与点扩散函数的参考坐标系原点位置有关，原点位置的位移会使相位传递函数产生一个对r和s成线性的附加项。

3.11

一维光学传递函数　one-dimensional optical transfer function

$D(r)$

在规定方向一维方位角的OTF的一维表达形式。

注1：多数情况下传递函数通常是一维形式，此时空间频率变量r和s简化为单一的空间频率变量r'和一个方位变量Ψ(见4.21和4.22)，这里Ψ是成像状态的一部分(见图1)：

$$D(r,s)=D(r',\Psi) \quad \cdots\cdots(3)$$

为方便起见，$D(r',\Psi)$写为$D(r)$。按惯例，子午OTF对应子午方向$\Psi=90°$，弧矢OTF对应弧矢方向$\Psi=0°$。

注2：图1中分别介绍了区域右旋坐标系(u,v)和(r,s)以及右旋光瞳坐标系。方位角Ψ的参考线垂直于像方图样的恒量辐照度线。当对狭缝或刃边进行扫描时，垂直方向与扫描方向一致，则角Ψ是u轴线或r轴线与该扫描方向的夹角。

若以起始点为前提，则必须使用右旋坐标系。

1——物场中心；
2——入瞳；
3——出瞳；
4——子午面；
5——像方图样矢量 $\boldsymbol{h}'$；
6——半径 h' 的像圆；
7——像场中心；
8——参考标记矢量；
9——参考标记(在被测图样上)；
10——物方图样；
11——物方图样矢量 $\boldsymbol{h}$；
12——参考轴；
13——主光线；
14——像方图样；
15——弧矢像圆；
16——子午像圆；
a——方位 Ψ；
b——参考角 ϕ；
c——出瞳坐标系 x,y；
d——区域像场坐标系 u,v 或 r,s。

图 1

通常对一个(x_1,x_2,x_3)坐标系,一个右旋坐标系由 x_1 到 x_2 的最短位置上的旋转和 x_3 产生。x_3 是一个被明确说明带有方向感的参考轴。对二维表达形式[2D-坐标系(x_1,x_2)],一个是朝 x_3 方向的相反方向,那么数学正旋是逆时针方向的。

光学中通常子午面包含 x_2 轴并不包含 x_1 轴。具体说明如下:

a) 参考轴是 z 轴。

b) 在出瞳中心内,出瞳坐标系具有它的原点。x 轴垂直于子午面,y 轴位于子午面内,并且 x、y、z 组成一个右旋坐标系。

c) 对像方矢量 $\boldsymbol{h}'$ 的终点,区域像场坐标系(u,v)[或对各个付里叶可逆空间的(r,s)]具有它的原点。u 轴(或 r 轴)垂直于子午面,v 轴(或 s 轴)位于子午面内,例如:在像方矢量 h' 的方向,一个右旋坐标系的参考轴方向由(u,v)或(r,s)组成。

d) 从参考线的 u 轴或 r 轴到图像恒量强度线的垂直方向计算方位角 Ψ。

e) 从参考线的参考标记矢量到子午面计算参考角 ϕ。当标记朝着参考轴的反方向时,逆时针旋转的标记是正的。

3.12

空间频率　spatial frequency

r

直线正弦空间分布周期的倒数。

注:空间频率是付里叶空间中的变量。它可以用直线或角度来表示,空间频率的单位名称定为1/毫米或1/毫弧度(1/度)。

3.13

线扩散函数　line spread function

LSF

非相干线源像的归化辐照度分布,可以表示为点扩散函数 $P(u,v)$ 的卷积,$P(u,v)$ 带有一个其长度包含在等晕区内的无限窄线 $\delta(u)$。对平行于 v 轴的窄线,$\delta(u)$ 为迪卡尔旦耳他函数。

$$\begin{aligned} L(u) &= \int\int_{-\infty}^{+\infty} P(u',v)\delta(u-u')\mathrm{d}u'\mathrm{d}v \\ &= \int_{-\infty}^{+\infty} P(u,v)\mathrm{d}v \end{aligned} \qquad \cdots\cdots(4)$$

注1:线扩散函数仅存在于一个等晕区内。

注2:一维光学传递函数 $D(r)$ 是线扩散函数 $L(u)$ 的付里叶变换。

3.14

刃边扩散函数　edge spread function

ESF

刃边像的辐照度分布。

$$E(u) = \int_{-\infty}^{u} L(u')\mathrm{d}u' \qquad \cdots\cdots(5)$$

对一个刃边平行于 v 轴。

3.15

光栅　grating

透射比或反射比按周期变化但一个方位不变的线状图样。

3.16

正弦光栅　sinusoidal grating

按正弦周期变化的光栅。

3.17

调制度 modulation

M

一个周期信号的角度变化的测量。

注：在本部分中，一个周期性辐射量(I)的调制度定义为：

$$M=\frac{I_{max}-I_{min}}{I_{max}+I_{min}} \qquad \cdots\cdots(6)$$

式中：

I_{max}——发射或照射的辐射量的极大值；

I_{min}——发射或照射的辐射量的极小值。

3.18

调制传递系数 modulation transfer factor

$T(r_0)$

某个空间频率 r_0 的 MTF 值。

注：在特殊情况下，当物是某一空间频率 r_0 的正弦光栅时，并在线性范围和等晕区内，调制传递系数 $T(r_0)$为像的调制度与物的调制度之比。

3.19

相位传递值 phase transfer value

θ

某一空间频率 r_0 的 PTF 值。

注：在线性范围和等晕区内，当一个正弦图样的像相对于几何光学(高斯光学)像的位置产生横向位移时，这一位移与像周期之比再乘以 2π 弧度，就是相位传递值。

3.20

波像差函数 wavefront aberration function

$W_\lambda(x,y)$

对一个给出的物点发出的波长 λ，经过光学系统以后到达出瞳面上的波阵面，与一个以像点为中心的参考球面之间的光程差。

注：波像差函数提供一个经出瞳的波阵面相位变化的测量。

3.21

光瞳函数 pupil function

$P_\lambda(x,y)$

一个光学系统出瞳面上波阵面的复振幅分布(见图 2)。

$$P_\lambda(x,y)=\begin{cases}A_\lambda(x,y)\exp\left[-\mathrm{i}\frac{2\pi}{\lambda}W_\lambda(x,y)\right] & \text{出瞳内}\\ 0 & \text{出瞳外}\end{cases} \qquad \cdots\cdots(7)$$

式中：

x、y——参考球面上以像点为中心的笛卡儿坐标；

$A_\lambda(x,y)$——点的振幅；

$W_\lambda(x,y)$——点的波像差函数。

注：采用该定义的一个光学系统出瞳对所讨论的像点有效。

这样的波像差由物点发出的辐射单色波长 λ 的光学系统所产生。

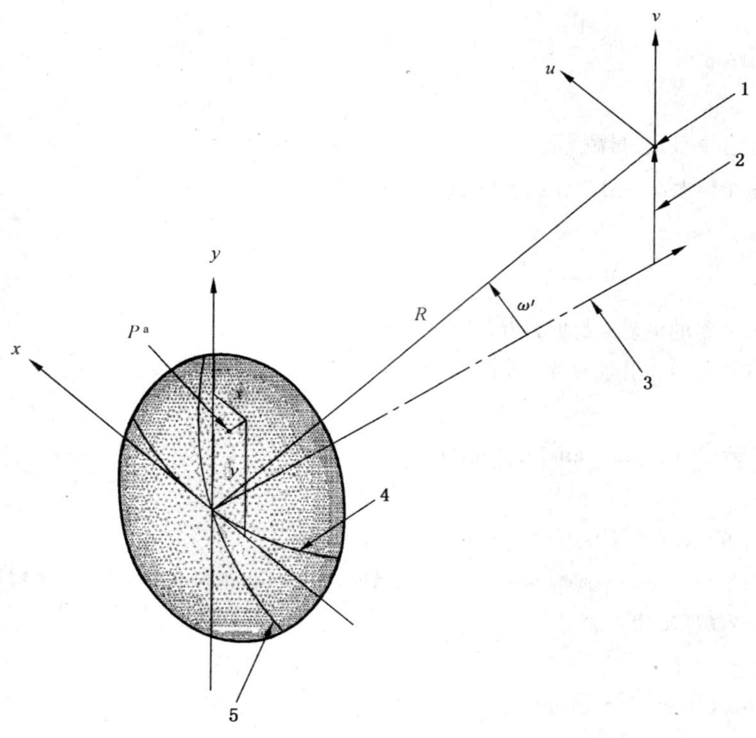

1——像点＝球面中心；
2——像方图样矢量 $\boldsymbol{h}'$；
3——参考轴 z；
4——xz 平面的球面交线；
5——yz 平面的球面交线；
a——在参考球面上。

图 2

3.22

振幅点扩散函数　amplitude point spread function

振幅脉冲响应　amplitude impulse response

$$A_{p,\lambda}(u,v)$$

点源像复振幅的相对分布。

注 1：采用一个适当的归化常数后，振幅点扩散函数是光瞳函数 $P_\lambda(x,y)$ 的付里叶变换。

$$A_{p,\lambda}(u,v)=\iint_{-\infty}^{+\infty}P_\lambda(x,y)\exp\left[-\mathrm{i}\frac{2\pi}{\lambda R}(ux+vy)\right]\mathrm{d}x\mathrm{d}y \quad \cdots\cdots\cdots\cdots\cdots(8)$$

式中：

u,v——以物点的几何光学像点为原点的笛卡儿坐标，u、v 轴分别取为与 x、y 轴平行；

R——所选像点的参考球面半径

见图 1 和 3.11 注 2。

注 2：点扩散函数和振幅点扩散函数的关系为

$$P_\lambda(x,y)=A_{p,\lambda}(u,v)A^*_{p,\lambda}(u,v) \quad \cdots\cdots\cdots\cdots\cdots\cdots(9)$$

这里星号代表复共轭。

3.23

自相关积分　autocorrelation integral

杜费积分　Duffieux integral

在本部分中评价单色照明光瞳函数的自相关所运用的数学程序。

注：除了成像系统有特别大的孔径比或视场角的情况之外，二维光学传递函数可表示为光瞳函数 $P_\lambda(x,y)$ 的自相关积分。按照方程式

$$D_\lambda(r,s)=\frac{1}{s}\iint_G P_\lambda(x,y)P_-^*(x-\lambda Rr,y-\lambda Rs)\mathrm{d}x\mathrm{d}y \quad \cdots\cdots(10)$$

式中：

s——瞳面积；

G——积分域(见图 3)。

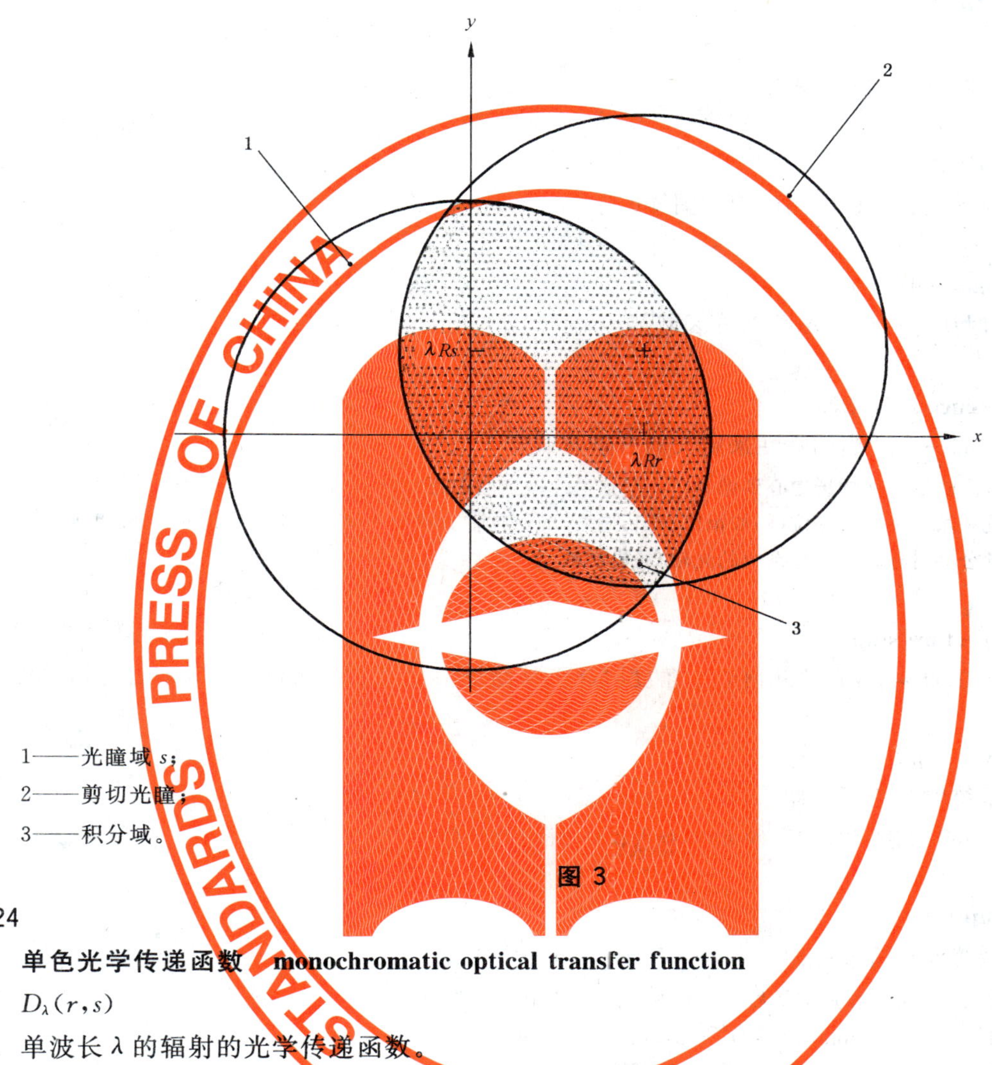

1——光瞳域 s；

2——剪切光瞳；

3——积分域。

图 3

3.24

单色光学传递函数　monochromatic optical transfer function

$D_\lambda(r,s)$

单波长 λ 的辐射的光学传递函数。

3.25

复色光学传递函数　polychromatic optical transfer function

$D_p(r,s)$

复叠有限波带的辐射成像的光学传递函数。

注 1：为使 $D_p(r,s)$有意义，必须规定光谱权函数 $F(\lambda)$。权函数 $F(\lambda)$由设备的复合光谱特性，即辐射的光谱分布，设备的光谱透射比，滤光器或探测器的光谱灵敏度等因素综合确定。

注 2：权函数 $F(\lambda)$必须与应用相关的成像设备的光谱特性相匹配。

4　测量中的术语和定义

4.1

物方图样　object pattern

能被测试系统成像的辐射量的空间分布。

4.2

像方图样　image pattern

与物方图样相应的，能在成像系统的输出端探测到的辐射量的空间分布。

4.3

物场　object field

物方图样的允许范围。

注：物场中心与像场中心应相互对应。

4.4

像场　image field

测试中由系统形成的可探测到的像方图样的范围。

4.5

分析区域　analysed area

在测定 OTF 时所分析的像场那部分区域。

4.6

参考轴　reference axis

能够唯一标定的一个适当的特性来定义的一条直线。

注：参考轴的方向规定为从物场中心到像场中心的辐射传播方向为正。参考轴通常是一个组件的旋转对称轴，或是测试系统中某一个实际部位（例如镜筒、安装法兰）的对称轴。对于具体系统，参考轴通常就是光轴（为所有光学元件的公共对称轴的理想系统的光轴）的机械轴。

4.7

孔径光阑　aperture stop

一个或一组实在的零件，它从几何光学角度限制了从物场中心通过系统到达像场中心的辐射总量。

4.8

入瞳　entrance pupil

孔径光阑在系统物方所成的像。

注：如果孔径光阑是辐射作用的第一个元件，则入瞳与孔径光阑一致。

4.9

出瞳　exit pupil

孔径光阑在系统像方所成的像。

注 1：如果孔径光阑是辐射作用的最后一个元件，则出瞳与孔径光阑一致。

注 2：当系统由几个非相干耦合的分系统所构成时，应注意到两个实际起作用的光瞳：

——第一个仅对从物方图样射来的辐射有影响，通常定为入瞳；

——第二个仅对射向像方图样的辐射有影响，通常定为出瞳。

4.10

物方（像方）图样矢量　object (image) pattern vector

指向物方（像方）图样中点的矢量（见图 1）。

4.11

参考标记矢量　reference mark vector

垂直于参考轴并指向试样的一个参考标记的矢量（见图 1）。

4.12

参考角　reference angle

Φ

由参考标记矢量和参考轴所组成的平面与由图样矢量和参考轴所组成的平面之间的夹角。

注：这样定义的参考轴的坐标系是一个右旋坐标系，因此参考角 Φ 定义为如图 1 所示（见图 1 和 3.11 注 2）。

4.13

物方视场角　object field angle

ω

参考轴和无限远物方到测试样本入瞳的辐射传播方向之间夹角的绝对值。

4.14

像方视场角　image field angle

ω'

参考轴和测试样本的出瞳到无限远像方的辐射传播方向之间夹角的绝对值。

4.15

物高　object height

h

物方矢量的长度。

注：当物方为有限变化时，则使用物高这一概念；反之，则使用物方视场角。

4.16

像高　image height

h'

像方矢量的长度。

注：当像方为有限变化时，则使用像高这一概念；反之，则使用像方视场角。

4.17

数据基准面　datum surface

具有形状、方位和位置的像面。

注1：数据基准面由指定的焦面位置来表示或由用来比较和引证测量结果的机械装置来表示。

注2：除了特别指明外，数据基准面称为数据平面。

4.18

数据基准平面　datum plane

垂直于参考轴的数据基准面。

注：数据平面由指定的焦面位置来表示或由用来比较和引证测量结果的机械装置来表示。

4.19

参考面　reference surface

正交于参考轴的面，在测量中所有的轴向位置参数都以参考面作为依据。

注1：这个面通常是一个参考平面。

注2：参考平面与被测系统（例如安装法兰或安装特殊用途的夹具）的一个物理特征有关。

4.20

参考平面　reference plane

参考面的一个平面。

4.21

弧矢方位　radial azimuth

当狭缝、刃边物或光栅线条的方向为物方或像方图样矢量的方向时物方图样的方位。

注：其他方位由角 Ψ 来给定，见图1和3.11注2。

4.22

子午方位　tangential azimuth

当狭缝、刃边物或光栅线条的方向与物方或像方图样矢量的方向成直角时所规定的物方图样的方位。

注1：其他方位由角 Ψ 来给定，见图1。

注2：当测试图样在轴上、狭缝、刃边物或光栅线条的方向朝向参考标记时定为子午方位，这时透镜应安装到使参考标记处在最上面的位置。

4.23

成像比尺 image scale

放大率 magnification

傍轴极限时像高与物高之比。

注：在无限远物与有限距像共轭的情况中，成像比尺为零。当物和像都是无限远共轭时，成像比尺就是系统的角放大率。角放大率为 $\tan\omega$ 与 $\tan\omega'$ 之比。

4.24

局部成像比尺 local image scale

局部放大率 local magnification

在一个给定的成像位置上，局部小像元素尺寸与物元素尺寸之比。

注：局部成像比尺由物场方位决定。

5 符号和单位名称

本部分主要参数的符号和单位名称见表1。

表1

参数	符号	单位名称	相应条款
参考平面坐标	u,v	毫米，毫弧度[a]，度[a]	—
空间频率坐标	r,s	1/毫米，1/毫弧度，1/度	3.12
光瞳坐标	x,y	毫米，毫弧度[a]，度[a]	—
物方视场角	ω	度，毫弧度	4.13
像方视场角	ω'	度，毫弧度	4.14
物高	h	毫米	4.15
像高	h'	毫米	4.16
参考角	ϕ	度	4.12
方位	Ψ	度	—
像点光辐射分布	$F(u,v)$	1/平方毫米，1/平方毫弧度	—
点扩散函数	$P(u,v)$	1/平方毫米，1/平方毫弧度	3.5
单色点扩散函数	$P_\lambda(u,v)$	1/平方毫米，1/平方毫弧度	—
光学传递函数	$D(r,s)$	1	3.8
调制传递函数	$T(r,s)$	1	3.9
相位传递函数	$\theta(r,s)$	弧度，度	3.10
一维光学传递函数	$D(r)$	1	3.11
线扩散函数	$L(u)$	1/毫米，1//毫弧度	3.13
刃边扩散函数	$E(u)$	1	3.14
调制度	M	1	3.17

表 1（续）

参数	符号	单位名称	相应条款
调制传递系数	$T(r_0)$	1	3.18
相位传递值	θ	弧度，度	3.19
波像差函数	$W_\lambda(x,y)$	纳米，米	3.20
光瞳函数	$P_\lambda(x,y)$	1	3.21
振幅点扩散函数	$A_{p,\lambda}(u,v)$	1/平方毫米，1/平方毫弧度	3.22
出瞳振幅	$A_\lambda(x,y)$	1	—
单色 OTF	$D_\lambda(r,s)$	1	3.24
复色 OTF	$D_p(r,s)$	1	3.25
相关光谱加权函数	$F(\lambda)$	1	—
波长	λ	纳米，米	—
积分域	G	平方毫米	—
参考球面半径	R	毫米	—
[a] 当坐标系是在无限远时，使用毫弧度和度单位。			

ICS 37.020
N 30

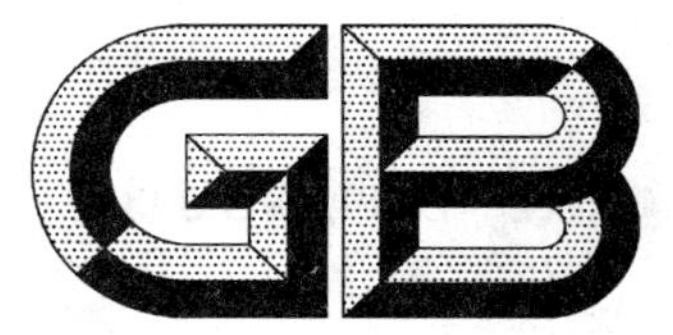

中华人民共和国国家标准

GB/T 4315.2—2009/ISO 9335:1995
代替 GB/T 4315.2—1988

光学传递函数　第2部分:测量导则

Optical transfer function—Part 2:Directives of measurement

(ISO 9335:1995,Optical transfer function—
Principles and procedures of measurement,IDT)

2009-11-15 发布　　　　2010-02-01 实施

中华人民共和国国家质量监督检验检疫总局
中国国家标准化管理委员会　发布

前　言

GB/T 4315《光学传递函数》分为以下两个部分：

——第1部分：术语、符号；

——第2部分：测量导则。

本部分为GB/T 4315的第2部分。

本部分等同采用ISO 9335:1995《光学传递函数　测量原理和步骤》。

为便于使用，本部分还做了下列编辑性修改：

——考虑我国的用语习惯，"测量导则"包括"测量原理和步骤"，所以标准名称改为"光学传递函数　测量导则"；

——"本国际标准"一词改为"本部分"；

——删除国际标准的前言；

——按GB/T 1.1的编写要求，将第5章、第7章的悬置段编号。

本部分代替GB/T 4315.2—1988《光学传递函数　测量导则》。

本部分与GB/T 4315.2—1988的主要差异为：

——按GB/T 1.1的编写要求，将第1章"引言"改为"范围"；

——按GB/T 1.1的编写要求，增加第2章"规范性引用文件"；

——增加第3章"术语和定义"；

——GB/T 4315.2—1988第3章"测量注意要点"改为第5章"测量步骤"；

——将GB/T 4315.2—1988 3.1"测量条件的调整"中的"方位"、"像高或视场角"及"被测样品的参考角"放入5.4"特定测量条件"中；

——将GB/T 4315.2—1988中的"精确度"改为"准确度"；

——增加了对OTF测量仪器检查时应考虑的参数。

本部分的附录A为资料性附录。

本部分由中国机械工业联合会提出。

本部分由全国光学和光子学标准化技术委员会(SAC/TC 103)归口。

本部分负责起草单位：上海理工大学、华东师范大学、宁波永新光学股份有限公司、凤凰光学集团有限公司、江南永新光学有限公司、苏州一光仪器有限公司。

本部分参加起草单位：南京东利来光电实业有限公司、麦克奥迪实业集团有限公司、浙江舜宇集团股份有限公司、宁波市教学仪器有限公司、贵阳新天光电科技有限公司、梧州奥卡光学仪器公司、宁波华光精密仪器有限公司。

本部分主要起草人：黄卫佳、章慧贤、王蔚生。

本部分所代替标准的历次版本发布情况为：

——GB/T 4315.2—1988。

光学传递函数　第 2 部分:测量导则

1　范围

GB/T 4315 的本部分规定了成像系统光学传递函数(OTF)测量装置结构和用途的通用导则。

本部分叙述了可能影响 OTF 测量的各个重要因素,同时规定了测量装置性能要求和环境控制的一般规则。

本部分规定了为保证精确测量所必须注意的要点,以及测得数据的修正因子。

本部分所描述的光学传递函数测量装置,限制在分析被测光学成像系统像平面上的辐射分布。这些装置不包括以干涉仪为基础的仪器。

2　规范性引用文件

下列文件中的条款通过 GB/T 4315 的本部分的引用而成为本部分的条款。凡是注日期的引用文件,其随后所有的修改单(不包括勘误的内容)或修订版均不适用于本部分,然而,鼓励根据本部分达成协议的各方研究是否可使用这些文件的最新版本。凡是不注日期的引用文件,其最新版本适用于本部分。

GB/T 4315.1　光学传递函数　第 1 部分:术语、符号(GB/T 4315.1—2009,ISO 9334:2007,Optical transfer function—Definitions and mathematical relations,MOD)

JB/T 5521　光学传递函数　用于望远镜

JB/T 5522　光学传递函数　用于 35 mm 照相机用可换镜头

JB/T 6784　光学传递函数　办公复印机用镜头

3　术语和定义

GB/T 4315.1 中确立的术语和定义适用于本部分。

4　测量装置和环境

4.1　基本要求

4.1.1　测量条件和成像状态

任何 OTF 测量都应以成像系统的成像状态为依据。因此,在进行测量之前,必须确定系统成像状态的各个参数以及成像状态对这些参数的依赖程度。整组成像状态的参数都必须调整到要求的值。这组参数值表示为一个特定的成像状态,并成为测量条件的重要组成部分。

4.1.2　测量准确度

OTF 测量准确度是由成像状态的许多单一参数所引起的误差综合而成。所采用的测量装置和环境必须允许把规定的测量条件调整并固定到一定的准确度,而这一准确度应与所需的测量精度相协调。确定了 OTF 测量所需的准确度之后,就必须对成像状态中的每一个有影响的参数进行公差分配。因此,如果 MTF 测量的总精度要求达到±0.05,那么在各参数中,测量装置的温度稳定性需达到±1 ℃,而焦平面调整需达到±5 μm。下面条款中关于仪器和环境稳定性的讨论将涉及根据本条所述的 OTF 测量准确度要求来进行公差分配。

4.2　环境

OTF 测量装置必须安置在不受气候、机械振动或电磁干扰影响的环境中,且装置和室内空气应保持无灰尘、潮气和烟雾,所有光学零件表面必须采取保护措施,避免划痕和手指印。

4.2.1 温度和湿度

温度和湿度必须保持在规定的公差范围内,并把它们记录下来。为了避免空气的扰动和分层现象对测量的影响,可采用防护罩。

4.2.2 振动

为了减小振动,建议使用隔振的基座。对于一个给定的测量准确度,隔振程度取决于振动的特性、测量方法和空间频率范围。如果测量方法基于测量线扩散函数,则由振动引起的在像分析器上的像的位移应不超过测试狭缝像最大强度半宽的1/20。

4.2.3 电磁干扰

供电电源的变化、外界电磁场的影响以及周围光强的影响,都必须减小到不影响OTF的测量。

4.3 测量装置

4.3.1 光学台

任何测量装置必须由一个坚固的光具座或光学台组成。它被用来安置测试图样组件、被测样品、像分析器和其他辅助组件。

根据被测成像系统的不同情况,应对各个调整环节的直线性和各导轨的平行性等提出不同要求。对偏离上述任一要求而引起的MTF测量的变化应不大于允许的或规定测量准确度的1/3。

4.3.2 离焦允差

因光具座的不对准而产生的离焦影响,导致了MTF的测量误差。离焦和MTF的变化程度与空间频率和F数有关。表1给出对一个带有圆光瞳的非相干照明的衍射受限透镜引起MTF改变±0.05时的离焦量$\pm\Delta Z$。光的波长取500 nm。

表1 离焦允差

单位为微米

F数	空间频率/mm^{-1}					
	1	5	10	20	50	100
1	45	9	4.5	2.3	1.0	0.5
1.4	62	12.5	6.3	3.2	1.4	0.8
2	89	18	9	4.7	2.0	1.1
4	180	36.5	18.8	9.8	4.6	3
8	360	74	39	21.5	12	12.2
18	720	157	86	54	49	468

注:引起MTF改变0.10时的离焦量$\pm\Delta Z$按表中的值加倍。

4.3.3 测量中相对位置的确定

必须确定测试图样、被测系统或装置(被测样品)、像分析器及辅助系统的相对位置。这些辅助系统包括标尺、转轴、底盘等。此外,所有影响被测样品成像状态的其他参数必须加以控制、调整或确定。

4.4 测量装置的组成

下列各条款将介绍测量装置基本组成部分的详细情况,包括测试图样组件、被测样品、像分析器和辅助成像系统。

4.4.1 光学系统的布局

测量装置可以有各种各样的布局,下面是推荐的布局:

4.4.1.1 物和像均处于有限远

对物和像均处于有限远的测试,可采用图1或图2所示的布局。在这些布局中,三个基本组件(被测样品、测试图样组件和像分析器)中的两个组件是沿着两个相互平行的,而且又与参考轴垂直的导轨移动。通常被测样品被固定,而其他两个组件作图上所示的移动。

当测试像增强器这一类光电器件时，则采用辅助成像系统。在被测样品的输入端产生一个测试图样的像，并将输出端的像传送到像分析器，相应的布局如图 2 所示。

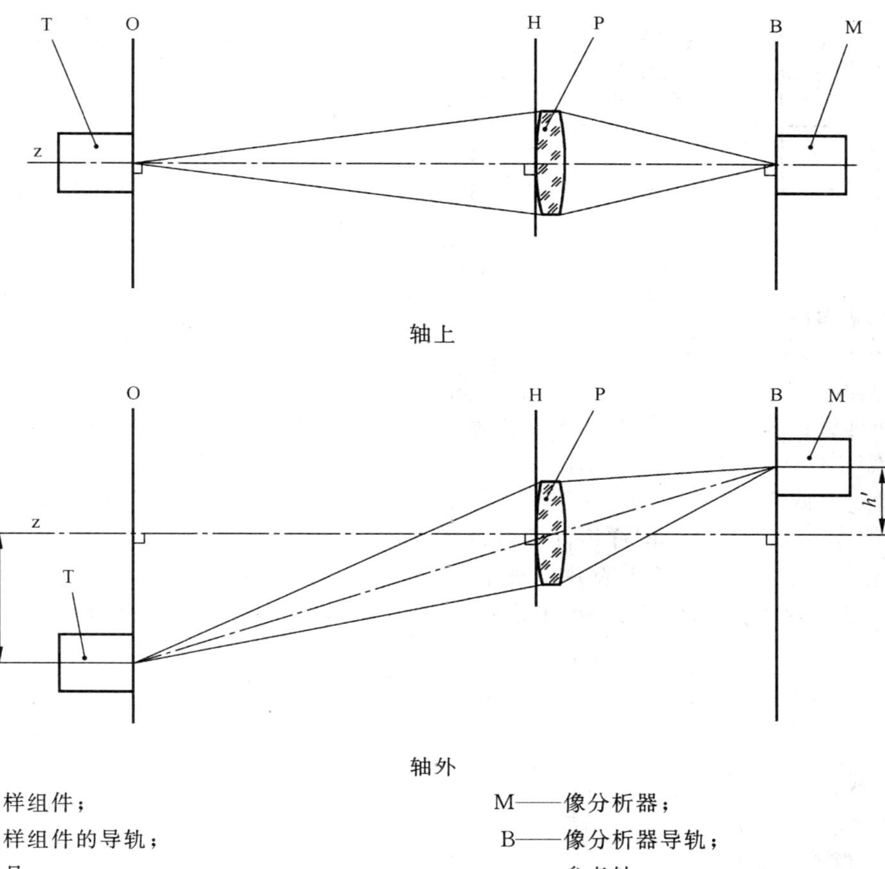

T——测试图样组件；
O——测试图样组件的导轨；
P——被测样品；
H——被测样品装夹座；
M——像分析器；
B——像分析器导轨；
z——参考轴；
h、h'——物、像高。

图 1　物和像均处于有限远的测试装置示意图

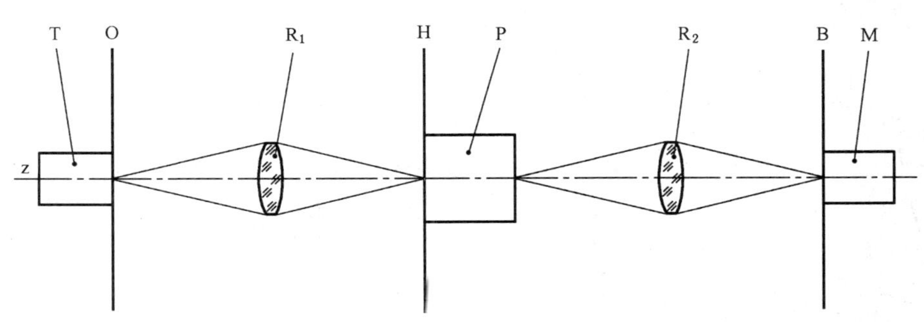

T——测试图样组件；
O——测试图样组件的导轨；
P——被测样品；
H——被测样品装夹座；
M——像分析器；
B——像分析器导轨；
R_1、R_2——中继透镜；
z——参考轴；
h、h'——物、像高。

图 2　像增强器的测试装置示意图

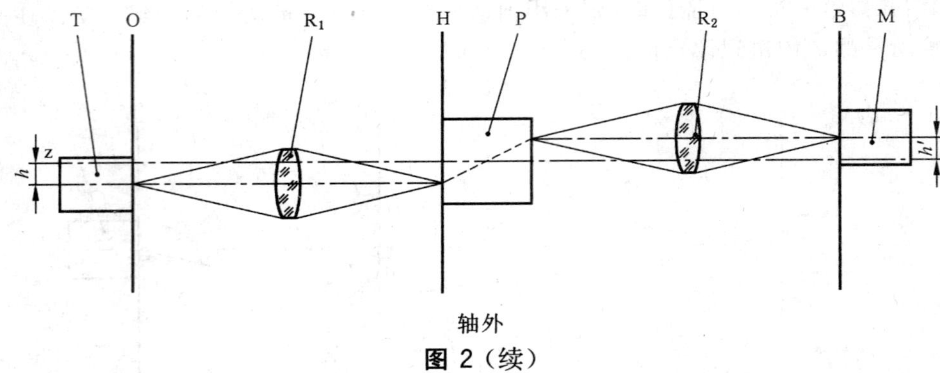

轴外

图 2（续）

4.4.1.2 物处于无限远

对物处于无限远的测试，可采用与图3相类似的布局。当进行轴外测量时，准直仪可绕通过被测样品入瞳中心并垂直于参考轴的轴线旋转 ω 角度，如图3所示。

反之，可使准直仪固定，被测样品和像分析器一起绕入瞳中心旋转，在此情况下，被测样品装夹座和像分析器导轨需刚性固定在一个转动基座上。

4.4.1.3 像处于无限远

把图3中的像分析器与测试图样组件交换位置，即可在同样的装置上进行测量。当进行轴外测量时，准直仪可绕通过被测样品出瞳中心并垂直于参考轴的轴线旋转 ω 角度，反之，可使准直仪固定，被测样品和像分析器一起绕出瞳中心旋转，在此情况下，被测样品装夹座和像分析器导轨需刚性固定在一个转动基座上。

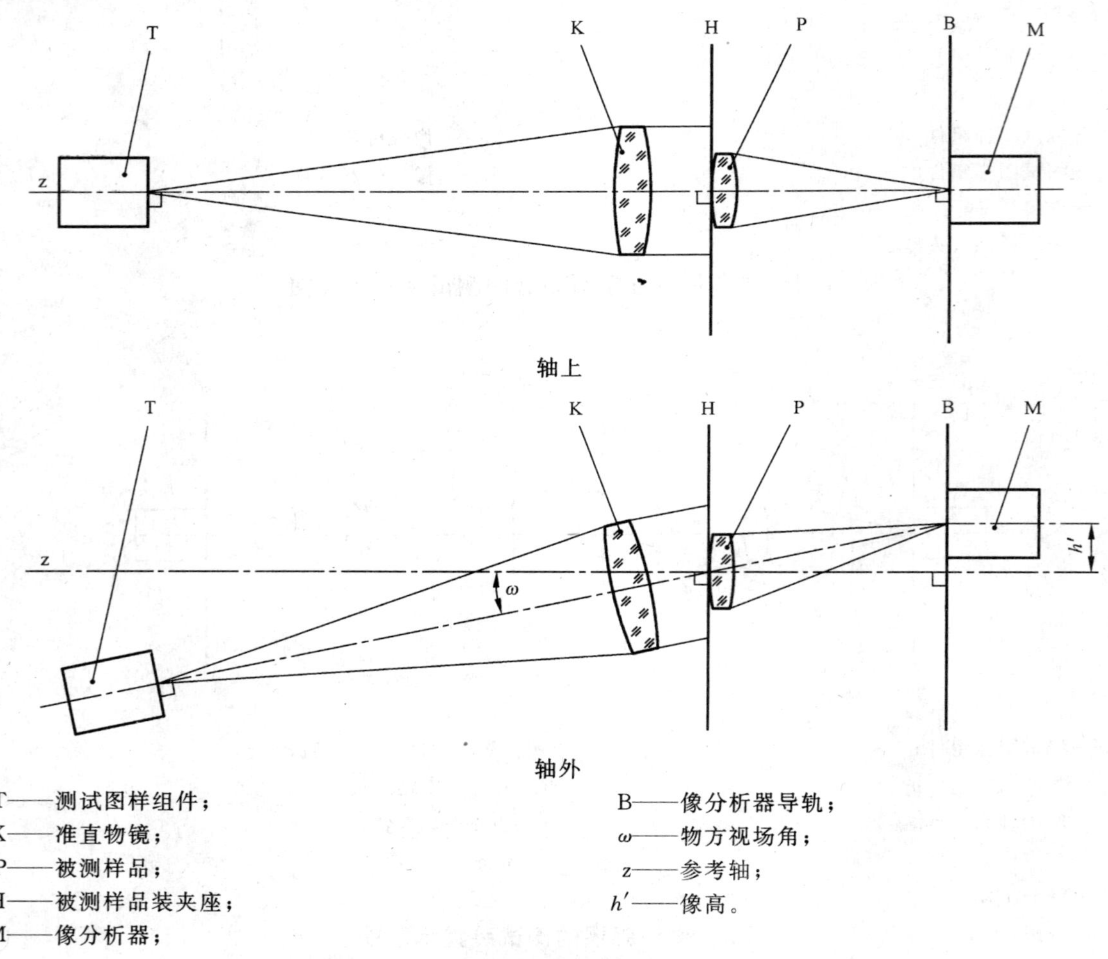

T——测试图样组件；

K——准直物镜；

P——被测样品；

H——被测样品装夹座；

M——像分析器；

B——像分析器导轨；

ω——物方视场角；

z——参考轴；

h'——像高。

图 3 物处于无限远的测试装置示意图

4.4.1.4 物和像均处于无限远

对物和像均处于无限远的被测系统，可采用与图 4 相类似的布局。当进行轴外测量时，物方准直仪连同测试图样组件需绕一个通过被测样品入瞳中心并垂直于参考轴的轴线旋转 ω 角度。像方准直仪连同像分析器需绕一个通过被测样品出瞳中心并垂直于参考轴的轴线旋转 ω' 角度，同时可以根据测试规程重新调焦。

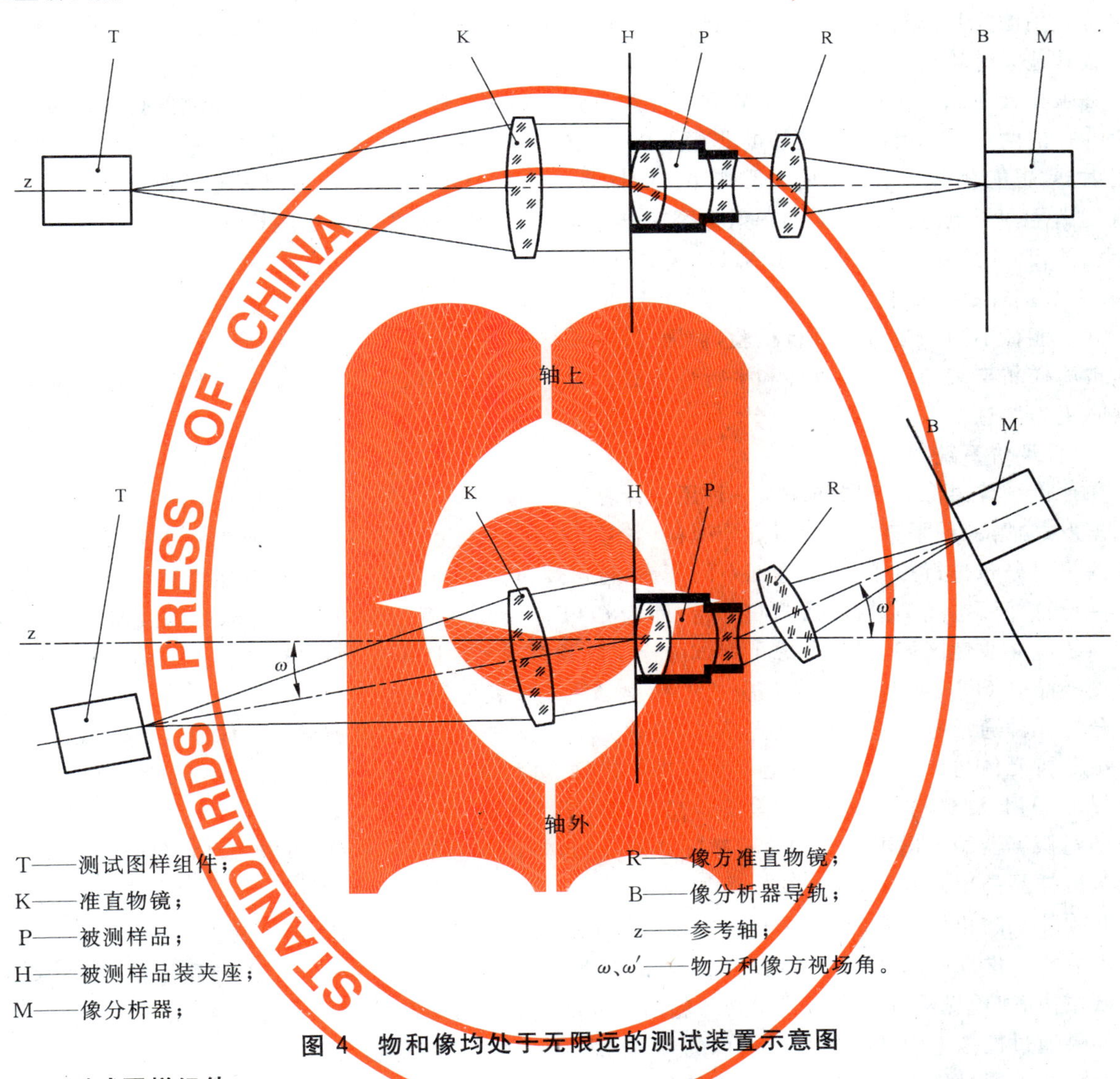

T——测试图样组件；
K——准直物镜；
P——被测样品；
H——被测样品装夹座；
M——像分析器；
R——像方准直物镜；
B——像分析器导轨；
z——参考轴；
ω、ω'——物方和像方视场角。

图 4 物和像均处于无限远的测试装置示意图

4.4.2 测试图样组件

测试图样组件由一个测试图样和一个辐射源组成。

4.4.2.1 测试图样

根据被测样品的特性，通常可采用圆形光孔、狭缝、刃边、光栅以及已知几何形状的自发光测试图样。用来测量 OTF 的测试图样的空间频谱必须已知，几何形状应非常精确。例如在使用狭缝的情况下，狭缝的宽度需在整个有效长度内保持一致。狭缝两个刃边的平行度允差为它的平均宽度的 2%，而刃边的直线度应不超过平均宽度的 10%。在规定狭缝自身允差的同时，也需要规定狭缝周围的透射比。根据所需测量精度，在规定的光谱范围内狭缝开启部分发出的总辐射通量与周围暗的部分发出的总辐射通量之比必须大于 1 000。

为了能在不同的方位进行 OTF 测量，对于非旋转对称的测试图样必须能变换方位，某些成像系统要旋转测试图样的像，因而为了能把测试图样的像或分析元件转到分析所要求的适当方位，还需要有一个精密的调节机构。

为了能检查并满足等晕区的条件，测试图样的大小必须是可调的。

4.4.2.2 辐射源

光源的光谱发射以及在全空间的辐射分布在测量过程中必须保持恒定，并应消除光的脉动。

测试图样必须均匀照射或发光，至少在扫描方向上应是这样。

可以用滤光片来得到所要求的光谱分布，并需防止测试图样因过热而损坏。散热栅、漫射器、有限孔径或其他元件均可用来得到所需的辐射角分布。

必须充分注意测试图样发出的辐射的非相干性。当聚光镜在测试图样一侧的数值孔径为被测样品数值孔径的两倍时，就能得到足够的非相干性。此外，可以在光源和测试图样之间紧靠测试图样插入一个漫射器，也能获得非相干辐射。假如测试图样是自身发光的(例如一根白炽灯丝)，则非相干条件将始终得到满足。要测定测试图样的辐射是否充分地非相干，可在光源和测试图样之间紧靠测试图样插入一个相位板，并检验它是否改变了 MTF 或 PTF 的测量。

4.4.3 被测样品的安装

为了能在不同的参考角进行检验，被测样品必须能相对于测试图样旋转。

被测样品与装夹座的垂直性和平行性也必须检验，尤其是样品安装面与装夹座固定面之间使用连接器时更需注意。

4.4.4 像评价系统

像评价系统由像分析器和任何一种用来计算 OTF 的处理装置组成。通常使用的像分析系统有两种基本形式：第一种是直接模拟傅立叶变换，它是由一个带有可变空间频率的分析元件来对狭缝测试图样像的辐射分布进行扫描，得到像面空间频谱，也可反过来扫描。第二种是测量狭缝测试图样像的辐射分布并计算像面空间频谱，经适当归一后，即为 OTF。必须注意像分析器中的辐射探测器和电子信号处理系统应在线性区域工作，考虑了测试图样空间频谱和其他因素的修正使用以后(见第 5 章)，就得出了被测样品的 OTF 或 MTF。频谱分析的精度必须充分满足测量准确度的要求。

分析元件通常有狭缝、刃边或光栅，它们的大小和方位必须能根据被分析的像而进行调节。

由分析元件与像之间的相对运动来实现扫描，既可移动测试图样，也可移动部分分析元件。扫描长度应保证 OTF 测量精度所需要的全部信息(见 5.3.4)。

辐射探测器的光谱灵敏度和角灵敏度必须已知，并在测量条件中予以规定。在定位时，分析器不应限制被测样品的出射孔径。

必须注意防止探测器的不均匀性、非线性及不稳定性对测量精度的明显影响。

由分析元件周围暗的部分传递到探测器的辐射必须保持极小。根据所要求的测量精度，在规定的光谱区域内，由透光部分传递的能量必须超出由周围暗的部分传递能量的 1 000 倍。

如果通过模拟电学滤波器来分析像的频谱，那么滤波器的带宽必须足够窄，以便能分辨 OTF 的空间频率。如果通过使用多个滤波器来进行频谱的分解，则每个滤波器通频带内的增益和相位必须补偿或修正。

4.4.5 辅助成像系统

辅助成像系统包括准直仪、显微物镜以及其他辅助元件。如果使用准直镜，则在有效光谱区域内，它的波面像差必须足够小，以致与被测样品相比可以忽略不计，可以为被测样品波面像差的 1/10。准直仪不许限制被测样品的入射和出射孔径。

当用显微物镜放大测试图样的像时，应使它的数值孔径足够大，以避免在轴上和轴外测量时的渐晕，并且它的像差与被测样品相比应很小。

当使用非相干耦合的辅助成像系统时，其 OTF 必须已知，以便使它们对测得的 OTF 的影响可用乘积的法则来修正。由于被测样品的物场和像场之间还有辅助的光学元件，例如窗或分划板等，因此在测量装置中必须模拟这些元件。

应确保所有辅助成像元件的光谱特性与测量所要求的光谱特性相适应。

5 测量步骤

5.1 总则

在进行实测之前，作为规定被测样品的一个具体成像状态的测量条件，必须调整到它们的规定值，并记录已调整好的精度，同时对测量精度有影响的各因素作检查。测量之后，必须根据测量原理和测量装置的特性作修正。

5.2 测量条件的调整

这里将介绍测量条件的调整以及它们对测量精度的影响，仅涉及那些对所有的成像系统都相似的测量条件。对具体系统的专门要求，将在JB/T 5521、JB/T 5522、JB/T 6784中介绍。

5.2.1 环境

环境参数如温度、湿度和气压都是测量条件的组成部分。在开始测量之前，应保证温度、湿度调整到限定范围内。被测样品光学表面应消除灰尘、手指印等。

5.2.2 光谱特性

测试图样所发出的光谱分布和像分析器的光谱灵敏度，必须符合所要求的测量条件。

如果被测样品不包括像增强器等光电器件时，测量装置的总光谱特性是光源、探测器、滤光片和其他辅助元件的光谱特性的组合。

5.2.3 角分布和孔径条件

应把光源和/或漫射器射到被测样品上的辐射的角分布调整到所要求的状态，且辐射应只受被测样品的入瞳的限制，像分析器的角响应必须满足规定的测量条件。

5.2.4 成像比尺、放大率

成像比尺的调整与调焦有关。

当一个透镜或一个反射镜系统在有限共轭下进行测试时，可以规定成像比尺、物像距离或后截距。如果已规定了放大率和节面位置，则利用牛顿的透镜公式可计算出相应的物的位置。

如果一个透镜或一个反射镜系统必须在无限共轭下进行测试，则测量布局应按4.4.1的规定。

如果被测样品是一个光电成像元件（如像增强器），则成像比尺须用适当的方法确定。测量系统中的任何一个辅助光学系统的成像比尺，都必须相互独立地进行调节。如果被测样品是由几个光学元件或光学元件和光电元件组成，则每单个元件的成像比尺必须能单独调整。

注：使用周期性的测试图样时，空间频率的局部缩放系数可由精确测量像平面上的周期来确定。

5.2.5 调焦

调焦是测量条件的一部分，并用来确定基准平面。调焦不应使成像比尺的变化超过所要求的测量准确度。

调焦依据可以是：

a) 在给定空间频率，将被测样品在轴上调焦到最大的MTF值。实际上基准平面常取位于中间的一个平面（在最佳平面之前或之后）。在这个平面上MTF值下降到规定空间频率下MTF_{max}的一个指定的百分比。

b) 对于有像散和场曲的被测样品，可以规定一个最佳测量面。这个面可以在不同的测量平面、视场位置以及测试图样的不同方向上预先测量MTF，然后按规定的法则取一个适当的平均值来确定。

c) 也可选用其他明显的特征，如最佳线扩散函数的峰值强度、最佳边缘梯度、最佳空间带宽等。

5.3 测量的附加因素

OTF测量要受某些附加参数的影响。因此，这些参数的调整必须经校正和检查。下面是几个最重要的参数。

5.3.1 被测样品的线性范围

被测样品必须在其线性范围内工作。对许多系统来说，可以通过以5倍的比例改变输入辐射的方法来检查。这时测得归一的OTF值的变化不能超过所要求的测量准确度。

如果一个非线性工作的成像系统，则允许偏离上述要求。这种情况见JB/T 5521、JB/T 5522、JB/T 6784。

如果线性范围的下限不是零电平，如视频系统，则应用像的信号差来测量OTF。这时像的信号差可能是正信号，也可能是负信号，如视频系统的交流耦合响应。

这种现象的结果是测得的扩散函数的OTF的模量在零空间频率时不是最大值。在归一方法中，为了防止任意约定测量值，取OTF在非常接近(或等于)零空间频率时归一化，这时测得的扩散函数的傅立叶变换的模量达到最小值，这样与约定的情况最接近。

5.3.2 等晕区域

测试图样的大小应不超出被测样品的等晕区域。如果测试图样缩小为原来的一半时所测得的OTF值完全相同，就认为达到了这一要求。

5.3.3 固定的图样噪声

测试图样的像平面包含了如荧光屏或漫射屏的颗粒大小所产生的固定的图样噪声。为了避免固定的图样噪声对测量的影响，测试图样和分析元件应足够大。如果测试图样减小到一半尺寸而得到相同的OTF，那就认为固定的图样噪声没有影响。

5.3.4 分析区域

像面分析区域的大小取决于被测样品的成像质量和所要求的测量准确度。如果分析区域太小，则由于在分析区域外的点扩散函数取零值而产生截断误差。另一方面，如果分析区域太大，则可能引入其他的误差。

注：当利用刃边扩散函数(ESF)时，可根据ESF都以直线(通常是水平线)起始和终止这一点来检查分析区域是否足够大。

5.3.5 背景辐射

背景辐射是输出辐射或输出信号的一部分，它不是由物所产生，而是由周围的光线或光电成像系统的暗电流所引起。背景辐射使零空间频率和邻近零空间频率时的MTF值迅速提高，使OTF的测量准确度降低。

测量系统要尽量屏蔽可能来自周围的光线。由暗电流引起的背景辐射对测量信号起一个附加背景信号的作用。当改变测试图样的辐射时，在零空间频率附近的OTF应保持不变。如果背景信号对测量信号的影响超过了测量准确度，则应在傅立叶变换之前予以减去。如果包括了背景信号在内的测量信号的频谱和背景信号的频谱可以分别得到，则可以从测量频谱中减去背景频谱来消除背景辐射的影响。

5.3.6 杂散光

通常，把像差和杂散光对OTF所产生的影响完全分开是不可能的。在MTF测量中，当修正了背景辐射的影响之后，如果靠近零空间频率的MTF仍然迅速提高，这可能就是杂散光影响的一个表征(见6.1)。

5.3.7 像与分析元件的相对位置

测试图样是非旋转对称时，则测试图样像与分析元件的相对位置和扫描方向必须与规定的测试方位相对应。

通过在分析元件后面的显微镜来观察测试图样的像，或者通过旋转测试图样或分析元件，使测得高频段的MTF达到最大，就可以实现这一要求。

注：特别对光电成像系统，可能会发生被测图像的旋转，见JB/T 5521、JB/T 5522、JB/T 6784。

5.3.8 信噪比

使OTF测量值降低的噪声源包括：

a) 辐射探测器和信号处理器电子系统产生的噪声；

b) 输入辐射中一定数量的噪声；

c) 光电成像系统中被测样品内部的噪声源；

d) 固定的图样噪声。

这些噪声源的影响通常被瞬时和空间综合在一起的影响所覆盖。

为减小噪声的影响，应根据所要求的空间频率范围、被测样品的线性和等晕状态以及所要求的测量准确度，尽可能增大测试图样的辐射强度和分析元件的尺寸。

实际信噪比可以通过监测辐射探测器的输出信号来估算。

当使用狭缝时，为了得到最佳的信噪比，可以选择一个最佳的狭缝宽度 b_{opt}。设 r_m 为被测的最高空间频率，则最佳狭缝宽度按式(1)计算：

$$b_{opt}=\frac{1}{2r_m} \qquad \cdots\cdots(1)$$

辐射源或周围光线的微小脉动会产生相应的测量误差，应尽一切可能消除。

5.4 特定测量条件

5.4.1 方位

在每一个轴外位置上，通常对子午和弧矢方位进行测量，也可选用其他方位(45°方向)。

5.4.2 像高或视场角

像高和视场角的推荐值按表2所示的值。

表2 像高和视场角的推荐值

像高 h'	视场角
0	0
$0.3h'_{max}$	$0.3\tan\omega_{max}$
$0.5h'_{max}$	$0.5\tan\omega_{max}$
$0.7h'_{max}$	$0.7\tan\omega_{max}$
$0.85h'_{max}$	$0.85\tan\omega_{max}$
h'_{max}	$\tan\omega_{max}$

表2中 h'_{max} 是最大的规定像高，ω_{max} 是最大的规定视场角。在OTF结果的相互比较时，应使用表中的像高值，然而对特殊应用可选择另外一组像高值。

5.4.3 被测样品的参考角

如果被测样品不是通常的旋转对称型，则对给定像高的OTF取决于参考角的变化。这时OTF测量必须在参考角的位置上进行。

得出了在 $0.7h'_{max}$($0.7\tan\omega_{max}$)时对给定空间频率 r_0 的最大和最小调制传递系数，就可以确定参考角。

只要测量MTF的两个极值之差小于一个根据各种成像系统而定的数值，系统就可以在参考角 ϕ_0 的位置上进行测试，这时它在 $\pm0.7h'_{max}$($\pm0.7\tan\omega_{max}$)具有相同的MTF值。否则系统必须按被测样品的型号和用途在几个不同的参考角进行测试，见JB/T 5521、JB/T 5522、JB/T 6784。

6 测量数据的修正

6.1 归一

OTF以零空间频率时归化为1来定义，但在测量中一般不可能严格做到这一点。出现这个问题是由于分析区域的大小受到了限制，以及在零空间频率时OTF值不存在。

当被测系统引入的杂散光忽略不计，且没有截断误差时，则可在要求的测量准确度范围内对测量值进行归一化。

6.2 频率刻度的修正

当进行轴外测量时,如果测试图样是位于准直仪焦平面上的一个光栅,则应对频率刻度作进一步的修正。如果光栅处于子午方位,则频率刻度应乘以 $\cos^2\omega$;如果光栅处于弧矢方位,则应乘以 $\cos\omega$。另外需要改变狭缝的宽度,当测试远焦系统时不必进行修正。

6.3 调制度的修正

测试图样和分析元件的空间频谱都会影响测量结果。如果像分析器不能自动修正这些影响,则必须通过修正测量结果来消除这些影响。

例如:对于一个宽度为 b 的物或扫描狭缝,测得的未经修正的调制传递函数 $T_m(r)$ 可用式(2)修正:

$$\mathrm{MTF}(r) = T_m(r)\left[\frac{\sin(\pi rb)}{\pi rb}\right]^{-1} \qquad (2)$$

这里 b 和 r 应参照同一参考平面。

如果使用了非正弦光栅作为测试图样,则除了基频以外的所有空间频率都必须滤去,或者通过计算来消除它们对测量结果的影响。

6.4 辅助成像系统

在测量光电元件或其他非相干耦合系统时,如果使用了中继透镜,则必须用各个中继透镜和其他元件的调制传递函数 $\mathrm{MTF}_i(r)$,如 $\mathrm{MTF}_1(r)$、$\mathrm{MTF}_2(r)$……按式(3)来修正测得的调制传递函数 $T_m(r)$。

$$\mathrm{MTF}(r) = \frac{T_m(r)}{\pi \mathrm{MTF}_i(r)} \qquad (3)$$

7 OTF 数据的表示

7.1 总则

OTF 数据应该以曲线或表格的形式来表示,这些曲线或表格是按测量条件和估计的测量准确度的详细情况绘制而成的。这种表示形式应确保对相同的成像系统在不同的实验室测得的 OTF 数据相互进行快速而方便的比较。为此推荐几种可供选择的表示方法。根据成像系统和测量条件而选择的特定的表示方法将在 JB/T 5521、JB/T 5522、JB/T 6784 中规定。

下面所推荐的不仅可用来表示由测量得到的 OTF 数据,也可以表示由计算得到的 OTF 数据,以便对测量和计算得到的 OTF 数据进行比较。

7.2 测量条件的表示

必须明确指定被测样品的成像状态,以便各实验室之间能在同一成像状态下对测量值进行比较。因而必须列出一张确定测量条件的所有参数的总目录,目录包括:

a) 实验室名称;
b) 结果数据的类型(测量或计算);
c) 被测样品的规格——型号、编号;
d) 焦距;
e) F 数;
f) 参考标记;
g) 最大像高(h'_{max})或最大视场角(ω_{max});
h) 成像比尺和区域比例系统;
i) 参考平面;
j) 被测样品的参考角;
k) 光谱和角辐射数据;
l) 物高或视场角;

m） 方位（如子午、弧矢）；

n） 调焦标准和基准平面；

o） 测量平面；

p） 空间频率范围或离散空间频率集；

q） 频率刻度所对应的平面或空间。

视被测样品而定的附加测量条件也应表示，在JB/T 5521、JB/T 5522、JB/T 6784中列有详细的目录，目录包括：

a） 附加的光学元件；

b） 温度、湿度及其他环境条件；

c） 光电元件的工作电压。

7.3 OTF数据的曲线图表示

OTF由MTF和PTF组成（见GB/T 4315.1）。子午和弧矢两方位的OTF曲线可表示在同一张图上，在大多数情况中只用MTF。如果MTF和PTF都需要，则两者可表示在同一张图中，也可分开在两张图中。如果表示在一张图中显得模糊，则必须用两张分开的图。

也可把OTF绘制成一个空间频率以及像高h'或视场角ω的曲线，其他参量的使用应只限于特殊的成像系统或特殊的应用。

两坐标轴应该是直线，并以零为起始。

当绘制PTF曲线时，零点（对零空间频率）应取在纵坐标的中点，把PTF绘制在$\pm 180°(\pm\pi)$范围内。PTF的绝对值应表示为相对于空间频率或视场角的一个位移。

测得的PTF中的线性项应在表示之前就减去（见GB/T 4315.1）。这样，PTF在零空间频率时就以一条水平线为起始。若是这样处理，则PTF相对于空间频率的导数在零空间频率时就等于零。虽然有时要准确确定线性项是困难的，但为了同样能方便地进行比较，应尽可能做到这一点。

空间频率用mm^{-1}或$mrad^{-1}$标出，视场角用mrad或“度”标出，而像高以mm表示。

横坐标变量的最大格值应取为1.2×10^{x}或5×10^{x}，这里x为一个整数，取决于成像系统的横坐标变量。对于特殊的成像系统将在JB/T 5521、JB/T 5522、JB/T 6784中作详细介绍。

当弧矢和子午OTF曲线需要一起表示在同一张图上时，建议弧矢OTF曲线用实线，而子午OTF曲线用虚线，见附录A。

当用曲线图表示OTF结果时，7.2中相应的测量条件应用表的形式列出。此外，还应包括测量准确度的说明。

7.4 数量表示

OTF数据的数量表示应包括与上述曲线图表示中相同的范围，见A.4。

8 准确度检查

OTF的测量经验表明在检查时需非常仔细，并且使用有可靠测量准确度的测量装置。测量准确度也取决于被测样品可变参数的定位重复性。

OTF测量准确度可以用标准试样来估计，这些标准试样只能在限定的成像状态进行测试。光度学参数和几何学参数的准确度，以及由中继透镜和环境因素产生的误差大小，都需要通过一些基本测试确定。

当检查OTF测量仪器时，必须考虑以下参数：

a） 光度学

1） 光谱灵敏度；

2） 测试图样的相干性；

3） 线性；

4） 工作范围；

5） 杂散光灵敏度；

6） 光的脉动；

7） 测试图样的密度。

b） 几何学

1） 测试图样的宽度、长度和直线性；

2） 工作台的计量；

3） 图样和分析器的校准；

4） 调焦误差。

c） 辅助镜片

1） 准直镜；

2） 中继透镜。

d） 环境

1） 大气干扰；

2） 温度；

3） 湿度；

4） 振动。

e） 试样

1） 狭缝及测试图样；

2） 标准及校验镜头；

3） 相位片；

4） 中性密度片和滤光片。

附 录 A
（资料性附录）
OTF 数据表示举例

A.1 成像状态的技术规格

实验室名称：	×××实验室；
测量参数：	MTF 和 PTF；
被测样品：	×××摄影物镜 $f/2$，$f=35$ mm，No. 000123；
最大像高（h'_{max}）：	22 mm；
成像比例：	0；
参考平面：	像平面；
参考标记：	外壳上的红色箭头；
参考角：	0°、90°、180°、270°；
光谱分布和角响应分布：	光谱分布 A，见图 A.1；
像高：	0、$0.5h'_{max}$、$0.7h'_{max}$、$0.85h'_{max}$、$1.0h'_{max}$；
方位：	子午和弧矢；
调焦标准：	20 mm^{-1} 时最大 MTF，$h'=0$ mm，光谱分布 A，参考角 0°，子午方位；
测量平面：	基准平面（DP），$DP+5$ μm，$DP-5$ μm；
测量准确度：	MTF±0.03，PTF±5°；
空间频率参考面：	像平面；
空间频率范围：	0～50 mm^{-1}，间隔 10 mm^{-1}。

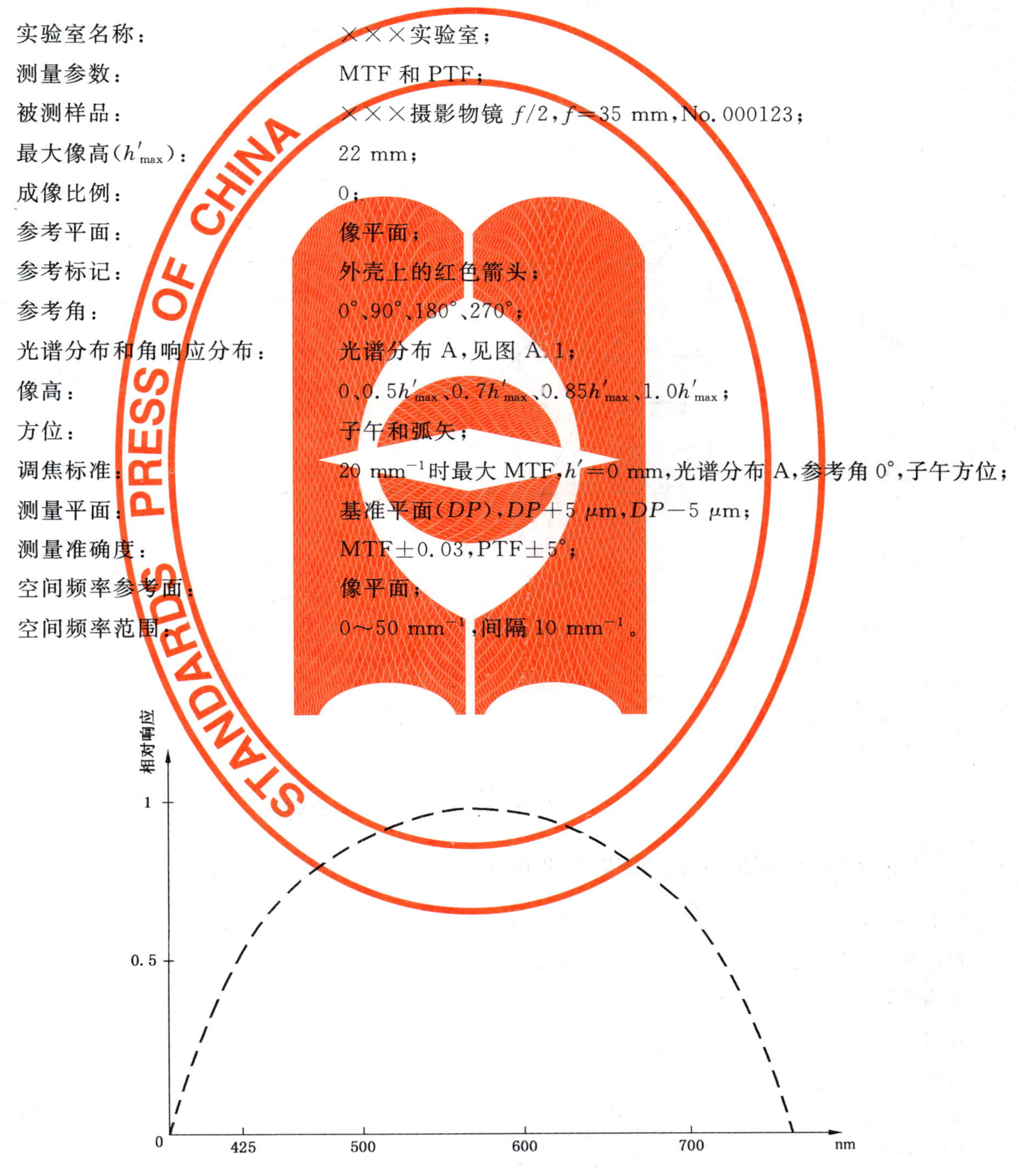

图 A.1 测量系统的光谱分布 A

A.2 MTF作为空间频率函数的曲线图表示(见图A.2)

实验室名称： ×××实验室；
样品型号： ×××摄影物镜,No.000123；
参考角： 270°；
像高： 6 mm；
方位： 子午和弧矢；
测量平面： *DP*；
光谱分布： A；
孔径： *f*/2。

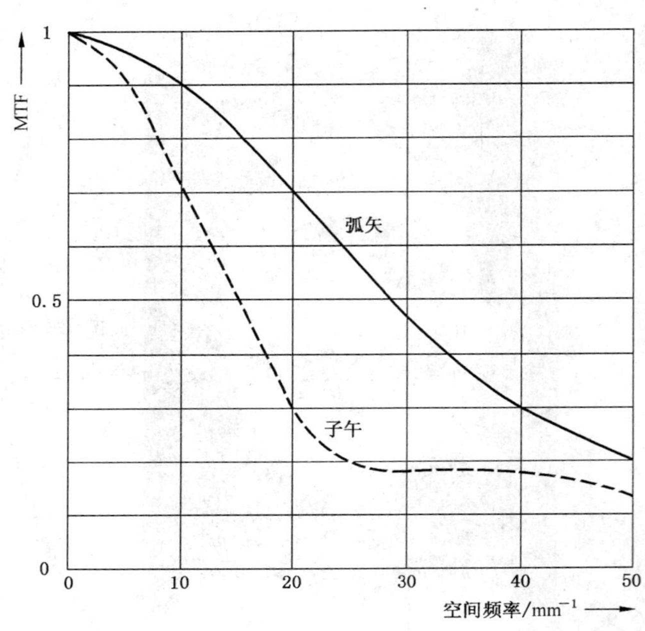

图A.2 MTF作为空间频率函数的曲线图

A.3 PTF作为空间频率函数的曲线图表示(见图A.3)

实验室名称： ×××实验室；
样品型号： ×××摄影物镜,No.000123；
参考角： 270°；
像高： 6 mm；
方位： 子午；
测量平面： *DP*；
光谱分布： A；
孔径： *f*/2。

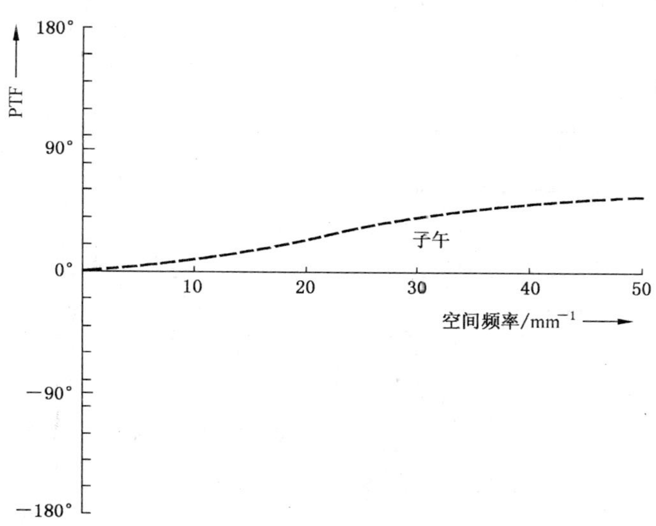

图 A.3 PTF 作为空间频率函数的曲线图

A.4 MTF 和 PTF 的数量表示

表 A.1 MTF 和 PTF 作为空间频率函数的值

空间频率/mm^{-1}	MTF(s)弧矢	MTF(r)子午	PTF(r)/(°)
0	1.00	1.00	0
10	0.89	0.72	8
20	0.65	0.31	21
30	0.40	0.18	35
40	0.29	0.18	49
50	0.22	0.13	56

符号和测试条件：

实验室名称：　×××实验室；

样品型号：　×××摄影物镜，No.000123；

参考角：　270°；

像高：　6 mm；

方位：　子午和弧矢；

测量平面：　DP；

光谱分布：　A；

孔径：　$f/2$。

其他参数见技术条件。

A.5 MTF 作为像高函数的曲线图表示(见图 A.4)

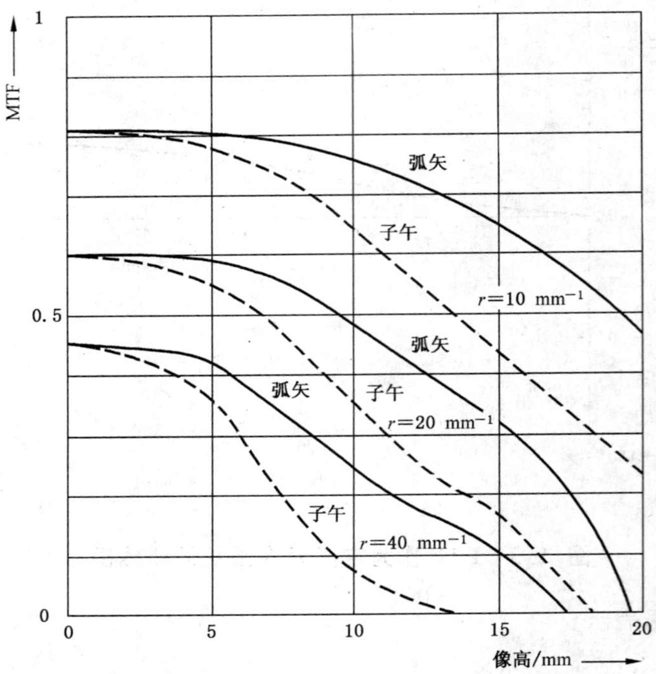

图 A.4 MTF 作为像高函数的曲线图

ICS 77.040.10
H 22

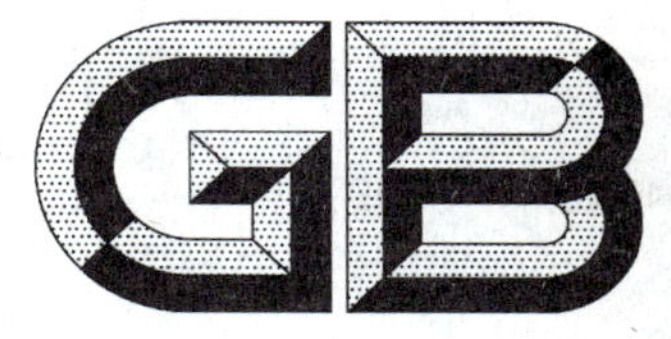

中华人民共和国国家标准

GB/T 4340.1—2009
代替 GB/T 4340.1—1999

金属材料　维氏硬度试验
第1部分：试验方法

**Metallic materials—Vickers hardness test—
Part 1: Test method**

(ISO 6507-1:2005,MOD)

2009-06-25 发布　　2010-04-01 实施

中华人民共和国国家质量监督检验检疫总局
中国国家标准化管理委员会　发布

前 言

GB/T 4340《金属材料 维氏硬度试验》分为如下四部分：

——第1部分：试验方法；

——第2部分：硬度计的检验与校准；

——第3部分：标准硬度块的标定；

——第4部分：维氏硬度值表。

本部分为GB/T 4340的第1部分。

本部分修改采用国际标准ISO 6507-1：2005《金属材料 维氏硬度试验 第1部分：试验方法》(英文版)。

本部分根据ISO 6507-1：2005重新起草，根据我国的实际情况，本部分在采用国际标准时进行了修改和补充。这些技术性差异用垂直单线标识在它们所涉及的条款的页边空白处。

本部分结构和技术内容与ISO 6507-1：2005基本一致，根据我国情况在以下几方面进行了修改：

——删去了国际标准的前言；

——“本国际标准”一词改为“本部分”；

——用小数点“.”代替作为小数点的“,”；

——增加了对显微维氏硬度试验力的说明；

——增加了对特殊材料试验力保持时间误差的说明；

——对原ISO 6507-1：2005标准的附录D硬度值的测量不确定度进行了修改。

本部分代替GB/T 4340.1—1999《金属维氏硬度试验 第1部分：试验方法》，与原标准相比对下列内容进行了修改：

——增加了对角线在透镜下视野的要求；

——独立GB/T 4340.1—1999《金属材料 维氏硬度试验 第1部分：试验方法》中的平面维氏硬度表为《金属材料 维氏硬度试验 第4部分：硬度值表》；

——增加了对结果不确定度的说明；

——增加了资料性附录D(硬度值测量的不确定度)。

本部分的附录A、附录B为规范性附录，附录C、附录D为资料性附录。

本部分由中国钢铁工业协会提出。

本部分由全国钢标准化技术委员会归口。

本部分起草单位：钢铁研究总院、首钢总公司技术研究院、冶金工业信息标准研究院、上海材料所。

本部分起草人：李颖、石金钢、高怡斐、刘卫平、董莉、王滨。

本部分所代替标准的历次版本发布情况为：

——GB/T 4340—1984，GB/T 4340.1—1999。

金属材料 维氏硬度试验
第1部分:试验方法

1 范围

GB/T 4340的本部分规定了金属维氏硬度试验的原理、符号及说明、试验设备、试样、试验程序、结果的不确定度及试验报告。

本部分按三个试验力范围规定了测定金属维氏硬度的方法(见表1)。

表1 试验力范围

试验力范围/N	硬度符号	试验名称
$F \geqslant 49.03$	≥HV5	维氏硬度试验
$1.961 \leqslant F < 49.03$	HV0.2～<HV5	小力值维氏硬度试验
$0.098\ 07 \leqslant F < 1.961$	HV0.01～<HV0.2	显微维氏硬度

本部分规定维氏硬度压痕对角线的长度范围为0.020 mm～1.400 mm。

注1:当压痕对角线小于0.020 mm时,必需考虑不确定度的增加。

注2:通常试验力越小,测试结果的分散性越大,对于小力值维氏硬度和显微维氏硬度尤为明显。该分散性主要是由压痕对角线长度的测量而引起的。对于显微维氏硬度来说,对角线的测量不太可能优于±0.001 mm。

特殊材料或产品的维氏硬度试验应在相关标准中规定。

2 规范性引用文件

下列文件中所包含的条款,通过在GB/T 4340本部分的引用而构成本部分的条款。凡是注日期的引用文件,其随后的修改单(不包括勘误的内容)修订版均不适用于本部分,然而,鼓励根据本部分达成协议的各方研究是否可使用这些文件的最新版本。凡是不注日期的引用文件,其最新版本适用于本部分。

GB/T 4340.2 金属维氏硬度试验 第2部分:硬度计的检验(GB/T 4340.2—1999,ISO 6507-2:1997,IDT)

GB/T 4340.3 金属维氏硬度试验 第3部分:标准硬度块的标定(GB/T 4340.3—1999,ISO 6507-3:1997,IDT)

GB/T 4340.4 金属材料 维氏硬度试验 第4部分:硬度值表(GB/T 4340.4—2009,ISO 6507-4:2005,IDT)

JJF 1059 测量不确定度评定与表示

3 原理

将顶部两相对面具有规定角度的正四棱锥体金刚石压头用一定的试验力压入试样表面,保持规定时间后,卸除试验力,测量试样表面压痕对角线长度(见图1)。

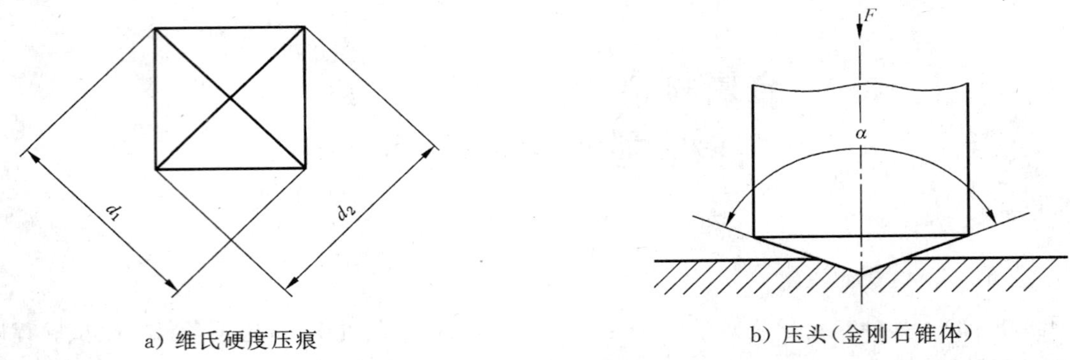

a）维氏硬度压痕　　　　b）压头（金刚石锥体）

图 1　试验原理

维氏硬度值与试验力除以压痕表面积的商成正比，压痕被视为具有正方形基面并与压头角度相同的理想形状。

4　符号和说明

4.1　符号及说明见表 2 及图 1。

表 2　符号和说明

符　　号	说　　　明	单　　位
α	金刚石压头顶部两相对面夹角（136°）	（°）
F	试验力	N
d	两压痕对角线长度 d_1 和 d_2 的算术平均值	mm
HV	维氏硬度＝常数×$\frac{\text{试验力}}{\text{压痕表面积}}$ $=0.102\frac{2F\sin\frac{136^\circ}{2}}{d^2}\approx 0.1891\frac{F}{d^2}$	
注：常数$=\frac{1}{g_n}=\frac{1}{9.80665}\approx 0.102$		

4.2　维氏硬度用 HV 表示，符号之前为硬度值，符号之后按如下顺序排列：

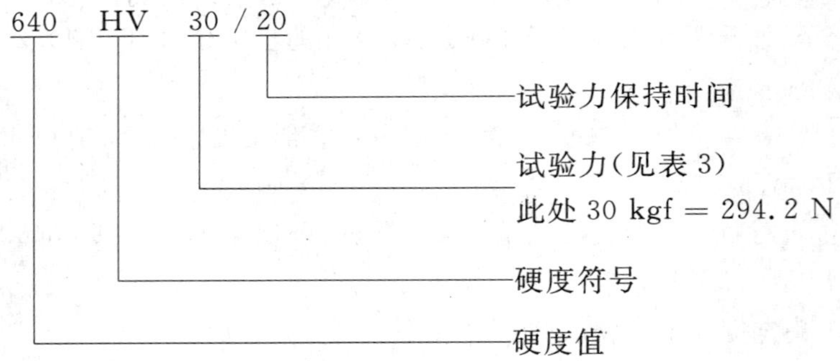

5　试验设备

5.1　硬度计

硬度计应符合 GB/T 4340.2 规定，在要求的试验力范围内施加规定的试验力。

5.2　压头

压头应是具有正方形基面的金刚石锥体，并符合 GB/T 4340.2 的规定。

5.3 **维氏硬度计压痕测量装置**

维氏硬度计压痕测量装置应符合 GB/T 4340.2 相应要求。

注：附录 C 给出了使用者对硬度计进行日常检查的方法。

6 试样

6.1 试样表面应平坦光滑，试验面上应无氧化皮及外来污物，尤其不应有油脂，除非在产品标准中另有规定。试样表面的质量应保证压痕对角线长度的测量精度，建议试样表面进行表面抛光处理。

6.2 制备试样时应使由于过热或冷加工等因素对试样表面硬度的影响减至最小。

6.3 由于显微维氏硬度压痕很浅，加工试样时建议根据材料特性采用抛光/电解抛光工艺。

6.4 试样或试验层厚度至少应为压痕对角线长度的 1.5 倍，见附录 A。试验后试样背面不应出现可见变形压痕。

6.5 对于在曲面试样上试验的结果，应使用附录 B 表 B.1～表 B.6 进行修正。

6.6 对于小截面或外形不规则的试样，可将试样镶嵌或使用专用试台进行试验。

7 试验程序

7.1 试验一般在 10 ℃～35 ℃室温下进行，对于温度要求严格的试验，室温应为 23 ℃±5 ℃。

7.2 应选用表 3 中示出的试验力进行试验。

注：其他的试验力也可以使用，如 HV2.5(24.52 N)。

表 3 试验力

维氏硬度试验		小力值维氏硬度试验		显微维氏硬度试验	
硬度符号	试验力标称值/N	硬度符号	试验力标称值/N	硬度符号	试验力标称值/N
HV5	49.03	HV0.2	1.961	HV0.01	0.098 07
HV10	98.07	HV0.3	2.942	HV0.015	0.147 1
HV20	196.1	HV0.5	4.903	HV0.02	0.196 1
HV30	294.2	HV1	9.807	HV0.025	0.245 2
HV50	490.3	HV2	19.61	HV0.05	0.490 3
HV100	980.7	HV3	29.42	HV0.1	0.980 7
注：维氏硬度试验可使用大于 980.7 N 的试验力。 显微维氏硬度试验的试验力为推荐值。					

7.3 试台应清洁且无其他污物(氧化皮、油脂、灰尘等)。试样应稳固地放置于钢性试台上以保证试验过程中试样不产生位移。

7.4 使压头与试样表面接触，垂直于试验面施加试验力，加力过程中不应有冲击和振动，直至将试验力施加至规定值。从加力开始至全部试验力施加完毕的时间应在 2 s～8 s 之间。对于小力值维氏硬度试验和显微维氏硬度试验，加力过程不能超过 10 s 且压头下降速度应不大于 0.2 mm/s。

对于显微维氏硬度试验，压头下降速度应在 15 μm/s～70 μm/s 之间。

试验力保持时间为 10 s～15 s。对于特殊材料试样，试验力保持时间可以延长，直至试样不再发生塑性变形，但应在硬度试验结果中注明(见 4.2 示例)且误差应在 2 s 以内。在整个试验期间，硬度计应避免受到冲击和振动。

7.5 任一压痕中心到试样边缘距离，对于钢、铜及铜合金至少应为压痕对角线长度的 2.5 倍；对于轻金属、铅、锡及其合金至少应为压痕对角线长度的 3 倍。

两相邻压痕中心之间的距离，对于钢、铜及铜合金至少应为压痕对角线长度的 3 倍；对于轻金属、铅、锡及其合金至少应为压痕对角线长度的6倍。如果相邻压痕大小不同，应以较大压痕确定压痕间距。

7.6 应测量压痕两条对角线的长度，用其算术平均值按表2计算维氏硬度值，也可按GB/T 4340.4查出维氏硬度值。

在平面上压痕两对角线长度之差，应不超过对角线长度平均值的5%，如果超过5%；则应在试验报告中注明。

放大系统应能将对角线放大到视场的25%～75%。

8 结果的不确定度

如需要，一次完整的不确定度评估宜依照测量不确定度表示指南JJF 1059进行评估。对于硬度试验，可能有以下两种评定测量不确定度的方法：

——基于在直接校准中对所有出现的相关不确定度分项的评估。

——基于用标准硬度块(有证标准物质)进行间接校准。测定指导参见附录D。

9 试验报告

试验报告应包括以下内容：

a) GB/T 4340的本部分编号；

b) 与试样有关的详细描述；

c) 试验结果；

d) 不在本部分规定之内的各种操作；

e) 影响试验结果的各种细节；

f) 如果试验温度不在7.1规定范围时，应注明试验温度。

注1：仅在试验力相同的情况下，才可以对硬度值作精确比较。

注2：尚无普遍通用的方法将维氏硬度精确的换算成其他硬度和抗拉强度。因此应避免这种换算，除非通过对比试验建立换算基础。

注3：应注意材料的各向异性，例如经过严重冷加工变形的材料，在这些材料上压出的压痕，两条对角线的长度会明显不同。如有可能，应使压痕对角线方向与冷加工变形方向成45°角，应在材料产品技术条件中对压痕两对角线长度差进行限定。

注4：有迹象表明，一些材料对变形速度比较敏感，它会改变材料的屈服强度，因此压痕变形的速度对硬度值也会产生相应的影响。

附　录　A
（规范性附录）
试样最小厚度-试验力-硬度关系

如图 A.1 所示。

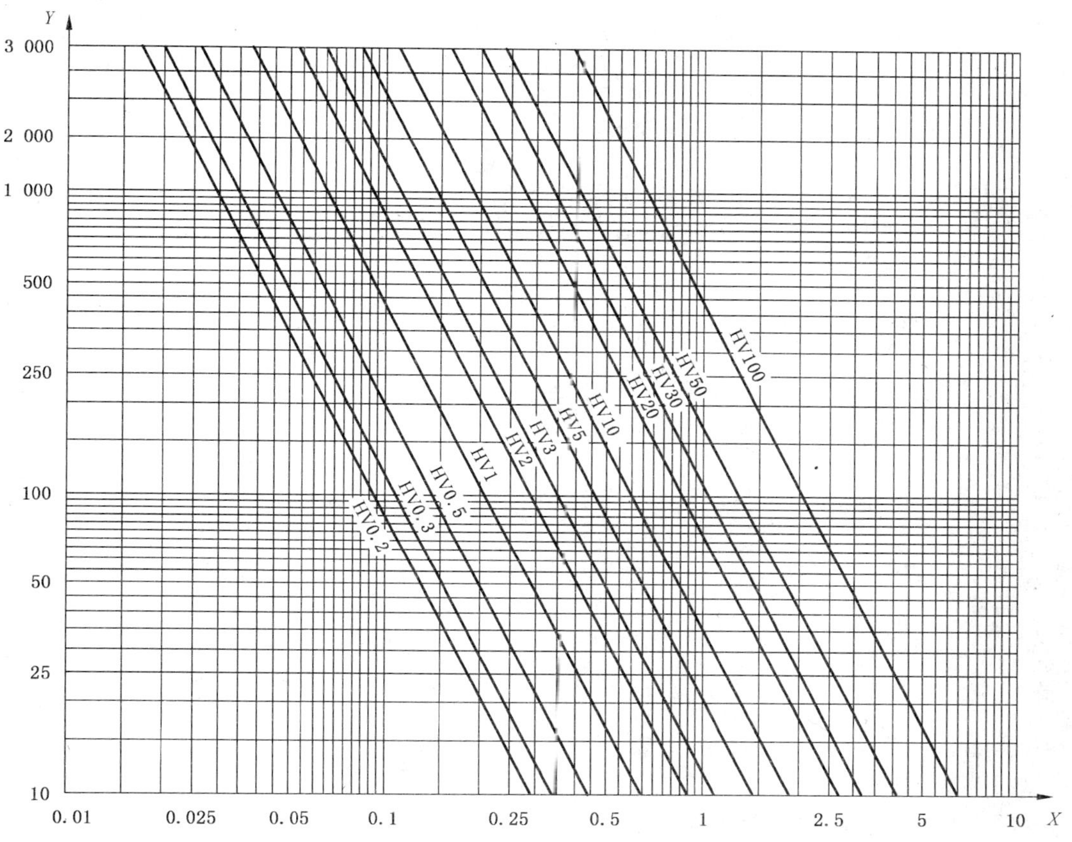

X——试样厚度，单位为毫米(mm)；

Y——硬度值，HV。

图 A.1　试样最小厚度-试验力-硬度关系图(HV0.2～HV100)

图 A.2 用于确定试样最小厚度，本图按试样最小厚度为压痕对角线长度的 1.5 倍设计。将右边标尺选定的试验力和左边标尺硬度值作一连接线，此连接线与中间标尺的交点所示的值为该条件下的试样最小厚度。

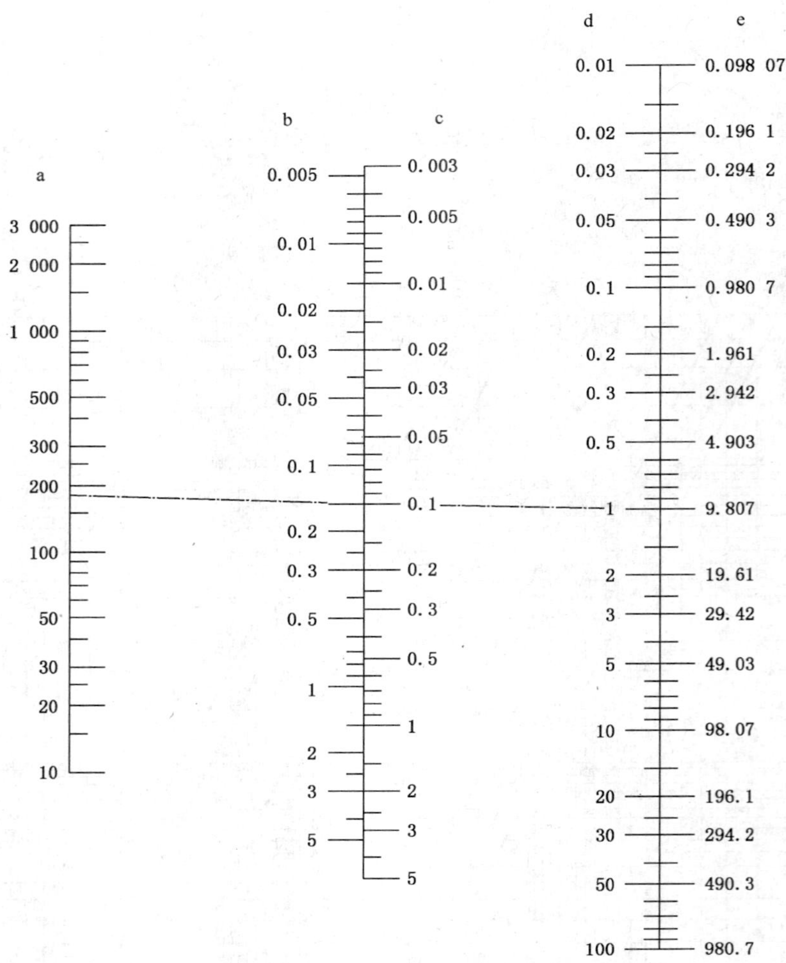

a——硬度值；

b——最小厚度，单位为毫米(mm)；

c——对角线长度 d，单位为毫米(mm)；

d——硬度符号，HV；

e——试验力 F，单位为牛顿(N)。

图 A.2 试样最小厚度图(HV0.01～HV100)

附 录 B
（规范性附录）
在曲面上进行试验时使用的修正系数表

B.1 球面

表 B.1 和表 B.2 给出了在球面上进行试验时的修正系数。

修正系数根据压痕对角线 d 的平均值与球直径 D 的比率列表。

示例：

凸球面　　　　　　$D=10$ mm

试验力　　　　　　$F=98.07$ N

压痕对角线平均值　$d=0.150$ mm

$$\frac{d}{D}=\frac{0.150}{10}=0.015$$

维氏硬度$=0.1891\times\frac{98.07}{(0.15)^2}=824$HV10

用表 B.1 通过内插法求得修正系数$=0.983$

球体硬度$=824\times0.983=810$HV10

表 B.1 凸球面

d/D	修正系数	d/D	修正系数
0.004	0.995	0.086	0.920
0.009	0.990	0.093	0.915
0.013	0.985	0.100	0.910
0.018	0.980	0.107	0.905
0.023	0.975	0.114	0.900
0.028	0.970	0.122	0.895
0.033	0.965	0.130	0.890
0.038	0.960	0.139	0.885
0.043	0.955	0.147	0.880
0.049	0.950	0.156	0.875
0.055	0.945	0.165	0.870
0.061	0.940	0.175	0.865
0.067	0.935	0.185	0.860
0.073	0.930	0.195	0.855
0.079	0.925	0.206	0.850

表 B.2　凹球面

d/D	修正系数	d/D	修正系数
0.004	1.005	0.057	1.080
0.008	1.010	0.060	1.085
0.012	1.015	0.063	1.090
0.016	1.020	0.066	1.095
0.020	1.025	0.069	1.100
0.024	1.030	0.071	1.105
0.028	1.035	0.074	1.110
0.031	1.040	0.077	1.115
0.035	1.045	0.079	1.120
0.038	1.050	0.082	1.125
0.041	1.055	0.084	1.130
0.045	1.060	0.087	1.135
0.048	1.065	0.089	1.140
0.051	1.070	0.091	1.145
0.054	1.075	0.094	1.150

B.2　圆柱面

表 B.3～表 B.6 给出了在圆柱表面上进行试验时的修正系数。

修正系数根据压痕对角线 d 的平均值与圆柱直径 D 的比率列表。

示例：

凹面圆柱，压痕-对角线平行于轴线　$D=5\ \text{mm}$

试验力　$F=294.2\ \text{N}$

压痕对角线平均值　$d=0.415\ \text{mm}$

$$\frac{d}{D}=\frac{0.415}{5}=0.083$$

维氏硬度 $=0.189\ 1\times\dfrac{294.2}{(0.415)^2}=323\text{HV}30$

用表 B.6 中得出修正系数＝1.075

柱面硬度＝323×1.075＝347HV30

表 B.3　凸圆柱面（一对角线与圆柱轴线呈 45°）

d/D	修正系数	d/D	修正系数
0.009	0.995	0.109	0.940
0.017	0.990	0.119	0.935
0.026	0.985	0.129	0.930
0.035	0.980	0.139	0.925
0.044	0.975	0.149	0.920
0.053	0.970	0.159	0.915
0.062	0.965	0.169	0.910
0.071	0.960	0.179	0.905
0.081	0.955	0.189	0.900
0.090	0.950	0.200	0.895
0.100	0.945		

表 B.4 凹圆柱面(一对角线与圆柱轴线呈 45°)

d/D	修正系数	d/D	修正系数
0.009	1.005	0.127	1.080
0.017	1.010	0.134	1.085
0.025	1.015	0.141	1.090
0.034	1.020	0.148	1.095
0.042	1.025	0.155	1.100
0.050	1.030	0.162	1.105
0.058	1.035	0.169	1.110
0.066	1.040	0.176	1.115
0.074	1.045	0.183	1.120
0.082	1.050	0.189	1.125
0.089	1.055	0.196	1.130
0.097	1.060	0.203	1.135
0.104	1.065	0.209	1.140
0.112	1.070	0.216	1.145
0.119	1.075	0.222	1.150

表 B.5 凸圆柱面(一对角线平行于圆柱轴线)

d/D	修正系数	d/D	修正系数
0.009	0.995	0.085	0.965
0.019	0.990	0.104	0.960
0.029	0.985	0.126	0.955
0.041	0.980	0.153	0.950
0.054	0.975	0.189	0.945
0.068	0.970	0.243	0.940

表 B.6 凹圆柱面(一对角线平行于圆柱轴线)

d/D	修正系数	d/D	修正系数
0.008	1.005	0.087	1.080
0.016	1.010	0.090	1.085
0.023	1.105	0.093	1.090
0.030	1.020	0.097	1.095
0.036	1.025	0.100	1.100
0.042	1.030	0.103	1.105
0.048	1.035	0.105	1.110
0.053	1.040	0.108	1.115
0.058	1.045	0.111	1.120
0.063	1.050	0.113	1.125
0.067	1.055	0.116	1.130
0.071	1.060	0.118	1.135
0.076	1.065	0.120	1.140
0.079	1.070	0.123	1.145
0.083	1.075	0.125	1.150

附　录　C
（资料性附录）
使用者对硬度计的日常检查

使用者应在当天使用硬度计之前，对其使用的硬度标尺或范围进行检查。

日常检查之前，（对于每个范围/标尺和硬度水平）应使用依照 GB/T 4340.3 标定过的标准硬度块上的标准压痕进行压痕测量装置的间接检验。压痕测量值应与标准硬度块证书上的标准值相差在 GB/T 4340.2 给出的最大允许误差以内。如果测量装置不能满足上述要求，应采取相应措施。

日常检查应在按照 GB/T 4340.3 标定的标准硬度块上至少打一个压痕。如果测量的硬度（平均）值与标准硬度块标准值的差值在 GB/T 4340.2 中给出的允许误差之内，则硬度计被认为是满意的。如果超出，应立即进行间接检验。

所测数据应当保存一段时间，以便监测硬度计的再现性和测量设备的稳定性。

附 录 D
（资料性附录）
硬度值测量的不确定度

D.1 通常要求

本附录定义的不确定度只考虑硬度计与标准硬度块(CRM)相关测量的不确定度。这些不确定度反映了所有分量不确定度的组合影响(间接检定)。由于本方法要求硬度计的各个独立部件均在其允许偏差范围内正常工作，故强烈建议在硬度计通过直接检定一年内采用本方法计算。

图 D.1 显示用于定义和区分各硬度标尺的四级的计量朔源链的结构图。朔源链起始于用于定义国际比对的各硬度标尺的国际基准。一定数量的国家基准——基础标准硬度计"定值"校准实验室用基础参考硬度块。当然，基础标准硬度计应当在尽可能高的准确度下进行直接标定和校准。

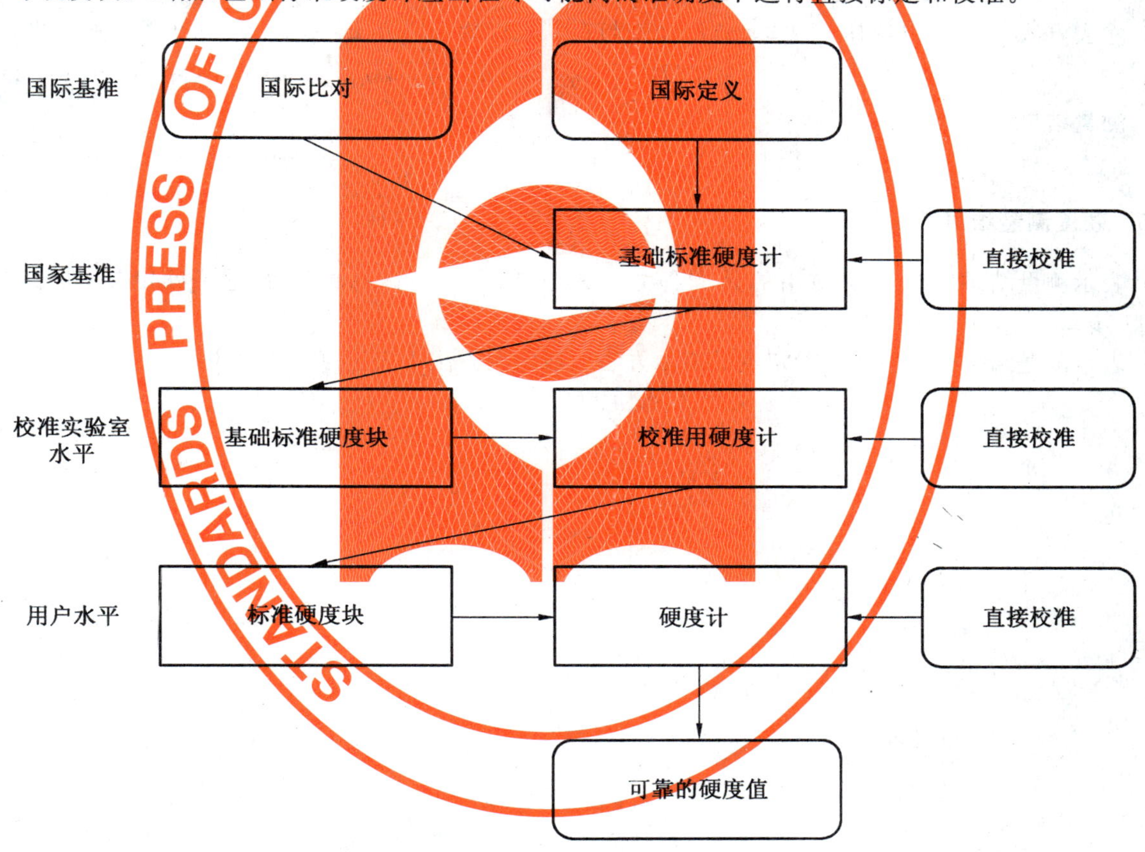

图 D.1 硬度标尺的定义和量值传递图

D.2 通常程序

本程序用平方根求和的方法(RSS)合成 u_1(各不确定度分项见表 D.1)。扩展不确定度 U 是 u_1 和包含因子 $k(k=2)$的乘积。表 D.1 给出了全部的符号和定义。

D.3 硬度计的偏差

硬度计的偏差 b 起源于下面两部分之间的差异：

——校准硬度计的五个硬度压痕的平均值；

——标准硬度块的标准值。

可以用不同的方法确定不确定度。

D.4 计算不确定度的步骤:硬度测量值

注:CRM(Certified Reference Material)是由标准硬度计标定的标准硬度块。

D.4.1 考虑硬度计最大允许误差的方法(方法 1)

方法 1 是一种简单的方法,它不考虑硬度计的系统误差,即是一种按照硬度计最大允许误差考虑的方法。

测定扩展不确定度 U(见表 D.1)

$$U = k \cdot \sqrt{u_E^2 + u_{CRM}^2 + u_H^2 + u_x^2 + u_{ms}^2} \qquad \text{(D.1)}$$

测量结果:

$$X = \bar{x} \pm U \qquad \text{(D.2)}$$

D.4.2 考虑硬度计系统误差的方法(方法 2)

除去方法 1,也可以选择方法 2。方法 2 是与控制流程相关的方法,可以获得较小的不确定度。

$$U = k \cdot \sqrt{u_x^2 + u_H^2 + u_{CRM}^2 + u_{ms}^2 + u_b^2} \qquad \text{(D.3)}$$

测量结果:

$$X = \bar{x} \pm U \qquad \text{(D.4)}$$

D.5 硬度测量结果的表示

表示测量结果时应注明使用的是哪种方法。通常用方法 1(D.4.1)测量不确定度(见表 D.1,第 11 步)。

表示测量结果时应注明不确定度的表示方法。通常用方法 1 表达测量不确定度。

表 D.1 扩展不确定度的说明

方法 步骤	不确定度来源	符号	公式	依据	例： […]=HV1
1 方法 1 方法 2	测量一个试样的平均值及其标准偏差	$\bar{x}$ s_x	$\bar{x}=\frac{\sum_{i=1}^{n}x_i}{n}$ $s_x=\frac{R}{C}$	测量结果的标准偏差 采用极差法计算 当 $n=5$ 时极差系数 $C=2.33$	测量值 376,377,376,378,376 $\bar{x}=376.6$ $s_x=\frac{2.0}{2.33}=0.86$
2 方法 1 方法 2	对试样测量重复性的标准不确定度	u_x	$u_x=s_x$	评定单次测量的标准不确定度	$u_x=0.86$
3 方法 1 方法 2	用标准硬度块检定的平均值和标准偏差	$\overline{H}$ s_H	$\overline{H}=\frac{\sum_{i=1}^{n}H_i}{n}$ $s_H=\frac{R}{C}$	检定结果的标准偏差 采用极差法计算 当 $n=5$ 时极差系数 $C=2.33$	377,376,377,377,377 $\overline{H}=376.8$ $s_H=\frac{1.0}{2.33}=0.43$
4 方法 1 方法 2	用标准硬度块检定的平均值的标准不确定度	$u_{\overline{H}}$	$u_{\overline{H}}=s_H/\sqrt{n}$	评定 5 次平均值的标准不确定度 $n=5$	$u_H=\frac{0.43}{\sqrt{5}}=0.19$
5 方法 1 方法 2	标准硬度块的标准不确定度	u_{CRM}	$HV=0.102\times\frac{2F\sin\left(\frac{136^\circ}{2}\right)}{d^2}$ $u_{rel}(HV)=2\cdot u_{rel}(\bar{d})$ $u_{CRM(\bar{d})}=\frac{r_{rel}}{2.83}$	标准硬度块不均匀性最大允许值见 GB/T 4340.3HV>225 时，压痕 $r_{rel}=2.0\%$	$u_{CRM}=\left\lvert 376\times\frac{2.0\%}{2.83}\times 2\right\rvert=5.31$
6 方法 1	最大允许误差下的标准不确定度	u_E	$u_E=\frac{E_{rel}}{\sqrt{3}}\cdot\bar{x}$	允许误差 E_{rel} 见 GB/T 4340.2 376HV1 硬度下 $E_{rel}=\pm 4\%$	$u_E=\frac{0.04}{\sqrt{3}}\cdot 376.6=8.70$

表 D.1（续）

方法 步骤	不确定度来源	符号	公　式	依　据	例： […]=HV1
7 方法 1 方法 2	压痕测量分辨力的标准不确定度	u_{ms}	$HV=0.102\times\frac{2F\sin\left(\frac{136°}{2}\right)}{d^2}$ $u_{rel}(HV)=2\cdot u_{rel}(d)$ $u_{rel(d)}=\frac{\delta_{ms}}{2\sqrt{3}}$	根据 GB/T 4340.2 压痕 0.040 mm<d≤0.200 mm 时，测量装置分辨力±0.5%d	$u_{ms}=2\times376.6\times\frac{0.5\%}{2\sqrt{3}}=1.08$
8 方法 2	硬度计校准值与硬度块标准值差	b	$b=\overline{H}-H_{CRM}$	第 2 步和第 3 步	$b=376.8-376=0.8$
9 方法 2	硬度计系统误差带来的不确定度	u_b	$u_b=\|b\|$	第 8 步	$u_b=0.8$
10 方法 1	扩展不确定度的评定	U	$U=k\cdot\sqrt{u_E^2+u_{CRM}^2+u_H^2+u_x^2+u_{ms}^2}$	第 1 步到第 7 步 $k=2$	$U=2\cdot\sqrt{8.70^2+5.31^2+0.19^2+0.86^2+1.08^2}$ $U=20.6HV$
11 方法 1	测量结果	X	$X=\bar{x}\pm U$	第 1 步和第 10 步	$X=(376.6\pm20.6)HV$(方法 1)
12 方法 2	扩展不确定度的评定	U	$U=k\cdot\sqrt{u_x^2+u_H^2+u_{CRM}^2+u_{ms}^2+u_b^2}$	第 1 步到第 5 步 第 7 步到第 9 步	$U=2\times\sqrt{0.86^2+0.19^2+5.31^2+1.08^2+0.8^2}$ $U=11.1HV$
13 方法 2	测量结果	X	$X=\bar{x}\pm U$	第 1 步和第 12 步	$X=(376.6\pm11.1)HV$(方法 2)

ICS 77.040.10
H 22

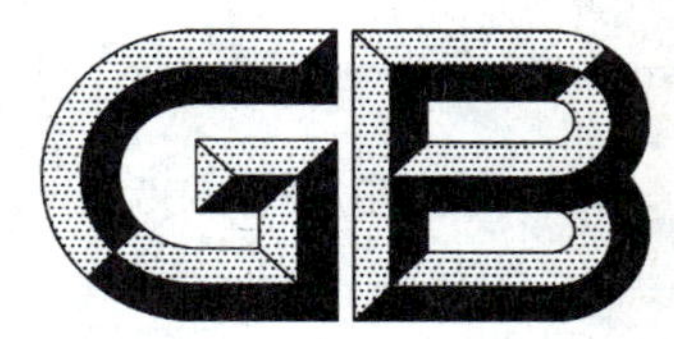

中华人民共和国国家标准

GB/T 4340.4—2009/ISO 6507-4:2005

金属材料 维氏硬度试验 第4部分:硬度值表

Metallic materials—Vickers hardness test—Part 4:Tables of hardness values

(ISO 6507-4:2005,IDT)

2009-06-25 发布 2010-04-01 实施

中华人民共和国国家质量监督检验检疫总局
中国国家标准化管理委员会 发布

前　言

GB/T 4340《金属材料　维氏硬度试验》分为如下四部分：

——第1部分：试验方法；

——第2部分：硬度计的检验与校准；

——第3部分：标准硬度块的标定；

——第4部分：硬度值表。

本部分为GB/T 4340的第4部分。

本部分等同采用国际标准ISO 6507-4:2005《金属材料　维氏硬度试验　第4部分：硬度值表》(英文版)。

本部分对国际标准ISO 6507-4:2005在以下方面进行了编辑性修改：

——重新编写了前言，删除原ISO前言；

——用中文惯用的小数点符号“.”代替英文采用的小数点符号“,”。

本部分独立于GB/T 4340.1—1999《金属材料　维氏硬度试验　第1部分：试验方法》，命名为《金属材料　维氏硬度试验　第4部分：硬度值表》。

本部分代替GB/T 4340.1—1999《金属材料　维氏硬度试验　第1部分：试验方法》的附录C。

本部分由中国钢铁工业协会提出。

本部分由全国钢标准化技术委员会归口。

本部分起草单位：钢铁研究总院、冶金工业信息标准研究院。

本部分起草人：李颖、董莉。

金属材料　维氏硬度试验
第 4 部分：硬度值表

1　范围

GB/T 4340 的本部分给出的硬度值表适用于在平面上进行的维氏硬度试验。

2　硬度值表

<HV0.2 见表 1；HV0.2～HV3 见表 2；HV5～HV100 见表 3。

表 1　<HV0.2

平均压痕直径 d/mm	试验力 F/N							
	0.009 807	0.019 61	0.049 03	0.098 07	0.196 12	0.245 2	0.490 3	0.980 7
	维氏硬度							
	HV 0.001	HV 0.002	HV 0.005	HV 0.01	HV 0.02	HV 0.025	HV 0.05	HV 0.1
0.020 0	4.64	9.27	23.18	46.36	92.72	115.9	231.8	463.6
0.020 2	4.54	9.09	22.72	45.45	90.89	113.6	227.2	454.5
0.020 4	4.46	8.91	22.28	44.56	89.12	111.4	222.8	445.6
0.020 6	4.37	8.74	21.85	43.70	87.39	109.3	218.5	437.0
0.020 8	4.29	8.57	21.43	42.86	85.72	107.2	214.3	428.6
0.021 0	4.21	8.41	21.02	42.05	84.10	105.1	210.2	420.5
0.021 2	4.13	8.25	20.63	41.26	82.52	103.2	206.3	412.6
0.021 4	4.05	8.10	20.25	40.49	80.98	101.2	202.5	404.9
0.021 6	3.97	7.95	19.87	39.75	79.49	99.38	198.7	397.5
0.021 8	3.90	7.80	19.51	39.02	78.04	97.57	195.1	390.2
0.022 0	3.83	7.66	19.16	38.32	76.62	95.80	191.6	383.2
0.022 2	3.76	7.52	18.81	37.63	75.25	94.08	188.1	376.3
0.022 4	3.70	7.39	18.48	36.96	73.91	92.41	184.8	369.6
0.022 6	3.63	7.26	18.15	36.31	72.61	90.78	181.5	363.1
0.022 8	3.57	7.13	17.84	35.67	71.34	89.20	178.4	356.7
0.023 0	3.51	7.01	17.53	35.06	70.11	87.65	175.3	350.6
0.023 2	3.45	6.89	17.23	34.45	68.90	86.15	172.3	344.5
0.023 4	3.39	6.77	16.93	33.87	67.73	84.68	169.3	338.7
0.023 6	3.33	6.66	16.65	33.30	66.59	83.25	166.5	333.0
0.023 8	3.27	6.55	16.37	32.74	65.47	81.86	163.7	327.4
0.024 0	3.22	6.44	16.10	32.20	64.39	80.50	161.0	322.0
0.024 2	3.17	6.33	15.83	31.67	63.33	79.17	158.3	316.7
0.024 4	3.11	6.23	15.57	31.15	62.29	77.88	155.7	311.5
0.024 6	3.06	6.13	15.32	30.64	61.28	76.62	153.2	306.4
0.024 8	3.02	6.03	15.07	30.15	60.30	75.39	150.7	301.5

表 1（续）

平均压痕直径 d/mm	试验力 F/N							
	0.009 807	0.019 61	0.049 03	0.098 07	0.196 12	0.245 2	0.490 3	0.980 7
	维氏硬度							
	HV 0.001	HV 0.002	HV 0.005	HV 0.01	HV 0.02	HV 0.025	HV 0.05	HV 0.1
0.025 0	2.97	5.93	14.83	29.67	59.34	74.19	148.3	296.7
0.025 2	2.92	5.84	14.60	29.20	58.40	73.01	146.0	292.0
0.025 4	2.87	5.75	14.37	28.74	57.48	71.87	143.7	287.4
0.025 6	2.83	5.66	14.15	28.30	56.59	70.75	141.5	283.0
0.025 8	2.79	5.57	13.93	27.86	55.72	69.66	139.3	278.6
0.026 0	2.74	5.49	13.72	27.43	54.86	68.59	137.2	274.3
0.026 2	2.70	5.40	13.51	27.02	54.03	67.55	135.1	270.2
0.026 4	2.66	5.32	13.30	26.61	53.21	66.53	133.0	266.1
0.026 6	2.62	5.24	13.10	26.21	52.41	65.53	131.0	262.1
0.026 8	2.58	5.16	12.91	25.82	51.63	64.56	129.1	258.2
0.027 0	2.54	5.09	12.72	25.44	50.87	63.60	127.2	254.4
0.027 2	2.51	5.01	12.53	25.07	50.13	62.67	125.3	250.7
0.027 4	2.47	4.94	12.35	24.70	49.40	61.76	123.5	247.0
0.027 6	2.43	4.87	12.17	24.34	48.69	60.87	121.7	243.4
0.027 8	2.40	4.80	12.00	24.00	47.99	60.00	120.0	240.0
0.028 0	2.37	4.73	11.83	23.65	47.30	59.14	118.3	236.5
0.028 2	2.33	4.66	11.66	23.32	46.64	58.31	116.6	233.2
0.028 4	2.30	4.60	11.50	22.99	45.98	57.49	115.0	229.9
0.028 6	2.27	4.53	11.33	22.67	45.34	56.69	113.3	226.7
0.028 8	2.24	4.47	11.18	22.36	44.71	55.90	111.8	223.6
0.029 0	2.21	4.41	11.02	22.05	44.10	55.13	110.2	220.5
0.029 2	2.18	4.35	10.87	21.75	43.50	54.38	108.7	217.5
0.029 4	2.15	4.29	10.73	21.46	42.91	53.64	107.3	214.6
0.029 6	2.12	4.23	10.58	21.17	42.33	52.92	105.8	211.7
0.029 8	2.09	4.18	10.44	20.88	41.76	52.21	104.4	208.8
0.030 0	2.06	4.12	10.30	20.61	41.21	51.52	103.0	206.1
0.030 2	2.03	4.07	10.17	20.33	40.66	50.84	101.7	203.3
0.030 4	2.01	4.01	10.03	20.07	40.13	50.17	100.3	200.7
0.030 6	1.98	3.96	9.90	19.81	39.61	49.52	99.02	198.1
0.030 8	1.95	3.91	9.77	19.55	39.09	48.88	97.74	195.5
0.031 0	1.93	3.86	9.65	19.30	38.59	48.25	96.48	193.0
0.031 2	1.91	3.81	9.52	19.05	38.10	47.63	95.25	190.5
0.031 4	1.88	3.76	9.40	18.81	37.61	47.03	94.04	188.1
0.031 6	1.86	3.71	9.28	18.57	37.14	46.43	92.85	185.7
0.031 8	1.83	3.67	9.17	18.34	36.67	45.85	91.69	183.4
0.032 0	1.81	3.62	9.05	18.11	36.22	45.28	90.54	181.1
0.032 2	1.79	3.58	8.94	17.89	35.77	44.72	89.42	178.9
0.032 4	1.77	3.53	8.83	17.67	35.33	44.17	88.32	176.7
0.032 6	1.74	3.49	8.72	17.45	34.90	43.63	87.24	174.5
0.032 8	1.72	3.45	8.62	17.24	34.47	43.10	86.18	172.4

表 1（续）

平均压痕直径 d/mm	试验力 F/N							
	0.009 807	0.019 61	0.049 03	0.098 07	0.196 12	0.245 2	0.490 3	0.980 7
	维氏硬度							
	HV 0.001	HV 0.002	HV 0.005	HV 0.01	HV 0.02	HV 0.025	HV 0.05	HV 0.1
0.033 0	1.70	3.41	8.51	17.03	34.06	42.58	85.14	170.3
0.033 2	1.68	3.36	8.41	16.82	33.65	42.07	84.12	168.2
0.033 4	1.66	3.32	8.31	16.62	33.24	41.56	83.11	166.2
0.033 6	1.64	3.28	8.21	16.43	32.85	41.07	82.12	164.3
0.033 8	1.62	3.25	8.12	16.23	32.46	40.59	81.16	162.3
0.034 0	1.60	3.21	8.02	16.04	32.08	40.11	80.20	160.4
0.034 2	1.59	3.17	7.93	15.86	31.71	39.64	79.27	158.6
0.034 4	1.57	3.13	7.83	15.67	31.34	39.18	78.35	156.7
0.034 6	1.55	3.10	7.74	15.49	30.98	38.73	77.45	154.9
0.034 8	1.53	3.06	7.66	15.31	30.62	38.29	76.56	153.1
0.035 0	1.51	3.03	7.57	15.14	30.27	37.85	75.69	151.4
0.035 2	1.50	2.99	7.48	14.97	29.93	37.42	74.83	149.7
0.035 4	1.48	2.96	7.40	14.80	29.59	37.00	73.99	148.0
0.035 6	1.46	2.93	7.32	14.63	29.26	36.59	73.16	146.3
0.035 8	1.45	2.89	7.23	14.47	28.94	36.18	72.34	144.7
0.036 0	1.43	2.86	7.15	14.31	28.62	35.78	71.54	143.1
0.036 2	1.42	2.83	7.08	14.15	28.30	35.38	70.75	141.5
0.036 4	1.40	2.80	7.00	14.00	27.99	35.00	69.98	140.0
0.036 6	1.38	2.77	6.92	13.84	27.69	34.61	69.21	138.4
0.036 8	1.37	2.74	6.85	13.69	27.39	34.24	68.46	136.9
0.037 0	1.35	2.71	6.77	13.55	27.09	33.87	67.73	135.5
0.037 2	1.34	2.68	6.70	13.40	26.80	33.51	67.00	134.0
0.037 4	1.33	2.65	6.63	13.26	26.51	33.15	66.28	132.6
0.037 6	1.31	2.62	6.56	13.12	26.23	32.80	65.58	131.2
0.037 8	1.30	2.60	6.49	12.98	25.96	32.45	64.89	129.8
0.038 0	1.28	2.57	6.42	12.84	25.68	32.11	64.21	128.4
0.038 2	1.27	2.54	6.35	12.71	25.41	31.77	63.54	127.1
0.038 4	1.26	2.51	6.29	12.58	25.15	31.44	62.88	125.8
0.038 6	1.24	2.49	6.22	12.45	24.89	31.12	62.23	124.5
0.038 8	1.23	2.46	6.16	12.32	24.63	30.80	61.59	123.2
0.039 0	1.22	2.44	6.10	12.19	24.38	30.48	60.96	121.9
0.039 2	1.21	2.41	6.03	12.07	24.13	30.17	60.34	120.7
0.039 4	1.19	2.39	5.97	11.95	23.89	29.87	59.73	119.5
0.039 6	1.18	2.36	5.91	11.83	23.65	29.57	59.12	118.3
0.039 8	1.17	2.34	5.85	11.71	23.41	29.27	58.53	117.1
0.040 0	1.16	2.32	5.79	11.59	23.18	28.98	57.95	115.9
0.040 2	1.15	2.29	5.74	11.48	22.95	28.69	57.37	114.8
0.040 4	1.14	2.27	5.68	11.36	22.72	28.41	56.81	113.6
0.040 6	1.13	2.25	5.62	11.25	22.50	28.13	56.25	112.5
0.040 8	1.11	2.23	5.57	11.14	22.28	27.85	55.70	111.4

表 1（续）

平均压痕直径 d/mm	试验力 F/N							
	0.009 807	0.019 61	0.049 03	0.098 07	0.196 12	0.245 2	0.490 3	0.980 7
	维氏硬度							
	HV 0.001	HV 0.002	HV 0.005	HV 0.01	HV 0.02	HV 0.025	HV 0.05	HV 0.1
0.041 0	1.10	2.21	5.52	11.03	22.06	27.58	55.16	110.3
0.041 2	1.09	2.18	5.46	10.93	21.85	27.32	54.62	109.3
0.041 4	1.08	2.16	5.41	10.82	21.64	27.05	54.09	108.2
0.041 6	1.07	2.14	5.36	10.72	21.43	26.79	53.58	107.2
0.041 8	1.06	2.12	5.31	10.61	21.23	26.54	53.06	106.1
0.042 0	1.05	2.10	5.26	10.51	21.02	26.29	52.56	105.1
0.042 2	1.04	2.08	5.21	10.41	20.83	26.04	52.06	104.1
0.042 4	1.03	2.06	5.16	10.32	20.63	25.79	51.57	103.2
0.042 6	1.02	2.04	5.11	10.22	20.44	25.55	51.09	102.2
0.042 8	1.01	2.02	5.06	10.12	20.25	25.31	50.61	101.2
0.043 0	1.00	2.01	5.01	10.03	20.06	25.08	50.14	100.3
0.043 2	—	1.99	4.97	9.94	19.87	24.85	49.68	99.37
0.043 4	—	1.97	4.92	9.85	19.69	24.62	49.22	98.46
0.043 6	—	1.95	4.88	9.76	19.51	24.39	48.77	97.56
0.043 8	—	1.93	4.83	9.67	19.33	24.17	48.33	96.67
0.044 0	—	1.92	4.79	9.58	19.16	23.95	47.89	95.79
0.044 2	—	1.90	4.75	9.49	18.98	23.73	47.46	94.93
0.044 4	—	1.88	4.70	9.41	18.81	23.52	47.03	94.07
0.044 6	—	1.86	4.66	9.32	18.64	23.31	46.61	93.23
0.044 8	—	1.85	4.62	9.24	18.48	23.10	46.20	92.40
0.045 0	—	1.83	4.58	9.16	18.31	22.90	45.79	91.58
0.045 2	—	1.82	4.54	9.08	18.15	22.70	45.38	90.77
0.045 4	—	1.80	4.50	9.00	17.99	22.50	44.98	89.97
0.045 6	—	1.78	4.46	8.92	17.84	22.30	44.59	89.19
0.045 8	—	1.77	4.42	8.84	17.68	22.10	44.20	88.41
0.046 0	—	1.75	4.38	8.76	17.53	21.91	43.82	87.64
0.046 2	—	1.74	4.34	8.69	17.38	21.72	43.44	86.88
0.046 4	—	1.72	4.31	8.61	17.23	21.54	43.06	86.14
0.046 6	—	1.71	4.27	8.54	17.08	21.35	42.70	85.40
0.046 8	—	1.69	4.23	8.47	16.93	21.17	42.33	84.67
0.047 0	—	1.68	4.20	8.40	16.79	20.99	41.97	83.95
0.047 2	—	1.66	4.16	8.32	16.65	20.81	41.62	83.24
0.047 4	—	1.65	4.13	8.25	16.51	20.64	41.27	82.54
0.047 6	—	1.64	4.09	8.18	16.37	20.46	40.92	81.85
0.047 8	—	1.62	4.06	8.12	16.23	20.29	40.58	81.17
0.048 0	—	1.61	4.02	8.05	16.10	20.12	40.24	80.49
0.048 2	—	1.60	3.99	7.98	15.96	19.96	39.91	79.82
0.048 4	—	1.58	3.96	7.92	15.83	19.79	39.58	79.17
0.048 6	—	1.57	3.93	7.85	15.70	19.63	39.25	78.52
0.048 8	—	1.56	3.89	7.79	15.57	19.47	38.93	77.87

表 1（续）

平均压痕直径 d/mm	试验力 F/N							
	0.009 807	0.019 61	0.049 03	0.098 07	0.196 12	0.245 2	0.490 3	0.980 7
	维氏硬度							
	HV 0.001	HV 0.002	HV 0.005	HV 0.01	HV 0.02	HV 0.025	HV 0.05	HV 0.1
0.049 0	—	1.54	3.86	7.72	15.45	19.31	38.62	77.24
0.049 2	—	1.53	3.83	7.66	15.32	19.15	38.30	76.61
0.049 4	—	1.52	3.80	7.60	15.20	19.00	37.99	75.99
0.049 6	—	1.51	3.77	7.54	15.07	18.85	37.69	75.38
0.049 8	—	1.50	3.74	7.48	14.95	18.70	37.38	74.78
0.050 0	—	1.48	3.71	7.42	14.83	18.55	37.09	74.18
0.050 2	—	1.47	3.68	7.36	14.72	18.40	36.79	73.59
0.050 4	—	1.46	3.65	7.30	14.60	18.25	36.50	73.01
0.050 6	—	1.45	3.62	7.24	14.48	18.11	36.21	72.43
0.050 8	—	1.44	3.59	7.19	14.37	17.97	35.93	71.86
0.051 0	—	1.43	3.56	7.13	14.26	17.83	35.65	71.30
0.051 2	—	1.41	3.54	7.07	14.15	17.69	35.37	70.74
0.051 4	—	1.40	3.51	7.02	14.04	17.55	35.09	70.19
0.051 6	—	1.39	3.48	6.97	13.93	17.41	34.82	69.65
0.051 8	—	1.38	3.46	6.91	13.82	17.28	34.55	69.11
0.052 0	—	1.37	3.43	6.86	13.72	17.15	34.29	68.58
0.052 2	—	1.36	3.40	6.81	13.61	17.02	34.03	68.06
0.052 4	—	1.35	3.38	6.75	13.51	16.89	33.77	67.54
0.052 6	—	1.34	3.35	6.70	13.40	16.76	33.51	67.03
0.052 8	—	1.33	3.33	6.65	13.30	16.63	33.26	66.52
0.053 0	—	1.32	3.30	6.60	13.20	16.51	33.01	66.02
0.053 2	—	1.31	3.28	6.55	13.10	16.38	32.76	65.52
0.053 4	—	1.30	3.25	6.50	13.01	16.26	32.51	65.03
0.053 6	—	1.29	3.23	6.46	12.91	16.14	32.27	64.55
0.053 8	—	1.28	3.20	6.41	12.81	16.02	32.03	64.07
0.054 0	—	1.27	3.18	6.36	12.72	15.90	31.80	63.60
0.054 2	—	1.26	3.16	6.31	12.62	15.78	31.56	63.13
0.054 4	—	1.25	3.13	6.27	12.53	15.67	31.33	62.67
0.054 6	—	1.24	3.11	6.22	12.44	15.55	31.10	62.21
0.054 8	—	1.23	3.09	6.18	12.35	15.44	30.87	61.75
0.055 0	—	1.23	3.06	6.13	12.26	15.33	30.65	61.31
0.055 2	—	1.22	3.04	6.09	12.17	15.22	30.43	60.86
0.055 4	—	1.21	3.02	6.04	12.08	15.11	30.21	60.42
0.055 6	—	1.20	3.00	6.00	12.00	15.00	29.99	59.99
0.055 8	—	1.19	2.98	5.96	11.91	14.89	29.78	59.56
0.056 0	—	1.18	2.96	5.91	11.83	14.79	29.56	59.14
0.056 2	—	1.17	2.94	5.87	11.74	14.68	29.35	58.72
0.056 4	—	1.17	2.91	5.83	11.66	14.58	29.15	58.30
0.056 6	—	1.16	2.89	5.79	11.58	14.47	28.94	57.89
0.056 8	—	1.15	2.87	5.75	11.50	14.37	28.74	57.48

表 1（续）

平均压痕直径 d/mm	试验力 F/N							
	0.009 807	0.019 61	0.049 03	0.098 07	0.196 12	0.245 2	0.490 3	0.980 7
	维氏硬度							
	HV 0.001	HV 0.002	HV 0.005	HV 0.01	HV 0.02	HV 0.025	HV 0.05	HV 0.1
0.057 0	—	1.14	2.85	5.71	11.41	14.27	28.54	57.08
0.057 2	—	1.13	2.83	5.67	11.33	14.17	28.34	56.68
0.057 4	—	1.13	2.81	5.63	11.26	14.07	28.14	56.29
0.057 6	—	1.12	2.79	5.59	11.18	13.98	27.95	55.90
0.057 8	—	1.11	2.78	5.55	11.10	13.88	27.75	55.51
0.058 0	—	1.10	2.76	5.51	11.02	13.78	27.56	55.13
0.058 2	—	1.09	2.74	5.47	10.95	13.69	27.37	54.75
0.058 4	—	1.09	2.72	5.44	10.87	13.60	27.18	54.38
0.058 6	—	1.08	2.70	5.40	10.80	13.50	27.00	54.00
0.058 8	—	1.07	2.68	5.36	10.73	13.41	26.82	53.64
0.059 0	—	1.07	2.66	5.33	10.65	13.32	26.63	53.28
0.059 2	—	1.06	2.65	5.29	10.58	13.23	26.46	52.92
0.059 4	—	1.05	2.63	5.26	10.51	13.14	26.28	52.56
0.059 6	—	1.04	2.61	5.22	10.44	13.05	26.10	52.21
0.059 8	—	1.04	2.59	5.19	10.37	12.97	25.93	51.86
0.060 0	—	1.03	2.58	5.15	10.30	12.88	25.75	51.51
0.060 2	—	1.02	2.56	5.12	10.23	12.79	25.58	51.17
0.060 4	—	1.02	2.54	5.08	10.17	12.71	25.41	50.83
0.060 6	—	1.01	2.52	5.05	10.10	12.63	25.25	50.50
0.060 8	—	1.00	2.51	5.02	10.03	12.54	25.08	50.17
0.061 0	—	—	2.49	4.98	9.97	12.46	24.92	49.84
0.061 2	—	—	2.48	4.95	9.90	12.38	24.75	49.51
0.061 4	—	—	2.46	4.92	9.84	12.30	24.59	49.19
0.061 6	—	—	2.44	4.89	9.77	12.22	24.43	48.87
0.061 8	—	—	2.43	4.86	9.71	12.14	24.28	48.56
0.062 0	—	—	2.41	4.82	9.65	12.06	24.12	48.24
0.062 2	—	—	2.40	4.79	9.59	11.98	23.96	47.93
0.062 4	—	—	2.38	4.76	9.52	11.91	23.81	47.63
0.062 6	—	—	2.37	4.73	9.46	11.83	23.66	47.32
0.062 8	—	—	2.35	4.70	9.40	11.76	23.51	47.02
0.063 0	—	—	2.34	4.67	9.34	11.68	23.36	46.72
0.063 2	—	—	2.32	4.64	9.28	11.61	23.21	46.43
0.063 4	—	—	2.31	4.61	9.23	11.54	23.07	46.14
0.063 6	—	—	2.29	4.58	9.17	11.46	22.92	45.85
0.063 8	—	—	2.28	4.56	9.11	11.39	22.78	45.56
0.064 0	—	—	2.26	4.53	9.05	11.32	22.64	45.28
0.064 2	—	—	2.25	4.50	9.00	11.25	22.49	44.99
0.064 4	—	—	2.24	4.47	8.94	11.18	22.36	44.72
0.064 6	—	—	2.22	4.44	8.89	11.11	22.22	44.44
0.064 8	—	—	2.21	4.42	8.83	11.04	22.08	44.16

表 1（续）

平均压痕直径 d/mm	试验力 F/N							
	0.009 807	0.019 61	0.049 03	0.098 07	0.196 12	0.245 2	0.490 3	0.980 7
	维氏硬度							
	HV 0.001	HV 0.002	HV 0.005	HV 0.01	HV 0.02	HV 0.025	HV 0.05	HV 0.1
0.065 0	—	—	2.19	4.39	8.78	10.97	21.94	43.89
0.065 2	—	—	2.18	4.36	8.72	10.91	21.81	43.62
0.065 4	—	—	2.17	4.34	8.67	10.84	21.68	43.36
0.065 6	—	—	2.15	4.31	8.62	10.77	21.54	43.09
0.065 8	—	—	2.14	4.28	8.57	10.71	21.41	42.83
0.066 0	—	—	2.13	4.26	8.51	10.64	21.28	42.57
0.066 2	—	—	2.12	4.23	8.46	10.58	21.16	42.32
0.066 4	—	—	2.10	4.21	8.41	10.52	21.03	42.06
0.066 6	—	—	2.09	4.18	8.36	10.45	20.90	41.81
0.066 8	—	—	2.08	4.16	8.31	10.39	20.78	41.56
0.067 0	—	—	2.07	4.13	8.26	10.33	20.65	41.31
0.067 2	—	—	2.05	4.11	8.21	10.27	20.53	41.07
0.067 4	—	—	2.04	4.08	8.16	10.21	20.41	40.82
0.067 6	—	—	2.03	4.06	8.12	10.15	20.29	40.58
0.067 8	—	—	2.02	4.03	8.07	10.09	20.17	40.34
0.068 0	—	—	2.01	4.01	8.02	10.03	20.05	40.11
0.068 2	—	—	1.99	3.99	7.97	9.97	19.93	39.87
0.068 4	—	—	1.98	3.96	7.93	9.91	19.82	39.64
0.068 6	—	—	1.97	3.94	7.88	9.85	19.70	39.41
0.068 8	—	—	1.96	3.92	7.83	9.80	19.59	39.18
0.069 0	—	—	1.95	3.90	7.79	9.74	19.47	38.95
0.069 2	—	—	1.94	3.87	7.74	9.68	19.36	38.73
0.069 4	—	—	1.93	3.85	7.70	9.63	19.25	38.50
0.069 6	—	—	1.91	3.83	7.66	9.57	19.14	38.28
0.069 8	—	—	1.90	3.81	7.61	9.52	19.03	38.06
0.070 0	—	—	1.89	3.78	7.57	9.46	18.92	37.85
0.070 2	—	—	1.88	3.76	7.53	9.41	18.81	37.63
0.070 4	—	—	1.87	3.74	7.48	9.36	18.71	37.42
0.070 6	—	—	1.86	3.72	7.44	9.30	18.60	37.21
0.070 8	—	—	1.85	3.70	7.40	9.25	18.50	37.00
0.071 0	—	—	1.84	3.68	7.36	9.20	18.39	36.79
0.071 2	—	—	1.83	3.66	7.32	9.15	18.29	36.58
0.071 4	—	—	1.82	3.64	7.27	9.10	18.19	36.38
0.071 6	—	—	1.81	3.62	7.23	9.04	18.09	36.17
0.071 8	—	—	1.80	3.60	7.19	8.99	17.98	35.97
0.072 0	—	—	1.79	3.58	7.15	8.94	17.88	35.77
0.072 2	—	—	1.78	3.56	7.11	8.89	17.79	35.58
0.072 4	—	—	1.77	3.54	7.08	8.85	17.69	35.38
0.072 6	—	—	1.76	3.52	7.04	8.80	17.59	35.18
0.072 8	—	—	1.75	3.50	7.00	8.75	17.49	34.99

表 1（续）

平均压痕直径 d/mm	试验力 F/N							
	0.009 807	0.019 61	0.049 03	0.098 07	0.196 12	0.245 2	0.490 3	0.980 7
	维氏硬度							
	HV 0.001	HV 0.002	HV 0.005	HV 0.01	HV 0.02	HV 0.025	HV 0.05	HV 0.1
0.073 0	—	—	1.74	3.48	6.96	8.70	17.40	34.80
0.073 2	—	—	1.73	3.46	6.92	8.65	17.30	34.61
0.073 4	—	—	1.72	3.44	6.88	8.61	17.21	34.42
0.073 6	—	—	1.71	3.42	6.85	8.56	17.12	34.24
0.073 8	—	—	1.70	3.40	6.81	8.51	17.02	34.05
0.074 0	—	—	1.69	3.39	6.77	8.47	16.93	33.87
0.074 2	—	—	1.68	3.37	6.74	8.42	16.84	33.68
0.074 4	—	—	1.67	3.35	6.70	8.38	16.75	33.50
0.074 6	—	—	1.67	3.33	6.66	8.33	16.66	33.32
0.074 8	—	—	1.66	3.31	6.63	8.29	16.57	33.15
0.075 0	—	—	1.65	3.30	6.59	8.24	16.48	32.97
0.075 2	—	—	1.64	3.28	6.56	8.20	16.40	32.79
0.075 4	—	—	1.63	3.26	6.52	8.16	16.31	32.62
0.075 6	—	—	1.62	3.24	6.49	8.11	16.22	32.45
0.075 8	—	—	1.61	3.23	6.45	8.07	16.14	32.28
0.076 0	—	—	1.61	3.21	6.42	8.03	16.05	32.11
0.076 2	—	—	1.60	3.19	6.39	7.99	15.97	31.94
0.076 4	—	—	1.59	3.18	6.35	7.94	15.88	31.77
0.076 6	—	—	1.58	3.16	6.32	7.90	15.80	31.61
0.076 8	—	—	1.57	3.14	6.29	7.86	15.72	31.44
0.077 0	—	—	1.56	3.13	6.26	7.82	15.64	31.28
0.077 2	—	—	1.56	3.11	6.22	7.78	15.56	31.12
0.077 4	—	—	1.55	3.10	6.19	7.74	15.48	30.96
0.077 6	—	—	1.54	3.08	6.16	7.70	15.40	30.80
0.077 8	—	—	1.53	3.06	6.13	7.66	15.32	30.64
0.078 0	—	—	1.52	3.05	6.10	7.62	15.24	30.48
0.078 2	—	—	1.52	3.03	6.06	7.58	15.16	30.33
0.078 4	—	—	1.51	3.02	6.03	7.54	15.08	30.17
0.078 6	—	—	1.50	3.00	6.00	7.51	15.01	30.02
0.078 8	—	—	1.49	2.99	5.97	7.47	14.93	29.87
0.079 0	—	—	1.49	2.97	5.94	7.43	14.86	29.71
0.079 2	—	—	1.48	2.96	5.91	7.39	14.78	29.56
0.079 4	—	—	1.47	2.94	5.88	7.35	14.71	29.42
0.079 6	—	—	1.46	2.93	5.85	7.32	14.63	29.27
0.079 8	—	—	1.46	2.91	5.82	7.28	14.56	29.12
0.080 0	—	—	1.45	2.90	5.79	7.24	14.49	28.98
0.080 2	—	—	1.44	2.88	5.77	7.21	14.41	28.83
0.080 4	—	—	1.43	2.87	5.74	7.17	14.34	28.69
0.080 6	—	—	1.43	2.85	5.71	7.14	14.27	28.55
0.080 8	—	—	1.42	2.84	5.68	7.10	14.20	28.41

表 1（续）

平均压痕直径 d/mm	试验力 F/N							
	0.009 807	0.019 61	0.049 03	0.098 07	0.196 12	0.245 2	0.490 3	0.980 7
	维氏硬度							
	HV 0.001	HV 0.002	HV 0.005	HV 0.01	HV 0.02	HV 0.025	HV 0.05	HV 0.1
0.081 0	—	—	1.41	2.83	5.65	7.07	14.13	28.27
0.081 2	—	—	1.41	2.81	5.62	7.03	14.06	28.13
0.081 4	—	—	1.40	2.80	5.60	7.00	13.99	27.99
0.081 6	—	—	1.39	2.79	5.57	6.96	13.92	27.85
0.081 8	—	—	1.39	2.77	5.54	6.93	13.86	27.72
0.082 0	—	—	1.38	2.76	5.52	6.90	13.79	27.58
0.082 2	—	—	1.37	2.74	5.49	6.86	13.72	27.45
0.082 4	—	—	1.37	2.73	5.46	6.83	13.66	27.31
0.082 6	—	—	1.36	2.72	5.44	6.80	13.59	27.18
0.082 8	—	—	1.35	2.70	5.41	6.76	13.52	27.05
0.083 0	—	—	1.35	2.69	5.38	6.73	13.46	26.92
0.083 2	—	—	1.34	2.68	5.36	6.70	13.39	26.79
0.083 4	—	—	1.33	2.67	5.33	6.67	13.33	26.66
0.083 6	—	—	1.33	2.65	5.31	6.63	13.27	26.53
0.083 8	—	—	1.32	2.64	5.28	6.60	13.20	26.41
0.084 0	—	—	1.31	2.63	5.26	6.57	13.14	26.28
0.084 2	—	—	1.31	2.62	5.23	6.54	13.08	26.16
0.084 4	—	—	1.30	2.60	5.21	6.51	13.02	26.03
0.084 6	—	—	1.30	2.59	5.18	6.48	12.95	25.91
0.084 8	—	—	1.29	2.58	5.16	6.45	12.89	25.79
0.085 0	—	—	1.28	2.57	5.13	6.42	12.83	25.67
0.085 2	—	—	1.28	2.55	5.11	6.39	12.77	25.55
0.085 4	—	—	1.27	2.54	5.09	6.36	12.71	25.43
0.085 6	—	—	1.27	2.53	5.06	6.33	12.65	25.31
0.085 8	—	—	1.26	2.52	5.04	6.30	12.59	25.19
0.086 0	—	—	1.25	2.51	5.01	6.27	12.54	25.07
0.086 2	—	—	1.25	2.50	4.99	6.24	12.48	24.96
0.086 4	—	—	1.24	2.48	4.97	6.21	12.42	24.84
0.086 6	—	—	1.24	2.47	4.95	6.18	12.36	24.73
0.086 8	—	—	1.23	2.46	4.92	6.15	12.31	24.61
0.087 0	—	—	1.22	2.45	4.90	6.13	12.25	24.50
0.087 2	—	—	1.22	2.44	4.88	6.10	12.19	24.39
0.087 4	—	—	1.21	2.43	4.86	6.07	12.14	24.28
0.087 6	—	—	1.21	2.42	4.83	6.04	12.08	24.17
0.087 8	—	—	1.20	2.41	4.81	6.01	12.03	24.06
0.088 0	—	—	1.20	2.39	4.79	5.99	11.97	23.95
0.088 2	—	—	1.19	2.38	4.77	5.96	11.92	23.84
0.088 4	—	—	1.19	2.37	4.75	5.93	11.86	23.73
0.088 6	—	—	1.18	2.36	4.72	5.91	11.81	23.62
0.088 8	—	—	1.18	2.35	4.70	5.88	11.76	23.52

表 1（续）

平均压痕直径 d/mm	试验力 F/N							
	0.009 807	0.019 61	0.049 03	0.098 07	0.196 12	0.245 2	0.490 3	0.980 7
	维氏硬度							
	HV 0.001	HV 0.002	HV 0.005	HV 0.01	HV 0.02	HV 0.025	HV 0.05	HV 0.1
0.089 0	—	—	1.17	2.34	4.68	5.85	11.71	23.41
0.089 2	—	—	1.17	2.33	4.66	5.83	11.65	23.31
0.089 4	—	—	1.16	2.32	4.64	5.80	11.60	23.20
0.089 6	—	—	1.15	2.31	4.62	5.78	11.55	23.10
0.089 8	—	—	1.15	2.30	4.60	5.75	11.50	23.00
0.090 0	—	—	1.14	2.29	4.58	5.72	11.45	22.90
0.090 2	—	—	1.14	2.28	4.56	5.70	11.40	22.79
0.090 4	—	—	1.13	2.27	4.54	5.67	11.35	22.69
0.090 6	—	—	1.13	2.26	4.52	5.65	11.30	22.59
0.090 8	—	—	1.12	2.25	4.50	5.62	11.25	22.49
0.091 0	—	—	1.12	2.24	4.48	5.60	11.20	22.39
0.091 2	—	—	1.11	2.23	4.46	5.57	11.15	22.30
0.091 4	—	—	1.11	2.22	4.44	5.55	11.10	22.20
0.091 6	—	—	1.11	2.21	4.42	5.53	11.05	22.10
0.091 8	—	—	1.10	2.20	4.40	5.50	11.00	22.01
0.092 0	—	—	1.10	2.19	4.38	5.48	10.95	21.91
0.092 2	—	—	1.09	2.18	4.36	5.45	10.91	21.82
0.092 4	—	—	1.09	2.17	4.34	5.43	10.86	21.72
0.092 6	—	—	1.08	2.16	4.33	5.41	10.81	21.63
0.092 8	—	—	1.08	2.15	4.31	5.38	10.77	21.53
0.093 0	—	—	1.07	2.14	4.29	5.36	10.72	21.44
0.093 2	—	—	1.07	2.13	4.27	5.34	10.67	21.35
0.093 4	—	—	1.06	2.13	4.25	5.32	10.63	21.26
0.093 6	—	—	1.06	2.12	4.23	5.29	10.58	21.17
0.093 8	—	—	1.05	2.11	4.22	5.27	10.54	21.08
0.094 0	—	—	1.05	2.10	4.20	5.25	10.49	20.99
0.094 2	—	—	1.04	2.09	4.18	5.23	10.45	20.90
0.094 4	—	—	1.04	2.08	4.16	5.20	10.40	20.81
0.094 6	—	—	1.04	2.07	4.14	5.18	10.36	20.72
0.094 8	—	—	1.03	2.06	4.13	5.16	10.32	20.64
0.095 0	—	—	1.03	2.05	4.11	5.14	10.27	20.55
0.095 2	—	—	1.02	2.05	4.09	5.12	10.23	20.46
0.095 4	—	—	1.02	2.04	4.07	5.09	10.19	20.38
0.095 6	—	—	1.01	2.03	4.06	5.07	10.14	20.29
0.095 8	—	—	1.01	2.02	4.04	5.05	10.10	20.21
0.096 0	—	—	1.01	2.01	4.02	5.03	10.06	20.12
0.096 2	—	—	1.00	2.00	4.01	5.01	10.02	20.04
0.096 4	—	—	—	2.00	3.99	4.99	9.98	19.96
0.096 6	—	—	—	1.99	3.97	4.97	9.94	19.87
0.096 8	—	—	—	1.98	3.96	4.95	9.89	19.79

表 1（续）

平均压痕直径 d/mm	试验力 F/N							
	0.009 807	0.019 61	0.049 03	0.098 07	0.196 12	0.245 2	0.490 3	0.980 7
	维氏硬度							
	HV 0.001	HV 0.002	HV 0.005	HV 0.01	HV 0.02	HV 0.025	HV 0.05	HV 0.1
0.097 0	—	—	—	1.97	3.94	4.93	9.85	19.71
0.097 2	—	—	—	1.96	3.93	4.91	9.81	19.63
0.097 4	—	—	—	1.95	3.91	4.89	9.77	19.55
0.097 6	—	—	—	1.95	3.89	4.87	9.73	19.47
0.097 8	—	—	—	1.94	3.88	4.85	9.69	19.39
0.098 0	—	—	—	1.93	3.86	4.83	9.65	19.31
0.098 2	—	—	—	1.92	3.85	4.81	9.61	19.23
0.098 4	—	—	—	1.92	3.83	4.79	9.58	19.15
0.098 6	—	—	—	1.91	3.81	4.77	9.54	19.08
0.098 8	—	—	—	1.90	3.80	4.75	9.50	19.00
0.099 0	—	—	—	1.89	3.78	4.73	9.46	18.92
0.099 2	—	—	—	1.88	3.77	4.71	9.42	18.85
0.099 4	—	—	—	1.88	3.75	4.69	9.38	18.77
0.099 6	—	—	—	1.87	3.74	4.67	9.35	18.69
0.099 8	—	—	—	1.86	3.72	4.66	9.31	18.62
0.100 0	—	—	—	1.85	3.71	4.64	9.27	18.55
0.100 2	—	—	—	1.85	3.69	4.62	9.23	18.47
0.100 4	—	—	—	1.84	3.68	4.60	9.20	18.40
0.100 6	—	—	—	1.83	3.66	4.58	9.16	18.32
0.100 8	—	—	—	1.83	3.65	4.56	9.12	18.25
0.101 0	—	—	—	1.82	3.64	4.55	9.09	18.18
0.101 2	—	—	—	1.81	3.62	4.53	9.05	18.11
0.101 4	—	—	—	1.80	3.61	4.51	9.02	18.04
0.101 6	—	—	—	1.80	3.59	4.49	8.98	17.97
0.101 8	—	—	—	1.79	3.58	4.47	8.95	17.90
0.102 0	—	—	—	1.78	3.56	4.46	8.91	17.82
0.102 2	—	—	—	1.78	3.55	4.44	8.88	17.76
0.102 4	—	—	—	1.77	3.54	4.42	8.84	17.69
0.102 6	—	—	—	1.76	3.52	4.40	8.81	17.62
0.102 8	—	—	—	1.75	3.51	4.39	8.77	17.55
0.103 0	—	—	—	1.75	3.50	4.37	8.74	17.48
0.103 2	—	—	—	1.74	3.48	4.35	8.71	17.41
0.103 4	—	—	—	1.73	3.47	4.34	8.67	17.35
0.103 6	—	—	—	1.73	3.46	4.32	8.64	17.28
0.103 8	—	—	—	1.72	3.44	4.30	8.61	17.21
0.104 0	—	—	—	1.71	3.43	4.29	8.57	17.15
0.104 2	—	—	—	1.71	3.42	4.27	8.54	17.08
0.104 4	—	—	—	1.70	3.40	4.25	8.51	17.01
0.104 6	—	—	—	1.69	3.39	4.24	8.47	16.95
0.104 8	—	—	—	1.69	3.38	4.22	8.44	16.89

表 1（续）

平均压痕直径 d/mm	试验力 F/N							
	0.009 807	0.019 61	0.049 03	0.098 07	0.196 12	0.245 2	0.490 3	0.980 7
	维氏硬度							
	HV 0.001	HV 0.002	HV 0.005	HV 0.01	HV 0.02	HV 0.025	HV 0.05	HV 0.1
0.105 0	—	—	—	1.68	3.36	4.21	8.41	16.82
0.105 2	—	—	—	1.68	3.35	4.19	8.38	16.76
0.105 4	—	—	—	1.67	3.34	4.17	8.35	16.69
0.105 6	—	—	—	1.66	3.33	4.16	8.31	16.63
0.105 8	—	—	—	1.66	3.31	4.14	8.28	16.57
0.106 0	—	—	—	1.65	3.30	4.13	8.25	16.51
0.106 2	—	—	—	1.64	3.29	4.11	8.22	16.44
0.106 4	—	—	—	1.64	3.28	4.10	8.19	16.38
0.106 6	—	—	—	1.63	3.26	4.08	8.16	16.32
0.106 8	—	—	—	1.63	3.25	4.07	8.13	16.26
0.107 0	—	—	—	1.62	3.24	4.05	8.10	16.20
0.107 2	—	—	—	1.61	3.23	4.03	8.07	16.14
0.107 4	—	—	—	1.61	3.22	4.02	8.04	16.08
0.107 6	—	—	—	1.60	3.20	4.00	8.01	16.02
0.107 8	—	—	—	1.60	3.19	3.99	7.98	15.96
0.108 0	—	—	—	1.59	3.18	3.98	7.95	15.90
0.108 2	—	—	—	1.58	3.17	3.96	7.92	15.84
0.108 4	—	—	—	1.58	3.16	3.95	7.89	15.78
0.108 6	—	—	—	1.57	3.14	3.93	7.86	15.72
0.108 8	—	—	—	1.57	3.13	3.92	7.83	15.67
0.109 0	—	—	—	1.56	3.12	3.90	7.80	15.61
0.109 2	—	—	—	1.56	3.11	3.89	7.78	15.55
0.109 4	—	—	—	1.55	3.10	3.87	7.75	15.50
0.109 6	—	—	—	1.54	3.09	3.86	7.72	15.44
0.109 8	—	—	—	1.54	3.08	3.85	7.69	15.38
0.110 0	—	—	—	1.53	3.06	3.83	7.66	15.33
0.110 2	—	—	—	1.53	3.05	3.82	7.63	15.27
0.110 4	—	—	—	1.52	3.04	3.80	7.61	15.22
0.110 6	—	—	—	1.52	3.03	3.79	7.58	15.16
0.110 8	—	—	—	1.51	3.02	3.78	7.55	15.11
0.111 0	—	—	—	1.51	3.01	3.76	7.53	15.05
0.111 2	—	—	—	1.50	3.00	3.75	7.50	15.00
0.111 4	—	—	—	1.49	2.99	3.74	7.47	14.94
0.111 6	—	—	—	1.49	2.98	3.72	7.44	14.89
0.111 8	—	—	—	1.48	2.97	3.71	7.42	14.84
0.112 0	—	—	—	1.48	2.96	3.70	7.39	14.78
0.112 2	—	—	—	1.47	2.95	3.68	7.36	14.73
0.112 4	—	—	—	1.47	2.94	3.67	7.34	14.68
0.112 6	—	—	—	1.46	2.93	3.66	7.31	14.63
0.112 8	—	—	—	1.46	2.91	3.64	7.29	14.58

表 1（续）

平均压痕直径 d/mm	试验力 F/N							
	0.009 807	0.019 61	0.049 03	0.098 07	0.196 12	0.245 2	0.490 3	0.980 7
	维氏硬度							
	HV 0.001	HV 0.002	HV 0.005	HV 0.01	HV 0.02	HV 0.025	HV 0.05	HV 0.1
0.113 0	—	—	—	1.45	2.90	3.63	7.26	14.52
0.113 2	—	—	—	1.45	2.89	3.62	7.24	14.47
0.113 4	—	—	—	1.44	2.88	3.61	7.21	14.42
0.113 6	—	—	—	1.44	2.87	3.59	7.18	14.37
0.113 8	—	—	—	1.43	2.86	3.58	7.16	14.32
0.114 0	—	—	—	1.43	2.85	3.57	7.13	14.27
0.114 2	—	—	—	1.42	2.84	3.56	7.11	14.22
0.114 4	—	—	—	1.42	2.83	3.54	7.08	14.17
0.114 6	—	—	—	1.41	2.82	3.53	7.06	14.12
0.114 8	—	—	—	1.41	2.81	3.52	7.04	14.07
0.115 0	—	—	—	1.40	2.80	3.51	7.01	14.02
0.115 2	—	—	—	1.40	2.79	3.49	6.99	13.97
0.115 4	—	—	—	1.39	2.78	3.48	6.96	13.93
0.115 6	—	—	—	1.39	2.78	3.47	6.94	13.88
0.115 8	—	—	—	1.38	2.77	3.46	6.91	13.83
0.116 0	—	—	—	1.38	2.76	3.45	6.89	13.78
0.116 2	—	—	—	1.37	2.75	3.43	6.87	13.73
0.116 4	—	—	—	1.37	2.74	3.42	6.84	13.69
0.116 6	—	—	—	1.36	2.73	3.41	6.82	13.64
0.116 8	—	—	—	1.36	2.72	3.40	6.80	13.59
0.117 0	—	—	—	1.35	2.71	3.39	6.77	13.55
0.117 2	—	—	—	1.35	2.70	3.38	6.75	13.50
0.117 4	—	—	—	1.35	2.69	3.36	6.73	13.46
0.117 6	—	—	—	1.34	2.68	3.35	6.70	13.41
0.117 8	—	—	—	1.34	2.67	3.34	6.68	13.36
0.118 0	—	—	—	1.33	2.66	3.33	6.66	13.32
0.118 2	—	—	—	1.33	2.65	3.32	6.64	13.27
0.118 4	—	—	—	1.32	2.65	3.31	6.61	13.23
0.118 6	—	—	—	1.32	2.64	3.30	6.59	13.18
0.118 8	—	—	—	1.31	2.63	3.29	6.57	13.14
0.119 0	—	—	—	1.31	2.62	3.27	6.55	13.10
0.119 2	—	—	—	1.31	2.61	3.26	6.53	13.05
0.119 4	—	—	—	1.30	2.60	3.25	6.50	13.01
0.119 6	—	—	—	1.30	2.59	3.24	6.48	12.96
0.119 8	—	—	—	1.29	2.58	3.23	6.46	12.92
0.120 0	—	—	—	1.29	2.58	3.22	6.44	12.88
0.120 2	—	—	—	1.28	2.57	3.21	6.42	12.84
0.120 4	—	—	—	1.28	2.56	3.20	6.40	12.79
0.120 6	—	—	—	1.28	2.55	3.19	6.37	12.75
0.120 8	—	—	—	1.27	2.54	3.18	6.35	12.71

表 1（续）

平均压痕直径 d/mm	试验力 F/N							
	0.009 807	0.019 61	0.049 03	0.098 07	0.196 12	0.245 2	0.490 3	0.980 7
	维氏硬度							
	HV 0.001	HV 0.002	HV 0.005	HV 0.01	HV 0.02	HV 0.025	HV 0.05	HV 0.1
0.121 0	—	—	—	1.27	2.53	3.17	6.33	12.67
0.121 2	—	—	—	1.26	2.52	3.16	6.31	12.62
0.121 4	—	—	—	1.26	2.52	3.15	6.29	12.58
0.121 6	—	—	—	1.25	2.51	3.14	6.27	12.54
0.121 8	—	—	—	1.25	2.50	3.13	6.25	12.50
0.122 0	—	—	—	1.25	2.49	3.12	6.23	12.46
0.122 2	—	—	—	1.24	2.48	3.11	6.21	12.42
0.122 4	—	—	—	1.24	2.48	3.09	6.19	12.38
0.122 6	—	—	—	1.23	2.47	3.08	6.17	12.34
0.122 8	—	—	—	1.23	2.46	3.07	6.15	12.30
0.123 0	—	—	—	1.23	2.45	3.06	6.13	12.26
0.123 2	—	—	—	1.22	2.44	3.05	6.11	12.22
0.123 4	—	—	—	1.22	2.44	3.04	6.09	12.18
0.123 6	—	—	—	1.21	2.43	3.04	6.07	12.14
0.123 8	—	—	—	1.21	2.42	3.03	6.05	12.10
0.124 0	—	—	—	1.21	2.41	3.02	6.03	12.06
0.124 2	—	—	—	1.20	2.40	3.01	6.01	12.02
0.124 4	—	—	—	1.20	2.40	3.00	5.99	11.98
0.124 6	—	—	—	1.19	2.39	2.99	5.97	11.95
0.124 8	—	—	—	1.19	2.38	2.98	5.95	11.91
0.125 0	—	—	—	1.19	2.37	2.97	5.93	11.87
0.125 2	—	—	—	1.18	2.37	2.96	5.91	11.83
0.125 4	—	—	—	1.18	2.36	2.95	5.90	11.79
0.125 6	—	—	—	1.18	2.35	2.94	5.88	11.76
0.125 8	—	—	—	1.17	2.34	2.93	5.86	11.72
0.126 0	—	—	—	1.17	2.34	2.92	5.84	11.68
0.126 2	—	—	—	1.16	2.33	2.91	5.82	11.64
0.126 4	—	—	—	1.16	2.32	2.90	5.80	11.61
0.126 6	—	—	—	1.16	2.31	2.89	5.78	11.57
0.126 8	—	—	—	1.15	2.31	2.88	5.77	11.53
0.127 0	—	—	—	1.15	2.30	2.87	5.75	11.50
0.127 2	—	—	—	1.15	2.29	2.87	5.73	11.46
0.127 4	—	—	—	1.14	2.28	2.86	5.71	11.43
0.127 6	—	—	—	1.14	2.28	2.85	5.69	11.39
0.127 8	—	—	—	1.14	2.27	2.84	5.68	11.35
0.128 0	—	—	—	1.13	2.26	2.83	5.66	11.32
0.128 2	—	—	—	1.13	2.26	2.82	5.64	11.28
0.128 4	—	—	—	1.12	2.25	2.81	5.62	11.25
0.128 6	—	—	—	1.12	2.24	2.80	5.61	11.21
0.128 8	—	—	—	1.12	2.24	2.79	5.59	11.18

表 1（续）

平均压痕直径 d/mm	试验力 F/N							
	0.009 807	0.019 61	0.049 03	0.098 07	0.196 12	0.245 2	0.490 3	0.980 7
	维氏硬度							
	HV 0.001	HV 0.002	HV 0.005	HV 0.01	HV 0.02	HV 0.025	HV 0.05	HV 0.1
0.129 0	—	—	—	1.11	2.23	2.79	5.57	11.14
0.129 2	—	—	—	1.11	2.22	2.78	5.55	11.11
0.129 4	—	—	—	1.11	2.21	2.77	5.54	11.08
0.129 6	—	—	—	1.10	2.21	2.76	5.52	11.04
0.129 8	—	—	—	1.10	2.20	2.75	5.50	11.01
0.130 0	—	—	—	1.10	2.19	2.74	5.49	10.97
0.130 2	—	—	—	1.09	2.19	2.74	5.47	10.94
0.130 4	—	—	—	1.09	2.18	2.73	5.45	10.91
0.130 6	—	—	—	1.09	2.17	2.72	5.44	10.87
0.130 8	—	—	—	1.08	2.17	2.71	5.42	10.84
0.131 0	—	—	—	1.08	2.16	2.70	5.40	10.81
0.131 2	—	—	—	1.08	2.15	2.69	5.39	10.77
0.131 4	—	—	—	1.07	2.15	2.69	5.37	10.74
0.131 6	—	—	—	1.07	2.14	2.68	5.35	10.71
0.131 8	—	—	—	1.07	2.13	2.67	5.34	10.68
0.132 0	—	—	—	1.06	2.13	2.66	5.32	10.64
0.132 2	—	—	—	1.06	2.12	2.65	5.31	10.61
0.132 4	—	—	—	1.06	2.12	2.65	5.29	10.58
0.132 6	—	—	—	1.05	2.11	2.64	5.27	10.55
0.132 8	—	—	—	1.05	2.10	2.63	5.26	10.52
0.133 0	—	—	—	1.05	2.10	2.62	5.24	10.48
0.133 2	—	—	—	1.05	2.09	2.61	5.23	10.45
0.133 4	—	—	—	1.04	2.08	2.61	5.21	10.42
0.133 6	—	—	—	1.04	2.08	2.60	5.19	10.39
0.133 8	—	—	—	1.04	2.07	2.59	5.18	10.36
0.134 0	—	—	—	1.03	2.07	2.58	5.16	10.33
0.134 2	—	—	—	1.03	2.06	2.57	5.15	10.30
0.134 4	—	—	—	1.03	2.05	2.57	5.13	10.27
0.134 6	—	—	—	1.02	2.05	2.56	5.12	10.24
0.134 8	—	—	—	1.02	2.04	2.55	5.10	10.21
0.135 0	—	—	—	1.02	2.03	2.54	5.09	10.18
0.135 2	—	—	—	1.01	2.03	2.54	5.07	10.15
0.135 4	—	—	—	1.01	2.02	2.53	5.06	10.12
0.135 6	—	—	—	1.01	2.02	2.52	5.04	10.09
0.135 8	—	—	—	1.01	2.01	2.51	5.03	10.06
0.136 0	—	—	—	1.00	2.01	2.51	5.01	10.03
0.136 2	—	—	—	—	2.00	2.50	5.00	10.00
0.136 4	—	—	—	—	1.99	2.49	4.98	9.97
0.136 6	—	—	—	—	1.99	2.48	4.97	9.94
0.136 8	—	—	—	—	1.98	2.48	4.95	9.91

表 1（续）

平均压痕直径 d/mm	试验力 F/N							
	0.009 807	0.019 61	0.049 03	0.098 07	0.196 12	0.245 2	0.490 3	0.980 7
	维氏硬度							
	HV 0.001	HV 0.002	HV 0.005	HV 0.01	HV 0.02	HV 0.025	HV 0.05	HV 0.1
0.137 0	—	—	—	—	1.98	2.47	4.94	9.88
0.137 2	—	—	—	—	1.97	2.46	4.93	9.85
0.137 4	—	—	—	—	1.96	2.46	4.91	9.82
0.137 6	—	—	—	—	1.96	2.45	4.90	9.79
0.137 8	—	—	—	—	1.95	2.44	4.88	9.77
0.138 0	—	—	—	—	1.95	2.43	4.87	9.74
0.138 2	—	—	—	—	1.94	2.43	4.85	9.71
0.138 4	—	—	—	—	1.94	2.42	4.84	9.68
0.138 6	—	—	—	—	1.93	2.41	4.83	9.65
0.138 8	—	—	—	—	1.93	2.41	4.81	9.63
0.139 0	—	—	—	—	1.92	2.40	4.80	9.60
0.139 2	—	—	—	—	1.91	2.39	4.78	9.57
0.139 4	—	—	—	—	1.91	2.39	4.77	9.54
0.139 6	—	—	—	—	1.90	2.38	4.76	9.52
0.139 8	—	—	—	—	1.90	2.37	4.74	9.49
0.140 0	—	—	—	—	1.89	2.37	4.73	9.46
0.140 2	—	—	—	—	1.89	2.36	4.72	9.43
0.140 4	—	—	—	—	1.88	2.35	4.70	9.41
0.140 6	—	—	—	—	1.88	2.35	4.69	9.38
0.140 8	—	—	—	—	1.87	2.34	4.68	9.35
0.141 0	—	—	—	—	1.87	2.33	4.66	9.33
0.141 2	—	—	—	—	1.86	2.33	4.65	9.30
0.141 4	—	—	—	—	1.85	2.32	4.64	9.28
0.141 6	—	—	—	—	1.85	2.31	4.62	9.25
0.141 8	—	—	—	—	1.84	2.31	4.61	9.22
0.142 0	—	—	—	—	1.84	2.30	4.60	9.20
0.142 2	—	—	—	—	1.83	2.29	4.59	9.17
0.142 4	—	—	—	—	1.83	2.29	4.57	9.15
0.142 6	—	—	—	—	1.82	2.28	4.56	9.12
0.142 8	—	—	—	—	1.82	2.27	4.55	9.09
0.143 0	—	—	—	—	1.81	2.27	4.53	9.07
0.143 2	—	—	—	—	1.81	2.26	4.52	9.04
0.143 4	—	—	—	—	1.80	2.25	4.51	9.02
0.143 6	—	—	—	—	1.80	2.25	4.50	8.99
0.143 8	—	—	—	—	1.79	2.24	4.48	8.97
0.144 0	—	—	—	—	1.79	2.24	4.47	8.94
0.144 2	—	—	—	—	1.78	2.23	4.46	8.92
0.144 4	—	—	—	—	1.78	2.22	4.45	8.89
0.144 6	—	—	—	—	1.77	2.22	4.43	8.87
0.144 8	—	—	—	—	1.77	2.21	4.42	8.84

表 1（续）

平均压痕直径 d/mm	试验力 F/N							
	0.009 807	0.019 61	0.049 03	0.098 07	0.196 12	0.245 2	0.490 3	0.980 7
	维氏硬度							
	HV 0.001	HV 0.002	HV 0.005	HV 0.01	HV 0.02	HV 0.025	HV 0.05	HV 0.1
0.145 0	—	—	—	—	1.76	2.21	4.41	8.82
0.145 2	—	—	—	—	1.76	2.20	4.40	8.80
0.145 4	—	—	—	—	1.75	2.19	4.39	8.77
0.145 6	—	—	—	—	1.75	2.19	4.37	8.75
0.145 8	—	—	—	—	1.74	2.18	4.36	8.72
0.146 0	—	—	—	—	1.74	2.18	4.35	8.70
0.146 2	—	—	—	—	1.74	2.17	4.34	8.68
0.146 4	—	—	—	—	1.73	2.16	4.33	8.65
0.146 6	—	—	—	—	1.73	2.16	4.31	8.63
0.146 8	—	—	—	—	1.72	2.15	4.30	8.61
0.147 0	—	—	—	—	1.72	2.15	4.29	8.58
0.147 2	—	—	—	—	1.71	2.14	4.28	8.56
0.147 4	—	—	—	—	1.71	2.13	4.27	8.54
0.147 6	—	—	—	—	1.70	2.13	4.26	8.51
0.147 8	—	—	—	—	1.70	2.12	4.24	8.49
0.148 0	—	—	—	—	1.69	2.12	4.23	8.47
0.148 2	—	—	—	—	1.69	2.11	4.22	8.44
0.148 4	—	—	—	—	1.68	2.11	4.21	8.42
0.148 6	—	—	—	—	1.68	2.10	4.20	8.40
0.148 8	—	—	—	—	1.67	2.09	4.19	8.38
0.149 0	—	—	—	—	1.67	2.09	4.18	8.35
0.149 2	—	—	—	—	1.67	2.08	4.17	8.33
0.149 4	—	—	—	—	1.66	2.08	4.15	8.31
0.149 6	—	—	—	—	1.66	2.07	4.14	8.29
0.149 8	—	—	—	—	1.65	2.07	4.13	8.26
0.150 0	—	—	—	—	1.65	2.06	4.12	8.24
0.150 2	—	—	—	—	1.64	2.06	4.11	8.22
0.150 4	—	—	—	—	1.64	2.05	4.10	8.20
0.150 6	—	—	—	—	1.64	2.04	4.09	8.18
0.150 8	—	—	—	—	1.63	2.04	4.08	8.16
0.151 0	—	—	—	—	1.63	2.03	4.07	8.13
0.151 2	—	—	—	—	1.62	2.03	4.06	8.11
0.151 4	—	—	—	—	1.62	2.02	4.04	8.09
0.151 6	—	—	—	—	1.61	2.02	4.03	8.07
0.151 8	—	—	—	—	1.61	2.01	4.02	8.05
0.152 0	—	—	—	—	1.61	2.01	4.01	8.03
0.152 2	—	—	—	—	1.60	2.00	4.00	8.01
0.152 4	—	—	—	—	1.60	2.00	3.99	7.98
0.152 6	—	—	—	—	1.59	1.99	3.98	7.96
0.152 8	—	—	—	—	1.59	1.99	3.97	7.94

表 1（续）

平均压痕直径 d/mm	试验力 F/N							
	0.009 807	0.019 61	0.049 03	0.098 07	0.196 12	0.245 2	0.490 3	0.980 7
	维氏硬度							
	HV 0.001	HV 0.002	HV 0.005	HV 0.01	HV 0.02	HV 0.025	HV 0.05	HV 0.1
0.153 0	—	—	—	—	1.58	1.98	3.96	7.92
0.153 2	—	—	—	—	1.58	1.98	3.95	7.90
0.153 4	—	—	—	—	1.58	1.97	3.94	7.88
0.153 6	—	—	—	—	1.57	1.97	3.93	7.86
0.153 8	—	—	—	—	1.57	1.96	3.92	7.84
0.154 0	—	—	—	—	1.56	1.96	3.91	7.82
0.154 2	—	—	—	—	1.56	1.95	3.90	7.80
0.154 4	—	—	—	—	1.56	1.94	3.89	7.78
0.154 6	—	—	—	—	1.55	1.94	3.88	7.76
0.154 8	—	—	—	—	1.55	1.93	3.87	7.74
0.155 0	—	—	—	—	1.54	1.93	3.86	7.72
0.155 2	—	—	—	—	1.54	1.92	3.85	7.70
0.155 4	—	—	—	—	1.54	1.92	3.84	7.68
0.155 6	—	—	—	—	1.53	1.92	3.83	7.66
0.155 8	—	—	—	—	1.53	1.91	3.82	7.64
0.156 0	—	—	—	—	1.52	1.91	3.81	7.62
0.156 2	—	—	—	—	1.52	1.90	3.80	7.60
0.156 4	—	—	—	—	1.52	1.90	3.79	7.58
0.156 6	—	—	—	—	1.51	1.89	3.78	7.56
0.156 8	—	—	—	—	1.51	1.89	3.77	7.54
0.157 0	—	—	—	—	1.50	1.88	3.76	7.52
0.157 2	—	—	—	—	1.50	1.88	3.75	7.50
0.157 4	—	—	—	—	1.50	1.87	3.74	7.49
0.157 6	—	—	—	—	1.49	1.87	3.73	7.47
0.157 8	—	—	—	—	1.49	1.86	3.72	7.45
0.158 0	—	—	—	—	1.49	1.86	3.71	7.43
0.158 2	—	—	—	—	1.48	1.85	3.70	7.41
0.158 4	—	—	—	—	1.48	1.85	3.70	7.39
0.158 6	—	—	—	—	1.47	1.84	3.69	7.37
0.158 8	—	—	—	—	1.47	1.84	3.68	7.35
0.159 0	—	—	—	—	1.47	1.83	3.67	7.34
0.159 2	—	—	—	—	1.46	1.83	3.66	7.32
0.159 4	—	—	—	—	1.46	1.82	3.65	7.30
0.159 6	—	—	—	—	1.46	1.82	3.64	7.28
0.159 8	—	—	—	—	1.45	1.82	3.63	7.26
0.160 0	—	—	—	—	1.45	1.81	3.62	7.24
0.160 2	—	—	—	—	1.45	1.81	3.61	7.23
0.160 4	—	—	—	—	1.44	1.80	3.60	7.21
0.160 6	—	—	—	—	1.44	1.80	3.59	7.19
0.160 8	—	—	—	—	1.43	1.79	3.59	7.17

表 1（续）

平均压痕直径 d/mm	试验力 F/N							
	0.009 807	0.019 61	0.049 03	0.098 07	0.196 12	0.245 2	0.490 3	0.980 7
	维氏硬度							
	HV 0.001	HV 0.002	HV 0.005	HV 0.01	HV 0.02	HV 0.025	HV 0.05	HV 0.1
0.161 0	—	—	—	—	1.43	1.79	3.58	7.15
0.161 2	—	—	—	—	1.43	1.78	3.57	7.14
0.161 4	—	—	—	—	1.42	1.78	3.56	7.12
0.161 6	—	—	—	—	1.42	1.78	3.55	7.10
0.161 8	—	—	—	—	1.42	1.77	3.54	7.08
0.162 0	—	—	—	—	1.41	1.77	3.53	7.07
0.162 2	—	—	—	—	1.41	1.76	3.52	7.05
0.162 4	—	—	—	—	1.41	1.76	3.52	7.03
0.162 6	—	—	—	—	1.40	1.75	3.51	7.01
0.162 8	—	—	—	—	1.40	1.75	3.50	7.00
0.163 0	—	—	—	—	1.40	1.75	3.49	6.98
0.163 2	—	—	—	—	1.39	1.74	3.48	6.96
0.163 4	—	—	—	—	1.39	1.74	3.47	6.95
0.163 6	—	—	—	—	1.39	1.73	3.46	6.93
0.163 8	—	—	—	—	1.38	1.73	3.46	6.91
0.164 0	—	—	—	—	1.38	1.72	3.45	6.90
0.164 2	—	—	—	—	1.38	1.72	3.44	6.88
0.164 4	—	—	—	—	1.37	1.72	3.43	6.86
0.164 6	—	—	—	—	1.37	1.71	3.42	6.84
0.164 8	—	—	—	—	1.37	1.71	3.41	6.83
0.165 0	—	—	—	—	1.36	1.70	3.41	6.81
0.165 2	—	—	—	—	1.36	1.70	3.40	6.80
0.165 4	—	—	—	—	1.36	1.69	3.39	6.78
0.165 6	—	—	—	—	1.35	1.69	3.38	6.76
0.165 8	—	—	—	—	1.35	1.69	3.37	6.75
0.166 0	—	—	—	—	1.35	1.68	3.36	6.73
0.166 2	—	—	—	—	1.34	1.68	3.36	6.71
0.166 4	—	—	—	—	1.34	1.67	3.35	6.70
0.166 6	—	—	—	—	1.34	1.67	3.34	6.68
0.166 8	—	—	—	—	1.33	1.67	3.33	6.67
0.167 0	—	—	—	—	1.33	1.66	3.32	6.65
0.167 2	—	—	—	—	1.33	1.66	3.32	6.63
0.167 4	—	—	—	—	1.32	1.65	3.31	6.62
0.167 6	—	—	—	—	1.32	1.65	3.30	6.60
0.167 8	—	—	—	—	1.32	1.65	3.29	6.59
0.168 0	—	—	—	—	1.31	1.64	3.28	6.57
0.168 2	—	—	—	—	1.31	1.64	3.28	6.56
0.168 4	—	—	—	—	1.31	1.64	3.27	6.54
0.168 6	—	—	—	—	1.30	1.63	3.26	6.52
0.168 8	—	—	—	—	1.30	1.63	3.25	6.51

表 1（续）

平均压痕直径 d/mm	试验力 F/N							
	0.009 807	0.019 61	0.049 03	0.098 07	0.196 12	0.245 2	0.490 3	0.980 7
	维氏硬度							
	HV 0.001	HV 0.002	HV 0.005	HV 0.01	HV 0.02	HV 0.025	HV 0.05	HV 0.1
0.169 0	—	—	—	—	1.30	1.62	3.25	6.49
0.169 2	—	—	—	—	1.30	1.62	3.24	6.48
0.169 4	—	—	—	—	1.29	1.62	3.23	6.46
0.169 6	—	—	—	—	1.29	1.61	3.22	6.45
0.169 8	—	—	—	—	1.29	1.61	3.22	6.43
0.170 0	—	—	—	—	1.28	1.60	3.21	6.42
0.170 2	—	—	—	—	1.28	1.60	3.20	6.40
0.170 4	—	—	—	—	1.28	1.60	3.19	6.39
0.170 6	—	—	—	—	1.27	1.59	3.19	6.37
0.170 8	—	—	—	—	1.27	1.59	3.18	6.36
0.171 0	—	—	—	—	1.27	1.59	3.17	6.34
0.171 2	—	—	—	—	1.27	1.58	3.16	6.33
0.171 4	—	—	—	—	1.26	1.58	3.16	6.31
0.171 6	—	—	—	—	1.26	1.57	3.15	6.30
0.171 8	—	—	—	—	1.26	1.57	3.14	6.28
0.172 0	—	—	—	—	1.25	1.57	3.13	6.27
0.172 2	—	—	—	—	1.25	1.56	3.13	6.25
0.172 4	—	—	—	—	1.25	1.56	3.12	6.24
0.172 6	—	—	—	—	1.24	1.56	3.11	6.23
0.172 8	—	—	—	—	1.24	1.55	3.11	6.21
0.173 0	—	—	—	—	1.24	1.55	3.10	6.20
0.173 2	—	—	—	—	1.24	1.55	3.09	6.18
0.173 4	—	—	—	—	1.23	1.54	3.08	6.17
0.173 6	—	—	—	—	1.23	1.54	3.08	6.15
0.173 8	—	—	—	—	1.23	1.54	3.07	6.14
0.174 0	—	—	—	—	1.22	1.53	3.06	6.13
0.174 2	—	—	—	—	1.22	1.53	3.06	6.11
0.174 4	—	—	—	—	1.22	1.52	3.05	6.10
0.174 6	—	—	—	—	1.22	1.52	3.04	6.08
0.174 8	—	—	—	—	1.21	1.52	3.03	6.07
0.175 0	—	—	—	—	1.21	1.51	3.03	6.06
0.175 2	—	—	—	—	1.21	1.51	3.02	6.04
0.175 4	—	—	—	—	1.21	1.51	3.01	6.03
0.175 6	—	—	—	—	1.20	1.50	3.01	6.01
0.175 8	—	—	—	—	1.20	1.50	3.00	6.00
0.176 0	—	—	—	—	1.20	1.50	2.99	5.99
0.176 2	—	—	—	—	1.19	1.49	2.99	5.97
0.176 4	—	—	—	—	1.19	1.49	2.98	5.96
0.176 6	—	—	—	—	1.19	1.49	2.97	5.95
0.176 8	—	—	—	—	1.19	1.48	2.97	5.93

表 1（续）

平均压痕直径 d/mm	试验力 F/N							
	0.009 807	0.019 61	0.049 03	0.098 07	0.196 12	0.245 2	0.490 3	0.980 7
	维氏硬度							
	HV 0.001	HV 0.002	HV 0.005	HV 0.01	HV 0.02	HV 0.025	HV 0.05	HV 0.1
0.177 0	—	—	—	—	1.18	1.48	2.96	5.92
0.177 2	—	—	—	—	1.18	1.48	2.95	5.91
0.177 4	—	—	—	—	1.18	1.47	2.95	5.89
0.177 6	—	—	—	—	1.18	1.47	2.94	5.88
0.177 8	—	—	—	—	1.17	1.47	2.93	5.87
0.178 0	—	—	—	—	1.17	1.46	2.93	5.85
0.178 2	—	—	—	—	1.17	1.46	2.92	5.84
0.178 4	—	—	—	—	1.17	1.46	2.91	5.83
0.178 6	—	—	—	—	1.16	1.45	2.91	5.81
0.178 8	—	—	—	—	1.16	1.45	2.90	5.80
0.179 0	—	—	—	—	1.16	1.45	2.89	5.79
0.179 2	—	—	—	—	1.15	1.44	2.89	5.77
0.179 4	—	—	—	—	1.15	1.44	2.88	5.76
0.179 6	—	—	—	—	1.15	1.44	2.87	5.75
0.179 8	—	—	—	—	1.15	1.43	2.87	5.74
0.180 0	—	—	—	—	1.14	1.43	2.86	5.72
0.180 2	—	—	—	—	1.14	1.43	2.86	5.71
0.180 4	—	—	—	—	1.14	1.42	2.85	5.70
0.180 6	—	—	—	—	1.14	1.42	2.84	5.69
0.180 8	—	—	—	—	1.13	1.42	2.84	5.67
0.181 0	—	—	—	—	1.13	1.42	2.83	5.66
0.181 2	—	—	—	—	1.13	1.41	2.82	5.65
0.181 4	—	—	—	—	1.13	1.41	2.82	5.64
0.181 6	—	—	—	—	1.12	1.41	2.81	5.62
0.181 8	—	—	—	—	1.12	1.40	2.81	5.61
0.182 0	—	—	—	—	1.12	1.40	2.80	5.60
0.182 2	—	—	—	—	1.12	1.40	2.79	5.59
0.182 4	—	—	—	—	1.11	1.39	2.79	5.57
0.182 6	—	—	—	—	1.11	1.39	2.78	5.56
0.182 8	—	—	—	—	1.11	1.39	2.77	5.55
0.1830	—	—	—	—	1.11	1.38	2.77	5.54
0.183 2	—	—	—	—	1.11	1.38	2.76	5.53
0.183 4	—	—	—	—	1.10	1.38	2.76	5.51
0.183 6	—	—	—	—	1.10	1.38	2.75	5.50
0.183 8	—	—	—	—	1.10	1.37	2.74	5.49
0.184 0	—	—	—	—	1.10	1.37	2.74	5.48
0.184 2	—	—	—	—	1.09	1.37	2.73	5.47
0.184 4	—	—	—	—	1.09	1.36	2.73	5.45
0.184 6	—	—	—	—	1.09	1.36	2.72	5.44
0.184 8	—	—	—	—	1.09	1.36	2.71	5.43

表 1（续）

平均压痕直径 d/mm	试验力 F/N							
	0.009 807	0.019 61	0.049 03	0.098 07	0.196 12	0.245 2	0.490 3	0.980 7
	维氏硬度							
	HV 0.001	HV 0.002	HV 0.005	HV 0.01	HV 0.02	HV 0.025	HV 0.05	HV 0.1
0.185 0	—	—	—	—	1.08	1.35	2.71	5.42
0.185 2	—	—	—	—	1.08	1.35	2.70	5.41
0.185 4	—	—	—	—	1.08	1.35	2.70	5.40
0.185 6	—	—	—	—	1.08	1.35	2.69	5.38
0.185 8	—	—	—	—	1.07	1.34	2.69	5.37
0.186 0	—	—	—	—	1.07	1.34	2.68	5.36
0.186 2	—	—	—	—	1.07	1.34	2.67	5.35
0.186 4	—	—	—	—	1.07	1.33	2.67	5.34
0.186 6	—	—	—	—	1.07	1.33	2.66	5.33
0.186 8	—	—	—	—	1.06	1.33	2.66	5.31
0.187 0	—	—	—	—	1.06	1.33	2.65	5.30
0.187 2	—	—	—	—	1.06	1.32	2.65	5.29
0.187 4	—	—	—	—	1.06	1.32	2.64	5.28
0.187 6	—	—	—	—	1.05	1.32	2.63	5.27
0.187 8	—	—	—	—	1.05	1.31	2.63	5.26
0.188 0	—	—	—	—	1.05	1.31	2.62	5.25
0.188 2	—	—	—	—	1.05	1.31	2.62	5.24
0.188 4	—	—	—	—	1.04	1.31	2.61	5.22
0.188 6	—	—	—	—	1.04	1.30	2.61	5.21
0.188 8	—	—	—	—	1.04	1.30	2.60	5.20
0.189 0	—	—	—	—	1.04	1.30	2.60	5.19
0.189 2	—	—	—	—	1.04	1.30	2.59	5.18
0.189 4	—	—	—	—	1.03	1.29	2.58	5.17
0.189 6	—	—	—	—	1.03	1.29	2.58	5.16
0.189 8	—	—	—	—	1.03	1.29	2.57	5.15
0.190 0	—	—	—	—	1.03	1.28	2.57	5.14
0.190 2	—	—	—	—	1.03	1.28	2.56	5.13
0.190 4	—	—	—	—	1.02	1.28	2.56	5.12
0.190 6	—	—	—	—	1.02	1.28	2.55	5.10
0.190 8	—	—	—	—	1.02	1.27	2.55	5.09
0.191 0	—	—	—	—	1.02	1.27	2.54	5.08
0.191 2	—	—	—	—	1.01	1.27	2.54	5.07
0.191 4	—	—	—	—	1.01	1.27	2.53	5.06
0.191 6	—	—	—	—	1.01	1.26	2.53	5.05
0.191 8	—	—	—	—	1.01	1.26	2.52	5.04
0.192 0	—	—	—	—	1.01	1.26	2.52	5.03
0.192 2	—	—	—	—	1.00	1.26	2.51	5.02
0.192 4	—	—	—	—	1.00	1.25	2.50	5.01
0.192 6	—	—	—	—	—	1.25	2.50	5.00
0.192 8	—	—	—	—	—	1.25	2.49	4.99

表 1（续）

平均压痕直径 d/mm	试验力 F/N							
	0.009 807	0.019 61	0.049 03	0.098 07	0.196 12	0.245 2	0.490 3	0.980 7
	维氏硬度							
	HV 0.001	HV 0.002	HV 0.005	HV 0.01	HV 0.02	HV 0.025	HV 0.05	HV 0.1
0.193 0	—	—	—	—	—	1.24	2.49	4.98
0.193 2	—	—	—	—	—	1.24	2.48	4.97
0.193 4	—	—	—	—	—	1.24	2.48	4.96
0.193 6	—	—	—	—	—	1.24	2.47	4.95
0.193 8	—	—	—	—	—	1.23	2.47	4.94
0.194 0	—	—	—	—	—	1.23	2.46	4.93
0.194 2	—	—	—	—	—	1.23	2.46	4.92
0.194 4	—	—	—	—	—	1.23	2.45	4.91
0.194 6	—	—	—	—	—	1.22	2.45	4.90
0.194 8	—	—	—	—	—	1.22	2.44	4.89
0.195 0	—	—	—	—	—	1.22	2.44	4.88
0.195 2	—	—	—	—	—	1.22	2.43	4.87
0.195 4	—	—	—	—	—	1.21	2.43	4.86
0.195 6	—	—	—	—	—	1.21	2.42	4.85
0.195 8	—	—	—	—	—	1.21	2.42	4.84
0.196 0	—	—	—	—	—	1.21	2.41	4.83
0.196 2	—	—	—	—	—	1.20	2.41	4.82
0.196 4	—	—	—	—	—	1.20	2.40	4.81
0.196 6	—	—	—	—	—	1.20	2.40	4.80
0.196 8	—	—	—	—	—	1.20	2.39	4.79
0.197 0	—	—	—	—	—	1.19	2.39	4.78
0.197 2	—	—	—	—	—	1.19	2.38	4.77
0.197 4	—	—	—	—	—	1.19	2.38	4.76
0.197 6	—	—	—	—	—	1.19	2.37	4.75
0.197 8	—	—	—	—	—	1.19	2.37	4.74
0.198 0	—	—	—	—	—	1.18	2.36	4.73
0.198 2	—	—	—	—	—	1.18	2.36	4.72
0.198 4	—	—	—	—	—	1.18	2.36	4.71
0.198 6	—	—	—	—	—	1.18	2.35	4.70
0.198 8	—	—	—	—	—	1.17	2.35	4.69
0.199 0	—	—	—	—	—	1.17	2.34	4.68
0.199 2	—	—	—	—	—	1.17	2.34	4.67
0.199 4	—	—	—	—	—	1.17	2.33	4.66
0.199 6	—	—	—	—	—	1.16	2.33	4.65
0.199 8	—	—	—	—	—	1.16	2.32	4.65
0.200 0	—	—	—	—	—	1.16	2.32	4.64
0.200 2	—	—	—	—	—	1.16	2.31	4.63
0.200 4	—	—	—	—	—	1.15	2.31	4.62
0.200 6	—	—	—	—	—	1.15	2.30	4.61
0.200 8	—	—	—	—	—	1.15	2.30	4.60

表 1（续）

平均压痕直径 d/mm	试验力 F/N							
	0.009 807	0.019 61	0.049 03	0.098 07	0.196 12	0.245 2	0.490 3	0.980 7
	维氏硬度							
	HV 0.001	HV 0.002	HV 0.005	HV 0.01	HV 0.02	HV 0.025	HV 0.05	HV 0.1
0.201 0	—	—	—	—	—	1.15	2.29	4.59
0.201 2	—	—	—	—	—	1.15	2.29	4.58
0.201 4	—	—	—	—	—	1.14	2.29	4.57
0.201 6	—	—	—	—	—	1.14	2.28	4.56
0.201 8	—	—	—	—	—	1.14	2.28	4.55
0.202 0	—	—	—	—	—	1.14	2.27	4.54
0.202 2	—	—	—	—	—	1.13	2.27	4.54
0.202 4	—	—	—	—	—	1.13	2.26	4.53
0.202 6	—	—	—	—	—	1.13	2.26	4.52
0.202 8	—	—	—	—	—	1.13	2.25	4.51
0.203 0	—	—	—	—	—	1.13	2.25	4.50
0.203 2	—	—	—	—	—	1.12	2.25	4.49
0.203 4	—	—	—	—	—	1.12	2.24	4.48
0.203 6	—	—	—	—	—	1.12	2.24	4.47
0.203 8	—	—	—	—	—	1.12	2.23	4.46
0.204 0	—	—	—	—	—	1.11	2.23	4.46
0.204 2	—	—	—	—	—	1.11	2.22	4.45
0.204 4	—	—	—	—	—	1.11	2.22	4.44
0.204 6	—	—	—	—	—	1.11	2.21	4.43
0.204 8	—	—	—	—	—	1.11	2.21	4.42
0.205 0	—	—	—	—	—	1.10	2.21	4.41
0.205 2	—	—	—	—	—	1.10	2.20	4.40
0.205 4	—	—	—	—	—	1.10	2.20	4.40
0.205 6	—	—	—	—	—	1.10	2.19	4.39
0.205 8	—	—	—	—	—	1.09	2.19	4.38
0.206 0	—	—	—	—	—	1.09	2.18	4.37
0.206 2	—	—	—	—	—	1.09	2.18	4.36
0.206 4	—	—	—	—	—	1.09	2.18	4.35
0.206 6	—	—	—	—	—	1.09	2.17	4.34
0.206 8	—	—	—	—	—	1.08	2.17	4.34
0.207 0	—	—	—	—	—	1.08	2.16	4.33
0.207 2	—	—	—	—	—	1.08	2.16	4.32
0.207 4	—	—	—	—	—	1.08	2.16	4.31
0.207 6	—	—	—	—	—	1.08	2.15	4.30
0.207 8	—	—	—	—	—	1.07	2.15	4.29
0.208 0	—	—	—	—	—	1.07	2.14	4.29
0.208 2	—	—	—	—	—	1.07	2.14	4.28
0.208 4	—	—	—	—	—	1.07	2.13	4.27
0.208 6	—	—	—	—	—	1.07	2.13	4.26
0.208 8	—	—	—	—	—	1.06	2.13	4.25

表 1（续）

平均压痕直径 d/mm	试验力 F/N							
	0.009 807	0.019 61	0.049 03	0.098 07	0.196 12	0.245 2	0.490 3	0.980 7
	维氏硬度							
	HV 0.001	HV 0.002	HV 0.005	HV 0.01	HV 0.02	HV 0.025	HV 0.05	HV 0.1
0.209 0	—	—	—	—	—	1.06	2.12	4.25
0.209 2	—	—	—	—	—	1.06	2.12	4.24
0.209 4	—	—	—	—	—	1.06	2.11	4.23
0.209 6	—	—	—	—	—	1.06	2.11	4.22
0.209 8	—	—	—	—	—	1.05	2.11	4.21
0.210 0	—	—	—	—	—	1.05	2.10	4.21
0.210 2	—	—	—	—	—	1.05	2.10	4.20
0.210 4	—	—	—	—	—	1.05	2.09	4.19
0.210 6	—	—	—	—	—	1.05	2.09	4.18
0.210 8	—	—	—	—	—	1.04	2.09	4.17
0.211 0	—	—	—	—	—	1.04	2.08	4.17

表 2　HV0.2～HV3

平均压痕直径 d/mm	试验力 F/N						
	1.961	2.942	4.903	9.807	19.61	24.52	29.42
	维氏硬度						
	HV0.2	HV0.3	HV0.5	HV1	HV2	HV2.5	HV3
0.011 0	3 065	—	—	—	—	—	—
0.011 2	2 956	—	—	—	—	—	—
0.011 4	2 853	—	—	—	—	—	—
0.011 6	2 756	—	—	—	—	—	—
0.011 8	2 663	—	—	—	—	—	—
0.012 0	2 575	—	—	—	—	—	—
0.012 2	2 491	—	—	—	—	—	—
0.012 4	2 412	—	—	—	—	—	—
0.012 6	2 336	—	—	—	—	—	—
0.012 8	2 263	—	—	—	—	—	—
0.013 0	2 194	—	—	—	—	—	—
0.013 2	2 128	—	—	—	—	—	—
0.013 4	2 065	—	—	—	—	—	—
0.013 6	2 005	—	—	—	—	—	—
0.013 8	1 947	2 921	—	—	—	—	—
0.014 0	1 892	2 838	—	—	—	—	—
0.014 2	1 839	2 759	—	—	—	—	—
0.014 4	1 788	2 683	—	—	—	—	—
0.014 6	1 740	2 610	—	—	—	—	—
0.014 8	1 693	2 540	—	—	—	—	—

表 2（续）

平均压痕直径 d/mm	试验力 F/N						
	1.961	2.942	4.903	9.807	19.61	24.52	29.42
	维氏硬度						
	HV0.2	HV0.3	HV0.5	HV1	HV2	HV2.5	HV3
0.015 0	1 648	2 473	—	—	—	—	—
0.015 2	1 605	2 408	—	—	—	—	—
0.015 4	1 564	2 346	—	—	—	—	—
0.015 6	1 524	2 286	—	—	—	—	—
0.015 8	1 485	2 229	—	—	—	—	—
0.016 0	1 449	2 173	—	—	—	—	—
0.016 2	1 413	2 120	—	—	—	—	—
0.016 4	1 379	2 068	—	—	—	—	—
0.016 6	1 346	2 019	—	—	—	—	—
0.016 8	1 314	1 971	—	—	—	—	—
0.017 0	1 283	1 925	—	—	—	—	—
0.017 2	1 253	1 881	—	—	—	—	—
0.017 4	1 225	1 838	—	—	—	—	—
0.017 6	1 197	1 796	2 993	—	—	—	—
0.017 8	1 170	1 756	2 926	—	—	—	—
0.018 0	1 145	1 717	2 862	—	—	—	—
0.018 2	1 120	1 680	2 799	—	—	—	—
0.018 4	1 095	1 643	2 739	—	—	—	—
0.018 6	1 072	1 608	2 680	—	—	—	—
0.018 8	1 049	1 574	2 623	—	—	—	—
0.019 0	1 027	1 541	2 568	—	—	—	—
0.019 2	1 006	1 509	2 515	—	—	—	—
0.019 4	985	1 478	2 463	—	—	—	—
0.019 6	965	1 448	2 413	—	—	—	—
0.019 8	946	1 419	2 365	—	—	—	—
0.020 0	927	1 391	2 318	—	—	—	—
0.020 2	909	1 363	2 272	—	—	—	—
0.020 4	891	1 337	2 228	—	—	—	—
0.020 6	874	1 311	2 185	—	—	—	—
0.020 8	857	1 286	2 143	—	—	—	—
0.021 0	841	1 262	2 102	—	—	—	—
0.021 2	825	1 238	2 063	—	—	—	—
0.021 4	810	1 215	2 025	—	—	—	—
0.021 6	795	1 192	1 987	—	—	—	—
0.021 8	780	1 171	1 951	—	—	—	—
0.022 0	766	1 149	1 916	—	—	—	—
0.022 2	752	1 129	1 881	—	—	—	—
0.022 4	739	1 109	1 848	—	—	—	—
0.022 6	726	1 089	1 815	—	—	—	—
0.022 8	713	1 070	1 784	—	—	—	—

表 2（续）

平均压痕直径 d/mm	试验力 F/N						
	1.961	2.942	4.903	9.807	19.61	24.52	29.42
	维氏硬度						
	HV0.2	HV0.3	HV0.5	HV1	HV2	HV2.5	HV3
0.023 0	701	1 052	1 753	—	—	—	—
0.023 2	689	1 034	1 723	—	—	—	—
0.023 4	677	1 016	1 693	—	—	—	—
0.023 6	666	999	1 665	—	—	—	—
0.023 8	655	982	1 637	—	—	—	—
0.024 0	644	966	1 610	—	—	—	—
0.024 2	633	950	1 583	—	—	—	—
0.024 4	623	934	1 557	—	—	—	—
0.024 6	613	919	1 532	—	—	—	—
0.024 8	603	905	1 507	—	—	—	—
0.025 0	593	890	1 483	2 967	—	—	—
0.025 2	584	876	1 460	2 920	—	—	—
0.025 4	575	862	1 437	2 874	—	—	—
0.025 6	566	849	1 415	2 830	—	—	—
0.025 8	557	836	1 393	2 786	—	—	—
0.026 0	549	823	1 372	2 743	—	—	—
0.026 2	540	810	1 351	2 702	—	—	—
0.026 4	532	798	1 330	2 661	—	—	—
0.026 6	524	786	1 310	2 621	—	—	—
0.026 8	516	775	1 291	2 582	—	—	—
0.027 0	509	763	1 272	2 544	—	—	—
0.027 2	501	752	1 253	2 507	—	—	—
0.027 4	494	741	1 235	2 470	—	—	—
0.027 6	487	730	1 217	2 434	—	—	—
0.027 8	480	720	1 200	2 400	—	—	—
0.028 0	473	710	1 183	2 365	—	—	—
0.028 2	466	700	1 166	2 332	—	—	—
0.028 4	460	690	1 150	2 299	—	—	—
0.028 6	453	680	1 133	2 267	—	—	—
0.028 8	447	671	1 118	2 236	—	—	—
0.029 0	441	662	1 102	2 205	—	—	—
0.029 2	435	652	1 087	2 175	—	—	—
0.029 4	429	644	1 073	2 146	—	—	—
0.029 6	423	635	1 058	2 117	—	—	—
0.029 8	418	626	1 044	2 088	—	—	—
0.030 0	412	618	1 030	2 061	—	—	—
0.030 2	407	610	1 017	2 033	—	—	—
0.030 4	401	602	1003	2 007	—	—	—
0.030 6	396	594	990	1 981	—	—	—
0.030 8	391	586	977	1 955	—	—	—

表 2（续）

平均压痕直径 d/mm	试验力 F/N						
	1.961	2.942	4.903	9.807	19.61	24.52	29.42
	维氏硬度						
	HV0.2	HV0.3	HV0.5	HV1	HV2	HV2.5	HV3
0.031 0	386	579	965	1 930	—	—	—
0.031 2	381	572	952	1 905	—	—	—
0.031 4	376	564	940	1 881	—	—	—
0.031 6	371	557	928	1 857	—	—	—
0.031 8	367	550	917	1 834	—	—	—
0.032 0	362	543	905	1 811	—	—	—
0.032 2	358	537	894	1 789	—	—	—
0.032 4	353	530	883	1 767	—	—	—
0.032 6	349	523	872	1 745	—	—	—
0.032 8	345	517	862	1 724	—	—	—
0.033 0	341	511	851	1 703	—	—	—
0.033 2	336	505	841	1 682	—	—	—
0.033 4	332	499	831	1 662	—	—	—
0.033 6	328	493	821	1 643	—	—	—
0.033 8	325	487	812	1 623	—	—	—
0.034 0	321	481	802	1 604	—	—	—
0.034 2	317	476	793	1 586	—	—	—
0.034 4	313	470	783	1 567	—	—	—
0.034 6	310	465	774	1 549	—	—	—
0.034 8	306	459	766	1 531	—	—	—
0.035 0	303	454	757	1 514	—	—	—
0.035 2	299	449	748	1 497	2 993	—	—
0.035 4	296	444	740	1 480	2 959	—	—
0.035 6	293	439	732	1 463	2 926	—	—
0.035 8	289	434	723	1 447	2 893	—	—
0.036 0	286	429	715	1 431	2 861	—	—
0.036 2	283	425	708	1 415	2 830	—	—
0.036 4	280	420	700	1 400	2 799	—	—
0.036 6	277	415	692	1 384	2 768	—	—
0.036 8	274	411	685	1 369	2 738	—	—
0.037 0	271	406	677	1 355	2 709	—	—
0.037 2	268	402	670	1 340	2 680	—	—
0.037 4	265	398	663	1 326	2 651	—	—
0.037 6	262	394	656	1 312	2 623	—	—
0.037 8	260	389	649	1 298	2 595	—	—
0.038 0	257	385	642	1 284	2 568	—	—
0.038 2	254	381	635	1 271	2 541	—	—
0.038 4	251	377	629	1 258	2 515	—	—
0.038 6	249	373	622	1 245	2 489	—	—
0.038 8	246	370	616	1 232	2 463	—	—

表 2（续）

平均压痕直径 d/mm	试验力 F/N						
	1.961	2.942	4.903	9.807	19.61	24.52	29.42
	维氏硬度						
	HV0.2	HV0.3	HV0.5	HV1	HV2	HV2.5	HV3
0.039 0	244	366	610	1 219	2 438	—	—
0.039 2	241	362	603	1 207	2 413	—	—
0.039 4	239	358	597	1 195	2 389	2 987	—
0.039 6	236	355	591	1 183	2 365	2 957	—
0.039 8	234	351	585	1 171	2 341	2 927	—
0.040 0	232	348	579	1 159	2 318	2 898	—
0.040 2	229	344	574	1 148	2 295	2 869	—
0.040 4	227	341	568	1 136	2 272	2 841	—
0.040 6	225	338	562	1 125	2 250	2 813	—
0.040 8	223	334	557	1 114	2 228	2 785	—
0.041 0	221	331	552	1 103	2 206	2 758	—
0.041 2	218	328	546	1 093	2 185	2 732	—
0.041 4	216	325	541	1 082	2 164	2 705	—
0.041 6	214	321	536	1 072	2 143	2 679	—
0.041 8	212	318	531	1 061	2 122	2 654	—
0.042 0	210	315	526	1 051	2 102	2 629	—
0.042 2	208	312	521	1 041	2 082	2 604	—
0.042 4	206	309	516	1 032	2 063	2 579	—
0.042 6	204	307	511	1 022	2 043	2 555	—
0.042 8	202	304	506	1 012	2 024	2 531	—
0.043 0	201	301	501	1003	2 006	2 508	—
0.043 2	199	298	497	994	1 987	2 485	2 981
0.043 4	197	295	492	985	1 969	2 462	2 954
0.043 6	195	293	488	976	1 951	2 439	2 927
0.043 8	193	290	483	967	1 933	2 417	2 900
0.044 0	192	287	479	958	1 915	2 395	2 874
0.044 2	190	285	475	949	1 898	2 373	2 848
0.044 4	188	282	470	941	1 881	2 352	2 822
0.044 6	186	280	466	932	1 864	2 331	2 797
0.044 8	185	277	462	924	1 848	2 310	2 772
0.045 0	183	275	458	916	1 831	2 290	2 747
0.045 2	182	272	454	908	1 815	2 270	2 723
0.045 4	180	270	450	900	1 799	2 250	2 699
0.045 6	178	268	446	892	1 783	2 230	2 675
0.045 8	177	265	442	884	1 768	2 210	2 652
0.046 0	175	263	438	876	1 752	2 191	2 629
0.046 2	174	261	434	869	1 737	2 172	2 606
0.046 4	172	258	431	861	1 722	2 154	2 584
0.046 6	171	256	427	854	1 708	2 135	2 562
0.046 8	169	254	423	847	1 693	2 117	2 540

表 2（续）

平均压痕直径 d/mm	试验力 F/N						
	1.961	2.942	4.903	9.807	19.61	24.52	29.42
	维氏硬度						
	HV0.2	HV0.3	HV0.5	HV1	HV2	HV2.5	HV3
0.047 0	168	252	420	840	1 679	2 099	2 518
0.047 2	166	250	416	832	1 665	2 081	2 497
0.047 4	165	248	413	825	1 650	2 064	2 476
0.047 6	164	246	409	818	1 637	2 046	2 455
0.047 8	162	243	406	812	1 623	2 029	2 435
0.048 0	161	241	402	805	1 609	2 012	2 415
0.048 2	160	239	399	798	1 596	1 996	2 395
0.048 4	158	237	396	792	1 583	1 979	2 375
0.048 6	157	236	393	785	1 570	1 963	2 355
0.048 8	156	234	389	779	1 557	1 947	2 336
0.049 0	154	232	386	772	1 544	1 931	2 317
0.049 2	153	230	383	766	1 532	1 915	2 298
0.049 4	152	228	380	760	1 520	1 900	2 280
0.049 6	151	226	377	754	1 507	1 885	2 261
0.049 8	150	224	374	748	1 495	1 870	2 243
0.050 0	148	223	371	742	1 483	1 855	2 225
0.050 2	147	221	368	736	1 472	1 840	2 208
0.050 4	146	219	365	730	1 460	1 825	2 190
0.050 6	145	217	362	724	1 448	1 811	2 173
0.050 8	144	216	359	719	1 437	1 797	2 156
0.051 0	143	214	356	713	1 426	1 783	2 139
0.051 2	141	212	354	707	1 415	1 769	2 122
0.051 4	140	211	351	702	1 404	1 755	2 106
0.051 6	139	209	348	697	1 393	1 741	2 089
0.051 8	138	207	346	691	1 382	1 728	2 073
0.052 0	137	206	343	686	1 371	1 715	2 057
0.052 2	136	204	340	681	1 361	1 702	2 042
0.052 4	135	203	338	675	1 351	1 689	2 026
0.052 6	134	201	335	670	1 340	1 676	2 011
0.052 8	133	200	333	665	1 330	1 663	1 996
0.053 0	132	198	330	660	1 320	1 651	1 981
0.053 2	131	197	328	655	1 310	1 638	1 966
0.053 4	130	195	325	650	1 300	1 626	1 951
0.053 6	129	194	323	646	1 291	1 614	1 936
0.053 8	128	192	320	641	1 281	1 602	1 922
0.054 0	127	191	318	636	1 272	1 590	1 908
0.054 2	126	189	316	631	1 262	1 578	1 894
0.054 4	125	188	313	627	1 253	1 567	1 880
0.054 6	124	187	311	622	1 244	1 555	1 866
0.054 8	123	185	309	618	1 235	1 544	1 853

表 2（续）

平均压痕直径 d/mm	试验力 F/N						
	1.961	2.942	4.903	9.807	19.61	24.52	29.42
	维氏硬度						
	HV0.2	HV0.3	HV0.5	HV1	HV2	HV2.5	HV3
0.055 0	123	184	306	613	1 226	1 533	1 839
0.055 2	122	183	304	609	1 217	1 522	1 826
0.055 4	121	181	302	604	1 208	1 511	1 813
0.055 6	120	180	300	600	1 200	1 500	1 800
0.055 8	119	179	298	596	1 191	1 489	1 787
0.056 0	118	177	296	591	1 182	1 479	1 774
0.056 2	117	176	294	587	1 174	1 468	1 761
0.056 4	117	175	291	583	1 166	1 458	1 749
0.056 6	116	174	289	579	1 158	1 447	1 737
0.056 8	115	172	287	575	1 149	1 437	1 724
0.057 0	114	171	285	571	1 141	1 427	1 712
0.057 2	113	170	283	567	1 133	1 417	1 700
0.057 4	113	169	281	563	1 125	1 407	1 689
0.057 6	112	168	279	559	1 118	1 398	1 677
0.057 8	111	167	278	555	1 110	1 388	1 665
0.058 0	110	165	276	551	1 102	1 378	1 654
0.058 2	109	164	274	547	1 095	1 369	1 642
0.058 4	109	163	272	544	1 087	1 360	1 631
0.058 6	108	162	270	540	1 080	1 350	1 620
0.058 8	107	161	268	536	1 073	1 341	1 609
0.059 0	107	160	266	533	1 065	1 332	1 598
0.059 2	106	159	265	529	1 058	1 323	1 587
0.059 4	105	158	263	526	1 051	1 314	1 577
0.059 6	104	157	261	522	1 044	1 305	1 566
0.059 8	104	156	259	519	1 037	1 297	1 556
0.060 0	103	155	258	515	1 030	1 288	1 545
0.060 2	102	154	256	512	1 023	1 279	1 535
0.060 4	102	152	254	508	1 016	1 271	1 525
0.060 6	101	151	252	505	1 010	1 263	1 515
0.060 8	100	150	251	502	1 003	1 254	1 505
0.061 0	99.7	150	249	498	997	1 246	1 495
0.061 2	99.0	149	248	495	990	1 238	1 485
0.061 4	98.4	148	246	492	984	1 230	1 476
0.061 6	97.7	147	244	489	977	1 222	1 466
0.061 8	97.1	146	243	486	971	1 214	1 457
0.062 0	96.5	145	241	482	965	1 206	1 447
0.062 2	95.8	144	240	479	958	1 198	1 438
0.062 4	95.2	143	238	476	952	1 191	1 429
0.062 6	94.6	142	237	473	946	1 183	1 420
0.062 8	94.0	141	235	470	940	1 176	1 411

表 2（续）

平均压痕直径 d/mm	试验力 F/N						
	1.961	2.942	4.903	9.807	19.61	24.52	29.42
	维氏硬度						
	HV0.2	HV0.3	HV0.5	HV1	HV2	HV2.5	HV3
0.063 0	93.4	140	234	467	934	1 168	1 402
0.063 2	92.8	139	232	464	928	1 161	1 393
0.063 4	92.3	138	231	461	923	1 154	1 384
0.063 6	91.7	138	229	458	917	1 146	1 375
0.063 8	91.1	137	228	456	911	1 139	1 367
0.064 0	90.5	136	226	453	905	1 132	1 358
0.064 2	90.0	135	225	450	900	1 125	1 350
0.064 4	89.4	134	224	447	894	1 118	1 341
0.064 6	88.9	133	222	444	889	1 111	1 333
0.064 8	88.3	132	221	442	883	1 104	1 325
0.065 0	87.8	132	219	439	878	1 097	1 317
0.065 2	87.2	131	218	436	872	1 091	1 309
0.065 4	86.7	130	217	434	867	1 084	1 301
0.065 6	86.2	129	215	431	862	1 077	1 293
0.065 8	85.6	128	214	428	856	1 071	1 285
0.066 0	85.1	128	213	426	851	1 064	1 277
0.066 2	84.6	127	212	423	846	1 058	1 269
0.066 4	84.1	126	210	421	841	1 052	1 262
0.066 6	83.6	125	209	418	836	1 045	1 254
0.066 8	83.1	125	208	416	831	1 039	1 247
0.067 0	82.6	124	207	413	826	1 033	1 239
0.067 2	82.1	123	205	411	821	1 027	1 232
0.067 4	81.6	122	204	408	816	1 021	1 225
0.067 6	81.1	122	203	406	811	1 015	1 217
0.067 8	80.7	121	202	403	807	1 009	1 210
0.068 0	80.2	120	201	401	802	1 003	1 203
0.068 2	79.7	120	199	399	797	997	1 196
0.068 4	79.3	119	198	396	793	991	1 189
0.068 6	78.8	118	197	394	788	985	1 182
0.068 8	78.3	118	196	392	783	980	1 175
0.069 0	77.9	117	195	390	779	974	1 169
0.069 2	77.4	116	194	387	774	968	1 162
0.069 4	77.0	116	193	385	770	963	1 155
0.069 6	76.6	115	191	383	766	957	1 148
0.069 8	76.1	114	190	381	761	952	1 142
0.070 0	75.7	114	189	378	757	946	1 135
0.070 5	74.6	112	187	373	746	933	1 119
0.071 0	73.6	110	184	368	736	920	1 104
0.071 5	72.5	109	181	363	725	907	1 088
0.072 0	71.5	107	179	358	715	894	1 073

表 2（续）

平均压痕直径 d/mm	试验力 F/N						
	1.961	2.942	4.903	9.807	19.61	24.52	29.42
	维氏硬度						
	HV0.2	HV0.3	HV0.5	HV1	HV2	HV2.5	HV3
0.072 5	70.5	106	176	353	705	882	1 058
0.073 0	69.6	104	174	348	696	870	1 044
0.073 5	68.6	103	172	343	686	858	1 030
0.074 0	67.7	102	169	339	677	847	1 016
0.074 5	66.8	100	167	334	668	835	1 002
0.075 0	65.9	98.9	165	330	659	824	989
0.075 5	65.1	97.6	163	325	651	813	976
0.076 0	64.2	96.3	161	321	642	803	963
0.076 5	63.4	95.1	158	317	634	792	951
0.077 0	62.5	93.8	156	313	625	782	938
0.077 5	61.7	92.6	154	309	617	772	926
0.078 0	61.0	91.4	152	305	610	762	914
0.078 5	60.2	90.3	150	301	602	752	903
0.079 0	59.4	89.1	149	297	594	743	891
0.079 5	58.7	88.0	147	293	587	734	880
0.080 0	57.9	86.9	145	290	579	724	869
0.080 5	57.2	85.9	143	286	572	716	859
0.081 0	56.5	84.8	141	283	565	707	848
0.081 5	55.8	83.8	140	279	558	698	838
0.082 0	55.1	82.7	138	276	551	690	827
0.082 5	54.5	81.7	136	272	545	681	817
0.083 0	53.8	80.8	135	269	538	673	808
0.083 5	53.2	79.8	133	266	532	665	798
0.084 0	52.6	78.8	131	263	526	657	788
0.084 5	51.9	77.9	130	260	519	649	779
0.085 0	51.3	77.0	128	257	513	642	770
0.085 5	50.7	76.1	127	254	507	634	761
0.086 0	50.1	75.2	125	251	501	627	752
0.086 5	49.6	74.4	124	248	496	620	744
0.087 0	49.0	73.5	122	245	490	613	735
0.087 5	48.4	72.7	121	242	484	606	727
0.088 0	47.9	71.8	120	239	479	599	718
0.088 5	47.3	71.0	118	237	473	592	710
0.089 0	46.8	70.2	117	234	468	585	702
0.089 5	46.3	69.5	116	232	463	579	695
0.090 0	45.8	68.7	114	229	458	572	687
0.090 5	45.3	67.9	113	226	453	566	679
0.091 0	44.8	67.2	112	224	448	560	672
0.091 5	44.3	66.4	111	222	443	554	664
0.092 0	43.8	65.7	110	219	438	548	657

表 2（续）

平均压痕直径 d/mm	试验力 F/N						
	1.961	2.942	4.903	9.807	19.61	24.52	29.42
	维氏硬度						
	HV0.2	HV0.3	HV0.5	HV1	HV2	HV2.5	HV3
0.092 5	43.3	65.0	108	217	433	542	650
0.093 0	42.9	64.3	107	214	429	536	643
0.093 5	42.4	63.6	106	212	424	530	636
0.094 0	42.0	63.0	105	210	420	525	630
0.094 5	41.5	62.3	104	208	415	519	623
0.095 0	41.1	61.6	103	205	411	514	616
0.095 5	40.7	61.0	102	203	407	508	610
0.096 0	40.2	60.4	101	201	402	503	604
0.096 5	39.8	59.7	99.6	199	398	498	597
0.097 0	39.4	59.1	98.5	197	394	493	591
0.097 5	39.0	58.5	97.5	195	390	488	585
0.098 0	38.6	57.9	96.5	193	386	483	579
0.098 5	38.2	57.3	95.6	191	382	478	573
0.099 0	37.8	56.8	94.6	189	378	473	568
0.099 5	37.5	56.2	93.6	187	375	468	562
0.100	37.1	55.6	92.7	185	371	464	556
0.101	36.4	54.5	90.9	182	364	455	545
0.102	35.6	53.5	89.1	178	356	446	535
0.103	35.0	52.4	87.4	175	350	437	524
0.104	34.3	51.4	85.7	171	343	429	514
0.105	33.6	50.5	84.1	168	336	421	505
0.106	33.0	49.5	82.5	165	330	413	495
0.107	32.4	48.6	81.0	162	324	405	486
0.108	31.8	47.7	79.5	159	318	398	477
0.109	31.2	46.8	78.0	156	312	390	468
0.110	30.6	46.0	76.6	153	306	383	460
0.111	30.1	45.2	75.3	151	301	376	452
0.112	29.6	44.4	73.9	148	296	370	444
0.113	29.0	43.6	72.6	145	290	363	436
0.114	28.5	42.8	71.3	143	285	357	428
0.115	28.0	42.1	70.1	140	280	351	421
0.116	27.6	41.3	68.9	138	276	345	413
0.117	27.1	40.6	67.7	135	271	339	406
0.118	26.6	40.0	66.6	133	266	333	400
0.119	26.2	39.3	65.5	131	262	327	393
0.120	25.8	38.6	64.4	129	258	322	386
0.121	25.3	38.0	63.3	127	253	317	380
0.122	24.9	37.4	62.3	125	249	312	374
0.123	24.5	36.8	61.3	123	245	306	368
0.124	24.1	36.2	60.3	121	241	302	362
0.125	23.7	35.6	59.3	119	237	297	356

表 2（续）

平均压痕直径 d/mm	试验力 F/N						
	1.961	2.942	4.903	9.807	19.61	24.52	29.42
	维氏硬度						
	HV0.2	HV0.3	HV0.5	HV1	HV2	HV2.5	HV3
0.126	23.4	35.0	58.4	117	234	292	350
0.127	23.0	34.5	57.5	115	230	287	345
0.128	22.6	34.0	56.6	113	226	283	340
0.129	22.3	33.4	55.7	111	223	279	334
0.130	21.9	32.9	54.9	110	219	274	329
0.131	21.6	32.4	54.0	108	216	270	324
0.132	21.3	31.9	53.2	106	213	266	319
0.133	21.0	31.5	52.4	105	210	262	315
0.134	20.7	31.0	51.6	103	207	258	310
0.135	20.3	30.5	50.9	102	203	254	305
0.136	20.0	30.1	50.1	100	200	251	301
0.137	19.8	29.6	49.4	98.8	198	247	296
0.138	19.5	29.2	48.7	97.4	195	243	292
0.139	19.2	28.8	48.0	96.0	192	240	288
0.140	18.9	28.4	47.3	94.6	189	237	284
0.141	18.7	28.0	46.6	93.3	187	233	280
0.142	18.4	27.6	46.0	92.0	184	230	276
0.143	18.1	27.2	45.3	90.7	181	227	272
0.144	17.9	26.8	44.7	89.4	179	224	268
0.145	17.6	26.5	44.1	88.2	176	221	265
0.146	17.4	26.1	43.5	87.0	174	218	261
0.147	17.2	25.7	42.9	85.8	172	215	257
0.148	16.9	25.4	42.3	84.7	169	212	254
0.149	16.7	25.1	41.8	83.5	167	209	251
0.150	16.5	24.7	41.2	82.4	165	206	247
0.151	16.3	24.4	40.7	81.3	163	203	244
0.152	16.1	24.1	40.1	80.3	161	201	241
0.153	15.8	23.8	39.6	79.2	158	198	238
0.154	15.6	23.5	39.1	78.2	156	196	235
0.155	15.4	23.2	38.6	77.2	154	193	232
0.156	15.2	22.9	38.1	76.2	152	191	229
0.157	15.0	22.6	37.6	75.2	150	188	226
0.158	14.9	22.3	37.1	74.3	149	186	223
0.159	14.7	22.0	36.7	73.4	147	183	220
0.160	14.5	21.7	36.2	72.4	145	181	217
0.161	14.3	21.5	35.8	71.5	143	179	215
0.162	14.1	21.2	35.3	70.7	141	177	212
0.163	14.0	20.9	34.9	69.8	140	175	209
0.164	13.8	20.7	34.5	69.0	138	172	207
0.165	13.6	20.4	34.1	68.1	136	170	204

表 2（续）

平均压痕直径 d/mm	试验力 F/N						
	1.961	2.942	4.903	9.807	19.61	24.52	29.42
	维氏硬度						
	HV0.2	HV0.3	HV0.5	HV1	HV2	HV2.5	HV3
0.166	13.5	20.2	33.6	67.3	135	168	202
0.167	13.3	19.9	33.2	66.5	133	166	199
0.168	13.1	19.7	32.8	65.7	131	164	197
0.169	13.0	19.5	32.5	64.9	130	162	195
0.170	12.8	19.3	32.1	64.2	128	160	193
0.171	12.7	19.0	31.7	63.4	127	159	190
0.172	12.5	18.8	31.3	62.7	125	157	188
0.173	12.4	18.6	31.0	62.0	124	155	186
0.174	12.2	18.4	30.6	61.3	122	153	184
0.175	12.1	18.2	30.3	60.6	121	151	182
0.176	12.0	18.0	29.9	59.9	120	150	180
0.177	11.8	17.8	29.6	59.2	118	148	178
0.178	11.7	17.6	29.3	58.5	117	146	176
0.179	11.6	17.4	28.9	57.9	116	145	174
0.180	11.4	17.2	28.6	57.2	114	143	172
0.181	11.3	17.0	28.3	56.6	113	142	170
0.182	11.2	16.8	28.0	56.0	112	140	168
0.183	11.1	16.6	27.7	55.4	111	138	166
0.184	11.0	16.4	27.4	54.8	110	137	164
0.185	10.8	16.3	27.1	54.2	108	135	163
0.186	10.7	16.1	26.8	53.6	107	134	161
0.187	10.6	15.9	26.5	53.0	106	133	159
0.188	10.5	15.7	26.2	52.5	105	131	157
0.189	10.4	15.6	26.0	51.9	104	130	156
0.190	10.3	15.4	25.7	51.4	103	128	154
0.191	10.2	15.2	25.4	50.8	102	127	152
0.192	10.1	15.1	25.2	50.3	101	126	151
0.193	10.0	14.9	24.9	49.8	99.6	124	149
0.194	9.85	14.8	24.6	49.3	98.5	123	148
0.195	9.75	14.6	24.4	48.8	97.5	122	146
0.196	9.65	14.5	24.1	48.3	96.5	121	145
0.197	9.56	14.3	23.9	47.8	95.6	119	143
0.198	9.46	14.2	23.6	47.3	94.6	118	142
0.199	9.36	14.0	23.4	46.8	93.6	117	140
0.200	9.27	13.9	23.2	46.4	92.7	116	139
0.201	9.18	13.8	22.9	45.9	91.8	115	138
0.202	9.09	13.6	22.7	45.4	90.9	114	136
0.203	9.00	13.5	22.5	45.0	90.0	113	135
0.204	8.91	13.4	22.3	44.6	89.1	111	134
0.205	8.82	13.2	22.1	44.1	88.2	110	132

表 2（续）

平均压痕直径 d/mm	试验力 F/N						
	1.961	2.942	4.903	9.807	19.61	24.52	29.42
	维氏硬度						
	HV0.2	HV0.3	HV0.5	HV1	HV2	HV2.5	HV3
0.206	8.74	13.1	21.8	43.7	87.4	109	131
0.207	8.65	13.0	21.6	43.3	86.5	108	130
0.208	8.57	12.9	21.4	42.9	85.7	107	129
0.209	8.49	12.7	21.2	42.5	84.9	106	127
0.210	8.41	12.6	21.0	42.1	84.1	105	126
0.211	8.33	12.5	20.8	41.7	83.3	104	125
0.212	8.25	12.4	20.6	41.3	82.5	103	124
0.213	8.17	12.3	20.4	40.9	81.7	102	123
0.214	8.10	12.1	20.2	40.5	81.0	101	121
0.215	8.02	12.0	20.1	40.1	80.2	100	120
0.216	7.95	11.9	19.9	39.7	79.5	99.4	119
0.217	7.87	11.8	19.7	39.4	78.7	98.5	118
0.218	7.80	11.7	19.5	39.0	78.0	97.6	117
0.219	7.73	11.6	19.3	38.7	77.3	96.7	116
0.220	7.66	11.5	19.2	38.3	76.6	95.8	115
0.221	7.59	11.4	19.0	38.0	75.9	94.9	114
0.222	7.52	11.3	18.8	37.6	75.2	94.1	113
0.223	7.46	11.2	18.6	37.3	74.6	93.2	112
0.224	7.39	11.1	18.5	37.0	73.9	92.4	111
0.225	7.32	11.0	18.3	36.6	73.2	91.6	110
0.226	7.26	10.9	18.2	36.3	72.6	90.8	109
0.227	7.20	10.8	18.0	36.0	72.0	90.0	108
0.228	7.13	10.7	17.8	35.7	71.3	89.2	107
0.229	7.07	10.6	17.7	35.4	70.7	88.4	106
0.230	7.01	10.5	17.5	35.1	70.1	87.7	105
0.231	6.95	10.4	17.4	34.8	69.5	86.9	104
0.232	6.89	10.3	17.2	34.5	68.9	86.1	103
0.233	6.83	10.2	17.1	34.2	68.3	85.4	102
0.234	6.77	10.2	16.9	33.9	67.7	84.7	102
0.235	6.71	10.1	16.8	33.6	67.1	84.0	101
0.236	6.66	9.99	16.6	33.3	66.6	83.3	99.9
0.237	6.60	9.90	16.5	33.0	66.0	82.5	99.0
0.238	6.55	9.82	16.4	32.7	65.5	81.9	98.2
0.239	6.49	9.74	16.2	32.5	64.9	81.2	97.4
0.240	6.44	9.66	16.1	32.2	64.4	80.5	96.6
0.241	6.38	9.58	16.0	31.9	63.8	79.8	95.8
0.242	6.33	9.50	15.8	31.7	63.3	79.2	95.0
0.243	6.28	9.42	15.7	31.4	62.8	78.5	94.2
0.244	6.23	9.34	15.6	31.1	62.3	77.9	93.4
0.245	6.18	9.27	15.4	30.9	61.8	77.2	92.7

表 2（续）

平均压痕直径 d/mm	试验力 F/N						
	1.961	2.942	4.903	9.807	19.61	24.52	29.42
	维氏硬度						
	HV0.2	HV0.3	HV0.5	HV1	HV2	HV2.5	HV3
0.246	6.13	9.19	15.3	30.6	61.3	76.6	91.9
0.247	6.08	9.12	15.2	30.4	60.8	76.0	91.2
0.248	6.03	9.05	15.1	30.2	60.3	75.4	90.5
0.249	5.98	8.97	15.0	29.9	59.8	74.8	89.7
0.250	5.93	8.90	14.8	29.7	59.3	74.2	89.0
0.251	5.89	8.83	14.7	29.4	58.9	73.6	88.3
0.252	5.84	8.76	14.6	29.2	58.4	73.0	87.6
0.253	5.79	8.69	14.5	29.0	57.9	72.4	86.9
0.254	5.75	8.62	14.4	28.7	57.5	71.9	86.2
0.255	5.70	8.56	14.3	28.5	57.0	71.3	85.6
0.256	5.66	8.49	14.1	28.3	56.6	70.8	84.9
0.257	5.61	8.42	14.0	28.1	56.1	70.2	84.2
0.258	5.57	8.36	13.9	27.9	55.7	69.7	83.6
0.259	5.53	8.29	13.8	27.6	55.3	69.1	82.9
0.260	5.49	8.23	13.7	27.4	54.9	68.6	82.3
0.261	5.44	8.17	13.6	27.2	54.4	68.1	81.7
0.262	5.40	8.10	13.5	27.0	54.0	67.5	81.0
0.263	5.36	8.04	13.4	26.8	53.6	67.0	80.4
0.264	5.32	7.98	13.3	26.6	53.2	66.5	79.8
0.265	5.28	7.92	13.2	26.4	52.8	66.0	79.2
0.266	5.24	7.86	13.1	26.2	52.4	65.5	78.6
0.267	5.20	7.80	13.0	26.0	52.0	65.0	78.0
0.268	5.16	7.75	12.9	25.8	51.6	64.6	77.5
0.269	5.12	7.69	12.8	25.6	51.2	64.1	76.9
0.270	5.09	7.63	12.7	25.4	50.9	63.6	76.3
0.271	5.05	7.58	12.6	25.3	50.5	63.1	75.8
0.272	5.01	7.52	12.5	25.1	50.1	62.7	75.2
0.273	4.98	7.46	12.4	24.9	49.8	62.2	74.6
0.274	4.94	7.41	12.3	24.7	49.4	61.8	74.1
0.275	4.90	7.36	12.3	24.5	49.0	61.3	73.6
0.276	—	7.30	12.2	24.3	48.7	60.9	73.0
0.277	—	7.25	12.1	24.2	48.3	60.4	72.5
0.278	—	7.20	12.0	24.0	48.0	60.0	72.0
0.279	—	7.15	11.9	23.8	47.6	59.6	71.5
0.280	—	7.10	11.8	23.7	47.3	59.1	71.0
0.281	—	7.05	11.7	23.5	47.0	58.7	70.5
0.282	—	7.00	11.7	23.3	46.6	58.3	70.0
0.283	—	6.95	11.6	23.2	46.3	57.9	69.5
0.284	—	6.90	11.5	23.0	46.0	57.5	69.0
0.285	—	6.85	11.4	22.8	45.7	57.1	68.5

表 2（续）

平均压痕直径 d/mm	试验力 F/N						
	1.961	2.942	4.903	9.807	19.61	24.52	29.42
	维氏硬度						
	HV0.2	HV0.3	HV0.5	HV1	HV2	HV2.5	HV3
0.286	—	6.80	11.3	22.7	45.3	56.7	68.0
0.287	—	6.75	11.3	22.5	45.0	56.3	67.5
0.288	—	6.71	11.2	22.4	44.7	55.9	67.1
0.289	—	6.66	11.1	22.2	44.4	55.5	66.6
0.290	—	6.62	11.0	22.1	44.1	55.1	66.2
0.291	—	6.57	10.9	21.9	43.8	54.8	65.7
0.292	—	6.52	10.9	21.8	43.5	54.4	65.2
0.293	—	6.48	10.8	21.6	43.2	54.0	64.8
0.294	—	6.44	10.7	21.5	42.9	53.6	64.4
0.295	—	6.39	10.7	21.3	42.6	53.3	63.9
0.296	—	6.35	10.6	21.2	42.3	52.9	63.5
0.297	—	6.31	10.5	21.0	42.0	52.6	63.1
0.298	—	6.26	10.4	20.9	41.8	52.2	62.6
0.299	—	6.22	10.4	20.7	41.5	51.9	62.2
0.300	—	6.18	10.3	20.6	41.2	51.5	61.8
0.301	—	6.14	10.2	20.5	40.9	51.2	61.4
0.302	—	6.10	10.2	20.3	40.7	50.8	61.0
0.303	—	6.06	10.1	20.2	40.4	50.5	60.6
0.304	—	6.02	10.0	20.1	40.1	50.2	60.2
0.305	—	5.98	9.97	19.9	39.9	49.8	59.8
0.306	—	5.94	9.90	19.8	39.6	49.5	59.4
0.307	—	5.90	9.84	19.7	39.3	49.2	59.0
0.308	—	5.86	9.77	19.5	39.1	48.9	58.6
0.309	—	5.83	9.71	19.4	38.8	48.6	58.3
0.310	—	5.79	9.65	19.3	38.6	48.2	57.9
0.311	—	5.75	9.59	19.2	38.3	47.9	57.5
0.312	—	5.72	9.52	19.1	38.1	47.6	57.2
0.313	—	5.68	9.46	18.9	37.9	47.3	56.8
0.314	—	5.64	9.40	18.8	37.6	47.0	56.4
0.315	—	5.61	9.34	18.7	37.4	46.7	56.1
0.316	—	5.57	9.28	18.6	37.1	46.4	55.7
0.317	—	5.54	9.23	18.5	36.9	46.1	55.4
0.318	—	5.50	9.17	18.3	36.7	45.9	55.0
0.319	—	5.47	9.11	18.2	36.4	45.6	54.7
0.320	—	5.43	9.05	18.1	36.2	45.3	54.3
0.321	—	5.40	9.00	18.0	36.0	45.0	54.0
0.322	—	5.37	8.94	17.9	35.8	44.7	53.7
0.323	—	5.33	8.89	17.8	35.5	44.4	53.3
0.324	—	5.30	8.83	17.7	35.3	44.2	53.0
0.325	—	5.27	8.78	17.6	35.1	43.9	52.7

表 2（续）

平均压痕直径 d/mm	试验力 F/N						
	1.961	2.942	4.903	9.807	19.61	24.52	29.42
	维氏硬度						
	HV0.2	HV0.3	HV0.5	HV1	HV2	HV2.5	HV3
0.326	—	5.23	8.72	17.4	34.9	43.6	52.3
0.327	—	5.20	8.67	17.3	34.7	43.4	52.0
0.328	—	5.17	8.62	17.2	34.5	43.1	51.7
0.329	—	5.14	8.57	17.1	34.3	42.8	51.4
0.330	—	5.11	8.51	17.0	34.1	42.6	51.1
0.331	—	5.08	8.46	16.9	33.8	42.3	50.8
0.332	—	5.05	8.41	16.8	33.6	42.1	50.5
0.333	—	5.02	8.36	16.7	33.4	41.8	50.2
0.334	—	4.99	8.31	16.6	33.2	41.6	49.9
0.335	—	4.96	8.26	16.5	33.0	41.3	49.6
0.336	—	4.93	8.21	16.4	32.8	41.1	49.3
0.337	—	4.90	8.16	16.3	32.7	40.8	49.0
0.338	—	—	8.12	16.2	32.5	40.6	48.7
0.339	—	—	8.07	16.1	32.3	40.3	48.4
0.340	—	—	8.02	16.0	32.1	40.1	48.1
0.341	—	—	7.97	15.9	31.9	39.9	47.8
0.342	—	—	7.93	15.9	31.7	39.6	47.6
0.343	—	—	7.88	15.8	31.5	39.4	47.3
0.344	—	—	7.83	15.7	31.3	39.2	47.0
0.345	—	—	7.79	15.6	31.2	39.0	46.7
0.346	—	—	7.74	15.5	31.0	38.7	46.5
0.347	—	—	7.70	15.4	30.8	38.5	46.2
0.348	—	—	7.66	15.3	30.6	38.3	45.9
0.349	—	—	7.61	15.2	30.4	38.1	45.7
0.350	—	—	7.57	15.1	30.3	37.9	45.4
0.351	—	—	7.53	15.1	30.1	37.6	45.2
0.352	—	—	7.48	15.0	29.9	37.4	44.9
0.353	—	—	7.44	14.9	29.8	37.2	44.6
0.354	—	—	7.40	14.8	29.6	37.0	44.4
0.355	—	—	7.36	14.7	29.4	36.8	44.1
0.356	—	—	7.32	14.6	29.3	36.6	43.9
0.357	—	—	7.27	14.6	29.1	36.4	43.7
0.358	—	—	7.23	14.5	28.9	36.2	43.4
0.359	—	—	7.19	14.4	28.8	36.0	43.2
0.360	—	—	7.15	14.3	28.6	35.8	42.9
0.361	—	—	7.11	14.2	28.5	35.6	42.7
0.362	—	—	7.08	14.2	28.3	35.4	42.5
0.363	—	—	7.04	14.1	28.1	35.2	42.2
0.364	—	—	7.00	14.0	28.0	35.0	42.0
0.365	—	—	6.96	13.9	27.8	34.8	41.8

表 2（续）

平均压痕直径 d/mm	试验力 F/N						
	1.961	2.942	4.903	9.807	19.61	24.52	29.42
	维氏硬度						
	HV0.2	HV0.3	HV0.5	HV1	HV2	HV2.5	HV3
0.366	—	—	6.92	13.8	27.7	34.6	41.5
0.367	—	—	6.88	13.8	27.5	34.4	41.3
0.368	—	—	6.85	13.7	27.4	34.2	41.1
0.369	—	—	6.81	13.6	27.2	34.1	40.9
0.370	—	—	6.77	13.5	27.1	33.9	40.6
0.371	—	—	6.74	13.5	26.9	33.7	40.4
0.372	—	—	6.70	13.4	26.8	33.5	40.2
0.373	—	—	6.66	13.3	26.7	33.3	40.0
0.374	—	—	6.63	13.3	26.5	33.1	39.8
0.375	—	—	6.59	13.2	26.4	33.0	39.6
0.376	—	—	6.56	13.1	26.2	32.8	39.4
0.377	—	—	6.52	13.0	26.1	32.6	39.1
0.378	—	—	6.49	13.0	26.0	32.5	38.9
0.379	—	—	6.45	12.9	25.8	32.3	38.7
0.380	—	—	6.42	12.8	25.7	32.1	38.5
0.381	—	—	6.39	12.8	25.5	31.9	38.3
0.382	—	—	6.35	12.7	25.4	31.8	38.1
0.383	—	—	6.32	12.6	25.3	31.6	37.9
0.384	—	—	6.29	12.6	25.1	31.4	37.7
0.385	—	—	6.26	12.5	25.0	31.3	37.5
0.386	—	—	6.22	12.4	24.9	31.1	37.3
0.387	—	—	6.19	12.4	24.8	31.0	37.1
0.388	—	—	6.16	12.3	24.6	30.8	37.0
0.389	—	—	6.13	12.3	24.5	30.6	36.8
0.390	—	—	6.10	12.2	24.4	30.5	36.6
0.391	—	—	6.06	12.1	24.3	30.3	36.4
0.392	—	—	6.03	12.1	24.1	30.2	36.2
0.393	—	—	6.00	12.0	24.0	30.0	36.0
0.394	—	—	5.97	11.9	23.9	29.9	35.8
0.395	—	—	5.94	11.9	23.8	29.7	35.7
0.396	—	—	5.91	11.8	23.6	29.6	35.5
0.397	—	—	5.88	11.8	23.5	29.4	35.3
0.398	—	—	5.85	11.7	23.4	29.3	35.1
0.399	—	—	5.82	11.6	23.3	29.1	34.9
0.400	—	—	5.79	11.6	23.2	29.0	34.8
0.401	—	—	5.77	11.5	23.1	28.8	34.6
0.402	—	—	5.74	11.5	22.9	28.7	34.4
0.403	—	—	5.71	11.4	22.8	28.5	34.3
0.404	—	—	5.68	11.4	22.7	28.4	34.1
0.405	—	—	5.65	11.3	22.6	28.3	33.9

表 2（续）

平均压痕直径 d/mm	试验力 F/N						
	1.961	2.942	4.903	9.807	19.61	24.52	29.42
	维氏硬度						
	HV0.2	HV0.3	HV0.5	HV1	HV2	HV2.5	HV3
0.406	—	—	5.62	11.3	22.5	28.1	33.8
0.407	—	—	5.60	11.2	22.4	28.0	33.6
0.408	—	—	5.57	11.1	22.3	27.9	33.4
0.409	—	—	5.54	11.1	22.2	27.7	33.3
0.410	—	—	5.52	11.0	22.1	27.6	33.1
0.411	—	—	5.49	11.0	22.0	27.4	32.9
0.412	—	—	5.46	10.9	21.8	27.3	32.8
0.413	—	—	5.44	10.9	21.7	27.2	32.6
0.414	—	—	5.41	10.8	21.6	27.1	32.5
0.415	—	—	5.38	10.8	21.5	26.9	32.3
0.416	—	—	5.36	10.7	21.4	26.8	32.1
0.417	—	—	5.33	10.7	21.3	26.7	32.0
0.418	—	—	5.31	10.6	21.2	26.5	31.8
0.419	—	—	5.28	10.6	21.1	26.4	31.7
0.420	—	—	5.26	10.5	21.0	26.3	31.5
0.421	—	—	5.23	10.5	20.9	26.2	31.4
0.422	—	—	5.21	10.4	20.8	26.0	31.2
0.423	—	—	5.18	10.4	20.7	25.9	31.1
0.424	—	—	5.16	10.3	20.6	25.8	30.9
0.425	—	—	5.13	10.3	20.5	25.7	30.8
0.426	—	—	5.11	10.2	20.4	25.6	30.7
0.427	—	—	5.09	10.2	20.3	25.4	30.5
0.428	—	—	5.06	10.1	20.2	25.3	30.4
0.429	—	—	5.04	10.1	20.1	25.2	30.2
0.430	—	—	5.01	10.0	20.1	25.1	30.1
0.431	—	—	4.99	9.98	20.0	25.0	29.9
0.432	—	—	4.97	9.94	19.9	24.8	29.8
0.433	—	—	4.95	9.89	19.8	24.7	29.7
0.434	—	—	4.92	9.85	19.7	24.6	29.5
0.435	—	—	4.90	9.80	19.6	24.5	29.4
0.436	—	—	—	9.76	19.5	24.4	29.3
0.437	—	—	—	9.71	19.4	24.3	29.1
0.438	—	—	—	9.67	19.3	24.2	29.0
0.439	—	—	—	9.62	19.2	24.1	28.9
0.440	—	—	—	9.58	19.2	24.0	28.7
0.441	—	—	—	9.54	19.1	23.8	28.6
0.442	—	—	—	9.49	19.0	23.7	28.5
0.443	—	—	—	9.45	18.9	23.6	28.3
0.444	—	—	—	9.41	18.8	23.5	28.2
0.445	—	—	—	9.36	18.7	23.4	28.1

表 2（续）

平均压痕直径 d/mm	试验力 F/N						
	1.961	2.942	4.903	9.807	19.61	24.52	29.42
	维氏硬度						
	HV0.2	HV0.3	HV0.5	HV1	HV2	HV2.5	HV3
0.446	—	—	—	9.32	18.6	23.3	28.0
0.447	—	—	—	9.28	18.6	23.2	27.8
0.448		—	—	9.24	18.5	23.1	27.7
0.449	—	—	—	9.20	18.4	23.0	27.6
0.450	—	—	—	9.16	18.3	22.9	27.5
0.451	—	—	—	9.12	18.2	22.8	27.4
0.452	—	—	—	9.08	18.2	22.7	27.2
0.453	—	—	—	9.04	18.1	22.6	27.1
0.454	—	—	—	9.00	18.0	22.5	27.0
0.455	—	—	—	8.96	17.9	22.4	26.9
0.456	—	—	—	8.92	17.8	22.3	26.8
0.457	—	—	—	8.88	17.8	22.2	26.6
0.458	—	—	—	8.84	17.7	22.1	26.5
0.459	—	—	—	8.80	17.6	22.0	26.4
0.460	—	—	—	8.76	17.5	21.9	26.3
0.461	—	—	—	8.73	17.4	21.8	26.2
0.462	—	—	—	8.69	17.4	21.7	26.1
0.463	—	—	—	8.65	17.3	21.6	26.0
0.464	—	—	—	8.61	17.2	21.5	25.8
0.465	—	—	—	8.58	17.1	21.4	25.7
0.466	—	—	—	8.54	17.1	21.4	25.6
0.467	—	—	—	8.50	17.0	21.3	25.5
0.468	—	—	—	8.47	16.9	21.2	25.4
0.469	—	—	—	8.43	16.9	21.1	25.3
0.470	—	—	—	8.40	16.8	21.0	25.2
0.471	—	—	—	8.36	16.7	20.9	25.1
0.472	—	—	—	8.32	16.6	20.8	25.0
0.473	—	—	—	8.29	16.6	20.7	24.9
0.474	—	—	—	8.25	16.5	20.6	24.8
0.475	—	—	—	8.22	16.4	20.6	24.7
0.476	—	—	—	8.18	16.4	20.5	24.6
0.477	—	—	—	8.15	16.3	20.4	24.5
0.478	—	—	—	8.12	16.2	20.3	24.3
0.479	—	—	—	8.08	16.2	20.2	24.2
0.480	—	—	—	8.05	16.1	20.1	24.1
0.481	—	—	—	8.02	16.0	20.0	24.0
0.482	—	—	—	7.98	16.0	20.0	23.9
0.483	—	—	—	7.95	15.9	19.9	23.8
0.484	—	—	—	7.92	15.8	19.8	23.7
0.485	—	—	—	7.88	15.8	19.7	23.7

表 2（续）

平均压痕直径 d/mm	试验力 F/N						
	1.961	2.942	4.903	9.807	19.61	24.52	29.42
	维氏硬度						
	HV0.2	HV0.3	HV0.5	HV1	HV2	HV2.5	HV3
0.486	—	—	—	7.85	15.7	19.6	23.6
0.487	—	—	—	7.82	15.6	19.6	23.5
0.488	—	—	—	7.79	15.6	19.5	23.4
0.489	—	—	—	7.76	15.5	19.4	23.3
0.490	—	—	—	7.72	15.4	19.3	23.2
0.491	—	—	—	7.69	15.4	19.2	23.1
0.492	—	—	—	7.66	15.3	19.2	23.0
0.493	—	—	—	7.63	15.3	19.1	22.9
0.494	—	—	—	7.60	15.2	19.0	22.8
0.495	—	—	—	7.57	15.1	18.9	22.7
0.496	—	—	—	7.54	15.1	18.8	22.6
0.497	—	—	—	7.51	15.0	18.8	22.5
0.498	—	—	—	7.48	15.0	18.7	22.4
0.499	—	—	—	7.45	14.9	18.6	22.3
0.500	—	—	—	7.42	14.8	18.5	22.3
0.501	—	—	—	7.39	14.8	18.5	22.2
0.502	—	—	—	7.36	14.7	18.4	22.1
0.503	—	—	—	7.33	14.7	18.3	22.0
0.504	—	—	—	7.30	14.6	18.3	21.9
0.505	—	—	—	7.27	14.5	18.2	21.8
0.506	—	—	—	7.24	14.5	18.1	21.7
0.507	—	—	—	7.21	14.4	18.0	21.6
0.508	—	—	—	7.19	14.4	18.0	21.6
0.509	—	—	—	7.16	14.3	17.9	21.5
0.510	—	—	—	7.13	14.3	17.8	21.4
0.511	—	—	—	7.10	14.2	17.8	21.3
0.512	—	—	—	7.07	14.1	17.7	21.2
0.513	—	—	—	7.05	14.1	17.6	21.1
0.514	—	—	—	7.02	14.0	17.6	21.1
0.515	—	—	—	6.99	14.0	17.5	21.0
0.516	—	—	—	6.97	13.9	17.4	20.9
0.517	—	—	—	6.94	13.9	17.3	20.8
0.518	—	—	—	6.91	13.8	17.3	20.7
0.519	—	—	—	6.88	13.8	17.2	20.7
0.520	—	—	—	6.86	13.7	17.1	20.6
0.521	—	—	—	6.83	13.7	17.1	20.5
0.522	—	—	—	6.81	13.6	17.0	20.4
0.523	—	—	—	6.78	13.6	17.0	20.3
0.524	—	—	—	6.75	13.5	16.9	20.3
0.525	—	—	—	6.73	13.5	16.8	20.2

表 2（续）

平均压痕直径 d/mm	试验力 F/N						
	1.961	2.942	4.903	9.807	19.61	24.52	29.42
	维氏硬度						
	HV0.2	HV0.3	HV0.5	HV1	HV2	HV2.5	HV3
0.526	—	—	—	6.70	13.4	16.8	20.1
0.527	—	—	—	6.68	13.4	16.7	20.0
0.528	—	—	—	6.65	13.3	16.6	20.0
0.529	—	—	—	6.63	13.3	16.6	19.9
0.530	—	—	—	6.60	13.2	16.5	19.8
0.531	—	—	—	6.58	13.2	16.4	19.7
0.532	—	—	—	6.55	13.1	16.4	19.7
0.533	—	—	—	6.53	13.1	16.3	19.6
0.534	—	—	—	6.50	13.0	16.3	19.5
0.535	—	—	—	6.48	13.0	16.2	19.4
0.536	—	—	—	6.46	12.9	16.1	19.4
0.537	—	—	—	6.43	12.9	16.1	19.3
0.538	—	—	—	6.41	12.8	16.0	19.2
0.539	—	—	—	6.38	12.8	16.0	19.1
0.540	—	—	—	6.36	12.7	15.9	19.1
0.541	—	—	—	6.34	12.7	15.8	19.0
0.542	—	—	—	6.31	12.6	15.8	18.9
0.543	—	—	—	6.29	12.6	15.7	18.9
0.544	—	—	—	6.27	12.5	15.7	18.8
0.545	—	—	—	6.24	12.5	15.6	18.7
0.546	—	—	—	6.22	12.4	15.6	18.7
0.547	—	—	—	6.20	12.4	15.5	18.6
0.548	—	—	—	6.18	12.3	15.4	18.5
0.549	—	—	—	6.15	12.3	15.4	18.5
0.550	—	—	—	6.13	12.3	15.3	18.4
0.551	—	—	—	6.11	12.2	15.3	18.3
0.552	—	—	—	6.09	12.2	15.2	18.3
0.553	—	—	—	6.06	12.1	15.2	18.2
0.554	—	—	—	6.04	12.1	15.1	18.1
0.555	—	—	—	6.02	12.0	15.1	18.1
0.556	—	—	—	6.00	12.0	15.0	18.0
0.557	—	—	—	5.98	12.0	14.9	17.9
0.558	—	—	—	5.96	11.9	14.9	17.9
0.559	—	—	—	5.93	11.9	14.8	17.8
0.560	—	—	—	5.91	11.8	14.8	17.7
0.561	—	—	—	5.89	11.8	14.7	17.7
0.562	—	—	—	5.87	11.7	14.7	17.6
0.563	—	—	—	5.85	11.7	14.6	17.6
0.564	—	—	—	5.83	11.7	14.6	17.5
0.565	—	—	—	5.81	11.6	14.5	17.4

表 2（续）

平均压痕直径 d/mm	试验力 F/N						
	1.961	2.942	4.903	9.807	19.61	24.52	29.42
	维氏硬度						
	HV0.2	HV0.3	HV0.5	HV1	HV2	HV2.5	HV3
0.566	—	—	—	5.79	11.6	14.5	17.4
0.567	—	—	—	5.77	11.5	14.4	17.3
0.568	—	—	—	5.75	11.5	14.4	17.2
0.569	—	—	—	5.73	11.5	14.3	17.2
0.570	—	—	—	5.71	11.4	14.3	17.1
0.571	—	—	—	5.69	11.4	14.2	17.1
0.572	—	—	—	5.67	11.3	14.2	17.0
0.573	—	—	—	5.65	11.3	14.1	16.9
0.574	—	—	—	5.63	11.3	14.1	16.9
0.575	—	—	—	5.61	11.2	14.0	16.8
0.576	—	—	—	5.59	11.2	14.0	16.8
0.577	—	—	—	5.57	11.1	13.9	16.7
0.578	—	—	—	5.55	11.1	13.9	16.7
0.579	—	—	—	5.53	11.1	13.8	16.6
0.580	—	—	—	5.51	11.0	13.8	16.5
0.581	—	—	—	5.49	11.0	13.7	16.5
0.582	—	—	—	5.47	10.9	13.7	16.4
0.583	—	—	—	5.46	10.9	13.6	16.4
0.584	—	—	—	5.44	10.9	13.6	16.3
0.585	—	—	—	5.42	10.8	13.5	16.3
0.586	—	—	—	5.40	10.8	13.5	16.2
0.587	—	—	—	5.38	10.8	13.5	16.1
0.588	—	—	—	5.36	10.7	13.4	16.1
0.589	—	—	—	5.35	10.7	13.4	16.0
0.590	—	—	—	5.33	10.7	13.3	16.0
0.591	—	—	—	5.31	10.6	13.3	15.9
0.592	—	—	—	5.29	10.6	13.2	15.9
0.593	—	—	—	5.27	10.5	13.2	15.8
0.594	—	—	—	5.26	10.5	13.1	15.8
0.595	—	—	—	5.24	10.5	13.1	15.7
0.596	—	—	—	5.22	10.4	13.1	15.7
0.597	—	—	—	5.20	10.4	13.0	15.6
0.598	—	—	—	5.19	10.4	13.0	15.6
0.599	—	—	—	5.17	10.3	12.9	15.5
0.600	—	—	—	5.15	10.3	12.9	15.5
0.601	—	—	—	5.13	10.3	12.8	15.4
0.602	—	—	—	5.12	10.2	12.8	15.4
0.603	—	—	—	5.10	10.2	12.8	15.3
0.604	—	—	—	5.08	10.2	12.7	15.2
0.605	—	—	—	5.07	10.1	12.7	15.2

表 2（续）

平均压痕直径 d/mm	试验力 F/N						
	1.961	2.942	4.903	9.807	19.61	24.52	29.42
	维氏硬度						
	HV0.2	HV0.3	HV0.5	HV1	HV2	HV2.5	HV3
0.606	—	—	—	5.05	10.1	12.6	15.1
0.607	—	—	—	5.03	10.1	12.6	15.1
0.608	—	—	—	5.02	10.0	12.5	15.0
0.609	—	—	—	5.00	10.0	12.5	15.0
0.610	—	—	—	4.98	10.0	12.5	15.0
0.611	—	—	—	4.97	9.93	12.4	14.9
0.612	—	—	—	4.95	9.90	12.4	14.9
0.613	—	—	—	4.94	9.87	12.3	14.8
0.614	—	—	—	4.92	9.84	12.3	14.8
0.615	—	—	—	4.90	9.80	12.3	14.7
0.616	—	—	—	—	9.77	12.2	14.7
0.617	—	—	—	—	9.74	12.2	14.6
0.618	—	—	—	—	9.71	12.1	14.6
0.619	—	—	—	—	9.68	12.1	14.5
0.620	—	—	—	—	9.65	12.1	14.5
0.621	—	—	—	—	9.62	12.0	14.4
0.622	—	—	—	—	9.58	12.0	14.4
0.623	—	—	—	—	9.55	11.9	14.3
0.624	—	—	—	—	9.52	11.9	14.3
0.625	—	—	—	—	9.49	11.9	14.2
0.626	—	—	—	—	9.46	11.8	14.2
0.627	—	—	—	—	9.43	11.8	14.2
0.628	—	—	—	—	9.40	11.8	14.1
0.629	—	—	—	—	9.37	11.7	14.1
0.630	—	—	—	—	9.34	11.7	14.0
0.631	—	—	—	—	9.31	11.6	14.0
0.632	—	—	—	—	9.28	11.6	13.9
0.633	—	—	—	—	9.25	11.6	13.9
0.634	—	—	—	—	9.23	11.5	13.8
0.635	—	—	—	—	9.20	11.5	13.8
0.636	—	—	—	—	9.17	11.5	13.8
0.637	—	—	—	—	9.14	11.4	13.7
0.638	—	—	—	—	9.11	11.4	13.7
0.639	—	—	—	—	9.08	11.4	13.6
0.640	—	—	—	—	9.05	11.3	13.6
0.641	—	—	—	—	9.03	11.3	13.5
0.642	—	—	—	—	9.00	11.2	13.5
0.643	—	—	—	—	8.97	11.2	13.5
0.644	—	—	—	—	8.94	11.2	13.4
0.645	—	—	—	—	8.91	11.1	13.4

表 2（续）

平均压痕直径 d/mm	试验力 F/N						
	1.961	2.942	4.903	9.807	19.61	24.52	29.42
	维氏硬度						
	HV0.2	HV0.3	HV0.5	HV1	HV2	HV2.5	HV3
0.646	—	—	—	—	8.89	11.1	13.3
0.647	—	—	—	—	8.86	11.1	13.3
0.648	—	—	—	—	8.83	11.0	13.2
0.649	—	—	—	—	8.80	11.0	13.2
0.650	—	—	—	—	8.78	11.0	13.2
0.651	—	—	—	—	8.75	10.9	13.1
0.652	—	—	—	—	8.72	10.9	13.1
0.653	—	—	—	—	8.70	10.9	13.0
0.654	—	—	—	—	8.67	10.8	13.0
0.655	—	—	—	—	8.64	10.8	13.0
0.656	—	—	—	—	8.62	10.8	12.9
0.657	—	—	—	—	8.59	10.7	12.9
0.658	—	—	—	—	8.56	10.7	12.8
0.659	—	—	—	—	8.54	10.7	12.8
0.660	—	—	—	—	8.51	10.6	12.8
0.661	—	—	—	—	8.49	10.6	12.7
0.662	—	—	—	—	8.46	10.6	12.7
0.663	—	—	—	—	8.44	10.5	12.7
0.664	—	—	—	—	8.41	10.5	12.6
0.665	—	—	—	—	8.39	10.5	12.6
0.666	—	—	—	—	8.36	10.5	12.5
0.667	—	—	—	—	8.34	10.4	12.5
0.668	—	—	—	—	8.31	10.4	12.5
0.669	—	—	—	—	8.29	10.4	12.4
0.670	—	—	—	—	8.26	10.3	12.4
0.671	—	—	—	—	8.24	10.3	12.4
0.672	—	—	—	—	8.21	10.3	12.3
0.673	—	—	—	—	8.19	10.2	12.3
0.674	—	—	—	—	8.16	10.2	12.2
0.675	—	—	—	—	8.14	10.2	12.2
0.676	—	—	—	—	8.11	10.1	12.2
0.677	—	—	—	—	8.09	10.1	12.1
0.678	—	—	—	—	8.07	10.1	12.1
0.679	—	—	—	—	8.04	10.1	12.1
0.680	—	—	—	—	8.02	10.0	12.0
0.681	—	—	—	—	8.00	10.0	12.0
0.682	—	—	—	—	7.97	9.97	12.0
0.683	—	—	—	—	7.95	9.94	11.9
0.684	—	—	—	—	7.93	9.91	11.9
0.685	—	—	—	—	7.90	9.88	11.9

表 2（续）

平均压痕直径 d/mm	试验力 F/N						
	1.961	2.942	4.903	9.807	19.61	24.52	29.42
	维氏硬度						
	HV0.2	HV0.3	HV0.5	HV1	HV2	HV2.5	HV3
0.686	—	—	—	—	7.88	9.85	11.8
0.687	—	—	—	—	7.86	9.82	11.8
0.688	—	—	—	—	7.83	9.80	11.8
0.689	—	—	—	—	7.81	9.77	11.7
0.690	—	—	—	—	7.79	9.74	11.7
0.691	—	—	—	—	7.77	9.71	11.7
0.692	—	—	—	—	7.74	9.68	11.6
0.693	—	—	—	—	7.72	9.65	11.6
0.694	—	—	—	—	7.70	9.63	11.6
0.695	—	—	—	—	7.68	9.60	11.5
0.696	—	—	—	—	7.66	9.57	11.5
0.697	—	—	—	—	7.63	9.54	11.5
0.698	—	—	—	—	7.61	9.52	11.4
0.699	—	—	—	—	7.59	9.49	11.4
0.700	—	—	—	—	7.57	9.46	11.4
0.701	—	—	—	—	7.55	9.44	11.3
0.702	—	—	—	—	7.52	9.41	11.3
0.703	—	—	—	—	7.50	9.38	11.3
0.704	—	—	—	—	7.48	9.36	11.2
0.705	—	—	—	—	7.46	9.33	11.2
0.706	—	—	—	—	7.44	9.30	11.2
0.707	—	—	—	—	7.42	9.28	11.1
0.708	—	—	—	—	7.40	9.25	11.1
0.709	—	—	—	—	7.38	9.22	11.1
0.710	—	—	—	—	7.36	9.20	11.0
0.711	—	—	—	—	7.34	9.17	11.0
0.712	—	—	—	—	7.31	9.15	11.0
0.713	—	—	—	—	7.29	9.12	10.9
0.714	—	—	—	—	7.27	9.10	10.9
0.715	—	—	—	—	7.25	9.07	10.9
0.716	—	—	—	—	7.23	9.04	10.9
0.717	—	—	—	—	7.21	9.02	10.8
0.718	—	—	—	—	7.19	8.99	10.8
0.719	—	—	—	—	7.17	8.97	10.8
0.720	—	—	—	—	7.15	8.94	10.7
0.721	—	—	—	—	7.13	8.92	10.7
0.722	—	—	—	—	7.11	8.89	10.7
0.723	—	—	—	—	7.09	8.87	10.6
0.724	—	—	—	—	7.07	8.85	10.6
0.725	—	—	—	—	7.05	8.82	10.6

表 2（续）

平均压痕直径 d/mm	试验力 F/N						
	1.961	2.942	4.903	9.807	19.61	24.52	29.42
	维氏硬度						
	HV0.2	HV0.3	HV0.5	HV1	HV2	HV2.5	HV3
0.726	—	—	—	—	7.04	8.80	10.6
0.727	—	—	—	—	7.02	8.77	10.5
0.728	—	—	—	—	7.00	8.75	10.5
0.729	—	—	—	—	6.98	8.72	10.5
0.730	—	—	—	—	6.96	8.70	10.4
0.731	—	—	—	—	6.94	8.68	10.4
0.732	—	—	—	—	6.92	8.65	10.4
0.733	—	—	—	—	6.90	8.63	10.4
0.734	—	—	—	—	6.88	8.61	10.3
0.735	—	—	—	—	6.86	8.58	10.3
0.736	—	—	—	—	6.85	8.56	10.3
0.737	—	—	—	—	6.83	8.54	10.2
0.738	—	—	—	—	6.81	8.51	10.2
0.739	—	—	—	—	6.79	8.49	10.2
0.740	—	—	—	—	6.77	8.47	10.2
0.741	—	—	—	—	6.75	8.44	10.1
0.742	—	—	—	—	6.74	8.42	10.1
0.743	—	—	—	—	6.72	8.40	10.1
0.744	—	—	—	—	6.70	8.38	10.1
0.745	—	—	—	—	6.68	8.35	10.0
0.746	—	—	—	—	6.66	8.33	10.0
0.747	—	—	—	—	6.65	8.31	9.97
0.748	—	—	—	—	6.63	8.29	9.94
0.749	—	—	—	—	6.61	8.27	9.92
0.750	—	—	—	—	6.59	8.24	9.89
0.751	—	—	—	—	6.57	8.22	9.86
0.752	—	—	—	—	6.56	8.20	9.84
0.753	—	—	—	—	6.54	8.18	9.81
0.754	—	—	—	—	6.52	8.16	9.79
0.755	—	—	—	—	6.51	8.13	9.76
0.756	—	—	—	—	6.49	8.11	9.73
0.757	—	—	—	—	6.47	8.09	9.71
0.758	—	—	—	—	6.45	8.07	9.68
0.759	—	—	—	—	6.44	8.05	9.66
0.760	—	—	—	—	6.42	8.03	9.63
0.761	—	—	—	—	6.40	8.01	9.61
0.762	—	—	—	—	6.39	7.99	9.58
0.763	—	—	—	—	6.37	7.96	9.56
0.764	—	—	—	—	6.35	7.94	9.53
0.765	—	—	—	—	6.34	7.92	9.51

表 2（续）

平均压痕直径 d/mm	试验力 F/N						
	1.961	2.942	4.903	9.807	19.61	24.52	29.42
	维氏硬度						
	HV0.2	HV0.3	HV0.5	HV1	HV2	HV2.5	HV3
0.766	—	—	—	—	6.32	7.90	9.48
0.767	—	—	—	—	6.30	7.88	9.46
0.768	—	—	—	—	6.29	7.86	9.43
0.769	—	—	—	—	6.27	7.84	9.41
0.770	—	—	—	—	6.25	7.82	9.38
0.771	—	—	—	—	6.24	7.80	9.36
0.772	—	—	—	—	6.22	7.78	9.33
0.773	—	—	—	—	6.21	7.76	9.31
0.774	—	—	—	—	6.19	7.74	9.29
0.775	—	—	—	—	6.17	7.72	9.26
0.776	—	—	—	—	6.16	7.70	9.24
0.777	—	—	—	—	6.14	7.68	9.21
0.778	—	—	—	—	6.13	7.66	9.19
0.779	—	—	—	—	6.11	7.64	9.17
0.780	—	—	—	—	6.10	7.62	9.14
0.781	—	—	—	—	6.08	7.60	9.12
0.782	—	—	—	—	6.06	7.58	9.10
0.783	—	—	—	—	6.05	7.56	9.07
0.784	—	—	—	—	6.03	7.54	9.05
0.785	—	—	—	—	6.02	7.52	9.03
0.786	—	—	—	—	6.00	7.51	9.01
0.787	—	—	—	—	5.99	7.49	8.98
0.788	—	—	—	—	5.97	7.47	8.96
0.789	—	—	—	—	5.96	7.45	8.94
0.790	—	—	—	—	5.94	7.43	8.91
0.791	—	—	—	—	5.93	7.41	8.89
0.792	—	—	—	—	5.91	7.39	8.87
0.793	—	—	—	—	5.90	7.37	8.85
0.794	—	—	—	—	5.88	7.35	8.82
0.795	—	—	—	—	5.87	7.34	8.80
0.796	—	—	—	—	5.85	7.32	8.78
0.797	—	—	—	—	5.84	7.30	8.76
0.798	—	—	—	—	5.82	7.28	8.74
0.799	—	—	—	—	5.81	7.26	8.71
0.800	—	—	—	—	5.79	7.24	8.69
0.801	—	—	—	—	5.78	7.23	8.67
0.802	—	—	—	—	5.77	7.21	8.65
0.803	—	—	—	—	5.75	7.19	8.63
0.804	—	—	—	—	5.74	7.17	8.61
0.805	—	—	—	—	5.72	7.16	8.59

表 2（续）

平均压痕直径 d/mm	试验力 F/N						
	1.961	2.942	4.903	9.807	19.61	24.52	29.42
	维氏硬度						
	HV0.2	HV0.3	HV0.5	HV1	HV2	HV2.5	HV3
0.806	—	—	—	—	5.71	7.14	8.56
0.807	—	—	—	—	5.69	7.12	8.54
0.808	—	—	—	—	5.68	7.10	8.52
0.809	—	—	—	—	5.67	7.08	8.50
0.810	—	—	—	—	5.65	7.07	8.48
0.811	—	—	—	—	5.64	7.05	8.46
0.812	—	—	—	—	5.62	7.03	8.44
0.813	—	—	—	—	5.61	7.02	8.42
0.814	—	—	—	—	5.60	7.00	8.40
0.815	—	—	—	—	5.58	6.98	8.38
0.816	—	—	—	—	5.57	6.96	8.36
0.817	—	—	—	—	5.56	6.95	8.33
0.818	—	—	—	—	5.54	6.93	8.31
0.819	—	—	—	—	5.53	6.91	8.29
0.820	—	—	—	—	5.51	6.90	8.27
0.821	—	—	—	—	5.50	6.88	8.25
0.822	—	—	—	—	5.49	6.86	8.23
0.823	—	—	—	—	5.47	6.85	8.21
0.824	—	—	—	—	5.46	6.83	8.19
0.825	—	—	—	—	5.45	6.81	8.17
0.826	—	—	—	—	5.44	6.80	8.15
0.827	—	—	—	—	5.42	6.78	8.13
0.828	—	—	—	—	5.41	6.76	8.11
0.829	—	—	—	—	5.40	6.75	8.10
0.830	—	—	—	—	5.38	6.73	8.08
0.831	—	—	—	—	5.37	6.71	8.06
0.832	—	—	—	—	5.36	6.70	8.04
0.833	—	—	—	—	5.34	6.68	8.02
0.834	—	—	—	—	5.33	6.67	8.00
0.835	—	—	—	—	5.32	6.65	7.98
0.836	—	—	—	—	5.31	6.63	7.96
0.837	—	—	—	—	5.29	6.62	7.94
0.838	—	—	—	—	5.28	6.60	7.92
0.839	—	—	—	—	5.27	6.59	7.90
0.840	—	—	—	—	5.26	6.57	7.88
0.841	—	—	—	—	5.24	6.56	7.87
0.842	—	—	—	—	5.23	6.54	7.85
0.843	—	—	—	—	5.22	6.52	7.83
0.844	—	—	—	—	5.21	6.51	7.81
0.845	—	—	—	—	5.19	6.49	7.79

表 2（续）

平均压痕直径 d/mm	试验力 F/N						
	1.961	2.942	4.903	9.807	19.61	24.52	29.42
	维氏硬度						
	HV0.2	HV0.3	HV0.5	HV1	HV2	HV2.5	HV3
0.846	—	—	—	—	5.18	6.48	7.77
0.847	—	—	—	—	5.17	6.46	7.75
0.848	—	—	—	—	5.16	6.45	7.74
0.849	—	—	—	—	5.14	6.43	7.72
0.850	—	—	—	—	5.13	6.42	7.70

表 3　HV5～HV100

平均压痕直径 d/mm	试验力 F/N					
	49.03	98.07	196.1	294.2	490.3	980.7
	维氏硬度					
	HV5	HV10	HV20	HV30	HV50	HV100
0.056	2 957	—	—	—	—	—
0.057	2 854	—	—	—	—	—
0.058	2 756	—	—	—	—	—
0.059	2 663	—	—	—	—	—
0.060	2 575	—	—	—	—	—
0.061	2 492	—	—	—	—	—
0.062	2 412	—	—	—	—	—
0.063	2 336	—	—	—	—	—
0.064	2 264	—	—	—	—	—
0.065	2 194	—	—	—	—	—
0.066	2 128	—	—	—	—	—
0.067	2 065	—	—	—	—	—
0.068	2 005	—	—	—	—	—
0.069	1 947	—	—	—	—	—
0.070	1 892	—	—	—	—	—
0.071	1 839	—	—	—	—	—
0.072	1 788	—	—	—	—	—
0.073	1 740	—	—	—	—	—
0.074	1 693	—	—	—	—	—
0.075	1 648	—	—	—	—	—
0.076	1 605	—	—	—	—	—
0.077	1 564	—	—	—	—	—
0.078	1 524	—	—	—	—	—
0.079	1 486	2 971	—	—	—	—
0.080	1 449	2 898	—	—	—	—
0.081	1 413	2 827	—	—	—	—
0.082	1 379	2 758	—	—	—	—
0.083	1 346	2 692	—	—	—	—
0.084	1 314	2 628	—	—	—	—
0.085	1 283	2 567	—	—	—	—

表 3（续）

平均压痕直径 d/mm	试验力 F/N					
	49.03	98.07	196.1	294.2	490.3	980.7
	维氏硬度					
	HV5	HV10	HV20	HV30	HV50	HV100
0.086	1 254	2 507	—	—	—	—
0.087	1 225	2 450	—	—	—	—
0.088	1 197	2 395	—	—	—	—
0.089	1 171	2 341	—	—	—	—
0.090	1 145	2 290	—	—	—	—
0.091	1 120	2 239	—	—	—	—
0.092	1 095	2 191	—	—	—	—
0.093	1 072	2 144	—	—	—	—
0.094	1 049	2 099	—	—	—	—
0.095	1 027	2 055	—	—	—	—
0.096	1 006	2 012	—	—	—	—
0.097	985	1 971	—	—	—	—
0.098	965	1 931	—	—	—	—
0.099	946	1 892	—	—	—	—
0.100	927	1 855	—	—	—	—
0.101	909	1 818	—	—	—	—
0.102	891	1 782	—	—	—	—
0.103	874	1 748	—	—	—	—
0.104	857	1 715	—	—	—	—
0.105	841	1 682	—	—	—	—
0.106	825	1 651	—	—	—	—
0.107	810	1 620	—	—	—	—
0.108	795	1 590	—	—	—	—
0.109	780	1 561	—	—	—	—
0.110	766	1 533	—	—	—	—
0.111	753	1 505	—	—	—	—
0.112	739	1 478	2 956	—	—	—
0.113	726	1 452	2 904	—	—	—
0.114	713	1 427	2 853	—	—	—
0.115	701	1 402	2 804	—	—	—
0.116	689	1 378	2 756	—	—	—
0.117	677	1 355	2 709	—	—	—
0.118	666	1 332	2 663	—	—	—
0.119	655	1 310	2 619	—	—	—
0.120	644	1 288	2 575	—	—	—
0.121	633	1 267	2 533	—	—	—
0.122	623	1 246	2 491	—	—	—
0.123	613	1 226	2 451	—	—	—
0.124	603	1 206	2 412	—	—	—
0.125	593	1 187	2 373	—	—	—

表 3（续）

平均压痕直径 d/mm	试验力 F/N					
	49.03	98.07	196.1	294.2	490.3	980.7
	维氏硬度					
	HV5	HV10	HV20	HV30	HV50	HV100
0.126	584	1 168	2 336	—	—	—
0.127	575	1 150	2 299	—	—	—
0.128	566	1 132	2 263	—	—	—
0.129	557	1 114	2 228	—	—	—
0.130	549	1 097	2 194	—	—	—
0.131	540	1 081	2 161	—	—	—
0.132	532	1 064	2 128	—	—	—
0.133	524	1 048	2 096	—	—	—
0.134	516	1 033	2 065	—	—	—
0.135	509	1 018	2 035	—	—	—
0.136	501	1 003	2 005	—	—	—
0.137	494	988	1 976	2 964	—	—
0.138	487	974	1 947	2 921	—	—
0.139	480	960	1 919	2 879	—	—
0.140	473	946	1 892	2 838	—	—
0.141	466	933	1 865	2 798	—	—
0.142	460	920	1 839	2 759	—	—
0.143	453	907	1 813	2 721	—	—
0.144	447	894	1 788	2 683	—	—
0.145	441	882	1 764	2 646	—	—
0.146	435	870	1 740	2 610	—	—
0.147	429	858	1 716	2 575	—	—
0.148	423	847	1 693	2 540	—	—
0.149	418	835	1 670	2 506	—	—
0.150	412	824	1 648	2 473	—	—
0.151	407	813	1 626	2 440	—	—
0.152	401	803	1 605	2 408	—	—
0.153	396	792	1 584	2 377	—	—
0.154	391	782	1 564	2 346	—	—
0.155	386	772	1 543	2 316	—	—
0.156	381	762	1 524	2 286	—	—
0.157	376	752	1 504	2 257	—	—
0.158	371	743	1 485	2 229	—	—
0.159	367	734	1 467	2 201	—	—
0.160	362	724	1 449	2 173	—	—
0.161	358	715	1 431	2 146	—	—
0.162	353	707	1 413	2 120	—	—
0.163	349	698	1 396	2 094	—	—
0.164	345	690	1 379	2 068	—	—
0.165	341	681	1 362	2 043	—	—

表 3（续）

平均压痕直径 d/mm	试验力 F/N					
	49.03	98.07	196.1	294.2	490.3	980.7
	维氏硬度					
	HV5	HV10	HV20	HV30	HV50	HV100
0.166	336	673	1 346	2 019	—	—
0.167	332	665	1 330	1 995	—	—
0.168	328	657	1 314	1 971	—	—
0.169	325	649	1 298	1 948	—	—
0.170	321	642	1 283	1 925	—	—
0.171	317	634	1 268	1 903	—	—
0.172	313	627	1 253	1 881	—	—
0.173	310	620	1 239	1 859	—	—
0.174	306	613	1 225	1 838	—	—
0.175	303	606	1 211	1 817	—	—
0.176	299	599	1 197	1 796	2 993	—
0.177	296	592	1 184	1 776	2 959	—
0.178	293	585	1 170	1 756	2 926	—
0.179	289	579	1 157	1 736	2 894	—
0.180	286	572	1 145	1 717	2 862	—
0.181	283	566	1 132	1 698	2 830	—
0.182	280	560	1 120	1 680	2 799	—
0.183	277	554	1 107	1 661	2 769	—
0.184	274	548	1 095	1 643	2 739	—
0.185	271	542	1 083	1 626	2 709	—
0.186	268	536	1 072	1 608	2 680	—
0.187	265	530	1 060	1 591	2 651	—
0.188	262	525	1 049	1 574	2 623	—
0.189	260	519	1 038	1 557	2 596	—
0.190	257	514	1 027	1 541	2 568	—
0.191	254	508	1 016	1 525	2 541	—
0.192	252	503	1 006	1 509	2 515	—
0.193	249	498	996	1 494	2 489	—
0.194	246	493	985	1 478	2 463	—
0.195	244	488	975	1 463	2 438	—
0.196	241	483	965	1 448	2 413	—
0.197	239	478	956	1 434	2 389	—
0.198	236	473	946	1 419	2 365	—
0.199	234	468	936	1 405	2 341	—
0.200	232	464	927	1 391	2 318	—
0.201	229	459	918	1 377	2 295	—
0.202	227	454	909	1 363	2 272	—
0.203	225	450	900	1 350	2 250	—
0.204	223	446	891	1 337	2 228	—
0.205	221	441	882	1 324	2 206	—

表 3(续)

平均压痕直径 d/mm	试验力 F/N					
	49.03	98.07	196.1	294.2	490.3	980.7
	维氏硬度					
	HV5	HV10	HV20	HV30	HV50	HV100
0.206	218	437	874	1 311	2 185	—
0.207	216	433	865	1 298	2 164	—
0.208	214	429	857	1 286	2 143	—
0.209	212	425	849	1 274	2 123	—
0.210	210	421	841	1 262	2 102	—
0.211	208	417	833	1 250	2 083	—
0.212	206	413	825	1 238	2 063	—
0.213	204	409	817	1 226	2 044	—
0.214	202	405	810	1 215	2 025	—
0.215	201	401	802	1 204	2 006	—
0.216	199	397	795	1 192	1 987	—
0.217	197	394	787	1 181	1 969	—
0.218	195	390	780	1 171	1 951	—
0.219	193	387	773	1 160	1 933	—
0.220	192	383	766	1 149	1 916	—
0.221	190	380	759	1 139	1 898	—
0.222	188	376	752	1 129	1 881	—
0.223	186	373	746	1 119	1 864	—
0.224	185	370	739	1 109	1 848	—
0.225	183	366	732	1 099	1 831	—
0.226	182	363	726	1 089	1 815	—
0.227	180	360	720	1 080	1 799	—
0.228	178	357	713	1 070	1 784	—
0.229	177	354	707	1 061	1 768	—
0.230	175	351	701	1 052	1 753	—
0.231	174	348	695	1 043	1 738	—
0.232	172	345	689	1 034	1 723	—
0.233	171	342	683	1 025	1 708	—
0.234	169	339	677	1 016	1 693	—
0.235	168	336	671	1 007	1 679	—
0.236	166	333	666	999	1 665	—
0.237	165	330	660	990	1 651	—
0.238	164	327	655	982	1 637	—
0.239	162	325	649	974	1 623	—
0.240	161	322	644	966	1 610	—
0.241	160	319	638	958	1 596	—
0.242	158	317	633	950	1 583	—
0.243	157	314	628	942	1 570	—
0.244	156	311	623	934	1 557	—
0.245	154	309	618	927	1 545	—

表 3（续）

平均压痕直径 d/mm	试验力 F/N					
	49.03	98.07	196.1	294.2	490.3	980.7
	维氏硬度					
	HV5	HV10	HV20	HV30	HV50	HV100
0.246	153	306	613	919	1 532	—
0.247	152	304	608	912	1 520	—
0.248	151	302	603	905	1 507	—
0.249	150	299	598	897	1 495	—
0.250	148	297	593	890	1 483	—
0.251	147	294	589	883	1 472	—
0.252	146	292	584	876	1 460	—
0.253	145	290	579	869	1 448	—
0.254	144	287	575	862	1 437	—
0.255	143	285	570	856	1 426	—
0.256	141	283	566	849	1 415	2 830
0.257	140	281	561	842	1 404	2 808
0.258	139	279	557	836	1 393	2 786
0.259	138	276	553	829	1 382	2 765
0.260	137	274	549	823	1 372	2 743
0.261	136	272	544	817	1 361	2 722
0.262	135	270	540	810	1 351	2 702
0.263	134	268	536	804	1 340	2 681
0.264	133	266	532	798	1 330	2 661
0.265	132	264	528	792	1 320	2 641
0.266	131	262	524	786	1 310	2 621
0.267	130	260	520	780	1 301	2 601
0.268	129	258	516	775	1 291	2 582
0.269	128	256	512	769	1 281	2 563
0.270	127	254	509	763	1 272	2 544
0.271	126	253	505	758	1 262	2 525
0.272	125	251	501	752	1 253	2 507
0.273	124	249	498	746	1 244	2 488
0.274	123	247	494	741	1 235	2 470
0.275	123	245	490	736	1 226	2 452
0.276	122	243	487	730	1 217	2 434
0.277	121	242	483	725	1 208	2 417
0.278	120	240	480	720	1 200	2 400
0.279	119	238	476	715	1 191	2 382
0.280	118	237	473	710	1 183	2 365
0.281	117	235	470	705	1 174	2 349
0.282	117	233	466	700	1 166	2 332
0.283	116	232	463	695	1 158	2 316
0.284	115	230	460	690	1 150	2 299
0.285	114	228	457	685	1 141	2 283

表 3（续）

平均压痕直径 d/mm	试验力 F/N					
	49.03	98.07	196.1	294.2	490.3	980.7
	维氏硬度					
	HV5	HV10	HV20	HV30	HV50	HV100
0.286	113	227	453	680	1 133	2 267
0.287	113	225	450	675	1 126	2 251
0.288	112	224	447	671	1 118	2 236
0.289	111	222	444	666	1 110	2 220
0.290	110	221	441	662	1 102	2 205
0.291	109	219	438	657	1 095	2 190
0.292	109	218	435	652	1 087	2 175
0.293	108	216	432	648	1 080	2 160
0.294	107	215	429	644	1 073	2 146
0.295	107	213	426	639	1 065	2 131
0.296	106	212	423	635	1 058	2 117
0.297	105	210	420	631	1 051	2 102
0.298	104	209	418	626	1 044	2 088
0.299	104	207	415	622	1 037	2 074
0.300	103	206	412	618	1 030	2 061
0.301	102	205	409	614	1 023	2 047
0.302	102	203	407	610	1 017	2 033
0.303	101	202	404	606	1 010	2 020
0.304	100	201	401	602	1 003	2 007
0.305	99.7	199	399	598	997	1 994
0.306	99.0	198	396	594	990	1 981
0.307	98.4	197	393	590	984	1 968
0.308	97.7	195	391	586	977	1 955
0.309	97.1	194	388	583	971	1 942
0.310	96.5	193	386	579	965	1 930
0.311	95.9	192	383	575	959	1 917
0.312	95.2	191	381	572	952	1 905
0.313	94.6	189	379	568	946	1 893
0.314	94.0	188	376	564	940	1 881
0.315	93.4	187	374	561	934	1 869
0.316	92.8	186	371	557	928	1 857
0.317	92.3	185	369	554	923	1 845
0.318	91.7	183	367	550	917	1 834
0.319	91.1	182	364	547	911	1 822
0.320	90.5	181	362	543	905	1 811
0.321	90.0	180	360	540	900	1 800
0.322	89.4	179	358	537	894	1 789
0.323	88.9	178	355	533	889	1 778
0.324	88.3	177	353	530	883	1 767
0.325	87.8	176	351	527	878	1 756

表 3（续）

平均压痕直径 d/mm	试验力 F/N					
	49.03	98.07	196.1	294.2	490.3	980.7
	维氏硬度					
	HV5	HV10	HV20	HV30	HV50	HV100
0.326	87.2	174	349	523	872	1 745
0.327	86.7	173	347	520	867	1 734
0.328	86.2	172	345	517	862	1 724
0.329	85.7	171	343	514	857	1 713
0.330	85.1	170	341	511	851	1 703
0.331	84.6	169	338	508	846	1 693
0.332	84.1	168	336	505	841	1 682
0.333	83.6	167	334	502	836	1 672
0.334	83.1	166	332	499	831	1 662
0.335	82.6	165	330	496	826	1 652
0.336	82.1	164	328	493	821	1 643
0.337	81.6	163	327	490	816	1 633
0.338	81.2	162	325	487	812	1 623
0.339	80.7	161	323	484	807	1 614
0.340	80.2	160	321	481	802	1 604
0.341	79.7	159	319	478	797	1 595
0.342	79.3	159	317	476	793	1 586
0.343	78.8	158	315	473	788	1 576
0.344	78.3	157	313	470	783	1 567
0.345	77.9	156	312	467	779	1 558
0.346	77.4	155	310	465	774	1 549
0.347	77.0	154	308	462	770	1 540
0.348	76.6	153	306	459	766	1 531
0.349	76.1	152	304	457	761	1 523
0.350	75.7	151	303	454	757	1 514
0.351	75.3	151	301	452	753	1 505
0.352	74.8	150	299	449	748	1 497
0.353	74.4	149	298	446	744	1 488
0.354	74.0	148	296	444	740	1 480
0.355	73.6	147	294	441	736	1 472
0.356	73.2	146	293	439	732	1 463
0.357	72.7	146	291	437	727	1 455
0.358	72.3	145	289	434	723	1 447
0.359	71.9	144	288	432	719	1 439
0.360	71.5	143	286	429	715	1 431
0.361	71.1	142	285	427	711	1 423
0.362	70.8	142	283	425	708	1 415
0.363	70.4	141	281	422	704	1 407
0.364	70.0	140	280	420	700	1 400
0.365	69.6	139	278	418	696	1 392

表 3（续）

平均压痕直径 d/mm	试验力 F/N					
	49.03	98.07	196.1	294.2	490.3	980.7
	维氏硬度					
	HV5	HV10	HV20	HV30	HV50	HV100
0.366	69.2	138	277	415	692	1 384
0.367	68.8	138	275	413	688	1 377
0.368	68.5	137	274	411	685	1 369
0.369	68.1	136	272	409	681	1 362
0.370	67.7	135	271	406	677	1 355
0.371	67.4	135	269	404	674	1 347
0.372	67.0	134	268	402	670	1 340
0.373	66.6	133	267	400	666	1 333
0.374	66.3	133	265	398	663	1 326
0.375	65.9	132	264	396	659	1 319
0.376	65.6	131	262	394	656	1 312
0.377	65.2	130	261	391	652	1 305
0.378	64.9	130	260	389	649	1 298
0.379	64.5	129	258	387	645	1 291
0.380	64.2	128	257	385	642	1 284
0.381	63.9	128	255	383	639	1 278
0.382	63.5	127	254	381	635	1 271
0.383	63.2	126	253	379	632	1 264
0.384	62.9	126	251	377	629	1 258
0.385	62.6	125	250	375	626	1 251
0.386	62.2	124	249	373	622	1 245
0.387	61.9	124	248	371	619	1 238
0.388	61.6	123	246	370	616	1 232
0.389	61.3	123	245	368	613	1 226
0.390	61.0	122	244	366	610	1 219
0.391	60.6	121	243	364	606	1 213
0.392	60.3	121	241	362	603	1 207
0.393	60.0	120	240	360	600	1 201
0.394	59.7	119	239	358	597	1 195
0.395	59.4	119	238	357	594	1 189
0.396	59.1	118	236	355	591	1 183
0.397	58.8	118	235	353	588	1 177
0.398	58.5	117	234	351	585	1 171
0.399	58.2	116	233	349	582	1 165
0.400	57.9	116	232	348	579	1 159
0.401	57.7	115	231	346	577	1 153
0.402	57.4	115	229	344	574	1 148
0.403	57.1	114	228	343	571	1 142
0.404	56.8	114	227	341	568	1 136
0.405	56.5	113	226	339	565	1 131

表 3（续）

平均压痕直径 d/mm	试验力 F/N					
	49.03	98.07	196.1	294.2	490.3	980.7
	维氏硬度					
	HV5	HV10	HV20	HV30	HV50	HV100
0.406	56.2	113	225	338	562	1 125
0.407	56.0	112	224	336	560	1 120
0.408	55.7	111	223	334	557	1 114
0.409	55.4	111	222	333	554	1 109
0.410	55.2	110	221	331	552	1 103
0.411	54.9	110	220	329	549	1 098
0.412	54.6	109	218	328	546	1 093
0.413	54.4	109	217	326	544	1 087
0.414	54.1	108	216	325	541	1 082
0.415	53.8	108	215	323	538	1 077
0.416	53.6	107	214	321	536	1 072
0.417	53.3	107	213	320	533	1 066
0.418	53.1	106	212	318	531	1 061
0.419	52.8	106	211	317	528	1 056
0.420	52.6	105	210	315	526	1 051
0.421	52.3	105	209	314	523	1 046
0.422	52.1	104	208	312	521	1 041
0.423	51.8	104	207	311	518	1 036
0.424	51.6	103	206	309	516	1 032
0.425	51.3	103	205	308	513	1 027
0.426	51.1	102	204	307	511	1 022
0.427	50.9	102	203	305	509	1 017
0.428	50.6	101	202	304	506	1 012
0.429	50.4	101	201	302	504	1 008
0.430	50.1	100	201	301	501	1 003
0.431	49.9	99.8	200	299	499	998
0.432	49.7	99.4	199	298	497	994
0.433	49.5	98.9	198	297	495	989
0.434	49.2	98.5	197	295	492	985
0.435	49.0	98.0	196	294	490	980
0.436	48.8	97.6	195	293	488	976
0.437	48.6	97.1	194	291	486	971
0.438	48.3	96.7	193	290	483	967
0.439	48.1	96.2	192	289	481	962
0.440	47.9	95.8	192	287	479	958
0.441	47.7	95.4	191	286	477	954
0.442	47.5	94.9	190	285	475	949
0.443	47.2	94.5	189	283	472	945
0.444	47.0	94.1	188	282	470	941
0.445	46.8	93.6	187	281	468	936

表 3（续）

平均压痕直径 d/mm	试验力 F/N					
	49.03	98.07	196.1	294.2	490.3	980.7
	维氏硬度					
	HV5	HV10	HV20	HV30	HV50	HV100
0.446	46.6	93.2	186	280	466	932
0.447	46.4	92.8	186	278	464	928
0.448	46.2	92.4	185	277	462	924
0.449	46.0	92.0	184	276	460	920
0.450	45.8	91.6	183	275	458	916
0.451	45.6	91.2	182	274	456	912
0.452	45.4	90.8	182	272	454	908
0.453	45.2	90.4	181	271	452	904
0.454	45.0	90.0	180	270	450	900
0.455	44.8	89.6	179	269	448	896
0.456	44.6	89.2	178	268	446	892
0.457	44.4	88.8	178	266	444	888
0.458	44.2	88.4	177	265	442	884
0.459	44.0	88.0	176	264	440	880
0.460	43.8	87.6	175	263	438	876
0.461	43.6	87.3	174	262	436	873
0.462	43.4	86.9	174	261	434	869
0.463	43.3	86.5	173	260	433	865
0.464	43.1	86.1	172	258	431	861
0.465	42.9	85.8	171	257	429	858
0.466	42.7	85.4	171	256	427	854
0.467	42.5	85.0	170	255	425	850
0.468	42.3	84.7	169	254	423	847
0.469	42.2	84.3	169	253	422	843
0.470	42.0	84.0	168	252	420	840
0.471	41.8	83.6	167	251	418	836
0.472	41.6	83.2	166	250	416	832
0.473	41.4	82.9	166	249	414	829
0.474	41.3	82.5	165	248	413	825
0.475	41.1	82.2	164	247	411	822
0.476	40.9	81.8	164	246	409	818
0.477	40.7	81.5	163	245	407	815
0.478	40.6	81.2	162	243	406	812
0.479	40.4	80.8	162	242	404	808
0.480	40.2	80.5	161	241	402	805
0.481	40.1	80.2	160	240	401	802
0.482	39.9	79.8	160	239	399	798
0.483	39.7	79.5	159	238	397	795
0.484	39.6	79.2	158	237	396	792
0.485	39.4	78.8	158	237	394	788

表 3(续)

平均压痕直径 d/mm	试验力 F/N					
	49.03	98.07	196.1	294.2	490.3	980.7
	维氏硬度					
	HV5	HV10	HV20	HV30	HV50	HV100
0.486	39.3	78.5	157	236	393	785
0.487	39.1	78.2	156	235	391	782
0.488	38.9	77.9	156	234	389	779
0.489	38.8	77.6	155	233	388	776
0.490	38.6	77.2	154	232	386	772
0.491	38.5	76.9	154	231	385	769
0.492	38.3	76.6	153	230	383	766
0.493	38.1	76.3	153	229	381	763
0.494	38.0	76.0	152	228	380	760
0.495	37.8	75.7	151	227	378	757
0.496	37.7	75.4	151	226	377	754
0.497	37.5	75.1	150	225	375	751
0.498	37.4	74.8	150	224	374	748
0.499	37.2	74.5	149	223	372	745
0.500	37.1	74.2	148	223	371	742
0.501	36.9	73.9	148	222	369	739
0.502	36.8	73.6	147	221	368	736
0.503	36.6	73.3	147	220	366	733
0.504	36.5	73.0	146	219	365	730
0.505	36.4	72.7	145	218	364	727
0.506	36.2	72.4	145	217	362	724
0.507	36.1	72.1	144	216	361	721
0.508	35.9	71.9	144	216	359	719
0.509	35.8	71.6	143	215	358	716
0.510	35.6	71.3	143	214	356	713
0.511	35.5	71.0	142	213	355	710
0.512	35.4	70.7	141	212	354	707
0.513	35.2	70.5	141	211	352	705
0.514	35.1	70.2	140	211	351	702
0.515	35.0	69.9	140	210	350	699
0.516	34.8	69.7	139	209	348	697
0.517	34.7	69.4	139	208	347	694
0.518	34.6	69.1	138	207	346	691
0.519	34.4	68.8	138	207	344	688
0.520	34.3	68.6	137	206	343	686
0.521	34.2	68.3	137	205	342	683
0.522	34.0	68.1	136	204	340	681
0.523	33.9	67.8	136	203	339	678
0.524	33.8	67.5	135	203	338	675
0.525	33.6	67.3	135	202	336	673

表 3（续）

平均压痕直径 d/mm	试验力 F/N					
	49.03	98.07	196.1	294.2	490.3	980.7
	维氏硬度					
	HV5	HV10	HV20	HV30	HV50	HV100
0.526	33.5	67.0	134	201	335	670
0.527	33.4	66.8	134	200	334	668
0.528	33.3	66.5	133	200	333	665
0.529	33.1	66.3	133	199	331	663
0.530	33.0	66.0	132	198	330	660
0.531	32.9	65.8	132	197	329	658
0.532	32.8	65.5	131	197	328	655
0.533	32.6	65.3	131	196	326	653
0.534	32.5	65.0	130	195	325	650
0.535	32.4	64.8	130	194	324	648
0.536	32.3	64.6	129	194	323	646
0.537	32.2	64.3	129	193	322	643
0.538	32.0	64.1	128	192	320	641
0.539	31.9	63.8	128	191	319	638
0.540	31.8	63.6	127	191	318	636
0.541	31.7	63.4	127	190	317	634
0.542	31.6	63.1	126	189	316	631
0.543	31.4	62.9	126	189	314	629
0.544	31.3	62.7	125	188	313	627
0.545	31.2	62.4	125	187	312	624
0.546	31.1	62.2	124	187	311	622
0.547	31.0	62.0	124	186	310	620
0.548	30.9	61.8	123	185	309	618
0.549	30.8	61.5	123	185	308	615
0.550	30.6	61.3	123	184	306	613
0.551	30.5	61.1	122	183	305	611
0.552	30.4	60.9	122	183	304	609
0.553	30.3	60.6	121	182	303	606
0.554	30.2	60.4	121	181	302	604
0.555	30.1	60.2	120	181	301	602
0.556	30.0	60.0	120	180	300	600
0.557	29.9	59.8	120	179	299	598
0.558	29.8	59.6	119	179	298	596
0.559	29.7	59.3	119	178	297	593
0.560	29.6	59.1	118	177	296	591
0.561	29.5	58.9	118	177	295	589
0.562	29.4	58.7	117	176	294	587
0.563	29.3	58.5	117	176	293	585
0.564	29.1	58.3	117	175	291	583
0.565	29.0	58.1	116	174	290	581

表 3（续）

平均压痕直径 d/mm	试验力 F/N					
	49.03	98.07	196.1	294.2	490.3	980.7
	维氏硬度					
	HV5	HV10	HV20	HV30	HV50	HV100
0.566	28.9	57.9	116	174	289	579
0.567	28.8	57.7	115	173	288	577
0.568	28.7	57.5	115	172	287	575
0.569	28.6	57.3	115	172	286	573
0.570	28.5	57.1	114	171	285	571
0.571	28.4	56.9	114	171	284	569
0.572	28.3	56.7	113	170	283	567
0.573	28.2	56.5	113	169	282	565
0.574	28.1	56.3	113	169	281	563
0.575	28.0	56.1	112	168	280	561
0.576	27.9	55.9	112	168	279	559
0.577	27.8	55.7	111	167	278	557
0.578	27.8	55.5	111	167	278	555
0.579	27.7	55.3	111	166	277	553
0.580	27.6	55.1	110	165	276	551
0.581	27.5	54.9	110	165	275	549
0.582	27.4	54.7	109	164	274	547
0.583	27.3	54.6	109	164	273	546
0.584	27.2	54.4	109	163	272	544
0.585	27.1	54.2	108	163	271	542
0.586	27.0	54.0	108	162	270	540
0.587	26.9	53.8	108	161	269	538
0.588	26.8	53.6	107	161	268	536
0.589	26.7	53.5	107	160	267	535
0.590	26.6	53.3	107	160	266	533
0.591	26.5	53.1	106	159	265	531
0.592	26.5	52.9	106	159	265	529
0.593	26.4	52.7	105	158	264	527
0.594	26.3	52.6	105	158	263	526
0.595	26.2	52.4	105	157	262	524
0.596	26.1	52.2	104	157	261	522
0.597	26.0	52.0	104	156	260	520
0.598	25.9	51.9	104	156	259	519
0.599	25.8	51.7	103	155	258	517
0.600	25.8	51.5	103	155	258	515
0.601	25.7	51.3	103	154	257	513
0.602	25.6	51.2	102	154	256	512
0.603	25.5	51.0	102	153	255	510
0.604	25.4	50.8	102	152	254	508
0.605	25.3	50.7	101	152	253	507

表 3（续）

平均压痕直径 d/mm	试验力 F/N					
	49.03	98.07	196.1	294.2	490.3	980.7
	维氏硬度					
	HV5	HV10	HV20	HV30	HV50	HV100
0.606	25.2	50.5	101	151	252	505
0.607	25.2	50.3	101	151	252	503
0.608	25.1	50.2	100	150	251	502
0.609	25.0	50.0	100.0	150	250	500
0.610	24.9	49.8	99.7	150	249	498
0.611	24.8	49.7	99.3	149	248	497
0.612	24.8	49.5	99.0	149	248	495
0.613	24.7	49.4	98.7	148	247	494
0.614	24.6	49.2	98.4	148	246	492
0.615	24.5	49.0	98.0	147	245	490
0.616	24.4	48.9	97.7	147	244	489
0.617	24.4	48.7	97.4	146	244	487
0.618	24.3	48.6	97.1	146	243	486
0.619	24.2	48.4	96.8	145	242	484
0.620	24.1	48.2	96.5	145	241	482
0.621	24.0	48.1	96.2	144	240	481
0.622	24.0	47.9	95.8	144	240	479
0.623	23.9	47.8	95.5	143	239	478
0.624	23.8	47.6	95.2	143	238	476
0.625	23.7	47.5	94.9	142	237	475
0.626	23.7	47.3	94.6	142	237	473
0.627	23.6	47.2	94.3	142	236	472
0.628	23.5	47.0	94.0	141	235	470
0.629	23.4	46.9	93.7	141	234	469
0.630	23.4	46.7	93.4	140	234	467
0.631	23.3	46.6	93.1	140	233	466
0.632	23.2	46.4	92.8	139	232	464
0.633	23.1	46.3	92.5	139	231	463
0.634	23.1	46.1	92.3	138	231	461
0.635	23.0	46.0	92.0	138	230	460
0.636	22.9	45.8	91.7	138	229	458
0.637	22.8	45.7	91.4	137	228	457
0.638	22.8	45.6	91.1	137	228	456
0.639	22.7	45.4	90.8	136	227	454
0.640	22.6	45.3	90.5	136	226	453
0.641	22.6	45.1	90.3	135	226	451
0.642	22.5	45.0	90.0	135	225	450
0.643	22.4	44.9	89.7	135	224	449
0.644	22.4	44.7	89.4	134	224	447
0.645	22.3	44.6	89.1	134	223	446

表 3（续）

平均压痕直径 d/mm	试验力 F/N					
	49.03	98.07	196.1	294.2	490.3	980.7
	维氏硬度					
	HV5	HV10	HV20	HV30	HV50	HV100
0.646	22.2	44.4	88.9	133	222	444
0.647	22.1	44.3	88.6	133	221	443
0.648	22.1	44.2	88.3	132	221	442
0.649	22.0	44.0	88.0	132	220	440
0.650	21.9	43.9	87.8	132	219	439
0.651	21.9	43.8	87.5	131	219	438
0.652	21.8	43.6	87.2	131	218	436
0.653	21.7	43.5	87.0	130	217	435
0.654	21.7	43.4	86.7	130	217	434
0.655	21.6	43.2	86.4	130	216	432
0.656	21.5	43.1	86.2	129	215	431
0.657	21.5	43.0	85.9	129	215	430
0.658	21.4	42.8	85.6	128	214	428
0.659	21.3	42.7	85.4	128	213	427
0.660	21.3	42.6	85.1	128	213	426
0.661	21.2	42.4	84.9	127	212	424
0.662	21.2	42.3	84.6	127	212	423
0.663	21.1	42.2	84.4	127	211	422
0.664	21.0	42.1	84.1	126	210	421
0.665	21.0	41.9	83.9	126	210	419
0.666	20.9	41.8	83.6	125	209	418
0.667	20.8	41.7	83.4	125	208	417
0.668	20.8	41.6	83.1	125	208	416
0.669	20.7	41.4	82.9	124	207	414
0.670	20.7	41.3	82.6	124	207	413
0.671	20.6	41.2	82.4	124	206	412
0.672	20.5	41.1	82.1	123	205	411
0.673	20.5	40.9	81.9	123	205	409
0.674	20.4	40.8	81.6	122	204	408
0.675	20.3	40.7	81.4	122	203	407
0.676	20.3	40.6	81.1	122	203	406
0.677	20.2	40.5	80.9	121	202	405
0.678	20.2	40.3	80.7	121	202	403
0.679	20.1	40.2	80.4	121	201	402
0.680	20.1	40.1	80.2	120	201	401
0.681	20.0	40.0	80.0	120	200	400
0.682	19.9	39.9	79.7	120	199	399
0.683	19.9	39.8	79.5	119	199	398
0.684	19.8	39.6	79.3	119	198	396
0.685	19.8	39.5	79.0	119	198	395

表 3（续）

平均压痕直径 d/mm	试验力 F/N					
	49.03	98.07	196.1	294.2	490.3	980.7
	维氏硬度					
	HV5	HV10	HV20	HV30	HV50	HV100
0.686	19.7	39.4	78.8	118	197	394
0.687	19.6	39.3	78.6	118	196	393
0.688	19.6	39.2	78.3	118	196	392
0.689	19.5	39.1	78.1	117	195	391
0.690	19.5	39.0	77.9	117	195	390
0.691	19.4	38.8	77.7	117	194	388
0.692	19.4	38.7	77.4	116	194	387
0.693	19.3	38.6	77.2	116	193	386
0.694	19.3	38.5	77.0	116	193	385
0.695	19.2	38.4	76.8	115	192	384
0.696	19.1	38.3	76.6	115	191	383
0.697	19.1	38.2	76.3	115	191	382
0.698	19.0	38.1	76.1	114	190	381
0.699	19.0	38.0	75.9	114	190	380
0.700	18.9	37.8	75.7	114	189	378
0.701	18.9	37.7	75.5	113	189	377
0.702	18.8	37.6	75.2	113	188	376
0.703	18.8	37.5	75.0	113	188	375
0.704	18.7	37.4	74.8	112	187	374
0.705	18.7	37.3	74.6	112	187	373
0.706	18.6	37.2	74.4	112	186	372
0.707	18.5	37.1	74.2	111	185	371
0.708	18.5	37.0	74.0	111	185	370
0.709	18.4	36.9	73.8	111	184	369
0.710	18.4	36.8	73.6	110	184	368
0.711	18.3	36.7	73.4	110	183	367
0.712	18.3	36.6	73.1	110	183	366
0.713	18.2	36.5	72.9	109	182	365
0.714	18.2	36.4	72.7	109	182	364
0.715	18.1	36.3	72.5	109	181	363
0.716	18.1	36.2	72.3	109	181	362
0.717	18.0	36.1	72.1	108	180	361
0.718	18.0	36.0	71.9	108	180	360
0.719	17.9	35.9	71.7	108	179	359
0.720	17.9	35.8	71.5	107	179	358
0.721	17.8	35.7	71.3	107	178	357
0.722	17.8	35.6	71.1	107	178	356
0.723	17.7	35.5	70.9	106	177	355
0.724	17.7	35.4	70.7	106	177	354
0.725	17.6	35.3	70.5	106	176	353

表 3（续）

平均压痕直径 d/mm	试验力 F/N					
	49.03	98.07	196.1	294.2	490.3	980.7
	维氏硬度					
	HV5	HV10	HV20	HV30	HV50	HV100
0.726	17.6	35.2	70.4	106	176	352
0.727	17.5	35.1	70.2	105	175	351
0.728	17.5	35.0	70.0	105	175	350
0.729	17.4	34.9	69.8	105	174	349
0.730	17.4	34.8	69.6	104	174	348
0.731	17.4	34.7	69.4	104	174	347
0.732	17.3	34.6	69.2	104	173	346
0.733	17.3	34.5	69.0	104	173	345
0.734	17.2	34.4	68.8	103	172	344
0.735	17.2	34.3	68.6	103	172	343
0.736	17.1	34.2	68.5	103	171	342
0.737	17.1	34.1	68.3	102	171	341
0.738	17.0	34.0	68.1	102	170	340
0.739	17.0	34.0	67.9	102	170	340
0.740	16.9	33.9	67.7	102	169	339
0.741	16.9	33.8	67.5	101	169	338
0.742	16.8	33.7	67.4	101	168	337
0.743	16.8	33.6	67.2	101	168	336
0.744	16.7	33.5	67.0	101	167	335
0.745	16.7	33.4	66.8	100	167	334
0.746	16.7	33.3	66.6	100	167	333
0.747	16.6	33.2	66.5	99.7	166	332
0.748	16.6	33.1	66.3	99.4	166	331
0.749	16.5	33.1	66.1	99.2	165	331
0.750	16.5	33.0	65.9	98.9	165	330
0.751	16.4	32.9	65.7	98.6	164	329
0.752	16.4	32.8	65.6	98.4	164	328
0.753	16.4	32.7	65.4	98.1	164	327
0.754	16.3	32.6	65.2	97.9	163	326
0.755	16.3	32.5	65.1	97.6	163	325
0.756	16.2	32.4	64.9	97.3	162	324
0.757	16.2	32.4	64.7	97.1	162	324
0.758	16.1	32.3	64.5	96.8	161	323
0.759	16.1	32.2	64.4	96.6	161	322
0.760	16.1	32.1	64.2	96.3	161	321
0.761	16.0	32.0	64.0	96.1	160	320
0.762	16.0	31.9	63.9	95.8	160	319
0.763	15.9	31.9	63.7	95.6	159	319
0.764	15.9	31.8	63.5	95.3	159	318
0.765	15.8	31.7	63.4	95.1	158	317

表 3（续）

平均压痕直径 d/mm	试验力 F/N					
	49.03	98.07	196.1	294.2	490.3	980.7
	维氏硬度					
	HV5	HV10	HV20	HV30	HV50	HV100
0.766	15.8	31.6	63.2	94.8	158	316
0.767	15.8	31.5	63.0	94.6	158	315
0.768	15.7	31.4	62.9	94.3	157	314
0.769	15.7	31.4	62.7	94.1	157	314
0.770	15.6	31.3	62.5	93.8	156	313
0.771	15.6	31.2	62.4	93.6	156	312
0.772	15.6	31.1	62.2	93.3	156	311
0.773	15.5	31.0	62.1	93.1	155	310
0.774	15.5	31.0	61.9	92.9	155	310
0.775	15.4	30.9	61.7	92.6	154	309
0.776	15.4	30.8	61.6	92.4	154	308
0.777	15.4	30.7	61.4	92.1	154	307
0.778	15.3	30.6	61.3	91.9	153	306
0.779	15.3	30.6	61.1	91.7	153	306
0.780	15.2	30.5	61.0	91.4	152	305
0.781	15.2	30.4	60.8	91.2	152	304
0.782	15.2	30.3	60.6	91.0	152	303
0.783	15.1	30.2	60.5	90.7	151	302
0.784	15.1	30.2	60.3	90.5	151	302
0.785	15.0	30.1	60.2	90.3	150	301
0.786	15.0	30.0	60.0	90.1	150	300
0.787	15.0	29.9	59.9	89.8	150	299
0.788	14.9	29.9	59.7	89.6	149	299
0.789	14.9	29.8	59.6	89.4	149	298
0.790	14.9	29.7	59.4	89.1	149	297
0.791	14.8	29.6	59.3	88.9	148	296
0.792	14.8	29.6	59.1	88.7	148	296
0.793	14.7	29.5	59.0	88.5	147	295
0.794	14.7	29.4	58.8	88.2	147	294
0.795	14.7	29.3	58.7	88.0	147	293
0.796	14.6	29.3	58.5	87.8	146	293
0.797	14.6	29.2	58.4	87.6	146	292
0.798	14.6	29.1	58.2	87.4	146	291
0.799	14.5	29.0	58.1	87.1	145	290
0.800	14.5	29.0	57.9	86.9	145	290
0.801	14.5	28.9	57.8	86.7	145	289
0.802	14.4	28.8	57.7	86.5	144	288
0.803	14.4	28.8	57.5	86.3	144	288
0.804	14.3	28.7	57.4	86.1	143	287
0.805	14.3	28.6	57.2	85.9	143	286

表 3（续）

平均压痕直径 d/mm	试验力 F/N					
	49.03	98.07	196.1	294.2	490.3	980.7
	维氏硬度					
	HV5	HV10	HV20	HV30	HV50	HV100
0.806	14.3	28.5	57.1	85.6	143	285
0.807	14.2	28.5	56.9	85.4	142	285
0.808	14.2	28.4	56.8	85.2	142	284
0.809	14.2	28.3	56.7	85.0	142	283
0.810	14.1	28.3	56.5	84.8	141	283
0.811	14.1	28.2	56.4	84.6	141	282
0.812	14.1	28.1	56.2	84.4	141	281
0.813	14.0	28.1	56.1	84.2	140	281
0.814	14.0	28.0	56.0	84.0	140	280
0.815	14.0	27.9	55.8	83.8	140	279
0.816	13.9	27.9	55.7	83.6	139	279
0.817	13.9	27.8	55.6	83.3	139	278
0.818	13.9	27.7	55.4	83.1	139	277
0.819	13.8	27.6	55.3	82.9	138	276
0.820	13.8	27.6	55.1	82.7	138	276
0.821	13.8	27.5	55.0	82.5	138	275
0.822	13.7	27.4	54.9	82.3	137	274
0.823	13.7	27.4	54.7	82.1	137	274
0.824	13.7	27.3	54.6	81.9	137	273
0.825	13.6	27.2	54.5	81.7	136	272
0.826	13.6	27.2	54.4	81.5	136	272
0.827	13.6	27.1	54.2	81.3	136	271
0.828	13.5	27.0	54.1	81.1	135	270
0.829	13.5	27.0	54.0	81.0	135	270
0.830	13.5	26.9	53.8	80.8	135	269
0.831	13.4	26.9	53.7	80.6	134	269
0.832	13.4	26.8	53.6	80.4	134	268
0.833	13.4	26.7	53.4	80.2	134	267
0.834	13.3	26.7	53.3	80.0	133	267
0.835	13.3	26.6	53.2	79.8	133	266
0.836	13.3	26.5	53.1	79.6	133	265
0.837	13.2	26.5	52.9	79.4	132	265
0.838	13.2	26.4	52.8	79.2	132	264
0.839	13.2	26.3	52.7	79.0	132	263
0.840	13.1	26.3	52.6	78.8	131	263
0.841	13.1	26.2	52.4	78.7	131	262
0.842	13.1	26.2	52.3	78.5	131	262
0.843	13.0	26.1	52.2	78.3	130	261
0.844	13.0	26.0	52.1	78.1	130	260
0.845	13.0	26.0	51.9	77.9	130	260

表 3（续）

平均压痕直径 d/mm	试验力 F/N					
	49.03	98.07	196.1	294.2	490.3	980.7
	维氏硬度					
	HV5	HV10	HV20	HV30	HV50	HV100
0.846	13.0	25.9	51.8	77.7	130	259
0.847	12.9	25.9	51.7	77.5	129	259
0.848	12.9	25.8	51.6	77.4	129	258
0.849	12.9	25.7	51.4	77.2	129	257
0.850	12.8	25.7	51.3	77.0	128	257
0.851	12.8	25.6	51.2	76.8	128	256
0.852	12.8	25.5	51.1	76.6	128	255
0.853	12.7	25.5	51.0	76.5	127	255
0.854	12.7	25.4	50.8	76.3	127	254
0.855	12.7	25.4	50.7	76.1	127	254
0.856	12.7	25.3	50.6	75.9	127	253
0.857	12.6	25.3	50.5	75.7	126	253
0.858	12.6	25.2	50.4	75.6	126	252
0.859	12.6	25.1	50.3	75.4	126	251
0.860	12.5	25.1	50.1	75.2	125	251
0.861	12.5	25.0	50.0	75.0	125	250
0.862	12.5	25.0	49.9	74.9	125	250
0.863	12.4	24.9	49.8	74.7	124	249
0.864	12.4	24.8	49.7	74.5	124	248
0.865	12.4	24.8	49.6	74.4	124	248
0.866	12.4	24.7	49.4	74.2	124	247
0.867	12.3	24.7	49.3	74.0	123	247
0.868	12.3	24.6	49.2	73.8	123	246
0.869	12.3	24.6	49.1	73.7	123	246
0.870	12.2	24.5	49.0	73.5	122	245
0.871	12.2	24.4	48.9	73.3	122	244
0.872	12.2	24.4	48.8	73.2	122	244
0.873	12.2	24.3	48.7	73.0	122	243
0.874	12.1	24.3	48.5	72.8	121	243
0.875	12.1	24.2	48.4	72.7	121	242
0.876	12.1	24.2	48.3	72.5	121	242
0.877	12.1	24.1	48.2	72.3	121	241
0.878	12.0	24.1	48.1	72.2	120	241
0.879	12.0	24.0	48.0	72.0	120	240
0.880	12.0	23.9	47.9	71.8	120	239
0.881	11.9	23.9	47.8	71.7	119	239
0.882	11.9	23.8	47.7	71.5	119	238
0.883	11.9	23.8	47.6	71.4	119	238
0.884	11.9	23.7	47.5	71.2	119	237
0.885	11.8	23.7	47.3	71.0	118	237

表 3（续）

平均压痕直径 d/mm	试验力 F/N					
	49.03	98.07	196.1	294.2	490.3	980.7
	维氏硬度					
	HV5	HV10	HV20	HV30	HV50	HV100
0.886	11.8	23.6	47.2	70.9	118	236
0.887	11.8	23.6	47.1	70.7	118	236
0.888	11.8	23.5	47.0	70.6	118	235
0.889	11.7	23.5	46.9	70.4	117	235
0.890	11.7	23.4	46.8	70.2	117	234
0.891	11.7	23.4	46.7	70.1	117	234
0.892	11.7	23.3	46.6	69.9	117	233
0.893	11.6	23.3	46.5	69.8	116	233
0.894	11.6	23.2	46.4	69.6	116	232
0.895	11.6	23.2	46.3	69.5	116	232
0.896	11.5	23.1	46.2	69.3	115	231
0.897	11.5	23.0	46.1	69.1	115	230
0.898	11.5	23.0	46.0	69.0	115	230
0.899	11.5	22.9	45.9	68.8	115	229
0.900	11.4	22.9	45.8	68.7	114	229
0.901	11.4	22.8	45.7	68.5	114	228
0.902	11.4	22.8	45.6	68.4	114	228
0.903	11.4	22.7	45.5	68.2	114	227
0.904	11.3	22.7	45.4	68.1	113	227
0.905	11.3	22.6	45.3	67.9	113	226
0.906	11.3	22.6	45.2	67.8	113	226
0.907	11.3	22.5	45.1	67.6	113	225
0.908	11.2	22.5	45.0	67.5	112	225
0.909	11.2	22.4	44.9	67.3	112	224
0.910	11.2	22.4	44.8	67.2	112	224
0.911	11.2	22.3	44.7	67.0	112	223
0.912	11.1	22.3	44.6	66.9	111	223
0.913	11.1	22.2	44.5	66.7	111	222
0.914	11.1	22.2	44.4	66.6	111	222
0.915	11.1	22.2	44.3	66.4	111	222
0.916	11.1	22.1	44.2	66.3	111	221
0.917	11.0	22.1	44.1	66.2	110	221
0.918	11.0	22.0	44.0	66.0	110	220
0.919	11.0	22.0	43.9	65.9	110	220
0.920	11.0	21.9	43.8	65.7	110	219
0.921	10.9	21.9	43.7	65.6	109	219
0.922	10.9	21.8	43.6	65.4	109	218
0.923	10.9	21.8	43.5	65.3	109	218
0.924	10.9	21.7	43.4	65.2	109	217
0.925	10.8	21.7	43.3	65.0	108	217

表 3（续）

平均压痕直径 d/mm	试验力 F/N					
	49.03	98.07	196.1	294.2	490.3	980.7
	维氏硬度					
	HV5	HV10	HV20	HV30	HV50	HV100
0.926	10.8	21.6	43.2	64.9	108	216
0.927	10.8	21.6	43.2	64.7	108	216
0.928	10.8	21.5	43.1	64.6	108	215
0.929	10.7	21.5	43.0	64.5	107	215
0.930	10.7	21.4	42.9	64.3	107	214
0.931	10.7	21.4	42.8	64.2	107	214
0.932	10.7	21.3	42.7	64.0	107	213
0.933	10.7	21.3	42.6	63.9	107	213
0.934	10.6	21.3	42.5	63.8	106	213
0.935	10.6	21.2	42.4	63.6	106	212
0.936	10.6	21.2	42.3	63.5	106	212
0.937	10.6	21.1	42.2	63.4	106	211
0.938	10.5	21.1	42.1	63.2	105	211
0.939	10.5	21.0	42.1	63.1	105	210
0.940	10.5	21.0	42.0	63.0	105	210
0.941	10.5	20.9	41.9	62.8	105	209
0.942	10.4	20.9	41.8	62.7	104	209
0.943	10.4	20.9	41.7	62.6	104	209
0.944	10.4	20.8	41.6	62.4	104	208
0.945	10.4	20.8	41.5	62.3	104	208
0.946	10.4	20.7	41.4	62.2	104	207
0.947	10.3	20.7	41.3	62.0	103	207
0.948	10.3	20.6	41.3	61.9	103	206
0.949	10.3	20.6	41.2	61.8	103	206
0.950	10.3	20.5	41.1	61.6	103	205
0.951	10.3	20.5	41.0	61.5	103	205
0.952	10.2	20.5	40.9	61.4	102	205
0.953	10.2	20.4	40.8	61.3	102	204
0.954	10.2	20.4	40.7	61.1	102	204
0.955	10.2	20.3	40.7	61.0	102	203
0.956	10.1	20.3	40.6	60.9	101	203
0.957	10.1	20.2	40.5	60.7	101	202
0.958	10.1	20.2	40.4	60.6	101	202
0.959	10.1	20.2	40.3	60.5	101	202
0.960	10.1	20.1	40.2	60.4	101	201
0.961	10.0	20.1	40.2	60.2	100	201
0.962	10.0	20.0	40.1	60.1	100	200
0.963	10.0	20.0	40.0	60.0	100	200
0.964	9.98	20.0	39.9	59.9	99.8	200
0.965	9.96	19.9	39.8	59.7	99.6	199

表 3（续）

平均压痕直径 d/mm	试验力 F/N					
	49.03	98.07	196.1	294.2	490.3	980.7
	维氏硬度					
	HV5	HV10	HV20	HV30	HV50	HV100
0.966	9.94	19.9	39.7	59.6	99.4	199
0.967	9.92	19.8	39.7	59.5	99.2	198
0.968	9.89	19.8	39.6	59.4	98.9	198
0.969	9.87	19.8	39.5	59.2	98.7	198
0.970	9.85	19.7	39.4	59.1	98.5	197
0.971	9.83	19.7	39.3	59.0	98.3	197
0.972	9.81	19.6	39.2	58.9	98.1	196
0.973	9.79	19.6	39.2	58.8	97.9	196
0.974	9.77	19.5	39.1	58.6	97.7	195
0.975	9.75	19.5	39.0	58.5	97.5	195
0.976	9.73	19.5	38.9	58.4	97.3	195
0.977	9.71	19.4	38.8	58.3	97.1	194
0.978	9.69	19.4	38.8	58.2	96.9	194
0.979	9.67	19.3	38.7	58.0	96.7	193
0.980	9.65	19.3	38.6	57.9	96.5	193
0.981	9.63	19.3	38.5	57.8	96.3	193
0.982	9.61	19.2	38.5	57.7	96.1	192
0.983	9.60	19.2	38.4	57.6	96.0	192
0.984	9.58	19.2	38.3	57.5	95.8	192
0.985	9.56	19.1	38.2	57.3	95.6	191
0.986	9.54	19.1	38.1	57.2	95.4	191
0.987	9.52	19.0	38.1	57.1	95.2	190
0.988	9.50	19.0	38.0	57.0	95.0	190
0.989	9.48	19.0	37.9	56.9	94.8	190
0.990	9.46	18.9	37.8	56.8	94.6	189
0.991	9.44	18.9	37.8	56.6	94.4	189
0.992	9.42	18.8	37.7	56.5	94.2	188
0.993	9.40	18.8	37.6	56.4	94.0	188
0.994	9.38	18.8	37.5	56.3	93.8	188
0.995	9.36	18.7	37.5	56.2	93.6	187
0.996	9.35	18.7	37.4	56.1	93.5	187
0.997	9.33	18.7	37.3	56.0	93.3	187
0.998	9.31	18.6	37.2	55.9	93.1	186
0.999	9.29	18.6	37.2	55.7	92.9	186
1.000	9.27	18.5	37.1	55.6	92.7	185
1.001	9.25	18.5	37.0	55.5	92.5	185
1.002	9.23	18.5	36.9	55.4	92.3	185
1.003	9.22	18.4	36.9	55.3	92.2	184
1.004	9.20	18.4	36.8	55.2	92.0	184
1.005	9.18	18.4	36.7	55.1	91.8	184

表 3（续）

平均压痕直径 d/mm	试验力 F/N					
	49.03	98.07	196.1	294.2	490.3	980.7
	维氏硬度					
	HV5	HV10	HV20	HV30	HV50	HV100
1.006	9.16	18.3	36.6	55.0	91.6	183
1.007	9.14	18.3	36.6	54.9	91.4	183
1.008	9.12	18.3	36.5	54.8	91.2	183
1.009	9.11	18.2	36.4	54.6	91.1	182
1.010	9.09	18.2	36.4	54.5	90.9	182
1.011	9.07	18.1	36.3	54.4	90.7	181
1.012	9.05	18.1	36.2	54.3	90.5	181
1.013	9.04	18.1	36.1	54.2	90.4	181
1.014	9.02	18.0	36.1	54.1	90.2	180
1.015	9.00	18.0	36.0	54.0	90.0	180
1.016	8.98	18.0	35.9	53.9	89.8	180
1.017	8.96	17.9	35.9	53.8	89.6	179
1.018	8.95	17.9	35.8	53.7	89.5	179
1.019	8.93	17.9	35.7	53.6	89.3	179
1.020	8.91	17.8	35.6	53.5	89.1	178
1.021	8.89	17.8	35.6	53.4	88.9	178
1.022	8.88	17.8	35.5	53.3	88.8	178
1.023	8.86	17.7	35.4	53.2	88.6	177
1.024	8.84	17.7	35.4	53.1	88.4	177
1.025	8.82	17.7	35.3	53.0	88.2	177
1.026	8.81	17.6	35.2	52.8	88.1	176
1.027	8.79	17.6	35.2	52.7	87.9	176
1.028	8.77	17.5	35.1	52.6	87.7	175
1.029	8.76	17.5	35.0	52.5	87.6	175
1.030	8.74	17.5	35.0	52.4	87.4	175
1.031	8.72	17.4	34.9	52.3	87.2	174
1.032	8.71	17.4	34.8	52.2	87.1	174
1.033	8.69	17.4	34.8	52.1	86.9	174
1.034	8.67	17.3	34.7	52.0	86.7	173
1.035	8.66	17.3	34.6	51.9	86.6	173
1.036	8.64	17.3	34.6	51.8	86.4	173
1.037	8.62	17.2	34.5	51.7	86.2	172
1.038	8.61	17.2	34.4	51.6	86.1	172
1.039	8.59	17.2	34.4	51.5	85.9	172
1.040	8.57	17.1	34.3	51.4	85.7	171
1.041	8.56	17.1	34.2	51.3	85.6	171
1.042	8.54	17.1	34.2	51.2	85.4	171
1.043	8.52	17.0	34.1	51.1	85.2	170
1.044	8.51	17.0	34.0	51.0	85.1	170
1.045	8.49	17.0	34.0	50.9	84.9	170

表 3（续）

平均压痕直径 d/mm	试验力 F/N					
	49.03	98.07	196.1	294.2	490.3	980.7
	维氏硬度					
	HV5	HV10	HV20	HV30	HV50	HV100
1.046	8.47	16.9	33.9	50.8	84.7	169
1.047	8.46	16.9	33.8	50.8	84.6	169
1.048	8.44	16.9	33.8	50.7	84.4	169
1.049	8.43	16.9	33.7	50.6	84.3	169
1.050	8.41	16.8	33.6	50.5	84.1	168
1.051	8.39	16.8	33.6	50.4	83.9	168
1.052	8.38	16.8	33.5	50.3	83.8	168
1.053	8.36	16.7	33.4	50.2	83.6	167
1.054	8.35	16.7	33.4	50.1	83.5	167
1.055	8.33	16.7	33.3	50.0	83.3	167
1.056	8.31	16.6	33.3	49.9	83.1	166
1.057	8.30	16.6	33.2	49.8	83.0	166
1.058	8.28	16.6	33.1	49.7	82.8	166
1.059	8.27	16.5	33.1	49.6	82.7	165
1.060	8.25	16.5	33.0	49.5	82.5	165
1.061	8.24	16.5	32.9	49.4	82.4	165
1.062	8.22	16.4	32.9	49.3	82.2	164
1.063	8.21	16.4	32.8	49.2	82.1	164
1.064	8.19	16.4	32.8	49.1	81.9	164
1.065	8.17	16.4	32.7	49.0	81.7	164
1.066	8.16	16.3	32.6	49.0	81.6	163
1.067	8.14	16.3	32.6	48.9	81.4	163
1.068	8.13	16.3	32.5	48.8	81.3	163
1.069	8.11	16.2	32.4	48.7	81.1	162
1.070	8.10	16.2	32.4	48.6	81.0	162
1.071	8.08	16.2	32.3	48.5	80.8	162
1.072	8.07	16.1	32.3	48.4	80.7	161
1.073	8.05	16.1	32.2	48.3	80.5	161
1.074	8.04	16.1	32.1	48.2	80.4	161
1.075	8.02	16.0	32.1	48.1	80.2	160
1.076	8.01	16.0	32.0	48.1	80.1	160
1.077	7.99	16.0	32.0	48.0	79.9	160
1.078	7.98	16.0	31.9	47.9	79.8	160
1.079	7.96	15.9	31.9	47.8	79.6	159
1.080	7.95	15.9	31.8	47.7	79.5	159
1.081	7.93	15.9	31.7	47.6	79.3	159
1.082	7.92	15.8	31.7	47.5	79.2	158
1.083	7.90	15.8	31.6	47.4	79.0	158
1.084	7.89	15.8	31.6	47.3	78.9	158
1.085	7.88	15.8	31.5	47.3	78.8	158

表 3（续）

平均压痕直径 d/mm	试验力 F/N					
	49.03	98.07	196.1	294.2	490.3	980.7
	维氏硬度					
	HV5	HV10	HV20	HV30	HV50	HV100
1.086	7.86	15.7	31.4	47.2	78.6	157
1.087	7.85	15.7	31.4	47.1	78.5	157
1.088	7.83	15.7	31.3	47.0	78.3	157
1.089	7.82	15.6	31.3	46.9	78.2	156
1.090	7.80	15.6	31.2	46.8	78.0	156
1.091	7.79	15.6	31.2	46.7	77.9	156
1.092	7.78	15.6	31.1	46.7	77.8	156
1.093	7.76	15.5	31.0	46.6	77.6	155
1.094	7.75	15.5	31.0	46.5	77.5	155
1.095	7.73	15.5	30.9	46.4	77.3	155
1.096	7.72	15.4	30.9	46.3	77.2	154
1.097	7.70	15.4	30.8	46.2	77.0	154
1.098	7.69	15.4	30.8	46.1	76.9	154
1.099	7.68	15.4	30.7	46.1	76.8	154
1.100	7.66	15.3	30.6	46.0	76.6	153
1.101	7.65	15.3	30.6	45.9	76.5	153
1.102	7.63	15.3	30.5	45.8	76.3	153
1.103	7.62	15.2	30.5	45.7	76.2	152
1.104	7.61	15.2	30.4	45.6	76.1	152
1.105	7.59	15.2	30.4	45.6	75.9	152
1.106	7.58	15.2	30.3	45.5	75.8	152
1.107	7.57	15.1	30.3	45.4	75.7	151
1.108	7.55	15.1	30.2	45.3	75.5	151
1.109	7.54	15.1	30.2	45.2	75.4	151
1.110	7.53	15.1	30.1	45.2	75.3	151
1.111	7.51	15.0	30.0	45.1	75.1	150
1.112	7.50	15.0	30.0	45.0	75.0	150
1.113	7.48	15.0	29.9	44.9	74.8	150
1.114	7.47	14.9	29.9	44.8	74.7	149
1.115	7.46	14.9	29.8	44.7	74.6	149
1.116	7.44	14.9	29.8	44.7	74.4	149
1.117	7.43	14.9	29.7	44.6	74.3	149
1.118	7.42	14.8	29.7	44.5	74.2	148
1.119	7.40	14.8	29.6	44.4	74.0	148
1.120	7.39	14.8	29.6	44.4	73.9	148
1.121	7.38	14.8	29.5	44.3	73.8	148
1.122	7.36	14.7	29.5	44.2	73.6	147
1.123	7.35	14.7	29.4	44.1	73.5	147
1.124	7.34	14.7	29.4	44.0	73.4	147
1.125	7.33	14.7	29.3	44.0	73.3	147

表 3（续）

平均压痕直径 d/mm	试验力 F/N					
	49.03	98.07	196.1	294.2	490.3	980.7
	维氏硬度					
	HV5	HV10	HV20	HV30	HV50	HV100
1.126	7.31	14.6	29.2	43.9	73.1	146
1.127	7.30	14.6	29.2	43.8	73.0	146
1.128	7.29	14.6	29.1	43.7	72.9	146
1.129	7.27	14.5	29.1	43.6	72.7	145
1.130	7.26	14.5	29.0	43.6	72.6	145
1.131	7.25	14.5	29.0	43.5	72.5	145
1.132	7.24	14.5	28.9	43.4	72.4	145
1.133	7.22	14.4	28.9	43.3	72.2	144
1.134	7.21	14.4	28.8	43.3	72.1	144
1.135	7.20	14.4	28.8	43.2	72.0	144
1.136	7.18	14.4	28.7	43.1	71.8	144
1.137	7.17	14.3	28.7	43.0	71.7	143
1.138	7.16	14.3	28.6	43.0	71.6	143
1.139	7.15	14.3	28.6	42.9	71.5	143
1.140	7.13	14.3	28.5	42.8	71.3	143
1.141	7.12	14.2	28.5	42.7	71.2	142
1.142	7.11	14.2	28.4	42.7	71.1	142
1.143	7.10	14.2	28.4	42.6	71.0	142
1.144	7.08	14.2	28.3	42.5	70.8	142
1.145	7.07	14.1	28.3	42.4	70.7	141
1.146	7.06	14.1	28.2	42.4	70.6	141
1.147	7.05	14.1	28.2	42.3	70.5	141
1.148	7.04	14.1	28.1	42.2	70.4	141
1.149	7.02	14.0	28.1	42.1	70.2	140
1.150	7.01	14.0	28.0	42.1	70.1	140
1.151	7.00	14.0	28.0	42.0	70.0	140
1.152	6.99	14.0	27.9	41.9	69.9	140
1.153	6.97	13.9	27.9	41.8	69.7	139
1.154	6.96	13.9	27.8	41.8	69.6	139
1.155	6.95	13.9	27.8	41.7	69.5	139
1.156	6.94	13.9	27.7	41.6	69.4	139
1.157	6.93	13.9	27.7	41.6	69.3	139
1.158	6.91	13.8	27.7	41.5	69.1	138
1.159	6.90	13.8	27.6	41.4	69.0	138
1.160	6.89	13.8	27.6	41.3	68.9	138
1.161	6.88	13.8	27.5	41.3	68.8	138
1.162	6.87	13.7	27.5	41.2	68.7	137
1.163	6.85	13.7	27.4	41.1	68.5	137
1.164	6.84	13.7	27.4	41.1	68.4	137
1.165	6.83	13.7	27.3	41.0	68.3	137

表 3（续）

平均压痕直径 d/mm	试验力 F/N					
	49.03	98.07	196.1	294.2	490.3	980.7
	维氏硬度					
	HV5	HV10	HV20	HV30	HV50	HV100
1.166	6.82	13.6	27.3	40.9	68.2	136
1.167	6.81	13.6	27.2	40.9	68.1	136
1.168	6.80	13.6	27.2	40.8	68.0	136
1.169	6.78	13.6	27.1	40.7	67.8	136
1.170	6.77	13.5	27.1	40.6	67.7	135
1.171	6.76	13.5	27.0	40.6	67.6	135
1.172	6.75	13.5	27.0	40.5	67.5	135
1.173	6.74	13.5	27.0	40.4	67.4	135
1.174	6.73	13.5	26.9	40.4	67.3	135
1.175	6.72	13.4	26.9	40.3	67.2	134
1.176	6.70	13.4	26.8	40.2	67.0	134
1.177	6.69	13.4	26.8	40.2	66.9	134
1.178	6.68	13.4	26.7	40.1	66.8	134
1.179	6.67	13.3	26.7	40.0	66.7	133
1.180	6.66	13.3	26.6	40.0	66.6	133
1.181	6.65	13.3	26.6	39.9	66.5	133
1.182	6.64	13.3	26.5	39.8	66.4	133
1.183	6.62	13.3	26.5	39.8	66.2	133
1.184	6.61	13.2	26.5	39.7	66.1	132
1.185	6.60	13.2	26.4	39.6	66.0	132
1.186	6.59	13.2	26.4	39.6	65.9	132
1.187	6.58	13.2	26.3	39.5	65.8	132
1.188	6.57	13.1	26.3	39.4	65.7	131
1.189	6.56	13.1	26.2	39.4	65.6	131
1.190	6.55	13.1	26.2	39.3	65.5	131
1.191	6.54	13.1	26.1	39.2	65.4	131
1.192	6.53	13.1	26.1	39.2	65.3	131
1.193	6.51	13.0	26.1	39.1	65.1	130
1.194	6.50	13.0	26.0	39.0	65.0	130
1.195	6.49	13.0	26.0	39.0	64.9	130
1.196	6.48	13.0	25.9	38.9	64.8	130
1.197	6.47	12.9	25.9	38.8	64.7	129
1.198	6.46	12.9	25.8	38.8	64.6	129
1.199	6.45	12.9	25.8	38.7	64.5	129
1.200	6.44	12.9	25.8	38.6	64.4	129
1.201	6.43	12.9	25.7	38.6	64.3	129
1.202	6.42	12.8	25.7	38.5	64.2	128
1.203	6.41	12.8	25.6	38.4	64.1	128
1.204	6.40	12.8	25.6	38.4	64.0	128
1.205	6.39	12.8	25.5	38.3	63.9	128

表 3（续）

平均压痕直径 d/mm	试验力 F/N					
	49.03	98.07	196.1	294.2	490.3	980.7
	维氏硬度					
	HV5	HV10	HV20	HV30	HV50	HV100
1.206	6.37	12.8	25.5	38.3	63.7	128
1.207	6.36	12.7	25.5	38.2	63.6	127
1.208	6.35	12.7	25.4	38.1	63.5	127
1.209	6.34	12.7	25.4	38.1	63.4	127
1.210	6.33	12.7	25.3	38.0	63.3	127
1.211	6.32	12.6	25.3	37.9	63.2	126
1.212	6.31	12.6	25.2	37.9	63.1	126
1.213	6.30	12.6	25.2	37.8	63.0	126
1.214	6.29	12.6	25.2	37.7	62.9	126
1.215	6.28	12.6	25.1	37.7	62.8	126
1.216	6.27	12.5	25.1	37.6	62.7	125
1.217	6.26	12.5	25.0	37.6	62.6	125
1.218	6.25	12.5	25.0	37.5	62.5	125
1.219	6.24	12.5	25.0	37.4	62.4	125
1.220	6.23	12.5	24.9	37.4	62.3	125
1.221	6.22	12.4	24.9	37.3	62.2	124
1.222	6.21	12.4	24.8	37.3	62.1	124
1.223	6.20	12.4	24.8	37.2	62.0	124
1.224	6.19	12.4	24.8	37.1	61.9	124
1.225	6.18	12.4	24.7	37.1	61.8	124
1.226	6.17	12.3	24.7	37.0	61.7	123
1.227	6.16	12.3	24.6	37.0	61.6	123
1.228	6.15	12.3	24.6	36.9	61.5	123
1.229	6.14	12.3	24.6	36.8	61.4	123
1.230	6.13	12.3	24.5	36.8	61.3	123
1.231	6.12	12.2	24.5	36.7	61.2	122
1.232	6.11	12.2	24.4	36.7	61.1	122
1.233	6.10	12.2	24.4	36.6	61.0	122
1.234	6.09	12.2	24.4	36.5	60.9	122
1.235	6.08	12.2	24.3	36.5	60.8	122
1.236	6.07	12.1	24.3	36.4	60.7	121
1.237	6.06	12.1	24.2	36.4	60.6	121
1.238	6.05	12.1	24.2	36.3	60.5	121
1.239	6.04	12.1	24.2	36.2	60.4	121
1.240	6.03	12.1	24.1	36.2	60.3	121
1.241	6.02	12.0	24.1	36.1	60.2	120
1.242	6.01	12.0	24.0	36.1	60.1	120
1.243	6.00	12.0	24.0	36.0	60.0	120
1.244	5.99	12.0	24.0	35.9	59.9	120
1.245	5.98	12.0	23.9	35.9	59.8	120

表 3（续）

平均压痕直径 d/mm	试验力 F/N					
	49.03	98.07	196.1	294.2	490.3	980.7
	维氏硬度					
	HV5	HV10	HV20	HV30	HV50	HV100
1.246	5.97	11.9	23.9	35.8	59.7	119
1.247	5.96	11.9	23.8	35.8	59.6	119
1.248	5.95	11.9	23.8	35.7	59.5	119
1.249	5.94	11.9	23.8	35.7	59.4	119
1.250	5.93	11.9	23.7	35.6	59.3	119
1.251	5.92	11.8	23.7	35.5	59.2	118
1.252	5.91	11.8	23.7	35.5	59.1	118
1.253	5.91	11.8	23.6	35.4	59.1	118
1.254	5.90	11.8	23.6	35.4	59.0	118
1.255	5.89	11.8	23.5	35.3	58.9	118
1.256	5.88	11.8	23.5	35.3	58.8	118
1.257	5.87	11.7	23.5	35.2	58.7	117
1.258	5.86	11.7	23.4	35.2	58.6	117
1.259	5.85	11.7	23.4	35.1	58.5	117
1.260	5.84	11.7	23.4	35.0	58.4	117
1.261	5.83	11.7	23.3	35.0	58.3	117
1.262	5.82	11.6	23.3	34.9	58.2	116
1.263	5.81	11.6	23.2	34.9	58.1	116
1.264	5.80	11.6	23.2	34.8	58.0	116
1.265	5.79	11.6	23.2	34.8	57.9	116
1.266	5.78	11.6	23.1	34.7	57.8	116
1.267	5.78	11.6	23.1	34.7	57.8	116
1.268	5.77	11.5	23.1	34.6	57.7	115
1.269	5.76	11.5	23.0	34.5	57.6	115
1.270	5.75	11.5	23.0	34.5	57.5	115
1.271	5.74	11.5	23.0	34.4	57.4	115
1.272	5.73	11.5	22.9	34.4	57.3	115
1.273	5.72	11.4	22.9	34.3	57.2	114
1.274	5.71	11.4	22.8	34.3	57.1	114
1.275	5.70	11.4	22.8	34.2	57.0	114
1.276	5.69	11.4	22.8	34.2	56.9	114
1.277	5.69	11.4	22.7	34.1	56.9	114
1.278	5.68	11.4	22.7	34.1	56.8	114
1.279	5.67	11.3	22.7	34.0	56.7	113
1.280	5.66	11.3	22.6	34.0	56.6	113
1.281	5.65	11.3	22.6	33.9	56.5	113
1.282	5.64	11.3	22.6	33.8	56.4	113
1.283	5.63	11.3	22.5	33.8	56.3	113
1.284	5.62	11.2	22.5	33.7	56.2	112
1.285	5.61	11.2	22.5	33.7	56.1	112

表 3（续）

平均压痕直径 d/mm	试验力 F/N					
	49.03	98.07	196.1	294.2	490.3	980.7
	维氏硬度					
	HV5	HV10	HV20	HV30	HV50	HV100
1.286	5.61	11.2	22.4	33.6	56.1	112
1.287	5.60	11.2	22.4	33.6	56.0	112
1.288	5.59	11.2	22.4	33.5	55.9	112
1.289	5.58	11.2	22.3	33.5	55.8	112
1.290	5.57	11.1	22.3	33.4	55.7	111
1.291	5.56	11.1	22.2	33.4	55.6	111
1.292	5.55	11.1	22.2	33.3	55.5	111
1.293	5.55	11.1	22.2	33.3	55.5	111
1.294	5.54	11.1	22.1	33.2	55.4	111
1.295	5.53	11.1	22.1	33.2	55.3	111
1.296	5.52	11.0	22.1	33.1	55.2	110
1.297	5.51	11.0	22.0	33.1	55.1	110
1.298	5.50	11.0	22.0	33.0	55.0	110
1.299	5.49	11.0	22.0	33.0	54.9	110
1.300	5.49	11.0	21.9	32.9	54.9	110
1.301	5.48	11.0	21.9	32.9	54.8	110
1.302	5.47	10.9	21.9	32.8	54.7	109
1.303	5.46	10.9	21.8	32.8	54.6	109
1.304	5.45	10.9	21.8	32.7	54.5	109
1.305	5.44	10.9	21.8	32.7	54.4	109
1.306	5.44	10.9	21.7	32.6	54.4	109
1.307	5.43	10.9	21.7	32.6	54.3	109
1.308	5.42	10.8	21.7	32.5	54.2	108
1.309	5.41	10.8	21.6	32.5	54.1	108
1.310	5.40	10.8	21.6	32.4	54.0	108
1.311	5.39	10.8	21.6	32.4	53.9	108
1.312	5.39	10.8	21.5	32.3	53.9	108
1.313	5.38	10.8	21.5	32.3	53.8	108
1.314	5.37	10.7	21.5	32.2	53.7	107
1.315	5.36	10.7	21.4	32.2	53.6	107
1.316	5.35	10.7	21.4	32.1	53.5	107
1.317	5.35	10.7	21.4	32.1	53.5	107
1.318	5.34	10.7	21.3	32.0	53.4	107
1.319	5.33	10.7	21.3	32.0	53.3	107
1.320	5.32	10.6	21.3	31.9	53.2	106
1.321	5.31	10.6	21.3	31.9	53.1	106
1.322	5.31	10.6	21.2	31.8	53.1	106
1.323	5.30	10.6	21.2	31.8	53.0	106
1.324	5.29	10.6	21.2	31.7	52.9	106
1.325	5.28	10.6	21.1	31.7	52.8	106

表 3（续）

平均压痕直径 d/mm	试验力 F/N					
	49.03	98.07	196.1	294.2	490.3	980.7
	维氏硬度					
	HV5	HV10	HV20	HV30	HV50	HV100
1.326	5.27	10.5	21.1	31.6	52.7	105
1.327	5.27	10.5	21.1	31.6	52.7	105
1.328	5.26	10.5	21.0	31.5	52.6	105
1.329	5.25	10.5	21.0	31.5	52.5	105
1.330	5.24	10.5	21.0	31.5	52.4	105
1.331	5.23	10.5	20.9	31.4	52.3	105
1.332	5.23	10.5	20.9	31.4	52.3	105
1.333	5.22	10.4	20.9	31.3	52.2	104
1.334	5.21	10.4	20.8	31.3	52.1	104
1.335	5.20	10.4	20.8	31.2	52.0	104
1.336	5.19	10.4	20.8	31.2	51.9	104
1.337	5.19	10.4	20.7	31.1	51.9	104
1.338	5.18	10.4	20.7	31.1	51.8	104
1.339	5.17	10.3	20.7	31.0	51.7	103
1.340	5.16	10.3	20.7	31.0	51.6	103
1.341	5.16	10.3	20.6	30.9	51.6	103
1.342	5.15	10.3	20.6	30.9	51.5	103
1.343	5.14	10.3	20.6	30.8	51.4	103
1.344	5.13	10.3	20.5	30.8	51.3	103
1.345	5.13	10.3	20.5	30.8	51.3	103
1.346	5.12	10.2	20.5	30.7	51.2	102
1.347	5.11	10.2	20.4	30.7	51.1	102
1.348	5.10	10.2	20.4	30.6	51.0	102
1.349	5.09	10.2	20.4	30.6	50.9	102
1.350	5.09	10.2	20.3	30.5	50.9	102
1.351	5.08	10.2	20.3	30.5	50.8	102
1.352	5.07	10.1	20.3	30.4	50.7	101
1.353	5.06	10.1	20.3	30.4	50.6	101
1.354	5.06	10.1	20.2	30.3	50.6	101
1.355	5.05	10.1	20.2	30.3	50.5	101
1.356	5.04	10.1	20.2	30.3	50.4	101
1.357	5.03	10.1	20.1	30.2	50.3	101
1.358	5.03	10.1	20.1	30.2	50.3	101
1.359	5.02	10.0	20.1	30.1	50.2	100
1.360	5.01	10.0	20.0	30.1	50.1	100
1.361	5.01	10.0	20.0	30.0	50.1	100
1.362	5.00	10.0	20.0	30.0	50.0	100
1.363	4.99	9.98	20.0	29.9	49.9	99.8
1.364	4.98	9.97	19.9	29.9	49.8	99.7
1.365	4.98	9.95	19.9	29.9	49.8	99.5

表 3（续）

平均压痕直径 d/mm	试验力 F/N					
	49.03	98.07	196.1	294.2	490.3	980.7
	维氏硬度					
	HV5	HV10	HV20	HV30	HV50	HV100
1.366	4.97	9.94	19.9	29.8	49.7	99.4
1.367	4.96	9.92	19.8	29.8	49.6	99.2
1.368	4.95	9.91	19.8	29.7	49.5	99.1
1.369	4.95	9.90	19.8	29.7	49.5	99.0
1.370	—	9.88	19.8	29.6	49.4	98.8
1.371	—	9.87	19.7	29.6	49.3	98.7
1.372	—	9.85	19.7	29.6	49.3	98.5
1.373	—	9.84	19.7	29.5	49.2	98.4
1.374	—	9.82	19.6	29.5	49.1	98.2
1.375	—	9.81	19.6	29.4	49.0	98.1
1.376	—	9.79	19.6	29.4	49.0	97.9
1.377	—	9.78	19.6	29.3	48.9	97.8
1.378	—	9.77	19.5	29.3	48.8	97.7
1.379	—	9.75	19.5	29.3	48.8	97.5
1.380	—	9.74	19.5	29.2	48.7	97.4
1.381	—	9.72	19.4	29.2	48.6	97.2
1.382	—	9.71	19.4	29.1	48.5	97.1
1.383	—	9.70	19.4	29.1	48.5	97.0
1.384	—	9.68	19.4	29.0	48.4	96.8
1.385	—	9.67	19.3	29.0	48.3	96.7
1.386	—	9.65	19.3	29.0	48.3	96.5
1.387	—	9.64	19.3	28.9	48.2	96.4
1.388	—	9.63	19.2	28.9	48.1	96.3
1.389	—	9.61	19.2	28.8	48.1	96.1
1.390	—	9.60	19.2	28.8	48.0	96.0
1.391	—	9.58	19.2	28.8	47.9	95.8
1.392	—	9.57	19.1	28.7	47.8	95.7
1.393	—	9.56	19.1	28.7	47.8	95.6
1.394	—	9.54	19.1	28.6	47.7	95.4
1.395	—	9.53	19.1	28.6	47.6	95.3
1.396	—	9.52	19.0	28.5	47.6	95.2
1.397	—	9.50	19.0	28.5	47.5	95.0
1.398	—	9.49	19.0	28.5	47.4	94.9
1.399	—	9.48	18.9	28.4	47.4	94.8
1.400	—	9.46	18.9	28.4	47.3	94.6
1.401	—	9.45	18.9	28.3	47.2	94.5
1.402	—	9.43	18.9	28.3	47.2	94.3
1.403	—	9.42	18.8	28.3	47.1	94.2
1.404	—	9.41	18.8	28.2	47.0	94.1
1.405	—	9.39	18.8	28.2	47.0	93.9

表 3（续）

平均压痕直径 d/mm	试验力 F/N					
	49.03	98.07	196.1	294.2	490.3	980.7
	维氏硬度					
	HV5	HV10	HV20	HV30	HV50	HV100
1.406	—	9.38	18.8	28.1	46.9	93.8
1.407	—	9.37	18.7	28.1	46.8	93.7
1.408	—	9.35	18.7	28.1	46.8	93.5
1.409	—	9.34	18.7	28.0	46.7	93.4
1.410	—	9.33	18.7	28.0	46.6	93.3
1.411	—	9.31	18.6	27.9	46.6	93.1
1.412	—	9.30	18.6	27.9	46.5	93.0
1.413	—	9.29	18.6	27.9	46.4	92.9
1.414	—	9.28	18.5	27.8	46.4	92.8
1.415	—	9.26	18.5	27.8	46.3	92.6
1.416	—	9.25	18.5	27.7	46.2	92.5
1.417	—	9.24	18.5	27.7	46.2	92.4
1.418	—	9.22	18.4	27.7	46.1	92.2
1.419	—	9.21	18.4	27.6	46.0	92.1
1.420	—	9.20	18.4	27.6	46.0	92.0
1.421	—	9.18	18.4	27.6	45.9	91.8
1.422	—	9.17	18.3	27.5	45.9	91.7
1.423	—	9.16	18.3	27.5	45.8	91.6
1.424	—	9.15	18.3	27.4	45.7	91.5
1.425	—	9.13	18.3	27.4	45.7	91.3
1.426	—	9.12	18.2	27.4	45.6	91.2
1.427	—	9.11	18.2	27.3	45.5	91.1
1.428	—	9.09	18.2	27.3	45.5	90.9
1.429	—	9.08	18.2	27.2	45.4	90.8
1.430	—	9.07	18.1	27.2	45.3	90.7
1.431	—	9.06	18.1	27.2	45.3	90.6
1.432	—	9.04	18.1	27.1	45.2	90.4
1.433	—	9.03	18.1	27.1	45.2	90.3
1.434	—	9.02	18.0	27.1	45.1	90.2
1.435	—	9.01	18.0	27.0	45.0	90.1
1.436	—	8.99	18.0	27.0	45.0	89.9
1.437	—	8.98	18.0	26.9	44.9	89.8
1.438	—	8.97	17.9	26.9	44.8	89.7
1.439	—	8.96	17.9	26.9	44.8	89.6
1.440	—	8.94	17.9	26.8	44.7	89.4
1.441	—	8.93	17.9	26.8	44.7	89.3
1.442	—	8.92	17.8	26.8	44.6	89.2
1.443	—	8.91	17.8	26.7	44.5	89.1
1.444	—	8.89	17.8	26.7	44.5	88.9
1.445	—	8.88	17.8	26.6	44.4	88.8

表 3（续）

平均压痕直径 d/mm	试验力 F/N					
	49.03	98.07	196.1	294.2	490.3	980.7
	维氏硬度					
	HV5	HV10	HV20	HV30	HV50	HV100
1.446	—	8.87	17.7	26.6	44.3	88.7
1.447	—	8.86	17.7	26.6	44.3	88.6
1.448	—	8.84	17.7	26.5	44.2	88.4
1.449	—	8.83	17.7	26.5	44.2	88.3
1.450	—	8.82	17.6	26.5	44.1	88.2
1.451	—	8.81	17.6	26.4	44.0	88.1
1.452	—	8.80	17.6	26.4	44.0	88.0
1.453	—	8.78	17.6	26.4	43.9	87.8
1.454	—	8.77	17.5	26.3	43.9	87.7
1.455	—	8.76	17.5	26.3	43.8	87.6
1.456	—	8.75	17.5	26.2	43.7	87.5
1.457	—	8.74	17.5	26.2	43.7	87.4
1.458	—	8.72	17.4	26.2	43.6	87.2
1.459	—	8.71	17.4	26.1	43.6	87.1
1.460	—	8.70	17.4	26.1	43.5	87.0
1.461	—	8.69	17.4	26.1	43.4	86.9
1.462	—	8.68	17.3	26.0	43.4	86.8
1.463	—	8.66	17.3	26.0	43.3	86.6
1.464	—	8.65	17.3	26.0	43.3	86.5
1.465	—	8.64	17.3	25.9	43.2	86.4
1.466	—	8.63	17.3	25.9	43.1	86.3
1.467	—	8.62	17.2	25.9	43.1	86.2
1.468	—	8.61	17.2	25.8	43.0	86.1
1.469	—	8.59	17.2	25.8	43.0	85.9
1.470	—	8.58	17.2	25.7	42.9	85.8
1.471	—	8.57	17.1	25.7	42.8	85.7
1.472	—	8.56	17.1	25.7	42.8	85.6
1.473	—	8.55	17.1	25.6	42.7	85.5
1.474	—	8.54	17.1	25.6	42.7	85.4
1.475	—	8.52	17.0	25.6	42.6	85.2
1.476	—	8.51	17.0	25.5	42.6	85.1
1.477	—	8.50	17.0	25.5	42.5	85.0
1.478	—	8.49	17.0	25.5	42.4	84.9
1.479	—	8.48	17.0	25.4	42.4	84.8
1.480	—	8.47	16.9	25.4	42.3	84.7
1.481	—	8.46	16.9	25.4	42.3	84.6
1.482	—	8.44	16.9	25.3	42.2	84.4
1.483	—	8.43	16.9	25.3	42.2	84.3
1.484	—	8.42	16.8	25.3	42.1	84.2
1.485	—	8.41	16.8	25.2	42.0	84.1

表 3（续）

平均压痕直径 d/mm	试验力 F/N					
	49.03	98.07	196.1	294.2	490.3	980.7
	维氏硬度					
	HV5	HV10	HV20	HV30	HV50	HV100
1.486	—	8.40	16.8	25.2	42.0	84.0
1.487	—	8.39	16.8	25.2	41.9	83.9
1.488	—	8.38	16.7	25.1	41.9	83.8
1.489	—	8.36	16.7	25.1	41.8	83.6
1.490	—	8.35	16.7	25.1	41.8	83.5
1.491	—	8.34	16.7	25.0	41.7	83.4
1.492	—	8.33	16.7	25.0	41.7	83.3
1.493	—	8.32	16.6	25.0	41.6	83.2
1.494	—	8.31	16.6	24.9	41.5	83.1
1.495	—	8.30	16.6	24.9	41.5	83.0
1.496	—	8.29	16.6	24.9	41.4	82.9
1.497	—	8.28	16.5	24.8	41.4	82.8
1.498	—	8.26	16.5	24.8	41.3	82.6
1.499	—	8.25	16.5	24.8	41.3	82.5
1.500	—	8.24	16.5	24.7	41.2	82.4
1.501	—	8.23	16.5	24.7	41.2	82.3
1.502	—	8.22	16.4	24.7	41.1	82.2
1.503	—	8.21	16.4	24.6	41.0	82.1
1.504	—	8.20	16.4	24.6	41.0	82.0
1.505	—	8.19	16.4	24.6	40.9	81.9
1.506	—	8.18	16.4	24.5	40.9	81.8
1.507	—	8.17	16.3	24.5	40.8	81.7
1.508	—	8.16	16.3	24.5	40.8	81.6
1.509	—	8.14	16.3	24.4	40.7	81.4
1.510	—	8.13	16.3	24.4	40.7	81.3
1.511	—	8.12	16.2	24.4	40.6	81.2
1.512	—	8.11	16.2	24.3	40.6	81.1
1.513	—	8.10	16.2	24.3	40.5	81.0
1.514	—	8.09	16.2	24.3	40.4	80.9
1.515	—	8.08	16.2	24.2	40.4	80.8
1.516	—	8.07	16.1	24.2	40.3	80.7
1.517	—	8.06	16.1	24.2	40.3	80.6
1.518	—	8.05	16.1	24.1	40.2	80.5
1.519	—	8.04	16.1	24.1	40.2	80.4
1.520	—	8.03	16.1	24.1	40.1	80.3
1.521	—	8.02	16.0	24.0	40.1	80.2
1.522	—	8.01	16.0	24.0	40.0	80.1
1.523	—	8.00	16.0	24.0	40.0	80.0
1.524	—	7.98	16.0	24.0	39.9	79.8
1.525	—	7.97	15.9	23.9	39.9	79.7

表 3（续）

平均压痕直径 d/mm	试验力 F/N					
	49.03	98.07	196.1	294.2	490.3	980.7
	维氏硬度					
	HV5	HV10	HV20	HV30	HV50	HV100
1.526	—	7.96	15.9	23.9	39.8	79.6
1.527	—	7.95	15.9	23.9	39.8	79.5
1.528	—	7.94	15.9	23.8	39.7	79.4
1.529	—	7.93	15.9	23.8	39.7	79.3
1.530	—	7.92	15.8	23.8	39.6	79.2
1.531	—	7.91	15.8	23.7	39.6	79.1
1.532	—	7.90	15.8	23.7	39.5	79.0
1.533	—	7.89	15.8	23.7	39.5	78.9
1.534	—	7.88	15.8	23.6	39.4	78.8
1.535	—	7.87	15.7	23.6	39.3	78.7
1.536	—	7.86	15.7	23.6	39.3	78.6
1.537	—	7.85	15.7	23.5	39.2	78.5
1.538	—	7.84	15.7	23.5	39.2	78.4
1.539	—	7.83	15.7	23.5	39.1	78.3
1.540	—	7.82	15.6	23.5	39.1	78.2
1.541	—	7.81	15.6	23.4	39.0	78.1
1.542	—	7.80	15.6	23.4	39.0	78.0
1.543	—	7.79	15.6	23.4	38.9	77.9
1.544	—	7.78	15.6	23.3	38.9	77.8
1.545	—	7.77	15.5	23.3	38.8	77.7
1.546	—	7.76	15.5	23.3	38.8	77.6
1.547	—	7.75	15.5	23.2	38.7	77.5
1.548	—	7.74	15.5	23.2	38.7	77.4
1.549	—	7.73	15.5	23.2	38.6	77.3
1.550	—	7.72	15.4	23.2	38.6	77.2
1.551	—	7.71	15.4	23.1	38.5	77.1
1.552	—	7.70	15.4	23.1	38.5	77.0
1.553	—	7.69	15.4	23.1	38.4	76.9
1.554	—	7.68	15.4	23.0	38.4	76.8
1.555	—	7.67	15.3	23.0	38.3	76.7
1.556	—	7.66	15.3	23.0	38.3	76.6
1.557	—	7.65	15.3	22.9	38.2	76.5
1.558	—	7.64	15.3	22.9	38.2	76.4
1.559	—	7.63	15.3	22.9	38.1	76.3
1.560	—	7.62	15.2	22.9	38.1	76.2
1.561	—	7.61	15.2	22.8	38.0	76.1
1.562	—	7.60	15.2	22.8	38.0	76.0
1.563	—	7.59	15.2	22.8	38.0	75.9
1.564	—	7.58	15.2	22.7	37.9	75.8
1.565	—	7.57	15.1	22.7	37.9	75.7

表 3（续）

平均压痕直径 d/mm	试验力 F/N					
	49.03	98.07	196.1	294.2	490.3	980.7
	维氏硬度					
	HV5	HV10	HV20	HV30	HV50	HV100
1.566	—	7.56	15.1	22.7	37.8	75.6
1.567	—	7.55	15.1	22.7	37.8	75.5
1.568	—	7.54	15.1	22.6	37.7	75.4
1.569		7.53	15.1	22.6	37.7	75.3
1.570	—	7.52	15.0	22.6	37.6	75.2
1.571	—	7.51	15.0	22.5	37.6	75.1
1.572	—	7.50	15.0	22.5	37.5	75.0
1.573	—	7.49	15.0	22.5	37.5	74.9
1.574	—	7.49	15.0	22.5	37.4	74.9
1.575	—	7.48	14.9	22.4	37.4	74.8
1.576	—	7.47	14.9	22.4	37.3	74.7
1.577	—	7.46	14.9	22.4	37.3	74.6
1.578	—	7.45	14.9	22.3	37.2	74.5
1.579	—	7.44	14.9	22.3	37.2	74.4
1.580	—	7.43	14.9	22.3	37.1	74.3
1.581	—	7.42	14.8	22.3	37.1	74.2
1.582	—	7.41	14.8	22.2	37.0	74.1
1.583	—	7.40	14.8	22.2	37.0	74.0
1.584	—	7.39	14.8	22.2	37.0	73.9
1.585	—	7.38	14.8	22.1	36.9	73.8
1.586	—	7.37	14.7	22.1	36.9	73.7
1.587	—	7.36	14.7	22.1	36.8	73.6
1.588	—	7.35	14.7	22.1	36.8	73.5
1.589	—	7.34	14.7	22.0	36.7	73.4
1.590	—	7.34	14.7	22.0	36.7	73.4
1.591	—	7.33	14.6	22.0	36.6	73.3
1.592	—	7.32	14.6	22.0	36.6	73.2
1.593	—	7.31	14.6	21.9	36.5	73.1
1.594	—	7.30	14.6	21.9	36.5	73.0
1.595	—	7.29	14.6	21.9	36.4	72.9
1.596	—	7.28	14.6	21.8	36.4	72.8
1.597	—	7.27	14.5	21.8	36.4	72.7
1.598	—	7.26	14.5	21.8	36.3	72.6
1.599	—	7.25	14.5	21.8	36.3	72.5
1.600	—	7.24	14.5	21.7	36.2	72.4
1.601	—	7.24	14.5	21.7	36.2	72.4
1.602	—	7.23	14.4	21.7	36.1	72.3
1.603	—	7.22	14.4	21.7	36.1	72.2
1.604	—	7.21	14.4	21.6	36.0	72.1
1.605	—	7.20	14.4	21.6	36.0	72.0

表 3（续）

平均压痕直径 d/mm	试验力 F/N					
	49.03	98.07	196.1	294.2	490.3	980.7
	维氏硬度					
	HV5	HV10	HV20	HV30	HV50	HV100
1.606	—	7.19	14.4	21.6	35.9	71.9
1.607	—	7.18	14.4	21.5	35.9	71.8
1.608	—	7.17	14.3	21.5	35.9	71.7
1.609	—	7.16	14.3	21.5	35.8	71.6
1.610	—	7.15	14.3	21.5	35.8	71.5
1.611	—	7.15	14.3	21.4	35.7	71.5
1.612	—	7.14	14.3	21.4	35.7	71.4
1.613	—	7.13	14.3	21.4	35.6	71.3
1.614	—	7.12	14.2	21.4	35.6	71.2
1.615	—	7.11	14.2	21.3	35.5	71.1
1.616	—	7.10	14.2	21.3	35.5	71.0
1.617	—	7.09	14.2	21.3	35.5	70.9
1.618	—	7.08	14.2	21.3	35.4	70.8
1.619	—	7.08	14.1	21.2	35.4	70.8
1.620	—	7.07	14.1	21.2	35.3	70.7
1.621	—	7.06	14.1	21.2	35.3	70.6
1.622	—	7.05	14.1	21.1	35.2	70.5
1.623	—	7.04	14.1	21.1	35.2	70.4
1.624	—	7.03	14.1	21.1	35.2	70.3
1.625	—	7.02	14.0	21.1	35.1	70.2
1.626	—	7.01	14.0	21.0	35.1	70.1
1.627	—	7.01	14.0	21.0	35.0	70.1
1.628	—	7.00	14.0	21.0	35.0	70.0
1.629	—	6.99	14.0	21.0	34.9	69.9
1.630	—	6.98	14.0	20.9	34.9	69.8
1.631	—	6.97	13.9	20.9	34.9	69.7
1.632	—	6.96	13.9	20.9	34.8	69.6
1.633	—	6.95	13.9	20.9	34.8	69.5
1.634	—	6.95	13.9	20.8	34.7	69.5
1.635	—	6.94	13.9	20.8	34.7	69.4
1.636	—	6.93	13.9	20.8	34.6	69.3
1.637	—	6.92	13.8	20.8	34.6	69.2
1.638	—	6.91	13.8	20.7	34.6	69.1
1.639	—	6.90	13.8	20.7	34.5	69.0
1.640	—	6.90	13.8	20.7	34.5	69.0
1.641	—	6.89	13.8	20.7	34.4	68.9
1.642	—	6.88	13.8	20.6	34.4	68.8
1.643	—	6.87	13.7	20.6	34.3	68.7
1.644	—	6.86	13.7	20.6	34.3	68.6
1.645	—	6.85	13.7	20.6	34.3	68.5

表 3（续）

平均压痕直径 d/mm	试验力 F/N					
	49.03	98.07	196.1	294.2	490.3	980.7
	维氏硬度					
	HV5	HV10	HV20	HV30	HV50	HV100
1.646	—	6.84	13.7	20.5	34.2	68.4
1.647	—	6.84	13.7	20.5	34.2	68.4
1.648	—	6.83	13.7	20.5	34.1	68.3
1.649	—	6.82	13.6	20.5	34.1	68.2
1.650	—	6.81	13.6	20.4	34.1	68.1
1.651	—	6.80	13.6	20.4	34.0	68.0
1.652	—	6.80	13.6	20.4	34.0	68.0
1.653	—	6.79	13.6	20.4	33.9	67.9
1.654	—	6.78	13.6	20.3	33.9	67.8
1.655	—	6.77	13.5	20.3	33.8	67.7
1.656	—	6.76	13.5	20.3	33.8	67.6
1.657	—	6.75	13.5	20.3	33.8	67.5
1.658	—	6.75	13.5	20.2	33.7	67.5
1.659	—	6.74	13.5	20.2	33.7	67.4
1.660	—	6.73	13.5	20.2	33.6	67.3
1.661	—	6.72	13.4	20.2	33.6	67.2
1.662	—	6.71	13.4	20.1	33.6	67.1
1.663	—	6.71	13.4	20.1	33.5	67.1
1.664	—	6.70	13.4	20.1	33.5	67.0
1.665	—	6.69	13.4	20.1	33.4	66.9
1.666	—	6.68	13.4	20.0	33.4	66.8
1.667	—	6.67	13.3	20.0	33.4	66.7
1.668	—	6.67	13.3	20.0	33.3	66.7
1.669	—	6.66	13.3	20.0	33.3	66.6
1.670	—	6.65	13.3	19.9	33.2	66.5
1.671	—	6.64	13.3	19.9	33.2	66.4
1.672	—	6.63	13.3	19.9	33.2	66.3
1.673	—	6.63	13.2	19.9	33.1	66.3
1.674	—	6.62	13.2	19.9	33.1	66.2
1.675	—	6.61	13.2	19.8	33.0	66.1
1.676	—	6.60	13.2	19.8	33.0	66.0
1.677	—	6.59	13.2	19.8	33.0	65.9
1.678	—	6.59	13.2	19.8	32.9	65.9
1.679	—	6.58	13.2	19.7	32.9	65.8
1.680	—	6.57	13.1	19.7	32.8	65.7
1.681	—	6.56	13.1	19.7	32.8	65.6
1.682	—	6.56	13.1	19.7	32.8	65.6
1.683	—	6.55	13.1	19.6	32.7	65.5
1.684	—	6.54	13.1	19.6	32.7	65.4
1.685	—	6.53	13.1	19.6	32.7	65.3

表 3（续）

平均压痕直径 d/mm	试验力 F/N					
	49.03	98.07	196.1	294.2	490.3	980.7
	维氏硬度					
	HV5	HV10	HV20	HV30	HV50	HV100
1.686	—	6.52	13.0	19.6	32.6	65.2
1.687	—	6.52	13.0	19.5	32.6	65.2
1.688	—	6.51	13.0	19.5	32.5	65.1
1.689	—	6.50	13.0	19.5	32.5	65.0
1.690	—	6.49	13.0	19.5	32.5	64.9
1.691	—	6.49	13.0	19.5	32.4	64.9
1.692	—	6.48	13.0	19.4	32.4	64.8
1.693	—	6.47	12.9	19.4	32.3	64.7
1.694	—	6.46	12.9	19.4	32.3	64.6
1.695	—	6.45	12.9	19.4	32.3	64.5
1.696	—	6.45	12.9	19.3	32.2	64.5
1.697	—	6.44	12.9	19.3	32.2	64.4
1.698	—	6.43	12.9	19.3	32.2	64.3
1.699	—	6.42	12.8	19.3	32.1	64.2
1.700	—	6.42	12.8	19.3	32.1	64.2
1.701	—	6.41	12.8	19.2	32.0	64.1
1.702	—	6.40	12.8	19.2	32.0	64.0
1.703	—	6.39	12.8	19.2	32.0	63.9
1.704	—	6.39	12.8	19.2	31.9	63.9
1.705	—	6.38	12.8	19.1	31.9	63.8
1.706	—	6.37	12.7	19.1	31.9	63.7
1.707	—	6.36	12.7	19.1	31.8	63.6
1.708	—	6.36	12.7	19.1	31.8	63.6
1.709	—	6.35	12.7	19.0	31.7	63.5
1.710	—	6.34	12.7	19.0	31.7	63.4
1.711	—	6.33	12.7	19.0	31.7	63.3
1.712	—	6.33	12.7	19.0	31.6	63.3
1.713	—	6.32	12.6	19.0	31.6	63.2
1.714	—	6.31	12.6	18.9	31.6	63.1
1.715	—	6.31	12.6	18.9	31.5	63.1
1.716	—	6.30	12.6	18.9	31.5	63.0
1.717	—	6.29	12.6	18.9	31.4	62.9
1.718	—	6.28	12.6	18.8	31.4	62.8
1.719	—	6.28	12.5	18.8	31.4	62.8
1.720	—	6.27	12.5	18.8	31.3	62.7
1.721	—	6.26	12.5	18.8	31.3	62.6
1.722	—	6.25	12.5	18.8	31.3	62.5
1.723	—	6.25	12.5	18.7	31.2	62.5
1.724	—	6.24	12.5	18.7	31.2	62.4
1.725	—	6.23	12.5	18.7	31.2	62.3

表 3（续）

平均压痕直径 d/mm	试验力 F/N					
	49.03	98.07	196.1	294.2	490.3	980.7
	维氏硬度					
	HV5	HV10	HV20	HV30	HV50	HV100
1.726	—	6.23	12.4	18.7	31.1	62.3
1.727	—	6.22	12.4	18.7	31.1	62.2
1.728	—	6.21	12.4	18.6	31.1	62.1
1.729	—	6.20	12.4	18.6	31.0	62.0
1.730	—	6.20	12.4	18.6	31.0	62.0
1.731	—	6.19	12.4	18.6	30.9	61.9
1.732	—	6.18	12.4	18.5	30.9	61.8
1.733	—	6.17	12.3	18.5	30.9	61.7
1.734	—	6.17	12.3	18.5	30.8	61.7
1.735	—	6.16	12.3	18.5	30.8	61.6
1.736	—	6.15	12.3	18.5	30.8	61.5
1.737	—	6.15	12.3	18.4	30.7	61.5
1.738	—	6.14	12.3	18.4	30.7	61.4
1.739	—	6.13	12.3	18.4	30.7	61.3
1.740	—	6.13	12.2	18.4	30.6	61.3
1.741	—	6.12	12.2	18.4	30.6	61.2
1.742	—	6.11	12.2	18.3	30.6	61.1
1.743	—	6.10	12.2	18.3	30.5	61.0
1.744	—	6.10	12.2	18.3	30.5	61.0
1.745	—	6.09	12.2	18.3	30.4	60.9
1.746	—	6.08	12.2	18.2	30.4	60.8
1.747	—	6.08	12.2	18.2	30.4	60.8
1.748	—	6.07	12.1	18.2	30.3	60.7
1.749	—	6.06	12.1	18.2	30.3	60.6
1.750	—	6.06	12.1	18.2	30.3	60.6
1.751	—	6.05	12.1	18.1	30.2	60.5
1.752	—	6.04	12.1	18.1	30.2	60.4
1.753	—	6.03	12.1	18.1	30.2	60.3
1.754	—	6.03	12.1	18.1	30.1	60.3
1.755	—	6.02	12.0	18.1	30.1	60.2
1.756	—	6.01	12.0	18.0	30.1	60.1
1.757	—	6.01	12.0	18.0	30.0	60.1
1.758	—	6.00	12.0	18.0	30.0	60.0
1.759	—	5.99	12.0	18.0	30.0	59.9
1.760	—	5.99	12.0	18.0	29.9	59.9
1.761	—	5.98	12.0	17.9	29.9	59.8
1.762	—	5.97	11.9	17.9	29.9	59.7
1.763	—	5.97	11.9	17.9	29.8	59.7
1.764	—	5.96	11.9	17.9	29.8	59.6
1.765	—	5.95	11.9	17.9	29.8	59.5

表 3（续）

平均压痕直径 d/mm	试验力 F/N					
	49.03	98.07	196.1	294.2	490.3	980.7
	维氏硬度					
	HV5	HV10	HV20	HV30	HV50	HV100
1.766	—	5.95	11.9	17.8	29.7	59.5
1.767	—	5.94	11.9	17.8	29.7	59.4
1.768	—	5.93	11.9	17.8	29.7	59.3
1.769	—	5.93	11.8	17.8	29.6	59.3
1.770	—	5.92	11.8	17.8	29.6	59.2
1.771	—	5.91	11.8	17.7	29.6	59.1
1.772	—	5.91	11.8	17.7	29.5	59.1
1.773	—	5.90	11.8	17.7	29.5	59.0
1.774	—	5.89	11.8	17.7	29.5	58.9
1.775	—	5.89	11.8	17.7	29.4	58.9
1.776	—	5.88	11.8	17.6	29.4	58.8
1.777	—	5.87	11.7	17.6	29.4	58.7
1.778	—	5.87	11.7	17.6	29.3	58.7
1.779	—	5.86	11.7	17.6	29.3	58.6
1.780	—	5.85	11.7	17.6	29.3	58.5
1.781	—	5.85	11.7	17.5	29.2	58.5
1.782	—	5.84	11.7	17.5	29.2	58.4
1.783	—	5.83	11.7	17.5	29.2	58.3
1.784	—	5.83	11.7	17.5	29.1	58.3
1.785	—	5.82	11.6	17.5	29.1	58.2
1.786	—	5.81	11.6	17.4	29.1	58.1
1.787	—	5.81	11.6	17.4	29.0	58.1
1.788	—	5.80	11.6	17.4	29.0	58.0
1.789	—	5.79	11.6	17.4	29.0	57.9
1.790	—	5.79	11.6	17.4	28.9	57.9
1.791	—	5.78	11.6	17.3	28.9	57.8
1.792	—	5.77	11.5	17.3	28.9	57.7
1.793	—	5.77	11.5	17.3	28.8	57.7
1.794	—	5.76	11.5	17.3	28.8	57.6
1.795	—	5.76	11.5	17.3	28.8	57.6
1.796	—	5.75	11.5	17.2	28.7	57.5
1.797	—	5.74	11.5	17.2	28.7	57.4
1.798	—	5.74	11.5	17.2	28.7	57.4
1.799	—	5.73	11.5	17.2	28.6	57.3
1.800	—	5.72	11.4	17.2	28.6	57.2
1.801	—	5.72	11.4	17.2	28.6	57.2
1.802	—	5.71	11.4	17.1	28.6	57.1
1.803	—	5.70	11.4	17.1	28.5	57.0
1.804	—	5.70	11.4	17.1	28.5	57.0
1.805	—	5.69	11.4	17.1	28.5	56.9

表 3（续）

平均压痕直径 d/mm	试验力 F/N					
	49.03	98.07	196.1	294.2	490.3	980.7
	维氏硬度					
	HV5	HV10	HV20	HV30	HV50	HV100
1.806	—	5.69	11.4	17.1	28.4	56.9
1.807	—	5.68	11.4	17.0	28.4	56.8
1.808	—	5.67	11.3	17.0	28.4	56.7
1.809	—	5.67	11.3	17.0	28.3	56.7
1.810	—	5.66	11.3	17.0	28.3	56.6
1.811	—	5.65	11.3	17.0	28.3	56.5
1.812	—	5.65	11.3	16.9	28.2	56.5
1.813	—	5.64	11.3	16.9	28.2	56.4
1.814	—	5.64	11.3	16.9	28.2	56.4
1.815	—	5.63	11.3	16.9	28.1	56.3
1.816	—	5.62	11.2	16.9	28.1	56.2
1.817	—	5.62	11.2	16.9	28.1	56.2
1.818	—	5.61	11.2	16.8	28.1	56.1
1.819	—	5.60	11.2	16.8	28.0	56.0
1.820	—	5.60	11.2	16.8	28.0	56.0
1.821	—	5.59	11.2	16.8	28.0	55.9
1.822	—	5.59	11.2	16.8	27.9	55.9
1.823	—	5.58	11.2	16.7	27.9	55.8
1.824	—	5.57	11.1	16.7	27.9	55.7
1.825	—	5.57	11.1	16.7	27.8	55.7
1.826	—	5.56	11.1	16.7	27.8	55.6
1.827	—	5.56	11.1	16.7	27.8	55.6
1.828	—	5.55	11.1	16.6	27.7	55.5
1.829	—	5.54	11.1	16.6	27.7	55.4
1.830	—	5.54	11.1	16.6	27.7	55.4
1.831	—	5.53	11.1	16.6	27.7	55.3
1.832	—	5.53	11.0	16.6	27.6	55.3
1.833	—	5.52	11.0	16.6	27.6	55.2
1.834	—	5.51	11.0	16.5	27.6	55.1
1.835	—	5.51	11.0	16.5	27.5	55.1
1.836	—	5.50	11.0	16.5	27.5	55.0
1.837	—	5.50	11.0	16.5	27.5	55.0
1.838	—	5.49	11.0	16.5	27.4	54.9
1.839	—	5.48	11.0	16.5	27.4	54.8
1.840	—	5.48	11.0	16.4	27.4	54.8
1.841	—	5.47	10.9	16.4	27.4	54.7
1.842	—	5.47	10.9	16.4	27.3	54.7
1.843	—	5.46	10.9	16.4	27.3	54.6
1.844	—	5.45	10.9	16.4	27.3	54.5
1.845	—	5.45	10.9	16.3	27.2	54.5

表 3（续）

平均压痕直径 d/mm	试验力 F/N					
	49.03	98.07	196.1	294.2	490.3	980.7
	维氏硬度					
	HV5	HV10	HV20	HV30	HV50	HV100
1.846	—	5.44	10.9	16.3	27.2	54.4
1.847	—	5.44	10.9	16.3	27.2	54.4
1.848	—	5.43	10.9	16.3	27.1	54.3
1.849	—	5.42	10.8	16.3	27.1	54.2
1.850	—	5.42	10.8	16.3	27.1	54.2
1.851	—	5.41	10.8	16.2	27.1	54.1
1.852	—	5.41	10.8	16.2	27.0	54.1
1.853	—	5.40	10.8	16.2	27.0	54.0
1.854	—	5.40	10.8	16.2	27.0	54.0
1.855	—	5.39	10.8	16.2	26.9	53.9
1.856	—	5.38	10.8	16.2	26.9	53.8
1.857	—	5.38	10.8	16.1	26.9	53.8
1.858	—	5.37	10.7	16.1	26.9	53.7
1.859	—	5.37	10.7	16.1	26.8	53.7
1.860	—	5.36	10.7	16.1	26.8	53.6
1.861	—	5.35	10.7	16.1	26.8	53.5
1.862	—	5.35	10.7	16.0	26.7	53.5
1.863	—	5.34	10.7	16.0	26.7	53.4
1.864	—	5.34	10.7	16.0	26.7	53.4
1.865	—	5.33	10.7	16.0	26.7	53.3
1.866	—	5.33	10.6	16.0	26.6	53.3
1.867	—	5.32	10.6	16.0	26.6	53.2
1.868	—	5.31	10.6	15.9	26.6	53.1
1.869	—	5.31	10.6	15.9	26.5	53.1
1.870	—	5.30	10.6	15.9	26.5	53.0
1.871	—	5.30	10.6	15.9	26.5	53.0
1.872	—	5.29	10.6	15.9	26.5	52.9
1.873	—	5.29	10.6	15.9	26.4	52.9
1.874	—	5.28	10.6	15.8	26.4	52.8
1.875	—	5.28	10.5	15.8	26.4	52.8
1.876	—	5.27	10.5	15.8	26.3	52.7
1.877	—	5.26	10.5	15.8	26.3	52.6
1.878	—	5.26	10.5	15.8	26.3	52.6
1.879	—	5.25	10.5	15.8	26.3	52.5
1.880	—	5.25	10.5	15.7	26.2	52.5
1.881	—	5.24	10.5	15.7	26.2	52.4
1.882	—	5.24	10.5	15.7	26.2	52.4
1.883	—	5.23	10.5	15.7	26.1	52.3
1.884	—	5.22	10.4	15.7	26.1	52.2
1.885	—	5.22	10.4	15.7	26.1	52.2

表 3（续）

平均压痕直径 d/mm	试验力 F/N					
	49.03	98.07	196.1	294.2	490.3	980.7
	维氏硬度					
	HV5	HV10	HV20	HV30	HV50	HV100
1.886	—	5.21	10.4	15.6	26.1	52.1
1.887	—	5.21	10.4	15.6	26.0	52.1
1.888	—	5.20	10.4	15.6	26.0	52.0
1.889	—	5.20	10.4	15.6	26.0	52.0
1.890	—	5.19	10.4	15.6	26.0	51.9
1.891	—	5.19	10.4	15.6	25.9	51.9
1.892	—	5.18	10.4	15.5	25.9	51.8
1.893	—	5.18	10.3	15.5	25.9	51.8
1.894	—	5.17	10.3	15.5	25.8	51.7
1.895	—	5.16	10.3	15.5	25.8	51.6
1.896	—	5.16	10.3	15.5	25.8	51.6
1.897	—	5.15	10.3	15.5	25.8	51.5
1.898	—	5.15	10.3	15.4	25.7	51.5
1.899	—	5.14	10.3	15.4	25.7	51.4
1.900	—	5.14	10.3	15.4	25.7	51.4
1.901	—	5.13	10.3	15.4	25.7	51.3
1.902	—	5.13	10.3	15.4	25.6	51.3
1.903	—	5.12	10.2	15.4	25.6	51.2
1.904	—	5.12	10.2	15.3	25.6	51.2
1.905	—	5.11	10.2	15.3	25.5	51.1
1.906	—	5.10	10.2	15.3	25.5	51.0
1.907	—	5.10	10.2	15.3	25.5	51.0
1.908	—	5.09	10.2	15.3	25.5	50.9
1.909	—	5.09	10.2	15.3	25.4	50.9
1.910	—	5.08	10.2	15.2	25.4	50.8
1.911	—	5.08	10.2	15.2	25.4	50.8
1.912	—	5.07	10.1	15.2	25.4	50.7
1.913	—	5.07	10.1	15.2	25.3	50.7
1.914	—	5.06	10.1	15.2	25.3	50.6
1.915	—	5.06	10.1	15.2	25.3	50.6
1.916	—	5.05	10.1	15.2	25.3	50.5
1.917	—	5.05	10.1	15.1	25.2	50.5
1.918	—	5.04	10.1	15.1	25.2	50.4
1.919	—	5.04	10.1	15.1	25.2	50.4
1.920	—	5.03	10.1	15.1	25.2	50.3
1.921	—	5.03	10.0	15.1	25.1	50.3
1.922	—	5.02	10.0	15.1	25.1	50.2
1.923	—	5.01	10.0	15.0	25.1	50.1
1.924	—	5.01	10.0	15.0	25.0	50.1
1.925	—	5.00	10.0	15.0	25.0	50.0

表 3（续）

平均压痕直径 d/mm	试验力 F/N					
	49.03	98.07	196.1	294.2	490.3	980.7
	维氏硬度					
	HV5	HV10	HV20	HV30	HV50	HV100
1.926	—	5.00	10.0	15.0	25.0	50.0
1.927	—	4.99	9.99	15.0	25.0	49.9
1.928	—	4.99	9.98	15.0	24.9	49.9
1.929	—	4.98	9.97	15.0	24.9	49.8
1.930	—	—	9.96	14.9	24.9	49.8
1.931	—	—	9.94	14.9	24.9	49.7
1.932	—	—	9.93	14.9	24.8	49.7
1.933	—	—	9.92	14.9	24.8	49.6
1.934	—	—	9.91	14.9	24.8	49.6
1.935	—	—	9.90	14.9	24.8	49.5
1.936	—	—	9.89	14.8	24.7	49.5
1.937	—	—	9.88	14.8	24.7	49.4
1.938	—	—	9.87	14.8	24.7	49.4
1.939	—	—	9.86	14.8	24.7	49.3
1.940	—	—	9.85	14.8	24.6	49.3
1.941	—	—	9.84	14.8	24.6	49.2
1.942	—	—	9.83	14.8	24.6	49.2
1.943	—	—	9.82	14.7	24.6	49.1
1.944	—	—	9.81	14.7	24.5	49.1
1.945	—	—	9.80	14.7	24.5	49.0
1.946	—	—	9.79	14.7	24.5	49.0
1.947	—	—	9.78	14.7	24.5	48.9
1.948	—	—	9.77	14.7	24.4	48.9
1.949	—	—	9.76	14.6	24.4	48.8
1.950	—	—	9.75	14.6	24.4	48.8
1.951	—	—	9.74	14.6	24.4	48.7
1.952	—	—	9.73	14.6	24.3	48.7
1.953	—	—	9.72	14.6	24.3	48.6
1.954	—	—	9.71	14.6	24.3	48.6
1.955	—	—	9.70	14.6	24.3	48.5
1.956	—	—	9.69	14.5	24.2	48.5
1.957	—	—	9.68	14.5	24.2	48.4
1.958	—	—	9.67	14.5	24.2	48.4
1.959	—	—	9.66	14.5	24.2	48.3
1.960	—	—	9.65	14.5	24.1	48.3
1.961	—	—	9.64	14.5	24.1	48.2
1.962	—	—	9.63	14.5	24.1	48.2
1.963	—	—	9.62	14.4	24.1	48.1
1.964	—	—	9.61	14.4	24.0	48.1
1.965	—	—	9.60	14.4	24.0	48.0

表 3（续）

平均压痕直径 d/mm	试验力 F/N					
	49.03	98.07	196.1	294.2	490.3	980.7
	维氏硬度					
	HV5	HV10	HV20	HV30	HV50	HV100
1.966	—	—	9.59	14.4	24.0	48.0
1.967	—	—	9.58	14.4	24.0	47.9
1.968	—	—	9.57	14.4	23.9	47.9
1.969	—	—	9.56	14.3	23.9	47.8
1.970	—	—	9.56	14.3	23.9	47.8
1.971	—	—	9.55	14.3	23.9	47.7
1.972	—	—	9.54	14.3	23.8	47.7
1.973	—	—	9.53	14.3	23.8	47.6
1.974	—	—	9.52	14.3	23.8	47.6
1.975	—	—	9.51	14.3	23.8	47.5
1.976	—	—	9.50	14.2	23.7	47.5
1.977	—	—	9.49	14.2	23.7	47.4
1.978	—	—	9.48	14.2	23.7	47.4
1.979	—	—	9.47	14.2	23.7	47.4
1.980	—	—	9.46	14.2	23.6	47.3
1.981	—	—	9.45	14.2	23.6	47.3
1.982	—	—	9.44	14.2	23.6	47.2
1.983	—	—	9.43	14.1	23.6	47.2
1.984	—	—	9.42	14.1	23.6	47.1
1.985	—	—	9.41	14.1	23.5	47.1
1.986	—	—	9.40	14.1	23.5	47.0
1.987	—	—	9.39	14.1	23.5	47.0
1.988	—	—	9.38	14.1	23.5	46.9
1.989	—	—	9.37	14.1	23.4	46.9
1.990	—	—	9.36	14.0	23.4	46.8
1.991	—	—	9.35	14.0	23.4	46.8
1.992	—	—	9.35	14.0	23.4	46.7
1.993	—	—	9.34	14.0	23.3	46.7
1.994	—	—	9.33	14.0	23.3	46.6
1.995	—	—	9.32	14.0	23.3	46.6
1.996	—	—	9.31	14.0	23.3	46.5
1.997	—	—	9.30	14.0	23.2	46.5
1.998	—	—	9.29	13.9	23.2	46.5
1.999	—	—	9.28	13.9	23.2	46.4

ICS 33.100
L 06

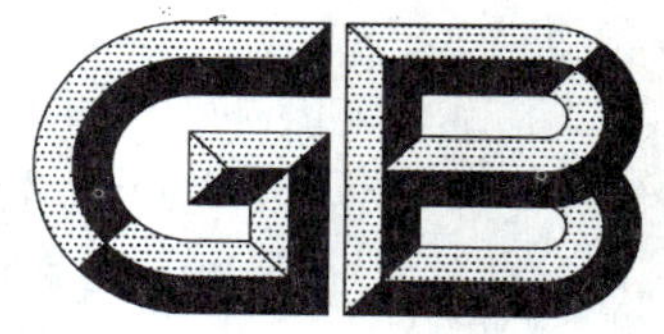

中华人民共和国国家标准

GB 4343.1—2009/CISPR 14-1:2005
代替 GB 4343.1—2003

家用电器、电动工具和类似器具的电磁兼容要求 第1部分:发射

Electromagnetic compatibility—Requirements for household appliances, electric tools and similar apparatus—Part 1:Emission

(CISPR 14-1:2005,IDT)

2009-05-05 发布 2010-04-01 实施

中华人民共和国国家质量监督检验检疫总局
中国国家标准化管理委员会 发布

前　　言

本标准的全部技术内容为强制性。

GB 4343《家用电器、电动工具和类似器具的电磁兼容要求》分为2个部分：

——第1部分：发射

——第2部分：抗扰度

本部分为GB 4343的第1部分，对应于CISPR 14-1:2005(第五版)《电磁兼容　家用电器、电动工具和类似器具的要求　第1部分：发射》。CISPR 14-1第五版代替2000年出版的第四版本及其第1号修正件(2001)和第2号修正件(2002)。

本部分等同采用CISPR 14-1:2005，但依据GB/T 20000.2—2001《标准化工作指南　第2部分：采用国际标准的规则》进行如下编辑性修改：

——删除CISPR 14-1:2005的前言、简介。简介的内容编写入本部分的引言中。

——将本部分引用的国际标准改为等同、等效采用的我国国家标准。

——本部分名称改为《家用电器、电动工具和类似器具的电磁兼容要求　第1部分：发射》。

本部分代替GB 4343.1—2003《电磁兼容　家用电器、电动工具和类似器具的要求　第1部分：发射》。

本部分与GB 4343.1—2003相比，技术内容主要修改如下：

——删除1.1中"本部分对于那些无法在测试场地进行测试的设备，暂时无发射要求，现场测试的要求正在考虑中。"；

——规范性引用文件中增加引用标准GB 7000.204—2008《灯具　第2-4部分：特殊要求　可移式通用灯具》、GB 17743—2007《电气照明和类似设备的无线电骚扰特性的限值和测量方法》；

——由于标准体系的变化及我国对应CISPR 16标准的制修订情况，对本部分中所有相关的CISPR 16标准进行了重新引用；

——3.19，对便携式儿童用灯具的定义重新描述；

——5.2.3，对非电源引线端连接有辅助装置的器具，当器具与辅助装置之间长于2 m且短于10 m的不可拆卸引线上的端子骚扰电压，增加测量的起始频率规定；

——7.1.4，对具有一个电压范围，多于一个额定电压、频率范围为50 Hz～60 Hz的器具的骚扰测量规定了具体的方法；

——7.3.1.10，增加具有漏水保护阀的洗衣机的骚扰测量规定；

——7.3.1.20.4，对具有室内机和室外机(分体式)的空气调节器，补充了室内外机连接引线的骚扰功率测量方法和电源线外的其他引线端子骚扰电压测量的起始测量频率；

——7.3.2.1.2，对装有振动块或摆动块的电动工具，重新描述测量规定；

——修改7.3.4.1，由对温控器或能量调节装置所控制的烤架和扁平烤盘的加热元件的测量的描述来代替带一个或多个能由温控器或能量调节器控制的加热板的器具的测量方法；

——删除GB 4343.1—2003中关于"充分放热条件"和"非充分放热条件"的描述，改为明确的测量要求，涉及条款为7.3.2.5、7.3.4.2、7.3.4.3、7.3.4.6、7.3.4.7、7.3.4.8、7.3.4.9.2、7.3.4.10、7.3.4.11和7.4.3.14；

——删除GB 4343.1—2003中7.3.7.3.1和7.3.7.3.2标题中"炊具用的"，并在7.3.7.3.2中增加了"当测量连续骚扰时，在整个测试过程中点火装置应打开，在放电电路中应放置一个2 kΩ的阻性负载。"的要求；

——删除 GB 4343.1—2003 中 7.3.7.7 电池充电器、7.3.7.8 整流器和 7.3.7.9 变换器中的“注：30 MHz～300 MHz 频段的骚扰功率的限值不适用这些装置(见 4.1.2.4)。”；

——7.4.2.2，增加“对于瞬时开关(见 4.2.3.3)，只需在 500 kHz 确定脉冲的持续时间。”的测量规定；

——对部分图样及名称重新进行描述，但其技术内容不变；涉及到的图样为图 1、图 2、图 5、图 6、图 7 和图 8；

——附表 A.2，对因数 f 的有效位数进行了补充；

——增加三个参考文献：

IEC 61000-3-8　电磁兼容(EMC)　第 3 部分：限值　第 8 节：低压电气装置上的信号传输发射电平、频带和电磁骚扰水平

GB/T 17045　电击防护　装置和设备的通用部分(GB/T 17045—2008，IEC 61140:2001，IDT)

GB/Z 6113.403　无线电骚扰和抗扰度测量设备和测量方法规范　第 4-3 部分：不确定度、统计学和限值建模　批量产品的 EMC 符合性确定的统计考虑(GB/T 6113.403—2007，IEC/CISPR 16-4-3:2004，IDT)

本部分的附录 A 为规范性附录，附录 B、附录 C 为资料性附录。

本部分由全国无线电干扰标准化技术委员会(SAC/TC 79)提出并归口。

本部分委托全国无线电干扰标准化技术委员会 F 分会负责解释。

本部分主要起草单位：上海电动工具研究所、广州电器科学研究院、广州威凯检测技术研究所、松下电化住宅设备机器(杭州)有限公司、广东格兰仕集团有限公司、无锡小天鹅股份有限公司、珠海格力电器股份有限公司、广州市九佛电器有限公司、中国飞利浦(投资)有限公司、宁波奥克斯空调有限公司。

本部分主要起草人：尹海霞、杨春荣、潘顺芳、赖静、邓俊泳、李邦协、李秀青、还雅萍、贾春耕、卢炎汉、朱红卫、张辉、钟学周、陈子良、朱建军。

本部分所代替标准的历次版本发布情况为：

——GB 4343—1984；

——GB 4343—1995；

——GB 4343.1—2003。

引　　言

本部分的目的是对家用电器、电动工具和类似器具的射频骚扰电平建立一个统一的要求，确定骚扰限值，描述测量方法和使运行条件和结果的分析标准化。

CISPR 14-1 出版物由国际电工委员会国际无线电干扰特别委员会(CISPR)的 F 分会(家用电器、电动工具、照明设备和类似器具的骚扰)负责制定。1975 年出版第一版，名称为 CISPR 14:1975《家用电器、电动工具和类似器具无线电干扰特性测量方法和允许值》；1985 年出版第二版，名称为 CISPR 14:1985《家用和类似用途电动、电热器具，电动工具以及类似器具无线电骚扰特性测量方法和允许值》；1993 年出版第三版，名称为 CISPR 14:1993《家用和类似用途电动、电热器具，电动工具以及类似器具无线电骚扰特性测量方法和允许值》，继后在 1996 年出版第 1 号修改件、1998 年出版第 2 号修改件；2000 年出版第四版，标准名称改为 CISPR 14-1《电磁兼容　家用电器、电动工具和类似器具的要求　第一部分：发射》包含了二次技术修订，分别在 2001 和 2002 年。2005 年出版第五版，标准名称 CISPR 14-1《家用电器、电动工具和类似器具的电磁兼容要求　第 1 部分：发射》。

本部分是强制性国家标准，起草工作始于 1980 年，1984 年由原国家标准总局发布第一版，标准编号和名称为：GB 4343—1984《电动工具、家用电器和类似电器无线电干扰特性测量方法和允许值》；1995 年等效采用 CISPR 14:1993(第三版)进行修订，由原国家质量技术监督局发布第二版，标准编号和名称为：GB 4343—1995《家用和类似用途电动、电热器具，电动工具以及类似器具无线电干扰特性测量方法和允许值》；2003 年等同采用 CISPR 14-1:2000(第四版)和 2001 年第一号修正件进行修订。本次修订等同采用 CISPR 14-1:2005(第五版)。

家用电器、电动工具和类似器具的电磁兼容要求 第1部分:发射

1 范围

1.1 GB 4343 的本部分适用于其主要功能由电动机、开关或调节装置实现的器具产生的射频传导和辐射骚扰,特意产生或者用于照明的射频能量除外。

这些器具包括:家用电器、电动工具、使用半导体装置的调节控制器、电动机驱动的电气医疗设备、电玩具、自动售货机以及电影或幻灯投影仪。

包括在本部分范围内的还有:

——上述提及设备的单独部件,诸如电动机、开关装置如(电源或保护)继电器,如果本部分中未提及,则对这些单独部件没有发射要求。

不包括在本部分范围内的有:

——在其他国家标准中明确地提出其射频范围内所有发射要求的设备。

注1:例子如下:

——灯具,包括便携式儿童用灯具,放电灯具和其他照明装置:GB 17743;

——音像设备和电子乐器,玩具除外:GB 13837 和 GB/T 9383(见 7.3.5.4.2);

——电网通讯装置,包括婴儿监视系统:IEC 61000-3-8;

——产生和使用射频能量用于加热和治疗目的的设备:GB 4824;

——微波炉:GB 4824(但应了解 1.3 关于多功能设备);

——信息技术设备,如家用电脑、个人计算机、电子复印机:GB 9254;

——用在机动车辆上的电子设备:GB 14023;

——无线电控制器、对讲机和其他类型的无线电发射装置,包括使用在玩具中。

——装有额定输入电流每相大于 25 A 的半导体装置的调节控制器和带有该种调节控制器的设备;

——单独使用的电源。

注2:由机动车辆、船舶或飞机等供电系统供电的玩具不包含在本部分的范围内。

1.2 覆盖的频率范围为 9 kHz～400 GHz。

1.3 同时适用本部分不同条款和/或其他标准的多功能设备在使用相关功能时应满足每一条款/标准的要求;详见 7.2.1。

1.4 本部分的限值是在概率的基础上确定的,它能使骚扰抑制保持在经济合理的水平,同时仍能达到足够的射频保护。在特殊情况下,即使符合限值,仍可能会有射频的干扰发生。在此情况下可能需要附加规定。

1.5 与器具安全性能有关的电磁现象的影响不包括在本部分的范围内。

2 规范性引用文件

下列文件中的条款通过 GB 4343 的本部分的引用而成为本部分的条款。凡是注日期的引用文件,其随后所有的修改单(不包括勘误的内容)或修订版均不适用于本部分,然而,鼓励根据本部分达成协议的各方研究是否可使用这些文件的最新版本。凡是不注日期的引用文件,其最新版本适用于本部分。

本部分参考的标准如下:

GB/T 4365—2003 电工术语 电磁兼容(IEC 60050(161):1990,IDT)

GB 4706.91—2008 家用和类似用途电器的安全 电围栏激励器的特殊要求(IEC 60335-2-76:2006,IDT)

GB/T 6113.101—2008 无线电骚扰和抗扰度测量设备和测量方法规范 第1-1部分:无线电骚扰和抗扰度测量设备 测量设备(CISPR 16-1-1:2006,IDT)

GB/T 6113.102—2008 无线电骚扰和抗扰度测量设备和测量方法规范 第1-2部分:无线电骚扰和抗扰度测量设备 辅助设备 传导骚扰(CISPR 16-1-2:2006,IDT)

GB/T 6113.103—2008 无线电骚扰和抗扰度测量设备和测量方法规范 第1-3部分:无线电骚扰和抗扰度测量设备 辅助设备 骚扰功率(CISPR 16-1-3:2004,IDT)

GB/T 6113.201—2008 无线电骚扰和抗扰度测量设备和测量方法规范 第2-1部分:无线电骚扰和抗扰度测量方法 传导骚扰测量(CISPR 16-2-1:2003,IDT)

GB/T 6113.202—2008 无线电骚扰和抗扰度测量设备和测量方法规范 第2-2部分:无线电骚扰和抗扰度测量方法 骚扰功率测量(CISPR 16-2-2:2004,IDT)

GB 7000.4—2007 灯具 第2-10部分:特殊要求 儿童用可移式灯具(IEC 60598-2-10:2003,IDT)

GB 7000.204—2008 灯具 第2-4部分:特殊要求 可移式通用灯具(IEC 60598-2-4:1997,IDT)

GB 9254—2008 信息技术设备的无线电骚扰限值和测量方法(IEC/CISPR 22:2006,IDT)

GB 17743—2007 电气照明和类似设备的无线电骚扰特性的限值和测量方法(CISPR 15:2005+A1:2006,IDT)

3 定义

基于本部分的目的,GB/T 4365—2003 中确立的术语和定义适用,并增加了下述特殊的术语和定义。

3.1 GB/T 6113.201—2008 或 GB/T 6113.202—2008 中规定的下列术语的定义

参考地 Reference ground

受试设备 (EUT) Equipment under test (EUT)

电平 Level

加权 Weighting

3.2

喀呖声 click

一种骚扰,幅度超过连续骚扰准峰值限值,持续时间不大于200 ms,而且后一个骚扰离前一个骚扰至少200 ms。持续时间由超过测量接收机中频参考电平的信号确定。

一个喀呖声可能包含许多脉冲;在这种情况下,相关时间是从第一个脉冲开始到最后一个脉冲结束的时间。

注:在一定条件下,某些类型的骚扰不包括在此定义内(见4.2.3)。

3.3

中频参考电平 i. f. reference level

产生的准峰值指示值等于连续骚扰限值的未调制正弦信号在测量接收机的中频输出端产生的相应值。

3.4

开关操作 switching operation

开关或触点的一次分断或闭合。

注:不依赖于是否观察到喀呖声。

3.5

最小观察时间 minimum observation time

T

当计数喀呖声(或相关开关操作数)时,为了统计判断每单位时间的喀呖声数(或开关操作数)提供足够稳定数据所需的最小时间（也见 7.4.2.1）。

3.6

喀呖声率　click rate

N

一般指 1 min 内的喀呖声数或开关操作数，此数字用来确定喀呖声限值（也见 7.4.2.3）。

3.7

喀呖声限值　click limit

L_q

由第 4.1.1 给出的用准峰值检波器测量时连续骚扰的相应限值，加上由喀呖声率 N 确定的一个定值（见 4.2.2.2）。

喀呖声限值适用于按上四分位法评定的骚扰。

3.8

上四分位法　upper quartile method

在观察时间 T 内记录的喀呖声数的四分之一允许超过喀呖声限值 L_q。

在开关操作的情况下，在观察时间内记录的开关操作数的四分之一允许产生超过喀呖声限值 L_q 的喀呖声（也见 7.4.2.6）。

3.9

玩具　toy

预期供 14 岁以下儿童玩耍的产品。

玩具可以包括电机、发热元件、电子电路和它们三者的结合体。

玩具的供电电压不应该超过交流（有效值）或无纹波直流 24 V，且可由电池或适配器或安全变压器连接到市电电源上进行供电。

注：玩具用的变压器、转换器和充电器不认为是玩具的一部分（见 GB 19212.8）。

3.10

电池玩具　battery toy

包含或使用一个或多个电池作为唯一电源的玩具。

3.11

变压器玩具　transformer toy

通过一个玩具变压器和供电网络相连接，并以此作为唯一电源的玩具。

3.12

双电源玩具　dual supply toy

能同时或交替作为电池玩具和变压器玩具使用的玩具。

3.13

电池盒　battery box

可从玩具中拆除的容纳电池的单独的室。

3.14

安全隔离变压器　safety isolating transformer

提供安全特低电压，且至少用与双重绝缘或加强绝缘等效的绝缘将其输入绕组与输出绕组进行电气隔离的变压器。

3.15

玩具用安全变压器　safety transformer for toys

专门设计供玩具在不超过 24 V 的安全特低电压下运行的安全隔离变压器。

注：变压器单元可以分别或同时输出交流或直流电。

3.16

装配型玩具 constructional kit

用于组装成不同玩具的成套电气、电子或机械部件。

3.17

试验型玩具 experimental kit

用于组装成不同组合的成套电气或电子元件。

注：试验装置主要目的是通过试验和研究促进知识的获得。它不是用来创造一个玩具或其他特殊使用的设备。

3.18

功能型玩具 functional toy

额定电压不超过24 V，由成年人使用的器具或装置的模型玩具。

注：额定电压超过24 V，打算在成年人的直接监督下由儿童使用和在同样方式下作为器具或装置的模型的产品，被认为是功能型产品。

3.19

儿童用可移式灯具 portable luminaire for children

在正常使用情况下，连接着电源可从一处移至另一处的灯具，而且灯具设计所提供的安全程度超过符合GB 7000.204的可移式通用灯具。

注：儿童用可移式灯具是为使用时可能没有适合的人监护的儿童设计的。

（见GB 7000.4—2007中3.1）

3.20

影像玩具 video toy

包含一个屏幕和操作机构的玩具，通过操作机构儿童可以与屏幕显示图片互动。

注：所有用于影像玩具的必需部件，例如控制盒，游戏杆、键盘、监视器及连接件，认为是玩具的一部分。

3.21

电子线路 electronic circuit

至少包含一个电子元件的电路。

3.22

电子元件 electronic component

主要通过电子在真空、气体或半导体中的运动实现传导的部件。

注：电子元件不包括电阻、电容和电感。

3.23

玩具的正常操作 normal operation of toys

当接至推荐的电源，玩具按照预定的或可预知的方式，同时不要忘了儿童的正常行为，进行玩耍的条件。

4 骚扰限值

除非在本部分中对特殊的器具另有规定，不必对148.5 kHz以下及300 MHz以上的射频骚扰进行测量。

4.1 连续骚扰

带换向器电动机以及装在家用电器、电动工具和类似器具内的其他装置可能会引起连续骚扰。

连续骚扰可能是宽带的，如机械开关、换向器和半导体调节器等开关装置引起的；也可能是窄带的，如微处理器等电子控制装置引起的。

注：本部分中不用“宽带骚扰”和“窄带骚扰”的概念，有关两种骚扰的差别，由使用的检波器类型确定。为此，分别规定了用准峰值检波器和平均值检波器测量的限值（见5.1.1和6.1.1）。

4.1.1 频率范围为 148.5 kHz～30 MHz(端子电压)

注：世界无线电通讯行政大会(WARC)在 1979 年已将 1 区的频率下限降低至 148.5 kHz;对于本部分范围内的应用,认为在 150 kHz 的测试已足够了,因为 148.5 kHz 落在接收机的带宽之内。

端子骚扰电压的限值由表 1 给出。按照第 5 章,在每一个端子与地之间进行骚扰电压的测量。

端子是适用于与外部电路进行可重复使用的电气连接的导电部件。

4.1.1.1 除电动工具外的所有器具,电源的相线和中线端子都应符合第 2 栏和第 3 栏的限值。

4.1.1.2 对器具的附加端子以及装有半导体装置的调节控制器的负载和附加端子,适用第 4 栏和第 5 栏"附加端子"给出的放宽限值。

既可作为电源端子也可作为负载/附加端子的端子应符合电源端子的限值。

不能由使用者轻易延长(永久连接,或带有专用连接器),长度短于 2 m,用于将辅助器具或装置与设备相连(例如半导体速度控制器,带有 AC-DC 转换器的电源插头),这些引线无适用的端子电压限值。

在真空吸尘器的吸尘软管中的引线无适用的端子电压限值,即使其长度大于 2 m。

注：在装有半导体装置的调节控制器的负载端和附加端子上的测量见 5.2.4,在其他器具附加端子上的测量见 5.2.3。

4.1.1.3 电动工具电源端子的限值按电动机的额定功率在第 6 栏至第 11 栏中给出,任何加热装置的功率(例如塑料焊接吹风机的加热功率)都除外。对于电动工具的负载端和附加端,适用第 4 栏和第 5 栏,没有进一步的放宽。

表 1 频率范围为 148.5 kHz～30 MHz 的端子电压限值

(见图 1 和图 2)

家用电器和产生类似骚扰的设备及装有半导体装置的调节控制器

频率范围	在电源端子上		在负载端子和附加端子上	
1	2	3	4	5
MHz	dB(μV) 准峰值	dB(μV) 平均值*	dB(μV) 准峰值	dB(μV) 平均值*
0.15～0.50	随频率的对数线性减小 66～56	59～46	80	70
0.50～5	56	46	74	64
5～30	60	50	74	64

电动工具电源端子

1	6	7	8	9	10	11
频率范围	电动机额定功率≤700 W		700 W<电动机额定功率≤1 000 W		电动机额定功率>1 000 W	
MHz	dB(μV) 准峰值	dB(μV) 平均值*	dB(μV) 准峰值	dB(μV) 平均值*	dB(μV) 准峰值	dB(μV) 平均值*
0.15～0.35	随频率的对数线性减小 66～59	59～49	70～63	63～53	76～69	69～59
0.35～5	59	49	63	53	69	59
5～30	64	54	68	58	74	64

* 当使用带准峰值检波器接收机测量时,如果符合用平均值检波器测量的限值,则认为受试设备符合两种限值,不必要用带平均值检波器接收机进行测量。

注：使用平均值检波器的测量限值是暂定值,经过一段实践后可能会被修改。

4.1.1.4 电栅栏激发器适用下述限值：

a) 各类激发器的栅栏端子(表1第4栏和第5栏)；

b) 设计用于连接至电源的激发器的电源端子(表1第2栏和第3栏)；

c) 设计利用电池供电的激发器的电池端子(表1第4栏和第5栏)。

但是，使用内置电池且不能接至电网的激发器的电池端子，或使用外置式电池，激发器与电池之间的连线短于2 m，且没有专用工具使用者不能轻易延长的激发器，无适用的限值。

按照GB 4706.91—2008，D型激发器应在带电池供电且电池与激发器之间的连接线长于2 m时进行测量。

注：实际上，由于高压放电，电栅栏线也是一个有源骚扰源，特别是对广播和通讯网络。电栅栏激发器的制造商应向使用者说明排除诸如接触植被和栅栏线损坏等放电情况。

4.1.1.5 对于能够接到市电的电池驱动的器具(内置或外接电池)，电源端子适用表1的第2栏和第3栏的限值。

不能接到市电的内置电池器具不规定射频骚扰限值。

外接电池的器具，如果器具与电池间的连线短于2 m，则不规定任何限值。如果器具与电池间的连线长于2 m或者可由使用者不用专用工具就可延长，则这些导线适用表1第4栏和第5栏的限值。

4.1.2 频率范围为30 MHz～300 MHz(骚扰功率)

骚扰功率的限值由表2给出。

骚扰功率应按第6章在所有端子进行测量。

表2 频率范围为30 MHz～300 MHz的骚扰功率限值

	家用及类似电器		电动工具					
1	2	3	4	5	6	7	8	9
频率范围			电动机额定功率≤700 W		700 W＜电动机额定功率≤1 000 W		电动机额定功率＞1 000 W	
MHz	dB(pW)准峰值	dB(pW)平均值*	dB(pW)准峰值	dB(pW)平均值*	dB(pW)准峰值	dB(pW)平均值*	dB(pW)准峰值	dB(pW)平均值*
30～300	随频率线性增大 45～55	35～45	45～55	35～45	49～59	39～49	55～65	45～55
* 当使用带准峰值检波器接收机测量时，如果符合用平均值检波器测量的限值，则认为受试设备符合两种限值，不必要用带平均值检波器接收机进行测量。								

注：使用平均值检波器测量的限值是暂时的，经过一段实践后可能会被修改。

4.1.2.1 除了4.1.2.2第二段至4.1.2.4规定的器具以外，所有器具都应符合表2第2栏和第3栏的限值。

4.1.2.2 对于能够接到市电的电池驱动的器具(内置或外接电池)，适用表2的第2栏和第3栏的限值，及4.1.2.3和4.1.2.4。

不能接到市电的(内置电池)器具不规定骚扰功率限值。

4.1.2.3 对于电动工具，骚扰功率的限值按电动机的额定功率但不包括任何加热装置的功率(例如塑料焊接吹风机的加热功率)在表2第4栏至第9栏给出。

4.1.2.4 装有半导体装置的调节控制器、电栅栏激发器、整流器、电池充电器和变换器等，如果不包含工作频率高于9 kHz的内部频率或时钟发生器，则在30 MHz～300 MHz的频段内不规定骚扰功率限值。

4.1.3 频率范围为30 MHz～1 000 MHz(辐射骚扰)

辐射骚扰限值由表3给出。

按照 GB 9254 测量辐射骚扰。

表 3　频率范围为 30 MHz～1 000 MHz 距玩具 10 m 测量距离的辐射骚扰限值

频率范围 MHz	限值 dB(μV/m) 准峰值
30～230	30
230～1 000	37
在转换频率处采用较低限值。	

本部分中的辐射骚扰要求只适用于玩具。可以在较近的距离测量，至少为 3 m。应使用 20 dB/oct 的反比因子，将测量数据归一化到规定距离以确定符合性。

在有争议的情况下，以测试报告中描述的测量距离进行验证。

4.2　断续骚扰

恒温控制的器具，程序自动控制的机器和其他电气控制或操作的器具的开关操作会产生断续骚扰。断续骚扰的影响随着在音像中出现的重复率和幅度而变化。因此，应区别不同类型的断续骚扰。

断续骚扰用符合 5.1.1 和 GB/T 6113.101—2008 中第 4 章规定的准峰值检波器接收机测量。

见附录 C 导则。

4.2.1　断续骚扰限值主要依赖于骚扰特性和喀呖声率 N，详见 4.2.2 和 4.2.3。

在 30 MHz～300 MHz 频段不规定断续骚扰限值。

注：30 MHz 以下的骚扰电平被认为是表明了 30 MHz 以上的骚扰电平。

4.2.2　频率范围为 148.5 kHz～30 MHz(端子电压)

4.2.2.1　表 1 的限值也适用于产生下列断续骚扰的所有器具：

a)　除喀呖声以外的骚扰，或

b)　喀呖声率大于等于 30 的喀呖声。

在 4.2.3 中规定的器具除外。

注：适用连续骚扰限值的断续骚扰的例子如图 4a)和图 4b)所示。

4.2.2.2　对于断续骚扰，喀呖声限值 L_q 是在有关连续骚扰限值 L(4.1.1 中给出)上增加：

44 dB　　　　　$N<0.2$，或

20lg(30/N)dB　　$0.2\leqslant N<30$

注：分类为喀呖声的断续骚扰的例子如图 3a)，图 3b)和图 3c)所示。

并见附录 A 的表 A.1 和表 A.2。

4.2.2.3　喀呖声限值 L_q 要求喀呖声率 N 用第 7 章规定的运行条件和结果说明来确定。

4.2.3　喀呖声定义的例外情况

在一定条件下，某些类型的断续骚扰不包括在喀呖声定义(见 3.2)内。

本条款包含的这些例外，再结合 4.2.1 和 4.2.2，适用于所有类型的器具。图 9 显示了在确认过程中如何考虑这些条件的流程图。

产品的特殊放宽包含在附录 A 中，其中也包括表 A.2，一个通过计算开关操作数来确定喀呖声率 N 的器具列表。

4.2.3.1　单个开关操作

由装在器具内或者为下述目的使用的开关或控制器上直接或间接的，手动或类似动作引起的单个开关操作的骚扰，从检测器具符合本部分射频骚扰限值的目的出发是可以忽略的：

a)　只有接通或断开电源的作用；

b)　只有程序选择的作用；

c) 通过在有限的固定位置间的开关切换进行能量或速度控制；

d) 如脱水的变速装置或电子温控器的可连续调节控制器的人工设定的变化。

符合本条的开关例子是器具(包括用脚起动)的开/关，例如电动打字机的开关，热风机和吹风机的加热和气流控制的人工开关以及碗橱、衣柜或冰箱的间接操作开关和感应操作开关等。经常地重复操作的开关不包括在内，如缝纫机、计算机、焊接设备的开关等(见7.2.3和7.3.2.4c))。

通过操作装在器具内只是为了安全地切断电源用的任何开关装置或控制器而引起的骚扰，从检测器具符合本部分射频骚扰限值的目的出发是可以忽略的。

4.2.3.2 时帧小于600 ms的喀呖声组合

对于程序控制的器具，在每一个选择的程序周期允许有一个时帧小于600 ms的喀呖声组合。

对于其他器具，在最小观察时间内允许有这样的一个喀呖声组合。这也适用于恒温控制的三相开关在三相中的每相及中线相继引起的三个骚扰，这些喀呖声的组合被认为是一个喀呖声。

4.2.3.3 瞬时开关

符合下列条件的设备：

——喀呖声率不大于5，

——没有持续时间长于20 ms的喀呖声，

——90%的喀呖声持续时间小于10 ms，

被认为满足限值要求，而与喀呖声的幅度(见表A.1和表A.2)无关。如果其中有一个条件不符合，则应用4.2.2的限值。

4.2.3.4 喀呖声间隔时间小于200 ms

对于喀呖声率小于5的器具，任何两个持续时间最多为200 ms的骚扰应评定为两个喀呖声，即使骚扰之间的间隔小于200 ms。

在这种情况下，例如图4b)所示观测到的冷藏箱的骚扰，应判定为两个喀呖声，而不是连续骚扰。

5 端子骚扰电压的测量方法(148.5 kHz～30 MHz)

本条款列出了器具端子骚扰电压测量的一般要求。

运行条件由本部分第7章给出。

5.1 测量装置

使用下列给出的测量装置：

5.1.1 测量接收机

准峰值检波器接收机应符合GB/T 6113.101—2008中第4章的规定；平均值检波器接收机应符合GB/T 6113.101—2008中第6章的规定。

注：准峰值检波器和平均值检波器可装在同一个接收机内，可以分别用准峰值检波器或平均值检波器进行测量。

5.1.2 人工电源网络

V型人工电源网络是为受试器具的端子与参考地之间提供一个规定的高频阻抗，同时把电源中无用的射频信号与测试电路隔离开。

使用GB/T 6113.102—2008中第4章规定的50 Ω/50 μH(或50 Ω/50 μH+5 Ω)的V型人工电源网络。

为保证在测量频率上电网阻抗不会对V型人工电源网络的阻抗产生严重影响，在V型人工电源网络和电网之间应插入一个适当的射频阻抗。这个阻抗也将减少电网上存在的无用信号的影响(也见5.3)。

V型人工电源网络与测量接收机之间用特性阻抗为50 Ω的同轴电缆连接。

5.1.3 电压探头

当测量不是在电源端子(见5.2.3.2)而是在其他端子上，如负载或控制端子(见5.2.4.4)，则使用电压探头。当不能使用人工电源网络而且对受试器具或试验设备没有不良影响时，也可在电源端子上使用电压探头测量，例如测量每相电流大于 25 A 的电动机和加热装置。

电压探头由电阻值至少为 1 500 Ω 的电阻器串联一个电抗值相对于电阻值可忽略(在 150 kHz～30 MHz 范围内)的电容器组成(见 GB/T 6113.102—2008 中 5.2)。

测量值应按探头与测量装置之间的电压分配校正。此校正只考虑纯电阻部分。

如果探头阻抗值太低，影响到受试器具的正常工作，则应按需要提高探头阻抗值(50/60 Hz 和射频)(例如 15 kΩ 串联 500 pF)。

5.1.4 模拟手

为了模拟使用者手的影响，对手持式设备在骚扰电压测量的过程中需要使用模拟手。

模拟手由连接至 220 pF(1±20%)的电容器串联 510 Ω(1±10%)的电阻器组成的 RC 元件的一端的金属箔组成(见图 8a))；RC 元件的另一端接到测量系统的参考地(见 GB/T 6113.102—2008)。模拟手的 RC 元件可装在人工电源网络的内部。

5.1.5 断续骚扰分析仪

断续骚扰测量设备应符合 GB/T 6113.101—2008 中第 10 章的规定。只要准确度足够，可以采用示波器的替代方法。

对于骚扰持续时间的测量参见 GB/T 6113.101—2008。

5.2 测量程序和布置

5.2.1 受试器具引线的布置

注：关于电气器具与测量设备的连接，在 GB/T 6113.201—2008 第 5 章和附录 A 中给出更多的信息。

5.2.1.1 电源引线

在所有的端子电压(电源端子或其他端子)骚扰测量中，V 型人工电源网络应连接到电源端以提供一个规定的终端。如 5.2.2 中所述，V 型网络的位置应与器具相距 0.8 m。

骚扰电压通常在引线的插头末端进行测量。

如果受试器具的电源引线超过连接到 V 型人工电源网络所需的长度，应将超出 0.8 m 的部分平行于电源引线来回折叠形成一个长 0.3 m～0.4 m 的线束。如果事关禁止销售或取消型式认可方面的争论时，可用 1 m 长类似质量的引线代替电源引线。

如果所要测量的引线短于器具与 V 型人工电源网络之间要求的距离，引线应延长到必要的长度。

如果受试器具的电源引线中有接地导线，接地导线的插头末端应与测量装置的参考地连接。

当需要接地导线，而接地导线又不包含在电源引线内时，应用导线将受试器具的接地端与测量装置的参考地连接，导线长度不超过连接到 V 型人工电源网络所需的长度，且导线应与电源引线平行，相距不超过 0.1 m。

如果器具没有提供电源引线，应用不超过 1 m 的引线(包括插头或插座)将器具与 V 型人工电源网络连接。

5.2.1.2 其他引线

除非本部分中有其他描述，连接器具和辅助装置的引线和连接调节控制器或电池供电器具的电池的引线应按照 5.2.1.1 处理。

5.2.2 受试器具的布置及其与 V 型人工电源网络的连接

5.2.2.1 通常不接地的非手持式器具

器具应放置在尺寸至少为 2 m×2 m 的接地导电平面上方 0.4 m，与 V 型人工电源网络之间的距离为 0.8 m，并且与其他接地导电表面保持至少 0.8 m 的距离。如果测量在屏蔽室内进行，0.4 m 的距离可以指到屏蔽室的任一墙面。

由于设计和/或自重原因，使用时经常放在地上的器具(即落地式器具)应同样满足上述规定。

但是

——器具应放置在水平金属接地平板上(参考接地平板),但用高度为 0.1 m±25%的非金属支撑隔开(例如平板架);

——引线应沿着受试器具向下至非金属支撑面高度水平地连接到 V 型人工电源网络;

——V 型人工电源网络应与参考接地平板有良好的连接(见 GB/T 6113.201—2008);

——参考接地平板至少超出受试器具边缘 0.5 m,尺寸至少为 2 m×2 m。

5.2.2.2 通常不接地的手持式器具

首先,器具应按照 5.2.2.1 进行测量。

然后按 5.1.4 规定使用模拟手进行附加测量。

使用模拟手的一般原则是用金属箔包裹器具附带的所有手柄,包括固定式和可拆卸式手柄,且 M 端应同时连接到按 5.2.2.2.2 到 5.2.2.2.4 规定的裸露的、非旋转的金属件上。

表面覆盖涂料或油漆的金属件被认为是裸露金属件,应直接与 RC 元件的 M 端相连。

模拟手的应用仅在手柄和把手及制造商规定的那些部分。如果没有制造商的说明,模拟手应按下述应用:

5.2.2.2.1 当器具的外壳完全是金属时,不需要金属箔,但是 RC 元件的 M 端应直接连接到器具的壳体上。

5.2.2.2.2 当器具的外壳是绝缘材料时,金属箔包裹在手柄上,如图 8b)中的手柄 B,如果有的话,也包括手柄 D。60 mm 宽的金属箔也应包裹壳体 C,此点为电动机铁芯处,或者如果齿轮引起较高的骚扰电平则包裹齿轮箱。所有的金属箔,卡圈或挡圈 A,如果有的话,应连接在一起,再接至 RC 元件的 M 端。

5.2.2.2.3 当器具的外壳部分是金属,部分是绝缘材料,并且有绝缘手柄时,金属箔应包裹在手柄上,如图 8b)中的手柄 B 和 D。如果电动机位置的外壳为非金属的,则应用 60 mm 宽的金属箔包裹在电动机铁芯处的壳体 C 上,或者包裹齿轮箱,如果它是绝缘材料的并且引起较高的骚扰电平。壳体的金属部分,A 点,包裹手柄 B 和 D 的金属箔,壳体 C 上的金属箔应连接在一起,再接到 RC 元件的 M 端。

5.2.2.2.4 当Ⅱ类器具有两个绝缘手柄 A、B 和金属壳体 C 时,例如电圆锯(图 8c)),金属箔应包裹手柄 A 和 B。A 和 B 的金属箔和金属壳体 C 应连接在一起,再接到 RC 元件的 M 端。

注:0,Ⅰ,Ⅱ和Ⅲ类的定义按照 GB/T 17045《电击防护 装置和设备的通用部分》。

5.2.2.3 通常要求接地操作的器具

器具的放置应与 V 型人工电源网络相距 0.8 m,骚扰电压按 5.2.1 进行测量。

测量应在器具的接地端子连接到测量装置的参考地的条件下进行。

如果器具不带接地线,应用与电源引线平行,并且长度相同,与电源引线相距小于 0.1 m 的引线将器具的接地端子与测量装置的参考地连接。

如果器具的外壳是非导电材料,器具应按 5.2.2.1 进行测量。

由于设计和/或自重原因,使用时经常放在地上的器具(即落地式器具)应同样满足上述规定。

但是

——器具应放置在水平金属接地平板上(参考接地平板),但要用高度为 0.1 m±25%的非金属支撑隔开(例如平板架)。如果测量在屏蔽室内进行,0.1 m±25%的距离是指距屏蔽室的金属地面;

——器具的边缘到尺寸至少为 2 m×2 m 的接地垂直导电平面的距离至少为 0.4 m。如果测量在屏蔽室内进行,0.4 m 的距离可以指到最近的墙面的距离;

——参考接地平板至少超出受试器具边缘 0.5 m;

——V 型人工电源网络应用金属带与参考接地平板有良好的连接(见 GB/T 6113.201—2008);

——参考接地平板应通过低阻抗与垂直平面有良好的连接。

5.2.3 在非电源引线的引线端连接有辅助装置的器具

注1：装有半导体器件的调节控制器不包含在此条内，这些器具包含在5.2.4中。

注2：当辅助设备不是器具运行所必需的，并且在本部分中其他地方有规定的单独的测量程序(例如，真空吸尘器的动力吸嘴)，本条不适用。主体器具作为独立器具进行测量。

超过1 m的连接引线按照5.2.1.1布置。

当器具和辅助装置之间的连接引线是永久地固定在二者的端部，且引线的长度短于2 m，或者引线是屏蔽的，屏蔽引线端子连接在器具和辅助装置的金属外壳上，此种情况下不需进行测量。

对长于2 m且短于10 m的不可拆卸引线，其端子电压测量的起始频率应按下述公式确定：

$$f_{\text{start}} = 60/L$$

式中：

f_{start}——端子电压测量的起始频率，单位为兆赫兹(MHz)；

L——器具与辅助装置间连接引线的长度，单位为米(m)。

注：此计算公式是基于辅助引线的长度不应超过测量的起始测量频率波长的五分之一的要求而规定的。

5.2.3.1 测量布置

受试器具应按5.2.2处理，并符合下列附加要求：

a) 辅助装置应象器具主体一样放置在与接地导电表面相同高度和相同距离处。如果辅助引线足够长，应放置在距离器具主体0.8 m处，并参见5.2.1.1。

如果辅助引线短于0.8 m，则辅助装置应放置在距器具主体尽可能远的距离。

如果辅助引线长于0.8 m，则超出0.8 m部分的辅助引线应平行与本身折叠形成一个长0.3 m～0.4 m间的水平线束。

辅助引线应沿电源引线相反方向延伸。

当辅助装置包含控制器时，其操作布置不能明显地影响骚扰电平。

b) 如果包含辅助装置的器具接地，则不应接模拟手。如果器具本身是手持式的，模拟手应接到器具上而不能接到任何辅助装置上。

c) 如果器具不是手持式的，辅助装置不接地而且是手持式的，则辅助装置应与模拟手连接；如果辅助装置也不是手持式的，应按5.2.2.1的规定放在接地导电平面上。

5.2.3.2 测量程序

除了在电源连接端子上测量外，应在其他所有的引入和引出线(例如控制线和负载线)端子上用5.1.3规定的探头串联在测量接收机的输入端子上进行测量。

应接上辅助装置，控制器或负载，以使测量在所有提供的运行条件下且在器具和辅助装置相互作用期间进行。

器具的端子和辅助器具的端子都应进行测量。

5.2.4 装有半导体装置的调节控制器

5.2.4.1 调节控制器的布置如图5所示。控制器的输出端子应用0.5 m～1 m长的引线连接到正确的额定负载上。

除非制造商另有规定，负载应由白炽灯组成。

5.2.4.2 当调节控制器或其负载需接地操作时(例如Ⅰ类设备)，则调节控制器的接地端子应连接到V型人工电源网络的接地端子。负载如有接地端子，应接到调节控制器的接地端子，或者如果调节控制器没有接地端子，则直接接到V型人工电源网络的接地端子。

5.2.4.3 首先，调节控制器按5.2.2.1或5.2.2.3的规定测量。

5.2.4.4 其次，负载端骚扰电压的测量用5.1.3规定的探头串联在接收机的输入端进行测量。

5.2.4.5 对具有连接遥感器或控制部件的附加端子的调节控制器，需进一步符合下述规定：

a) 附加端子应用0.5 m～1 m的引线接到遥感器或控制部件。如果装有特殊的引线，超出0.8 m

的引线应折叠,且平行于引线,从而形成长为 0.3 m～0.4 m 之间的水平线束。

b) 调节控制器的附加端子的骚扰电压测量应按 5.2.4.4 对负载端子规定的相同方法进行。

5.3 减少非受试设备产生的骚扰

不是由受试设备引起(由电源或外部场引起)的任何可测量的骚扰电压,在测量装置上给出的指示值应至少比所要测量的最低骚扰电压低 20 dB。

背景噪声应比测量电平至少低 20 dB,否则应在测量结果中说明。

不是由受试设备产生的骚扰电压应在设备连接但不运行的情况下进行测量。

注:为了实现这个条件,可能需要在电源端提供附加的滤波器而且测量可能须在屏蔽室中进行。

6 骚扰功率的测量方法(30 MHz～300 MHz)

本章列出了由器具端子产生的骚扰功率测量的一般要求。

运行条件在本部分第 7 章中给出。

一般认为,频率超过 30 MHz 以上时,骚扰能量是通过辐射传播到被骚扰的器具。

经验表明,骚扰能量主要是通过靠近器具的那部分电源引线和其他引线辐射的。因此同意用器具所能馈给电源引线的功率来确定其骚扰能力。该功率几乎等于器具馈给环绕这些引线的一个合适的吸收装置在吸收功率为最大值位置时的功率。

校准按照 GB/T 6113.102—2008 中附录 B 实施。

6.1 测量装置

6.1.1 测量接收机

准峰值检波器接收机应符合 GB/T 6113.101—2008 中第 4 章的规定;平均值检波器接收机应符合 GB/T 6113.101—2008 中第 6 章的规定。

注:准峰值检波器和平均值检波器可装在一个接收机内,可以分别用准峰值检波器或平均值检波器进行测量。

6.1.2 吸收钳

吸收钳应符合 GB/T 6113.103—2008 中第 4 章的规定。

6.2 在电源引线上的测量程序

6.2.1 受试器具应放置在与其他导电体距离至少 0.4 m 的非金属台上。测量引线应延长成一直线,以保证足够的长度容纳吸收钳和允许与频率协调时必要的测量位置调节。吸收钳应环绕引线放置以便测量出与引线上骚扰功率成比例的数值。

6.2.2 吸收钳的放置应使每一测量频率上指示出最大值:吸收钳应沿引线移动直到在靠近器具的位置和与器具相距半个波长的距离之间找到最大值。

注:最大值可能出现在距器具较近的位置。

6.2.3 被测引线的拉直部分之所以约 6 m 长,是因为这个长度等于(λ_{max}/2+0.6)m,目的是允许随时为吸收钳和为了附加隔离的另一只铁氧体吸收钳的定位。

如果器具原来的引线短于所需的长度,应延长或用类似质量的电源引线代替。

应拆去任何由于尺寸原因不能通过吸收钳的插头或插座,或者特别是在事关禁止销售或取消型式认可的争论时,引线应由所需长度的类似质量的引线代替。

注:λ_{max}对应所要测量的最低频率点的波长,例如在 30 MHz 时为 10 m。

6.2.4 如果在电源与在器具一侧的吸收钳之间的射频隔离不足,应在离器具 6 m 处沿引线放置一个固定的铁氧体吸收钳(见 GB/T 6113.103—2008)。这样可提高负载阻抗稳定性和减少来自电源的外部噪声。详见 GB/T 6113.103—2008 中第 4 章。

6.3 在非电源引线端连接有辅助装置的器具的特殊要求

6.3.1 测量布置

6.3.1.1 辅助引线通常可由使用者延长时,例如带一个自由端,或者在一端或两端装有(由使用者)容易替换的插头或插座的引线，应按6.2.3延长至大约6 m的长度。

应拆去任何由于尺寸原因不能通过吸收钳的插头或插座(见6.2.3)。

6.3.1.2 如果辅助引线是永久地固定到器具和辅助装置且：

——短于0.25 m的，不在该引线上测量；

——长于0.25 m但是短于吸收钳长度两倍的，应延长到吸收钳长度的两倍；

——长于吸收钳长度的两倍的，使用原引线进行测量。

当辅助装置不是主体器具运行所必需的(如真空吸尘器的动力吸嘴)以及本部分的其他地方规定有辅助装置的单独试验程序时，应只接引线而不接辅助装置(然而，按6.3.2在器具主体上所有的测试都应进行)。

6.3.2 测量程序

6.3.2.1 首先，在器具主体电源引线上按6.2用吸收钳进行骚扰功率的测量。如果不影响器具的运行，连接器具主体到辅助装置上的任何引线都应断开，或者通过靠近器具的铁氧体环(或吸收钳)隔离。

6.3.2.2 其次，在接到或可能接到辅助装置的每根引线上进行类似的测量，而无论器具运行时是否需要该引线；吸收钳的电流互感器指向器具主体。电源引线和其他引线的隔离或断开按6.3.2.1进行。

注：对于短的、永久地连接的引线，吸收钳的移动受引线长度的限制(如6.2.3所述)。

6.3.2.3 此外，测量仍按上述方法进行，但吸收钳的电流互感器指向任一辅助装置，除非辅助装置是器具主体运行所不需要的而且另外规定有单独的试验程序(当然，在此情况下其他引线不必断开或射频隔离)。

6.4 测量结果的评定

骚扰功率的测量值由在每个测量频率点找到的最大指示值和吸收钳的校准曲线得出(见GB/T 6113.103—2008附录B中给出的例子)。

7 运行条件和结果说明

在进行骚扰测量时，器具应按如下条件运行：

7.1 总则

7.1.1 正常负载由7.2和7.3确定，除非这些与制造商的说明书有矛盾，在此情况下，优先选取制造商说明书中规定的条件。对于不包括在这些条款中的器具，应参照制造商的使用说明书。

7.1.2 器具的运行时间不受限制，除非器具上标有相应的规定，在此情况下应符合此规定。

7.1.3 没有预运行时间的规定，但在测试之前，器具应运行足够长的时间以保证运行条件是器具正常寿命期间的典型条件。电动机的预运行应由制造商进行。

7.1.4 器具应连接到能为其提供额定电压和额定频率的电源上运行。

应在0.9～1.1倍的额定电压范围内、约160 kHz和约50 MHz两个频点上进行测试，以检查骚扰电平是否随着电源电压变化而有明显地变化；在此情况下，应在引起最大骚扰的电压下进行测量。

如果器具有一个额定电压范围，则对应的最低电压、最高电压及在制造商规定的电压范围内的常用标称电压乘以0.9和1.1的系数。

注：最常用标称电压为100 V，110 V，115 V，120 V，127 V，220 V，230 V，240 V和250 V。

如果器具有多于一个额定电压，则对应的引起最大骚扰的额定电压乘以0.9和1.1的系数。

如果器具频率范围为50 Hz～60 Hz，则在约160 kHz和约50 MHz两个频点上进行测试，分别使用50 Hz和60 Hz频率，在上述已确定的供电电压下进行，以检查骚扰电平是否随着供电频率的变化而有明显地变化。在此情况下，则在引起最大骚扰的的供电频率下进行测量。

7.1.5 如果本部分中没有相反的说明，有级速度控制器应调节到平均值附近和最大速度，记录较高的读数。

对于装有电子调节器的器具，控制器应按7.2.6.1的简述程序调节到最大骚扰，包括148.5 kHz～

30 MHz 和 30 MHz～300 MHz 两个频段。

对于设计在正常使用中不是经常调节的连续可调控制器，如果已预先设定，则在试验期间不应调节。

7.1.6 环境温度应在 15 ℃～35 ℃范围内。

7.2 特殊设备和整体部件的运行条件

7.2.1 多功能设备

同时适用本部分不同条款和/或其他标准的多功能设备，如果无需改动设备内部状况就能实现多功能的话，则应分别按每一功能进行单独试验。如果每一功能都满足有关条款/标准的要求，则认为试验设备是符合所有条款/标准的要求的。

如果设备无法在每一种功能单独运行条件下测试，或某一功能的单独运行会导致设备不能满足其主要功能的要求，只要在必要的功能运行条件下满足每条款/标准的要求，就认为设备是符合要求的。

7.2.2 电池供电设备

如果器具能连接到电源上，则应按每种允许的运行模式并在 7.3 规定的运行条件下接到电源上进行测试。

在 148.5 kHz～30 MHz 频段内，外接电池的器具应按 5.1.3 的规定用电压探头串联在接收机的输入端在连接引线的端子上进行测量。握在手中操作的器具应接上模拟手。

在 30 MHz～300 MHz 频段内，外接电池的器具应按 6.3.2.2 的规定进行测量，吸收钳的电流互感器指向器具。

7.2.3 整体式启动开关、速度控制器等

装在器具内的启动器、速度控制器等，如缝纫机和表 A.2 中给出的类似器具，7.4.2.3 第二段适用。

7.2.3.1 缝纫机和牙钻的启动器和速度控制器，为了确定在启动和停止时产生的骚扰，启动时电动机的速度应在 5 s 内增加到最大值。停止时控制器应迅速恢复到断开位置。为了确定喀呖声率，两次启动的间隔为 15 s。

7.2.3.2 加法器、计数器和点钞机的启动开关应以每分钟至少 30 次启动的间歇操作。如果不能达到每分钟 30 次的启动，则用实际尽可能达到的每分钟的启动数间歇运行。

7.2.3.3 幻灯投影仪的换片装置。

为了确定喀呖声率 N，装置应在开灯，以每分钟四次换片的速度（不用载片）运行。

7.2.4 温控器

用于控制房间电加热器、电热水器、油和气体燃烧器等器具的单独的或内置式温控器。

用于或装在预定放在固定位置使用且永久地安装的房间加热器内的温控器，其喀呖声率 N 为单个的、便携式的或可移式的房间加热器确定的喀呖声率的 5 倍。

喀呖声率 N 应由制造商说明的最大运行速率确定；或者，如果与加热器或燃烧器一起出售，以加热器或燃烧器（50±10）%的工作周期确定。

骚扰幅度和骚扰持续时间应在温控器最小额定电流下测量。对于装有加速电阻器的温控器应在不接任何单独的加热器时进行同样的附加测量。

实践中，当温控器可能与感性负载（如继电器、接触器）一起使用时，所有测量应在用实际使用时有最大线圈电感的装置上进行。

为了得到令人满意的测量，用合适的负载使触点运行足够的次数是必要的，以确保能重现在正常运行中遇到的骚扰电平。

注 1：对于含有恒温操作开关的器具应参见 7.3.4。

注 2：如果温控器装在不是由它控制的器具内的，按 7.2.4 和 7.3.4.14 处理。

7.2.5 温控器—替代 7.2.4 规定的程序

对于采用以下替代步骤的温控器，4.2.3.2、4.2.3.4 和图 9 的流程图不适用。

7.2.5.1 对于单独的或装在控制箱内的，例如同计时器一起，打算装在固定的房间加热装置内的温控器，制造商应规定最大的开关操作速率。喀呖声率 N 由此规定值得出，否则，应使喀呖声率 $N=10$，再确定 L_q，见 4.2.2.2。

应通过手动地操作温度设定装置或通过如热/冷吹风机等方式自动地引起温控器产生 40 次接触操作(20 次打开和 20 次关闭)。

骚扰幅度和骚扰持续时间应在温控器最小额定电流下测量。如果没有标明或声明最小额定电流，应使其等于最大额定电流的 10%。不超过四分之一的骚扰的幅度可以超过 L_q 电平。对于装有加速电阻器的温控器应在不接任何单独加热器时进行同样的附加测量。

实践中，当温控器可能与感性负载(如继电器、接触器)一起使用时，所有测量应在制造商说明书中允许的有最大线圈电感的装置上进行。

测试之前，用额定的负载使触点运行一百次是必要的。

注：这是为了保证能重现在正常运行中遇到的骚扰电平。

7.2.5.2 恒温控制的三相开关

恒温控制的三相开关应作为温控器处理(见 7.2.5.1)。如果制造商没有给出规定，应使喀呖声率 $N=10$。

7.2.5.3 恒温控制的便携式和可移式房间加热器具

对于便携式和可移式房间加热器具，制造商应规定最大的转换调节速率。喀呖声率 N 由此规定值得出，并应按照 7.2.5.1 规定的步骤。

当制造商没有给出规定时，应使喀呖声率 $N=10$，并按照 7.2.5.1 规定的步骤，

或者，在足够的热交换的条件下，由控制装置(50±10)%的工作周期得出喀呖声率 N，并按照图 9 的步骤。

如果有功率范围开关，应设定在最小档位。

测试之前，用额定的负载使触点运行一百次是必要的。

注：这是为了保证能重现在正常运行中遇到的骚扰电平。

7.2.6 装有半导体装置的调节控制器

注：按 4.1.2.4，此类控制器无 30 MHz～300 MHz 频段内骚扰功率限值的要求，也见 7.1.5。

7.2.6.1 最大骚扰电平的调节

调节控制器应调节到使接收机在每一个测量频率上给出最大指示值的位置。记录每个优先频率点(见 7.4.1.3)的骚扰值后，不改变调节控制器，在优先频率点附近的频带内进行扫描，并记录最大骚扰值(例如，调节控制器设定在 160 kHz 上接收机给出最大值的位置，再进行 150 kHz～240 kHz 范围内的扫描)。

7.2.6.2 有若干个调节控制器的设备

下述测量程序适用于包含若干个分别可调的调节控制器并且每个调节控制器最大额定负载电流不大于 25 A 的器具。

本条款对几个调节控制器接到电源的同一相和调节控制器分别接到电源的不同相的两种器具都适用。

7.2.6.2.1 每个调节控制器应分别测试。按 7.2.6.1 在器具的所有端子进行测量。

如果单个调节控制器装有单独开关，在试验期间不用的调节控制器应断开。

7.2.6.2.2 每个控制器带上其最大的额定电流负载，在器具的每相最大电流不超过 25 A 的前提下，将尽可能多的调节控制器连接到负载上。

在不可能所有单个控制器都接到最大负载时，那些按 7.2.6.2.1 测试时产生最大骚扰电平的控制器应具有优先权。

注：对于不同频率或不同端子，控制器可能不同。

单个调节控制器的设定应与在按7.2.6.2.1测量期间给出的最大骚扰的那些设定相同。应增加一个简单的核查以确定没有其他设定会产生更大的骚扰。测量应在器具的电源端子，包括所有的相线和中线，负载端子和附加端子上进行。

当每个单独的调节控制器是由自带的完整调节电路，包括抑制元件，独立于其他控制器工作，且由于设计或其他原因使其不能控制其他调节控制器正在控制的任何负载时，则不进行本试验。

7.3 标准运行条件和正常负载

7.3.1 家用和类似用途的电动器具

7.3.1.1 真空吸尘器

7.3.1.1.1 无辅助装置的真空吸尘器应在无附件和带空吸尘袋连续运行时进行测量。有卷线盘能自动卷回电源引线的真空吸尘器，应把电源引线全部拉出来按5.2.1.1进行测量。

7.3.1.1.2 对于装在真空吸尘器吸尘软管中的引线，见4.1.1.2。

7.3.1.1.3 在30 MHz～300 MHz频段上，骚扰功率(电源端子之外的测量)用吸收钳进行测量，用接到电源装置的相应端子上的，与原装配的吸尘软管有相同线数的必要长度的软线代替吸尘软管和它的整装线束(只在插头和插座可由使用者容易拆去的情况下)。

7.3.1.1.4 真空吸尘器的辅助动力吸嘴应在刷子不带机械负载的条件下连续运行，如需要，应由非金属软管提供冷却。

如果动力吸嘴是由不可拆卸的总长度短于0.4 m的电源引线连接的，或者如果由插头和插座直接连接到真空吸尘器的，它们应一起测量。在所有其他情况，器具应分别进行测量。

7.3.1.2 地板抛光机应在抛光刷子不带机械负载的条件下连续运行。

7.3.1.3 咖啡研磨机应不带负载连续运行。

7.3.1.4 食物混合器(厨房器械)、液体混合器、搅拌器、榨汁机应不带负载连续运行。对于速度控制器，见7.1.5。

7.3.1.5 钟应连续运行。

7.3.1.6 按摩设备应空载连续运行。

7.3.1.7 风扇、厨房抽油烟机应在最大气流条件下连续运行，风扇应在加热和不加热情况下运行，如果有此装置的话。对于恒温控制开关见7.3.4.14。此外有电子调节控制器的风扇和抽油烟机也适用7.1.5。

7.3.1.8 干发器按7.3.1.7运行。对有恒温控制的开关，见7.3.4.14。

7.3.1.9 冷藏箱和冷冻箱应关门连续运行。温控器调节到调节范围的中间档。箱内应是空的并且不加热。应达到稳定状态后进行测量。

喀呖声率N以开关操作数的半数来确定。

注：由于冷冻元件上积冰，正常使用中的开关动作数大约是空的冷藏箱的一半。

7.3.1.10 洗衣机应在装水但不装织物的条件下运行，入水的温度应符合制造商说明书的规定。如果有温控器，应调节到可选择程序的最大设定或90 ℃两个之中的较低者。应以器具的最不利的控制程序确定喀呖声率N。

注：如果有作为整个程序一部分的干衣功能的洗衣机，见7.3.1.12。

从5.2.3和6.3条款的含义来说，认为漏水保护阀不是辅助装置，不需要在这些阀的引线上进行测量。

在电源引线的骚扰功率测量中，漏水保护软管应连接至水龙头上，以40 cm的长度与电源引线平行布置，相距最大距离为10 cm。其后再按6.2的要求进行测量。

7.3.1.11 洗碟机按7.3.1.10测量。

7.3.1.12 滚筒干衣机用预洗好的，干燥时质量在140 g/m^2和175 g/m^2之间，尺寸约0.7 m×0.7 m的双摺棉布片构成织物布料运行。

控制装置应设定在最低或最高位置，取给出最高的喀呖声率 N 的位置。

单独的滚筒干衣机以制造商说明书推荐最大干重的一半的棉织物运行。规定干重的棉织物应用同等重量的(25±5)℃的水浸透。

由在一个桶中顺序完成洗衣、脱水和干衣操作的洗衣机组成的滚筒干衣机，应用制造商说明书为滚筒干衣机顺序运行推荐的棉织物最大干重的一半的棉织物运行，干燥操作开始时的含水量是前次洗衣后脱水结束时衣物的含水量。

7.3.1.13 离心干衣机应空载连续运行。

7.3.1.14 剃须刀和电推剪应按 7.1.2 空载连续运行。

7.3.1.15 缝纫机

为测试电动机的连续骚扰，电动机应在带缝纫传动装置而不缝纫织物的条件下以最大速度连续运行。

开关或半导体控制器的骚扰测试，见 7.2.3.1 或 7.2.6.1。

7.3.1.16 办公用电动器械

7.3.1.16.1 电动打字机应连续运行。

7.3.1.16.2 碎纸机

在装置连续进纸，并导致驱动装置的连续运行时(如果可能的话)，测试连续骚扰。

在装置单张进纸时测量断续骚扰，在每页纸之间允许电动机关闭。

此过程应尽可能快地重复。

不考虑碎纸机的设计尺寸，用长度在 278 mm～310 mm 之间、重量等级为 80 g/m^2 的适用于打字机和复印机的纸张。

7.3.1.17 放映机

7.3.1.17.1 电影放映机应带影片开灯连续运行。

7.3.1.17.2 幻灯投影仪应无幻灯片开灯连续运行。按 7.2.3.3 确定呖声率 N。

7.3.1.18 挤奶器应不抽真空连续运行。

7.3.1.19 草坪割草机应空载连续运行。

7.3.1.20 空气调节器

7.3.1.20.1 如果是通过改变器具内压缩机的运行间隔时间来控制空气的温度，或者器具有由温控器控制的加热装置，则测量应按 7.3.4.14 规定的相同运行条件进行。

7.3.1.20.2 如果器具是可变容量模式，其具有控制风扇或压缩机转速的电路，则在制冷模式下将温度控制器设定在最低温度下测量，在制热模式下将温度控制器设定在最高温度下测量。

7.3.1.20.3 对于按 7.3.1.20.1 和 7.3.1.20.2 测试的器具，当器具以制热方式运行时，环境温度应为(15±5)℃，当器具以制冷方式运行时，环境温度应为(30±5)℃。如果保持该环境温度在此范围内是不实际的话，只要器具可以工作在稳定状态，其他的温度范围也是允许的。

环境温度定义为流向室内机的空气的温度。

7.3.1.20.4 如果器具包括室内机和室外机(分体式)，制冷剂连接管的长度应为 5 m±0.3 m，并且将连接管绕成直径约为 1 m 的圈。如果连接管的长度不能调节，它应长于 4 m 但不长于 8 m。对于室内外机连接线的骚扰功率测量，应将连接线与制冷管分开并延长以满足吸收钳测量。对其他的骚扰功率和骚扰电压的测量，两部分的连接线应沿管子布置。当有不属于电源引线的接地线要求时，室外机的接地端子应连接到参考地上(见 5.2.1、5.2.2 和 5.2.3)。V 型人工电源网络应放置距连接到电网的器具(室内机或室外机)0.8 m 的距离处。除了电源引线外，其他引线上端子骚扰电压测量起始频率由5.2.3规定的公式给出，取决于引线的最大长度。

注：如果制造商没有特别规定辅助引线的长度，则可以假定引线的长度总是大于 2 m，但是小于 30 m。

7.3.2 电动工具

7.3.2.1 总则

7.3.2.1.1 对于双向旋转的电动工具，应在每个方向运行 15 min 后，分别进行测量，两者均应符合限值。

7.3.2.1.2 装有振动块或摆动块的电动工具，如果可能，应在这些装置通过离合器或机械设备脱离或用开关电气断开的情况下测量。如果脱开或断开是不可能的，而且如果按照制造商的说明，工具不能在空载下使用，则应拆去振动块或摆动块，且将电源电压降低，以达到工具的正常速度。

7.3.2.1.3 设计通过变压器接到电源运行的工具，采用下列测量步骤：

a) 端子电压：148.5 kHz～30 MHz

如果工具是带着升压变压器一起出售的，则通过在变压器电源端进行测量来评定骚扰。从工具到变压器的电源引线应为 0.4 m 长，或如果更长时，折叠成长度为 0.3 m～0.4 m 之间的水平线束。

如果工具打算与变压器一起使用，则通过在制造商推荐与工具一起使用的变压器的电源端进行测量来评定骚扰。

如果测试时没有提供变压器"试样"，器具应在额定电压下运行，通过在工具的电源输入连接点进行测量来评定骚扰。

b) 骚扰功率：30 MHz～300 MHz

通过在以额定电压运行的工具的电源输入连接点进行测量来评定骚扰。在测量期间，工具应装有长度适用于使用 6.2.4 所述的吸收钳测量的电源引线。

7.3.2.2 手持式（便携式）电动工具，如电钻、冲击电钻，螺丝刀和冲击扳手，套丝机，磨光机、盘式和其他砂光机和抛光机，锯、刀和剪，电刨和电锤应空载连续运行。

7.3.2.3 可移式（半固定式）电动工具应类似于 7.3.2.2 的手持式（便携式）工具运行。

7.3.2.4 焊接设备，焊枪，焊接烙铁

a) 既没有任何温控和电气控制开关，也没有电动机和调节控制器的设备（即不产生骚扰的设备），不需要测量；

b) 有温控和电气控制开关的设备应用最高可能的工作周期运行。如有温度控制装置，喀呖声率 N 应在控制装置（50±10）%的工作周期时确定；

c) 用按钮开关重复操作的设备（如焊枪），只能观察到来自电源开关的骚扰，应考虑制造商使用说明（在标称铭牌上）：工作系数和循环周期确定最高可能的每单位时间的开关操作数。

7.3.2.5 喷胶枪应使胶粘棒在工作位置连续运行；如果出现喀呖声，应在稳定状态条件下，将待机状态的喷胶枪放于桌上，评定其喀呖声率 N。

7.3.2.6 热气枪（除漆吹风机，塑料焊接吹风机等）应按 7.3.1.7 的规定运行。

7.3.2.7 电动装钉机应用制造商使用说明书规定的最长的钉或扣钉在软木板（如松木板）上工作时进行测量。

所有电动装钉机的喀呖声率 N 应以每分钟 6 个冲程（与产品信息或制造商的使用说明书无关）的操作来确定。

小于 700 W 的手持式工具的限值适用于电动装钉机，与其额定功耗无关。

7.3.2.8 喷枪应在容器空着并且不带附件的条件下连续运行。

7.3.2.9 内装式振动器应在圆钢板容器充满 50 倍振动器体积的水的条件下连续运行。

7.3.2.10 弧焊设备正在考虑中。

7.3.3 电动医疗设备

7.3.3.1 牙钻

为了测量电动机的连续骚扰，电动机应带钻头但不钻材料并以最大速度连续运行。

对于测试开关或半导体控制器的骚扰按照 7.2.3.1 或 7.2.6.1。

7.3.3.2 锯和刀应空载连续运行。

7.3.3.3 心电图和类似用途记录仪应带记录带或记录纸连续运行。

7.3.3.4 泵应带液体连续运行。

7.3.4 **电热器具**

在测量之前器具应达到稳定运行状态。除非有其他的规定，喀呖声率 N 应以控制装置(50±10)%的工作周期确定。如果不能达到(50±10)%的工作周期，应用最大可能的工作周期替代。

7.3.4.1 由温控器或能量调节装置所控制的烤架和扁平烤盘的加热元件，应在控制装置的(50±10)%的工作周期下运行。将装满水的铝盘放置在加热装置上。喀呖声率 N 是每分钟开关操作数的一半。如果烤架或扁平烤盘包含了一个以上的加热元件，则喀呖声率在每一个单独的加热元件运行时轮流进行测量和评定。

7.3.4.2 电煮平底锅、台式烤肉箱、深油炸锅应在正常使用下运行。除非规定最低油位，否则在加热面最高点以上的油位为：

——电煮平底锅约 30 mm；

——台式烤肉箱约 10 mm；

——深油炸锅约 10 mm。

7.3.4.3 供水锅炉、电开水器、水壶、咖啡机、热奶器、奶瓶加热器、煮胶锅、灭菌器、洗涤锅炉应在灌半满水不带盖时运行，浸入式热水器应完全浸入水中运行。应以控制范围在 20 ℃～100 ℃之间的可变控制器的中间设定(60 ℃)或固定控制装置的固定设定来确定喀呖声率 N。

7.3.4.4 快热式热水器应在正常使用位置运行，水流设定为最大水流的一半。应将所有安装的控制装置设为最高值来确定喀呖声率 N。

7.3.4.5 保温式和非保温式贮水热水器应在正常使用位置，灌注典型的用水量运行；试验期间不放水。应将所有安装的控制装置设为最高值来确定喀呖声率 N。

7.3.4.6 用于间接加热器具的蒸汽发生器，例如在宾馆和开放浴室内使用，应在典型的水量下运行。

7.3.4.7 保温板、煮水台、电热屉、加热箱应在加热隔间或加热表面空载的条件下运行。

7.3.4.8 电热烤箱、烤架、华夫烙饼模、华夫烤架应在加热隔间或加热表面空载，且箱门关闭的条件下运行。

注：如果有微波功能的话，采用 GB 4824。

7.3.4.9 面包烘烤器：如果 4.2.3.3“瞬时开关”的条件满足，无喀呖声限值要求。

所有其他面包烘烤器应按 7.3.4.9.1 或 7.3.4.9.2 进行测试，使用放过 24 h 的白面包片(尺寸约 10 cm×9 cm×1 cm)作为正常负载，将面包烤成金黄色。

7.3.4.9.1 简单的面包烘烤器，即：

——装有在烘烤周期开始时接通加热元件的手动操作开关并且在预定周期结束时此开关会自动断开加热元件，和

——在烘烤期间没有能调节加热元件的自动控制装置。

对于简单的面包烘烤器，应按下述方法确定喀呖声率 N 和评定产生的骚扰电平：

a) 喀呖声率 N 的确定

使用正常负载，手动控制的设定应能给出需要的结果。器具在保温条件下加热元件的平均“接通”时间(t_1，单位 s)应通过三个烘烤操作确定。在每一次“接通”时间后允许有 30 s 的间歇时间。整个烘烤周期的时间为(t_1+30)s。这样喀呖声率 N 为：

$$N = 120/(t_1 + 30)\text{s}$$

b) 骚扰电平的评定

用上述方法确定的喀呖声率 N 按 4.2.2.2 给出的公式来计算喀呖声限值 L_q。

用计算出的喀呖声限值 L_q 测试面包烘烤器，按 7.4.2.6 给出的上四分位法进行评定。面包烘烤器在 a)项规定的设定和空载条件下运行 20 个周期。每个周期由运行周期和间歇周期组成。间歇周期足以满足在下一个周期开始之前使器具冷却到接近室温。可使用强迫通风冷却。

7.3.4.9.2 其他面包烘烤器应在正常负载条件下运行。每个周期由工作周期和间歇周期组成，后者为 30 s。喀呖声率 N 应在面包烘烤成金黄色的设定上确定。

7.3.4.10 熨烫机(台式熨烫机、旋转熨烫机、熨压机)：控制装置的喀呖声率 N_1 应在加热表面在敞开位置，控制装置设定在最高温度位置的条件下确定。

电动机开关喀呖声率 N_2 应在每分钟熨烫两个湿手巾(约 1 m×0.5 m)的情况下确定。

为了确定喀呖声限值 L_q，必需应用两个喀呖声率的和 $N=N_1+N_2$，且熨烫机应用此限值进行测试并用 7.4.2.6 给出的上四分位法对控制装置和电动机开关进行评定。

7.3.4.11 电熨斗应在用空气、水或油冷却底板的条件下运行。喀呖声率 N 以控制装置在最高温度设定下(50±10)%的工作周期时每分钟的开关操作数乘以因数 0.66 的积确定。

7.3.4.12 真空包装机应在每分钟一个空包或制造商使用说明书规定的条件下运行。

7.3.4.13 柔性电热器具(保温垫、电热毯、暖床器、热床垫)应铺在两层软覆盖物(如不传热织物)之间，覆盖面至少超出加热面 0.1 m。其厚度和导热性应这样选择，使得喀呖声率 N 能在控制装置(50±10)%的工作周期时确定。

7.3.4.14 房间加热器(风扇加热器、热交换器、液体加热器和油或气体燃烧器等类似器具)应在正常使用条件下运行。

喀呖声率 N 应在控制装置(50±10)%的工作周期或制造商声明的最大运行速率的条件下确定。

骚扰的幅度和持续时间应在功率转换开关(如果有)的最低位置确定。

另外，对于有能接至电源的温控器和加速电阻的器具，应使开关在零位置进行附加的测量。

实际上，当温控器可能与电感负载(如继电器、接触器)一起使用时，所有测量应在用实际使用时有最大线圈电感的装置上进行。

为了得到令人满意的测量，用合适的负载使触点运行足够的次数是必要的，以确保能重现在正常运行中遇到的骚扰电平。

注：打算固定使用的房间加热设备还应参见 7.2.4。

7.3.5 自动售货机、游艺机和类似器具

对于连续骚扰没有特殊运行条件说明；器具应按制造商使用说明书运行。

对于自动售货机，如果单独的开关程序是(直接或间接地)手动操作的，且由此每次出售、分派和类似程序不产生多于两次的喀呖声，4.2.3.1 适用。

7.3.5.1 自动售货机

进行三次自动售货运行，当机器转到静止间歇状态时开始下一次运行。如果每一次售货运行产生的喀呖声数都是相同的，则喀呖声率 N 在数值上等于一次售货运行产生的喀呖声数的六分之一。如果一次和另一次运行产生的喀呖声数不同，则要进行另外七次售货运行且喀呖声率 N 由至少 40 次喀呖声来确定，确定每次售货运行的间歇时间是假定 10 次运行均布在 1 h 之内。间歇时间包括在最小观测时间之内。

7.3.5.2 自动点唱机

以投入最小币值的最多数量的硬币起动机器进行周期运行，随后选择和播放相应数量的唱片。这种运行周期按产生最少 40 次的喀呖声所需的次数重复。喀呖声率 N 以每分钟的喀呖声数的一半确定。

注：由于正常使用频率和币值组合，认为喀呖声数为试验期间观测数的一半。

7.3.5.3 装有发奖机构的自动游戏机

如果可能的话，从操作系统中断开为了储入和发奖装入机器内的电气机械装置，以允许游戏功能可以单独运行。

以投入最小币值的最多数量的硬币起动机器开始游戏周期。这种游戏周期按产生最少40次的喀呖声所需的次数重复。喀呖声率 N_1 以每分钟的喀呖声数的一半确定。

注：由于正常使用频率和币值组合，认为喀呖声数为试验期间观测数的一半。

发奖的平均频率和奖额由制造商提供。储入和发奖装置的喀呖声率 N_2 由模拟赢得制造商提供的平均奖额并圆整到最接近的发奖额来确定。这种赢奖的模拟过程应按产生最少40次的喀呖声所需的次数重复。发奖机械装置的喀呖声率 N_2 就此确定。

考虑到发奖频率，用于确定喀呖声率 N_1 的游戏周期数乘以发奖的平均频率。每一游戏周期发奖的这个数乘以 N_2 就得到有效的发奖机械装置的喀呖声率 N_3。

机器的喀呖声率是这两个喀呖声率之和，即 N_1+N_3。

7.3.5.4　**没有发奖机构的自动游戏机**

7.3.5.4.1　**弹球机**

机器应由合适的游戏员（至少有30 min操作本机器或类似机器的经验）操作，投入起动机器所需的最小币值的最多数量的硬币。运行周期应按产生最少40次的喀呖声所需的次数重复。

7.3.5.4.2　**影像机和其他类似器具**

这些机器和器具应按照制造商使用说明书运行。运行周期应是投入最小币值的最多数量的硬币后起动机器所得的程序。对于有几个程序的机器，应选择给出最大喀呖声率 N 的程序。如果程序的持续时间短于1 min，前一程序开始后的1 min内后一程序不应开始以便反映正常使用情况。这一间歇时间应包括在最小观测时间之内。程序应按产生最少40次的喀呖声所需的次数重复。

注：当器具适用GB 13837中的影像机和类似器具的条款时，此条将删除。

7.3.6　**电玩具**

7.3.6.1　**分类**

基于本部分的目的，将玩具分成了几类。

对于每一个种类的具体要求如下：

A类：没有电子线路或电动机的电池式玩具。

注：例如儿童使用的手电筒。

A类玩具无需测试，即被认为是符合要求的。

B类：内置电池的电池式玩具，没有与外部电气连接的可能性。

注：例如带音乐的软体玩具、教育性的计算机、电机玩具。

B类玩具应符合以下限值：

——4.1.3（辐射骚扰）。

C类：有或能够通过一根电线连接的相关部件的电池式玩具。

注1：例如线控玩具和电话装置。

注2：例如相关部件是电池盒、控制单元和耳机。

C类玩具应该符合以下限值的其中一项：

——4.1.2（骚扰功率），或

——4.1.3（辐射骚扰），可由制造商选择。

D类：不包含电子线路的变压器式玩具和双电源式玩具。

注：例如带电动机或加热元件的玩具，比如没有电子控制的电动陶瓷轮和轨道装置。

D类玩具应满足以下的限值：

——4.1.1（端子电压）；

——4.1.2（骚扰功率）；

——4.2（断续骚扰）。

E 类:带有电子线路的变压器式玩具和双电源式玩具,以及所有包含在本部分范围内但其他类别没有包含的玩具。

注:例如教育用的计算机,带有电子控制部件的电动机构、象棋装置和轨道装置。

E 类玩具应符合以下的限值:

——4.1.1(端子电压);

——4.1.3(辐射骚扰);

——4.2(断续骚扰)。

对于在轨道上运行的玩具,按照 4.1.2 骚扰功率的测量可以作为辐射骚扰测量的一种替代方法。

7.3.6.2 测试应用

7.3.6.2.1 端子骚扰电压的测量

端子骚扰电压的测量应只在变压器的电源端通过人工电源网络(见 5.1.2)进行测量。

连接线缆长于 2 m 的负载端子和控制端子使用电压探头(见 5.1.3)来进行测量。

7.3.6.2.2 骚扰功率的测量

本测试不适用于互连电缆短于 60 cm 的情况。

7.3.6.2.3 辐射骚扰的测量

测量应在采用典型的电缆布置下进行,该电缆布置应在测试报告中记录。

本测试不适用于那些既没有电动机又没有时钟频率高于 1 MHz 的电子线路的玩具。

7.3.6.3 运行条件

在测试过程中,玩具应在正常操作条件下运行。变压器玩具的测试应在变压器配备在玩具上的情况下进行。如果玩具没有配备变压器,则应使用合适的变压器进行测试。

对于时钟频率高于 1 MHz 的双电源式玩具,当其由变压器供电时,测试时应带内置电池。

假如辅助装置(例如玩具的卡式视频录像带)分开地销售用于不同的器具上,为了检查辅助装置预期在所有器具上运行的一致性,这种辅助装置至少在一个合适的、具有代表性的主器具上进行测试,由这种组合设备的制造商选择,这种主器具应该是这个系列产品的一个典型代表。

7.3.6.3.1 在轨道上运行的电玩具

在轨道上运行的电玩具系统包括包装中一起出售的运动部件、控制装置和轨道。

测试时,玩具必须按照附带的说明书进行组装,轨道应按最大的面积进行布置。其他的组件应按图 7 所示布置。

每个运动部件都应在轨道上运行时单独测试。出售包装中所有运动部件都应测试,且玩具也应在所有运动部件同时运行时测试。玩具中包含的所有自身推进式小车应同时在轨道上运行,但是其他小车不应在轨道上运行。玩具应在最不利的配置下进行测试,应评定每一次测试时的这些条件。

如果在轨道上运行的玩具有同样的运动部件、控制装置和轨道,只是运动部件的数量不同,则测试应只在包含包装中提供的最多数量的运动部件的玩具上进行。如果这个玩具满足要求,那么其他的玩具同样被认为满足此要求,而不必再进行测试。

玩具的独立组件在作为一个玩具的部件已经满足要求时,即使单独出售也不必再进行测试。

独立的运动部件,没有被作为玩具的一部分通过测试时,应在尺寸为 2 m×1 m 的椭圆形轨道上进行测试。该轨道、电缆和控制装置应由此独立运动部件的制造商提供。如果没有提供这些附件,则测试应在测试机构认为是合适的附件上进行。

7.3.6.3.2 试验型玩具

由制造商规定的用于正常预期使用的一些试验组件应进行 EMC 测试。由制造商选择那些具有潜在的最大骚扰的试验组件。

7.3.7 其他设备和器具

注:30 MHz~300 MHz 频段内的骚扰功率限值不适用 7.3.7.1 至 7.3.7.3 提及的装置,其只引起断续骚扰(见4.2.1)。

7.3.7.1　不装在设备或器具内的定时开关

开关应调节到使 n_2 值(开关操作数——见 7.4.2.3)最大。负载电流应为最大额定电流的 0.1 倍，且除非制造商有另外规定，负载应由白炽灯组成。

如果 4.2.3.3 规定的“瞬时开关”的条件满足，喀呖声的幅度没有限值限制。

对于手动“接通”自动“断开”的开关，平均“接通”时间(t_1，单位 s)用由将开关调节到使 n_2 值最大三个完整操作确定。应允许有 30 s 的间歇时间。整个周期时间为(t_1＋30)s，这样喀呖声率 N＝120/(t_1＋30)。

7.3.7.2　电栅栏供电装置

在电栅栏激发器的栅栏端进行骚扰电压测量时，栅栏线应由串联的 RC 电路模拟，该电路由 10 nF 电容器(浪涌电压至少等于电栅栏激发器的空载输出电压)和 250 Ω 的电阻器(装在 V 型人工电源网络内部的 50 Ω 电阻并联 50 uH 的电感提供所要求的 300 Ω 的负载阻抗的平衡)组成，并按图 6 所示连接。

电栅栏供电装置的限值适用于供电装置的电源端子和输出端子。由于使用 250 Ω 电阻器串联 V 型人工电源网络 50 Ω 阻抗的电栅栏等效电路导致分压，应在输出端子的测量值上加上一个 16 dB 的校准因子(见图 6 的图例第 5 项)。

电栅栏引线的泄漏电阻由与串联电路并联的 500 Ω 电阻器替代。

测量时，器具应在正常位置与垂直位置最大成 15°倾斜角运行。

不用工具即可触及的控制器应设定在最大骚扰的位置。

设计能用交流或直流运行的电栅栏应在两种电源下进行测试。

栅栏电路的接地端子应接到 V 型人工电源网络的接地端子上。如果栅栏电路的端子没有明确标出，则应轮流接地。

注：为了避免电栅栏部件的高能脉冲损坏测量接收机的射频输入端，在射频输入之前可能需要接入衰减器。

7.3.7.3　电子气体点火器

在需要测量的电子气体点火器上，仅为接通或断开电源，由手动操作开关产生火花引起的骚扰，按 4.2.3.1(例如，不包括中心加热锅炉和气体点火装置，但包括炊具)可忽略不计。

装有电子气体点火器的其他设备应在不供燃气的情况下按如下方法测试：

7.3.7.3.1　点火器的单个火花

按如下方法确定是连续骚扰或是断续骚扰：

以各次打火间隔时间不短于 2 s 产生 10 次单个打火。如果任何一个喀呖声持续时间超过 200 ms，则表 1 和表 2 的连续骚扰限值适用。当喀呖声的持续时间满足 4.2.3.3 的“瞬时开关”的条件时，则认为喀呖声率 N 不超过 5 且对产生的喀呖声幅值没有限值要求。

否则，喀呖声限值 L_q 应按 4.2.2.2 用经验喀呖声率 N＝2 来计算。喀呖声率是假定的经验值，得出的喀呖声限值 L_q 高于连续骚扰限值 L 24 dB。

点火器以各次打火间隔最小为 2 s 打火 40 次进行测试，适用计算喀呖声限值 L_q 并用上四分位法评定(见 7.4.2.6)。

7.3.7.3.2　重复点火器

按如下方法确定是连续骚扰或是断续骚扰：

操作点火器产生 10 次打火。

如果：

a)　任何骚扰超过 200 ms，或

b)　与后续的骚扰或喀呖声不是相距至少 200 ms 的任何骚扰，

表 1 和表 2 的连续骚扰限值适用。

当测量连续骚扰时，在整个测试过程中点火装置应打开。在放电电路中应放置一个 2 kΩ 的阻性负载。

如果所有的喀呖声持续时间小于 10 ms,则认为喀呖声率 N 不超过 5 且按照 4.2.3.3,对产生的喀呖声幅值没有限值要求。

注:如果 10 个喀呖声中有一个持续时间超过 10 ms 但小于 20 ms,为应用 4.2.3.3 的例外情况,则要观察至少 40 次喀呖声的持续时间。

如果不适用 4.2.3.3 的例外情况,喀呖声限值 L_q 应按 4.2.2.2 用经验喀呖声率 $N=2$ 进行计算。喀呖声率是假定的经验值,得出的喀呖声限值 L_q 高于连续骚扰限值 L 24 dB。

采用计算的喀呖声限值 L_q 对点火器打火 40 次进行测试,用上四分位法评定(见 7.4.2.6)。

7.3.7.4 杀虫器:在放电通路接一个 2 kΩ 的电阻器。

注:通常只能观测到连续骚扰。

7.3.7.5 个人护理用的辐射设备,如包含气体放电灯的器具,例如用于医疗目的,如紫外线灯和臭氧灯,见 GB 17743—2007。

7.3.7.6 静电吸尘器应在正常工作条件下,周围有足够量的空气时运行。

7.3.7.7 电池充电器

不装在器具或设备内的电池充电器应按类似 5.2.4 的方法把电源端子接到 V 型人工电源网络上进行测量。

负载端子应连接到用于保证受试装置能得到规定的最大电流和/或电压而设计的可变阻性负载上。见 4.1.1.2。当如果接上负载时负载端子不可触及,则不需要在负载端子进行测量。

当为了装置的正确运行需要一个完全充电的电池时,电池应与可变负载并联。

当接到阻性负载上或完全充电的电池上电池充电器不能按预期运行时,应连接一个部分充电的电池后测试。

改变负载直到所要控制的电压或电流达到最大和最小值;应记录输入端和负载端的最大骚扰电平。

注:连接到电池的端子认为是附加端子;表 1 第 4 栏和第 5 栏的限值适用。

7.3.7.8 整流器

不装在器具或设备内的整流器应按类似 5.2.4 的方法把电源端子接到 V 型人工电源网络上且负载端子应连接到用于保证受试装置能得到规定的最大电流和/或电压而设计的可变阻性负载上进行测量。

改变负载直到所要控制的电压或电流达到最大和最小值,应记录输入和输出端的最大骚扰电平。

7.3.7.9 变换器

不装在能接到市电的器具或设备内的变换器应按类似 5.2.4 的方法把电源端子接到 V 型人工电源网络上且负载端子应连接到可变负载上进行测量。除非制造商有其他规定,否则用阻性负载。

改变负载直到所要控制的电压或电流达到最大和最小值;应记录输入端和负载端的最大骚扰电平。

对电池驱动的变换器,电源端子应直接接到电池上,且电池侧的骚扰电压按 7.2.2 用 5.1.3 规定的电压探头测量,限值由 4.1.1.4 最后一段给出。

7.3.7.10 提升装置(电动升降机)

空载断续运行。

喀呖声率 N 应以每小时 18 个工作周期确定;每一个周期应包括:

a) 对只有一种运行速度的升降机:提升、暂停、降低、暂停;

b) 对有两种运行速度的升降机,有下面两个互相交替的周期:

周期 1:慢提升(蠕变速度)、提升(全速)、慢提升、暂停、慢降低、降低(全速)、慢降低、暂停;

周期 2:慢提升、暂停、慢降低、暂停。

注:为了缩短测试时间,周期可以加速,但是喀呖声率以每小时 18 个工作周期为基准;应注意增大工作周期不应损坏电动机。

其他任何牵引装置应进行类似测试。

提升和牵引应分开测量和评定。

7.4 测量及结果说明

7.4.1 连续骚扰

7.4.1.1 每次测量时观察接收机上的读数约 15 s;除了孤立的尖峰脉冲可以忽略以外,应记录最高的读数。

7.4.1.2 如果总的骚扰电平是不稳定的,但在 15 s 的期间内连续上升或下降大于 2 dB,则应在器具的正常使用条件下,按如下进行骚扰测量:

a) 如果器具可以频繁地接通或断开,如电钻或缝纫机电动机,则在每一个频率点上,器具在每次测量前打开,测量后关闭;记录在每个测量频率点上第一分钟内得到的最高电平;

b) 如果器具在正常使用中运行较长时间,例如干发器,则在整个测量期间器具应保持在接通状态,在每个测量频率上只有获得稳定的读数(满足 7.4.1.1 条)后才记录骚扰电平。

7.4.1.3 骚扰电压限值适用于 148.5 kHz～30 MHz 整个频段,因此应评定整个频段内的骚扰特性。

应在整个频段内进行初步观察或扫描。对于准峰值检波器测量,应至少在下列频率点和有最大骚扰的所有频率点上给出记录值:

160 kHz,240 kHz,550 kHz,1 MHz,1.4 MHz,2 MHz,3.5 MHz,6 MHz,10 MHz,22 MHz,30 MHz。

上述频率的容差为±10%。

7.4.1.4 骚扰功率限值适用 30 MHz～300 MHz 整个频段,因此应评定整个频段内的骚扰特性。

应在整个频段内进行初步观察或扫描。对于准峰值检波器测量,应至少在下列频率点和有最大骚扰的所有频率点上给出记录值:

30 MHz,45 MHz,65 MHz,90 MHz,150 MHz,180 MHz,220 MHz,300 MHz。

上述频率的容差为±5 MHz。

7.4.1.5 如果在 30 MHz～300 MHz 频段内测量是在单一器具上进行,应至少在下列每个频率点的附近的一个频率点上进行重复测量:

45 MHz,90 MHz,220 MHz。

如果对各自的频率点在第一次和第二次测量中电平相差 2 dB 或更小,则保留第一次测量结果。如果相差大于 2 dB,应重复整个频谱的测量并取每个频率点的最大测量值。

注:对于连续生产的产品测试,相关主要频率的进一步限制是允许的。

7.4.1.6 用平均值检波器对由电子装置(如微处理器)引起的骚扰的测量情况下,可能产生由骚扰源的基波和高次谐波组成的独立的谱线。

应至少在所有独立的谱线对应的频率上给出平均值检波器测量值。

7.4.1.7 当器具只包含带换向器电动机作为骚扰源时,则不需要进行平均值检波器测量。

7.4.2 断续骚扰

7.4.2.1 在两个测量频率点上(见 7.4.2.2)按下述方法确定最少观测时间 T:

对不是自动停止的器具,T 为下列较短时间:

1) 记录 40 个喀呖声或相关的 40 次开关操作数,或者

2) 120 min。

对于自动停止的器具,T 是产生 40 个喀呖声或相关 40 次开关操作数所需的最少数量的完整程序的持续时间。当试验开始后 120 min,还没产生 40 个喀呖声,则运行中的程序结束后停止测试。

一个程序结束到下一程序开始的间隔应从最小观测时间中扣除,防止立即起动的器具除外。对这些器具,再起动程序所需的最短时间应包括在最小观测时间之内。

7.4.2.2 喀呖声率 N 应在 7.2 和 7.3 规定的运行条件下,或当没有规定时,在典型使用中最不利的条件下(最大喀呖声率)确定,148.5 kHz～500 kHz 频段在 150 kHz 上测量,500 kHz～30 MHz 频段在

500 kHz 上测量。

接收机衰减器的设定应使幅度等于连续骚扰限值 L 的输入信号能在仪表上产生中央刻度的偏移。

注：见 GB/T 6113.101—2008 第 10 章。

对于瞬时开关(见 4.2.3.3)，只需在 500 kHz 频点上确定脉冲的持续时间。

7.4.2.3 喀呖声率 N 按下述方法确定：

一般 N 是由公式 $N=n_1/T$ 确定的每分钟的喀呖声数，n_1 是在观测时间 T 分钟内的喀呖声数。

对某种器具(见附录 A)喀呖声率 N 是由公式 $N=n_2\times f/T$ 确定，其中 n_2 是观测时间 T 内的开关操作数(见 3.3)，f 是附录 A 中表 A.2 给出的因数。

7.4.2.4 断续骚扰的相关喀呖声限值 L_q 按 4.2.2.2 给出的公式确定。

7.4.2.5 由开关操作产生的骚扰测量应用确定喀呖声率 N 时已选择的相同程序并在下列限定数量的频率点上进行：

150 kHz，500 kHz，1.4 MHz，30 MHz。

7.4.2.6 器具按上四分位法评定是否符合较高限值 L_q，器具测试的时间应不少于最小观测时间 T。

如果器具的喀呖声率 N 由喀呖声数确定，若有不多于在最小观测时间 T 内所记录的喀呖声数的四分之一超过喀呖声限值 L_q，则应认为受试器具符合限值。

如果器具的喀呖声率 N 由开关操作数确定，若有不多于在最小观测时间 T 内所记录的开关操作产生的喀呖声数的四分之一超过喀呖声限值 L_q，则应认为受试器具符合限值。

注 1：使用上四分位法的例子由附录 B 中给出。

注 2：有关断续骚扰的测量导则见附录 C。

8 CISPR 射频骚扰限值的说明

8.1 CISPR 限值的意义

8.1.1 CISPR 限值是一种推荐给国家权力机构引入国家标准、相关法律法规和官方规范的限值。它也推荐给国际组织使用这些限值。

8.1.2 对型式认可的器具，限值的意义是在统计基础上置信度至少为 80% 的情况下该批产品至少有 80% 符合限值。

断续骚扰情况下，采用 8.2.2.3 简化程序时，不能保证符合以 80%—80% 为基础的限值。

8.2 型式试验

型式试验应按如下进行：

8.2.1 产生连续骚扰的器具：

8.2.1.1 使用 8.3 的统计评定方法，对同类型器具进行抽样测试。

8.2.1.2 或者，为了简化，只在一个器具上进行(见 8.2.1.3)。

8.2.1.3 经常从产品中随机抽取样品进行后续测试是必要的，尤其是在 8.2.1.2 的情况下。

8.2.2 产生断续骚扰的器具：

8.2.2.1 只在一个试样上进行。

8.2.2.2 经常从产品中随机抽取样品进行后续测试是必要的。

8.2.2.3 当对型式试验的结果发生争议时，采用下列简化程序：

如果第一个器具检测不合格，则应再取三个器具在第一个器具不合格的一个或多个相同频点上进行测量。

三个附加器具按照第一个器具的要求进行判定。

如果三个附加器具都符合相关要求，则型式试验通过。

如果一个或一个以上附加器具不符合，则型式试验不通过。

8.3 大批量生产的器具的符合性评定

用统计的方法评定是否符合限值要求应按照下述两种试验方法中的一种，或者其他能保证符合前面 8.1.2 要求的试验方法来进行。

8.3.1 以非中心 t 分布为依据的测试

测试应在该类型的产品中抽取样品数量不少于五个的样本上进行，但是，如果在特殊情况时，不能抽取五个样品，则使用四个或三个样品的样本。由下列关系式判定符合性：

$$\bar{x} + ks_n \leqslant L$$

$$s_n^2 = \sum(x_n - \bar{x})^2/(n-1)$$

式中：

$\bar{x}$——样本中样品数量为 n 时测量值的算术平均值；

s_n——样本的标准差；

x_n——单个样品测量值；

L——相应的限值；

k——从非中心分布表推算出的系数，其能确保置信度为 80%的情况下该类型器具的 80%在限值以下。k 的值依赖于样本容量 n，见下表。

n	3	4	5	6	7	8	9	10	11	12
k	2.04	1.69	1.52	1.42	1.35	1.30	1.27	1.24	1.21	1.20

x_n，$\bar{x}$，s_n^2，L 用对数表示，dB(μV)，dB(μV/m)或 dB(pW)。

8.3.2 以二项式分布为依据的测试

测试应在不少于样品数量为 7 的样本上进行。

以骚扰电平高于相应限值的器具的数量不超过对应样本容量 n 的 c 值为条件判定符合性。

n	7	14	20	26	32
c	0	1	2	3	4

8.3.3 如果按 8.2.1 或 8.2.2 的要求，样本测试不合格，可以抽取第二个样本进行测试，结果应包含第一次测量结果并用更大的样本进行符合性判定。

注：一般信息见 GB/Z 6113.403。

8.4 禁止销售

只有在已经使用统计评估方法进行测试后，才应考虑以禁止销售或取消型式认可作为争议的结果。符合要求的统计评定应按 8.2.2.3 有关断续骚扰和 8.3.1 有关连续骚扰的要求进行。

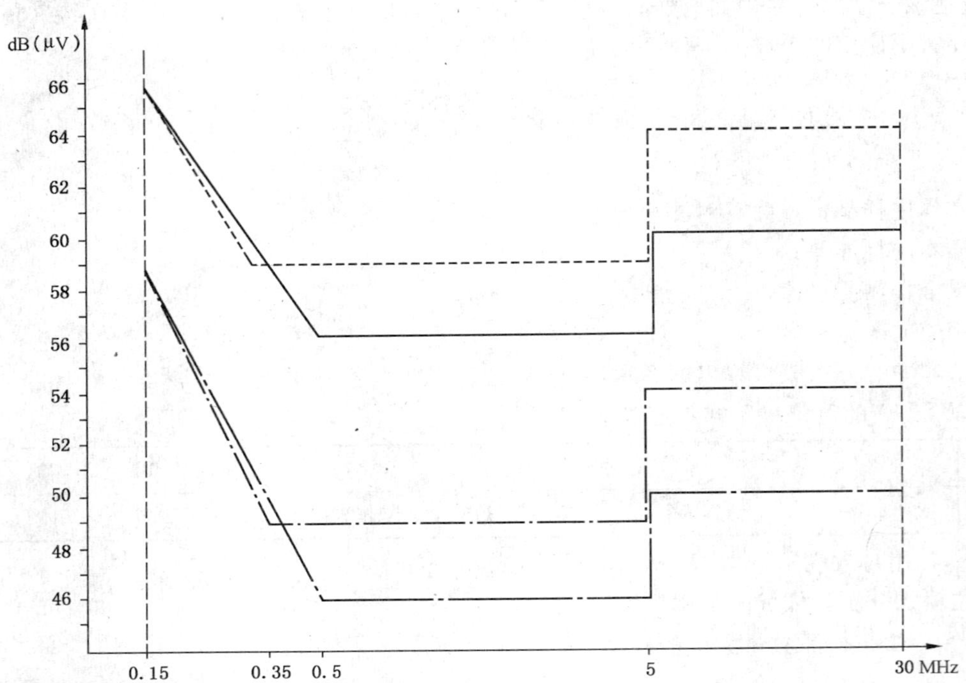

说明：

----- 电动工具(<700 W)——准峰值

——— 家用电器等——准峰值

-.-.-.- 电动工具(<700 W)——平均值

-.——.- 家用电器等——平均值

注：对电动工具：700 W 至 1 000 W：　+4 dB

>1 000 W：　+10 dB

图 1　限值的图示，家用电器和电动工具(见 4.1.1)

图 2 限值的图示：调节控制器(见 4.1.1)

一个喀呖声

骚扰持续时间不大于 200 ms，包含一连续脉冲序列，在测量接收机的中频输出端观测。

图 3 定义为喀呖声(见 3.2)的断续骚扰的例子

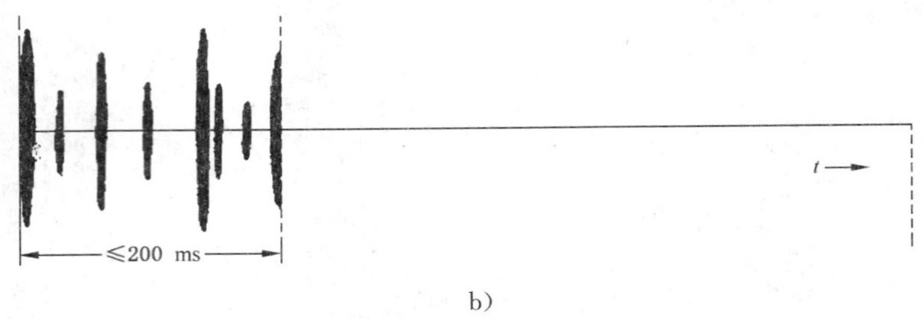

b)

一个喀呖声

单个脉冲持续时间小于 200 ms，间隔时间小于 200 ms，持续时间不大于 200 ms，在测量接收机的中频输出端观测。

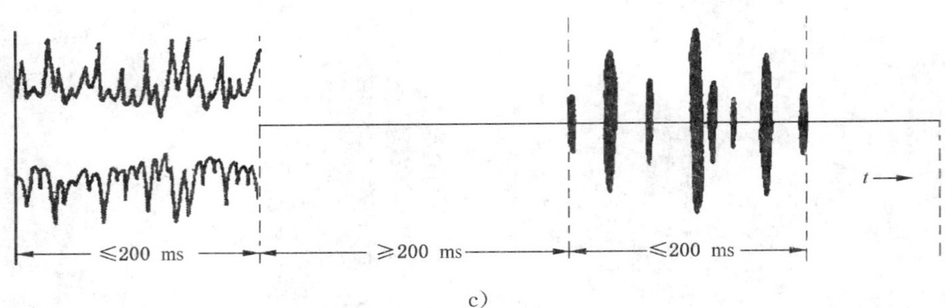

c)

两个喀呖声

两个骚扰持续时间都不超过 200 ms，间隔时间至少 200 ms，在测量接收机的中频输出端观测。

图 3（续）

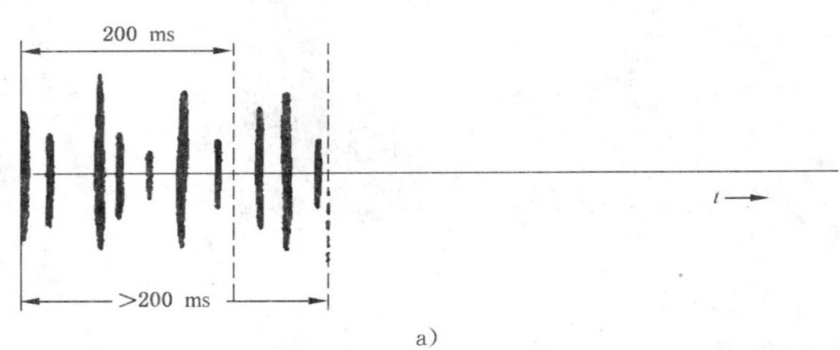

a)

单个脉冲持续时间小于 200 ms，间隔时间小于 200 ms，持续时间大于 200 ms，在测量接收机的中频输出端观测。

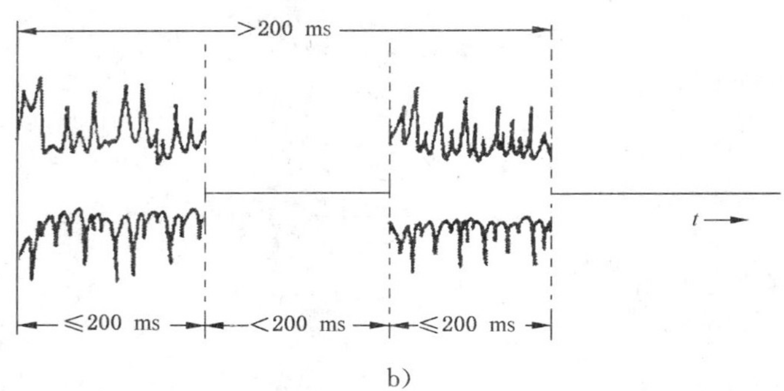

b)

两个骚扰间隔时间小于 200 ms，总的持续时间大于 200 ms，在测量接收机的中频输出端观测。

图 4　适用连续骚扰限值的断续骚扰的例子（见 4.2.2.1）

例外情况见 4.2.3.2 和 4.2.3.4

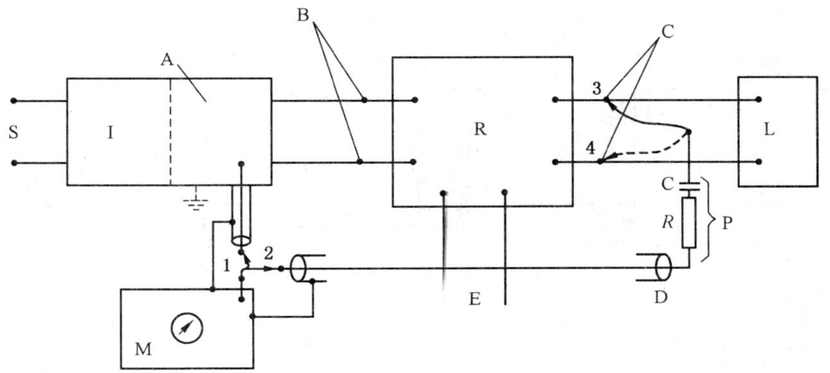

说明：

1　电源端测量的切换位置

2　负载端测量的切换位置

3 和 4　在负载端测量时依次连接

A　50 Ω/50 μHV 型人工电源网络

B　电源端子

C　负载端子

D　同轴电缆

E　至遥控部分

I　隔离单元

L　负载

M　测量接收机

P　探头：C≥0.005 μF，R≥1 500 Ω

R　调节控制器

S　供电电压

注 1：探头的同轴电缆的长度不超过 2 m。

注 2：当开关置于位置 2 时，在位置 1 的 V 型人工电源网络的输出端应端接一个与 CISPR 测量接收机输入阻抗相等的阻抗。

注 3：当一个两端子调节控制器仅插入到电源的一根引线时，应按照图 5b）所示连接第二根电源引线进行测量。

a）四端子调节控制器的测量布置

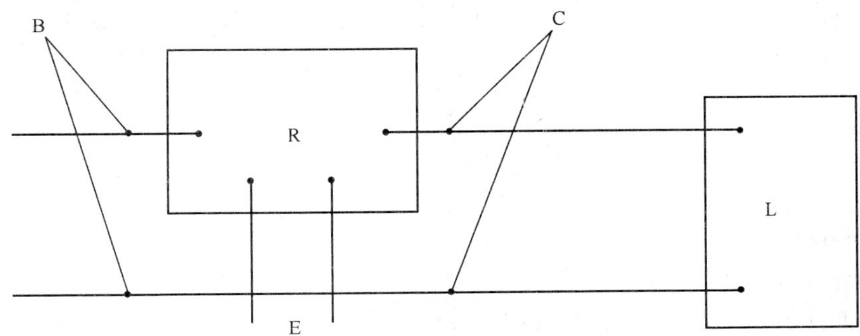

说明：

B　电源端子

C　负载端子

E　至遥控部分

L　负载

R　调节控制器

b）两端子调节控制器的测量布置

图 5　调节控制器测量布置（见 5.2.4）

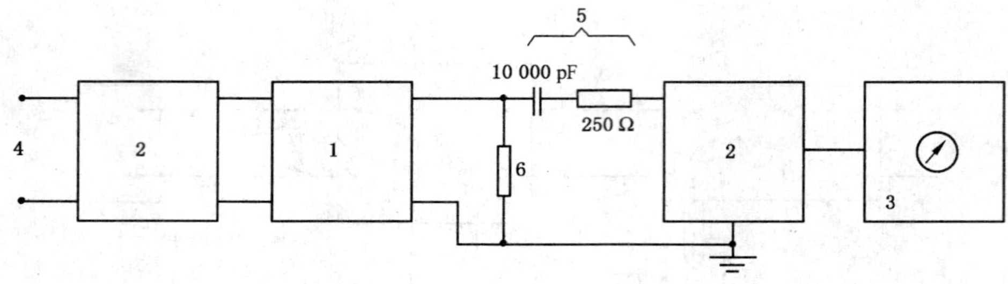

说明：

1　电栅栏的电源单元

2　V 型人工电源网络(见 5.1.2)

3　符合 GB/T 6113.101(CISPR 16-1-1)的 CISPR 测量接收机

4　电源引线，或电池引线

5　代替电栅栏的等效电路元件(规定的 300 Ω 负载阻抗由 250 Ω 的电阻器串联 V 型人工电源网络的 50 Ω 阻抗提供)

6　500 Ω 模拟泄漏电阻器(加至第 5 项等效电路)

注：当 EUT 是电池驱动时，左边的 V 型人工电源网络不是必需的。右边的 V 型人工电源网络可以保护仪表免受在模拟电栅栏电路中的脉冲的影响。

图 6　电栅栏激发器的栅栏端产生的骚扰电压的测量布置(见 7.3.7.2)

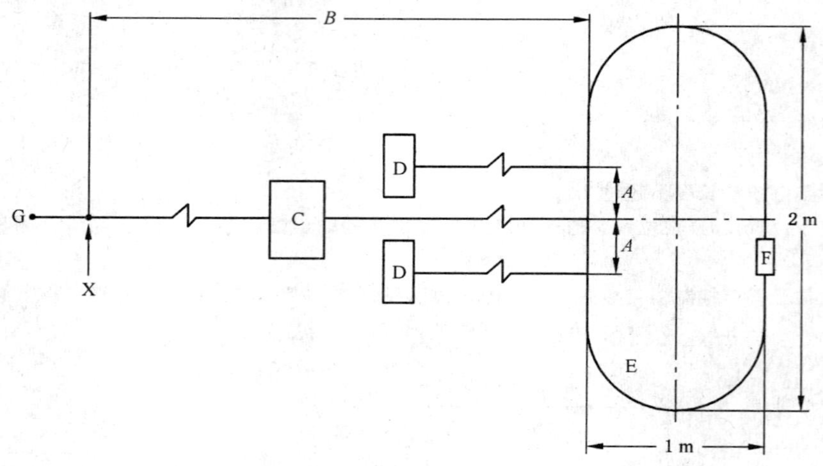

说明：

A　　见注 3

B　　见注 1

C　　变压器/控制器

D　　手动控制器(如果安装)，见注 2

E　　采用的标准轨道布置，如果出售包装上没有说明

F　　运行在轨道上的车辆

G　　电源输入连接器

X　　应在 X 点测量端子电压

注 1：测量端子电压(0.15 MHz～30 MHz)时，轨道的最近部分离 X 点的距离应不大于 1 m。

注 2：功率测量(30 MHz～300 MHz)时，从变压器/控制器到轨道的最近距离必须延长至 6 m 的长度以容纳铁氧体吸收钳的使用。

注 3：如果可能，距离 *A* 应调节到 0.1 m。

图 7　轨道上行驶的玩具的测量布置

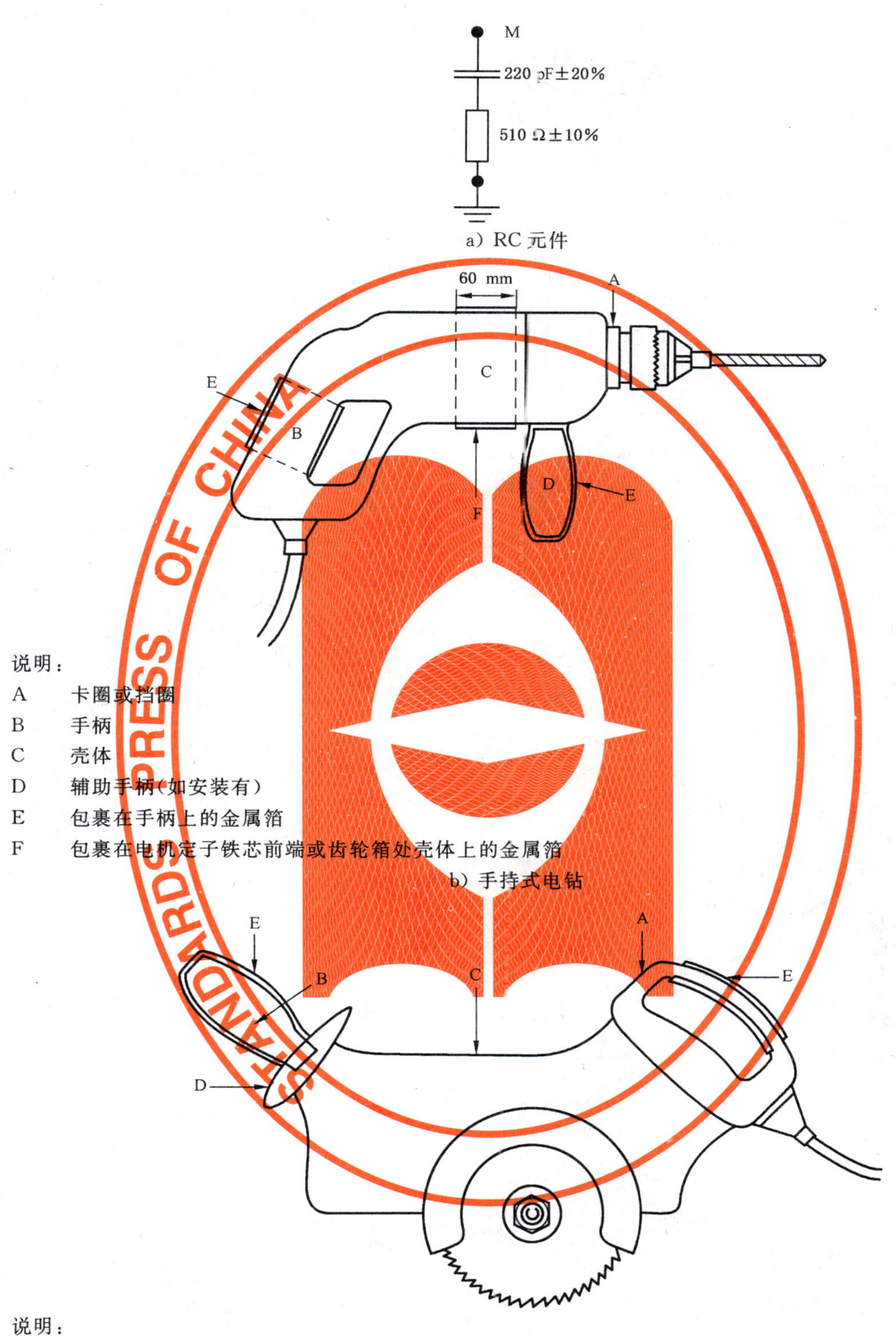

a) RC元件

说明：

A　卡圈或挡圈

B　手柄

C　壳体

D　辅助手柄(如安装有)

E　包裹在手柄上的金属箔

F　包裹在电机定子铁芯前端或齿轮箱处壳体上的金属箔

b) 手持式电钻

说明：

A　绝缘手柄

B　绝缘手柄

C　金属壳体

D　手柄挡板(如安装有)

E　包裹在手柄上的金属箔

c) 手持式电锯

图8　模拟手的应用(见5.1.4和5.2.2.2)

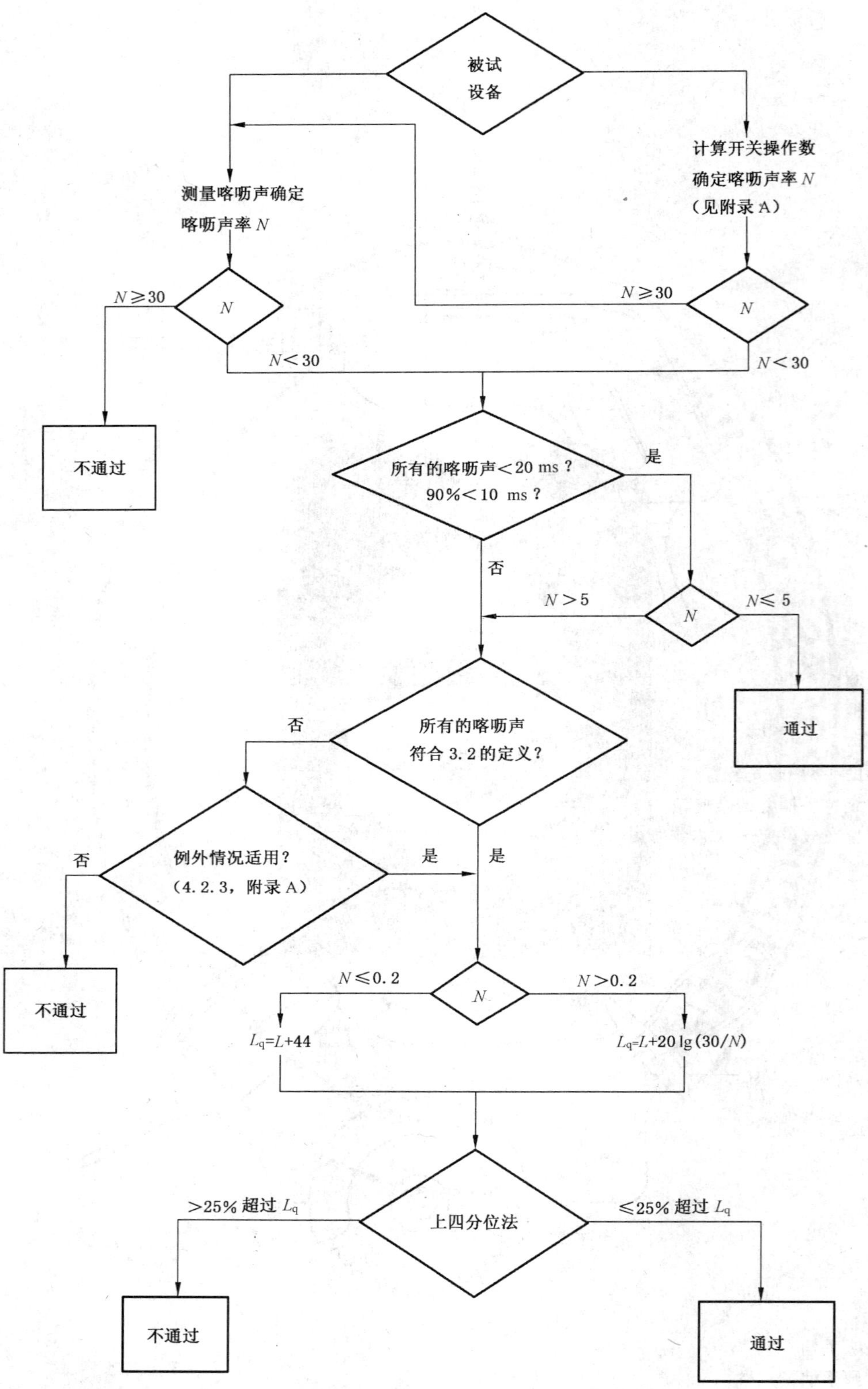

图 9 断续骚扰(见附录 C)测量流程图

附　录　A
（规范性附录）
由特殊器具的开关操作引起的适用于公式 20lg(30/N)的骚扰限值

具有特殊骚扰特性的设备的放宽规定。

恒温控制三相开关

对恒温控制的三相开关，三相中的每一相和中线相继引起的三个骚扰应评定为三个喀呖声而非连续骚扰，不管它们的分布如何，并符合下述条件：

a) 开关操作在任何 15 min 周期内不多于一次和在 2 s 内没有任何其他骚扰在三个骚扰之前或随后；

b) 由任何一个触头的断开或闭合引起的骚扰持续时间应为 20 ms 或更短，不超过在观测时间内记录的由开关操作引起的喀呖声数的四分之一的喀呖声允许超过连续骚扰限值 L 44 dB。

表 A.1　按 4.2.2 和 4.2.3 由喀呖声数得出喀呖声率的器具举例和限值应用

器具类型	运行条件条款	器具类型	运行条件条款
暖床器	7.3.4.13	熨压机	7.3.4.10
电热毯	7.3.4.13	水壶	7.3.4.3
锅炉	7.3.4.3	热奶器	7.3.4.3
过滤式咖啡机	7.3.4.3	烘烤器，台式	7.3.4.2
热交换器*	7.3.4.14	房间加热器*	7.3.4.14
电热烤箱	7.3.4.8	蒸汽发生器	7.3.4.6
电煮平底锅	7.3.4.2	灭菌器	7.3.4.3
深油炸锅	7.3.4.2	炖锅	7.3.4.2
洗碟机	7.3.1.11	贮水热水器，保温式和非保温式	7.3.4.5
电栅栏	7.3.7.2	温控器，单独的用于控制房间加热器和热水器，油和气体燃烧器*	7.2.4
风扇加热器*	7.3.4.14		
奶瓶加热器	7.3.4.3		
液体加热器*	7.3.4.14	面包烘烤器	7.3.4.9
煎锅	7.3.4.2	华夫烤架	7.3.4.8
煮胶锅	7.3.4.3	华夫饼烙模	7.3.4.8
烤架	7.3.4.8	保温垫	7.3.4.13
干发器	7.3.1.8	保温板	7.3.4.7
热床垫	7.3.4.13	洗衣机	7.3.1.10
浸入式热水器	7.3.4.3	热水器，快热式*	7.3.4.4
熨烫机，旋转式	7.3.4.10		
熨烫机，台式或立式	7.3.4.10		

在 148.5 kHz～30 MHz 的频段，采用表 1 第 2 栏中给出的家用电器和类似设备的准峰值限值，应按如下增加：

$$20\lg(30/N)\ \mathrm{dB}(\mu\mathrm{V})\quad 0.2 \leqslant N < 30$$

$$N = n_1/T\ (见\ 7.4.2.3)$$

* 对于打算在固定位置使用的房间加热器的温控器，或者与其一体化的温控器，见 7.2.4 和表 A.2。

表 A.2　喀呖声率由开关操作数和在相关运行条件中提及的因数 f 得出的限值应用和器具举例

器具类型	运行条件条款	因数 f
便携式或可移式房间加热设备温控器[a]	7.2.4	1.00
冷藏箱,冷冻箱	7.3.1.9	0.50
有自动加热板的电灶	7.3.4.1	0.50
带有温控器或能量控制器控制的一个或多个加热板的器具	7.3.4.1	0.50
电熨斗	7.3.4.11	0.66
缝纫机速度控制器和启动器开关	7.2.3.1	1.00
牙钻速度控制器的启动器开关	7.2.3.1	1.00
办公用电气器械	7.2.3.2	1.00
幻灯投影仪的进片装置	7.2.3.3	1.00

在 148.5 kHz～30 MHz 的频段,采用表 1 第 2 栏中给出的家用电器和类似设备的准峰值限值,应按如下增加:

$$20\lg(30/N)\ \mathrm{dB}(\mu\mathrm{V}) \quad 0.2 \leqslant N < 30$$

$$N = n_2 \times f/T \text{（见 7.4.2.3）}$$

a 见 4.2.3.1。

附 录 B
（资料性附录）
用上四分位法确定符合骚扰限值的实例（见 7.4.2.6）

实例：（滚筒干衣机）

器具有自动停止程序；因此观测时间确定而且包含多于 40 次的喀呖声。

频率：500 kHz

连续骚扰电平限值：56 dB(μV)

第一轮

骚扰序号

1	2	3	4	5	6	7	8	9	10
*	*	*	_	*	_	*	*	_	*
11	12	13	14	15	16	17	18	19	20
*	*	*	*	*	*	*	*	*	*
21	22	23	24	25	26	27	28	29	30
*	*	*	*	*	*	*	*	*	*
31	32	33	34	35	36	37	38	39	40
*	_	*	*	_	*	*	*	*	*
41	42	43	44	45	46	47	48	49	50
*	*	_	*	*	*	*	*	*	_
51	52	53	54	55	56				
_	*	*	*	_	*				

*：喀呖声

_：断续骚扰

（不超过连续骚扰限值）

——总运行时间（T）＝35 min

——总的喀呖声数（n_1）＝47

N＝47/35＝1.3

20lg(30/N)＝20lg(30/1.3)＝27.5 dB

500 kHz 喀呖声限值 L_q＝56＋27.5＝83.5 dB(μV)

允许超过喀呖声限值 L_q 的喀呖声数：

47/4＝11.75，即意味着只允许有 11 个这样的喀呖声。

进行第二轮测试确定多少喀呖声超过喀呖声限值 L_q。第二轮的时间与第一轮的时间相同。

频率：500 kHz

喀呖声限值 L_q：83.5 dB(μV)

第二轮

骚扰序号

1	2	3	4	5	6	7	8	9	10
*	_	*	_	_	*	*	_	_	*
11	12	13	14	15	16	17	18	19	20
_	_	_	_	_	_	_	*	*	*
21	22	23	24	25	26	27	28	29	30
_	*	_	*	_	_	_	_	_	_
31	32	33	34	35	36	37	38	39	40
_	_	_	_	_	*	_	*	_	_
41	42	43	44	45	46	47	48	49	50
*	*	_	_	_	_	_	_	_	_
51	52	53	54	55	56				
_	_	_	_	_	_				

*:超过喀呖声限值 L_q 的喀呖声

_:不超过喀呖声限值 L_q 的喀呖声

——总的运行时间(T)=35 min(与第一轮相同)

——超过喀呖声限值 L_q 的喀呖声数=14

——允许的喀呖声数=11,所以器具不合格。

附　录　C
（资料性附录）
断续骚扰（喀呖声）测量导则

C.1　总则

本导则并不意味着对本部分的某些条款进行解释，而是为了指导使用者弄懂相当复杂的程序，此程序在C.4中按照流程图（图9）的顺序进行解释，同时参考本部分的各条款，包括相应的参考定义。

预先假定在喀呖声定义（见3.2）中描述的断续骚扰比连续骚扰产生的骚扰少，因此在本部分中对此类骚扰限值有一些放宽。

喀呖声通常由开关操作产生而且是具有最大的频谱特性在2 MHz以下的宽带骚扰。因此，只在规定数量的频率点上进行测量是足够的。骚扰的影响不仅取决于喀呖声的幅度也取决于持续时间、分布和重复率。因此喀呖声不仅通过频率范围也要通过时间间隔来评定。由于某个喀呖声的幅度和持续时间不是恒定的，测试结果所需的重复性要求应用统计方法。为此，应用上四分位法。

C.2　测量装置

C.2.1　人工电源网络

要求人工电源网络在受试器具（EUT）的端子提供一个规定的阻抗，隔离测试电路中无用射频信号并将骚扰电压耦合至测量装置（见5.1.2）。

使用GB/T 6113.102—2008中第4章规定的V型人工电源网络。

C.2.2　测量接收机

为了测量喀呖声的幅度，使用GB/T 6113.101—2008中第4章规定的带有准峰值检波器的测量接收机。

测量接收机的中频输出是用于评定喀呖声的持续时间和分布的需要。

C.2.3　骚扰分析仪

评定断续骚扰的推荐的方法是使用GB/T 6113.101—2008中第10章规定的特殊的骚扰分析仪。通常准峰值测量接收机已经装在骚扰分析仪的内部。

应该考虑到不是所有的在本部分中给出的例外情况都包括在GB/T 6113.101—2008中。因此骚扰分析仪不可能监控所有例外情况的适用性。在此情况下如果能观察到不符合喀呖声的定义（3.2）的断续骚扰的情况存在，应另外使用一个存储示波器。

C.2.4　示波器

对持续时间的测量来说示波器的使用是必需的。喀呖声是瞬态事件，因此需要存储型的示波器。

示波器的截止频率应不低于测量接收机的中频频率。

C.3　断续骚扰基本参数的测量

C.3.1　幅度

断续骚扰的幅度是在C.2中规定的测量接收机或骚扰分析仪的准峰值读数。

对断续骚扰中相距很近的脉冲情况，在整个时间间隔内，准峰值检波器的输出端的指示值可以超过连续骚扰的限值，对此时的间隔应考虑所有记录到的超过中频参考电平（见3.3）的骚扰。

C.3.2　持续时间和分布

骚扰的持续时间和分布通过存储示波器手动地或骚扰分析仪自动地在中频输出端进行测量。

对于手动测量，示波器的触发电平应调节到测量接收机的中频参考电平，即产生准峰值指示等于连续骚扰限值的未调制正弦输入信号在测量接收机的中频输出端的相应值(见 3.3)。

注：可以使用其他的校准源(例如 100 Hz 脉冲)。使用脉冲式校准源应考虑 GB/T 6113.101—2008 中给出的加权因子,B 频段的脉冲响应曲线。而且,考虑到脉冲范围和频谱,脉冲应符合 GB/T 6113.101—2008 附录 B 中的要求。

在使用存储型示波器手动测量时,应考虑到经过准峰值检波器加权后单个脉冲的指示值低于同样幅度的正弦信号或 100 Hz 脉冲信号的指示值 20 dB 以上。应只考虑那些超过连续骚扰限值的骚扰,而不是所有在示波器上记录到的调节到中频参考电平的骚扰。因此应同时观察准峰值检波器的指示值或者骚扰分析仪的显示值。应注意到单个脉冲过后,准峰值最大指示值约 400 ms 以后出现。

注：喀呖声的持续时间和分布也可以在包络检波器的输出端测量。在准峰值检波器后测量持续时间是不可能的,因为在此检波器中规定了 160 ms 的放电时间。

图 3 和图 4 列出不同种类的断续骚扰的例子。

当在连续骚扰出现时,又必须进行断续骚扰测量,要采取特殊的预防措施。在这种情况下可能必需将示波器的触发电平调节到一个合适的较高电平,而不是中频参考电平,目的是除去连续骚扰的影响。

应注意使用正确的记录速度,否则可能不能完全显示脉冲的峰值。

推荐下述时基用于使用示波器测量持续时间：

——持续时间短于 10 ms 的骚扰:时基 1 ms/cm 到 5 ms/cm;

——持续时间在 10 ms～200 ms 之间的骚扰:时基 20 ms/cm 到 100 ms/cm;

——时间间隔约 200 ms 的骚扰:时基 100 ms/cm。

注：这些时基可能使视觉评估达到约 5%的精度,它与在 GB/T 6113.101—2008 中第 10 章中对骚扰分析仪 5%的精度的规定一致。

假如记录的骚扰的上升和下降时间对比骚扰的持续时间是很短的的话(在示波器上记录的脉冲边缘是非常陡的),持续时间的测量也可以通过将示波器连接到 V 型人工电源网络,在 EUT 的供电电源电路上进行。

如果对此有疑问,持续时间测量必需按 C.2.2 的规定在测量接收机的中频输出端进行测量。

注：由于测量接收机带宽限制,断续骚扰的波形和持续时间可能会有变化。因此只有当 4.2.3.3“瞬态开关”的例外情况适用时,即当喀呖声的幅度不必测量时,推荐使用简单的示波器/V 型人工电源网络的组合。在其他所有的情况下推荐使用测量接收机。

C.4 断续骚扰的测量程序,按照流程图(图 9)

C.4.1 喀呖声率的定义

喀呖声率是每分钟喀呖声的平均数(见 3.6)。根据 EUT 的类型有两种确定喀呖声率的方法：

- 通过测量喀呖声数或
- 通过计算开关操作数。

一般允许对每一个 EUT 通过测量喀呖声数来确定喀呖声率,即允许把每一个 EUT 看成一个“黑箱子”(对温控器特殊的方法适用,见 7.2.4)。两种方法都应观察最小观察时间(见 3.5 和 7.4.2.1)。

用于确定喀呖声率的喀呖声数的测量应只在两个频率点上进行:150 kHz 和 500 kHz(见 7.4.2.1)。

器具应在 7.2 和 7.3 给出的条件下运行。对于某些种类器具这些子条款包含了确定喀呖声率的附加要求。

若没有规定,EUT 应在典型使用的最恶劣的条件下运行,即最高喀呖声率的条件下(见 7.4.2.2)。应考虑到不同的电源端子(例如相线和中线)喀呖声率可能不同。

测量接收机的输入衰减器应调节到连续骚扰限值 L。

喀呖声率由如下公式确定：

$$N = n_1/T$$

这里 n_1 是在最小观察时间 T 分钟内测量的喀呖声数(见 7.4.2.3)。

如果喀呖声率 $N \geqslant 30$,则连续骚扰限值适用(见 4.2.2.1)。如果测量已经显示有断续骚扰超过这些限值(见 3.2 喀呖声的定义),很明显 EUT 没通过测试。

对在附录 A 表 A.2 中提及的某种器具,喀呖声率应通过计算开关操作数来确定。

在这种情况下喀呖声率从如下公式获得:

$$N = n_2 \times f/T$$

这里 n_2 是在最小观察时间 T 分钟内计算的开关操作数,f 是附录 A 表 A.2 中给出的因子(见 7.4.2.3)。

如果通过计算开关操作数得到的喀呖声率大于或等于 30,EUT 还没有失败,但是仍有通过测量喀呖声数确定喀呖声率的可能性,即测量事实上多少可计的开关操作数引起幅度超过连续骚扰限值的骚扰。

C.4.2 例外情况的应用

确定了喀呖声率后,建议判断 4.2.3.3 瞬态开关例外规则的适用性。如果这里给出的条件适用(所有的喀呖声持续时间<20 ms,90%的喀呖声率持续时间<10 ms,喀呖声率 $N<5$),则停止程序。在这种情况下喀呖声的幅度没有必要测量,EUT 通过测试。

应进一步调查是否所有的喀呖声持续时间和分布符合喀呖声的定义(见 3.2),因为只有在这种情况下才对断续骚扰使用放宽的限值。

如果观察到的断续骚扰的参数不符合喀呖声的定义(见 3.2),应检查 4.2.3 或附录 A 中其他例外情况的适用性。

例如,如果两次骚扰间隔小于 200 ms,而且喀呖声率小于 5,通常 4.2.3.4 例外情况适用。不能监测所有例外情况的骚扰分析仪如果自动显示连续骚扰存在,即结果"失败"。

如果没有例外情况适用于观察到的不符合喀呖声的定义(见 3.2)的断续骚扰的参数,则 EUT 不通过测试。

C.4.3 上四分位法

如果喀呖声的喀呖声率、持续时间和分布的测量证实了对断续骚扰适用放宽限值,则喀呖声的幅度应使用上四分位法评估(见 3.8 和 7.4.2.6)。

应用相应的喀呖声率 N 用于计算 ΔL,ΔL 是在连续骚扰限值 L 上应增加的值(见 4.2.2.2):

$\Delta L = 44$ dB　　　　　　$N<0.2$

$\Delta L = [20\lg(30/N)]$dB　　$N \leqslant 0.2<30$

喀呖声限值 L_q 由如下公式确定:

$L_q = L + \Delta L$

喀呖声的幅度只在下述规定频率点上评估:150 kHz,500 kHz,1.4 MHz 和 30 MHz(见 7.4.2.5)。

测量接收机的输入衰减器应调节到断续骚扰的放宽限值。

这些测量应在与确定喀呖声率时选择的相同运行条件和相同观察时间的条件下进行(见 7.4.2.5)。

如果超过喀呖声限值 L_q(见 7.4.2.6)的喀呖声数,不超过在最小观察时间 T 内记录的喀呖声数的四分之一,则认为受试器具符合断续骚扰限值,即超过 L_q 的喀呖声数 n 与在确定喀呖声率时得到的 n_1 或 n_2 比较(见 C.4.1 和 7.4.2.3)。当符合下述条件时,即满足本部分的要求:

$n \leqslant n_1 \times 0.25$ 或 $n \leqslant n_2 \times 0.25$

附录 B 给出使用上四分位法的例子。

参 考 文 献

GB/T 17045 电击防护 装置和设备的通用部分(GB/T 17045—2008,IEC 61140:2001,IDT)

GB 19212.8 电力变压器、电源装置和类似产品的安全 第8部分:玩具用变压器的特殊要求(GB 19212.8—2006,IEC 61558-2-7:1997,MOD)

GB 4824 工业、科学和医疗(ISM)射频设备 电磁骚扰特性 测量方法和限值(GB 4824—2004,CISPR 11:2003,IDT)

GB 14023 车辆、船和由内燃机驱动的装置 无线电骚扰特性 限值和测量方法(GB 14023—2006,CISPR 12:2005,IDT)

GB 13837 声音和电视广播接收机及有关设备 无线电骚扰特性 限值和测量方法(GB 13837—2003,IEC/CISPR 13:2001,MOD)

GB/Z 6113.403 无线电骚扰和抗扰度测量设备和测量方法规范 第4-3部分:不确定度、统计学和限值建模 批量产品的EMC符合性确定的统计考虑(GB/Z 6113.403—2007,IEC/CISPR 16-4-3:2004,IDT)

GB/T 9383 声音和电视广播接收机及有关设备抗扰度限值和测量方法(GB/T 9383—2008,IEC/CISPR 20:2006,MOD)

IEC 61000-3-8 电磁兼容(EMC) 第3部分:限值 第8节:低压电气装置上的信号传输 发射电平、频带和电磁骚扰水平

ICS 33.100
K 64

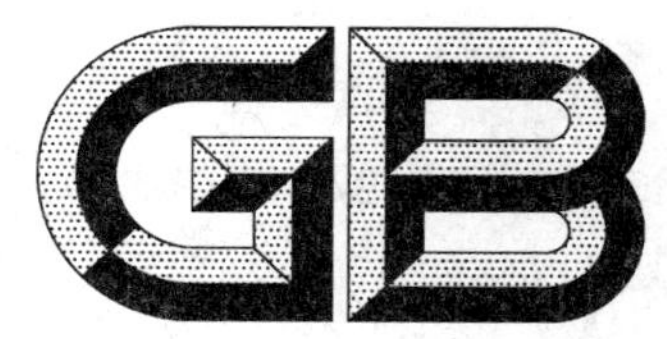

中华人民共和国国家标准

GB 4343.2—2009/CISPR 14-2:2008
代替 GB 4343.2—1999

家用电器、电动工具和类似器具的电磁兼容要求 第2部分:抗扰度

Electromagnetic compatibility—Requirements for household appliances, electric tools and similar apparatus—Part 2: Immunity

(CISPR 14-2(Ed.1.2):2008,IDT)

2009-05-05 发布 2010-04-01 实施

中华人民共和国国家质量监督检验检疫总局
中国国家标准化管理委员会 发布

前　言

本部分的全部技术内容为强制性。

GB 4343《家用电器、电动工具和类似器具的电磁兼容要求》分为2个部分：

——第1部分：发射

——第2部分：抗扰度

本部分为GB 4343的第2部分，对应于CISPR 14-2:2008《家用电器、电动工具和类似器具的电磁兼容要求　第2部分：抗扰度　产品类标准》。

本部分等同采用CISPR 14-2:2008，但依据GB/T 20000.2—2001《标准化工作指南　第2部分：采用国际标准的规则》进行如下编辑性修改：

——本部分名称改为《家用电器、电动工具和类似器具的电磁兼容要求　第2部分：抗扰度》；

——目次中增加“参考文献”；

——删除引言中“关键词”的内容；

——第2章中“引用标准”改为“规范性引用文件”，并将引用的国际标准改为我国对应的国家标准。

本部分代替GB 4343.2—1999《电磁兼容　家用电器、电动工具和类似器具的要求　第2部分：抗扰度　产品类标准》。

本部分与GB 4343.2—1999相比，技术内容主要修改如下：

——1.1第2段“市电”后面增加“变压器”；

——1.1最后一句替换为“辐射范围从紫外线到红外线（包括可见光）的个人护理设备。”；

——1.2第5列项的“视频设备以及”后面增加“除玩具以外的”；第7列项的“个人计算机和”后面增加“除玩具以外”；增加第11列项“婴儿监护系统。”；

——第3章中增加“安全特低电压、玩具、电玩具、电池玩具、变压器玩具、双电源玩具、安全隔离变压器、玩具用安全变压器、装配型玩具、试验型玩具、功能型玩具、影像玩具、玩具的正常操作、时钟频率”的定义；

——4.1的第一段删除“如由电动驱动的器具、玩具、工具、热器具和类似电器（如紫外线和红外线辐射仪）等”；另起一段，内容为“例如：由电机驱动的器具，发光玩具，无电子控制单元的轨道装置，电动工具，电热器具，紫外线和红外线辐射仪和含有诸如机械开关和温控器的器具。”；

——4.2中“由市电供电的电动器具”前增加“变压器玩具，双供电玩具”；删除“注1”的内容，把“注2”改为“注”；

——4.3增加注，内容如下：“玩具，例如音乐软体玩具，有线控制度玩具和电动电子玩具。”；

——表4、表7、表10底部增加“对于特低电压的交流端口，这个测试仅适用于与制造商功能规范规定的总长度可超过3 m的电缆连接的端口。”；

——5.6表12中“2 kV”后面增加“线到地12 Ω”，“1 kV”后面增加“线到线2 Ω”；最后一段改为“在受试设备交流电源90°相位施加正脉冲，270°相位施加负脉冲，不需要对表12以外（更低）的电压进行试验。”；

——7.1.3删除“及其配套设备”；

——7.2.3在第1项后面增加“不用使用者输入分数和数据的玩具，例如：音乐软体玩具，发声玩具等，性能判据C适用。”；删除第2、第3列项。增加新的列项“射频电磁场，性能判据A。”；并增加文字“这个测试仅适用于用电子装置操作的乘骑玩具。”；

——8.1增加第3段，内容为“测试过程中，玩具在正常操作下运行。变压器玩具由其变压器供电进行测试。如果玩具没有提供变压器，则应用合适的变压器进行测试。"；增加第 4 段，内容为"假如辅助装置(例如玩具的卡式视频录像带)单独销售用于不同的器具上，为了检查辅助装置预期在所有器具上运行的一致性，这种辅助装置至少在一个合适的、具有代表性的主器具上进行测试，这种主器具应该是这个系列产品的一个典型代表，由这种辅助装置的制造商进行选择。"；

——8.4 中删除第 2 段内容；

——8.7 中全部内容删去；

——8.8 重新编号为 8.7；

——9.2 中"注"的内容改为"其他信息，请参阅 GB/Z 6113.403—2007。"；

——第 10 章内容全部删除；

——增加参考文献，内容如下：

GB 19212.8 电力变压器、电源装置和类似产品的安全　第 8 部分：玩具用变压器的特殊要求(GB 19212.8—2006，IEC 61558-2-7：1997，MOD)；

GB/Z 6113.403 无线电骚扰和抗扰度测量设备和测量方法规范　第 4-3 部分：不确定度、统计学和限值建模　批量产品的 EMC 符合性确定的统计考虑(GB/Z 6113.403—2007，IEC/CISPR 16-4-3：2004，IDT)。

本部分由全国无线电干扰标准化技术委员会(SAC/TC 79)提出并归口。

本部分委托全国无线电干扰标准化技术委员会 F 分会负责解释。

本部分主要起草单位：广州电器科学研究院、上海电动工具研究所、广州威凯检测技术研究所、松下电化住宅设备机器(杭州)有限公司、广东格兰仕集团有限公司、珠海格力电器股份有限公司、无锡小天鹅股份有限公司、广州市九佛电器有限公司。

本部分主要起草人：李秀青、杨春荣、尹海霞、赖静、李邦协、邓俊泳、贾春耕、卢炎汉、张辉、朱红卫、钟学周。

本部分所代替标准的历次版本发布情况为：

——GB 4343.2—1999。

引　言

本部分的目的是对本标准范围内的产品电磁抗扰度建立一个统一的要求。本部分规定了抗扰度的试验规范，提供了试验方法的基础标准，并规范了运行条件、性能判据和试验结果的表述。

家用电器、电动工具和类似器具的电磁兼容要求 第2部分:抗扰度

1 范围和目的

1.1 GB 4343的本部分适用于家用和类似用途电器及类似器具、电玩具以及电动工具的电磁抗扰度。对接至相线和中线的单相器具,额定电压不应超过250 V,对其他器具,则不超过480 V。

器具里可装有电动机、电热元件或二者兼有,其电路可包含电气线路或电子线路。它可以由市电、变压器、电池或其他电源供电。

本部分也适用于非家庭使用但有抗扰度要求的器具,如商店、轻工业场所和农场的非专业人员使用的器具,同时也适用于GB 4343.1产品范围内的器具。此外还适用于:

——家用和酒吧餐馆用的微波炉;

——射频能量加热的烹调用平铁架和烹调炉,(单个或多个区域)感应式烹调器具;

——辐射范围从紫外线到红外线(包括可见光)的个人护理设备。

1.2 本部分不适用于:

——照明用设备;

——重工业用器具;

——固定安装在建筑物上的电气装置部件(如保险丝、断路器、电缆和开关);

——频繁产生特殊电磁环境场所使用的器具,这样的场所指产生强电磁场(例如广播发射站附近),或电网产生大脉冲的地方(例如发电站);

——无线电接收机、电视机,音频设备、视频设备以及除玩具以外的电子音乐装置;

——医疗电气装置;

——个人计算机和除玩具以外的类似器具;

——无线电发射机;

——专门设计用于车辆的器具;

——婴儿监护系统。

1.3 抗扰度要求的频率范围覆盖0 Hz～400 GHz。

1.4 与器具安全有关的电磁效应不属于本部分范围,而属于其他标准,如GB 4706。

对于器具的非正常运行(如为试验目的而模拟电路故障的运行),本部分不予以考虑。

注:船上或飞机上使用的器具可能需要附加的抗扰度要求。

1.5 本部分目的是规定本部分范围内的器具抗扰度要求,它包括连续的和瞬态的、传导的和辐射的电磁骚扰以及静电放电。

这些规定体现了电磁兼容性抗扰度的基本要求。

注:在特殊情况下,骚扰电平可能超过本部分规定的试验值。在此场合下,可能需要采取特别的减缓措施。

2 规范性引用文件

下列文件中的条款通过GB 4343的本部分的引用而成为本部分的条款。凡是注日期的引用文件,其随后所有的修改单(不包括勘误的内容)或修订版均不适用于本部分,然而,鼓励根据本部分达成协议的各方研究是否可使用这些文件的最新版本。凡是不注日期的引用文件,其最新版本适用于本部分。

GB/T 4365—2003 电工术语 电磁兼容(IEC 60050(161):1990,IDT)

GB/T 17626.2—2006 电磁兼容 试验和测量技术 静电放电抗扰度试验(IEC 61000-4-2:2001,IDT)

GB/T 17626.3—2006 电磁兼容 试验和测量技术 射频电磁场辐射抗扰度试验(IEC 61000-4-3:2002,IDT)

GB/T 17626.4—2008 电磁兼容 试验和测量技术 电快速瞬变脉冲群抗扰度试验(IEC 61000-4-4:2004,IDT)

GB/T 17626.5—2008 电磁兼容 试验和测量技术 浪涌(冲击)抗扰度试验(IEC 61000-4-5:2005,IDT)

GB/T 17626.6—2008 电磁兼容 试验和测量技术 射频场感应的传导骚扰抗扰度(IEC 61000-4-6:2006,IDT)

GB/T 17626.11—2008 电磁兼容 试验和测量技术 电压暂降、短时中断和电压变化的抗扰度试验(IEC 61000-4-11:2004,IDT)

GB 4343.1—2009 家用电器、电动工具和类似器具的电磁兼容要求 第1部分:发射(CISPR 14-1:2005,IDT)

3 术语和定义

基于本部分的目的,GB/T 4365—2003 确立的电磁兼容术语以及下列术语和定义适用于本部分。

3.1

电磁兼容性 electromagnetic compatibility

设备或系统在其电磁环境中能正常工作且不对该环境中任何事物构成不能承受的电磁骚扰的能力。

3.2

端口 port

规定器具与外界电磁环境的特定接口(见图1)。

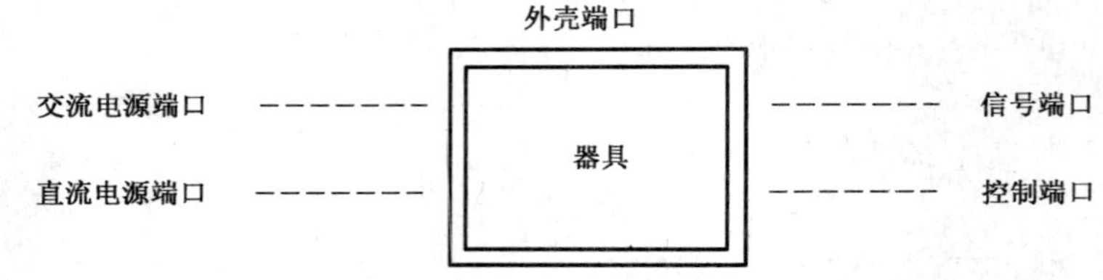

图1 端口示意图

3.3

外壳端口 enclosure port

电磁场辐射或侵入所通过的器具的物理界面。

3.4

批量生产 series production

连续或成批地生产器具(由相同的产品组成)的过程。

3.5

安全特低电压 safety extra-low voltage

导体之间,或任何导体与地之间不超过交流50 V或无纹波直流120 V的电压,在电路中,用例如安全隔离变压器等装置与供电电源隔离开。

3.6

玩具　toy

预期供14岁以下儿童玩耍的产品。

玩具可以包括电机、发热元件、电子电路和它们三者的结合体。

玩具的供电电压不应该超过交流(有效值)或无纹波直流24 V,且可由电池或适配器或安全变压器连接到市电电源上进行供电。

注:玩具用的变压器、转换器和充电器不认为是玩具的一部分(见GB 19212.8)。

3.7

电玩具　electric toy

至少有一种功能是依靠电能工作的玩具。

3.8

电池玩具　battery toy

包含或使用一个或多个电池作为唯一电源的玩具。

3.9

变压器玩具　transformer toy

通过一个玩具变压器和供电网络相连接,并以此作为唯一电源的玩具。

3.10

双电源玩具　dual supply toy

能同时或交替作为电池玩具和变压器玩具使用的玩具。

3.11

安全隔离变压器　safety isolating transformer

提供安全特低电压,且至少用与双重绝缘或加强绝缘等效的绝缘将其输入绕组与输出绕组进行电气隔离的变压器。

3.12

玩具用安全变压器　safety transformer for toys

特殊设计以供玩具在不超过24 V的安全特低电压下运行的安全隔离变压器。

注:a.c.或d.c.或二者均可以由变压器部件提供。

3.13

装配型玩具　constructional kit

用于组装成不同玩具的成套电气、电子或机械部件。

3.14

试验型玩具　experimental kit

用于组装成不同组合的成套电气或电子元件。

注:试验装置主要的目的是通过试验和研究促进知识的获得。它不是用来创造一个玩具或其他特殊使用的设备。

3.15

功能型玩具　functional toy

额定电压不超过24 V,由成年人使用的器具或装置的模型玩具。

注:额定电压超过24 V,打算在成年人的直接监管下由儿童使用和在同样方式下作为器具或装置的模型的产品,被认为是功能型产品。

3.16

影像玩具　video toy

包含一个屏幕和操作机构的玩具,通过操作机构儿童可以与屏幕显示的图片互动。

注:所有用于影像玩具的必需部件,例如控制盒,游戏杆,键盘,监视器及连接件,认为是玩具的一部分。

3.17

玩具的正常操作　normal operation of toys

当接至推荐的电源，玩具按照预定的或可预知的方式，同时不要忘记了儿童的正常行为，进行玩耍的条件。

3.18

时钟频率　clock fruquency

设备中使用的任何信号的基波频率，集成电路(IC)内单独使用的信号除外。

注：高频往往由集成电路(IC)外的较低时钟频率通过集成电路(IC)内的锁相环(PLL)电路产生。

4　器具分类

本标准范围内的器具划分为四类，每一类定义如下：

4.1　Ⅰ类：无电子控制电路的器具

例如：由电机驱动的器具，发光玩具，无电子控制单元的轨道装置，电动工具，电热器具，紫外线和红外线辐射仪和含有诸如机械开关和温控器的器具。

由无源元件(如抑制无线电干扰的电容或电感、电源变压器和工频整流器)组成的电路不应被认为是电子控制电路。

4.2　Ⅱ类：带有电子控制电路的变压器玩具、双电源玩具、由市电供电的电动器具、电动工具、电热器具和类似电器(如紫外线辐射仪、红外线辐射仪和微波炉)，其电子控制线路的内部时钟频率或振荡频率不超过 15 MHz。

注：玩具，例如教育用电脑、器具，带有电子控制单元的轨道装置。

4.3　Ⅲ类：带有电子控制电路并且由电池(内装式电池或外接式电池)供电的器具。在正常使用条件下，该类型器具不与市电连接，其电子控制线路的内部时钟频率或振荡频率不超过 15 MHz。

该类包括装有可充电电池的器具，可充电电池通过将器具接到市电来进行充电，但是当该类器具接入市电时，应按Ⅱ类器具进行试验。

注：玩具，例如音乐软体玩具，有线控制的玩具和电动电子玩具。

4.4　Ⅳ类

本标准范围内的其他所有器具。

5　试验

5.1　静电放电

静电放电试验根据基础标准 GB/T 17626.2—2006 和本部分表 1 中给出的试验信号和试验条件进行。

表 1　外壳端口

环境现象	试验规定	试验配置
静电放电	8 kV 空气放电 4 kV 接触放电	按 GB/T 17626.2—2006
注：4 kV 的接触放电应施加于易触及的导电部件，但诸如电池盒或插座孔里的金属触片除外。		

接触放电是优先的试验方法，对外壳的每个易触及的金属部件施加 20 次放电(10 次正极性，10 次负极性)。对于非导电外壳，应按 GB/T 17626.2—2006 规定对垂直或水平耦合板进行放电。空气放电适用于不能使用接触放电的场合中。不需要对表 1 以外(更低)的电压进行试验。

5.2　电快速瞬变

电快速瞬变试验根据基础标准 GB/T 17626.4—2008 和本部分表 2～表 4 中的要求进行，试验在正、负两个极性上各进行 2 min。

表 2　信号线和控制线端口

环境现象	试验规定	试验配置
共模快速瞬变	0.5 kV(峰值) 5/50 ns T_r/T_d 5 kHz 重复频率	按 GB/T 17626.4—2008
注：仅适用于按制造商功能规范规定的总长度可超过 3 m 的电缆连接的端口。		

表 3　直流电源输入和输出端口

环境现象	试验规定	试验配置
共模快速瞬变	0.5 kV(峰值) 5/50 ns T_r/T_d 5 kHz 重复频率	按 GB/T 17626.4—2008
注：不适用于由电池供电、使用时不能接到市电的器具。		

测试直流电源端口时应使用耦合/去耦网络。

表 4　交流电源输入和输出端口

环境现象	试验规定	试验配置
共模快速瞬变	1 kV(峰值) 5/50 ns T_r/T_d 5 kHz 重复频率	按 GB/T 17626.4—2008
注：对于特低电压的交流端口，这个测试仅适用于与制造商功能规范规定的总长度可超过 3 m 的电缆连接的端口。		

测试交流电源端口时应使用耦合/去耦网络。

5.3　注入电流 0.15 MHz～230 MHz

注入电流试验根据基础标准 GB/T 17626.6—2008 和本部分表 5～表 7 中的要求进行。

试验条件和试验布置，尤其是对 80 MHz～230 MHz 的测量，应在试验报告中清楚地加以注明。

注：注入电流的频率最高可达 230 MHz，与受试器具(EUT)尺寸无关。

将未调制试验信号的载波调到指定的试验值。试验时，载波还需按规定进行调制。

表 5　信号线和控制线端口

环境现象	试验规定	试验配置
射频电流 共模 1 kHz,80%AM	0.15 MHz～230 MHz 1V(r.m.s.)(未调制) 150 Ω 源阻抗	按 GB/T 17626.6—2008
注：仅适用于与按制造商功能规范规定的总长度可超过 3 m 的电缆连接的端口。		

表 6　直流电源输入和输出端口

环境现象	试验规定	试验配置
射频电流 共模 1 kHz,80%AM	0.15 MHz～230 MHz 1V(r.m.s.)(未调制) 150 Ω 源阻抗	按 GB/T 17626.6—2008
注 1：不适用于由电池供电、使用时不能接到市电的器具。 注 2：适用于由电池供电、使用时能接到市电的器具或按制造商功能规范规定的直流电缆长度可超过 3 m 的器具。		

测试直流电源端口时应使用耦合/去耦网络。

表 7 交流电源输入和输出端口

环境现象	试验规定	试验配置
射频电流 共模 1 kHz,80%AM	0.15 MHz～230 MHz 3 V(r.m.s.)(未调制) 150 Ω 源阻抗	按 GB/T 17626.6—2008
注：对于特低电压的交流端口,这个测试仅适用于与制造商功能规范规定的总长度可超过 3 m 的电缆连接的端口。		

测试交流电源端口时应使用耦合/去耦网络。

5.4 注入电流 0.15 MHz～80 MHz

注入电流试验根据基础标准 GB/T 17626.6—2008 和本部分表 8～表 10 中的要求进行。

将未调制试验信号的载波调到指定的试验值。试验时,载波还需按规定进行调制。

表 8 信号线和控制线端口

环境现象	试验规定	试验配置
射频电流 共模 1 kHz,80%AM	0.15 MHz～80 MHz 1 V(r.m.s.)(未调制) 150 Ω 源阻抗	按 GB/T 17626.6—2008
注：仅适用于与按制造商功能规范规定的总长度可超过 3 m 的电缆连接的端口。		

表 9 直流电源输入和输出端口

环境现象	试验规定	试验配置
射频电流 共模 1 kHz,80%AM	0.15 MHz～80 MHz 1 V(r.m.s.)(未调制) 150 Ω 源阻抗	按 GB/T 17626.6—2008
注：不适用于由电池供电、使用时不能接到市电的器具。		

测试直流电源端口时应使用耦合/去耦网络。

表 10 交流电源输入和输出端口

环境现象	试验规定	试验配置
射频电流 共模 1 kHz,80%AM	0.15 MHz～80 MHz 3 V(r.m.s.)(未调制) 150 Ω 源阻抗	按 GB/T 17626.6—2008
注：对于特低电压的交流端口,这个测试仅适用于与制造商功能规范规定的总长度可超过 3 m 的电缆连接的端口。		

测试交流电源端口时应使用耦合/去耦网络。

5.5 射频电磁场 80 MHz～1 000 MHz

射频电磁场试验根据基础标准 GB/T 17626.3—2006 和本部分表 11 中的要求进行。

将未调制试验信号的载波调到指定的试验值。试验时,载波还需按规定进行调制。

表 11 外壳端口

环境现象	试验规定	试验配置
射频电磁场 1 kHz,80%AM	80 MHz~1 000 MHz 3 V (r.m.s.)(未调制)	按 GB/T 17626.3—2006

5.6 浪涌

浪涌抗扰度试验根据基础标准 GB/T 17626.5—2008 和本部分表 12 中的要求进行。

表 12 交流电源输入端口

环境现象	试验规定	试验配置
浪涌	1.2/50(8/20) T_r/T_d μs 2 kV 线到地 12 Ω 1 kV 线到线 2 Ω	按 GB/T 17626.5—2008

只要可行,依次施加 5 次正脉冲和 5 次负脉冲:

——相线之间:1 kV;

——相线与中线之间:1 kV;

——相线与保护地线间:2 kV;

——中线与保护地线间:2 kV。

在受试设备交流电源 90°相位施加正脉冲,270°相位施加负脉冲,不需要对表 12 以外(更低)的电压进行试验。

5.7 电压暂降和短时中断

电压暂降和短时中断试验按基础标准 GB/T 17626.11—2008 和本部分表 13 中的要求进行。

表 13 交流电源输入端口

环境现象		试验电平 %U_T*	电压暂降的持续时间(额定频率周期)		试验配置
			50 Hz	60 Hz	
电压暂降	100	0	0.5	0.5	按 GB/T 17626.11—2008,电压突变在过零处产生
	60	40	10	12	
	30	70	25	30	
* U_T 是受试设备的额定电压。					

6 性能判据

在 EMC 测试过程中或根据 EMC 测试结果,制造商应根据下列性能判据提供器具的功能描述和性能判据等级,并在试验报告中注明。

性能判据 A:在试验过程中器具应按预期连续运行。当器具按预期使用时,其性能降低或功能丧失不允许低于制造商规定的性能水平(或可容许的性能丧失)。如果制造商未规定最低的性能水平或可容许的性能丧失,则可从产品说明书、文件及用户按预期使用时对器具的合理期望中推断。

性能判据 B:试验后器具应按预期继续运行。当器具按预期使用时,其性能降低或功能丧失不允许低于制造商规定的性能水平(或可容许的性能丧失)。在试验过程中,性能下降是允许的,但不允许实际运行状态或存贮数据有所改变。如果制造商未规定最低的性能水平或可容许的性能丧失,则可从产品说明书、文件及用户按预期使用时对器具的合理期望中推断。

性能判据 C:允许出现暂时的功能丧失,只要这种功能可自行恢复,或者是通过操作控制器或按使用说明书规定进行操作来恢复。

表 14 是用来制定受试器具因电磁应力引起的可容许降低导则。并非器具所有功能都需要进行试验,功能的选择和规定及可容许降低由制造商给出。

表 14 器具性能降低举例

功能(未详尽列)	性能判据			
	A	B[2]	C1[3]	C2[3]
电机转速	10%[1]	—	+	—
转矩	10%[1]	—	+	—
位移	10%[1]	—	+	—
功率(消耗功率、输入功率)	10%[1]	—	+	—
开关(状态改变)	—	—	+	—
发热	10%[1]	—	+	—
定时(程序、延时、负载周期)	10%[1]	—	+	—
待机状态	—	—	4)	—
数据储存	—	—	5)	5)
感应器功能(信号传递)	6)	—	7)	—
指示器(视觉和听觉)	6)	—	7)	—
音频功能	6)	—	7)	—
照明	6)	—	7)	—

— 不允许改变。

+ 允许改变。

1) 量精度值。

2) 对性能判据 B,测量或验证是在所述现象施加前和之后受试设备达到稳定运行条件时进行。

3) 性能判据 C 可分为 Cl:复位前和 C2:复位后。

4) 只许断开,不许接通。

5) 允许数据丢失或改变。

6) 允许按制造商规定的较低性能指标,但不允许正常功能丧失。

7) 允许正常功能丧失。

7 抗扰度试验的适用性

7.1 总则

7.1.1 本部分范围内的器具,其抗扰度试验在第 5 章中已按每个端口逐一给出,并对每个端口的试验给出了具体的规定。

根据以上表 1～表 13,应在器具的相应端口进行试验。

试验应在器具正常运行时易触及的端口进行。

试验应以单个试验依次逐项进行,但其顺序是随意的。

试验描述、试验发生器、试验方法和试验配置均由表中提及并由 GB/T 17626 系列基础标准给出,这些基础标准内容在此不再赘述,但是对试验实际应用所需的修改或附加信息由本部分给出。

7.1.2 根据特定设备的电气特性和用途可以判定某些试验是不适用的,因此这些试验不需要进行。在这种情况下,应在试验报告中注明不进行试验的描述。

7.1.3 教育用或游戏用的试验性设备，无论它们属于哪一类型，均认为它们能满足抗扰度要求，不需进行试验。

7.2 不同类型器具的试验应用

7.2.1 Ⅰ类

该类型器具被认为能满足抗扰度要求，不需测试。

7.2.2 Ⅱ类

该类器具应满足下列要求：

——静电放电，性能判据 B(5.1)；

——电快速瞬变，性能判据 B(5.2)；

——注入电流(最高为 230 MHz)，性能判据 A(5.3)；

——浪涌，性能判据 B(5.6)；

——电压暂降和短时中断，性能判据 C(5.7)。

7.2.3 Ⅲ类

该类器具应满足下列要求：

——静电放电，性能判据 B(5.1)；

不用使用者输入分数和数据的玩具，例如：音乐软体玩具，发声玩具等，性能判据 C 适用。

——射频电磁场，性能判据 A。

这个测试仅适用于用电子装置操作的乘骑玩具。

7.2.4 Ⅳ类

该类器具应满足下列要求：

——静电放电的性能判据 B(5.1)；

——电快速瞬变的性能判据 B(5.2)；

——注入电流(最高为 80 MHz)，性能判据 A(5.4)；

——射频电磁场的性能判据 A(5.5)；

——浪涌的性能判据 B(5.6)；

——电压暂降和短时中断的性能判据 C(5.7)。

8 试验条件

8.1 除非另有规定，试验应该按照制造商规定，与正常使用一致、以最敏感的方式运行。

试验应在 GB 4343.1 规定的适用条件下进行。试验应在器具所规定或典型环境中以其额定电压和额定频率运行条件下进行。如果设备有不同的设定值(如速度、温度等)，则应使用低于最大值的设定值，优先使用约为最大值 50%的设定值。

当微波炉、烹调炉、平铁架和感应式烹调器具进行试验时，其试验负载为(1±0.5)L 的自来水。对持续较长时间的试验，可中断试验以便再加水。

测试过程中，玩具在正常操作下运行，变压器玩具由其变压器供电进行测试。如果玩具没有提供变压器，则应用合适的变压器进行测试。

假如辅助装置(例如玩具的卡式视频录像带)单独销售用于不同的器具上，为了检查辅助装置预期在所有器具上运行的一致性，这种辅助装置至少在一个合适的、具有代表性的主器具上进行测试，这种主器具应该是这个系列产品的一个典型代表，由这种辅助装置的制造商进行选择。

但应优先考虑制造商规定的试验配置、试验条件和性能指标。

8.2 必要时，应改变受试设备的配置以获得最大敏感度。如果器具与辅助设备连接，则器具应在与激活所有端口所必需的最小配置的辅助设备连接的情况下进行试验。

8.3 静电放电、电快速瞬变、浪涌及电压短时中断试验是在受试设备按所选择的每一运行模式(或每一种运行模式的某一时段)下进行。

8.4 射频电磁场和注入电流试验是在扫描期间受试设备按所选择的运行方式随机地投入运行的条件下进行。

8.5 对于手动选择的运行方式,试验可中断,否则应注意操作者的操作不应影响试验结果。

8.6 如果受试设备有一个自动循环程序,扫描时间应在随机位置上开始,如果单个周期比扫描时间长,扫描试验应重复进行,直至周期结束。

8.7 试验期间的运行配置和运行方式应准确地记录在试验报告中。

注:应注意环境的变化,如电源的变化,不能影响试验结果。

9 合格评定

9.1 单台产品的评定

批量生产的器具应通过一台具有代表性的样品或批量生产的一台器具的型式试验来得以验证。

制造商或供应商的质量体系应确保受试样机或受试器具能代表相应批量生产器具。

对不是批量生产的器具,在按规定试验方法试验时,其试验程序应确保每台器具满足试验要求。

对安装在使用场所(不是在试验场地)的器具进行试验时所测得的结果只与这种安装情况有关,不能代表任何其他安装情况。

9.2 统计评定

器具符合本部分要求的意义是:在统计基础上,保证置信度至少为80%的情况下,批量生产器具的合格率至少为80%。

当单台器具进行型式试验时,不保证符合80%/80%的要求。

符合性判定条件是:在样本量 n 中不符合要求的器具数量不能超过 c 值。

n	7	14	20	26	32
c	0	1	2	3	4

如果第一次抽样结果不满足要求,则可进行第二次抽样,然后将这两次抽样结果综合起来,并检查综合结果是否满足要求。

注:其他信息请参阅 GB/Z 6113.403—2007。

9.3 有争议时

在有争议的情形下,确定是否符合本部分的评定应以统计评定方法为基础。

参 考 文 献

［1］ GB 19212.8 电力变压器、电源装置和类似产品的安全 第8部分：玩具用变压器的特殊要求(GB 19212.8—2006,IEC 61558-2-7：1997,MOD)

［2］ GB/Z 6113.403 无线电骚扰和抗扰度测量设备和测量方法规范 第4-3部分：不确定度、统计学和限值建模 批量产品的EMC符合性确定的统计考虑(GB/Z 6113.403—2007,IEC/CISPR 16-4-3：2004,IDT)

［3］ GB 4706 家用和类似用途电器的安全(IEC 60335,IDT)

ICS 77.140.65
H 49

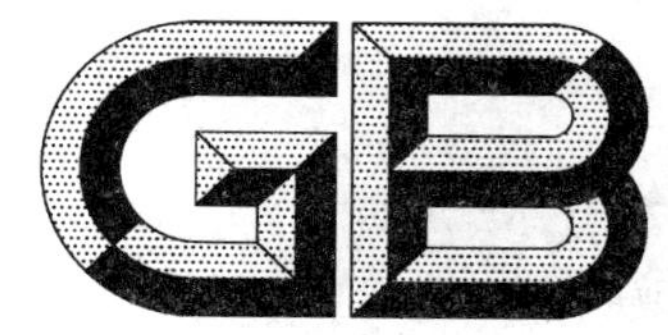

中华人民共和国国家标准

GB/T 4357—2009
代替 GB/T 4357—1989

冷拉碳素弹簧钢丝

Cold-drawn non-alloy steel wire for springs

(ISO 8458-2:2002,Steel wire for mechanical springs—
Part 2:Patented cold-drawn non-alloy steel wire,MOD)

2009-10-30 发布　　2010-05-01 实施

中华人民共和国国家质量监督检验检疫总局
中国国家标准化管理委员会　发布

前　言

本标准修改采用 ISO 8458-2:2002《机械弹簧用钢丝　第 2 部分:索氏体化冷拉非合金钢丝》(英文版)。

本标准根据 ISO 8458-2:2002 重新起草。为了方便比较,在资料性附录 A 中列出了本国家标准条款与国际标准条款的对照一览表。在附录 B 中给出了技术性差异及其原因的一览表以供参考。

本标准代替 GB/T 4357—1989《碳素弹簧钢丝》,与 GB/T 4357—1989 相比主要差异如下:

——增加了术语和定义。

——增加了按弹簧载荷对钢丝的分类,增加了镀层钢丝品种和直条钢丝。

——增加了订货内容。

——直径公差规定由引用其他标准改为直接规定(表 2 及表 3)。

——增加了圈距指标。

——扩大化学成分范围,并提供了适合静载及动载弹簧用的成分要求。

——规定了同一盘钢丝的抗拉强度波动范围。

——针对动载弹簧应用增加了表面缺陷深度的限定。

——增加了弯曲试验和卷簧试验。

——改变了取样部位及数量规定。

——增加了检验文件规定及提供化学成分的要求。

本标准的附录 A 和附录 B 为资料性附录。

本标准由中国钢铁工业协会提出。

本标准由全国钢标准化技术委员会归口。

本标准起草单位:江西新华金属制品有限责任公司、法尔胜集团公司、冶金工业信息标准研究院。

本标准的主要起草人:段建华、黄卫、陆建丰、王玲君、戴石锋、丁来安。

本标准所代替标准的历次版本发布情况为:

——GB/T 4357—1984、GB/T 4357—1989。

冷拉碳素弹簧钢丝

1 范围

本标准规定了制造冷拉碳素弹簧钢丝的术语和定义、分类和标记、订货内容、尺寸、外形和允许偏差、技术要求、检验项目、要求和方法、检验规则、包装、标志和质量证明书。

本标准适用于制造静载荷和动载荷应用机械弹簧的圆形冷拉碳素弹簧钢丝(以下简称钢丝),不适用于制造高疲劳强度弹簧(如阀门簧)用钢丝。

2 规范性引用文件

下列文件中的条款通过本标准的引用而成为本标准的条款。凡是注日期的引用文件,其随后所有的修改单(不包括勘误的内容)或修订版均不适用于本标准,然而,鼓励根据本标准达成协议的各方研究是否可使用这些文件的最新版本。凡是不注日期的引用文件,其最新版本适用于本标准。

GB/T 222 钢的成品化学成分允许偏差

GB/T 223.3 钢铁及合金化学分析方法 二安替比林甲烷磷钼酸重量法测定磷量

GB/T 223.19 钢铁及合金化学分析方法 新亚铜灵-三氯甲烷萃取光度法测定铜量

GB/T 223.58 钢铁及合金化学分析方法 亚砷酸钠-亚硝酸钠滴定法测定锰量

GB/T 223.60 钢铁及合金化学分析方法 高氯酸重量法测定硅含量(GB/T 223.60—1997,eqv ISO 439:1994)

GB/T 223.67 钢铁及合金 硫含量的测定次甲基蓝光度法

GB/T 223.71 钢铁及合金化学分析方法 管式炉内燃烧后重量法测定碳含量(GB/T 223.71—1997,eqv ISO 437:1982)

GB/T 224 钢的脱碳层深度测定法(GB/T 224—2008,ISO 3887:2003,MOD)

GB/T 228 金属材料 室温拉伸试验方法(GB/T 228—2002,eqv ISO 6892:1998)

GB/T 239 金属线材扭转试验方法(GB/T 239—1999,eqv ISO 7800:1984)

GB/T 1839 钢产品镀锌层质量试验方法(GB/T 1839—2008,ISO 1460:1992,MOD)

GB/T 2103 钢丝验收、包装、标志及质量证明书的一般规定

GB/T 2976 金属材料 线材 缠绕试验方法(GB/T 2976—2004,ISO 7802:1983,IDT)

YB/T 170.2 制丝用非合金钢盘条 第2部分:一般用途盘条(YB/T 170.2—2000,eqv ISO/FDIS 16120-2:2000)

YB/T 170.4 制丝用非合金钢盘条 第4部分:特殊用途盘条(YB/T 170.4—2002,ISO 16120-4:2001,MOD)

3 术语和定义

下列术语和定义适用于本标准。

3.1

冷拉碳素弹簧钢丝 cold-drawn non-alloy steel wire for springs

碳钢坯料先经过加热奥氏体化后按一定条件冷却,使其产生索氏体(细珠光体)组织,然后冷拉至所需尺寸的弹簧钢丝。

3.2

静载荷　static load

指弹簧承受静态载荷或不频繁动载荷(循环次数 $N<10^4$ 次),或承受这两种载荷。

注:这不适用于低频高载荷状态。

3.3

动载荷　dynamic load

指弹簧承受频繁载荷(循环次数 $N\geqslant10^4$ 次)或以突发动载荷为主。

注:当弹簧旋绕比小或需剧烈弯曲时应视为动载。

3.4

圈形　cast

从盘卷上切下的一圈钢丝的几何形状(特征包括自由圈径和圈距)(见图 1)。

3.5

圈　coil

钢丝盘卷中的一圈,即一个完整的钢丝圆圈。

3.6

自由圈径　diameter of free ring

将一圈钢丝摆放在光面的水平面上,测得钢丝圈的外径即为自由圈径。

3.7

圈距　pitch

检查圈形时,自由悬挂的一圈钢丝的两个端头弹开后在圈轴线方向的距离。

4　分类和标记

4.1　钢丝按照抗拉强度分类为低抗拉强度、中等抗拉强度和高抗拉强度,分别用符号 L、M 和 H 代表。按照弹簧载荷特点分类为静载荷和动载荷,分别用 S 和 D 代表。表 1 列出了不同强度等级和不同载荷类型对应的直径范围及类别代码,表中代码的首位是弹簧载荷分类代码,第二位是抗拉强度等级代码。

表 1　强度级别、载荷类型与直径范围

强度等级	静载荷	公称直径范围/mm	动载荷	公称直径范围/mm
低抗拉强度	SL 型	1.00～10.00	—	—
中等抗拉强度	SM 型	0.30～13.00	DM 型	0.08～13.00
高抗拉强度	SH 型	0.30～13.00	DH 型	0.05～13.00

4.2　钢丝按照表面状态分类为光面钢丝和镀层钢丝。

4.3　标记示例

例 1:2.00 mm 中等抗拉强度级、适用于动载的光面弹簧钢丝,标记为:

光面弹簧钢丝-GB/T 4357-2.00 mm-DM

例 2:4.50 mm 高抗拉强度级、适用于静载的镀锌弹簧钢丝,标记为:

镀锌弹簧钢丝-GB/T 4357-4.50 mm-SH

5　订货内容

根据本标准订货的合同应包含下列要求:

a)　本标准号;

b)　钢丝公称直径;

c)　数量;

d) 钢丝强度级别；

e) 表面状态；

f) 交货形式及单件重量；

g) 其他要求。

6 尺寸、外形及允许偏差

6.1 尺寸及允许偏差

6.1.1 用千分尺在任意横截面上测量直径，盘卷钢丝的直径及允许偏差应符合表2的规定，直条钢丝的直径偏差应符合表3的规定。

6.1.2 定尺钢丝的长度偏差应符合表4规定，合同中应注明偏差级别，未注明时按1级执行。

6.2 不圆度

不圆度由同一横截面上测得的最大直径与最小直径之差求得，不圆度应不大于该直径公差之半。

表2 钢丝直径及允许偏差

单位为毫米

钢丝公称直径，d	SH型、DM型和DH型	SL型和SM型
0.05≤d<0.09	±0.003	—
0.09≤d<0.17	±0.004	—
0.17≤d<0.26	±0.005	—
0.26≤d<0.37	±0.006	±0.010
0.37≤d<0.65	±0.008	±0.012
0.65≤d<0.80	±0.010	±0.015
0.80≤d<1.01	±0.015	±0.020
1.01≤d<1.78	±0.020	±0.025
1.78≤d<2.78	±0.025	±0.030
2.78≤d<4.00	±0.030	±0.030
4.00≤d<5.45	±0.035	±0.035
5.45≤d<7.10	±0.040	±0.040
7.10≤d<9.00	±0.045	±0.045
9.00≤d<10.00	±0.050	±0.050
10.00≤d<11.10	±0.060	±0.060
11.10≤d≤13.00	±0.060	±0.070

表3 直条定尺钢丝直径及允许偏差

单位为毫米

钢丝公称直径，d	直径允许偏差	
0.26≤d<0.37	−0.010	+0.015
0.37≤d<0.50	−0.012	+0.018
0.50≤d<0.65	−0.012	+0.020
0.65≤d<0.70	−0.015	+0.025
0.70≤d<0.80	−0.015	+0.030
0.80≤d<1.01	−0.020	+0.035

表 3（续）

单位为毫米

钢丝公称直径，d	直径允许偏差	
$1.01 \leqslant d < 1.35$	−0.025	+0.045
$1.35 \leqslant d < 1.78$	−0.025	+0.050
$1.78 \leqslant d < 2.60$	−0.030	+0.060
$2.60 \leqslant d < 2.78$	−0.030	+0.070
$2.78 \leqslant d < 3.01$	−0.030	+0.075
$3.01 \leqslant d < 3.35$	−0.030	+0.080
$3.35 \leqslant d < 4.01$	−0.030	+0.090
$4.01 \leqslant d < 4.35$	−0.035	+0.100
$4.35 \leqslant d < 5.00$	−0.035	+0.110
$5.00 \leqslant d < 5.45$	−0.035	+0.120
$5.45 \leqslant d < 6.01$	−0.040	+0.130
$6.01 \leqslant d < 7.10$	−0.040	+0.150
$7.10 \leqslant d < 7.65$	−0.045	+0.160
$7.65 \leqslant d < 9.00$	−0.045	+0.180
$9.00 \leqslant d < 10.00$	−0.050	+0.200
$10.00 \leqslant d < 11.10$	−0.070	+0.240
$11.10 \leqslant d < 12.00$	−0.080	+0.260
$12.00 \leqslant d \leqslant 13.00$	−0.080	+0.300

表 4　定尺长度允许偏差

单位为毫米

公称长度，L	长度允许偏差	
	1 级	2 级
$0 < L \leqslant 300$	$^{+1.0}_{0}$	$^{+0.01L}_{-0}$
$300 < L \leqslant 1\,000$	$^{+2.0}_{0}$	
$L > 1\,000$	$^{+0.002L}_{0}$	

6.3　钢丝的圈形

6.3.1　钢丝应有均匀规整的圈形。剪断绑扎线后，钢丝的自由圈径应不小于钢丝盘绕圈径，允许出现圈形放大现象，但在同一卷和同一批钢丝中放大程度应大致均匀。

6.3.2　公称直径不大于 5.00 mm 的钢丝，圈距“f”应符合式(1)的要求：

$$f \leqslant \frac{0.2D}{\sqrt[4]{d}} \qquad \cdots\cdots(1)$$

式中：

f——圈距，单位为毫米(mm)；

D——自由圈径，单位为毫米(mm)；

d——钢丝公称直径，单位为毫米(mm)。

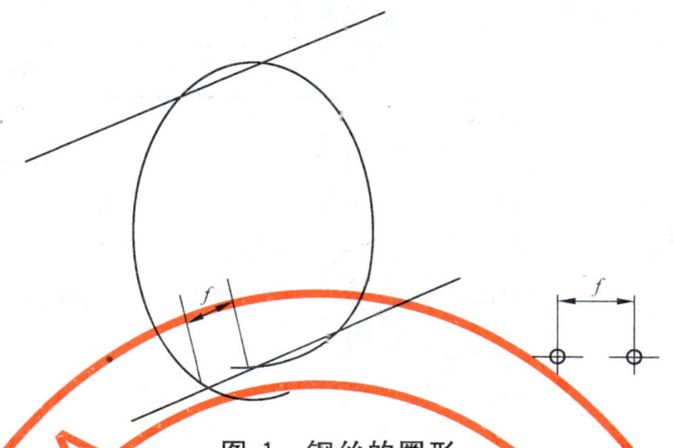

图 1 钢丝的圈形

6.4 定尺直条钢丝的直线度

对于 500 mm 检验长度，钢丝偏离直线不应超过 0.5 mm；对于 1 000 mm 检验长度，钢丝偏离直线不应超过 2 mm。

注：直径大于 6 mm 的钢丝推荐用 1 000 mm 的检验长度；直径小于或等于 6 mm 的钢丝推荐用 500 mm 的检验长度。

7 技术要求

7.1 材料

7.1.1 用于 SL、SM 及 SH 等级弹簧钢丝用盘条应满足 YB/T 170.2 或质量相当的其他标准的要求，用于 DM 及 DH 等级弹簧钢丝用盘条应满足 YB/T 170.4 或质量相当的其他标准要求。

7.1.2 钢的化学成分（熔炼分析）应符合表 5 的规定。钢丝成品化学成分的允许偏差应符合 GB/T 222 的规定。

7.2 涂镀层及表面状态

7.2.1 光面钢丝拉拔前处理可以采用石灰涂层、硼砂涂层或磷酸盐涂层。如要求有金属镀层，应采用铜、锌或锌铝合金镀在钢丝上。其他镀层由供需双方商定。

钢丝可以干拉也可以湿拉。

如需方对表面状态未提要求，由供方确定。

表 5 化学成分

%

等级	化学成分（质量分数）					
	C[a]	Si	Mn[b]	P，不大于	S，不大于	Cu，不大于
SL、SM、SH	0.35～1.00	0.10～0.30	0.30～1.20	0.030	0.030	0.20
DH，DM	0.45～1.00	0.10～0.30	0.50～1.20	0.020	0.025	0.12

a 规定较宽的碳范围是为了适应不同需要和不同工艺，具体应用时碳范围应更窄。

b 规定较宽的锰范围是为了适应不同需要和不同工艺，具体应用时锰范围应更窄。

7.2.2 对于镀锌或镀锌铝合金的弹簧钢丝，钢丝表面的锌层重量或锌铝合金层重量应符合表 6 的规定，其他镀层重量由供需双方协商确定。

表 6 锌或锌铝合金镀层的最小重量

公称直径，d/mm	镀层重量/(g/m^2)
0.20≤d<0.25	20
0.25≤d<0.40	25
0.40≤d<0.50	30

表 6（续）

公称直径，d/mm	镀层重量/(g/m²)
0.50≤d<0.60	35
0.60≤d<0.70	40
0.70≤d<0.80	45
0.80≤d<0.90	50
0.90≤d<1.00	55
1.00≤d<1.20	60
1.20≤d<1.40	65
1.40≤d<1.65	70
1.65≤d<1.85	75
1.85≤d<2.15	80
2.15≤d<2.50	85
2.50≤d<2.80	95
2.80≤d<3.20	100
3.20≤d<3.80	105
3.80≤d≤10.00	110

7.2.3 镀层附着力采用缠绕试验测定，钢丝在直径等于自身直径的芯棒上紧密缠绕至少四圈，镀层不出现任何裂纹，用手指擦拭时锌层不脱落。

7.2.4 供需双方可协商镀层的盐雾试验及其要求。

注：通常的镀层工艺会改变钢丝性能，钢丝的韧性和疲劳强度可能下降。

7.3 表面质量

7.3.1 钢丝表面应是光滑的，不应有拉痕、撕裂、生锈等对钢丝使用有明显不利影响的表面缺陷。

7.3.2 动载荷弹簧用钢丝(DM 和 DH)必须进行表面检验，裂纹或其他表面缺陷在径向的深度应不大于钢丝公称直径的 1%。对公称直径不小于 2 mm 的钢丝采用酸浸检验，酸浸后不应有表面缺陷，有争议时用金相法检验。酸浸试验前试样可先进行消除应力处理，然后将冷样浸入温度为 75 ℃、盐酸和水的体积比为 50∶50 的溶液中，在直径减少大约 1%后终止酸浸。经双方协议，可以进行涡流探伤。

7.3.3 对动载荷弹簧用钢丝(DM 和 DH)，横截面上应不出现全脱碳层，而部分脱碳的径向深度应不大于钢丝公称直径的 1.5%。

7.4 力学性能

7.4.1 钢丝的抗拉强度应符合表 7 的要求。抗拉强度应根据公称直径计算得出。

7.4.2 同一盘钢丝抗拉强度的波动范围应不大于 100 MPa。

7.5 工艺性能

7.5.1 缠绕试验

公称直径小于 3.00 mm 的钢丝可采用缠绕试验。钢丝在直径等于自身直径的芯棒上紧密缠绕至少四圈，不出现任何裂纹。

7.5.2 扭转试验

7.5.2.1 公称直径为 0.70 mm～6.00 mm 的钢丝应进行扭转试验，公称直径大于 6.00 mm 但不大于 10.00 mm 的钢丝的扭转试验，由双方协商确定。钢丝按 GB/T 239 要求扭转到表 8 规定的次数时应不断裂，表面应不出现扭转裂纹或分层。

7.5.2.2 试验应进行到断裂，最初断裂面应垂直钢丝轴线而表面不应撕开。在钢丝回扭时，可能发生第二次断裂应忽略不计。

表 7 抗拉强度要求

钢丝公称直径[a]/mm	抗拉强度[b]/MPa				
	SL 型	SM 型	DM 型	SH 型	DH[c] 型
0.05	—	—	—	—	2 800～3 520
0.06					2 800～3 520
0.07					2 800～3 520
0.08			2 780～3 100		2 800～3 480
0.09			2 740～3 060		2 800～3 430
0.10			2 710～3 020		2 800～3 380
0.11			2 690～3 000		2 800～3 350
0.12			2 660～2 960		2 800～3 320
0.14			2 620～2 910		2 800～3 250
0.16			2 570～2 860		2 800～3 200
0.18			2 530～2 820		2 800～3 160
0.20			2 500～2 790		2 800～3 110
0.22			2 470～2 760		2 770～3 080
0.25			2 420～2 710		2 720～3 010
0.28			2 390～2 670		2 680～2 970
0.30		2 370～2 650	2 370～2 650	2 660～2 940	2 660～2 940
0.32		2 350～2 630	2 350～2 630	2 640～2 920	2 640～2 920
0.34		2 330～2 600	2 330～2 600	2 610～2 890	2 610～2 890
0.36		2 310～2 580	2 310～2 580	2 590～2 890	2 590～2 890
0.38		2 290～2 560	2 290～2 560	2 570～2 850	2 570～2 850
0.40		2 270～2 550	2 270～2 550	2 560～2 830	2 570～2 830
0.43		2 250～2 520	2 250～2 520	2 530～2 800	2 570～2 800
0.45		2 240～2 500	2 240～2 500	2 510～2 780	2 570～2 780
0.48		2 220～2 480	2 240～2 500	2 490～2 760	2 570～2 760
0.50		2 200～2 470	2 200～2 470	2 480～2 740	2 480～2 740
0.53		2 180～2 450	2 180～2 450	2 460～2 720	2 460～2 720
0.56		2 170～2 430	2 170～2 430	2 440～2 700	2 440～2 700
0.60		2 140～2 400	2 140～2 400	2 410～2 670	2 410～2 670
0.63		2 130～2 380	2 130～2 380	2 390～2 650	2 390～2 650
0.65		2 120～2 370	2 120～2 370	2 380～2 640	2 380～2 640
0.70		2 090～2 350	2 090～2 350	2 360～2 610	2 360～2 610
0.80		2 050～2 300	2 050～2 300	2 310～2 560	2 310～2 560
0.85		2 030～2 280	2 030～2 280	2 290～2 530	2 290～2 530
0.90		2 010～2 260	2 010～2 260	2 270～2 510	2 270～2 510
0.95		2 000～2 240	2 000～2 240	2 250～2 490	2 250～2 490
1.00	1 720～1 970	1 980～2 220	1 980～2 220	2 230～2 470	2 230～2 470

表 7（续）

钢丝公称直径[a]/mm	抗拉强度[b]/MPa				
	SL 型	SM 型	DM 型	SH 型	DH[c] 型
1.05	1 710～1 950	1 960～2 220	1 960～2 220	2 210～2 450	2 210～2 450
1.10	1 690～1 940	1 950～2 190	1 950～2 190	2 200～2 430	2 200～2 430
1.20	1 670～1 910	1 920～2 160	1 920～2 160	2 170～2 400	2 170～2 400
1.25	1 660～1 900	1 910～2 130	1 910～2 130	2 140～2 380	2 140～2 380
1.30	1 640～1 890	1 900～2 130	1 900～2 130	2 140～2 370	2 140～2 370
1.40	1 620～1 860	1 870～2 100	1 870～2 100	2 110～2 340	2 110～2 340
1.50	1 600～1 840	1 850～2 080	1 850～2 080	2 090～2 310	2 090～2 310
1.60	1 590～1 820	1 830～2 050	1 830～2 050	2 060～2 290	2 060～2 290
1.70	1 570～1 800	1 810～2 030	1 810～2 030	2 040～2 260	2 040～2 260
1.80	1 550～1 780	1 790～2 010	1 790～2 010	2 020～2 240	2 020～2 240
1.90	1 540～1 760	1 770～1 990	1 770～1 990	2 000～2 220	2 000～2 220
2.00	1 520～1 750	1 760～1 970	1 760～1 970	1 980～2 200	1 980～2 200
2.10	1 510～1 730	1 740～1 960	1 740～1 960	1 970～2 180	1 970～2 180
2.25	1 490～1 710	1 720～1 930	1 720～1 930	1 940～2 150	1 940～2 150
2.40	1 470～1 690	1 700～1 910	1 700～1 910	1 920～2 130	1 920～2 130
2.50	1 460～1 680	1 690～1 890	1 690～1 890	1 900～2 110	1 900～2 110
2.60	1 450～1 660	1 670～1 880	1 670～1 880	1 890～2 100	1 890～2 100
2.80	1 420～1 640	1 650～1 850	1 650～1 850	1 860～2 070	1 860～2 070
3.00	1 410～1 620	1 630～1 830	1 630～1 830	1 840～2 040	1 840～2 040
3.20	1 390～1 600	1 610～1 810	1 610～1 810	1 820～2 020	1 820～2 020
3.40	1 370～1 580	1 590～1 780	1 590～1 780	1 790～1 990	1 790～1 990
3.60	1 350～1 560	1 570～1 760	1 570～1 760	1 770～1 970	1 770～1 970
3.80	1 340～1 540	1 550～1 740	1 550～1 740	1 750～1 950	1 750～1 950
4.00	1 320～1 520	1 530～1 730	1 530～1 730	1 740～1 930	1 740～1 930
4.25	1 310～1 500	1 510～1 700	1 510～1 700	1 710～1 900	1 710～1 900
4.50	1 290～1 490	1 500～1 680	1 500～1 680	1 690～1 880	1 690～1 880
4.75	1 270～1 470	1 480～1 670	1 480～1 670	1 680～1 840	1 680～1 840
5.00	1 260～1 450	1 460～1 650	1 460～1 650	1 660～1 830	1 660～1 830
5.30	1 240～1 430	1 440～1 630	1 440～1 630	1 640～1 820	1 640～1 820
5.60	1 230～1 420	1 430～1 610	1 430～1 610	1 620～1 800	1 620～1 800
6.00	1 210～1 390	1 400～1 580	1 400～1 580	1 590～1 770	1 590～1 770
6.30	1 190～1 380	1 390～1 560	1 390～1 560	1 570～1 750	1 570～1 750
6.50	1 180～1 370	1 380～1 550	1 380～1 550	1 560～1 740	1 560～1 740
7.00	1 160～1 340	1 350～1 530	1 350～1 530	1 540～1 710	1 540～1 710

表 7（续）

钢丝公称直径[a]/mm	抗拉强度[b]/MPa				
	SL 型	SM 型	DM 型	SH 型	DH[c] 型
7.50	1 140～1 320	1 330～1 500	1 330～1 500	1 510～1 680	1 510～1 680
8.00	1 120～1 300	1 310～1 480	1 310～1 480	1 490～1 660	1 490～1 660
8.50	1 110～1 280	1 290～1 460	1 290～1 460	1 470～1 630	1 470～1 630
9.00	1 090～1 260	1 270～1 440	1 270～1 440	1 450～1 610	1 450～1 610
9.50	1 070～1 250	1 260～1 420	1 260～1 420	1 430～1 590	1 430～1 590
10.00	1 060～1 230	1 240～1 400	1 240～1 400	1 410～1 570	1 410～1 570
10.50	—	1 220～1 380	1 220～1 380	1 390～1 550	1 390～1 550
11.00		1 210～1 370	1 210～1 370	1 380～1 530	1 380～1 530
12.00		1 180～1 340	1 180～1 340	1 350～1 500	1 350～1 500
12.50		1 170～1 320	1 170～1 320	1 330～1 480	1 330～1 480
13.00		1 160～1 310	1 160～1 310	1 320～1 470	1 320～1 470

注：直条定尺钢丝的极限强度最多可能低 10%；矫直和切断作业也会降低扭转值。

[a] 中间尺寸钢丝抗拉强度值按表中相邻较大钢丝的规定执行。

[b] 对特殊用途的钢丝，可商定其他抗拉强度。

[c] 对直径为 0.08 mm～0.18 mm 的 DH 型钢丝，经供需双方协商，其抗拉强度波动值范围可规定为 300 MPa。

表 8 扭转试验要求

钢丝公称直径 d/mm	最少扭转次数	
	静载荷	动载荷
0.70≤d≤0.99	40	50
0.99<d≤1.40	20	25
1.40<d≤2.00	18	22
2.00<d≤3.50	16	20
3.50<d≤4.99	14	18
4.99<d≤6.00	7	9
6.00<d≤8.00	4[a]	5[a]
8.00<d≤10.00	3[a]	4[a]

[a] 该值仅作为双方协商时的参考。

7.5.3 弯曲试验

需方要求时，公称直径大于 3.00 mm 的钢丝可进行弯曲试验。

当钢丝绕一芯棒弯 180°成 U 形时，不应有任何裂纹痕迹。对于公称直径大于 3.00 mm 但不大于 6.50 mm 的钢丝，芯棒直径为钢丝公称直径的 2 倍；对于公称直径大于 6.5 mm 的钢丝，芯棒直径为钢丝公称直径的 3 倍。

7.5.4 卷簧试验

直径不大于 0.70 mm 的钢丝可进行卷簧试验。

卷簧试验方法：取大约 500 mm 长的一根试样，钢丝保持较均匀的轻微拉力进行紧密缠绕，芯棒直径为钢丝公称直径的 3～3.5 倍,不小于 1.00 mm。然后拉开紧挨着的圈,拉伸程度应使得卸载后弹簧的静态长度约为原始长度的 3 倍。这时试样表面应无缺陷,应不出现撕裂或裂纹,弹簧节距应均匀、直径应一致。

7.6 焊接

每卷钢丝应由同一炉号的一根钢丝组成。

对于盘卷及直条定尺钢丝,在最后一次索氏体化处理前的焊接是允许的,以后的焊接都应切除。如果经协议允许保留,应做出清晰标记。

8 检验的项目、要求和方法

检验项目、要求和方法的规定应符合表 9 的规定。

9 钢丝的检验规则

9.1 检查与验收

除供需双方有专项协议外所有试验应在供方的场所进行。

9.2 组批规则

除供需双方有协议外,钢丝应按批验收,每批应由同一表面状态、同一直径、同一类型代码(见表 1)的钢丝组成,一个批作为一个检验单元。

9.3 取样部位和数量

取样部位为一根钢丝的任意一头。如无其他规定,取样数量按表 9 规定,按件数对钢丝取样。每批中取钢丝件数的 10%时,最多取 10 个,最少取 2 个。

9.4 复验

钢丝的复验与判定规则按 GB/T 2103 的规定进行。

表 9 检验项目、要求、方法及数量

检验项目	钢丝类型及直径范围	要求	检验方法	取样数量
尺寸	全部	强制性	6.1	逐盘
不圆度			6.2	
圈距		强制性	6.3.2	盘数的 10%
化学分析		可选项	GB/T 223.3、 GB/T 223.19、 GB/T 223.58、 GB/T 223.60、 GB/T 223.67、 GB/T 223.71	1 个/批
镀层重量	仅镀层钢丝	可选项	GB/T 1839	协商
镀层牢固性	仅镀层钢丝	强制性	7.2.3	逐盘
表面质量	全部	强制性	目视	盘数的 10%
表面缺陷	DM 型、DH 型	强制性	7.3.2	盘数的 10%
脱碳层	DM 型、DH 型	强制性	GB/T 224	协商
抗拉强度	全部	强制性	GB/T 228	盘数的 10%
缠绕性能	d<3.00 mm	可选项	GB/T 2976	盘数的 10%

表 9（续）

检验项目	钢丝类型及直径范围	要求	检验方法	取样数量
扭转性能	0.70≤d<6.00 mm	强制性	GB/T 239	盘数的 10%
	6.00≤d≤10.00 mm	可选项		
弯曲性能	d>3.00 mm	可选项	7.5.3	盘数的 10%
卷簧性能	d≤0.70 mm	可选项	7.5.4	盘数的 10%

10　包装、储存和运输、标志及质量证明书

10.1　包装、储存和运输

钢丝应从 GB/T 2103 中选用合适的包装方式。

10.2　标志和质量证明书

钢丝的标志和质量证明书应符合 GB/T 2103 的规定。质量证明书应提供化学成分。

附　录　A
（资料性附录）
本标准章条编号与ISO 8458-2:2002章条编号对照

表A.1给出了本标准章条编号与ISO 8458-2:2002章条编号对照一览表。

表A.1　本标准章条编号与ISO 8458-2:2002章条编号对照

本部分章条编号	对应的国际标准章条编号
1	1
2	2
3	—
4	3
5	—
6	4
7	5
8	6
9	—
10	—

附 录 B
（资料性附录）
本标准与 ISO 8458-2:2002 的技术性差异及其原因

表 B.1 列出了本标准与 ISO 8458-2:2002 的技术性差异及其原因的一览表。

表 B.1 本标准与 ISO 8458-2:2002 技术性差异及其原因

本标准的章条编号	技术性差异	原　因
2	引用与国际标准对应的国家标准	适应我国国情
3	增加术语“圈距”和“自由圈径”。对动载荷明确了载荷循环次数要求	增加术语是便于使用标准。明确载荷循环次数是为了准确使用概念
4	表 1 中直径适用范围由 20.00 mm 降低到 13.00 mm	13 mm 以上直径的钢丝用油淬火工艺更适宜
	增加了标记示例	便于供需双方交货使用
6	增加了 ISO 8458-1:2002 中的表 2 和表 3	满足用户的要求
	加严 10.00 mm～13.00 mm 规格的直径公差	
	增加圈形的规定	
表 5	DM 和 DH 级钢丝的锰下限提高到 0.50%	符合我国国情
7.2.2	增加“其他镀层重量由供需双方商定”的规定	使标准能适应用户的不同需要
7.2.3	增加对镀层质量的缠绕检验方法和要求的描述	便于使用本标准
7.4	抗拉强度由根据实测直径修改为根据公称直径计算	符合我国行业传统习惯
表 8	修改了扭转次数指标	由于 GB/T 239 中扭转标距与国际标准不同，扭转指标相应调整
8	增加检验方法的标准号或条款号	为了更好地指导标准的使用
9	增加了钢丝的检验规则	符合我国产品标准要求
10	增加了包装、储存和运输、标志及质量证明书的规定	符合我国产品标准要求

ICS 01.100.01
J 04

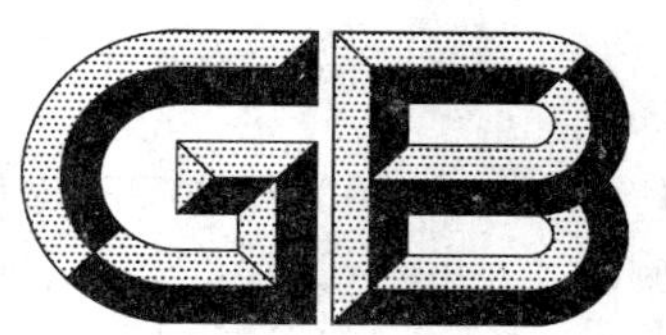

中华人民共和国国家标准

GB/T 4459.8—2009/ISO 9222-1:1989
部分代替 GB/T 4459.6—1996

机械制图 动密封圈 第1部分:通用简化表示法

**Mechanical drawings—Seals for dynamic application—
Part 1:General simplified representation**

(ISO 9222-1:1989,Technical drawings—Seals for dynamic application—
Part 1:General simplified representation,IDT)

2009-11-30 发布 2010-09-01 实施

中华人民共和国国家质量监督检验检疫总局
中国国家标准化管理委员会 发布

前 言

GB/T 4459《机械制图》分为以下几个部分：

——GB/T 4459.1—1995 《机械制图　螺纹及螺纹紧固件表示法》；

——GB/T 4459.2—2003 《机械制图　齿轮表示法》；

——GB/T 4459.3—2000 《机械制图　花键表示法》；

——GB/T 4459.4—2003 《机械制图　弹簧表示法》；

——GB/T 4459.5—1999 《机械制图　中心孔表示法》；

——GB/T 4459.6—1996 《机械制图　动密封圈表示法》；

——GB/T 4459.7—1998 《机械制图　滚动轴承表示法》；

——GB/T 4459.8—2009 《机械制图　动密封圈　第1部分：通用简化表示法》；

——GB/T 4459.9—2009 《机械制图　动密封圈　第2部分：特征简化表示法》。

本部分为GB/T 4459的第8部分。本部分等同采用ISO 9222-1:1989《技术制图　动密封圈　第1部分：通用的简化表示法》。在技术内容和格式上与国际标准保持一致，在一致性上为等同采用。

本部分是按照ISO 9222-1:1989的内容要求对GB/T 4459.6—1996《机械制图　动密封圈的表示法》的第1章、第2章、第3章、第4章、第5章进行代替。

本部分主要修改的内容有：

——按照等同采用的要求将原名称"机械制图　动密封圈的表示法"改为"机械制图　动密封圈　第1部分：通用的简化表示法"。

——原标准中包含了ISO 9222-1和ISO 9222-2两部分的内容。本次是按照一个国家标准等同采用一个ISO标准的原则，将ISO 9222-1:1989修订为GB/T 4459.8—2009。

——版号情况。

本部分由全国技术产品文件标准化技术委员会(SAC/TC 146)提出并归口。

本部分起草单位：中机生产力促进中心、中国电子科技集团、江苏技术师范学院、合肥工业大学、江苏工业学院。

本部分主要起草人：杨东拜、张红旗、王槐德、李学京、刘福华。

本部分所部分代替标准的历次版本发布情况为：

——GB/T 4459.6—1996。

机械制图　动密封圈
第1部分:通用简化表示法

1　范围

GB/T 4459 的本部分规定了动密封圈简化表示法中通用的画法。

本部分适用于在装配图中不需要确切地表示其形状和结构的动密封圈。

2　规范性引用文件

下列文件中的条款通过 GB/T 4459 的本部分的引用而成为本部分的条款。凡是注日期的引用文件,其随后所有的修改单(不包括勘误的内容)或修订版均不适用于本部分,然而,鼓励根据本部分达成协议的各方研究是否可使用这些文件的最新版本。凡是不注日期的引用文件,其最新版本适用于本部分。

GB/T 4457.4　机械制图　图样画法　图线(GB/T 4457.4—2002,ISO 128-24:1999,Technical drawings—General principles of presentation—Part 24:Lines on mechanical engineering drawings,MOD)

GB/T 4459.9　机械制图　动密封圈　第2部分:特征简化表示法(GB/T 4459.9—2009,ISO 9222-2:1989,Technical drawings—Seals for dynamic application—Part 2:Detailed simplified representation,IDT)

3　表示法

3.1　图线

用通用画法绘制密封圈时,轮廓线、矩形线框和符号均用 GB/T 4457.4 中规定的粗实线绘制。

3.2　比例

用通用画法绘制密封圈时,其外形轮廓尺寸应与所属图样采用同一比例绘制。

3.3　通用的简化表示法

在剖视图中,如果没有特殊的边缘形状,不需要确切地表示外形轮廓时,可采用在矩形线框中央画出十字交叉的对角线符号的方法表示,见图1。交叉线不应与矩形线框接触。

这种表示法应绘制在轴的一侧或两侧,图4所示为水平轴的两侧画法。

图1给出了不需要表示密封方向的表示法,如需要表示密封方向,则应在对角线符号的一端画出一个箭头,指向密封的一侧,见图2。

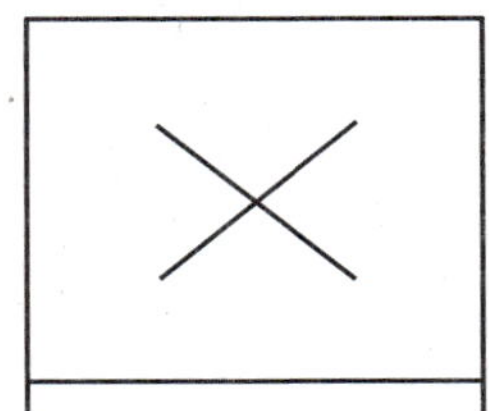

图1　通用画法

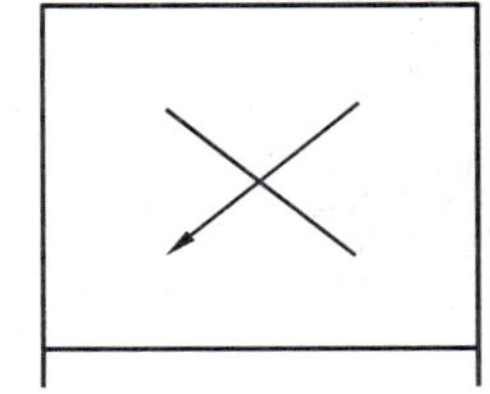

图2　指出密封方向的通用画法

如需要确切地表示密封圈结构的外形轮廓,则应画出其真实的剖面轮廓,并在其中央画出对角线符号,交叉线不应与矩形线框接触,见图3。

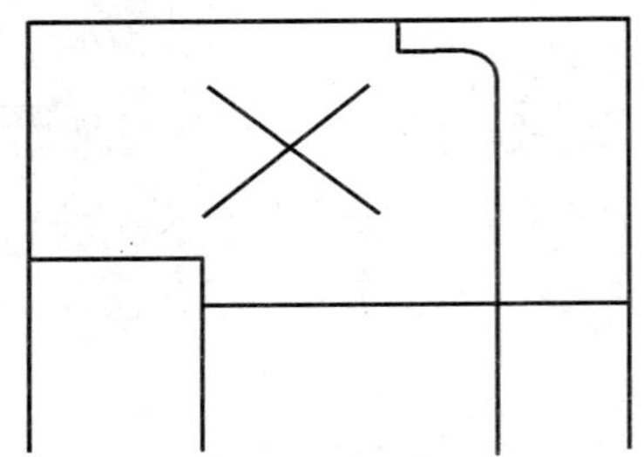

图 3　画出外形轮廓的通用画法

通用画法应绘制在轴的一侧或两侧，图 4 所示为水平轴的两侧画法。

密封圈可多方向组装，通过相关文本或规范给出理想的组装方向。

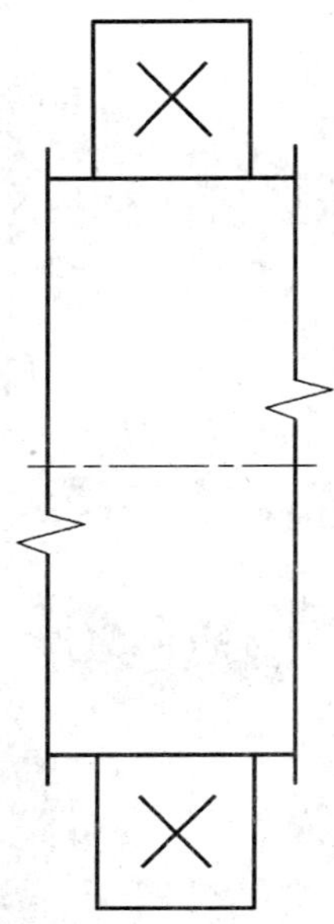

图 4　绘制在轴两侧的通用画法

4　剖面符号

在剖视图和断面图中，用通用画法绘制密封圈时，不画剖面符号。特殊情况下，需要更详细地表示时，可按 GB/T 4459.9 中的规定画法，将密封圈的所有嵌入元件画出剖面线或涂黑，见图 5 和图 6。但其基体材料(如橡胶)部分不画剖面符号。

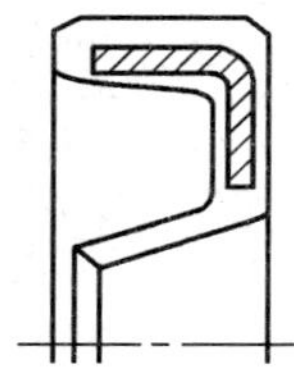

图 5　密封圈嵌入元件的剖面线画法

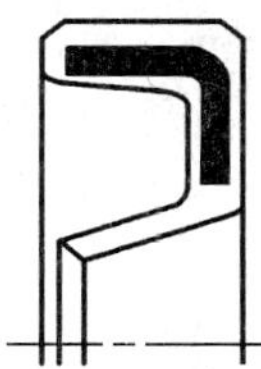

图6 密封圈嵌入元件的涂黑画法

ICS 01.100.01
J 04

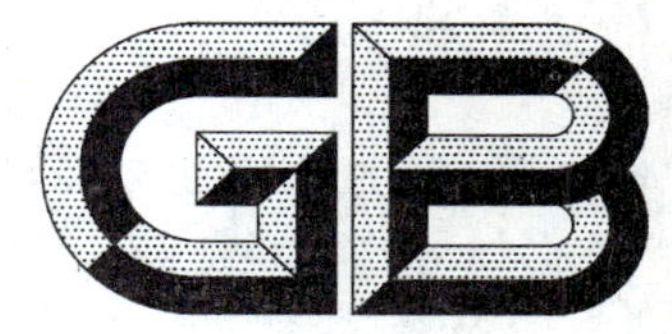

中华人民共和国国家标准

GB/T 4459.9—2009/ISO 9222-2:1989
部分代替 GB/T 4459.6—1996

机械制图　动密封圈 第2部分:特征简化表示法

Mechanical drawings—Seals for dynamic application— Part 2:Detailed simplified representation

(ISO 9222-2:1989,Technical drawings—
Seals for dynamic application—
Part 2:Detailed simplified representation,IDT)

2009-11-30 发布　　　　2010-09-01 实施

中华人民共和国国家质量监督检验检疫总局
中国国家标准化管理委员会　发布

前　　言

GB/T 4459《机械制图》分为以下几部分：

——GB/T 4459.1—1995《机械制图　螺纹及螺纹紧固件表示法》；

——GB/T 4459.2—2003《机械制图　齿轮表示法》；

——GB/T 4459.3—2000《机械制图　花键表示法》；

——GB/T 4459.4—2003《机械制图　弹簧表示法》；

——GB/T 4459.5—1999《机械制图　中心孔表示法》；

——GB/T 4459.6—1996《机械制图　动密封圈表示法》；

——GB/T 4459.7—1998《机械制图　滚动轴承表示法》；

——GB/T 4459.8—2009《机械制图　动密封圈　第1部分:通用简化表示法》；

——GB/T 4459.9—2009《机械制图　动密封圈　第2部分:特征简化表示法》。

本部分为GB/T 4459的第9部分。本部分等同采用ISO 9222-2:1989《技术制图　动密封圈　第2部分:通用的简化表示法》。在技术内容和格式上与国际标准保持一致,在一致性上为等同采用。

本部分是按照ISO 9222-2的内容要求对GB/T 4459.6—1996《机械制图　动密封圈的表示法》的第1章、第2章、第3章、第6章、第7章进行代替。

本部分主要修改的内容有：

——按照等同采用的要求将原名称“机械制图　动密封圈的表示法”改为“机械制图　动密封圈　第2部分:特征简化表示法”。

——原标准中包含了ISO 9222-1和ISO 9222-2两部分的内容。本次是按照一个国家标准等同采用一个ISO标准的原则,将ISO 9222-2:1989修订为GB/T 4459.9—2009。

——版号情况。

本部分由全国技术产品文件标准化技术委员会(SAC/TC 146)提出并归口。

本部分起草单位:中机生产力促进中心、中国电子科技集团、江苏技术师范学院、合肥工业大学。

本部分主要起草人:杨东拜、张红旗、王槐德、李学京、庞薇。

本部分所部分代替标准的历次版本发布情况为：

——GB/T 4459.6—1996。

机械制图　动密封圈
第2部分:特征简化表示法

1　范围

GB/T 4459的本部分规定了动密封圈简化表示法中的结构特征画法。

本部分适用于在装配图中不需要确切地表示其形状和结构的旋转轴唇形密封圈、往复运动橡胶密封圈和橡胶防尘圈。

2　规范性引用文件

下列文件中的条款通过GB/T 4459的本部分的引用而成为本部分的条款。凡是注日期的引用文件,其随后所有的修改单(不包括勘误的内容)或修订版均不适用于本部分,然而,鼓励根据本部分达成协议的各方研究是否可使用这些文件的最新版本。凡是不注日期的引用文件,其最新版本适用于本部分。

GB/T 4457.4　机械制图　图样画法　图线(GB/T 4457.4—2002,ISO 128-24:1999,Technical drawings—General principles of presentation—Part 24:Lines on mechanical engineering drawings,MOD)

GB/T 4459.8　机械制图　动密封圈　第1部分:通用简化表示法(GB/T 4459.8—2009,ISO 9222-1:1989,Technical drawings—Seals for dynamic application—Part 1:General simplified representation,IDT)

GB/T 14690　技术制图　比例(GB/T 14690—1993,eqv ISO 5455:1979)

3　表示法

3.1　总则

图线、比例等表示法中的基本规定应与GB/T 4459.8和GB/T 14690相一致。

3.2　密封要素符号

密封要素符号见表1。

表1　密封要素符号

序号	要素符号	说　明	应　用
3.2.1	——	长的粗实线(平行于密封表面的母线)	静态密封要素(密封圈或防尘圈上具有静态密封功能的部分)
3.2.2	╱ ╲	长的粗实线(与相应的轮廓线成对角形式)[a]	动态密封要素(密封圈和防尘圈上具有动态密封功能的唇以及有防尘除尘功能的结构); 与序号3.2.1的要素符号组合使用,倾斜方向应与工作介质流动的方向相反(工作介质包括液体、气体和固体)
3.2.3	╲ ╱	短的粗实线(与相应的轮廓线成对角形式,与序号3.2.2的要素符号成90°)[a]	表示有防尘、除尘功能的副唇; 与序号3.2.2的要素符号组合使用

表 1(续)

序号	要素符号	说　明	应　用
3.2.4		短的粗实线(由矩形线框的中心画出[a],与相应的轮廓线成 30°)	表示往复运动的动态密封要素;与序号 3.2.5 的要素符号组合使用
3.2.5	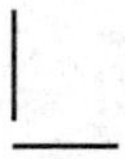	短的粗实线(由矩形线框的中心画出[a],与相应的轮廓线平行)	表示往复运动的静态密封要素
3.2.6	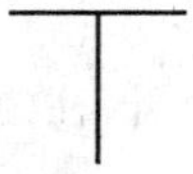	粗实线(T 型:凸起)	表示非接触密封,例如迷宫式密封;T 型和 U 型组合使用
3.2.7		粗实线(U 型:凹下)	
[a] 必要时,可附加一个表示密封方向的箭头。			

3.3 详细的简化表示法

3.3.1 旋转轴唇形密封圈的详细的简化表示法及规定画法见表 2。

表 2 旋转轴唇形密封圈的详细的简化表示法及规定画法

序号	详细的简化表示法	应用	规定画法
3.3.1.1	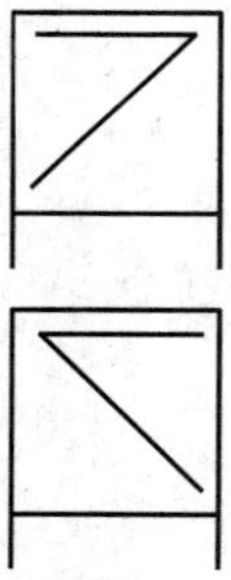	主要用于旋转轴唇形密封圈,也可用于往复运动活塞杆唇形密封圈及结构类似的防尘圈	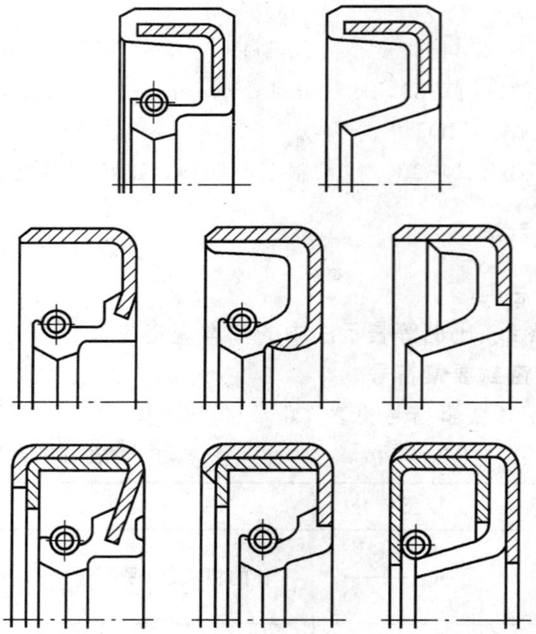
3.3.1.2	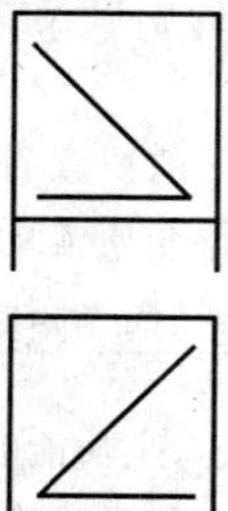	同 3.3.1.1(孔用)	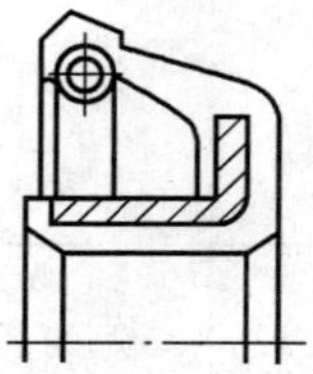

表 2（续）

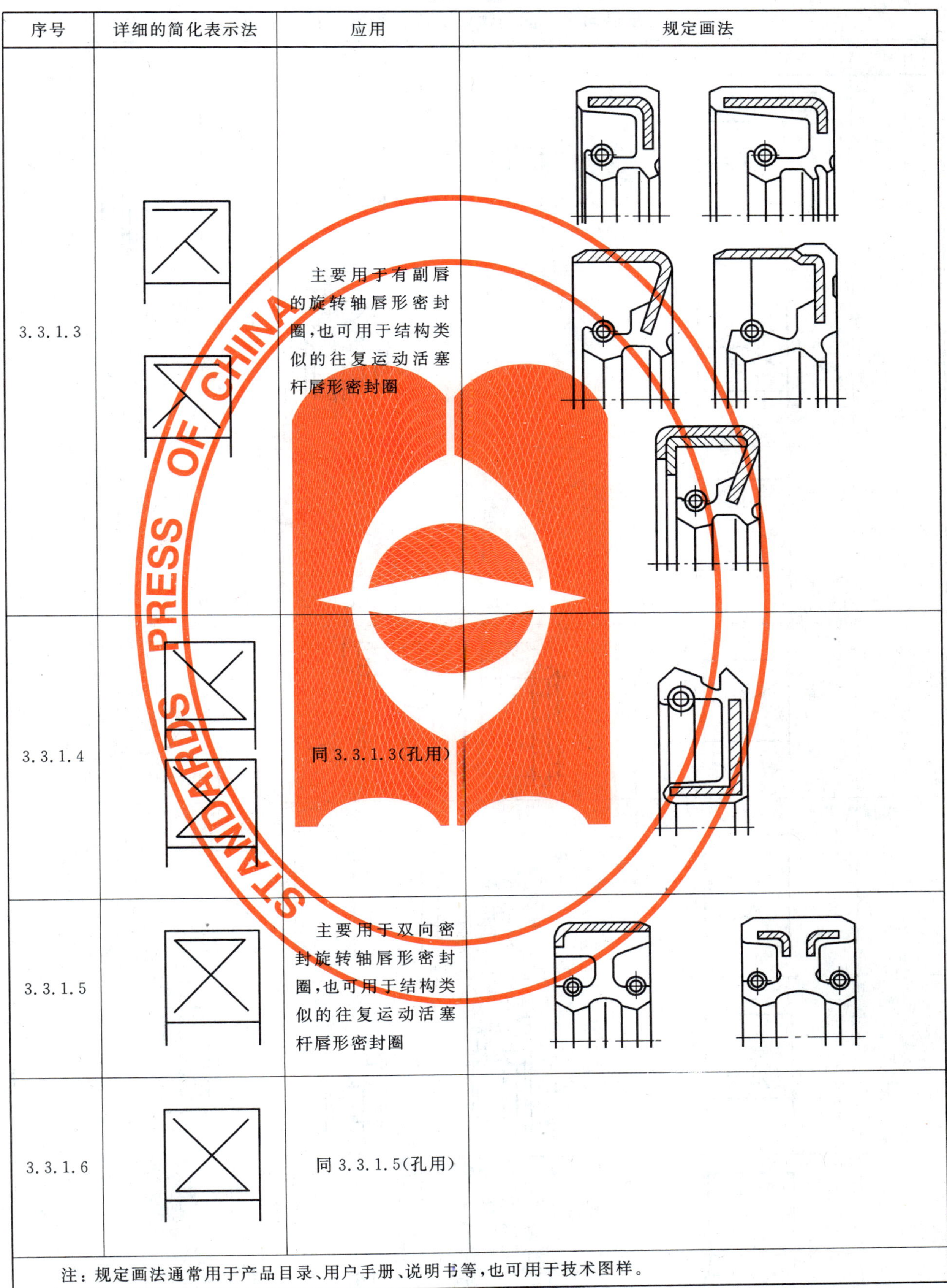

序号	详细的简化表示法	应用	规定画法
3.3.1.3		主要用于有副唇的旋转轴唇形密封圈，也可用于结构类似的往复运动活塞杆唇形密封圈	
3.3.1.4		同 3.3.1.3(孔用)	
3.3.1.5		主要用于双向密封旋转轴唇形密封圈，也可用于结构类似的往复运动活塞杆唇形密封圈	
3.3.1.6		同 3.3.1.5(孔用)	
注：规定画法通常用于产品目录、用户手册、说明书等，也可用于技术图样。			

3.3.2 往复运动密封圈的详细的简化表示法及规定画法见表3。

表3 往复运动密封圈的详细的简化表示法及规定画法

序号	详细的简化表示法	规定画法
3.3.2.1	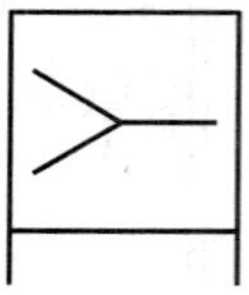	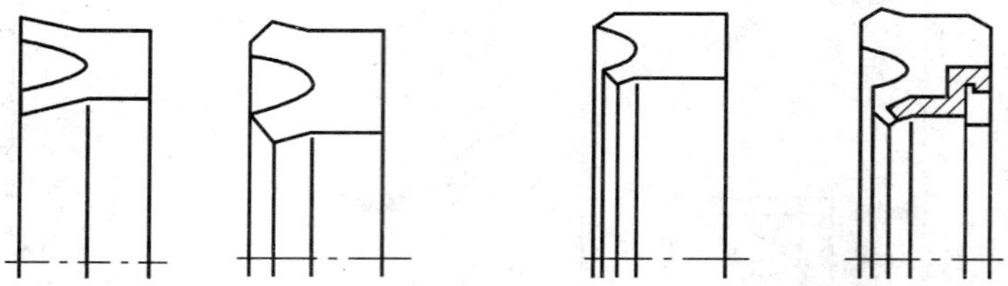
3.3.2.2	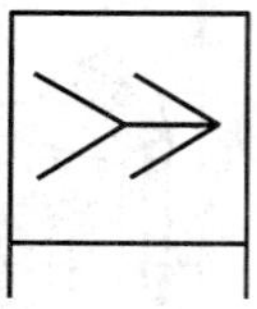	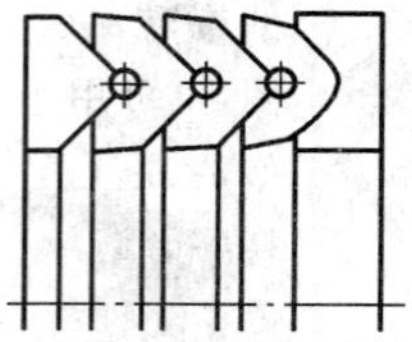
3.3.2.3	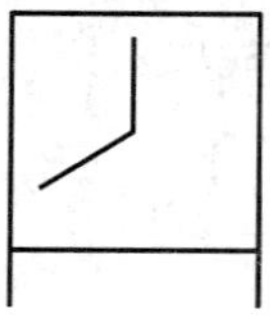	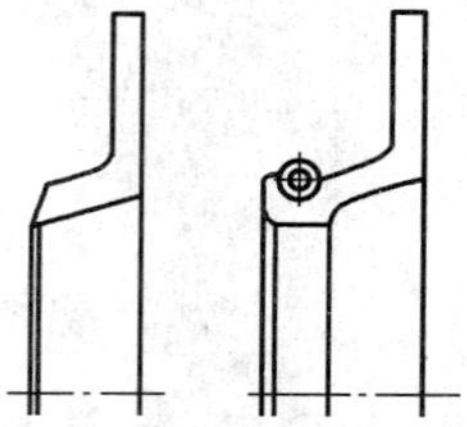
3.3.2.4	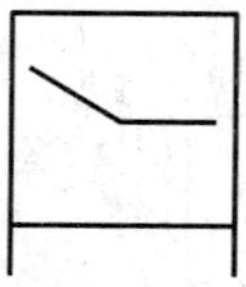	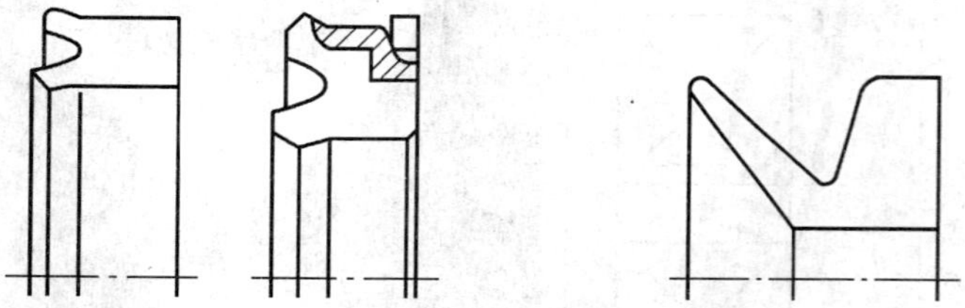
3.3.2.5	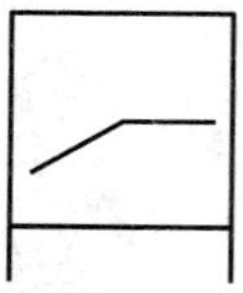	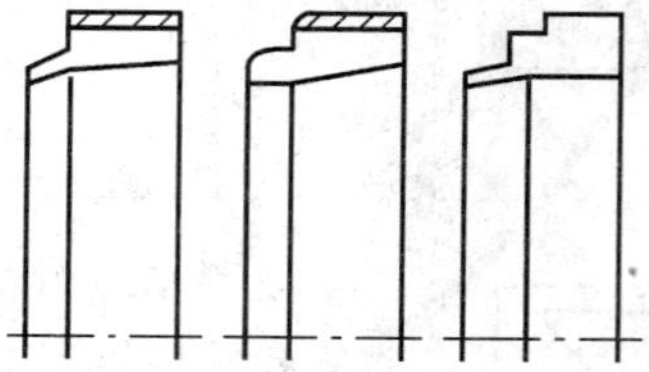
3.3.2.6	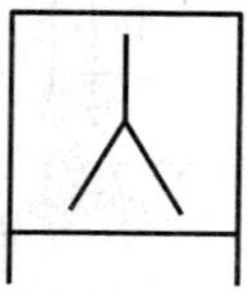	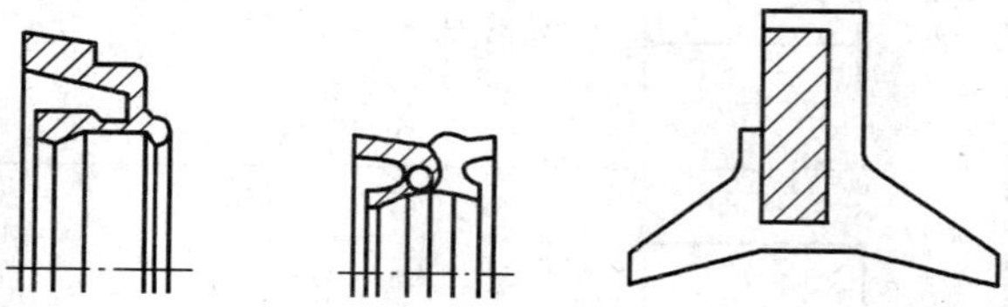
3.3.2.7	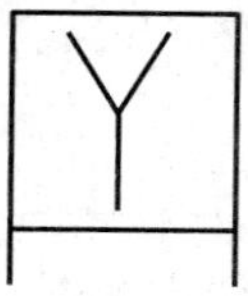	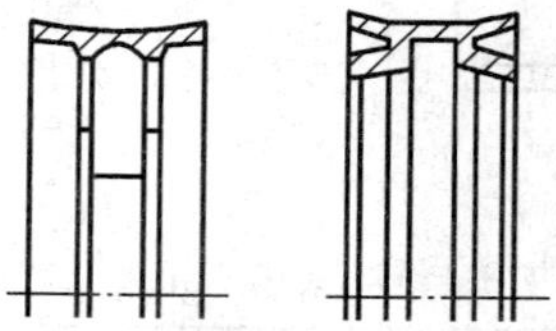

3.3.3 迷宫式密封圈的详细的简化表示法见表 4。

表 4 迷宫式密封圈的详细的简化表示法及规定画法

序号	详细的简化表示法	规定画法
3.3.3.1	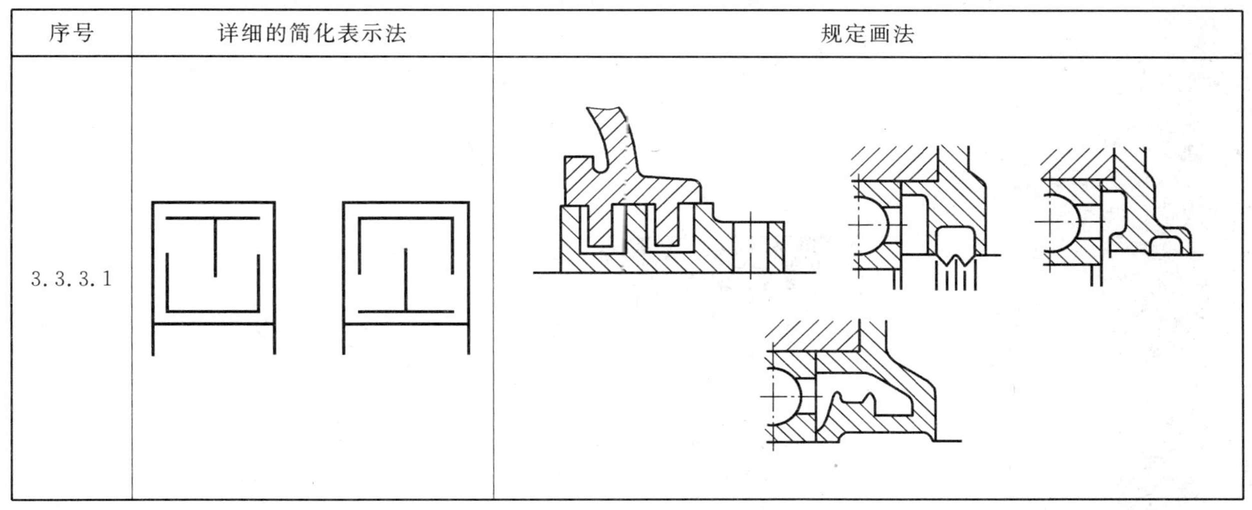	

4 应用示例

图 1～图 5 给出了动密封圈的简化画法和规定画法的应用示例。

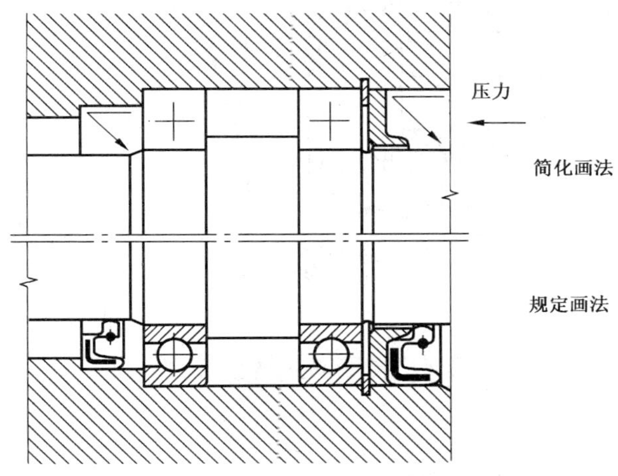

图 1 旋转轴唇形密封圈(密封方向与液体介质流向相反)

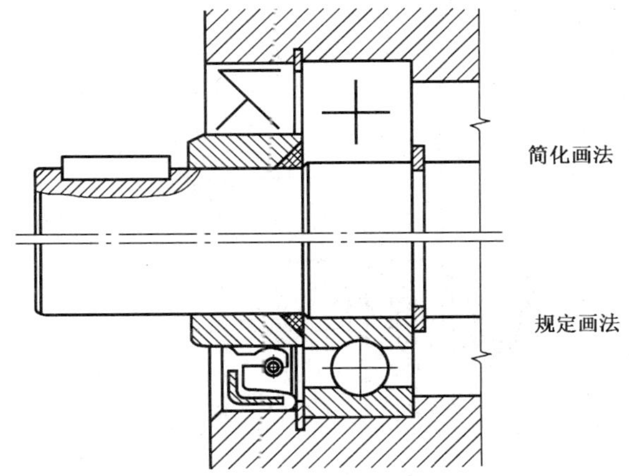

图 2 带防尘唇(副唇)的旋转轴唇形密封圈的应用

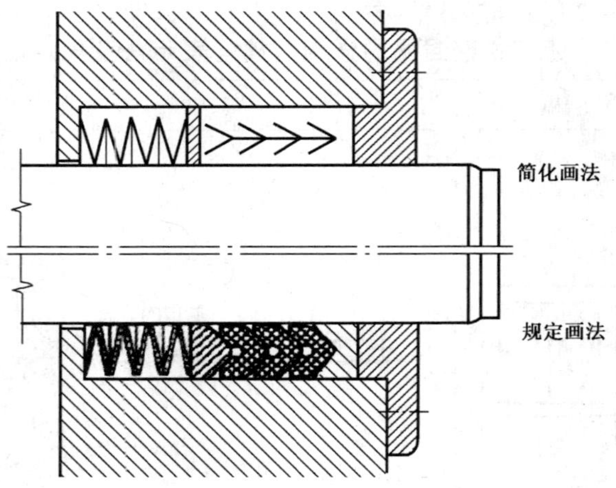

图 3 V 形橡胶密封圈的应用

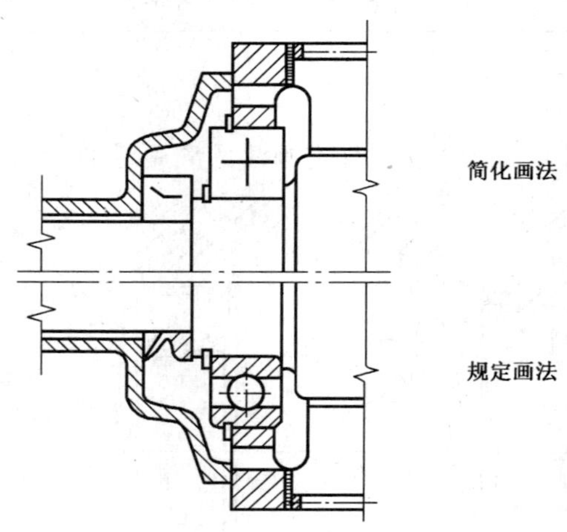

图 4 橡胶防尘圈的应用

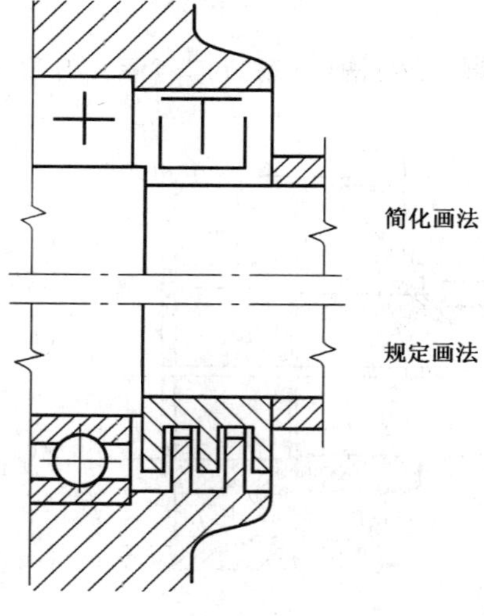

图 5 迷宫式密封的应用

参 考 文 献

[1] GB/T 5719 橡胶密封制品 词汇.

[2] GB/T 9877 液压传动 旋转轴唇形密封圈设计规范.

[3] GB/T 10708.1 往复运动橡胶密封圈结构尺寸系列 第1部分:单向密封橡胶密封圈.

[4] GB/T 10708.2 往复运动橡胶密封圈结构尺寸系列 第2部分:双向密封橡胶密封圈.

[5] GB/T 10708.3 往复运动橡胶密封圈结构尺寸系列 第3部分:橡胶防尘密封圈.

[6] GB/T 13871.1 密封元件为弹性体材料的旋转轴唇形密封圈 第1部分:基本尺寸和公差(GB/T 13871.1—2007,ISO 6194-1:1982,Rotary shaft lip type seals—Part 1:Nominal dimensions and tolerances,MOD).

[7] GB/T 16675.1 技术制图 简化表示法 第1部分:图样画法.

[8] GB/T 21283.1 密封元件为热塑性材料的旋转轴唇形密封圈 第1部分:基本尺寸和公差(GB/T 21283.1—2007,ISO 16589-1:2001,MOD).

[9] JB/T 6375 气动阀用橡胶密封圈尺寸系列和公差.

[10] JB/T 6994 VD形橡胶密封圈.

ICS 53.040.20
G 42

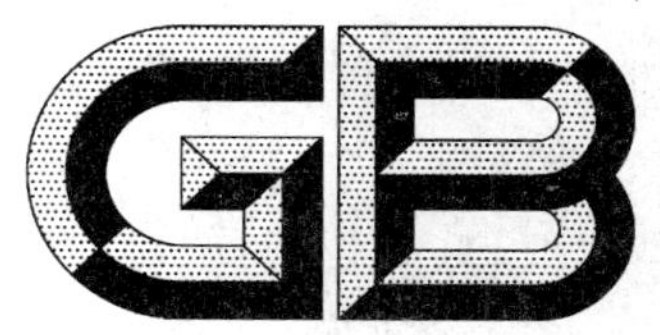

中华人民共和国国家标准

GB/T 4490—2009/ISO 251:2003
代替 GB/T 4490—1994

织物芯输送带　宽度和长度

Conveyor belts with textile carcass—Widths and lengths

(ISO 251:2003,IDT)

2009-04-24 发布　　2009-12-01 实施

中华人民共和国国家质量监督检验检疫总局
中国国家标准化管理委员会　发布

前 言

本标准等同采用ISO 251:2003《织物芯输送带——宽度和长度》(英文版)。

本标准代替GB/T 4490—1994《输送带尺寸》,因为国际上的发展,原标准在技术上已过时。

本标准等同翻译ISO 251:2003。

为便于使用,本标准作了下列编辑性修改:

a) “本国际标准”一词改为“本标准”;

b) 用小数点“.”代替作为小数点的逗号“,”;

c) 删除国际标准的前言。

本标准与GB/T 4490—1994相比主要变化如下:

——删除了引用标准(1994年版的第2章);

——删除了宽度及长度测量方法(1994年版的3.2和4.2);

——删除了覆盖层厚度及总厚度的尺寸与偏差及其测量方法(1994年版的第5章和第6章);

——范围发生了变化,本版增加规定“本标准不适应于EN 873规定的轻型输送带,切割式轻型输送带的宽度和长度极限偏差见ISO 15147规定”(见第1章);

——增加了参考文献。

本标准由中国石油和化学工业协会提出。

本标准由全国带轮与带标准化技术委员会输送带分技术委员会(SAC/TC 428/SC 1)归口。

本标准起草单位:青岛巨航胶带有限公司、青岛科技大学。

本标准主要起草人:赵平、辛永录、赵建军。

本标准所代替标准的历次版本发布情况为:

——GB/T 4490—1984、GB/T 4490—1994。

织物芯输送带　宽度和长度

1　范围

本标准规定了织物芯输送带的宽度和长度,也规定了相应的极限偏差。

本标准不适应于 EN 873 规定的轻型输送符,切割式轻型输送带的宽度和长度极限偏差见 ISO 15147 规定。

注:输送带的长度是非标准化的。

2　宽度及极限偏差

输送带的宽度及容许极限偏差见表 1。

表 1　有端输送带的公称宽度及极限偏差

单位为毫米

公称宽度	极限偏差
300	±5
400	±5
500	±5
600	±6
650	±6.5
800	±8
1 000	±10
1 200	±12
1 400	±14
1 600	±16
1 800	±18
2 000	±20
2 200	±22
2 400	±24
2 600	±26
2 800	±28
3 000	±30
3 200	±32

3　长度极限偏差

输送带的长度容许极限偏差(粗测)见表 2 和表 3。

表 2　环形输送带的长度极限偏差

长度/m	极限偏差/mm
≤15	±50
>15 但是≤20	±75
>20	±0.5%×带长(带长精确到米)

表 3 有端输送带的长度极限偏差

带交货条件	极限偏差 （交货长度和订货长度间的最大容许差）
由一段组成	$^{+2.5\%}_{0}$
由若干段组成 每单根长度或每段长度 各段长度之和	 ±5% $^{+2.5\%}_{0}$

参 考 文 献

[1] EN 873 轻型输送带 基本性能和应用
[2] ISO 15147 轻型输送带 切割式轻型输送带的宽度和长度极限偏差

ICS 83.160.10
G 41

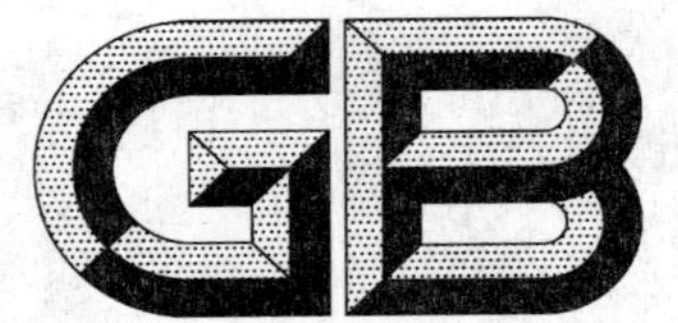

中华人民共和国国家标准

GB/T 4502—2009
代替 GB/T 4502—1998、GB/T 4503—2006、GB/T 4504—1998、GB/T 7034—1998

轿车轮胎性能室内试验方法

Laboratory test methods for passenger car tyres capabilities

(ISO 10191:1995 Passenger car tyres—
Verifying tyre capabilities—Laboratory test methods, MOD)

2009-04-24 发布 2009-12-01 实施

中华人民共和国国家质量监督检验检疫总局
中国国家标准化管理委员会 发布

前　言

本标准修改采用 ISO 10191:1995《轿车轮胎——性能检验——室内试验方法》(英文第二版)。

本标准代替 GB/T 4502—1998《轿车轮胎耐久性试验方法　转鼓法》、GB/T 4503—2006《轿车轮胎强度试验方法》、GB/T 4504—1998《轿车无内胎轮胎脱圈阻力试验方法》及 GB/T 7034—1998《轿车轮胎高速性能试验方法　转鼓法》。

本标准根据 ISO 10191:1995 重新起草,对 GB/T 4502—1998《轿车轮胎耐久性试验方法　转鼓法》、GB/T 4503—2006《轿车轮胎强度试验方法》、GB/T 4504—1998《轿车无内胎轮胎脱圈阻力试验方法》及 GB/T 7034—1998《轿车轮胎高速性能试验方法　转鼓法》进行了整合修订,并增加了低气压性能试验方法。

附录 A 列出了本标准和 ISO 10191:1995 章条编号的对照一览表,以方便比较。

本标准与 ISO 10191:1995 的有关技术性差异用垂直单线标识在正文中它们所涉及的条款的页边空白处,并在附录 B 中列出了这些技术性差异及原因以供参考。

本标准还作了以下编辑性修改,以便于使用:

a) “本国际标准”改为“本标准”;

b) 用小数点“.”代替作为小数点的“,”;

c) 删除了国际标准的前言;

d) 删除了国际标准的参考文献。

本标准对应章条与 GB/T 4502—1998 主要差异如下:

——本标准对章条编排做了调整;

——增加并修改了规范性引用文件(GB/T 4502—1998 和本标准的 2);

——增加并修改了试验设备精度要求(GB/T 4502—1998 的 4 和 7,本标准的 4);

——修改了关于试验轮辋的要求(GB/T 4502—1998 的 5.1.2,本标准的 5.4.1.2);

——修改了增强型轿车子午线轮胎及斜交轮胎的试验充气压力(表 1);

——增加了 T 型临时使用的备用轮胎的试验充气压力(表 1);

——修改了轿车子午线轮胎试验速度,由“80 km/h”改为“120 km/h”(GB/T 4502—1998 的 5.1.4,本标准的 5.4.1.6);

——修改了试验结束停机立即测量气压的规定,改为在(15～25)min 的冷却时间段内测量气压(GB/T 4502—1998 的 5.2.5,本标准的 5.4.2.4);

——删除了试验前后测量轮胎外缘尺寸的规定(GB/T 4502—1998 的 5.2.1,5.2.5);

——增加了关于试验结果判定的要求,包括试验后按要求测得的气压不低于初始气压 95%,以及经外观检查没有明显损坏的规定(本标准的 6.4);

——修改及增加了试验报告内容要求(本标准的 7)。

本标准对应章条与 GB/T 4503—2006 主要差异如下:

——本标准对章条编排做了调整;

——修改了关于试验轮辋的要求(GB/T 4503—2006 的 5.2,本标准的 5.2.1.2 和 5.2.1.3);

——修改及增加了试验报告内容要求(本标准的 7)。

本标准对应章条与 GB/T 4504—1998 主要差异如下:

——本标准对章条编排做了调整;

——增加并修改了规范性引用文件(GB/T 4504—1998 的 2,本标准的 2);

——修改了试验轮胎及其外观质量要求(GB/T 4504—1998 的 5.1.1 和 5.1.2,本标准的 5.1.1.1);

——修改了关于试验轮辋的要求(GB/T 4504—1998 的 5.1.2,本标准的 5.1.1.2);

——修改了增强型轿车子午线轮胎及斜交轮胎的试验充气压力(GB/T 4504—1998 的表 3,本标准的表 1);

——增加了 T 型临时使用的备用轮胎的试验充气压力及最小脱圈阻力值(本标准的表 1 和表 7);

——修改了 65 及其以下系列轮胎用公式计算 p 值的规定,改为分四类(名义高宽比 55～80、50/45、40/35、30/25 系列)各自按轮辋名义直径对应的 p 值,同时增加了 T 型临时使用的备用轮胎及轮辋名义直径 20～28 对应的 p 值(GB/T 4504—1998 的表 2,本标准的表 2);

——增加了专用于 T 型临时使用的备用轮胎,同时可用于轮辋名义直径 10～19 的轿车轮胎的 A 型脱圈压块和专用于轮辋名义直径 20～28 的轿车轮胎的 C 型脱圈压块(本标准的 5.1.1.6、图 2);

——修改及增加了试验报告内容要求(本标准的 7)。

本标准对应章条与 GB/T 7034—1998 主要差异如下:

——本标准对章条编排做了调整;

——增加并修改了规范性引用文件(GB/T 7034—1998 和本标准的 2);

——增加并修改了试验设备精度要求(GB/T 7034—1998 的 7,本标准的 4);

——修改了关于试验轮辋的要求(GB/T 7034—1998 的 5.1.2,本标准的 5.3.1.2);

——增加了速度符号为 W、Y 的子午线轮胎、斜交轮胎 8PR 及 T 型临时使用的备用轮胎的试验充气压力规定值(GB/T 7034—1998 的表 1,本标准的表 3);

——删除了"带束斜交轮胎"(GB/T 7034—1998 的表 1,本标准的表 3);

——修改了速度符号 H 及其以下的轮胎试验负荷率,由"65%"改为"80%",增加了速度符号 W、Y 的子午线轮胎试验负荷率(GB/T 7034—1998 的表 2,本标准的表 4);

——增加了速度符号为 W、Y 的轿车轮胎的试验程序(GB/T 7034—1998 的表 2,本标准的表 5);

——修改了试验结束停机立即测量气压的规定,改为在(15～25)min 的冷却时间段内测量气压(GB/T 7034—1998 的 5.2.5,本标准的 5.3.2.4);

——删除了试验前后测量轮胎外缘尺寸的规定(GB/T 7034—1998 的 5.2.1,5.2.5);

——增加了关于试验结果判定的要求,包括试验后按要求测得的气压不低于初始气压 95%,以及经外观检查没有明显损坏的规定(本标准的 6.3);

——修改及增加了试验报告内容要求(本标准的 7)。

本标准的附录 A、附录 B 均为资料性附录。

本标准由中国石油和化学工业协会提出。

本标准由全国轮胎轮辋标准化技术委员会(SAC/TC 19)归口。

本标准负责起草单位:广州市华南橡胶轮胎有限公司、杭州中策橡胶有限公司、安徽佳通轮胎有限公司、三角轮胎股份有限公司、北京橡胶工业研究设计院、北京首创轮胎有限公司、山东玲珑橡胶有限公司、青岛黄海橡胶集团有限公司、南京锦湖轮胎有限公司、汕头市浩大轮胎测试装备有限公司、青岛高校测控技术有限公司。

本标准主要起草人:卢焜、迟雯、陈国华、祖恩忠、伊善会、徐丽红、李红伟、赵冬梅、董毛华、孔令夫、蒋庆、陈迅、刘宏。

本标准所代替标准的历次版本发布情况为:

——GB/T 4502—1984,GB/T 4502—1998;

——GB/T 4503—1984,GB/T 4503—1996,GB/T 4503—2006;

——GB/T 4504—1984,GB/T 4504—1998;

——GB/T 7034—1986,GB/T 7034—1998。

轿车轮胎性能室内试验方法

1 范围

本标准规定了轿车轮胎性能检验的实验室试验方法，包括试验用术语和定义、试验设备与精度、试验条件、试验步骤、判定标准和试验报告等。在提出的试验方法中，仅有某些试验方法的应用需要依据被测轮胎的类型决定(有内胎或无内胎，斜交轮胎或子午线轮胎等)。

本标准包括：

(1) 脱圈阻力试验——评估无内胎轮胎胎圈脱离轮辋的阻力值。

(2) 强度性能试验——通过检测轮胎胎冠的破坏能，评价轮胎结构性能。

(3) 高速性能试验——按照轮胎速度符号，评价轮胎高速行驶性能。

(4) 耐久性能试验——通过在规定负荷和速度下的行驶时间，评价轮胎的耐疲劳性能。

(5) 低气压性能试验——通过在规定负荷、速度和低气压条件下的行驶时间，评价子午线轮胎在低压状态下的可靠性。

本标准所列试验方法不宜用于轮胎产品的性能或质量水平的分级。

本标准适用于新的轿车充气轮胎。

2 规范性引用文件

下列文件中的条款通过本标准的引用而成为本标准的条款。凡是注日期的引用文件，其随后所有的修改单(不包括勘误的内容)或修订版均不适用于本标准，然而，鼓励根据本标准达成协议的各方研究是否可使用这些文件的最新版本。凡是不注日期的引用文件，其最新版本适用于本标准。

GB/T 2978 轿车轮胎规格、尺寸、气压与负荷

GB/T 6326 轮胎术语及其定义(GB/T 6326—2005，ISO 4223-1：2002，Definitions of some terms used in tyre industry—Part 1：Pneumatic tyres，NEQ)

GB 9743 轿车轮胎

3 术语和定义

除 GB/T 6326 确立的以及下列术语和定义适用于本标准。

3.1

试验转鼓速度 test drum speed

试验机转鼓旋转时鼓面沿周向的线速度。

4 试验设备及其精度

4.1 脱圈阻力试验机

4.1.1 试验机的基本构造及主要定位尺寸如图 1 所示。

4.1.2 试验机应配备有标准脱圈压块(A 型、B 型和 C 型)，尺寸形状及制造材料如图 2 所示。

4.1.3 脱圈压块负荷装置应能逐渐递增地施加作用力，力和位移指示器的精度为满量程的±1%。

4.1.4 脱圈压块位移速度精度应为满量程的±3%。

4.2 强度试验机

4.2.1 试验机上应配备一个足够长的圆柱形金属压头，压头端部为直径 19 mm±0.5 mm 的半球形。

4.2.2 压头装置应能逐渐递增地施加作用力，力和位移指示器精度为满量程的±1%。

4.2.3 压头位移速度精度应为满量程的±3%。

4.3 高速耐久试验机

4.3.1 试验机转鼓直径应为 1 700 mm±17 mm。

4.3.2 试验机转鼓的试验鼓面应为平滑的钢制面,其宽度应大于或等于试验轮胎的断面总宽度。

4.3.3 试验加载装置的加载能力应能满足试验方法要求,其精度为满量程的±1%。

4.3.4 试验机转鼓及试验设备的速度能力应满足试验方法的要求,其速度精度为$^{+2}_{0}$ km/h。

4.3.5 试验机转鼓的径向跳动应为≤0.25 mm。

4.3.6 环境温度测量装置应设置在距离试验轮胎 150 mm 至 1 m 的范围内。

4.4 充气压力表

充气压力表的最大量程至少应为 500 kPa,精度为±10 kPa。

单位为毫米

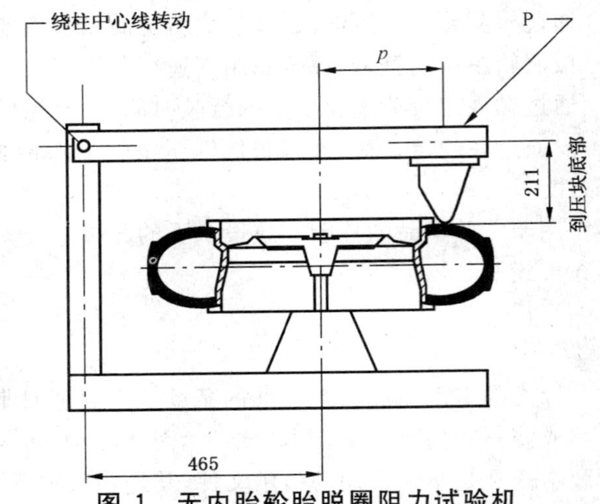

图 1 无内胎轮胎脱圈阻力试验机

单位为毫米

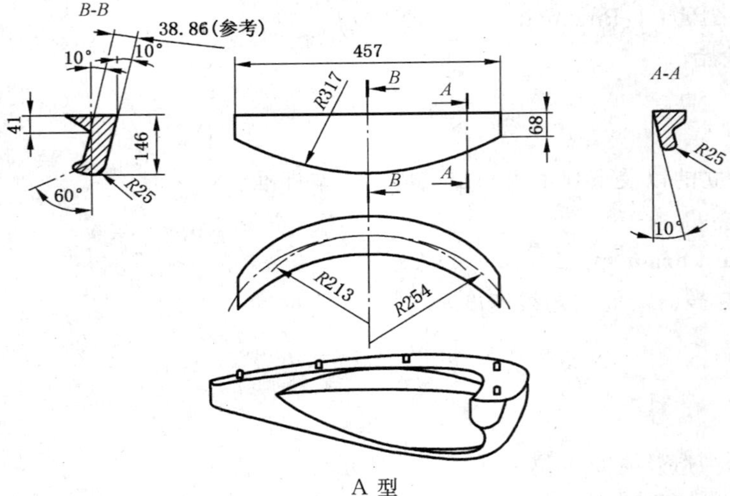

材料:Al-Si2 Mg Ti 或
Al-Si7 MgO.3
参考 ISO 2107
条件:TF,参考 ISO 3522
表面粗糙度:Ra1.25 μm

图 2 脱圈压块的形状和尺寸

单位为毫米

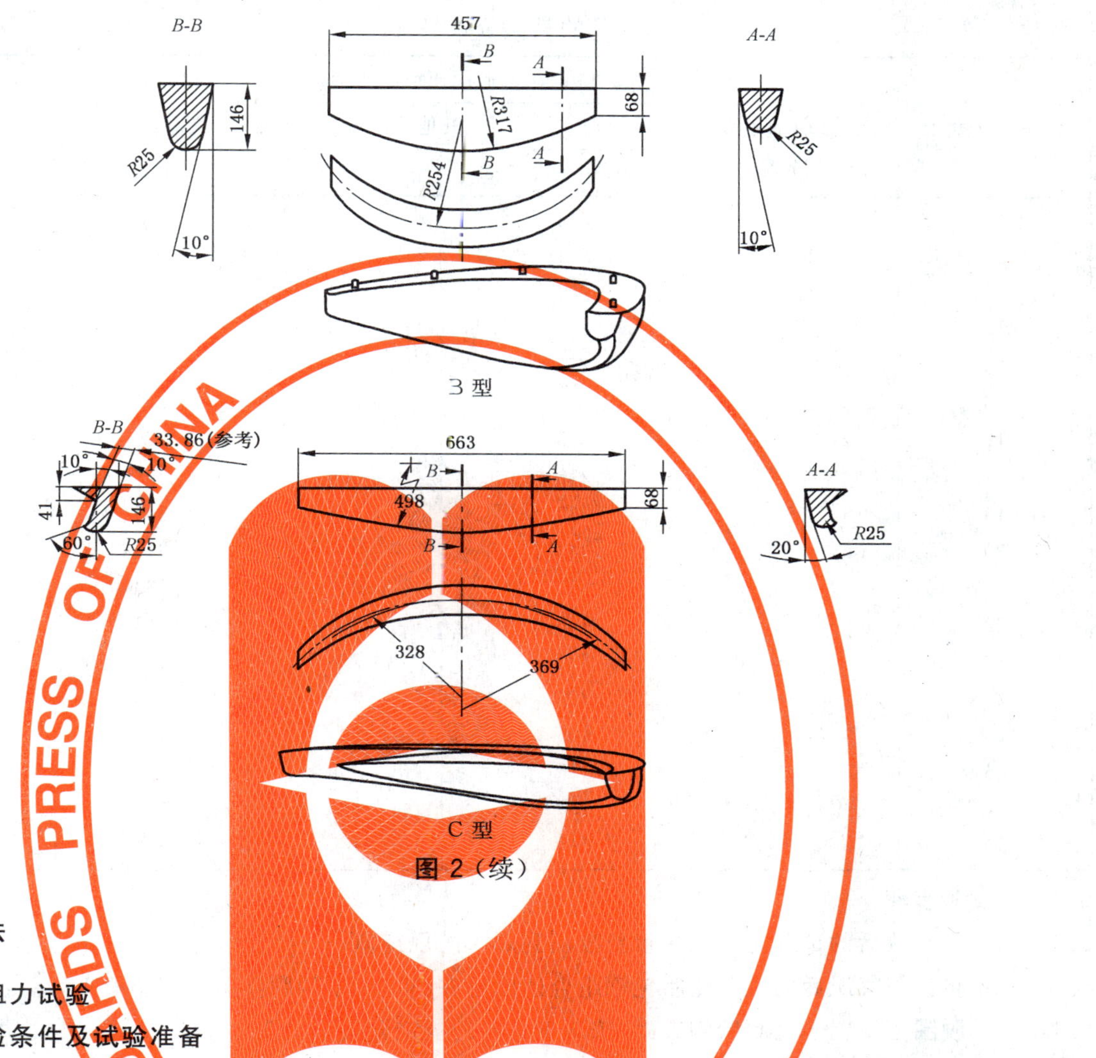

B 型

C 型

图 2(续)

5 试验方法

5.1 脱圈阻力试验

5.1.1 试验条件及试验准备

5.1.1.1 试验轮胎应为无内胎轿车轮胎,外观质量应符合 GB 9743 的规定,安装前应保证其胎圈部位洁净、干燥。

5.1.1.2 试验轮辋应符合 GB/T 2978 对测量轮辋的规定,安装前应保证其胎圈座与轮胎配合面部位洁净、干燥。

5.1.1.3 应在不借助任何润滑或粘合类辅助材料的情况下,将试验轮胎安装在试验轮辋上,然后充入表 1 规定的气压。

5.1.1.4 在轮胎胎侧上确定至少 4 个沿圆周方向大致等间距分布的试验点,逐一做标记、编序号。

5.1.1.5 充气后的试验轮胎轮辋组合体应在 18 ℃～36 ℃的环境温度下停放 3 h 以上。

5.1.1.6 脱圈压块的水平距离 p 值设置规定见表 2;T 型临时使用的备用轮胎应使用图 2 所示的 A 型脱圈压块,轮辋名义直径 10～19 的其他无内胎轿车轮胎应使用图 2 所示的 A 型或 B 型脱圈压块之一,轮辋名义直径 20～28 的其他无内胎轿车轮胎应使用图 2 所示的 C 型脱圈压块。

表 1 无内胎轿车轮胎脱圈阻力/强度/耐久性能试验用充气压力 单位为千帕

T 型 临时使用的备用轮胎	其他子午线轮胎		其他斜交轮胎	
	标准型	增强型	4PR、6PR	8PR
360	180	220	180	220

表 2 脱圈压块的水平距离 p 值
（P 的具体位置参见图 1）

单位为毫米

轮辋名义直径	脱圈压块的水平距离 p				
	T 型临时使用的备用轮胎	其他无内胎轿车轮胎（名义高宽比）			
		80、75、70、65、60、55	50、45	40、35	30、25
10	175	216			
12	201	241			
13	213	254	241	229	
14	226	267	254	241	
15	239	279	267	254	241
16	251	292	279	267	254
17	269	305	292	279	267
18	290	318	305	292	279
19	305	330	318	305	292
20		343	330	318	305
21		355	343	330	318
22		368	355	343	330
23		380	368	355	343
24		393	380	368	355
25		405	393	380	368
26		418	405	393	380
27		430	418	405	393
28		443	430	418	405

5.1.2 试验步骤

5.1.2.1 将停放后的试验轮胎气压重新校正到表 1 的规定值。

5.1.2.2 将校正气压后的试验轮胎轮辋组合体固定在图 1 所示的脱圈阻力试验机上，逐点进行试验。

5.1.2.3 脱圈压块置于轮胎胎侧表面，按 5.1.1.6 的规定调设水平距离 p。

5.1.2.4 脱圈压块应以 50 mm/min±2.5 mm/min 的移动速度向胎侧外表面逐渐递增地施加作用力，至轮胎与轮辋脱开或达到表 7 规定的最小脱圈阻力值时为止。

5.1.2.5 测量并记录脱圈压块在停止移动瞬间对轮胎胎侧的作用力，同时应在试验报告中注明各试验点“未脱”或“已脱”。

5.2 强度性能试验

5.2.1 试验条件及试验准备

5.2.1.1 试验轮胎的外观质量应符合 GB 9743 的规定，完成脱圈阻力试验后无损伤的试验轮胎可继续用于本项试验。

5.2.1.2 试验轮辋应符合 GB/T 2978 对测量轮辋的规定。

5.2.1.3 将试验轮胎安装在试验轮辋上，并充入表 1 规定的气压。

5.2.1.4 充气后的试验轮胎轮辋组合体应在 18 ℃～36 ℃的环境温度下停放 3 h 以上。

5.2.1.5 沿轮胎外周长确定 5 个大致等间距分布的试验点，逐一做标记、编序号。

5.2.2 试验步骤

5.2.2.1 将停放后的试验轮胎气压重新校正到表 1 的规定值。

5.2.2.2 将校正气压后的试验轮胎轮辋组合体固定在强度试验机上，逐点进行试验。

5.2.2.3 压头应垂直于胎面，并压在尽可能靠近胎面圆周中心线的花纹块上，同时应避免压入花纹沟中。

5.2.2.4 压头以 50 mm/min±2.5 mm/min 的移动速度向轮胎胎冠逐渐递增地施加作用力(F)，至轮胎胎冠被压穿或达到表 8 规定的最小破坏能值时为止。在转入下一个点试验前校正气压。

5.2.2.5 测量并记录压头在每个试验点停止移动瞬间的作用力(F)和压入深度(行程 p)。

5.2.2.6 凡因触及轮辋压头无法继续移动而轮胎尚未被刺穿，该试验点应视为通过试验，并应在试验报告中注明“触及轮辋未穿”。

5.2.2.7 用式(1)计算出各试验点(5.2.2.6 所述的点除外)的破坏能 W，同时应在试验报告中注明各试验点“未穿”或“已穿”。

$$W = \frac{F \times p}{2\ 000} \qquad \cdots\cdots(1)$$

式中：

W——破坏能，单位为焦(J)；

F——作用力，单位为牛(N)；

p——行程，单位为毫米(mm)。

5.2.2.8 试验过程中允许采用必要手段(如装入内胎)以保持规定的试验气压。

5.3 高速性能试验

5.3.1 试验条件及试验准备

5.3.1.1 试验轮胎的外观质量应符合 GB 9743 的规定。

5.3.1.2 试验轮辋宽度应符合 GB/T 2978 对测量轮辋宽度的规定。

5.3.1.3 试验轮胎应安装在试验轮辋上，并充入表 3 规定的充气压力。

表 3 轿车轮胎高速性能试验用充气压力

单位为千帕

速度符号	斜交轮胎			子午线轮胎	
	4PR	6PR	8PR	标准型	增强型
L,M,N	230	270	300	240	280
P,Q,R,S	260	300	330	260	300
T,U,H	280	320	350	280	320
V	300	340	370	300	340
W,Y	—	—	—	320	360
T 型临时使用的备用轮胎试验用充气压力为 420 kPa。					

5.3.1.4 充气后的试验轮胎轮辋组合体应在 38 ℃±3 ℃的环境温度下停放 3 h 以上。

5.3.1.5 试验负荷应符合表 4 规定，各阶段试验速度及试验时间应符合表 5 的规定。

表 4 轿车轮胎高速性能试验用负荷

单位为千克

速度符号	试验负荷
L,M,N P,Q,R,S T,U,H	试验轮胎负荷指数对应的负荷能力×80%
V	试验轮胎负荷指数对应的负荷能力×73%
W,Y	试验轮胎负荷指数对应的负荷能力×68%

表 5 轿车轮胎高速性能试验程序

试验阶段	试验速度/(km/h)	试验时间/min	试验速度/(km/h)	试验时间/min
	速度符号为 L～W 的轿车轮胎		速度符号为 Y 的轿车轮胎	
1	0～初始试验速度[a]	10	0～260	10
2	初始试验速度	10	260	20
3	初始试验速度＋10	10	270	10
4	初始试验速度＋20	10	280	10
5	初始试验速度＋30	10	290	10
6	初始试验速度＋40	10		

[a] 初始试验速度＝速度符号对应的速度－40 km/h。

5.3.1.6 在表 5 中的第 1 试验阶段，试验转鼓以匀加速启动达到初始试验速度，其他各试验阶段改变至规定速度达到稳定，所需时间应在 1 min 以内。

5.3.1.7 在整个试验过程中，环境温度应保持在 38 ℃±3 ℃的范围内。

5.3.2 试验步骤

5.3.2.1 将停放后的试验轮胎气压重新校正到表 3 的规定值。

5.3.2.2 将按 5.3.2.1 规定准备好的试验轮胎轮辋组合体安装在高速耐久试验机上，使其垂直于试验转鼓鼓面并施加表 4 规定的负荷。

5.3.2.3 按表 5 规定的程序和试验条件进行试验，整个试验过程应不间断进行，不应调整轮胎气压，应保持试验负荷及各阶段试验速度的恒定。

5.3.2.4 按规定程序完成试验后，让试验轮胎自然冷却(15～25)min 并应在此规定时间段内测量轮胎气压，然后待完全冷却后拆卸并检查轮胎外观。

5.4 耐久性能试验

5.4.1 试验条件及试验准备

5.4.1.1 试验轮胎的外观质量应符合 GB 9743 的规定。

5.4.1.2 试验轮辋宽度应符合 GB/T 2978 对测量轮辋宽度的规定。

5.4.1.3 将试验轮胎安装在试验轮辋上，并充入表 1 规定的充气压力。

5.4.1.4 充气后的试验轮胎轮辋组合体应在 38 ℃±3 ℃的环境温度下停放 3 h 以上。

5.4.1.5 各阶段的试验负荷及试验时间应符合表 6 规定。

表 6 轿车轮胎耐久性能试验程序

试验阶段	试验时间/h	试验负荷/kg
1	4	负荷指数对应的负荷能力×85％
2	6	负荷指数对应的负荷能力×90％
3	24	负荷指数对应的负荷能力×100％

5.4.1.6 试验速度设定应符合以下规定：

——斜交轮胎、T 型临时使用的备用轮胎，试验速度 80 km/h；

——子午线轮胎，试验速度 120 km/h。

5.4.1.7 试验转鼓以匀加速启动达到 5.4.1.6 规定速度的时间应在 5 min 以内。

5.4.1.8 在整个试验过程中，环境温度应保持在 38 ℃±3 ℃的范围内。

5.4.2 试验步骤

5.4.2.1 将停放后的试验轮胎气压重新校正到表 1 的规定值。

5.4.2.2　将按5.4.2.1规定准备好的试验轮胎轮辋组合体安装在高速耐久试验机上，使其垂直于试验转鼓鼓面并施加表6规定的负荷。

5.4.2.3　按表6及5.4.1.6规定的程序和试验条件进行试验，整个试验过程应不间断进行，不应人为冷却轮胎，不应调整轮胎气压，应保持试验速度及各阶段试验负荷的恒定。

5.4.2.4　按规定程序完成试验后，让试验轮胎自然冷却(15～25)min并应在此规定时间段内测量轮胎气压，然后待完全冷却后拆卸并检查轮胎外观。

5.5　低气压性能试验

5.5.1　试验条件及试验准备

5.5.1.1　本项试验仅适用于子午线轮胎(不包括T型临时使用的备用轮胎)，应在5.4耐久性能试验结束后连续进行，使用已通过5.4耐久性能试验的同一套轮胎轮辋组合体，并调整至规定的试验气压：

——标准型轿车子午线轮胎，试验气压为140 kPa；

——增强型轿车子午线轮胎，试验气压为160 kPa。

5.5.1.2　调整气压后的试验轮胎和轮辋组合体应在38 ℃±3 ℃的环境温度下停放2 h以上。

5.5.1.3　试验负荷、速度及时间设定应符合以下规定：

——试验负荷＝试验轮胎负荷指数对应的负荷能力×100%，单位kg；

——试验速度120 km/h；

——试验时间90 min。

5.5.1.4　试验转鼓以匀加速启动达到5.5.1.3规定速度的时间应在5 min以内。

5.5.1.5　在整个试验过程中，环境温度应保持在38 ℃±3 ℃的范围内。

5.5.2　试验步骤

5.5.2.1　将停放后的试验轮胎气压重新校正到5.5.1.1的规定值。

5.5.2.2　将按5.5.2.1规定准备好的试验轮胎轮辋组合体安装在高速耐久试验机上，使其垂直于试验转鼓鼓面并施加5.5.1.3规定的负荷。

5.5.2.3　按5.5.1.3的规定的试验条件进行试验，整个试验过程应不间断进行，不应人为冷却轮胎，不应调整轮胎气压，应保持试验速度及负荷的恒定。

5.5.2.4　按规定程序完成试验后，让试验轮胎自然冷却(15～25)min并应在此规定时间段内测量轮胎气压，然后待完全冷却后拆卸并检查轮胎外观。

6　判定标准

6.1　试验样品

试验样品为三条同样的轮胎，分别用于脱圈阻力试验和强度性能试验、高速性能试验、耐久性能试验和低气压性能试验。

6.2　脱圈阻力

按5.1要求完成试验后，每个试验点的脱圈阻力均不小于表7中的规定值，判定为“通过试验”，否则判定为“未通过试验”。

表7　无内胎轿车轮胎最小脱圈阻力

T型临时使用的备用轮胎	其他无内胎轿车轮胎	最小脱圈力/
负荷指数	名义断面宽度 S/mm	N
≤75	S<160	6 670
76～92	160≤S<205	8 890
≥93	S≥205	11 120

6.3 强度性能

按5.2要求完成试验后，各个试验点(5.2.2.6所述的情况除外)的破坏能均不小于表8中的规定值，判定为“通过试验”，否则判定为“未通过试验”。

表8 轿车轮胎最小破坏能

单位为焦耳

<table>
<tr><td rowspan="3">名义断面宽度/mm</td><td colspan="2">子午线轮胎</td><td colspan="4">斜交轮胎</td></tr>
<tr><td rowspan="2">标准型</td><td rowspan="2">增强型</td><td colspan="2">尼龙或聚酯</td><td colspan="2">人造丝</td></tr>
<tr><td>4PR、6PR</td><td>8PR</td><td>4PR、6PR</td><td>8PR</td></tr>
<tr><td><160</td><td>220</td><td>439</td><td>220</td><td>439</td><td>132</td><td>263</td></tr>
<tr><td>≥160</td><td>295</td><td>585</td><td>295</td><td>585</td><td>177</td><td>351</td></tr>
<tr><td colspan="7">T型临时使用的备用轮胎，其负荷指数<76的最小破坏能为220 J；负荷指数≥76的最小破坏能为295 J。</td></tr>
</table>

6.4 高速性能

按5.3要求完成试验后，符合下列条件的，判定“通过试验”，否则判定“未通过试验”：

按5.3.2.4要求测得的轮胎气压不低于表3规定的初始气压的95%；外观检查没有明显可见的(胎面、胎侧、帘布层、带束层、缓冲层、胎圈、气密层)脱层、崩花、接头裂开、龟裂或帘布层裂缝、帘线剥离、帘线断裂等现象。

6.5 耐久性能

按5.4要求完成试验后，符合下列条件的，判定“通过试验”，否则应判定“未通过试验”：

按5.4.2.4要求测得的轮胎气压不低于表1规定的初始气压的95%；外观检查没有明显可见的(胎面、胎侧、帘布层、带束层、缓冲层、胎圈、气密层)脱层、崩花、接头裂开、龟裂或帘布层裂缝、帘线剥离、帘线断裂等现象。

6.6 低气压性能

按5.5要求完成试验后，符合下列条件的，判定“通过试验”，否则判定“未通过试验”：

按5.5.2.4要求测得的轮胎气压不低于5.5.1.1规定的初始气压的95%；外观检查没有明显可见的(胎面、胎侧、帘布层、带束层、缓冲层、胎圈、气密层)脱层、崩花、接头裂开、龟裂或帘布层裂缝、帘线剥离、帘线断裂等现象。

7 试验报告

试验报告宜包括以下内容：

a) 试验轮胎制造厂名称、商标、规格、生产编号；
b) 试验轮胎负荷指数或层级、最大负荷能力、速度符号、材料结构等；
c) 试验轮辋规格；
d) 实验室环境温度；
e) 试验方法标准代号、试验日期；
f) 试验气压、试验负荷；
g) 试验各阶段的试验时间和试验速度；
h) 脱圈试验压块型号和水平距离 p 值；
i) 脱圈试验各试验点的脱圈阻力；
j) 脱圈试验轮胎各试验点的情况：“未脱”或“已脱”；
k) 强度试验压头直径；
l) 强度试验轮胎各试验点的压头作用力、行程、破坏能；

m） 强度试验轮胎各试验点的情况："未穿"、"已穿"或"触及轮辋未穿"；

n） 高速、耐久或低气压试验结束后的轮胎外观、气压保持等状况；

o） 试验过程的其他意外情况记录或说明；

p） 结论："通过试验"、"未通过试验"。

附　录　A
（资料性附录）
本标准与 ISO 10191:1995 章条编号对照

表 A.1 给出了本标准与 ISO 10191:1995(英文第二版)章条编号对照一览表。

表 A.1　给出了本标准与 ISO 10191:1995 章条编号对照

本标准章条编号	ISO 10191:1995 章条编号	本标准章条编号	ISO 10191:1995 章条编号
1	1	5.2	5.1
2	2	5.2.1	5.1.1
3	3	5.2.1.1	—
—	3.1～3.11	5.2.1.2	—
—	3.13	5.2.1.3	5.1.1.1
3.1	3.12	5.2.1.4	—
4	4	5.2.1.5	5.1.2.3
4.1	—	5.2.2	5.1.2
4.1.1～4.1.3	4.3	5.2.2.1	5.1.2.1
4.2	—	5.2.2.2	5.1.2.1
4.2.1～4.2.3	4.2	5.2.2.3	5.1.2.2
4.3	—	5.2.2.4	5.1.2.2
4.3.1～4.3.4	4.1	5.2.2.5	5.1.2.3
4.3.5、4.3.6	—	5.2.2.6	5.1.2.4、5.1.2.7
4.4	4.4	5.2.2.7	5.1.2.5
5	5	5.2.2.8	5.1.2.8
5.1	5.2	—	5.1.2.6
5.1.1	5.2.1	5.3	5.4
5.1.1.1	—	5.3.1	5.4.1
5.1.1.2	5.2.1.1	5.3.1.1	—
5.1.1.3	5.2.1.1	5.3.1.2	—
5.1.1.4	5.2.2.5	5.3.1.3	5.4.1.1
表 1	表 1	表 3	表 4
5.1.1.5	—	5.3.1.4	5.4.1.2
5.1.1.6	5.2.2.2	5.3.1.5	5.4.2.3
表 2	表 2	表 4	5.4.2.3
图 1	图 2	表 5	5.4.2.6
图 2	图 1	5.3.1.6	5.4.2.6
5.1.2	5.2.2	5.3.1.7	5.4.2.5
5.1.2.1	—	5.3.2	5.4.2
5.1.2.2	5.2.2.1	5.3.2.1	5.4.2.1
5.1.2.3	5.2.2.2	5.3.2.2	5.4.2.1、5.4.2.2
5.1.2.4	5.2.2.3、5.2.2.4	5.3.2.3	5.4.2.4
5.1.2.5	—	5.3.2.4	—

表 A.1（续）

本标准章条编号	ISO 10191:1995 章条编号	本标准章条编号	ISO 10191:1995 章条编号
5.4	5.3		
5.4.1	5.3.1		
5.4.1.1	—		
5.4.1.2	—		
5.4.1.3	5.3.1.1		
5.4.1.4	5.3.1.2		
5.4.1.5	5.3.2.4		
表 6	表 3		
5.4.1.6	5.3.2.4		
5.4.1.7	—		
5.4.1.8	5.3.2.3		
5.4.2	5.3.2		
5.4.2.1	5.3.2.1		
5.4.2.2	5.3.2.2		
5.4.2.3	5.3.2.5		
5.4.2.4	—		
5.5	—		
6	6		—
6.1	6.1		—
6.2	6.3		—
表 7	表 6、表 7		
6.3	6.2		
表 8	表 5		
6.4	6.5		
6.5	6.4		
6.6	—		
7	—		
—	附录 A		

附　录　B
（资料性附录）
本标准与 ISO 10191:1995 技术性差异及其原因

表 B.1 给出了本标准与 ISO 10191:1995（英文第二版）技术性差异及其原因的一览表。

表 B.1　本标准与 ISO 10191:1995 技术性差异及其原因的一览表

本标准章条编号	技术性差异	原　因
1	扩大了标准适用范围，增加了仅针对子午线轮胎的低气压性能试验项目；明确为“新的”轿车轮胎。	根据最新的 FMVSS-571.139 的安全性要求。
2	直接引用了 GB/T 6326、GB/T 2978、GB 9743，删除了 ISO 10191 引用的 ISO 4233-1。	GB/T 6326 与 ISO 4233-1 的一致性程度为非等效，但是它总共有 410 条术语且包括了 ISO 4233-1 的 58 条术语中的 52 条。同时由于试验方法涉及试验负荷、测量轮辋以及其他要求，根据国情需要，增加了 GB/T 2978、GB 9743 引用标准。
3	删除了国际标准陈述的大部分具体内容，仅保留了 1 个关键术语。	GB/T 6326 已经包括了大部分 ISO 10191 陈述的内容，为了简化标准内容，仅保留必要的术语定义。
4.1.1	试验转鼓直径选用 ISO 10191 中两种之一的 1 700 mm，且公差不同。	维持原国家标准试验转鼓直径为 1 700 mm±17 mm 的规定。
4.1.5、4.1.6	增加了试验转鼓鼓面的径向跳动要求、温度测量装置安装位置的规定。	以保证试验精度，较 ISO 10191 要求严格，对设备的精度要求更完善。
4.3.2、图 2	增加了 C 型标准脱圈压块。	专用于轮辋名义直径为 20～28 寸轮胎的脱圈试验。
5.1.1.1 5.2.1.1 5.3.1.1 5.4.1.1	增加了试验轮胎的外观质量标准按 GB 9743。	外观质量不符合要求的轮胎，不适宜用于试验。
5.1.1.2 5.2.1.2 5.3.1.2 5.4.1.2	本标准明确了试验轮辋为 GB/T 2978 规定的测量轮辋，而 ISO 10191 规定为所有符合测量宽度要求的推荐轮辋。	使用符合测量轮辋尺寸的试验轮辋以维持试验方法和标准的严谨性，并有利于对试验结果进行比较。
5.1.1.3 表 1	增加了斜交胎的脱圈、强度、耐久试验充气压力规定。	以符合 GB/T 2978 的产品分类规定。
5.1.1.5 5.2.1.4	增加了环境温度为 18℃～36℃ 的温度的规定。	延续原国家标准的规定。
表 2	本标准规定“其他无内胎轿车轮胎”的 p 值按名义高宽比划分为 4 类。	ISO 10191 中规定的 p 值不适用于名义高宽比 50 及以下的超扁平轮胎。
5.1.1.6	增加了 T 型临时使用的备用轮胎仅用 A 型压块的规定。	沿用 FMVSS 109/139 的规定。
5.2.2	删除了强度试验中“采用自动计算破坏能装置”的规定。	没必要特别说明。

表 B.1（续）

本标准章条编号	技术性差异	原　因
5.3.1.3	删除了 ISO 10191 中允许更高试验气压的推荐要求。	确立试验条件的唯一性。
5.3.1.4 5.3.1.7	本标准高速性能试验实验室环境温度规定为 38 ℃±3 ℃，ISO 10191 规定为 20 ℃～30 ℃或较高的温度。	维持原国家标准实验室温度为 38 ℃±3 ℃的规定，与 FMVSS 109/139 一致，比 ISO 10191 的要求严。
5.3.1.5 表 5	增加了速度符号 Y 的轮胎在 1 700 mm 转鼓的高速试验程序。	ISO 10191 只规定了在 2 000 mm 转鼓的高速试验条件。
5.3.1.6	增加了其他阶段速度改变至稳定所需时间应在 1 min 以内的规定。	维持原国家标准的规定，比 ISO 10191 更细致完善。
5.3.2.4	增加了在试验完成后(15～25)min 的冷却时间段内测量气压的规定。	采纳了 FMVSS 139 的最新规定，统一的时间要求利于减少试验误差。
5.4.1.4 5.4.1.8	本标准耐久试验规定为 38 ℃±3 ℃，ISO 10191 规定的实验室温度为 35 ℃。	维持原国家标准实验室温度为 38 ℃±3 ℃的规定，与 FMVSS 109/139 一致，比 ISO 10191 的要求严。
5.4.1.5 表 6	试验负荷和周期“不低于”改为“按”表 6 的规定。	确立试验条件的唯一性。
5.4.1.6	子午线轮胎的耐久性能试验速度提高至 120 km/h，斜交胎为 80 km/h，ISO 10191 规定为不低于 80 km/h。	确立试验条件的唯一性，其中子午胎采纳了 FMVSS 139 的最新规定，提升了对轿车子午线轮胎的安全性能要求。
5.4.1.7	增加了以匀加速方式达至试验速度所需时间应在 5 min 以内的规定。	延续了原国家标准的要求，比 ISO 10191 更细致完善。
5.4.2.4	试验结束立即测量气压，改为在(15～25)min 冷却时间段内测量气压。	采纳了 FMVSS 139 的最新规定，统一的时间要求利于减少试验误差。
5.5	增加了专用于子午胎的低气压性能试验项目，并作为耐久性能试验的附加试验。	采纳了 FMVSS 139 的最新规定，较之 ISO 10191 提升了对轿车子午线轮胎的安全性能要求。
6.3	将考核试验点破坏能平均值改为考核每一点的最小破坏能。	试验方法的可操作性更强，试验标准更加严格。
表 8	增加了斜交胎按层级和材料的分类指标值。	依照 FMVSS 109 规定，试验条件规范化。
6.4、6.5	删除了试验轮辋无永久变形及气门嘴不漏气的要求。 完成试验并冷却后测得试验轮胎的气压不低于初始气压的 95%。	无需特别说明，因为有缺陷的轮辋或气门嘴不宜用于试验。 采纳了 FMVSS 139 的最新规定，适应轮胎安全性要求。
6.6	增加了子午胎的低气压性能试验判定标准。	采纳了 FMVSS 139 的最新规定。
7	增加了试验报告及内容要求。	按我国行业习惯，利于规范统一。
—	删除了 ISO 10191 中的资料性附录 A。	没有标识的轮胎不符合 GB 9743 的规定，不宜用于试验。

ICS 83.080.10
G 32

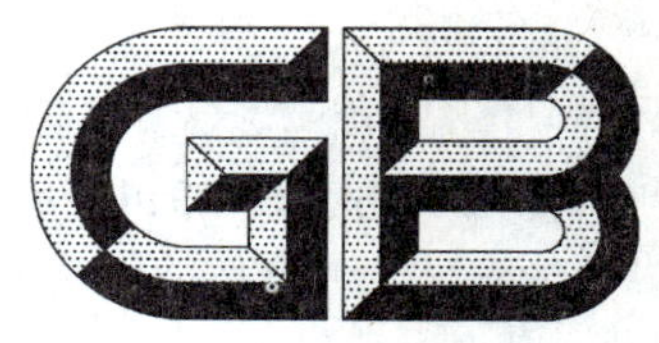

中华人民共和国国家标准

GB/T 4617—2009/ISO 59:1976
代替 GB/T 4617—1984

塑料 酚醛模塑制品丙酮可溶物的测定

Plastics—Phenolic mouldings—Determination of acetone-soluble matter

(ISO 59:1976,IDT)

2009-06-15 发布 2010-02-01 实施

中华人民共和国国家质量监督检验检疫总局
中国国家标准化管理委员会 发布

前 言

本标准等同采用 ISO 59:1976《塑料　酚醛模塑制品　丙酮可溶物的测定》(英文版)。

本标准等同翻译 ISO 59:1976,并对 ISO 59:1976 进行了如下编辑性修改:

——“本国际标准”改为“本标准”;

——删除了国际标准的前言;

——用小数点“.”代替国际标准中的逗号“,”。

本标准代替 GB/T 4617—1984《酚醛模塑制品丙酮可溶物的测定》。

本标准与 GB/T 4617—1984 主要差异如下:

——标准名称改为与 ISO 标准一致;

——对筛子增加了要求;

——本标准包裹试样可用滤纸或提取套管。

本标准由中国石油和化学工业协会提出。

本标准由全国塑料标准化技术委员会塑料树脂通用方法和产品分会(SAC/TC 15/SC 4)归口。

本标准负责起草单位:国家合成树脂质量监督检验中心。

本标准参加起草单位:上海欧亚合成材料有限公司、常熟东南塑料有限公司。

本标准主要起草人:云伯翎、赵平、刘勇、魏卫。

本标准所代替标准的历次版本发布情况为:

——GB/T 4617—1984。

塑料 酚醛模塑制品 丙酮可溶物的测定

1 范围

本标准规定了重量法测定丙酮在沸点附近从磨细的酚醛模塑制品中抽提的可溶物的含量。

本标准适用于酚醛模塑制品中丙酮可溶物的测定。

丙酮可溶物试验是测定由给定材料制成的酚醛模塑制品相对固化程度的方法。抽提过程应在指定条件下，于规定时间内进行。虽然绝大部分可溶物测定出来了，但抽提作用不一定完全。其结果只是比较性的，因为除了可能存在的未固化树脂抽提物，通常还含有其他物质，如润滑剂、着色剂和增塑剂。

2 原理

加热丙酮从已加工成细粉状的试样中抽提可溶物，蒸去丙酮，干燥抽提物到恒重并称量。

3 试剂

丙酮，分析纯。

4 仪器

4.1 设备，将模塑制品变成细粉状的设备；

4.2 筛子，标称孔径 425 μm(GB/T 6005—2008)；

4.3 筛子，标称孔径 250 μm(GB/T 6005—2008)；

4.4 天平，分度值为 0.001 g；

4.5 抽提器：如图 1 所示。

可以使用索氏抽提器。该仪器套管中的物料由沸腾溶剂的蒸气所包围。只要证明它也能得出相似的结果，也可以使用其他类型的抽提器。

4.6 烘箱：鼓风型，温度可控制在(50±2)℃。

单位为毫米

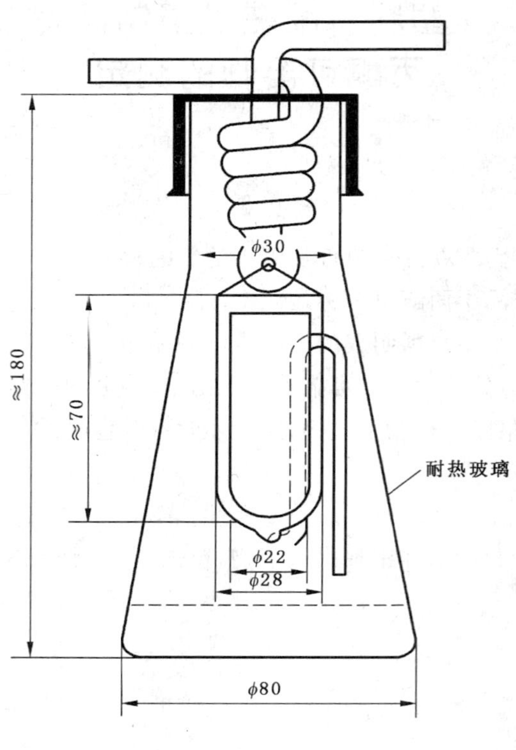

图1 抽提器

5 试样制备

将一个具有代表性的模塑制品，通过机械加工制成粉状，同时应注意制样时不应使物料过热，防止粉状样品吸潮。使用筛子(4.2)和(4.3)过筛粉末，只取通过筛子(4.2)而留在筛子(4.3)中的级分用于抽提试验。

6 步骤

6.1 任取两份筛选试样(第5章)。

6.2 称取试样约3 g，准确到0.001 g，放到已知重量的疏松的定量滤纸中或抽提器(4.5)的单层厚提取套管中。

6.3 折叠盛有试样的套管或滤纸，以免粉末漂出，然后放到抽提器的虹吸杯内。装好冷凝管、虹吸杯和加有50 mL丙酮(第3章)的烧瓶。

6.4 调节加热，使虹吸速度为每小时20到30次，连续抽提6 h。冷却，取下烧瓶。将瓶内物料倒入已准确称量的小烧瓶或小器皿中精确到0.001 g。用约20 mL丙酮洗涤空烧瓶，将洗涤液加到抽提物中。

6.5 用任何适宜的方法蒸去丙酮，温度不超过50 ℃。将盛有残留物的容器放入烘箱(4.6)中，在(50±2)℃，烘30 min。从烘箱中取出容器，放在干燥器中冷却到室温后称量。重复加热、冷却和称量，至恒重，即连续两次的称重差值不超过0.003 g时为止。

7 结果表示

样品中丙酮可溶物的含量w，用(%)表示按式(1)计算：

$$w = \frac{m_1}{m_0} \times 100 \qquad \cdots\cdots(1)$$

式中：

w——样品中丙酮可溶物含量，以(%)表示；

m_1——干燥抽提物的质量，单位为克(g)；

m_0——试样的质量，单位为克(g)。

取两次试验所得的算术平均值作为被试模塑制品中丙酮可溶物的含量。

8 试验报告

试验报告应包括以下内容：

a) 注明采用本标准；

b) 样品的所有信息；

c) 将模塑制品变成粉末状态所采用的方法；

d) 每个试样中丙酮可溶物的量；

e) 两个试样所得值的算术平均值；

f) 试验日期。

参 考 文 献

［1］ GB/T 6005:2008 试验筛 金属丝编织网、穿孔板和电成型薄板 筛孔的基本尺寸

ICS 23.040.60
J 15

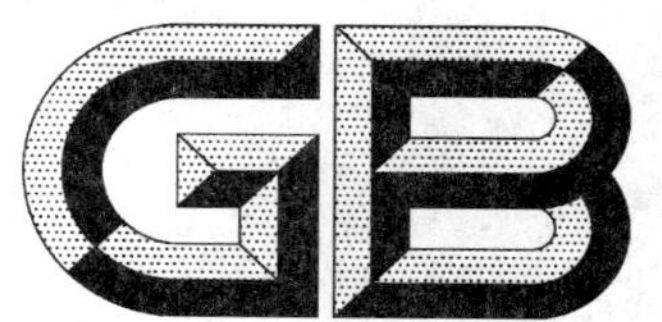

中华人民共和国国家标准

GB/T 4622.1—2009
代替 GB/T 4622.1—2003

缠绕式垫片　分类

Classification for spiral wound gaskets

2009-11-15 发布　　2010-09-01 实施

中华人民共和国国家质量监督检验检疫总局
中国国家标准化管理委员会　发布

前　言

GB/T 4622《缠绕式垫片》分为三个部分：

——分类；

——管法兰用垫片尺寸；

——技术条件。

本部分代替 GB/T 4622.1—2003《缠绕式垫片　分类》。

本部分与 GB/T 4622.1—2003 相比，主要变化如下：

——增加了法兰密封面型式与垫片型式选用之间的对应关系；

——删除了两种金属带材料，增加了一种定位环材料；

——以“标记和标志”代替“标记”(2003 版的第 4 章)。

本部分由中国机械工业联合会提出。

本部分由全国管路附件标准化技术委员会(SAC/TC 237)归口。

本部分起草单位：中机生产力促进中心、慈溪市恒立密封材料有限公司、宁波天生密封件有限公司。

本部分主要起草人：李俊英、邱宽横、励行根。

本部分所代替标准的历次版本发布情况为：

——GB/T 4622.1—1993、GB/T 4622.1—2003。

缠绕式垫片　分类

1　范围

GB/T 4622 的本部分规定了缠绕式垫片的型式、代号、标记和标志。

本部分适用于管法兰用缠绕式垫片。

2　型式

2.1　缠绕式垫片分为以下四种型式：

——基本型(见图 1)；

——带内环型(见图 2)；

——带定位环型(见图 3)；

——带内环和定位环型(见图 4)。

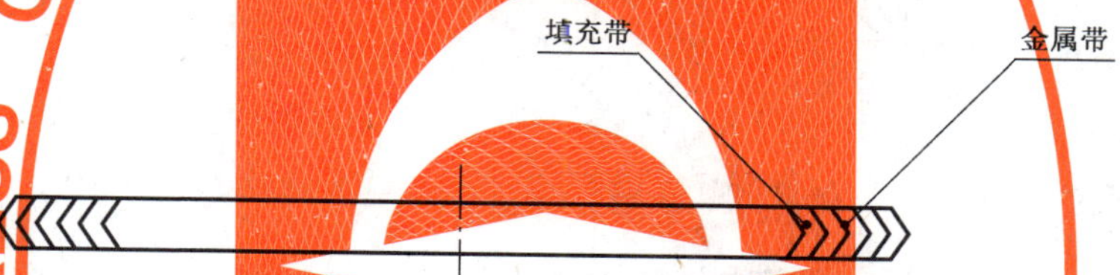

图 1　基本型

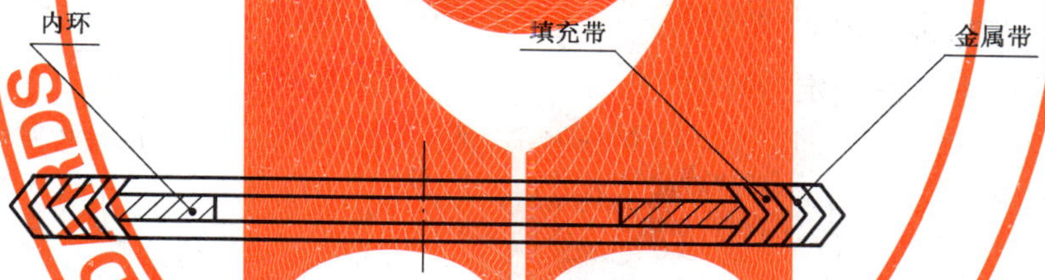

图 2　带内环型

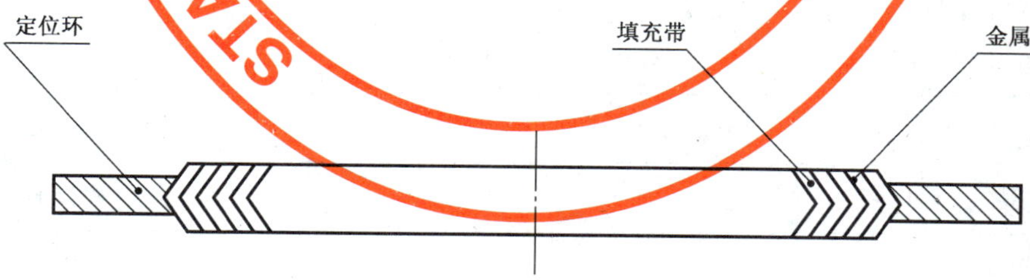

图 3　带定位环型

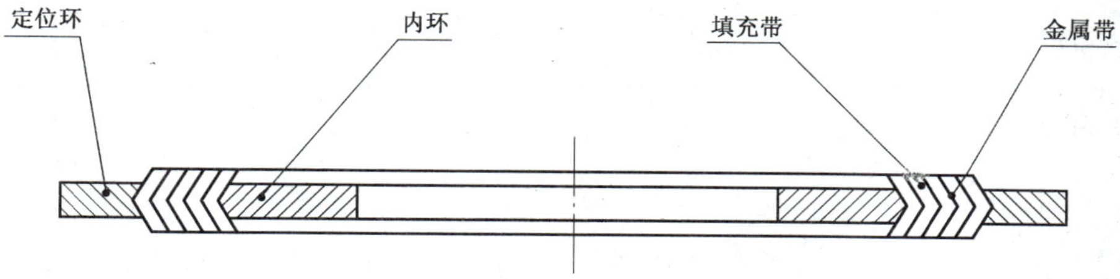

图 4　带内环和定位环型

2.2　缠绕式垫片的典型结构见图5。

单位为毫米

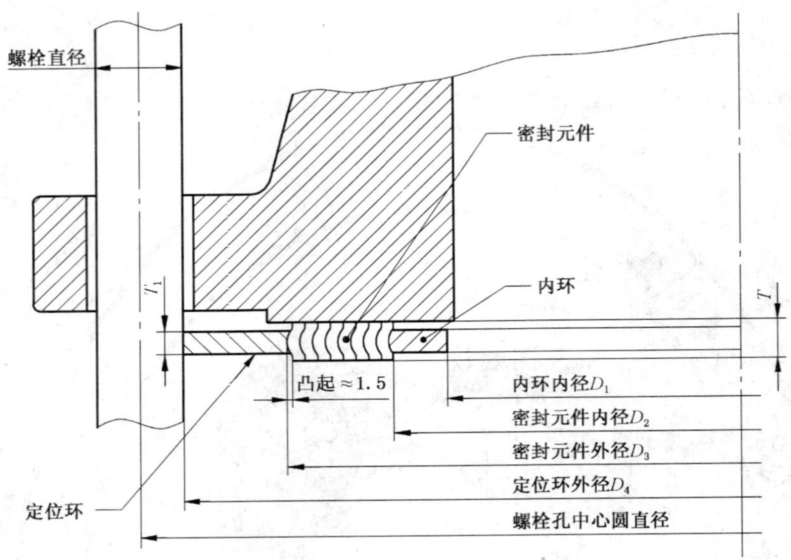

图5　缠绕式垫片典型结构

2.3　用于榫槽面法兰的缠绕式垫片应是基本型。

2.4　凹凸面法兰应选用带内环型。

2.5　突面和全平面法兰可选用带定位环型[1)]。

2.6　突面和全平面法兰应优先选用带内环和定位环型。当填充带材料为聚四氟乙烯时应选用该型式。

3　代号

3.1　缠绕式垫片型式的代号应按表1规定。

表1　型式代号

型　　式	代　　号	适用的法兰密封面形式
基本型	A	榫槽面
带内环型	B	凹凸面
带定位环型	C	全平面
带内环和定位环型	D	突面

3.2　缠绕式垫片用材料的代号应按表2规定。

1)　标准的使用者需考虑到不带内环内径处又无约束的状况下，缠绕式垫片可能会发生径向屈曲而影响正常使用的风险。

表 2　材料代号

定位环材料		金属带材料		填充带材料		内环材料	
名　称	代号	名　称	代号	名　称	代号	名　称	代号
无定位环	0	06Cr19Ni9 (0Cr18Ni9)	2	石棉	1	无内环	0
低碳钢	1	06Cr17Ni12Mo2 (0Cr17Ni12Mo2)	3	柔性石墨	2	06Cr19Ni9 (0Cr18Ni9)	2
06Cr19Ni9 (0Cr18Ni9)	2	022Cr17Ni12Mo2 (00Cr17Ni14Mo2)	4	聚四氟乙烯	3	06Cr17Ni12Mo2 (0Cr17Ni12Mo2)	3
06Cr17Ni12Mo2 (0Cr17Ni12Mo2)	3	06Cr25Ni20 (0Cr25Ni20)	5	非石棉纤维	4	022Cr17Ni12Mo2 (00Cr17Ni14Mo2)	4
		06Cr18Ni11Ti (0Cr18Ni10Ti)	6	陶瓷纤维	5	06Cr25Ni20 (0Cr25Ni20)	5
		022Cr19Ni10 (00Cr19Ni10)	7			06Cr18Ni11Ti (0Cr18Ni10Ti)	6
						022Cr19Ni10 (00Cr19Ni10)	7
其他	9	其他	9	其他	9	其他	9

4　标记和标志

4.1　标记

4.1.1　标记方式

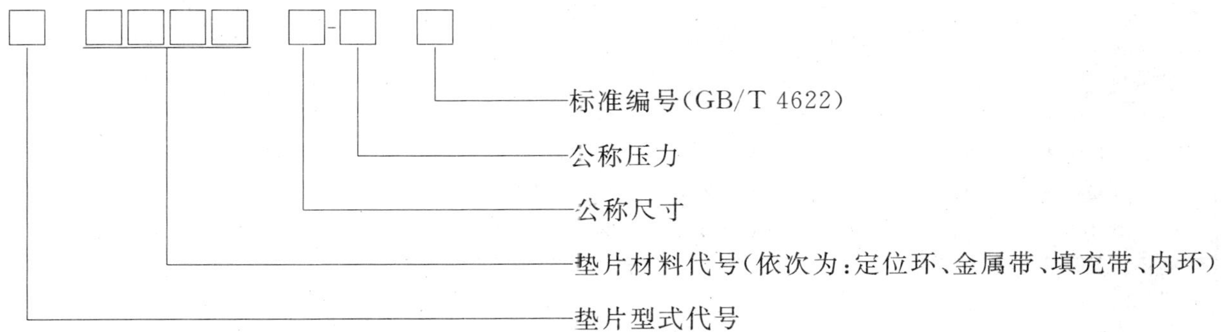

4.1.2　标记示例

公称尺寸 100、公称压力 40 的带内环和定位环型缠绕式垫片，定位环材料为低碳钢、金属带和内环材料为 0Cr18Ni9、填充带材料为柔性石墨，应标记为：

缠绕垫 D1222 DN100-PN40 GB/T 4622

4.2　标志

4.2.1　标志方式

除基本型缠绕式垫片应用标签标志外，其他型式缠绕式垫片应在定位环(或内环)上做永久性标志，标志的高度尺寸至少为 2.5 mm。

当用户有要求时，缠绕式垫片还应标以可识别金属带和填充带材料的颜色色标，颜色色标和标志方法见 4.2.2。

4.2.2 颜色色标

金属带材料以定位环外周边的连续颜色带表示;填充带材料以定位环外周边的间隔色条表示;DN40 及以上规格的缠绕式垫片以四条间隔 90°的色条、小于 DN40 用对称两条色条表示。所用颜色可按表 3 的规定或按用户要求而定。

表 3 颜色色标

材料		颜色色标	材料		颜色色标
金属带材料	06Cr19Ni9 (0Cr18Ni9)	黄色	金属带材料	Hastelloy C[b]	米色
	022Cr19Ni10 (00Cr19Ni10)	无色[a]		Inconel 600[b]	金色
	16Cr23Ni13 (2Cr23Ni13)	无色[a]		Inconel 625[b]	金色
	06Cr25Ni20 (0Cr25Ni20)	无色[a]		Incoloy 800[b]	白色
	022Cr17Ni12Mo2 (00Cr17Ni14Mo2)	绿色		Incoloy 825[b]	白色
	022Cr19Ni13Mo3 (00Cr19Ni13Mo3)	栗色			
	06Cr18Ni11Nb (0Cr18Ni11Nb)	蓝色	填充带材料	石棉	无色
	06Cr18Ni11Ti (0Cr18Ni10Ti)	青绿色		柔性石墨	灰色条纹
	锆	无色[a]		聚四氟乙烯	白色条纹
	纯镍	红色		无石棉纤维	黑色条纹
	纯钛	紫色		云母[b]	粉色条纹
	Monel 400[b]	橙色		陶瓷	浅绿色条纹

[a] 为防止不同材料制成的相同型式垫片之间产生混淆,鼓励供需双方共同确定一种合适的颜色代码。

[b] 这些材料只是由特定供应商提供的产品的商品名。给出这些信息是为了方便 GB/T 4622 的本部分的使用者,并不表示对这些产品的认可。如果其他等效产品具有相同的效果,则可使用这些等效产品。

ICS 35.040
A 24

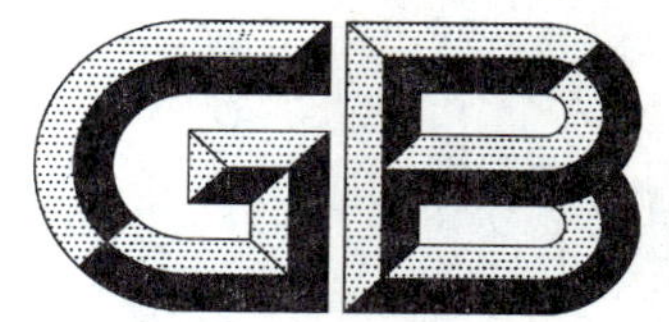

中华人民共和国国家标准

GB/T 4657—2009
代替 GB/T 4657—2002

中央党政机关、人民团体及其他机构代码

Codes for the Central Party and State Organs People's Communities and the other State Organizations

2009-05-06 发布　　2009-11-01 实施

中华人民共和国国家质量监督检验检疫总局
中国国家标准化管理委员会　发布

前　言

本标准是对 GB/T 4657—2002《中央党政机关、人民团体及其他机构代码》的修订。

本次修订主要依据了 2003 年至 2008 年国家关于机构改革、设置等有关文件。

本标准与 GB/T 4657—2002 相比主要差异如下：

——对编制原则做了补充；

——根据国务院机构设置方案，本次修订共删除代码及机构名称 13 个，代码不变仅改变机构名称 16 个，新增代码及机构名称 49 个，恢复启用的机构名称代码 2 个(参见附录 B)；

——增加了依据人大、国务院的机构排名次序排序的机构名称代码表(参见附录 A)；

——为方便用户查询，增加了历次修订版本中的代码变更情况汇总表(参见附录 B)。

本标准的附录 A 和附录 B 为资料性附录。

本标准由中国标准化研究院提出并归口。

本标准由中国标准化研究院负责起草。

本标准主要起草人：刘植婷、陈琳、史立武、孙广芝。

本标准于 1984 年 8 月首次发布。第一次修订于 1990 年，第二次修订于 1995 年，第三次修订于 2002 年，本次为第四次修订。

中央党政机关、人民团体及其他机构代码

1 范围

本标准规定了中央一级的党政机关、人民团体及其他机构的代码。

本标准适用于信息处理和信息交换。

2 编制原则

2.1 根据国家关于机构改革、设置等有关文件，对 GB/T 4657—2002 中未变动的机构和仅改变名称的机构保留原代码，新增设的机构赋予新的代码。

2.2 当几个机构合并为一个新设机构时，在不破坏分类结构的前提下，新设机构可使用合并前的一个机构的原代码。当一个机构曾分设，现又合并的，启用分设前的代码。

2.3 对于一个机构多块牌子的情况，仅按机构所属序列赋码，并列名称用括号括起，排在后面。

2.4 原取消的机构恢复对外挂牌的，启用原代码。

2.5 本标准中全国人民代表大会常务委员会简称全国人大常委会，中国人民政治协商会议全国委员会简称全国政协，最高人民检察院简称最高检，最高人民法院简称最高法，中国共产党中央委员会简称中共中央。

2.6 本标准中凡机构名称中带有中华人民共和国前缀的均省略前缀，如中华人民共和国外交部简称外交部，依此类推。

2.7 本标准中各机构代码的先后顺序不作为各机构在其他领域、场合中排列顺序的依据。

3 编码方法

3.1 本标准采用序列顺序编码法。

3.2 代码用三位数字表示，第一位数字表示类别，第二、三位数字表示各类中的机构顺序。

3.3 代码结构如图 1 所示。

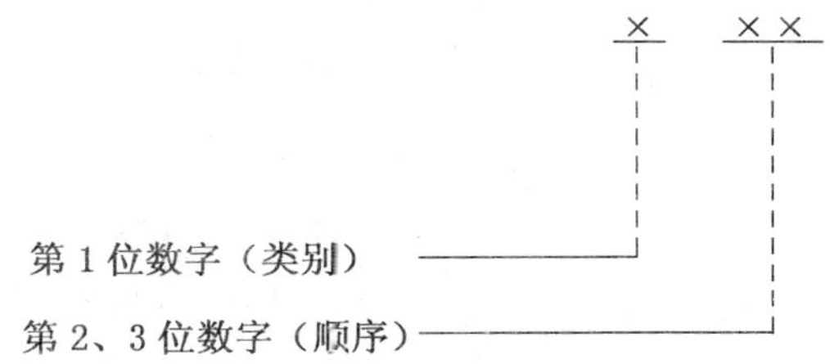

图 1 代码结构图

类别标识如下：

1——全国人大、全国政协、最高检、最高法；

2——中共中央直属机关及事业单位；

3——国务院组成部门；

4、6——国务院办公厅、直属机构、直属特设机构、办事机构、部委管理的国家局及事业单位和综合性行业协会；

5——国家级金融机构、经济实体；

7——民主党派机关、全国性人民团体。

4 代码表

4.1 中央党政机关、人民团体及其他机构代码见表 1、表 2、表 3、表 4、表 5 和表 6。

表 1 全国人大、全国政协、最高检、最高法机构代码

代码	机构名称
101	全国人大常委会办公厅
102	全国人大环境与资源保护委员会
103	全国人大民族委员会
104	全国人大农业与农村委员会
105	全国人大常委会法制工作委员会
106	全国人大常委会预算工作委员会
107	全国人大法律委员会
109	全国人大内务司法委员会
111	全国人大财政经济委员会
113	全国人大教育科学文化卫生委员会
115	全国人大外事委员会
117	全国人大华侨委员会
121	全国人大常委会香港特别行政区基本法委员会
122	全国人大常委会澳门特别行政区基本法委员会
131	全国政协办公厅
132	全国政协提案委员会
133	全国政协经济委员会
134	全国政协人口资源环境委员会
135	全国政协教科文卫体委员会
136	全国政协社会和法制委员会
137	全国政协民族和宗教委员会
138	全国政协港澳台侨委员会
139	全国政协外事委员会
140	全国政协文史和学习委员会
151	最高人民检察院
161	最高人民法院

表 2 中共中央直属机关及事业单位代码

代码	机构名称
201	中央办公厅
203	中央组织部
211	中央宣传部
213	中央统战部

表 2（续）

代码	机构名称
215	中央对外联络部
216	中央政法委员会
218	中央政策研究室
222	中央纪律检查委员会
223	中央对外宣传办公室(国务院新闻办公室)
224	中央财经领导小组办公室
225	中央机构编制委员会办公室
226	中央外事工作领导小组办公室
231	中央台湾工作办公室(国务院台湾事务办公室)
233	中央直属机关工作委员会
234	中央直属机关事务管理局
235	中央国家机关工作委员会
236	中央金融工作委员会
237	中央企业工作委员会
238	中央香港工作委员会
239	中央澳门工作委员会
240	中央精神文明办公室
241	中央档案馆(国家档案局)
243	中央保密委员会办公室(国家保密局)
244	中央密码工作领导小组办公室(国家密码管理局)
247	中央防范和处理邪教问题领导小组办公室(国务院防范和处理邪教问题办公室)
281	中央党校
282	人民日报社
283	中央党史研究室
284	中央文献研究室
285	中央编译局
286	《求是》杂志社
287	光明日报社
288	中国日报社
289	经济日报社
290	中国外文出版发行事业局
291	中央社会主义学院
292	中国浦东干部学院
293	中国井冈山干部学院
294	中国延安干部学院

表 3　国务院组成部门代码

代　　码	机 构 名 称
301	外交部
302	国防部
303	国家发展和改革委员会
306	科学技术部
308	国家民族事务委员会
311	监察部
312	公安部
313	国家安全部
314	民政部
315	司法部
318	财政部
319	审计署
320	中国人民银行
326	农业部
332	水利部
333	住房和城乡建设部
334	国土资源部
339	工业和信息化部(国家航天局、国家原子能机构)
347	铁道部
348	交通运输部
356	人力资源和社会保障部
357	文化部
360	教育部(国家语言文字工作委员会)
361	卫生部
363	国家人口和计划生育委员会
365	环境保护部(国家核安全局)
366	商务部

表 4　国务院办公厅、直属机构、直属特设机构、办事机构、部委管理的国家局及事业单位和综合性行业协会代码

代　　码	机 构 名 称
410	国家统计局
414	国家工商行政管理总局
415	海关总署
416	中国气象局
417	中国民用航空局

表 4（续）

代　码	机 构 名 称
418	国家海洋局
419	中国地震局
420	国家旅游局
421	国家新闻出版总署(国家版权局)
424	国家质量监督检验检疫总局
425	国家广播电影电视总局
426	国家语言文字工作委员会
427	国家宗教事务局
429	国务院参事室
430	国务院机关事务管理局
431	国务院研究室
432	国家林业局
433	国务院法制办公室
434	国务院办公厅
435	国务院侨务办公室
436	国务院港澳事务办公室
440	国家外国专家局
442	中华全国供销合作总社
443	国家邮政局
444	国家税务总局
445	国家外汇管理局
448	国务院国有资产监督管理委员会
449	国家粮食局
450	国家安全生产监督管理总局
451	国家体育总局
453	国家文物局
455	国家信访局
456	国家烟草专卖局
457	中国地质调查局
463	国家知识产权局
464	国家食品药品监督管理局
466	国家测绘局
468	国家中医药管理局
469	中国国家标准化管理委员会(国家标准化管理局)
470	中国国家认证认可监督管理委员会(国家认证认可监督管理局)

表 4（续）

代　码	机 构 名 称
480	国家自然科学基金委员会
481	国家信息中心
482	中国工程院
483	国家行政学院
484	全国社会保障基金理事会
486	国务院扶贫开发领导小组办公室
487	国务院南水北调工程建设委员会办公室
488	中国工程物理研究院
489	科技日报社
490	新华通讯社
491	中国科学院
492	中国社会科学院
493	国务院发展研究中心
497	中国证券监督管理委员会
498	中国保险监督管理委员会
499	国务院三峡工程建设委员会办公室
601	中国商业联合会
602	中国物流与采购联合会
603	中国煤炭工业协会
604	中国机械工业联合会
605	中国钢铁工业协会
606	中国石油和化学工业协会
607	中国轻工业联合会(中华全国手工业合作总社)
608	中国纺织工业协会
609	中国建筑材料工业联合会
610	中国有色金属工业协会
611	中国老龄协会(全国老龄工作委员会办公室)
621	国家预防腐败局
622	中国银行业监督管理委员会
623	国家电力监管委员会
624	国家能源局
625	国家国防科技工业局
626	国家公务员局
627	国家煤矿安全监察局

表 5 国家级金融机构、经济实体代码

代 码	机 构 名 称
501	中国工商银行
502	中国农业银行
503	中国银行
504	中国建设银行
505	中国人民保险公司
506	交通银行
507	中国电子科技集团公司
508	中国航空集团公司
509	中国东方航空集团公司
510	中国南方航空集团公司
511	中国船舶重工集团公司
512	中国国际信托投资公司
513	中国石油化工集团公司
515	中国石油天然气集团公司
517	中国核工业集团公司
518	中国兵器工业集团公司
520	中国航天科技集团公司
521	中国航天科工集团公司
522	中国船舶工业集团公司
523	中国光大(集团)总公司
525	中国网络通信集团公司
527	中国兵器装备集团公司
528	中国核工业建设集团公司
529	中国电信集团公司
530	中国铝业公司
531	中国远洋运输(集团)总公司
532	中国中化集团公司
533	中国五矿集团公司
534	中国储备粮管理总公司
535	中国移动通信集团公司
536	中国联合通信有限公司
537	神华集团有限责任公司
538	中粮集团有限公司
539	中国电子信息产业集团公司
540	中国通用技术(集团)控股有限责任公司

表 5（续）

代　码	机　构　名　称
544	中国建筑工程总公司
546	中国海洋石油总公司
547	国家开发投资公司
548	中国长江三峡工程开发总公司
549	中国第一汽车集团公司
550	东风汽车公司
551	中国第一重型机械集团公司
552	中国第二重型机械集团公司
553	鞍山钢铁集团公司
554	武汉钢铁(集团)公司
555	中国海运(集团)总公司
556	哈尔滨电站设备集团公司
557	中国东方电气集团公司
558	宝钢集团有限公司
559	招商局集团有限公司
560	国家开发银行
561	中国进出口银行
562	中国农业发展银行
564	国家电网公司
565	中国南方电网有限责任公司
566	中国华能集团公司
567	中国大唐集团公司
568	中国华电集团公司
569	中国国电集团公司
570	中国电力投资集团公司
571	中国人寿保险总公司
572	中国再保险公司
581	华润(集团)有限公司
582	中国港中旅集团公司[香港中旅(集团)有限公司]
583	国家核电技术有限公司
584	中国商用飞机有限责任公司
585	中国航空工业集团公司

表 6　民主党派机关、全国性人民团体代码表

代　码	机　构　名　称
711	中华全国总工会
712	中国共产主义青年团中央委员会
713	中华全国妇女联合会

表 6（续）

代　码	机　构　名　称
714	中华全国工商业联合会
715	中华职业教育社
716	中国职工思想政治工作研究会
717	中国关心下一代工作委员会
721	中国文学艺术界联合会
722	中华全国新闻工作者协会
723	中国作家协会
724	中国计划生育协会
726	中国法学会
731	中国科学技术协会
741	中国国际贸易促进委员会
751	中国人民对外友好协会
752	中国人民外交学会
761	中国红十字会总会
762	中国残疾人联合会
771	中国全国归国华侨联合会
772	中华全国台湾同胞联谊会
773	欧美同学会
774	黄埔军校同学会
777	中国藏学研究中心
778	中国和平统一促进会
781	宋庆龄基金会
791	中国民主同盟中央委员会
792	中国国民党革命委员会中央委员会
793	中国民主建国会中央委员会
794	中国民主促进会中央委员会
795	中国农工民主党中央委员会
796	中国致工党中央委员会
797	九三学社中央委员会
798	台湾民主自治同盟中央委员会

4.2　依据人大、国务院公布的机构排名次序排序的国务院机构名称代码和历次标准版本修订中代码变更情况的汇总参见附录 A、附录 B。

附 录 A
（资料性附录）
依据人大、国务院公布的机构排名次序排序的国务院机构名称代码表

A.1 全国人大机构代码排序表

A.1.1 全国人大常委会办公厅(见表 A.1)

表 A.1

序 号	机 构 名 称	代 码
1	全国人大常委会办公厅	101

A.1.2 全国人大各专门委员会(见表 A.2)

表 A.2

序 号	机 构 名 称	代 码
1	全国人大民族委员会	103
2	全国人大法律委员会	107
3	全国人大内务司法委员会	109
4	全国人大财政经济委员会	111
5	全国人大教育科学文化卫生委员会	113
6	全国人大外事委员会	115
7	全国人大华侨委员会	117
8	全国人大环境与资源保护委员会	102
9	全国人大农业与农村委员会	104

A.1.3 全国人大常委会各工作委员会(见表 A.3)

表 A.3

序 号	机 构 名 称	代 码
1	全国人大常委会法制二作委员会	105
2	全国人大常委会预算工作委员会	106
3	全国人大常委会香港特别行政区基本法委员会	121
4	全国人大常委会澳门特别行政区基本法委员会	122

A.2 国务院机构代码排序表

A.2.1 国务院办公厅(见表 A.4)

表 A.4

序 号	机 构 名 称	代 码	备 注
1	国务院办公厅	434	

A.2.2 国务院组成部门(见表 A.5)

表 A.5

序号	机构名称	代码	备注
1	外交部	301	
2	国防部	302	
3	国家发展和改革委员会	303	
4	教育部	360	
5	科学技术部	306	
6	工业和信息化部	339	
7	国家民族事务委员会	308	
8	公安部	312	
9	国家安全部	313	
10	监察部	311	
11	民政部	314	
12	司法部	315	
13	财政部	318	
14	人力资源和社会保障部	356	
15	国土资源部	334	
16	环境保护部	365	
17	住房和城乡建设部	333	
18	交通运输部	348	
19	铁道部	347	
20	水利部	332	
21	农业部	326	
22	商务部	366	
23	文化部	357	
24	卫生部	361	
25	人口计生委	363	
26	人民银行	320	
27	审计署	319	

A.2.3 国务院直属特设机构(见表 A.6)

表 A.6

序号	机构名称	代码	备注
1	国务院国有资产监督管理委员会	448	

A.2.4 国务院直属机构(见表 A.7)

表 A.7

序号	机构名称	代码	备注
1	中华人民共和国海关总署	415	
2	国家税务总局	444	
3	国家工商行政管理总局	414	

表 A.7（续）

序号	机构名称	代码	备注
4	国家质量监督检验检疫总局	424	
5	国家广播电影电视总局	425	
6	国家新闻出版总署	421	国家版权局
7	国家体育总局	451	
8	国家安全生产监督管理总局	450	
9	国家统计局	410	
10	国家林业局	432	
11	国家知识产权局	463	
12	国家旅游局	420	
13	国家宗教事务局	427	
14	国务院参事室	429	
15	国务院机关事务管理局	430	
16	国家预防腐败局	621	在监察部挂牌

A.2.5 国务院办事机构(见表 A.8)

表 A.8

序号	机构名称	代码	备注
1	国务院侨务办公室	435	
2	国务院港澳事务办公室	436	
3	国务院法制办公室	433	
4	国务院研究室	431	

A.2.6 国务院直属事业单位(见表 A.9)

表 A.9

序号	机构名称	代码	备注
1	新华通讯社	490	
2	中国科学院	491	
3	中国社会科学院	492	
4	中国工程院	482	
5	国务院发展研究中心	493	
6	国家行政学院	483	
7	中国地震局	419	
8	中国气象局	416	
9	中国银行业监督管理委员会	622	
10	中国证券监督管理委员会	497	
11	中国保险监督管理委员会	498	
12	国家电力监管委员会	623	

表 A.9（续）

序　号	机　构　名　称	代　码	备　注
13	全国社会保障基金理事会	484	
14	国家自然科学基金委员会	480	

A.2.7　国务院部委管理的国家局(见表 A.10)

表 A.10

序　号	机　构　名　称	代　码	备　注
1	国家信访局	455	
2	国家粮食局	449	
3	国家能源局	624	
4	国家国防科技工业局	625	
5	国家烟草专卖局	456	事业编制
6	国家外国专家局	440	
7	国家公务员局	626	
8	国家海洋局	418	
9	国家测绘局	466	
10	中国民用航空局	417	
11	国家邮政局	443	
12	国家文物局	453	
13	国家食品药品监督管理局	464	
14	国家中医药管理局	468	
15	国家外汇管理局	445	
16	国家煤矿安全监察局	627	

A.2.8　国务院议事协调机构(见表 A.11)

表 A.11

序　号	机　构　名　称	代　码	备　注
1	国务院扶贫开发领导小组办公室	486	
2	国务院三峡工程建设委员会办公室	499	
3	国务院南水北调工程建设委员会办公室	487	

附 录 B
（资料性附录）
历次标准版本修订中代码变更情况汇总

B.1 删除代码及其机构名称

下面列出了本标准在 4 次修订版本中删除的代码和机构名称。

B.1.1 在 GB/T 4657—2009 版本中删除的代码和机构名称(见表 B.1)

表 B.1

序 号	代 码	机 构 名 称
1	304	国家经济贸易委员会
2	307	国防科学技术工业委员会
3	316	人事部
4	317	劳动和社会保障部
5	322	对外贸易经济合作部
6	438	国务院外事办公室
7	441	国务院经济体制改革办公室
8	467	国家环境保护局
9	519	中国航空工业第一集团公司
10	524	国家电力公司
11	526	中国航空工业第二集团公司
12	542	中国包装总公司
13	545	中国汽车工业总公司

B.1.2 在 GB/T 4657—2002 版本中删除的代码和机构名称(见表 B.2)

表 B.2

序 号	代 码	机 构 名 称
1	305	国家经济体制改革委员会
2	321	国内贸易部
3	327	林业部
4	330	电力工业部
5	335	冶金工业部
6	336	机械工业部
7	342	煤炭工业部
8	344	化学工业部
9	349	邮电部
10	359	广播电影电视部
11	362	国家体育运动委员会

表 B.2（续）

序 号	代 码	机 构 名 称
12	413	国家建筑材料工业局
13	422	国家技术监督局(国家质量技术监督局)
14	423	国家土地管理局
15	426	国家语言文字工作委员会
16	437	国务院特区办公室
17	448	国家国有资产管理局
18	458	国家核安全局
19	465	国家进出口商品检验局(国家出入境检验检疫局)
20	495	中国轻工总会
21	496	中国纺织总会
22	514	中国有色金属工业总公司

B.1.3 在 GB/T 4657—1995 版本中删除的代码和机构名称(见表 B.3)

表 B.3

序 号	代 码	机 构 名 称
1	217	中央政治体制改革研究室
2	219	中央农村政策研究室
3	221	中央顾问委员会机关
4	324	物资部
5	328	机械电子工业部
6	329	航空航天工业部
7	331	能源部
8	345	纺织工业部
9	346	轻工业部
10	411	国家物价局
11	428	国家档案局
12	439	国务院台湾事务办公室
13	446	国家黄金管理局
14	447	国家矿产储量管理局
15	452	国家保密局
16	454	国家版权局
17	494	国务院农村发展研究中心
18	516	中国统配煤矿总公司
19	543	中国烟草总公司

B.1.4 在 GB/T 4657—1990 版本中删除的代码和机构名称(见表 B.4)

表 B.4

序号	代码	机构名称
1	304	国家经济委员会
2	336	机械工业部
3	337	核工业部
4	338	航空工业部
5	339	电子工业部
6	340	兵器工业部
7	341	航天工业部
8	342	煤炭工业部
9	343	石油工业部
10	356	劳动人事部
11	358	新华通讯社
12	412	国家物资局
13	461	国家标准局
14	462	国家计量局
15	471	国务院经济研究中心
16	472	国务院技术经济研究中心
17	473	国务院经济法规研究中心
18	474	国务院价格研究中心
19	475	中国农村发展研究中心
20	476	国际问题研究中心
21	541	中国丝绸公司

B.2 机构名称变更沿用原代码

下面列出了本标准在4次修订版本中的机构名称变更情况。

B.2.1 在GB/T 4657—2009版本中的机构名称变更情况(见表B.5)

表 B.5

序号	现机构名称	原机构名称	代码
1	国家发展和改革委员会	国家发展计划委员会	303
2	住房和城乡建设部	建设部	333
3	工业和信息化部	信息产业部	339
4	交通运输部	交通部	348
5	国家人口和计划生育委员会	国家计划生育委员会	363
6	中国民用航空局	中国民用航空总局	417
7	国家安全生产监督管理总局	国家安全生产监督管理局(国家煤矿安全检察局)	450
8	国家食品药品监督管理局	国家药品监督管理局	464

表 B.5（续）

序 号	现机构名称	原机构名称	代 码
9	国务院三峡工程建设委员会办公室	国务院三峡工程建设委员会	499
10	中国航天科工集团公司	中国航天机电集团公司	521
11	中国中化集团公司	中国化工进出口总公司	532
12	中国五矿集团公司	中国五金矿产进出口总公司	533
13	中粮集团有限公司	中国粮油食品进出口（集团）有限公司	538
14	宝钢集团有限公司	上海宝钢集团公司	558
15	中国港中旅集团公司［香港中旅（集团）有限公司］	香港中旅（集团）有限公司	582
16	中国建筑材料工业联合会	中国建筑材料工业协会	609

B.2.2 在 GB/T 4657—2002 版本中的机构名称变更情况（见表 B.6）

表 B.6

序 号	现机构名称	原机构名称	代 码
1	全国政协办公厅	政协全国委员会机关	131
2	中央对台工作领导小组办公室	中央台湾工作办公室	231
3	国家发展计划委员会	国家计划委员会	303
4	科学技术部	国家科学技术委员会	306
5	劳动和社会保障部	劳动部	317
6	国土资源部	地质矿产部	334
7	信息产业部	电子工业部	339
8	教育部	国家教育委员会	360
9	国家工商行政管理总局	国家工商行政管理局	414
10	中国地震局	国家地震局	419
11	国家新闻出版署（国家版权局）	新闻出版署（国家版权局）	421
12	国家宗教事务局	国务院宗教事务局	427
13	国务院法制办公室	国务院法制局	433
14	国家粮食局	国家粮食储备局	449
15	国家知识产权局	国家专利局	463
16	国家药品监督管理局	国家医药管理局	464
17	国家环境保护总局	国家环境保护局	467
18	中国建设银行	中国人民建设银行	504
19	中国船舶重工集团公司	中国船舶工业总公司	511
20	中国石油化工集团公司	中国石油化工总公司	513
21	中国石油天然气集团公司	中国石油天然气总公司	515
22	中国核工业集团公司	中国核工业总公司（国家原子能机构）	517

表 B.6（续）

序　号	现机构名称	原机构名称	代　码
23	中国兵器工业集团公司	中国兵器工业总公司	518
24	中国航空工业第一集团公司	中国航空工业总公司	519
25	中国航天科技集团公司	中国航天工业总公司（国家航天局）	520
26	中华职业教育社	中华职教社	715
27	黄埔军校同学会	黄埔同学会	774
28	宋庆龄基金会	纪念宋庆龄国家名誉主席基金会	781

B.2.3　在 GB/T 4657—1995 版本中的机构名称变更情况（见表 B.7）

表 B.7

序　号	现机构名称	原机构名称	代　码
1	中央台湾工作办公室（国务院台湾事务办公室）	中央对台工作领导小组办公室	231
2	国内贸易部	商业部	321
3	对外贸易经济合作部	对外经济贸易部	322
4	中国气象局	国家气象局	416
5	中国民用航空总局	中国民用航空局	417
6	国务院港澳事务办公室	国务院港澳办公室	436
7	国家税务总局	国家税务局	444
8	国务院发展研究中心	国务院经济技术社会发展研究中心	493
9	中国汽车工业总公司	中国汽车工业联合会	545
10	中国残疾人联合会	残疾人联合会	762

B.2.4　在 GB/T 4657—1990 版本中的机构名称变更情况（见表 B.8）

表 B.8

序　号	现机构名称	原机构名称	代　码
1	水利部	水利电力部	332
2	建设部	城乡建设环境保护部	333
3	广播电影电视部	广播电视部	359
4	国家教育委员会	教育部	360
5	国家语言文字工作委员会	中国文字改革委员会	426

B.3　新增代码及其机构名称

下面列出了本标准在 4 次修订版本中新增加的机构名称和代码。

B.3.1　在 GB/T 4657—2009 版本中新增加的机构名称和代码（见表 B.9）

表 B.9

序　号	代　码	机构名称
1	132	全国政协提案委员会
2	133	全国政协经济委员会

表 B.9（续）

序　号	代　码	机　构　名　称
3	134	全国政协人口资源环境委员会
4	135	全国政协教科文卫体委员会
5	136	全国政协社会和法制委员会
6	137	全国政协民族和宗教委员会
7	138	全国政协港澳台侨委员会
8	139	全国政协外事委员会
9	140	全国政协文史和学习委员会
10	244	中央密码工作领导小组办公室(国家密码管理局)
11	247	中央防范和处理邪教问题领导小组办公室(国务院防范和处理邪教问题办公室)
12	291	中央社会主义学院
13	292	中国浦东干部学院
14	293	中国井冈山干部学院
15	294	中国延安干部学院
16	365	环境保护部
17	366	商务部
18	457	中国地质调查局
19	486	国务院扶贫开发领导小组办公室
20	487	国务院南水北调工程建设委员会办公室
21	488	中国工程物理研究院
22	489	科技日报社
23	507	中国电子科技集团公司
24	508	中国航空集团公司
25	509	中国东方航空集团公司
26	510	中国南方航空集团公司
27	525	中国网络通信集团公司
28	564	国家电网公司
29	565	中国南方电网有限责任公司
30	566	中国华能集团公司
31	567	中国大唐集团公司
32	568	中国华电集团公司
33	569	中国国电集团公司
34	570	中国电力投资集团公司
35	583	国家核电技术有限公司
36	584	中国商用飞机有限责任公司

表 B.9（续）

序　号	代　码	机　构　名　称
37	585	中国航空工业集团公司
38	622	中国银行业监督管理委员会
39	623	国家电力监管委员会
40	624	国家能源局
41	625	国家国防科技工业局
42	626	国家公务员局
43	627	国家煤矿安全监察局
44	724	中国计划生育协会
45	777	中国藏学研究中心
46	778	中国和平统一促进会

B.3.2　在 GB/T 4657—2002 版本中新增加的机构名称和代码(见表 B.10)

表 B.10

序　号	代　码	机　构　名　称
1	102	全国人大环境与资源保护委员会
2	104	全国人大农业与农村委员会
3	105	全国人大常委会法制工作委员会
4	106	全国人大常委会预算工作委员会
5	121	香港特别行政区基本法委员会
6	122	澳门特别行政区基本法委员会
7	226	中央外事工作领导小组办公室
8	234	中央直属机关事务管理局
9	236	中央金融工作委员会
10	237	中央企业工作委员会
11	238	中央香港工作委员会
12	239	中央澳门工作委员会
13	240	中央精神文明办公室
14	286	《求是》杂志社
15	287	光明日报社
16	288	中国日报社
17	289	经济日报社
18	290	中国外文出版发行事业局
19	424	国家质量监督检验检疫总局
20	425	国家广播电影电视总局
21	455	国家信访局
22	432	国家林业局

表 B.10（续）

序号	代码	机构名称
23	441	国务院经济体制改革办公室
24	442	中华全国供销合作总社
25	443	国家邮政局
26	450	国家安全生产监督管理局(国家煤矿安全检察局)
27	451	国家体育总局(中华全国体育总会)
28	469	中国国家标准化管理委员会(国家标准化管理局)
29	470	中国国家认证认可监督管理委员会(国家认证认可监督管理局)
30	498	中国保险监督管理委员会
31	499	国务院三峡工程建设委员会
32	601	中国商业联合会
33	602	中国物流与采购联合会
34	603	中国煤炭工业协会
35	604	中国机械工业联合会
36	605	中国钢铁工业协会
37	606	中国石油和化学工业协会
38	607	中国轻工业联合会(中华全国手工业合作总社)
39	608	中国纺织工业协会
40	609	中国建筑材料工业协会
41	610	中国有色金属工业协会
42	521	中国航天机电集团公司
43	522	中国船舶工业集团公司
44	523	中国光大(集团)总公司
45	524	国家电力公司
46	525	中色建设集团有限公司
47	526	中国航空工业第二集团公司
48	527	中国兵器装备集团公司
49	528	中国核工业建设集团公司
50	529	中国电信集团公司
51	530	中国铝业公司
52	531	中国远洋运输(集团)总公司
53	532	中国化工进出口总公司
54	533	中国五金矿产进出口总公司
55	534	中国储备粮管理总公司
56	535	中国移动通信集团公司
57	536	中国联合通信有限公司

表 B.10（续）

序　号	代　码	机　构　名　称
58	537	神华集团有限责任公司
59	538	中国粮油食品进出口总公司
60	539	中国电子信息产业集团公司
61	540	中国通用技术(集团)控股有限责任公司
62	547	国家开发投资公司
63	548	中国长江三峡开发总公司
64	549	中国第一汽车集团公司
65	550	东风汽车公司
66	551	中国第一重型机械集团公司
67	552	中国第二重型机械集团公司
68	553	鞍山钢铁集团公司
69	554	武汉钢铁(集团)公司
70	555	中国海运(集团)总公司
71	556	哈尔滨电站设备集团公司
72	557	中国东方电气集团公司
73	558	上海宝钢(集团)公司
74	559	招商局集团有限公司
75	571	中国人寿保险总公司
76	572	中国再保险公司
77	581	华润(集团)有限公司
78	582	香港中旅(集团)有限公司
79	716	中国职工思想政治工作研究会
80	717	中国关心下一代工作委员会
81	791	中国民主同盟中央委员会
82	792	中国国民党革命委员会中央委员会
83	793	中国民主建国会中央委员会
84	794	中国民主促进会中央委员会
85	795	中国农工民主党中央委员会
86	796	中国致工党中央委员会
87	797	九三学社中央委员会
88	798	台湾民主自治同盟中央委员会

B.3.3 在 GB/T 4657—1995 版本中新增加的机构名称和代码(见表 B.11)

表 B.11

序　号	代　码	机　构　名　称
1	216	中央政法委员会
2	218	中央政策研究室
3	223	中央对外宣传办公室(国务院新闻办公室)

表 B.11（续）

序号	代码	机构名称
4	224	中央财经领导小组办公室
5	225	中央机构编制委员会办公室
6	241	中央档案馆(国家档案局)
7	243	中央保密委员会办公室(国家保密局)
8	304	国家经济贸易委员会
9	330	电力工业部
10	336	机械工业部
11	339	电子工业部
12	342	煤炭工业部
13	449	国家粮食储备局
14	482	中国工程院
15	483	国家行政学院
16	495	中国轻工总会
17	496	中国纺织总会
18	497	中国证券监督管理委员会
19	506	交通银行
20	519	中国航空工业总公司
21	520	中国航天工业总公司(国家航天局)
22	560	国家开发银行
23	561	中国进出口银行
24	562	中国农业发展银行

B.3.4 在 GB/T 4657—1990 版本中新增加的机构名称和代码(见表 B.12)

表 B.12

序号	代码	机构名称
1	101	全国人大常委会办公厅
2	103	全国人大民族委员会
3	107	全国人大法律委员会
4	109	全国人大内务司法委员会
5	111	全国人大财政经济委员会
6	113	全国人大教育科学文化卫生委员会
7	115	全国人大外事委员会
8	117	全国人大华侨委员会
9	131	全国政协办公厅
10	151	最高人民检察院
11	161	最高人民法院

表 B.12（续）

序 号	代 码	机 构 名 称
12	201	中央办公厅
13	203	中央组织部
14	211	中央宣传部
15	213	中央统战部
16	215	中央对外联络部
17	217	中央政治体制改革研究室
18	219	中央农村政策研究室
19	221	中央顾问委员会机关
20	222	中央纪律检查委员会
21	231	中央对台工作领导小组办公室
22	233	中央直属机关工作委员会
23	235	中央国家机关工作委员会
24	281	中央党校
25	282	人民日报社
26	283	中央党史研究室
27	284	中央文献研究室
28	285	中央编译局
29	311	监察部
30	316	人事部
31	317	劳动部
32	324	物资部
33	328	机械电子工业部
34	329	航空航天工业部
35	331	能源部
36	421	新闻出版署
37	422	国家技术监督局
38	423	国家土地管理局
39	431	国务院研究室
40	433	国务院法制局
41	437	国务院特区办公室
42	438	国务院外事办公室
43	439	国务院台湾事务办公室
44	440	国家外国专家局
45	444	国家税务总局
46	445	国家外汇管理局

表 B.12（续）

序号	代码	机构名称
47	446	国家黄金管理局
48	447	国家矿产储量管理局
49	448	国家国有资产管理局
50	452	国家保密局
51	453	国家文物局
52	454	国家版权局
53	456	国家烟草专卖局
54	458	国家核安全局
55	467	国家环境保护局
56	468	国家中医药管理局
57	480	国家自然科学基金委员会
58	481	国家信息中心
59	490	新华通讯社
60	493	国务院经济技术社会发展研究中心
61	494	国务院农村发展研究中心
62	515	中国石油天然气总公司
63	516	中国统配煤矿总公司
64	517	中国核工业总公司
65	518	中国兵器工业总公司
66	711	中华全国总工会
67	712	中国共产主义青年团中央委员会
68	713	中华全国妇女联合会
69	714	中华全国工商业联合会
70	715	中华教职社
71	721	中国文学艺术界联合会
72	722	中华全国新闻工作者协会
73	723	中国作家协会
74	726	中国法学会
75	752	中国人民外交学会
76	762	残疾人联合会
77	772	中华全国台湾同胞联谊会
78	773	欧美同学会
79	774	黄埔同学会
80	781	纪念宋庆龄国家名誉主席基金会

B.4 启用原代码及其机构名称

下面列出了本标准在4次修订版本中恢复启用的原代码及其机构名称。

B.4.1 在GB/T 4657—2009版本中恢复启用的原代码及其机构名称(见表B.13)。

表 B.13

序　号	代　码	原机构名称	现机构名称
1	356	劳动人事部	人力资源和社会保障部
2	448	国家国有资产管理局	国务院国有资产监督管理委员会

B.4.2 在GB/T 4657—2002、GB/T 4657—1995和GB/T 4657—1990的3次修订版本中无恢复启用的原代码及其机构名称。

ICS 59.080.30
W 04

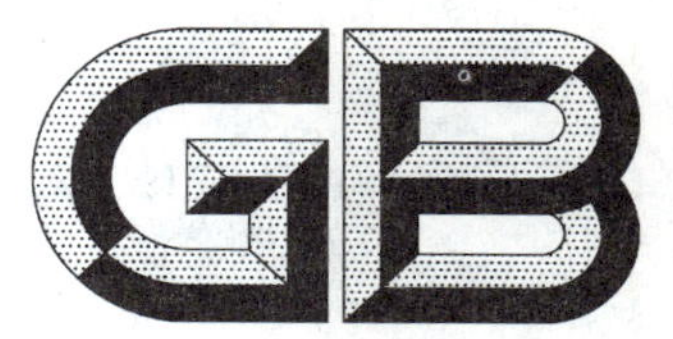

中华人民共和国国家标准

GB/T 4666—2009/ISO 22198:2006
代替 GB/T 4666—1995,GB/T 4667—1995

纺织品　织物长度和幅宽的测定

Textiles—Fabrics—Determination of width and length

(ISO 22198:2006,IDT)

2009-04-21 发布　　2009-12-01 实施

中华人民共和国国家质量监督检验检疫总局
中国国家标准化管理委员会　发布

前　言

本标准使用翻译法等同采用 ISO 22198:2006《纺织品　织物长度和幅宽的测定》。本标准与 ISO 22198:2006 的主要差异为：

——规范性引用文件中的国际标准替换为相应的国家标准；

——适用范围中删除了“不适用于涂层织物”。

本标准代替 GB/T 4666—1995《机织物长度的测定》和 GB/T 4667—1995《机织物幅宽的测定》。与其相比主要差异为：

——由两个单独的标准整合为一个标准；

——扩大了适用范围；

——规范性引用文件中删除了 GB/T 8170，增加了 GB/T 19022；

——删除了方法 2；

——增加了取样依据；

——修改了织物长度和幅宽的测定次数；

——统一幅宽测定的精确度；

——删除了附录 B。

本标准的附录 A 为资料性附录。

本标准由中国纺织工业协会提出。

本标准由全国纺织品标准化技术委员会基础标准分会(SAC/TC 209/SC 1)归口。

本标准起草单位：中纺标(北京)检验认证中心有限公司。

本标准起草人：刘明。

本标准所代替标准的历次版本发布情况为：

——GB 4666—1984、GB/T 4666—1995；

——GB 4667—1984、GB/T 4667—1995。

纺织品 织物长度和幅宽的测定

1 范围

本标准规定了一种在无张力状态下测定织物长度和幅宽的方法。

本标准适用于长度不大于100 m的全幅织物、对折织物和管状织物的测定。

本标准未规定测定或描述结构疵点及其他疵点的方法。

2 规范性引用文件

下列文件中的条款通过本标准的引用而成为本标准的条款。凡是注日期的引用文件,其随后所有的修改单(不包括勘误的内容)或修订版均不适用于本标准,然而,鼓励根据本标准达成协议的各方研究是否可使用这些文件的最新版本。凡是不注日期的引用文件,其最新版本适用于本标准。

GB/T 6529 纺织品 调湿和试验用标准大气(GB/T 6529—2008,ISO 139:2005,MOD)

GB/T 19022 测量管理体系 测量过程和测量设备的要求(GB/T 19022—2003,ISO 10012:2003,IDT)

3 术语和定义

下列术语和定义适用于本标准。

3.1

织物长度 length of piece

沿织物纵向从起始端至终端的距离。

3.2

织物全幅宽 overall width of piece

与织物长度方向垂直的织物最靠外两边间的距离。

3.3

织物有效幅宽 usable width of piece

除去布边、标志、针孔或其他非同类区域后的织物宽度。

注:根据有关双方协议,织物有效幅宽的定义会因最终用途和规格而不同。

4 原理

将松弛状态下的织物试样在标准大气条件下置于光滑平面上,使用钢尺测定织物长度和幅宽。对于织物长度的测定,必要时织物长度可分段测定,各段长度之和即为试样总长度。

5 取样

依据织物产品标准或有关双方协商确定取样。

6 器具

6.1 钢尺,符合GB/T 19022,其长度大于织物宽度或大于1 m,分度值为毫米。

6.2 测定桌,具有平滑的表面,其长度与宽度应大于放置好的织物被测部分。测定桌长度应至少达到3 m,以满足2 m以上长度试样的测定。沿着测定桌两长边,每隔1 m±1 mm长度连续标记刻度线。

第一条刻度线应距离测定桌边缘0.5 m,为试样提供恰当的铺放位置。对于较长的织物,可分段测定长度。在测定每段长度时，整段织物均应放置在测定桌上(参见附录 A)。

7 调湿、试验和松弛用标准大气

预调湿、调湿和试验大气应采用 GB/T 6529 中规定的标准大气。

织物应在无张力状态下调湿和测定。为确保织物松弛，无论是全幅织物、对折织物还是管状织物，试样均应处于无张力条件下放置。

注：附录 A 给出了一个较长织物的操作说明。

为确保织物达到松弛状态，可预先沿着织物长度方向标记两点，连续地每隔 24 h 测量一次长度，如测得的长度差异小于最后一次长度的 0.25%，则认为织物已充分松弛。如果针织织物未能达到以上要求，可测定特殊处理后的试样，但需经有关双方同意，并在报告中注明。

8 程序

8.1 通则

试样应平铺于测定桌上。被测试样可以是全幅织物、对折织物或管状织物，在该平面内避免织物的扭变。

8.2 试样长度的测定

8.2.1 短于 1 m 的试样

短于 1 m 的试样应使用钢尺(见 6.1)平行其纵向边缘测定，精确至 0.001 m。在织物幅宽方向的不同位置重复测定试样全长，共 3 次。

8.2.2 长于 1 m 的试样

在织物边缘处作标记，用 6.2 中所述测定桌上的刻度，每隔 1 m 距离处作标记，连续标记整段试样，用 6.1 所述钢尺测定最终剩余的不足 1 m 的长度。试样总长度是各段织物长度的和。如果有必要，可在试样上作新标记重复测定，共 3 次。

有关双方应预先协商是否将试样两端的连接段计入测定长度。

8.3 试样幅宽的测定

织物全幅宽为织物最靠外两边间的垂直距离。对折织物幅宽为对折线至双层外端垂直距离的 2 倍。

如果织物的双层外端不齐，应从折叠线测量到与其距离最短的一端，并在报告中注明。当管状织物是规则的且边缘平齐，其幅宽是两端间的垂直距离。在试样的全长上均匀分布测定以下次数：

——试样长度≤5 m：5 次；

——试样长度≤20 m：10 次；

——试样长度>20 m：至少 10 次，间距为 2 m。

如果织物幅宽不是测定从一边到另一边的全幅宽，有关双方应协商定义有效幅宽，并在报告中注明。

测定试样有效幅宽时，应按测定全幅宽的方法测定，但需排除 3.3 所述的布边等。有效幅宽可能因织造结构变化或服装及其他制品的特殊加工要求而定义不同。

9 计算结果与表达

9.1 织物长度

织物长度用测试值的平均数表示，单位为米(m)，精确至 0.01 m。如果需要，计算其变异系数(精确至 1%)和 95% 置信区间(精确至 0.01 m)，或者给出单个测试数据，单位为米(m)，精确至 0.01 m。

9.2 织物幅宽

织物幅宽用测试值的平均数表示，单位为米(m)，精确至 0.01 m。如果需要，计算其变异系数(精确至1%)和95%置信区间(精确至0.01 m)。

10 试验报告

试验报告应包括以下内容:

a) 通用信息

1) 本标准编号和试验日期;

2) 样品描述和取样程序;

3) 样品结构(如全幅织物、对折织物、管状织物),如样品经特殊处理需注明;

4) 任何偏离本标准的细节。

b) 试样长度

1) 长度平均值,单位为米(m);

2) 如果需要,变异系数,以百分率表示;95%置信区间,单位为米(m);或者给出单个测试数据,单位为米(m);

3) 如有边缘长度变化(例如,一边伸长)或测量包括了连接段,需注明。

c) 试样幅宽

1) 注明幅宽类型,如全幅宽、有效幅宽或有关双方协商的其他幅宽;

2) 幅宽平均值,单位为米(m);

3) 如果需要,变异系数,以百分率表示;95%置信区间,单位为米(m);

4) 最小幅宽,单位为米(m)。

附 录 A
（资料性附录）
用于调湿、松弛和测量的织物放置方法

为使调湿时去除织物上施加的张力，并能充分暴露在标准大气中，一种适当和有效的放置方法是将长段织物以适当尺寸的波幅松式叠放在桌面上（见图 A.1）。

织物在作标记和测量时，作标记和测量部位宜去除张力。适当的方法是布段放在测定桌上，将超出被测长度部分的布段两头折叠起来，在被测量部分的两端形成布堆（见图 A.2）。

如果测定桌长度太短不能采用这种方法，可在测定桌的两端，另加与测定桌高度和宽度相同的桌子，同测定桌一起形成连续的长方形桌面。

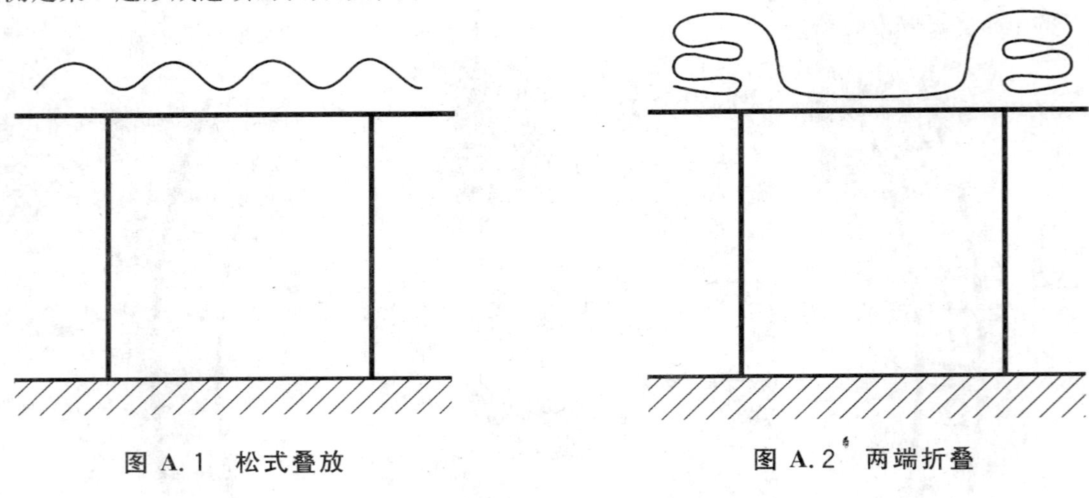

图 A.1 松式叠放　　图 A.2 两端折叠

ICS 13.110;25.100.70
C 68

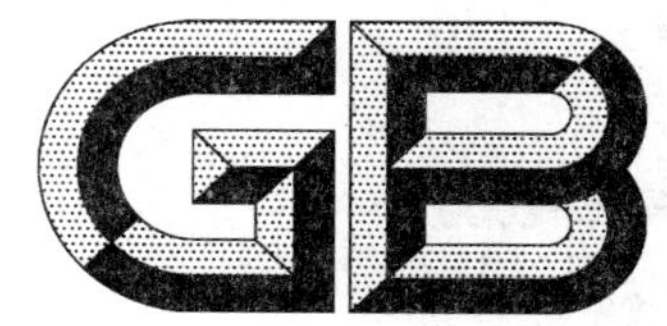

中华人民共和国国家标准

GB 4674—2009
代替 GB 4674—1984

磨削机械安全规程

Safety code for grinding machines

2009-03-31 发布 2009-12-01 实施

中华人民共和国国家质量监督检验检疫总局
中国国家标准化管理委员会 发布

前 言

本标准全部内容为强制性。

本标准是对 GB 4674—1984 的修订，本标准与 GB 4674—1984 相比主要变化如下：

——增加了“前言”；

——将“引言”修改为“范围”(1984 年版的第 1 章；本版的第 1 章)；

——增加了“规范性引用文件” 一章(见本版第 2 章)；

——增加了磨削机械设计与制造的一般要求(本版的 3.1)；

——将 1984 年版的 2.2.1 修改为 “主轴的设计应满足能够在允许的最大负荷下工作”(1984 年版的 2.2.1；本版的 3.2.1)；

——增加了对砂轮主轴压紧螺母的要求(本版的 3.4)；

——增加了磨削机械的标志的规定(本版的 3.14)；

——取消了对磨削机械进行改装、革新或改换部件的规定(1984 年版 2.13)；

——修改了对砂轮的检查要求，增加了标记检查的内容(1984 年版 3.1.1，本版的 4.1.1.1)；

——修改了砂轮与砂轮卡盘压紧要求，规定了衬垫应将砂轮卡盘接触面全部覆盖(1984 年版 3.3.3，本版的 4.3.2)；

——修改了砂轮搬运要求，增加了“印有砂轮特性和安全速度的标志不得随意涂抹或损毁。”的规定(1984 年版的 4.1，本版的 5.1)；

——取消了 “未经总工程师批准严禁改变磨削机械的结构和性能”的规定(1984 年版的 4.6)；

——增加了应保证人身安全的条款和对操作人员的培训、考核要求(本版的 5.10；5.11；5.12；5.13)；

——在文字编辑方面做了适当修改。

本标准由国家安全生产监督管理总局提出。

本标准由全国安全生产标准化技术委员会归口。

本标准起草单位：煤炭科学研究总院唐山研究院、开滦(集团)有限责任公司、中国北车集团唐山轨道交通装备有限责任公司。

本标准主要起草人：张文君、王中昌、张瑞玺、何晓群、魏广厚、陈英、牟建华。

本标准所代替标准的历次版本发布情况为：

——GB 4674—1984。

磨削机械安全规程

1 范围

本标准规定了磨削机械的设计与制造、使用、管理和维护的安全技术要求。

本标准适用于使用砂轮或砂瓦进行手动、机动或自动加工的磨削机械。

本标准不适用于使用带柄磨头、涂附磨具、油石和研磨膏的磨加工机械。

2 规范性引用文件

下列文件中的条款通过本标准的引用而成为本标准的条款。凡是注日期的引用文件，其随后所有的修改单(不包括勘误的内容)或修订版均不适用于本标准，然而，鼓励根据本标准达成协议的各方研究是否可使用这些文件的最新版本。凡是不注日期的引用文件，其最新版本适用于本标准。

GB/T 6171 1型六角螺母 细牙(eqv ISO 8673:1999)

GB 12348 工业企业厂界环境噪声排放标准

GB/T 16769 金属切削机床 噪声声压级测量方法(neq ISO/DIS 230-5-2:1996)

JB/T 9878 金属切削机床粉尘浓度的测量

3 磨削机械设计与制造的安全要求

3.1 一般要求

3.1.1 应通过设计尽可能排除或减少所有潜在的危险因素。

3.1.2 通过设计不能避免或充分限制的危险，应采取必要的安全防护装置。

3.1.3 对于无法通过设计排除或减少的，而且安全防护装置对其无效或不完全有效的遗留危险，应用信息通知和警告操作者。

3.2 砂轮主轴

3.2.1 主轴的设计应满足能够在允许的最大负荷下工作。

3.2.2 砂轮或砂轮卡盘应采取防松措施。紧固砂轮或砂轮卡盘的主轴端部螺纹的旋向尽可能地与砂轮工作旋转方向相反。

3.2.3 砂轮主轴轴端螺纹长度见图1。紧固砂轮或砂轮卡盘的砂轮主轴端部螺纹长度应满足下列条件：

a) 砂轮主轴轴端螺纹应有足够的长度，以使整个压紧螺母旋入($L>l$)；

b) 砂轮主轴轴端螺纹应延伸到砂轮中心孔内，但不得超过设计允许使用的最小厚度砂轮中心孔长度的二分之一($h>H/2$)。

3.2.4 砂轮中心孔孔径与砂轮主轴或砂轮卡盘的配合应符合表1的规定。

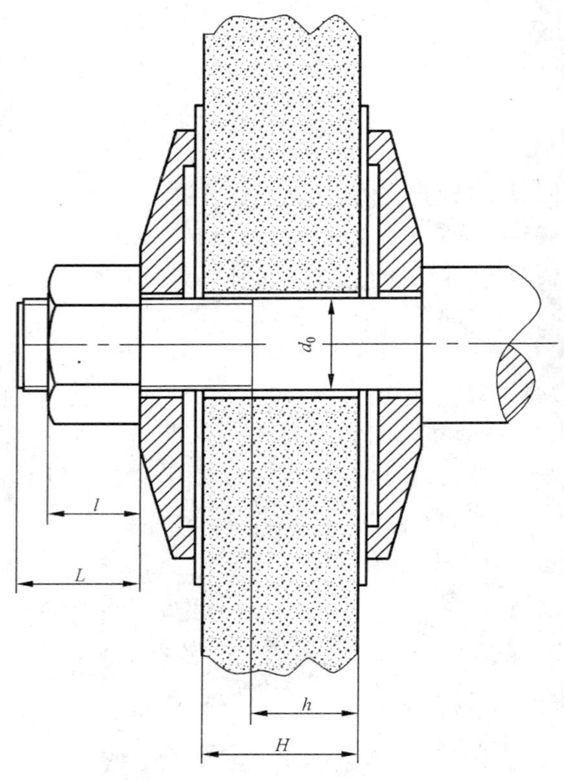

图 1

表 1 砂轮孔径与砂轮主轴或砂轮卡盘的配合

单位为毫米

砂轮孔径	砂轮主轴或砂轮卡盘直径	磨削方式
H11	f7	镜面磨削、螺纹磨削、工作速度 >45 m/s 的高速磨削
H12	e8	精磨
H13	e8	粗磨

3.3 砂轮卡盘

3.3.1 砂轮卡盘的直径不得小于砂轮直径的三分之一。切断砂轮用砂轮卡盘的直径不得小于砂轮直径的四分之一。

3.3.2 任何形式的砂轮卡盘,其左右两部分的直径和压紧面径向宽度尺寸应相等。

3.3.3 砂轮卡盘应能将驱动力可靠地传到砂轮上。

3.3.4 砂轮卡盘应有足够的刚度,压紧面在紧固后应保持平整和均匀地接触。

3.3.5 砂轮卡盘与砂轮两侧面的非接触部分应有足够的间隙,其最小尺寸为 1.5 mm。

3.3.6 砂轮卡盘的各表面应保证平滑及无锐棱,且动平衡性能好。

3.3.7 砂轮卡盘的形状分为:

a) 槽式砂轮卡盘(图 2a):用于安装孔径尺寸较小的直接装在砂轮主轴上的砂轮。

b) 套筒式砂轮卡盘(图 2b):用于安装孔径尺寸较大的砂轮。

c) 衬套式砂轮卡盘(图 2c):用于安装大孔径及厚度超过 32 cm 的砂轮。

d) 锥形砂轮卡盘(图 2d):用于安装双斜边砂轮。

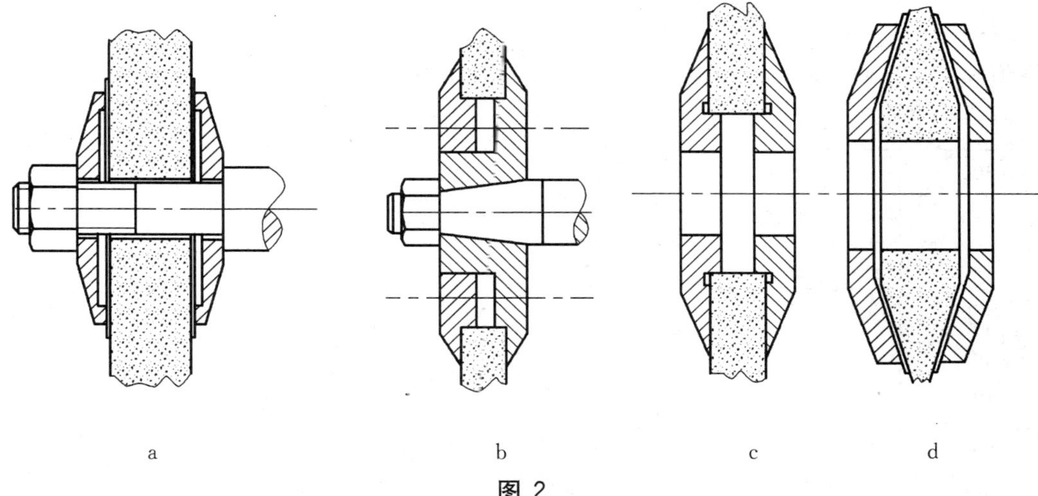

图 2

3.3.8 砂轮卡盘的有关尺寸：槽式砂轮卡盘见图 3 和表 2；衬套式、套筒式砂轮卡盘见图 4 和表 3。

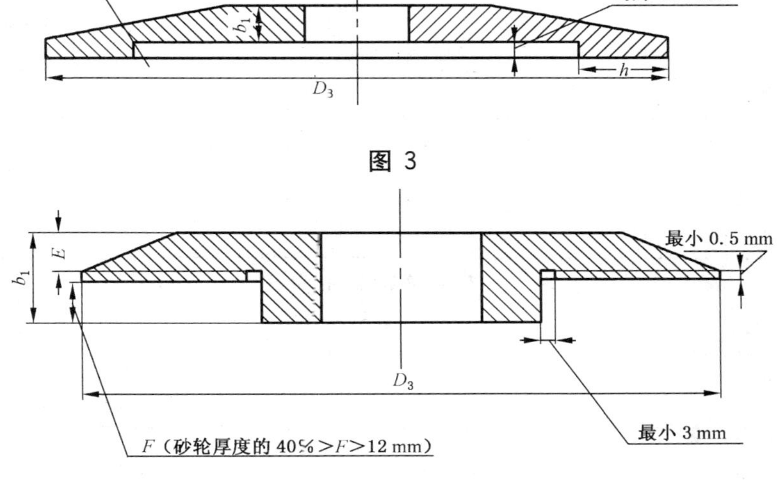

图 3

图 4

表 2 槽式砂轮卡盘尺寸

单位为毫米

砂轮直径 D_1	砂轮卡盘最小直径 D_3	压紧面径向宽度 h		砂轮卡盘在中心孔处最小厚度 b_1	砂轮卡盘在凹槽边缘处最小厚度 E
		最　小	最　大		
≤25	10	1.5	3	1.5	1.5
＞25～50	18	3	5	3	2.5
＞50～75	25	3	5	5	2.5
＞75～100	34	3	5	5	3
＞100～125	42	5	6	6	3
＞125～150	50	6	13	10	5
＞150～170	60	6	13	10	5
＞170～200	70	6	13	10	5
＞200～250	85	8	16	10	6

表 2（续）

单位为毫米

砂轮直径 D_1	砂轮卡盘最小直径 D_3	压紧面径向宽度 h		砂轮卡盘在中心孔处最小厚度 b_1	砂轮卡盘在凹槽边缘处最小厚度 E
		最　小	最　大		
＞250～300	100	8	16	13	8
＞300～350	118	10	18	13	8
＞350～400	135	13	25	13	8
＞400～450	150	13	25	16	10
＞450～500	168	16	32	16	10
＞500～550	185	16	32	16	12
＞550～600	200	18	32	16	12
＞600～650	218	18	32	16	13
＞650～700	235	22	38	18	13
＞700～750	250	22	38	18	16
＞750～900	300	25	50	22	18
＞900～1 050	350	25	50	22	18
＞1 050～1 200	400	32	50	28	25
＞1 200～1 500	500	32	50	32	28
＞1 500～1 800	600	38	64	35	32

表 3　套筒式砂轮卡盘尺寸

单位为毫米

砂轮直径 D_1	砂轮孔径 d	砂轮卡盘最小直径 D_3	砂轮卡盘在中心孔处最小厚度 b_1	砂轮卡盘在退刀槽处最小厚度 E
＞300～350	76.2	115	22	10
	127	175	22	10
＞350～450	76.2	150	22	10
	127	175	22	10
	203.2	250	22	10
＞450～600	203.2	250	25	13
	304.8	350	25	13
＞600～750	304.8	375	25	13
＞750～900	304.8	375	35	22

3.3.9　砂轮卡盘材料选用抗拉强度(σ_b)不低于 415 N/mm^2 的钢。

3.3.10　也可以采用强度和刚性不低于本标准的其他材料、形式和尺寸的砂轮卡盘。

3.4　砂轮主轴压紧螺母的机械性能应不低于 6 级，并符合 GB/T 6171 的要求。压紧螺母的机械强度应低于砂轮主轴的机械强度。

3.5　砂轮防护罩

3.5.1　砂轮防护罩一般由圆周构件及两侧构件组成，应将砂轮、砂轮卡盘和砂轮主轴端部罩住。当砂轮在工作中因故破坏时，能有效地罩住砂轮碎片，保证人员的安全。

3.5.2 砂轮防护罩的最大开口角度不大于3.5.3.1～3.5.3.5中规定的数值。开口角度应以砂轮主轴中心为顶点延长到罩的外壁上开口端部来测量。

3.5.3 砂轮防护罩的形状和最大开口角度

3.5.3.1 外圆和无心磨削用砂轮防护罩可以呈圆形（图5a）或方形（图5b）。最大开口角度不准超过180°，在砂轮主轴中心线水平面以上部分不准超过65°。中心部位 R 不应小于规定的砂轮卡盘的半径。

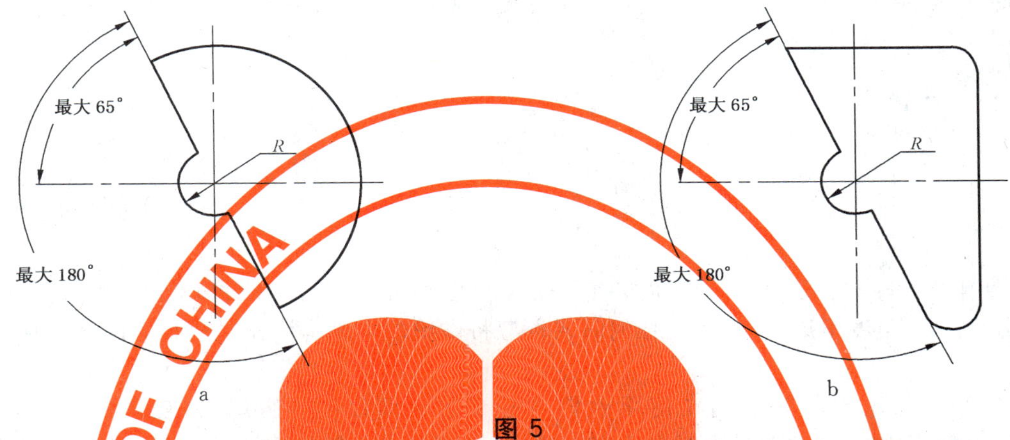

图 5

3.5.3.2 台式和落地式砂轮机用砂轮防护罩可以呈圆形（图6a）或方形（图6b）。最大开口角度不准超过90°，在砂轮主轴中心线水平面以上部分不准超过65°。中心部位 R 不应小于砂轮卡盘的半径。

如果还要使用在砂轮主轴中心线水平面以下砂轮部分加工时，砂轮防护罩的最大开口角度可以增大至125°（图7）。

3.5.3.3 卧轴平面磨削用砂轮防护罩可以呈圆形（图8a）或方形（图8b）。最大开口角度不准超过150°，开口的端部不准高于砂轮主轴中心线水平面以下15°处。中心部位 R 不应小于砂轮卡盘的半径。

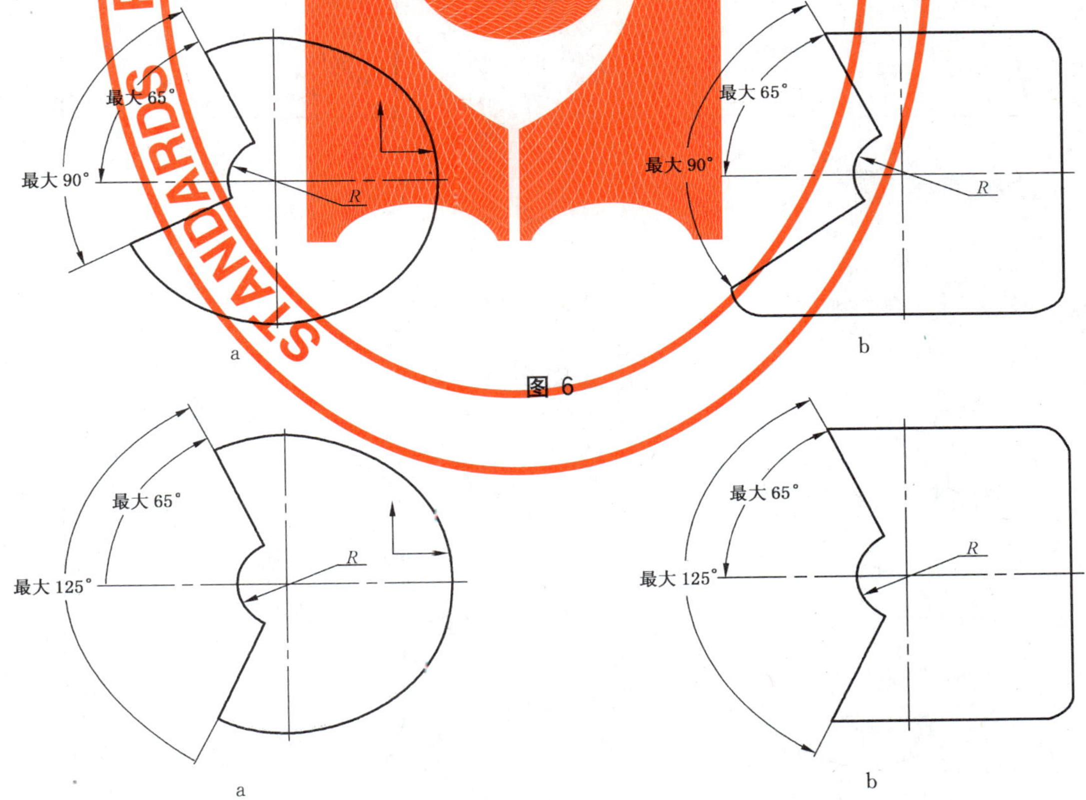

图 6

图 7

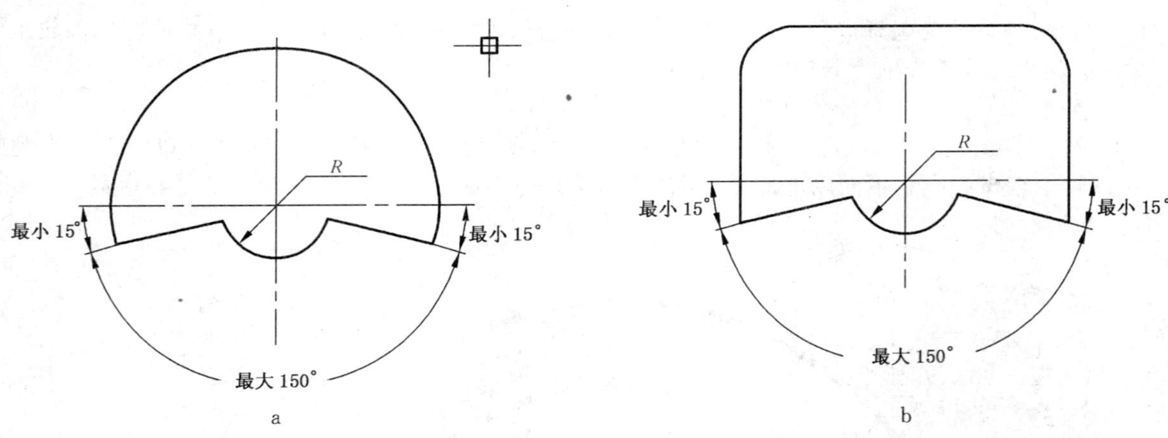

图 8

3.5.3.4　悬挂式砂轮机、切割砂轮机和直向手提式砂轮机用砂轮防护罩可以呈圆形(图 9a)或方形(图 9b)。最大开口角度不准超过 180°,任何时候都应将砂轮的上半部罩住。中心部位 R 不应小于砂轮卡盘的半径。

3.5.3.5　顶部磨削用砂轮防护罩在使用砂轮中心线水平面以上部分时,砂轮防护罩可以呈圆形(图 10a)或方形(图 10b)。顶部最大开口角度不准超过 60°。中心部位 R 不应小于砂轮卡盘的半径。

3.5.3.6　立轴平面磨削用砂轮防护罩呈环带形(图 11)。允许砂轮最大外露量见表 4。

3.5.4　砂轮防护罩的壁厚尺寸:

a)　砂轮工作速度小于或等于 35 m/s 时,环带式砂轮防护罩有关尺寸见图 11,壁厚最小尺寸见表 5。

b)　固定式砂轮防护罩有关尺寸见图 12,壁厚最小尺寸见表 6。

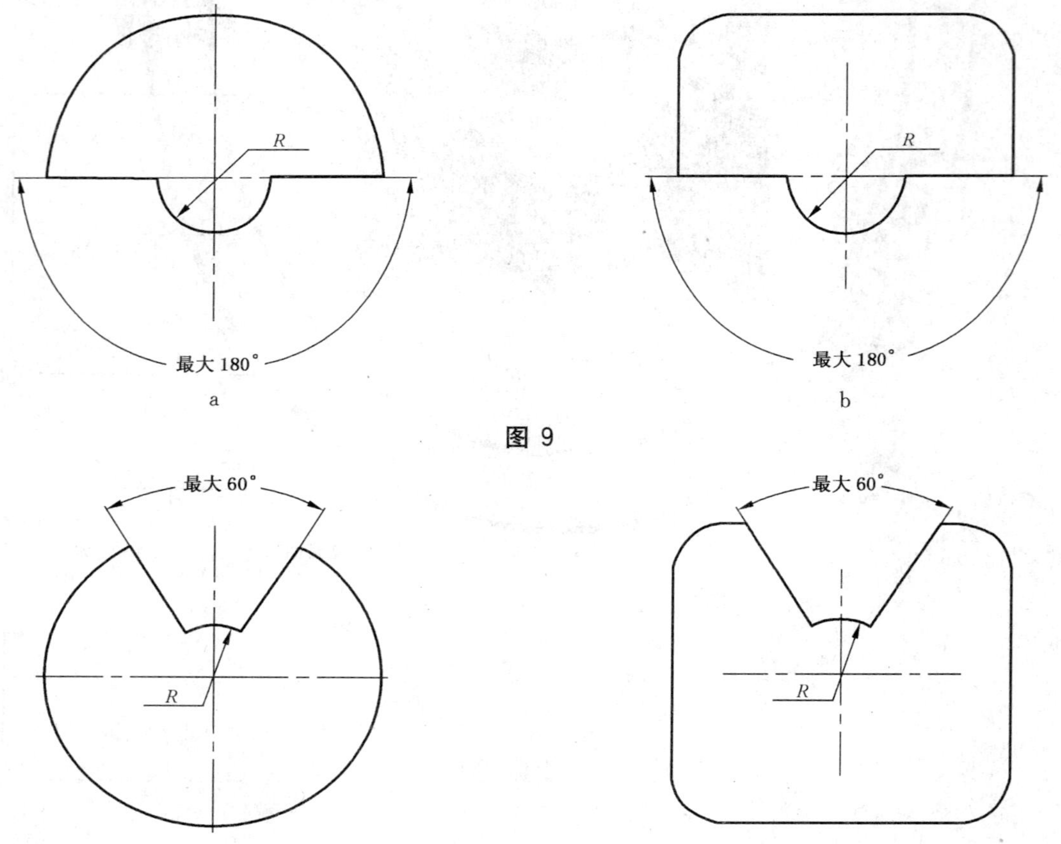

图 9

图 10

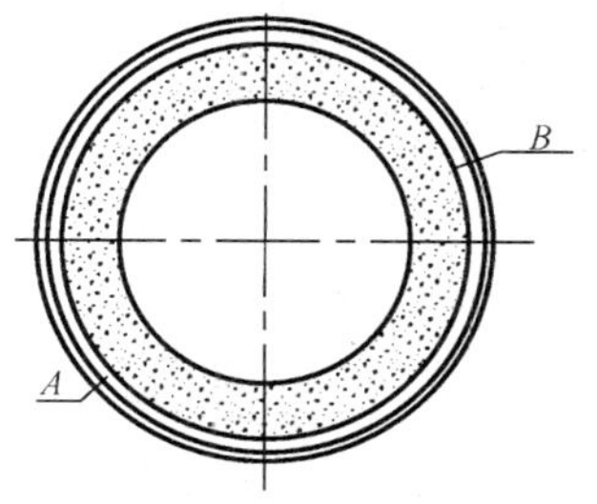

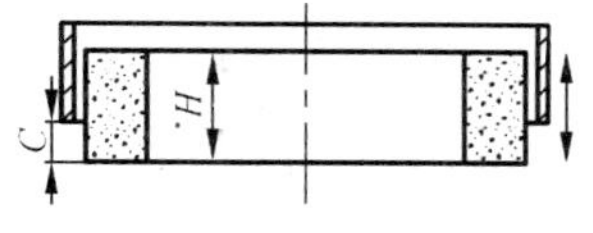

图 11

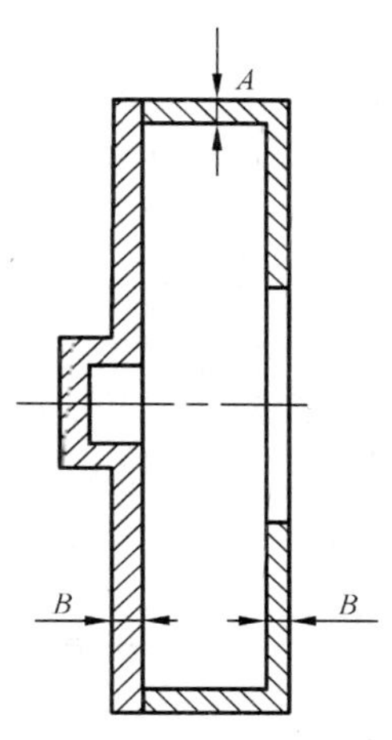

图 12

表 4 允许砂轮最大外露量

单位为毫米

砂轮厚度 H	允许砂轮最大外露量 C
≤13	6
>13~25	13
>25~50	20
>50~75	25
>75~100	35
>100	50

表 5 环带式砂轮防护罩最小壁厚

单位为毫米

砂轮直径 D_1	≤200	>200~600	>600~750
最小厚度 A	1.5	3	6

表 6　固定式砂轮防护罩最小壁厚

单位为毫米

砂轮工作速度/(m/s)	砂轮厚度 H	砂轮直径 D_1																	
		≤150		>150~200		>200~300		>300~400		>400~500		>500~600		>600~750		>750~900		>900~1 250	
		A	B	A	B	A	B	A	B	A	B	A	B	A	B	A	B	A	B
≤35	≤50	2	2	2.5	2	3	2.5	4	3	5	4	6	5	7	5	8	5	9	6
	>50~100	3	2	4	2.5	5	3	5	4	6	5	7	6	8	6	9	6	10	7
	>100~160	4	3	5	3	6	4	7	5	8	6	9	6	10	7	11	7	12	8
>35~50	≤50	3	2	4	2.5	5	3	6	4	7	5	8	6	10	7	11	7	12	8
	>50~100	5	3	5	3	6	4	7	5	8	6	9	7	11	8	12	8	14	9
	>100~160	6	4	7	4	8	5	9	6	10	7	11	8	12	9	14	9	16	10
>50~63	≤50	4	3	5	3	6	4	7	5	8	6	10	7	12	8	14	9	16	10
	>50~100	6	4	7	5	8	6	10	6	10	7	12	8	14	9	15	10	18	12
	>100~160	7	5	8	6	10	7	12	8	12	8	14	9	15	10	18	12	20	14
	>160~200	10	7	12	8	14	9	15	10	15	10	18	12	20	14	22	14	24	16
	>200~250	14	9	15	10	16	12	18	12	18	12	22	14	24	16	26	16	28	20
	>250~400	15	0	18	12	20	14	22	14	24	16	26	18	28	20	30	20	32	22
	>400~500	18	12	20	15	24	16	25	18	28	18	30	20	32	22	34	22	36	25
>63~80	≤50	5	3	7	5	8	6	10	7	11	8	13	10	15	10	18	12	20	14
	>50~100	7	5	10	6	10	7	12	8	14	10	15	10	18	12	20	14	24	16
	>100~160	10	7	12	8	13	10	15	10	16	12	18	12	20	14	22	15	26	18
	>160~200	12	8	14	10	16	12	18	12	18	14	20	14	24	16	26	18	28	20
	>200~250	14	10	16	12	18	13	20	15	20	16	22	18	25	18	28	20	30	22
	>250~400	18	13	20	14	24	16	26	18	28	20	30	22	32	24	34	25	36	26

3.5.5　砂轮防护罩材料应选用抗拉强度不低于 415 N/mm^2 的钢板。

3.5.6　砂轮防护罩上修整用开口处应设有防护装置，以防止飞出的颗粒、火花造成的危险。

3.5.7　砂轮防护罩的结构应使更换砂轮时不必将其卸下。

3.5.8　组合式或焊接式砂轮防护罩，其联结强度或焊缝强度不低于砂轮防护罩构件的强度。

3.5.9　用于工作速度高于 80 m/s 的砂轮防护罩内壁应附有可以吸收冲击能量的缓冲材料层，例如聚胺酯塑料、橡胶等。

3.5.10　其他形式和尺寸的砂轮防护罩，如果其防护效能不低于本标准的规定，也可以采用，但应通过验证。工作速度小于或等于 40 m/s 的砂轮防护罩，也可选用其他材料，其强度应不低于本标准的规定。

3.5.11　砂轮防护罩开口的上端部应设有可以调整的护板，可随砂轮的磨损来调节护板与砂轮圆周表面的间隙。护板应固定在砂轮防护罩上，联结强度应不低于砂轮防护罩构件的强度，护板的宽度应大于砂轮防护罩外圆部分的宽度。

砂轮防护罩在砂轮主轴中心线水平面以上的开口角度小于 30°时，可不设护板。

3.5.12　砂轮圆周表面与可调护板边缘之间的间隙应小于 6 mm。安装设计允许的最厚砂轮时，砂轮卡盘外侧面与砂轮防护罩开口边缘之间的间隙应小于 15 mm。环带式砂轮防护罩内壁与砂轮圆周表面之间的间隙应不大于 15 mm。

砂轮回转中心线与操作者位置面向方向相同的磨削机械可以不执行 6 mm 间隙的规定。

砂轮防护罩在砂轮主轴中心线水平面以上的开口角度小于30°时，可以不保证6 mm间隙的规定。

3.6 磨削机械的砂轮主轴应有旋转方向的标志，标志应明显并可长期保持。

3.7 手持磨削的磨削机械上应设有工件托架，其位置应能随砂轮磨损独立进行调整，工件托架台面高度应与砂轮主轴中心线等高，并有足够的面积能保证被磨工件的稳定。工件托架靠近砂轮一侧的边棱上应无凹陷、缺角等缺陷。

3.8 平面磨床工作台的两端或四周应设防护挡板，以防被磨工件飞出。

3.9 带有电动、气动或液压夹紧工件装置的磨削机械应设有联锁装置，即夹紧力消失时应同时停止磨削工作。

3.10 磨削机械上所有砂轮、电机、皮带轮和工件头架等回转件，应设防护罩。防护罩应牢固地固定，其联结强度不得低于防护罩的强度。

3.11 使用磨削液的磨削机械应设有防溅挡板，以防止磨削液飞溅到周围。

3.12 干磨用磨削机械应备有吸尘器，以便用户选购。吸尘器应能在设计允许最大磨削规范条件下使操作人员呼吸的粉尘浓度不高于10 mg/m³。粉尘浓度测量应符合JB/T 9878的有关规定。

3.13 所有磨削机械在空运转时噪声不得超过80 dB(A)，高精度磨削机械不超过75 dB(A)。噪声测量方法应符合GB/T 16769的有关规定。

3.14 磨削机械的标志应包括下列内容：

a) 主电机功率和转速；

b) 砂轮主轴的转速；

c) 允许使用的砂轮尺寸范围；

d) 砂轮的最高允许速度；

e) 砂轮的旋转方向；

f) 制造者的名称和地址；

g) 制造年份。

4 磨削机械使用安全要求

4.1 砂轮的检查

4.1.1 砂轮安装前应进行标记检查、目测检查或音响检查，如发现砂轮有裂纹或其他损伤，则严禁安装使用。

4.1.1.1 标记检查：没有标记或标记不清，无法确认砂轮特性的砂轮，不管是否有缺陷，都不应使用。

4.1.1.2 目测检查：直接用肉眼或借助其他器具察看砂轮表面是否有裂纹或破损等缺陷。

4.1.1.3 音响检查（又称敲击试验）：检查方法是将砂轮通过中心孔悬挂（质量较小者）或放置于平整的硬地面之上，用(200～300)g的小木槌敲击，敲击点在砂轮任一侧面上，垂直中线两旁45°，距砂轮外圆表面(20～50)mm处。敲打后将砂轮旋转45°再重复进行一次。若砂轮无裂纹则发出清脆的声音，允许使用。发出闷声或哑声的砂轮不应使用。

4.2 安装砂轮前应核对砂轮主轴的转速，不准超过砂轮允许的最高工作速度。

4.3 砂轮的安装

4.3.1 砂轮孔径过大时允许使用缩孔衬套。衬套的宽度不得超出砂轮的两侧面，不得小于砂轮厚度的1/2。不应使用缩孔衬套安装直径大于磨削机械允许使用的最大直径的砂轮。

4.3.2 砂轮与砂轮卡盘压紧面之间应衬以柔性材料制的衬垫（如石棉橡胶板等），其厚度为(1～2)mm，直径比压紧面直径大2 mm，衬垫应将砂轮卡盘接触面全部覆盖。

4.3.3 砂轮、砂轮主轴、衬垫和砂轮卡盘安装时，相互配合面和压紧面应保持清洁，无任何附着物。

4.3.4 安装时应注意压紧螺母或螺钉的松紧程度，压紧到足以带动砂轮并且不产生滑动的程度为宜，防止压力过大造成砂轮的破损。如有多个压紧螺钉时应按对角顺序逐步旋紧，旋紧力要均匀。

4.3.5 安装砂瓦时，其压紧长度应大于砂瓦的厚度，并使安装后砂瓦组合体的中心对准主轴的回转中心。

4.3.6 在一个砂轮卡盘上同时安装多于一片的砂轮时，砂轮之间允许使用隔离片隔开。隔离片的直径以及与砂轮压紧面的尺寸应与砂轮卡盘相等。对专门制造的砂轮允许粘结或叠放在一起安装。

4.3.7 砂轮和砂轮卡盘的总质量超过 16 kg 时，应采用吊装机械安装。

4.4 砂轮在安装砂轮卡盘后，应先进行静平衡。砂轮经过第一次整形修整后或在工作中发现不平衡时，应重复进行静平衡。

4.5 所有砂轮和砂瓦应在装有砂轮防护罩的磨削机械上使用。但下列情况可以不受此条规定的限制：

a) 内圆磨削；

b) 用于手提砂轮机上直径不大于 50 mm 的砂轮；

c) 金属基体的金刚石和立方氮化硼砂轮。

4.6 砂轮安装在主轴上后，应将砂轮防护罩上的护板位置调整正确并紧固。

4.7 新安装的砂轮应先以工作速度进行空运转，空运转时间为：

直径≥400 mm　　空运转时间大于 5 min；

直径<400 mm　　空运转时间大于 2 min。

空运转时操作者应站在安全位置，不应站在砂轮的前面或切线方向。

4.8 砂轮与工件托架之间的距离应小于被磨工件最小外形尺寸的二分之一，最大不准超过 3 mm。调整后应紧固。

4.9 砂轮防护罩上的护板和工件托架应在砂轮停转时调整。

4.10 磨削细长工件的外圆时应装有中心支架。

4.11 用圆周表面做工作面的砂轮不允许使用侧面进行磨削，以免砂轮破碎。

4.12 砂轮使用的最高工作速度不得超过在砂轮上标明的速度。

4.13 砂轮磨损后，允许调节砂轮主轴转速以保持砂轮的工作速度，但不得超过该砂轮上标明的速度。

4.14 砂轮直径磨损的极限尺寸应符合表 7 的规定，若砂轮最小直径小于磨损极限尺寸时则不得使用。

表 7 砂轮直径磨损极限尺寸

单位为毫米

砂轮安装形式	磨损极限尺寸
粘在直径为 d 的芯轴上	$d+2$
用螺钉头直径为 D_0 的螺钉安装	D_0+2
用直径为 D_3 的砂轮卡盘安装	D_3+10

4.15 手动进给的磨削机械不应利用杆杠等工具增加工件对砂轮的压力。

4.16 干磨及修整砂轮时应佩戴防护用具。

4.17 使用手动砂轮机和磨削工作速度超过 60 m/s 的磨削机械时应附加防护挡板。

4.18 在寒冷的工作场地，砂轮开始工作时应逐渐增加负荷直到满足使用要求，以使砂轮温度逐渐升高，防止砂轮破损。

4.19 采用磨削液时，不允许砂轮局部浸入磨削液中。准备停止工作时，应先停供磨削液。砂轮继续旋转至磨削液甩净为止。

4.20 在温度低于 0 ℃以下的地方使用磨削液时应使用防冻磨削液。

4.21 磨削液应清洁无杂质，无害操作者的健康，不降低砂轮的强度。

4.22 在正常工作条件下，操作者呼吸带的粉尘浓度不高于 10 mg/m^3。粉尘浓度的测量按 JB/T 9878 规定进行。

4.23 在正常工作条件下，操作者工作处的噪声应符合 GB 12348 的规定。

5 磨削机械管理和维护

5.1 所有砂轮和砂瓦均属易碎品，砂轮在搬运、储存中，不可受强烈振动和冲击，防止跌落或碰撞，不准滚动砂轮。使用车辆搬运时应采用有充气轮胎的车辆。印有砂轮特性的标志不得随意涂抹或损毁。

5.2 砂轮存放场地应保持干燥，温度适宜，避免与其他化学品混放。砂轮需仔细放置于货架之上或箱匣内。

5.3 砂轮应在有效期内使用。树脂和橡胶结合剂的砂轮出厂存储一年后应再经回转试验，合格者方可使用。

5.4 磨削机械的砂轮主轴转速应定期检查，并做记录。

5.5 砂轮主轴安装砂轮部位应定期检查，有磕碰等异常现象时严禁使用。

5.6 磨削机械更换或检修电机应做记录。

5.7 所有砂轮卡盘应定期检查，有下列情况之一者应维修或更换：

a) 压紧面上不平整；

b) 在直径或厚度上过量磨损；

c) 丧失精度(偏摆)；

d) 平衡块螺纹损坏；

e) 压紧螺钉联结副损坏。

5.8 发生砂轮破坏事故后，应及时检查砂轮防护罩是否有损伤，砂轮卡盘有无变形或不平衡，砂轮主轴端部螺纹和压紧螺母是否有损坏，检查合格后方可重新安装使用。

5.9 磨削机械的除尘装置应定期检查和维修，以保持其除尘能力。

5.10 选择磨削速度、进给量和磨削深度时，不得超过机床的额定范围，以免磨削量过大造成危险。

5.11 砂轮机一般应设置专用的砂轮机房，不得安装在正对着附近设备、操作人员或经常有人过往的地方。如果因条件限制不能设置专用的砂轮机房，则应在砂轮机正面装设不低于 1.8 m 高度的防护挡板。

5.12 磨削加工的操作人员和有关工作人员，应经过安全教育和安全知识培训。操作者经考核合格后取得操作证方能上机操作。

5.13 磨削机械的使用单位应编制设备安全操作规程。